国外油气勘探开发新进展丛书（八）

现代石油技术（卷一：上游）

第六版

[英]理查德·A.道　编

冷鹏华　等译

石油工业出版社

内 容 提 要

本书从地球科学、石油地球物理、油藏工程、钻井作业、采油工程、运输等方面介绍了油气田勘探、开发全过程的最先进技术,并对天然气、重油和稠油也作了详细介绍。

本书可供从事油气田勘探、开发的科技人员和管理人员以及石油院校相关专业师生参考阅读。

图书在版编目(CIP)数据

现代石油技术:第6版.第1卷,上游/[英]道(Dawe,R.A.)编;冷鹏华等译.
北京:石油工业出版社,2016.1
(国外油气勘探开发新进展丛书.第8辑)
书名原文:Modern petroleum technology(Volume 1 upstream,6th Edition)
ISBN 978 - 7 - 5021 - 9483 - 3

Ⅰ.现…

Ⅱ.①道… ②冷…

Ⅲ.①石油炼制 - 技术 - 研究 ②石油化工 - 技术 - 研究

Ⅳ. TE6

中国版本图书馆 CIP 数据核字(2013)第 025669 号

Translation from the English language edition:"Modern Petroleum
Technology, Volume 1:Upstream"edited by Richard A. Dawe
Copyright© 2000 by Institute of Petroleum
All rights reserved.

本书经 Institute of Petroleum 授权石油工业出版社有限公司
翻译出版。版权所有,侵权必究。北京市版权局著作权合同
登记号:01 - 2003 - 1801

出版发行:石油工业出版社
   (北京安定门外安华里 2 区 1 号   100011)
   网 址:www. petropub. com
   编辑部:(010)64523541 图书营销中心:(010)64523633
经 销:全国新华书店
印 刷:北京中石油彩色印刷有限责任公司

2016 年 1 月第 1 版 2016 年 1 月第 1 次印刷
787×1092 毫米 开本:1/16 印张:28
字数:710 千字

定价:140.00 元
(如出现印装质量问题,我社图书营销中心负责调换)

序

　　为了及时学习国外油气勘探开发新理论、新技术和新工艺，推动中国石油上游业务技术进步，本着先进、实用、有效的原则，中国石油勘探与生产分公司和石油工业出版社组织多方力量，对国外著名出版社和知名学者最新出版的、代表最先进理论和技术水平的著作进行了引进，并翻译和出版。

　　从2001年起，在跟踪国外油气勘探、开发最新理论新技术发展和最新出版动态基础上，从生产需求出发，通过优中选优已经翻译出版了7辑40多本专著。在该套丛书中，有些代表了某一专业的最先进理论和技术水平，有些非常具有实用性，也是生产中所急需。这些译著发行后，得到了企业和科研院校广大生产管理、科技人员的欢迎，并在使用中发挥了重要作用，达到了促进生产、更新知识、提高业务水平的目的。部分石油单位统一购买并配发到了相关的技术人员手中，例如中国石油勘探开发研究院最近就购买了部分实用手册类图书配发给技术骨干人员。同时中国石油总部也筛选了部分适合基层员工学习参考的图书，列入"千万图书送基层，百万员工品书香"活动的书目，配发到中国石油所属的基层队站。该套丛书也获得了我国出版界的认可，三次获得了中国出版工作者协会的"引进版科技类优秀图书奖"，产生了很好的社会效益。

　　2010年在前7辑出版的基础上，经过多次调研、筛选，又推选出了国外最新出版的6本专著，即《海上井喷与井控》、《天然气传输与处理手册》、《石油（第六版）》、《气藏工程》、《石油工程环境保护》、《现代石油技术（卷一：上游）（第六版）》，以飨读者。

　　在该套丛书的引进、翻译和出版过程中，中国石油勘探与生产分公司和石油工业出版社组织了一批著名专家、教授和有丰富实践经验的工程技术人员担任翻译和审校人员，使得该套丛书能以较高的质量和效率翻译出版，并和广大读者见面。

　　希望该套丛书在相关企业、科研单位、院校的生产和科研中发挥应有的作用。

中国石油天然气集团公司副总经理

前　言

　　这本新版《现代石油技术》介绍了当前国际石油和天然气行业中使用的最先进技术，作者都是该领域中主流石油公司和承包公司以及成果卓著的杰出专家。

　　新版是在前一版出版 16 年之后出版的，它在世界许多地区得到了广泛的应用，并且目前仍然是人们所关注的石油和天然气技术的权威著作。这可能令人感到惊奇，但是如果把石油行业与微电子或者药品业进行对比，我们可以看到技术进步的不同速度和特征。研究与技术开发费用的对比结果是：微电子业和制药业一般占销售收入的 12%～20%，而石油天然气公司小于销售收入的 1%～3%。

1　现代石油技术的特征

　　石油行业的技术趋向于发展而不是革命。石油行业的研究人员很少能够赶上最新的产品或者方法的步伐，而最新方法将为石油行业扩大最新的市场应用或者开拓产品生产的新途径。大多数研究和开发定向于发展提高——我们如何能够根据现有技术取得更好的效果，如何改进勘探资料的质量，或者如何使我们的产品达到适应监管机构和用户日益增加的期望值的新的质量标准？

　　石油天然气行业的技术发展主要是应用技术，而不是纯"蓝天"科学。下面举两个重要的例子，如果回顾地球物理或者程序技术在过去 15 年中的进展，主要是微电子和计算机技术的重大突破促进了它们的发展，而石油行业已经灵活并成功地将其应用于本行业。

　　回顾海上工程的主要技术进展，情况是相同的；材料专家和计算机专家已经分别开发出强度更大、质量更轻的材料和更先进的计算机辅助钻进（CAD）和结构分析的工具，石油行业已经成功地把它们应用于设计深海作业中更安全、更经济和更可靠的结构。

　　石油行业的技术趋向于国际化，在世界大多数地区建立同样的石油公司和服务公司，不过值得惊奇的是，他们应用的技术无论在哪个国家都是相同的。

　　石油公司在作业过程中依赖于专门承包商和服务公司的程度要比 20 年前大得多。这样做有两个重要效果：首先，允许服务公司在作业中摊入开发技术的成本，使几个石油公司获益；再则，使既不具备开发专项技术资源也不具备开发希望的石油公司，通过认真选择具备这样能力的承包商和咨询顾问进入最新技术领域成为可能。

　　这样做的影响是，不像一些其他的行业，技术使用权很少是现代石油行业中决定性的竞争因素，也不是可能的新手进入该行业的障碍。最新技术容易得到，尽管时常需要花费大量成本。当然，处理技术有确定的区域，例如，在大型石油公司具有专有技术的地方，他们的知识产权受到法律保护，但是在大多数情况下是以利益为中心，即使是竞争公司也能够得到使用许可。大型国际公司已经不像 20 年前那样，把自己看成是专有技术的"保管人"了。在越来越大的范围内，技术已经成为一种商品。

那么，石油行业，即一个作业习惯上趋于不愿承担风险和在应用新技术上时常是保守的行业，技术发展的真正驱动力是什么？答案是经济、环境和安全——20 世纪末期石油行业管理的三项主要指标。

2 经济影响

从最早期开始，激烈的经济竞争一直是国际石油行业的主要特征之一，并且在过去的20 年，由于全球趋于撤销管制、竞争和私有化，创立了更多的多元行业，在该行业每个部门中由许多"参与者"组成，而且彼此之间进行更多的透明价格传递，这种特征不断增强。

在 20 年之前，1972 年的第一次石油价格冲击，主要根据中东国家廉价石油的可用性夸大地预测了工业化国家的经济增长率。由此导致了那一时期石油需求量平均每年以 7% 的速度稳定增长，因此每 10 年左右石油需求量翻一番。这种增长率对石油行业技术的含义是明显的。重点是捕捉规模经济，例如，在这一时期最大的海洋油轮规模从 50000 载重吨位（dwt）增加到 300000 dwt 以上。这些规模经济允许石油公司保持甚至减少他们的每桶石油的单位运营成本，尽管用现今标准衡量人员配备是极其浪费的。

这样的年代对于企业规划者的错误是宽容的。如果我们过高地估计市场需求，就不可能有比我们的公司早一两年投产新产能更糟糕的后果了。由于建设成本逐年增长，如此过早地投资造成了短期损失，并且为了适应增长的需求，甚至能够审慎地预先投资。在那一时期中，接近廉价中东原油的大型石油公司和综合系统正在产生相当大的现金流，除此之外，因为出口和原油增产产生许多利润，能够为外部证券市场或者债务市场所必需的新营业资产筹措大量资金。炼制和交易投资的目的主要是使该公司通过它的综合系统经营最高额的原油，这在整体上最适合集团的一体化经济。

这些经济真实性特别适用于 BP 公司和 Gulf 公司的情况（从传统意义上看，原油产量"高"），最不适用于壳牌公司和美孚公司的情况［从传统意义上看，这些公司原油产量"低"（即纯买主），甚至在 20 世纪 60 年代，一些概念对于这些公司就比较重要，即通过生产较高价值的产品（例如，石油化工产品和润滑油）］和通过在市场上投资增加其原油价值。

继 1972/1973 年第一次油价冲击之后，所有这些令人欣慰的经济情况永远地改变了；油价上涨了约 4 倍（从每桶约 3 美元涨到 12 美元以上）；大公司失去了许多优先进入石油输出国组织（OPEC，音译欧佩克）的机会，特别是中东更是如此，原油已经成为利益的主要来源和通过综合体系其能够控制工业的关键；最后，第一次出现了一种非常现实的公众感觉，即原油是一种缺乏和有限的日用品。

大公司对这一首次油价冲击的反应决定着下一个 15 年石油工业的技术重点。例如，大公司失去了在中东的股本原油储量，因此，在可进入并且进行首次勘探的那些国家，通过勘探和开采寻找新的股本原油来源。许多最有希望的勘探远景区是海上或在不利的环境中，在油价为每桶 3 美元的情况下，这些区域对石油工业没有吸引力，但是在油价为每桶 12 美元的情况下（预计在油田开采期限内还会提高），这些区域具有极大的诱惑力。

在 1972 年之前就已经在开发海上勘探和开采技术，但是 1972 年后变化的石油工业重点给了开发海上技术巨大的动力，特别是在英国的北部区域和挪威北海遇到的不利条件下更是如此。仅在从东设得兰盆地和中央地堑的首次发现的几年内，将 Forties 和 Brent 含油系统投产是惊人的，在仍然实施这些大规模项目的同时，不得不开发或采用大量技术。主要的技术重点是找到解决一些工程问题的安全而可靠的办法，这些工程问题是将这些大油田投产和把原油输送到岸上（通过大陆架水域约 150 mile 的一段距离）。

到 20 世纪 80 年代，石油短缺的恐惧和对未来油价水平的感觉都减小了。1986 年，油价疲软开始影响石油工业的现金流动，这使人们重新考虑许多主要的海上开发建议。在一些地区（如北海）流行一种观点，即大的"简单"油田大部分已经找到且新发现（用非常规方法继续找到的）的特点将主要是规模较小、地质情况较复杂，并且在许多情况下是在较深水和较不利环境中。

因此，管理重点和技术资源对准了新的开发方法。在北海，我们看到了第一个张力腿平台（TLP）；在墨西哥湾，许多各种各样的随动塔式平台，它们是适合深水、中等和大型油田开发的革新和有成本效益的解决办法。在这些油田中，深水混凝土结构和大型钢导管架已经成为整个 20 世纪 70 年代和 80 年代初开发的支柱，对于开发来说费用会相当高，并且根据新油价展望可能证明是不经济的。

在 20 世纪 80 年代初期和中期，地球物理勘探技术方面获得的重大进展在以下两个方面是特别重要的，即能够使石油工业调低油价和期待获得一些希望以每桶 18 美元油价的构思开发新海上油田。用于海上地球物理测量的 3D 地震技术的迅速发展和应用显然是这些进展中的最重要部分，但是其他方面的进展（例如，海上数据采集和现场质量控制，用于处理现有的非常大数据集的较大计算机能力的可用性，数字工作站和自动化制图的广泛可用性）都对地球物理产品的质量和成本效益，以及地球物理工作者及其支持人员的生产能力方面的改变作出了贡献。

地球物理学方面的这些发展和石油工程方面的平行发展（石油工程中较大的计算能力简化了强有力的油藏模拟的日常应用和建模技术）使公司能够根据仅几年前认为不够谨慎的评价并制定其海上开发规划。由于与 20 世纪 70 年代初的大油田相比，目前发现的许多新油田相对较小，这大大地提高了其商业生存能力。不但减少了钻一次评价井的费用，而且把第一次发现与第一次开采之间的时间滞后减少了许多个月，这是边际油田经济方面令人惊讶的敏感元素。

在石油工业下游中，特别是在炼制行业中，对1973年以后的较高油价的反应是极其不同的，但是这也具体化了以后15年石油工业的技术议事日程。1973年和1979年冲击后的较高油价降低有时甚至消除了市场对石油产品需求的增长。因此削减了炼油厂扩建计划，放弃了"绿色油田"炼油厂计划，特别是在欧洲和北美地区更是如此。大型石油公司失去了获得中东优惠原油的机会，事实上被迫以开放市场价格购买其原油，与以前没有机会获得廉价的中东股本原油的竞争者相比，这些大型石油公司从中受益不大。

炼油厂不再连接在一个完整链中，在该链中，通过该系统获得和控制更多原油的能力是主要经济规则。炼油厂经济状况的关键变成了价值的增加——原油成本范围内的畅销产品、其他原料和其他经济投入（例如，化学剂、催化剂、公用事业、维修和工资）的可实现价值的超过额。这一剩余（称为炼制边际）将足以包括投资费用（例如，运用资本利息和设备折旧）并且为炼制公司产生利润。

20世纪70年代末和80年代初对石油产品的总需求相对萧条，这掩盖了不同产品非常分散的趋势。由于油价上涨，发电市场上重质燃料以前拥有的经济优势受到了损害，并且大部分这种市场最初失去了煤炭和核能，后来失去了天然气。同时，在运输燃料的情况下没有这么容易替代，并且由于经济状况在1973年和1979年冲击中恢复，汽油、机动车柴油和航空煤油需求的增长率重新开始增长。这一增长差异导致重燃料油过剩和随后的价格疲软，并且导致较有价值的较轻产品生产不足和价格相对坚挺。

实际上，大部分原油的自然分馏量不再为石油工业提供与市场需求一致的产量方式。这样的事实使这种情况部分地得到减缓，即从北海和西非新得到的原油趋向于比传统中东原油轻并且含硫较少，但是虽然如此，减少较有销路的轻产品产量的经济刺激在增大。

这依次导致炼油厂利润变化越来越大，拔顶—加氢型炼油厂（几乎没有空间提高残渣品位）常常见到负利润，而较复杂炼油厂却赚到了利润，这种情况也在变化，从满意程度较高到接近收支相抵。

这一提高品位的目的主要是通过以下方式改变任何特定原油的产率方式，即通过把富含碳的大分子裂化成较轻馏分，这些较轻馏分会在蒸馏塔内蒸发（较小分子具有相对较高的氢碳比）。像在第二卷第4章和第5章中描述的那样，有许多能够用于这一目的的工艺。

在西欧，选择的方法趋向于建立流化催化裂化（FCC装置），常常同时采用HF烷基化和其他二级装置生产产品（特别是汽油更是如此），满足所需的技术要求。但是，在亚洲，在许多情况下趋向于优先建立氢化裂解装置。两个市场的开发不同可以部分地解释这一差别，欧洲的主要需求增长是汽油（对于汽油来说，FCC方法可能最佳），而在亚洲，需求的最快增长是中间馏分和航空煤油（在航空煤油的生产中，氢化裂解工艺更灵活），因此，尽管一般说来资本费用和操作费用较高，但是从经济上来讲更可取。

因此，在这一时期炼制领域技术开发优先考虑的是重点偏向改进炼油厂提高品位工艺。不同炼油厂馏分分离精度、工艺热效率或高价值产品产率的相对较小幅度的提高不是引人注目、成为头条新闻技术的特长，但是整个产生了达到炼油厂底线利润的重要差异。

这些技术开发许多是派生的。根据材料科学家的研究工作，我们了解了双金属和新择形催化剂的性质，并且在工艺中应用了这些催化剂，延长了昂贵催化剂的有效使用期，并且当调换或恢复催化剂和提高产品产率时缩短了所需的停机时间。我们从计算机科学家和检测仪表工程师那里了解了计算机控制系统和遥控数字检测仪表的发展，并且把这些技术应用于炼油厂，能够从一个中央控制室控制整个炼油厂，并且记录工艺优化的改善情况。工艺工程师更用心地考虑流动优化，即利用预热原油或其他进料方面的任何废热和在可能的地方减少通过热交换器的能源损失；这不是在掩盖新技术，而是应用于石油工业的智能和有成本效益的研究工作，大部分研究工作由学院和化学工业承担。

20 世纪 80 年代末和 90 年代，虽然重点在不断变化，但是经济仍然是油气工业技术的关键驱动力之一。在世界的大部分地区，石油产品需求增长仍然相对较慢；仅在亚太地区增长较快，这种情况被 1997 年中期在该地区遭受的经济和金融衰退大大地减弱了。虽然这一时期对于大部分国家来说，因为联合国制裁，伊拉克作为中东主要产油国失去了市场，并且很难把中东描述成完全稳定的，但是虽然如此，仍然有足够和安全供给石油的国际市场的感觉，因此对油价的主要压力一般就减小了。

这一时期的另一个政治经济特征是原苏联国家和东欧互经会（COMECON）体系解体，在许多其他地区石油（特别是）天然气市场自由化。通常这一改组不需要发展新技术，但是确实需要由国际工业在这些新机遇领域进行大规模投资，在许多情况下，把在国际石油工业中证实的技术转让给资源丰富但缺乏投资的地区。

这种技术转让的结果是混合的。当然有许多非常成功的项目，特别是那些包括国际石油服务公司和本地对应服务公司之间的许可证或合资经营形式更是如此。但是，在许多情况下，在没有必须进行文化改变伴随的情况下进行了技术转变，结果令人失望。在某些情况下，没有有技能或经过训练的人力资源掌握这些技术以获得最佳效益或维持这些技术；在其他情况下（特别是在国家控制的公司中），没有减少人数或采用习惯工作作法的政治意愿，以至于不能复制通过采用国际石油工业中的这些技术获得的经济情况。

在这一时期，石油工业努力控制价格的一个受欢迎特点是在石油工业范围内进行降价倡议合作。在这方面的两个最有名的方案是英国的 CRINE（新时代成本降低倡议）和挪威的 NORSOK，但是这两个开拓性方案已经被效仿了，并且在许多其他国家或地区不同程度地获得了成功。

这些倡议的本质是在石油工业中发现最佳工业习惯作法并且促进其采用，无论是技术还是合同习惯作法［这当然也是石油学会在技术会议、出版物（例如，规则、标准和现代石油技术）和讨论会程序方面的大部分工作的依据，由于这个原因，石油学会欢迎 CRINE 和相似的倡议，并且继续寻找与它们进行合作的机遇］。

成本降低倡议包括标准技术规范的开发，在这些技术规范中，这些倡议是合适的，并且使用的标准指定设备能够对降低项目研制期限和费用作出贡献。

在过去，油公司可能精确地规定泵或压缩机，采用精心制定采办程序、订购、建造和交付满足订单的设备。今天，很可能规定泵或压缩机的功能技术条件（例如，流动能力）是什么，确定能够得到什么样的标准设备以便满足这些技术条件，因此购买现成的设备。这不但减少了设计和采办时间，而且还大大地降低了费用，避免了必须库存非标准条款的备件，备件可能不常见或从不再生产。

当然，成本降低倡议同样能够应用于专业和其他合同服务。例如，虽然详细条款可能不同，但是大部分第三方服务合同包含许多相同标题。然而在过去，当事人对每个合同分别进行谈判，常常包括其律师或合同谈判者。一些合同足以不寻常以便需要这种"预定"法律干预，但是在大部分情况下，显然在订立标准合同条款合同方面会有很大费用和时间优势。在这种情况下，石油工业，其订立合同人和供应商熟悉，仅把一些规定的条款（价格和交付日期）在当事人之间进行谈判，并且把这些条款插入标准合同表格中。最近几年，CRINE 和 NORSOK 特别投入了大量精力开发标准合同，普遍认为，这些工作对成本降低作出了贡献。

用较长的篇幅讨论了成本降低倡议问题。石油工业把大部分技术资源投入标准化和简单化中，在这两方面，以前每个公司在其自身不同技术和设计、工艺"改善"方面效果不大，这些方面可能显示出健全和精美的工程解决办法，但是不会实际增加任何重大功能或经济优势。

经济情况将不可避免地继续是石油技术开发的主要驱动力之一，并且需要找到以较低费用经营我们的业务可能仍然是首要经济驱动力，特别是当油价仍然相对较低时更是如此。

3 环境要求

除经济之外，在过去20年中石油技术发展的其他主要的推动力是影响行业的环境和安全问题。它反映出石油工业现时重点强调与健康、安全和环境（HSE）有关的许多因素，以及许多高级业务主管对这些问题的偏见，它本身反映出公众和媒体对此问题的极大关注程度。

按下列标题对这些问题进行了分类：

（1）为我们的客户、公众和压力集团及监管机构（包括国内的，逐渐到跨国的）提供现代高标准的产品。

（2）处理作业作为环境保护的一个行业，特别关心对大气和海洋环境的排放问题。

（3）为利用产品的雇员、承包商和客户提供安全的工作环境。

其中每一项对工业技术开发的优先化都具有重大的影响。

石油产品的技术要求总是逐渐提高的问题。一直到20世纪70年代的晚期，有大型石油公司，但是自从竞争要素大量消失以来，至少就石油燃料而言，它已经成为符合工业标准规格的更多的商品市场。近年来，公司在试图区分他们的燃料质量时，很少以环境质量为基础（这与润滑油市场相差悬殊，特别是在工业的和专用润滑油方面，技术配方、功能特性和应用建议仍然是这些产品销售的关键要素）。

在个别国家级，或者更常见的是在超国家级，如欧盟制定的汽车用油的条例和法规中已经反映出社会对诸如汽油中铅或者芳香烃含量问题的关心，产品的硫含量和柴油机喷出的悬浮颗粒物等。这样的条例是以健全的科学为基础，并且是实际的和低成本的，因此，这样的行业通常受到支持。

然而，当过于严格地加强质量标准时，而且不能看到与达到边际特优质量标准中发生成本同量的任何环保效益时，该行业的反应更矛盾。这或许太容易，尽管认为一个特殊测量不能达到与所需投资同量的环保效益，我们进行投资是经营中获得许可证投资的一部分，并且最后客户将对此付账。

满足我们的客户和监管机构需求的质量标准需要石油工业在两个前沿进行技术开发；第一是开发产品的需要；第二是如何制造那些产品，并使其与需要的经济上可接受的价格一致的方法。

满足必需的质量标准的产品开发一般不是特别困难的；在已经出现问题的地方，由于需要选择一种方案代替另一种方案，它们已经频繁出现。这些问题将在第二卷第19章至第23章中的相关章节中讨论。

更严格的产品技术要求依次需要不断开发检测产品的技术，以至于有可重复和在客观上可证实的标准，对照这些标准可以确定产品质量。由于在给定产品方面必须确定的参数或特性的数量增加，测试自动化在发展，而且必须开发出一些测试方法以便检测产品中特定物质更低浓度，需要改进测试方法和标准化最佳习惯作法在国际上仍然是主要技术工作。石油学会与美国材料和实验学会（ASTM）长期工作在这一领域的最前线，并且继续在开发和颁布标准测试方法以及保证在国际标准化组织（ISO）（该组织承认许多这些标准方法是国际水平）中完全考虑石油工业的观点方面起积极作用。

需要开发能够以可接受成本生产满足所需质量技术要求的这些产品的炼制工艺已经成为更大的挑战。除了稳定发展和开发（例如，改进的催化剂配方，催化剂能够提高产量并且能够使炼油厂设备在更严酷条件下运转）之外，通常不需要开发完全新的炼油工艺。

在大部分工艺开发中，关键目的是保证一致的质量，提高工艺产量和改善工艺经济情况。在第二卷第3章至第6章中说明了这些发展，在这些章节中详细地介绍了炼油工艺的目前状况。

驱动石油技术发展的第二个环境问题系列是与需要石油工业以对环境负责和友好方式进行作业有关的问题。这是一个大范围问题，涉及每件事情，从温室气体到较大的油罐事故[例如，海洋女皇号（Sea Empress）事故]，再到多余海上设备停产或废弃问题[以布兰特史帕尔储油平台（Brent Spar）为例]。为了方便起见，根据影响因素（土地、水或空气），对这些问题进行了分类。

由于油气渗漏，可能很容易污染土地。公众舆论和管理法规都要求采取措施，以便避免这些渗漏超过20年前预计的程度。这对石油技术的发展提出了两种需求：第一，如何防止进一步渗漏；第二，如何补救现有场地。

防止油气进一步渗漏只是开发新技术的部分问题，它主要是保证在整个石油工业（包括最佳习惯作法的承包商和用户）中普遍理解和采用的问题。但是，技术是有的，例如，通过能够得到用于地下油罐和管线的新非渗透性材料以及较好的检测、测量和控制系统。

在过去一些设施（例如，加油站和分配性油库）不是按照这些标准建设的地方，当不再需要这些设施时存在补救问题。石油工业的习惯作法是完全毁坏这些设施，这仍然可能留下土地污染问题，特别是表土会被油气渗漏污染。常常一直到完成了设施毁坏，才能估计这种油气渗漏的程度——主要由一系列物理和电子技术解决的问题，已经开发出了这些技术，以便测量油气在原地污染的程度。直到最近，能够处理污染表土的唯一方法是挖出并且从处理现场清除这些表土，并且用未污染或经过处理的物质替换这些表土，但是微生物学的最新进展提供了一种可能性，即消耗原油的微生物能够在污染土壤中生存并且能够原地对土壤进行生物补救。

水污染向石油工业提出了大量的环境挑战。在炼油厂和其他处理厂，必须处理所有从工厂排出的水，以至于排放到自然环境中时，其质量至少要像进入工厂时一样清洁（在某些情况下要更清洁）。这适用于生产，包括冷却用水和废水（例如，工厂内的雨水）。现代炼油厂用的生产用水比20年前少得多，主要是因为需要密切注视炼油工艺的热效率，并且如果有可能，在预热其他工艺物流中利用废热，还因为有一种趋势，即在热交换器中采用空气冷却，而不采用水流。虽然如此，仍然需要对石油工业炼油厂和水处理厂的水处理设备进行大量投资。在水处理工业中开发和满足石油工业需要而采用的技术，能够使排放到自然环境中的水达到非常严格的质量技术要求。

水污染的其他方面是原油从油罐漏出，或海上原油渗漏并且进入海洋的地方。事故发生后几年，公众都记得这些事故[包括海洋女皇号、埃克森瓦尔迪兹号油轮（Exxon Valdez）、几年前埃科菲斯克油气田（Ekofisk）的Bravo采油平台井喷]，并且具体化了石油工业的公众感觉。在过去 20 年，石油和海运工业以及管理机构密切合作，以便改进石油海运业中的安全和操作实践。虽然许多关键发展在海运和海洋电子设备（例如，双壳体结构和 GMDSS）技术方面比石油技术方面多，但是石油技术在其中起到了重要作用。

但是，在开发防止原油污染、清理和补救技术方面，石油工业一直是积极支持和参与的。这包括安装和回收分离原油的设备和技术（例如，横木和撇油器）以及分散剂配方（对于海洋环境来说，这种配方比以前使用的毒性小）的研究和技术开发。石油工业的许多最严重海洋污染问题涉及潮间地区和河口沼泽地的原油污染，在这些地区，生态破坏常常是最严重的。在过去的 20 年，石油工业一直与海洋生物学家和生态学家进行大范围的研究合作，以便完全了解和弄清楚如何最佳处理这种问题。

海上勘探和开采也解决了大范围的海洋污染问题［从钻屑在海底的沉积（特别是来自油基钻井液钻井的钻屑）和海底管道的影响，到多余平台和其他设备的退役］。这一最新问题是还在继续争论的问题，但是，现在起码清楚了，对于大部分平台来说，将需要完全或大部分清除。这将涉及技术的进一步演化，这些技术包括海上拆卸和随后的陆上回收或毁坏。

对于石油工业来说，空气污染也是一个重要问题，并且是驱动技术开发方向的问题。正如以上讨论的那样，对这方面的极大关注对检验已开发出的石油产品技术要求的方法作出了重要贡献，特别是关于逐渐降低石油产品中最大允许硫含量和汽油中芳香族化合物或柴油机颗粒的最大允许含量。

石油工业也必须降低其作业（炼制以及勘探和开采）的排放量。今天，在采油过程中，把燃气作为常规作法不再受欢迎；不但是出于环境方面的考虑，而且经济情况也表明，不应该浪费有潜在价值的燃料。

这有助于进行许多技术尝试，以便研究在没有明显伴生气商业市场的地方利用伴生气的方法。一个实例是利用回注气保持油藏压力。像在第一卷第 7 章中介绍的那样，最近几年，在预测气体回注效果和能够优化开发方案以便最大限度利用这一能力和最大限度提高长期经济效益方面，油藏模拟的进展获得了很大提高。

在不能进行回注的地方，可以考虑可供选择的方案，这些方案在几年前可能认为是不可能的。例如，正在考虑铺设几条长距离海底管道［例如，集中来自巴布亚新几内亚的海滋（Hides）气田和库图布（Kutubu）气田的天然气通过管道输送到澳大利亚昆士兰］；几年前首次进行考虑时，认为这种项目是不可行的，但是今天，海上管道铺设新技术改善了经济情况，并且防止在这种管道中形成水合物的新技术解决了其中一个主要的潜在操作问题。

特别是在亚太地区（长期以来，该地区可能将恢复为能源需求主要增长地区，并且该地区拥有大量天然气储量），下一个 10 年石油工业的大部分研究和技术投入可能致力于更好地利用天然气。20 世纪 80 年代实施的许多基于甲醇的项目证明，这种项目在经济上非常敏感并且只有在未来较高油价或常规原油和产品不足的情况下才可能着手商业化。

　　因为颁布了条例、"好邻居"方针和进步的自身利益，大量地降低了从炼油厂和陆上设施向大气中的排放量。这方面的一个例子是大部分炼油厂拆除了火炬装置，火炬装置是20年或50年前这种炼油厂的特征。现在把炼油厂废气作为炼油厂燃料，开发技术先进的多燃料锅炉简化了一个过程，这个过程通常与组装发电设备有关，并且能够把任何发出的多余电卖给公共供电网。为了保证在紧急降压或设备启动期间的使用，通常用燃烧清洁的地面火炬代替火炬装置。

4　安全

　　第三组和最后一组健康、安全与环境（HSE）问题已经影响到石油技术的发展，它所关心的是为我们的雇员、承包商和使用我们产品的用户提供安全工作环境的需要。

　　它不仅是石油工业的经历，而且是其他可能的危险行业，诸如航运和核工业，许多技术和确定的关联条例的进步。以航运业为例，泰坦尼克号出现的重大人员伤亡是不同的新海洋工程技术发展的主要动力，并且是主要国际管理干预的催化剂。这确实是石油工业的经验，从许多故障或事故中得到了试图用于未来的教训。在过去20年，石油工业最重大的事故也许是派普艾尔法海上平台（Piper Alpha）事故。石油工业从两个方面得到了许多经验和教训，即通过其本身对该事故的分析，特别是从Lord Cullen的彻底和过细的调查、报告和建议中。

　　根据经验获得教训的这一方法在高风险行业中不再受欢迎，在风险行业中，甚至不能预料一起重大事故的结果。在过去20年中开发了全新的安全工程学科，该学科充分利用统计和概率技术，强有力的计算机程序的开发给予了该学科很大帮助，计算机程序能够在屏幕上对事故或建筑损坏的结果进行模拟，并且在不进行物理试验的情况下给出合适的安全极限。

　　这一安全的新方法完全改变了工业和管理者的思维方式，最初在英国和挪威海上，但是现在世界其他地区不断应用该方法。以前大部分安全论证和保险是以法规规定惯例方式为基础的；倘若一个人能够在与每条详细法规一致的所有方框内打钩，这足以保证管理者批准。

　　特别是发表了Lord Cullen的关于派普艾尔法海上平台事故的报告后，海上石油工业及其监管机构强调了不同的重点。这些重点当然仍然是在规定的基础上满足的一些特殊规则，但是主要管理控制变成了安全情况的责任从证明与规定一致的责任变成了证明安全情况（能够示出安全工作环境）的有效性的责任。这种安全情况在很大程度上依赖于对风险的严格识别和量化，并且证明如何能够管理和承担这些风险。

　　石油工业在这一领域新技术开发方面投入了大量资金。一些新技术（例如，海底和井下安全阀、压力和热传感遥控设备以及故障保险系统）已经成为常规硬件开发。但是，在单个公司内和通过首创精神（例如，"安全的阶跃"），把更多的资金花费在人和计算机系统以及保证采用安全文化上了。由于技术能够使我们消除或减少安全系统中的弱点，现在我们常常留下了人为误差（是该系统中的最薄弱环节）。

在这组问题内，也可以包括提供在正常使用过程中不伤害最终用户的产品的主题（这可能永远不是绝对的；石油产品是易燃的且具有潜在的爆炸性，当不注意误用时，通常会造成损害或伤害）。最近几年，大部分问题集中在长期或过度暴露在某些石油产品下造成的健康影响上，特别是可能增加致癌影响。通过职业健康研究、大规模流行病研究和在实验室内的产品毒性检测，石油工业（以单个公司的规模，也通过石油学会和其他联合体的共同努力）在这一领域一直是积极的。

5　结论

综上所述，可得出的一个明显结论是，比过去更多的技术研究和开发将具有工业通用特性，而不是对任何一个公司的单独商业利益而言，对于健康、安全和环境领域来说，这特别正确，但是在许多其他领域（例如，标准化和测量），这也是正确的。目前大概有两个因素在驱动这一趋势：存在降低成本的积极性，并且现在考虑订合同把工程包出或外部承包的工业活动的范围在增加。倘若公司确信，这些方案代表金钱的价值并且应该加以实施，这可能导致研究工作减少并且公司更愿意考虑"俱乐部"或联合研究方案。

最后，还是老一套，即石油的技术研究和开发太重要了，工程技术专家和科学家不能放弃。但是，如果科学家想要在高度竞争和注重成本的石油工业中为其提出的研究工作吸引资金，他们将需要保证其首席领导"买进"其方案。这种情况仅在以下情况下才能发生，即科学家能够证明，其提出的成功研究工作方案将对达到共同目标作出贡献，在这些目标中，降低成本、安全和环境在未来几年可能仍然排在前面。

P. Ellis Jones

致　谢

　　本人由衷地感谢精心撰写论文和提供需要时标的图件的所有作者。感谢为帮助我准备本书建议使用图件、同意复制材料、综合参考资料和有用数字的同仁们。特别还要感谢 Geoforce 咨询公司的 Suhail Al Salman 博士及时提供论文和证据，Martin Tribe 及其在 John Wiley 的专家组，石油学会的 Sarah Frost Mellor 安排本人做这项工作，填补这项空白，当提出问题并且得到解决的时候，本人感到由衷地欣慰。

特立尼达和多巴哥共和国西印度大学

Richard A. Dawe

编者的话

石油工业正在飞速发展，因此，这本新版《现代石油技术》的标题和书中重点的选择是主观的。然而，由于许多作者提出了好的建议，相应地比前一版减少了一些标题的篇幅，因为这些技术尽管也有进展，但是在本质上没有大的变化，因此增加了一些新的或者快速进展的技术。现在，勘探家们正在把它们应用于更大范围的地震测线（及其采用先进技术的分析）、油藏描述，特别是岩石物理学、油藏数值模拟；相应地，更加重视这样的标题。附图说明了许多这种难以置信的发展。在前一版中没有"水平井"这一术语。现在许多井是水平井或者多分支井的，并且连续地记载了水平井的钻井、测井和使用。由于未来几年其将面临快速增长，书中包括了"新"标题天然气和重油与稠油。在石油工业中的单位使用和向国际单位制的缓慢变化正在产生一个问题。每个人完全与任何单位制有关的答案都是一个梦想。本书使用了混合的单位制，但是有一个换算表（表1.5）。为了便于书中内容的衔接，一些小的段落可能重复。

新技术进展

全球油气资源和开采对上游油气工业感兴趣的任何人都具有极大吸引力。"已证实"的石油和天然气资源是一种财富，很可能会发现得更多。自从 1984 年上一版《现代石油技术》出版以来，尽管实际上大部分容易发现的油气田现在已经找到了，并且确实提高了采收率（也许翻了一番），但是勘探成功率一直在保持着或在提高。

技术帮助找到更多油气，使油气更便宜，并且帮助开发了更多销路好的产品。因此，越来越必须以更安全和对环境更有利的方式进行。石油工业在技术方面取得了很大的进展，这些进展对以上行业有极大帮助。下文描述的大部分技术在 1984 年是得不到的，或当然没有可行的商业基础。大部分技术已经研究出来了，并且现在成为了常规技术，例如，地层测试器（以不同形式测试压力和地层连通性）以及水平井和大位移钻井，所有这些技术提高了井产能和可采储量。有许多其他技术革新。当然，计算机建模改善了油藏分析的效果。像在附图 1 至附图 5 中看到的那样，现在能够以不同的颜色以及 3D 和 4D 显示油藏特征。由于现在获得了更多的知识，能够实时地更新油藏模型以便利用这些额外知识。

石油开采过程的每个环节都从技术开发中获益（图 1）。现在日常都在使用井间地震、生产井观测、井下可视化、识别和测量多相流动的井下压力计和设备。但是，流体通过油藏流到地面并且通过工艺设备仍然相同。获得实际进步的地方是在数据管理和获取以及信息的描述和分析方面。计算机能够给出许多"如果……那怎么办？"方案的答案，如果我们想要以较低的单位成本获得较多的资源，这是必需的。成本—效益对于健康发展和成功的工业是必不可少的，技术是获得这一目标的关键之一。

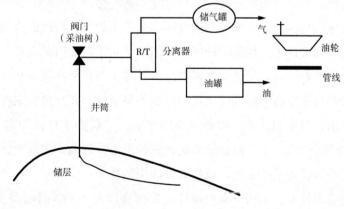

图 1　上游石油运行流程

现在陆上和海上 3D 地震勘探是常规技术。计算机—强化处理技术（例如，叠前深度偏移）正在提高能够获得的地下成像分辨率。使用横波和纵波能够提供辅助信息。从地震资料中能够推导出改进的构造、岩性和孔隙充填信息，而可视化技术有助于减小风险，提高规划制定和油田开发水平，所有这些都降低了单位成本。计算能力能够使 4D 或时移地震勘探（在该地震中重复 3D 测量以便识别驱替前缘或未波及的油气）成为可能，这一计算能力把获得 3D 地震勘探结果的时间从 18 个月减少到了非常接近实时。为了使这一技术有效，我们需要知道地震响应如何与孔隙充填和压力变化起反应，这依次需要地球物理学家和油藏工程师之间的有效合作，这种多学科协同作用变得越来越重要。

在迅速提高成本效益的一个技术领域是井，可以把井成本容易地表示为油田单位技术成本的一半以上。采用水平井和长井段井现在是平常事。多侧向井也在增加从地面一个位置到达油层的数量。改进的随钻测量和管柱力使更有效地接近油气成为可能；甚至能够想象，钻井时井"聪明地"找到油气。采用一些技术（如膨胀管）能够用较少材料钻井，浪费少，地面轨迹小。

井的功能也在提高。用侧向井能够制定复杂油藏构造的基本不同的泄油策略：在一口井内，能够用气层的气举升油层的油，注采相结合，在分支井筒之间进行水驱。因此能够在井下进行水和气分离，使井只产油的梦想尽快成为现实。自动优化举升和自动化入流控制系统也是可行的。井下传感器将能够在线测量地球物理和岩石物理参数，以及流量、温度和压力。

所谓共享地球模型（油藏的全模型描述）是不同学科对再现油藏或油田的另一个发展（附图 10）。这种模型将是可视、可更新、可存取和可共享的。而在过去，常常必须平滑或平均数据以便把数据从一个学科模型传送到另一个学科模型，由于提高了计算能力，这一作法就没有必要了，以至于每个学科能够更新所负责的模型部分。用迭代技术能够检验各种油藏描述和对照实际结果评价所有相关信息。在再现中通常存在不确定性，但是通过使用这项技术能够较好地量化，并且希望随着时间减少这些不确定性。

通过把共享地球模型、扩大的井下功能范围和数据采集能力与地面控制和数据系统相结合，整个油田开发和开采系统优化的空间很大。但是，对于与油田开发有关的学科来说，这也是一个重大挑战。所有学科必须经常沟通和理解。在油田开采期限内必须采用综合方法是正确的，采用一系列稳定反馈循环以便优化和减少不确定性，并且最大限度提高开采的成本效率。由地学科学家、石油和开采工程师组成的多学科"资产工作队"需要掌握保证油田综合开发所需的多学科知识。工作队必须系统地进行思考，对地下和地上信息变化如何影响油藏的其他区域、井和设备系统敏感，以便充分利用新技术。

为了有效益地应用技术，另一个重要挑战是如何管理人（并且判断需要多少人）。技术发展需要人使用其技能，甚至当有效使用相关技能时，仍然有机会因素。

虽然在本书中描述了所有技术进展，但是对于单个勘探工作者来说，商业成功的机会还是非常不利的。因此，大公司根据统计风险（而不是个人直觉或"本能"）进行勘探。石油勘探本来就是一个风险行业，公司最后要做的事情是没有必要在安全、环境或任何项目的商业服务期限方面冒风险。

不管还能够发现和采出多少石油的争论如何，可以肯定的是发现这些资源会变得越来越困难，并且最后费用较高。未来取决于对地质情况的较好理解、不断的投资、改进技术和新观念。

感谢壳牌国际勘探与开采公司、海牙公司、荷兰公司和 2000 年 SPE 主席 John Colligan 对本书的帮助。

理查德·A. 道

参 考 文 献

R. G. Smith and G. C. Maitland 1998. The road ahead to real time oil and gas reservoir management. Chem. Eng. Reserch and Design，76（As July），539－552।

撰 稿 人

石油学会衷心地感谢下列编辑和作者对这本重要的参考书做出的无法估量的贡献。

Richard A. Dawe 编

特立尼达和多巴哥共和国西印度大学石油工程和化学工程系的 Richard A. Dawe 教授，现任特立尼达和多巴哥 Methoanol 公司主席。在 1997—1999 年，他是首任阿拉伯湾卡塔尔大学石油工程欧美主席。先前，他曾就读于英国伦敦大学科技、医学帝国学院油藏工程专业。

前言 Peter Ellis Jones，英国 Tawe 石油公司经理部经理

新技术进展 Richard A. Dawe

第 1 章　Richard A. Dawe

第 2 章　Richard Selley，英国伦敦大学科技、医学帝国学院，皇家矿业学院环境、地球科学与工程 T. H. Huxley 学校石油研究中心应用沉积学教授

第 3 章　Andy Fleet，英国伦敦自然历史博物馆教授，先前就职于英国石油公司

第 4 章　Michael Schoenberger，埃克森石油公司生产研究部前地下成像技术协调员，现任顾问。勘探地球物理家学会前主席和编辑

第 5 章　John Ford，英国赫瑞瓦特大学石油工程系高级讲师

第 6 章　Keith Boyle，英国伦敦 BHP 石油有限公司；Xudong Jing，英国伦敦大学科技、医学帝国学院石油研究中心石油工程专业学生；Paul F. Worthington，英国奥尔顿 加夫尼，克莱因及其同事

第 7 章　Richard A. Dawe

第 8 章　德士古北海公司的文稿撰写人：R. G. Blezard, J. Bradburn, J. G. Clark, D. H. Cohen, D. Costaxchuk, A. A. Downie, P. Fowler, L. Hassoun, A. P. Hunt, D. Kirton, F. I. Knight, J. R. Lach, E. J. Law, P. A. McDonald, A. K. Morrison, J. M. Cairney, H. Naik, W. J. E. Sutton 和 P. Thompson

第 9 章和第 10 章　Bob Cranmore，壳牌国际石油勘探和开发公司前项目工程师，曾任壳牌 EP 科技杂志编辑；Ed Stanton，壳牌国际天然气公司独立石油公司顾问，经营/技术开发部前经理

第 11 章　Craig Smalley，顾问地质学家，BP – Amoco 公司上游技术集团稠油技术部前经理

目　　录

1 勘探和开发的基本原则

1.1 引言

本章试图为勘探家、油藏和石油工程师在石油勘探和开发实践中所采用的现代方法做一综述；也试图为后面的章节做好准备，用勘探和开发的概念详细介绍所采用的技术，并且进一步介绍用于烃类命名和分类的标准术语。

石油是包括天然气和原油在内的液态烃的一个普通术语。后面章节将进一步讨论和扩展石油的含义。通常把液体石油称为原油（Crude 或者 Crude Oil）。在外观上，天然原油的颜色从几乎无色变化到黄褐色或者黑色，分别是低密度、低黏度原油到高密度、高黏度的黑油。具有商业价值的石油大多存在于沉积岩中（砂岩、石灰岩和少量的泥岩）。油田和气田是含有可采烃类聚集的地下岩石储层。这类岩层必须具有多孔隙性和渗透性，允许含有烃类，并且能够流动。为了规划一个油田或者气田的开发，大致需要以下资料：

(1) 储层的形态、尺寸和连通性。

(2) 岩石的孔隙度和渗透率（生产能力）。

(3) 烃类充满孔隙空间的比例。

(4) 烃类的性质。

(5) 井、设备、管道、设施等的成本。

(6) 安全、健康和环境物质。

1.2 勘探方法

任何油气勘探活动都处于东道国政府的许可和控制之下，与其他公司之间常常存在（直接或者间接的）竞争。这些公司也力图满足本身未来的需求。一个公司最终决定钻井，不仅要考虑基本的地质指标，还要考虑政府的需要量和条件、钻井成本、运输成本和市场机遇，以及其他竞争可能性。

通过地质填图和地球物理测量成图建立沉积岩的层序和年代顺序，确定构造的位置和形态，包括背斜和断层构造。根据这些沉积层序代表的地质时期内沉积盆地与自然地理盆地的变化关系，专业人员再现沉积盆地的演化史。通过测量和描述岩石获得一个地区的区域地层。在矿场对每种岩石取样，并且露头样品用于实验室研究和获取基本特征，诸如颜色、粒度和矿物成分、化石含量、孔隙度、渗透率（定性估算）以及厚度等，并且将其位置标绘在图上。对样品进行编号，以便确定它们在层序中的位置，然后由古生物学家进行化石鉴定，包括大化石和微体化石。在钻井岩屑中，由于大化石常常被毁坏，虽然从岩心中可以恢复一些，但一般只能获得微体化石。沉积学家通过鉴定样品，能够确定它们的特性及聚集的环境（地层层序显示出环境的次序）。

地球化学家将分析可能的烃源岩，以便确定有机质由于时间、热量和压力的影响而发生改变的程度，识别可能的油源岩，并且评价沉积物的埋藏史和石油潜能。利用化石次序和组合不仅能够标定出它们所处岩石在地质年代表中的年龄，而且能够与其他地质剖面和钻井剖面进行对比，然后建立起工区内地层剖面之间的关系。

钻井是最终的检验，使用地质图的全部有效证据确定钻井井位。根据地层学和地球物理证据以及设计的井剖面图，推测出钻井剖面中预期的岩石层序。钻井通过岩屑获得地质数据，虽然钻遇的岩石遭到破坏，岩屑随钻井液到达地表，但仍可以提供解释。以一定时间隔对钻井岩屑进行取样。古生物学家检查钻井岩屑寻找微体化石，并且将其与地表测量和其他钻井剖面的层序和组合进行对比；沉积学家检查钻井岩屑并进行详尽的描述；而地球化学家分析它们的有机质含量和石油的任何踪迹。当收集到所有这些数据，并与深度和在这些深度的钻速结合时，就能够重建原始的地层层序，通过在钻井中取岩心可以补充这些数据。如果钻头穿过含油气的岩石，在钻井液中也能发现油气显示。在现代钻机上安装的自动分析设备能够检测到这些显示。

在第6章讨论岩石物理学，并且提出根据测井曲线进行地下地质解释的主要地质数据来源。在井中下套管之前，在井中用电缆下入一个探测仪。当从井下向上移动时，这个探测仪测量井壁岩石的不同物性，例如，电阻率、油水比、近井筒岩石的声速（声波测井、泥岩检测或者岩石对放射性辐照的吸附、孔隙度测定）、井径和其他数值作为随深度变化的函数。这些测量值通过电信号传输到地表，被记录后供计算机分析使用。因此发现井的测井曲线提供储层的厚度和深度、油柱和气柱的厚度，以及孔隙度和石油储层中水占据孔隙空间的比例和估算值。根据这些信息和原来的构造等值线图得出最初估算的原始石油和天然气地质储量。不是所有的石油都能用现代技术采出，但是经验表明，采收率系数或许可以高达50%。为了评价一个油气藏是否能进行商业性开发，必须进行经济评价。

数据是稀少的而且常常不可靠，但是在获得完全认识之前，必须做出是否开发一个探区和花费数百万英镑经费的决定，做出的这种决定具有不确定性和风险。为了确定出更可靠的油气藏规模、测试储层的生产能力和品质，要钻大量的评价井。在这个阶段，地质家必须与测井曲线分析人员、油藏工程师和采油工程师紧密结合。在获得新的数据后，改进和修正对储层的评价。

1.3 勘探——石油地质综述

世界上许多沉积盆地中发现了众多的商业性石油，并且预期将获得进一步的发现。石油地质家确定出沉积盆地中的远景油气区，正如在下章将要讨论的那样。然后对这些地区进行研究，进行地质填图以确定地表岩石的分布，并且地球物理学家使用地球物理测量方法确定地下岩石的分布。根据这些工作，选择出具有较大远景的小块地区进行详细调查。如果确定出一个或者多个地区含有商业油气藏，然后通过钻井进行检验，这是唯一检验存在油气与否的手段。

沉积岩通常沉积时是水平岩层（地层），然后进一步发生沉积作用，以致在最深最老的岩层上建造成一个地层层序。这些层的每一层要经过数百万年才能形成，在形成期间气候和地表的性质发生了实质性变化。诸如地震、滑坡和全面的板块运动等事件使这些层发生变形并产生裂缝。气候变化、风、冰川、火山喷发、河流洪水和其他自然力能够使地表上岩石的沉积或侵蚀发生变化。所有这些作用致使从一处到另一处的地层深度、厚度和倾角不同，并且一些层并不是处处都有。由海洋和湖泊的蒸发作用而沉淀形成的深埋盐层，能够受到压力载荷的挤压并形成具有热量的流体，而且由于盐比其他岩石的密度低，所以将发生流动和上升，所以使这些地层变形。这些地下运动和变化能够形成圈闭（第2章），如果形成时间和其他因素诸如温度和压力最佳，就能形成油气藏。

当在一个地区钻井时，要分析几乎所有探井和评价井的岩屑。岩屑分析包括岩石的化石和黏土在内的矿物含量，以及地球化学成分和物理性质（例如，岩石颗粒的形状和粒度分布）。这为岩石的年龄和沉积环境提供了重要的线索。在大多数井中，进行常规的岩石物理测井（第6章）。岩石物理测井是用专门井下工具记录不同的电、核及声波性质随深度变化的测量值。由于获取完整长度岩心的费用和难度都很大，很少取岩心，因此岩心分析用于校正测井曲线，并为储层模拟提供信息。因此，钻井岩屑、岩心和测井曲线是采油地质家们主要的资料来源，利用它们能够描述已经钻遇岩石的性质（区域地层——根据岩性特征和岩石性质的沉积层序）。

能够建立起包括岩石类型和年代的一个地层表。表1.1是一个标准的地层表（不同地质家为了描述在世界其他地区发现的相同年龄和类型的岩石，使用了不同的命名原则）。虽然有一些油气藏要老得多，但是对于大多数油气藏而言，更重要的时期是从石炭纪（最老的为290~360Ma）开始，然后是二叠纪（大致为250Ma），经过三叠纪和侏罗纪到最新的白垩纪（大致为70Ma）。每个纪被细分为世，世再被分为期。也可按照岩石类型的变化对岩石特性进行分组。例如，在中东的上侏罗统（原文为早期——译者注），能够分为Hith组、Arab组、Jubaila组、Diyab组和Hanifa组。用在地层中发现的化石，包括花粉，能够确定组的年龄。在岩石特性上能够反映出沉积环境和成岩作用，即沉积之后的变化（例如，砂岩分选，或者粒度，或者渗透率随深度的变化）。在沉积层中通常能够识别出几个不同的特殊岩石类型；把每一个命名为一个"相"。在储层中特定点几米内出现的变化，给出地质历史中这一时期在该点发生情况的线索，例如，河流三角洲、潟湖、海岸或者沙漠沉积物。这些沉积环境的每一种以其特有的方式产生孔隙度、渗透率性质和储层连通性，它们依次影响着储层动态和最终油气采收率。石油地质家应用详细的地层相推导地下的模型，即储层描述。在设计最优井完井或者油藏开发和开采策略时，这个多层油藏模型对于油藏工程师是必不可少的。例如，主要层段常常被不渗透的硬石膏（硫酸钙）或者泥岩所分隔。

表1.1　中东卡塔尔的综合地层剖面

系/统	年龄（Ma）	组	大致深度（m）	岩性	当地油气田的产层[①]
始新统	60	Dammam Rus	0		

续表

系/统	年龄（Ma）	组	大致深度（m）	岩性	当地油气田的产层①
古新统		Umm Er Radhuma Simsima Fiqa	400		
上白垩统	80	Halul Laffan Mishrif Khatiyah Mauddud	1000	硬石膏和泥岩盖层岩石 碳酸盐岩 碳酸盐岩	油层 AK，AS 油层 AS 油层 AS
中白垩统	100 120	Nahr Umr Shuaiba Hawar Lekhwair Yamama	1200	砂岩/泥岩 碳酸盐岩 泥岩盖层 白垩质灰岩	油层 D，I，AS 油层 D，I 油层 D，I，AS
下白垩统		Sulaiy			
上侏罗统	150 180	Hith ArabA，B. C. D Jubaila Diyab Hanifa Araej 组上部	1500 2000	硬石膏盖层 具有硬石膏盖层的碳酸盐岩，通常为厚层 碳酸盐岩 碳酸盐岩烃源岩 泥岩烃源岩	油层 D（C + D）， I（C + D）， AB（C + D）， AR（C + D）， BH（C + D）， MM（C + D） 油层 D 油层 D，I，MM
下侏罗统	210	Uwainat Araej 组下部 Izhara	2300	碳酸盐岩 薄层	油层 B，BH，D，I，MM 油层 D，I 油层 BH
上三叠统		Gulailah			
下三叠统	220	Khail Sudair	2700	硬石膏盖层	
二叠系	250 260	KhuffK1—K3 上部硬石膏层 KhuffK4 Haushi	3000 3500	硬石膏	气层 D，N

①AB = Al – Bunduq（本杜格油气田），AK = Al – Khalij（阿尔湾油田），AR = Al – Rayyan（阿尔雷燕油田），AS = Al – Shaheen（阿尔沙赫恩油田），B = Bul Hanine（布尔哈宁油气田），D = Dukhan（杜汉油田），I = Idd El Shargi（依德阿尔沙吉油田），M = Maydan – Mahzam（梅达曼哈扎油田），N = 北部（诺斯）气田。

　　至于在化学性质和物理性质上相似的岩石是否具有相同的地质年代，还有很大的疑问。只有通过详细的实验室研究才能解决这个问题。必须应用在相同时期形成岩石的鉴定方法或者根据井信息，研究不连续露头中的岩石结构。首先，将岩石进行对比，观察它们的组成物质是否在化学上（成分）和物理上（形状）相似。即使它们相似，在地质时期内，相同类型也可能重复，因此化石（古生物学）研究对于减少不确定性是必不可少的。在灭绝之前，生物化石的大多数种属存在于相当大的地质时期内。因此，古生物学家进行对比工作，对比化石组合，而不是把特殊种属所在的岩石放置到它们在地质时标中的位置。花粉和孢子化石的研究（孢粉学）在对比中越来越重要。孢子和花粉是由风在长距离内传播的，但是它们具有几乎不可破坏的、利于在地质时期保存的外壳。它们在没有化石含量的岩石中常常是可识别的。电子显微镜和 X 射线附属装置是有效的对比工具。微小海洋生物的超微型齿板（牙形石）具有以不同地质时期为特征的复杂形态，因此即使对小的岩屑也能大致确定地质年龄。使用放射性年龄测定，这是以对岩石中特殊矿物的放射性同位素衰变的估算为基础的。

1.4　油气田开发

　　一旦发现了油气田，就要设计评价井，以便确定油气藏的范围和性质。根据显示数据进行的重要计算是油气田所聚集油气的最低数量和商业性开发油气所要求的最低数量。设计评价井井位是为了回答"这个油气田是经济的吗？"的问题，而不是要解决"油气田有多大？"的问题。通过地质图、横剖面图和新的经济评价的描述，每口评价井都会改进油气田的地质模型。如果油气田含有足够的商业性油或者气，那么就可以制定开发规划。开发井的定位与评价井不同，目的是以最低的单位成本（在一个时间间隔内采出每单位体积石油的成本）尽可能多地开采石油。如果油气田是复杂的，具有多储层和断层，由于每个断块可能是分隔的油气藏，起初可能难以确定最有效的井距。从一个油气藏开采影响液体的压力，这是油藏唯一可提供的信息（即流量和压力）。为了推断发生的情况和设法在油田开采寿命中以最低单位成本保持最高生产率，油藏工程师要紧急地研究这些数据。第 7 章在油藏工程方面介绍了油藏开发的这一阶段。在第 8 章讨论了开发方面的问题。

1.5　储层中的流体状态

　　从接近地表到地下 10km 以上的深度都发现了储层。其温度和压力的变化很大，近地表储层的温度和压力接近周围环境，深部储层的温度超过 400K（130℃，260 ℉），压力有时超过 1300bar（10^8Pa，20000psi）。储层流体是复杂的气—液系统，存在非水和水的混合物。根据混合物的成分和储层的温度和压力，地下烃类的原始状态为：
　　（1）仅有流体——油藏。
　　（2）仅有气体——气藏或者气/凝析油藏。
　　（3）液体之上覆盖气体——具有气顶的油藏或者具有油环的气藏。
　　烃类从地下油气藏到地表的井采包括了压力和温度的降低。因此，地下原始状态为液体的烃类在地表将分离成液体和气体，地下原始状态为气体的烃类在地表通常产生一些流体。使用脱气装置在地表进行气体与液体的物理分离，并且分别测量气体和流体的体积。在理想气体和气—液系统相变的物理化学定律中，已经建立了气相—液相变化定律。

1.6 烃类组分

陆地和海洋生物的遗体，主要是浮游生物和藻类，在一定温度和压力的厌氧条件下，经过数百万年形成了液体石油。石油和天然气是由从 CH_4（甲烷）到超过 40 个碳原子组成的分子（表 1.2）范围内的许多烃类的复杂混合物。标准原油含有数千种化合物，因此还没有可能对任何油进行全量化学分析，而且上游技术通常不需要，尽管下游原料有这方面的需要。原油的化学成分是复杂的，而且全分析也没有必要。在组成天然气和原油的烃族中存在石蜡，它具有分子式为 C_nH_{2n+2} 的烷烃化学成分，例如，环烷烃（C_nH_{2n}）和芳香烃（C_nH_{2n-6}）。石油所含有的杂质包括氮、二氧化碳和硫化氢。水通常存在于地层之中，并且可能对储层和生产井的开采动态具有显著的影响。

表 1.2　石油的组分

烃类	分子式	发现的商业产品	烃类	分子式	发现的商业产品
甲烷	CH_4	天然气	辛烷	C_8H_{18}	汽油
乙烷	C_2H_6	天然气	癸烷	$C_{10}H_{22}$	发动机燃料
丙烷	C_3H_8	天然气—丙烷	十四烷	$C_{14}H_{30}$	煤油
异丁烷	C_4H_{10}	天然气—打火机燃料丁烷	十六烷	$C_{16}H_{34}$	燃料油
正丁烷	nC_4H_{10}	天然气—发动机燃料	三十烷	$C_{30}H_{62}$	润滑油
戊烷	C_5H_{12}	汽油	四十烷	$C_{40}H_{82}$	重柴油
己烷	C_6H_{14}	汽油	沥青烯	$C_{80}H_{162+}$	船用锅炉燃料油
庚烷	C_7H_{16}	汽油	—	—	—

有机化合物和同分异构体的同系列形成巨大数量的化合物。同分异构体，相同原子数目的不同排列戏剧性增加，例如，石蜡、己烷有 5 个同分异构体，C_{10} 有 75 个，而 C_{30} 超过 40 亿个。虽然能够实现储层烃类的实验室分析，并且经常包括多至 20 个碳原子的所有分子。幸运的是，仅仅用一个描述存在的较重分子总比例的截液数（Catchall Number），特殊规定那些最高含有六七个原子的化合物就能满足多种要求。因此，通常用 C_1，C_2，…，C_{n+} 来表达这种分析，n 通常是 7，12 或者 20（把余数集总为用相对分子质量、密度和/或沸点描述的复合分数）。对于上游应用，液体的物理性质是重要的，例如，颜色、密度、黏度、泡点压力、气油比及界面压缩性，以及较小范围内的倾点和柴油储量。对于下游，需要完全测定烃类的化学性质，用实际成分和蒸馏基础分数描述变得很重要。

石油的平均碳含量为84%～87%（质量分数），氢含量为11%～14%（质量分数）。石油的黏度很重要，它的黏度越低，就越容易通过储层岩石中的孔隙流向井。原油性质变化很大，从深部储层的极轻（相对密度大致为0.75）、低黏度流体（小于水的黏度）到非常浅的储层中特别重的黏性流体，其密度接近水的密度，黏度达到水黏度的100～100000倍。油也可能含有沥青质、蜡和硫化物。已经发现储层含有所有几乎想得到的比例混合的烃类。这与压力和温度变化结合，表明不同种储层之间没有明显的界限，尽管无科学根据。较重组分常常控制黏度，而且C_3—C_5组分控制挥发性。

油含有溶解气，含气量取决于油藏温度和压力及油的组分。如果油在主要条件下不能溶解更多的气，则油称为饱和油，并且多余的气将运移到通常形成气顶的油藏顶部。如果油能够溶解更多的气，则油称为不饱和油，并且不存在原始气顶。同样重要的是与地面脱气原油体积有关的体积。气油比（GOR）是采出气与流体的比值。根据测量气体积使用的单位，可以把它表示为体积/体积或者ft^3/bbl。对于主要产气的井，有时使用反比，用$bbl/10^6ft^3$（或者$m^3/10^6ft^3$）表示液体气体比。

储层流体确定：

（1）流体类型——干气、凝析气、挥发油或者重油。

（2）流体取样方法。

（3）实验室测试。

（4）地面设备（类型和规模）。

（5）确定原始油气储量的计算程序。

（6）预测油气藏的技术。

（7）未来生产能力的预测方法。

（8）衰竭计划。

（9）二次采油或者提高采收率方法。

常见的石油类型如下：

（1）原油（油）。当气体成分已经消除或者漏出时，从油藏采出的普通液体形式的石油，其范围从重焦油物质到常规油。采出的大多数石油流体和原油都比水轻，通常用API度表示（美国石油学会标准）。

API度越高，油越轻。有时使用建立在API度基础上的近似原油分类（表1.3）。

表 1.3　有时使用的基于 API 度的近似原油分类

API 度（°API）	分类	相对密度
10～20	重油	1.0～0.93
20～30	中质油	0.93～0.87
>30	轻油	<0.87

油价随着原油的 API 度变化，小于 20°API 的重油油价相对较低，而 API 度为 20～45°API 的轻油油价逐渐升高。

（2）普通黑油。这是一种黏度低到足以流入井中的油，API 度通常为 20 ~ 45°API，是石油液体的最常见形式。气油比为 100 ~ 2000ft^3/bbl（20 ~ 360m^3/m^3）；相对密度 0.6 ~ 1.0；黏度从低于 1mPa·s（流体像水一样稀）到 100mPa·s 以上。颜色为黑色到黑绿色。

（3）挥发油。低密度、低黏度，45 ~ 70°API，气油比超过 2000ft^3/bbl（360m^3/m^3）。颜色为浅红色到褐色。

（4）凝析油。油藏中的气态烃，但是当温度和压力降低时，部分冷凝成液体。这种烃类混合物的 API 度通常为 45°API。冷凝的流体（6 ~ 60m^3/m^3，30 ~ 300bbl/10^{6}ft^3）是稻草色。如果在油藏中发生冷凝作用，则把这种储层流体称为气体凝析油。等温度冷凝特性与正常的过程相反，这种现象称为逆向冷凝。凝析气藏是一种重要的油气藏（实际上，从采油角度看，油藏需要不同的处理方法时，凝析油田与挥发油田和凝析油田与凝析气田之间的区别是重要的。在第 7 章讨论这个问题）。

（5）凝析液（蒸馏液）。从石油的角度看，它是浅稻草色液体（原油），在地表的相对密度为 0.80 ~ 0.68（45 ~ 75°API），在油藏中的原始状态为气体或者液体。常常把该术语用于分离器产生的从轻质挥发油到液化石油气的这类液体。

（6）重油。黏度大到不容易流到井中的油，API 度通常为 20°API，黏度大致为 20mPa·s，而且 GOR 极低（可以忽略），开采常包括大量的疏松砂。在第 11 章将专门讨论重油。

（7）油砂。重的黑色焦油，时常与砂混合。

（8）天然气。一种主要由甲烷组成的烃类混合物，但是也含有乙烷和少量天然气液。

（9）液态天然气（NGL）。一种主要由丙烷和丁烷组成的轻烃，在常压下为液体。

（10）伴生气。天然气和液态天然气，在油藏条件下被溶解成原油或者在油藏中油之上形成气顶。

（11）含硫原油（Sour）。其他物质，诸如硫化物和二氧化碳等，常常以不同比例与烃类混合，并且产生开采和处理方面的问题，这种油称为含硫原油。如果油气含有少量硫成分，则称为脱硫油气。含硫天然气含有大量的硫化氢和二氧化碳。如果有任何可测量到的硫含量（大于百万分之一），除非做好这方面的设计，否则硫化物、部分硫化氢（H$_2$S）能够引起生产设备的大量损坏，对人类是有毒的，并且降低油气的商业价值。因此必须进行提取，并转换成硫，作为有用产品销售。生产设备必须使用防止快速腐蚀的特种钢。

在油藏中发现的水称为"原生水"，它能占据孔隙体积的 5% ~ 50%。通常含盐度很高（有时比海水的浓度大，35000μg/g 盐量）。

尽管上述对油气聚集——挥发油、干气等的命名法是有效的，应该认识到在发现的油气藏中烃类是以任何想得到的比例混合的。这种情况与压力和温度变化相结合，表明不同类油气藏之间没有明显的界限。在表 1.4 中列出了一些类型油的成分，显然，总趋势取决于 CH$_4$ 与较重组分的比值。中间组分 C$_2$—C$_6$ 尤其控制着 GOR 和密度。此外，一旦开始一个油藏的生产，在地质时期内建立起的平衡状态就会遭到破坏，形成压力梯度，而且油藏中流体的化学成分和物理性质随着位置和时间的不同而变化。正如将在后面章节中看到的那样，依靠地层和井中流体的物理性质进行油藏和井动态的分析。尽管在一些情况下，例如，有气顶的挥发油油藏的生产，油藏动态预测可能在不同阶段需要对共存相进行组合分析，经常是变化足够平缓，以至于预期的变化及其相关指标都达到令人满意的效果。

表 1.4　油藏流体中标准成分的摩尔分数

成分	沸点（℃）	黑油	挥发油	凝析油	湿气	干气
甲烷（CH_4）（%）	-161	49.0	64.0	86.0	87.0	96.0
乙烷（C_2H_6）（%）	-88	2.8	8.0	4.4	5.0	2.8
丙烷（C_3H_8）（%）	-42	1.8	4.5	2.4	5.0	0.3
正丁烷（C_4H_{10}）（%）	-1	0.8	2.0	0.8	0.6	0.2
异丁烷（C_4H_{10}）（%）	-11	0.8	2.1	1.0	0.6	0.2
正戊烷（C_5H_{12}）（%）	36	0.7	1.5	0.3	0.5	0.1
异戊烷（C_5H_{12}）（%）	27	0.5	1.5	0.5	0.5	0.1
正己烷（C_6H_{14}）（%）	69	1.6	1.4	0.6	0.3	0.1
庚烷以上烷烃（%）	—	42.0	15.0	4.0	0.5	0.4
液体在地表的颜色	—	黑色	褐色	淡黄色	白色	—
液体相对密度	—	0.853	0.779	0.736	0.758	无
API 度（°API）	—	20～35	38～50	50～70	50～70	无
气油比（ft^3/bbl）	—	50～1500	2000～40000	3000～18000	>100000	无

1.7　标准条件和单位

标准条件通常是 15℃和 1atm（有时是 1bar），或者是 60 ℉和常压（14.7psia）。气体体积用 m^3 或者 ft^3 表示。地面原油是用储罐的体积（m^3 或 bbl）表示。无论它们是什么标准和/或储罐条件，都应该规定。常常用 bbl 或者 t 表示大量的石油；1bbl 相当于 5.614ft^3，42gal（美），或者大约为 35gal（英）；1t 在 35°API 原油条件下大致相当于 7.4bbl。通常用 ft^3 表示天然气的数量；在标准条件下，1ft^3 大致相当于 0.028m^3。"采收率系数"表示认为可以采出的石油原始地质储量的百分数。

在石油行业中使用不同的单位制，表 1.5 概括了这些单位和换算系数。

表 1.5　单位及换算系数

量的名称	单位		换算系数
长度	ft	in	12.0
	ft	m	0.304
	m	ft	3.28
面积	acre	hm^2	0.4046
	hm^2	acre	2.471
	m^2	ft^2	10.76

续表

量的名称	单位		换算系数
体积	bbl	m³	0.159
	bbl	ft³	5.615
	m³	bbl	6.29
	m³	ft³	35.31
	acre·ft	bbl	7758.4
	ft³	m³	2.832×10^{-2}
	ft³	bbl	0.1781
	m³	cm³	1000000
	bbl	gal（美）	42
	bbl	gal（英）	35
	t	bbl	~7.3
流量	bbl/d	cm³/s	1.840
	bbl/d	m³/d	0.159
	m³/d	cm³/s	11.574
	m³/d	bbl/d	6.29
	cm³/s	bbl/d	0.453
	cm³/s	bbl/d	8.64×10^{-2}
	bbl/d	m³/d	~50
质量或者重量	lb	g	453.6
	kg	g	1000
	g	lb	2.205×10^{-3}
	t	lb	2205
	long ton	lb	2240
	short t	lb	2000
密度	g/cm³	kg/m³	1000
	g/cm³	lb/ft³	62.43
	lb/ft³	g/cm³	1.602×10^{-2}
压力	atm	psi	14.696
	atm	dyn/cm²	1.0133×10^{-6}
	atm	N/m²（Pascal）	1.0133×10^{-5}
	psi	atm	6.805×10^{-2}
	psi	dyn/cm²	6.895×10^{-4}
	N/m²	atm	9.869×10^{-6}
	N/m²	psi	1.450×10^{-4}
	N/m²	dyn/cm²	10

续表

量的名称	单位		换算系数
界面张力	dyn/cm	mN/m	1
动态黏度	cP	Pa·s	1×10^{-3}
运动黏度	St（cm²/s）	mm²/s	1×10^{-2}
渗透率	D	cm²	9.869×10^{-9}
	D	m²	9.869×10^{-13}
	cm²	m²	10^{-4}
热、功、能	cal（g/mol）	J（kg/mol）	4186
1×10^6t 油当量大致相当于	热单位	40×10^{12}Btu，397×10^8kcal，10000×10^{12}cal	
	固体燃料	约 1.5×10^8t 煤	
	天然气	1.11×10^{19}m³，39.2×10^9ft³，0.805×10^6t 液体天然气	
	电力	12×10^9kW·h 在现代发电厂，1×10^6t 油大约产生 40×10^{12}kW·h 电（即效率约为30%）	

注：$K = ℃ + 273.15 = \dfrac{5}{9} \times (°R)$，$℃ = \dfrac{5}{9}(℉ - 32)$。

据 BP – Amoco 公司的《世界能源统计回顾（1999）》。

在能源供给中常用石油当量桶数（boe）。含有 6000ft³（170m³）气的能源大致相当于 1bbl（0.16m³）原油中的能量。油气比为 1500ft³/bbl（266m³/m³）的原油在采出气中含有油藏采出能源的 25%。因此，在黑油的情况下，气中含有 10% 的采出能源，而凝析气田的采出气大约含有 75% 的能源。因此，凝析油藏不仅仅为了采出液体而生产。一个 0.6×10^{12} ft³ 的气田大致相当于一个 100×10^6bbl 级的油田。

1.8　储层热动力工程数据来源

为了描述压力最高达 1500bar（22000psi）、可能的高温（最高为250℃）和腐蚀性流体（比海水含盐度高，大致为 35000μg/g）（图 1.1），液体需要精确地表述其物理性质。因此，在实际系统应用中经常使用经验公式推断这种物理性质。在过去数十年中已经广泛地研究了原油和气态烃的性质，文献中已经报道了许多有用的表和相互关系。对如此复杂的天然流体的认识来自于实验室对简单系统和理想系统的观察。这里仅讨论对油藏工程师和采油工程师有实际意义的问题，基础物理化学教程介绍了背景知识。讨论是叙述性的，而且不想从严格热力学的角度讨论这个主题。讨论的范围满足了大多数工程师的应用要求。要求的数据包括：确定采收率系数需要密度、可压缩地层体积系数和气油比，尤其是需要界面张力，原因是它对石油圈闭有较大影响；确定采油速度需要黏度和气油比。

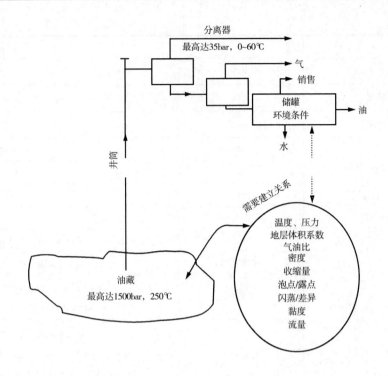

图 1.1　从油藏到储罐的热力学路径

1.9　烃类混合物的相特征

　　当作用于烃类混合物的压力下降时，产生的特性取决于温度、原始压力和压力变动，以及混合物的成分。通常情况下，随着压力降低，气体膨胀并且液体趋于气化为气体。这是由于它们自身的动能和分子斥力使分子能够散开运动。相反，如果压力升高，分子被强制靠近，以致气体被压缩或者变成液体。把这些由压力变化引起的相变化称为正常的或者规则的特性。认识这个压力—体积—温度（PVT）特性是最基本的，由于它控制整个石油提取的相关过程，而且油藏工程师在确定设备的处理效率和规模时需要这些物理参数值。

　　在物理化学教科书中已经详细地描述了单一组分流体的 PVT 特性。由于不同组分的挥发性不同，多组分混合物的特性更复杂。因此当处于平衡状态时，蒸气和液体具有不同的成分。当压力下降时，液相和气相的成分连续变化：在泡点最先出现气，并且在露点只剩下蒸气。由这种现象得出的结论是：压力—温度曲线不再是单一成分时的简单曲线；相反，它是一条包络线（图1.2）。这个包络线定义的最大压力是众所周知的临界凝析压力；高于它，液相和气相不能共存。这个包络线（临界凝析温度）定义的最高温度同样是一个界限，高于此温度液相和气相不能共存。包络线上临界点的气相和液相变成相同，它与临界凝析压力和临界凝析温度不是简单地相关；同时显示出不同液相体积分数的线。虽然简单的实验室测量对设计计算就已足够，但当流体离开储层（基本上是等温环境）进入井筒，再到分离装置要求更复杂的热力学特征。

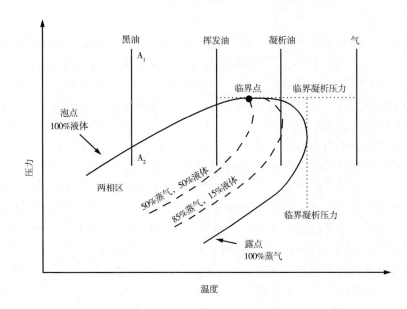

图 1.2 综合油藏流体相示意图

重要术语描述如下：

（1）泡点。以液相与无限小气相共存并保持平衡为特征的系统状态。

（2）泡点压力。在泡点温度的流体压力系统。

（3）临界凝析温度。在一个多组分系统中，液相和气相能够以平衡状态共存的最高温度。

（4）临界状态。所有共存的气相和液相性质相同的系统状态。

（5）临界压力和/或温度。油气系统在临界状态下的压力和/或温度。

（6）露点。以共存的气相与无限小量液相保持平衡状态为特征的系统状态。

（7）露点压力。油气系统在露点的流体压力。

（8）相：强度性与相邻物相不同的均匀物质体。

（9）产出气油比（GOR）。用体积/体积表示的气产量与油产量的比值，例如，在标准条件下测量的 ft^3/bbl。

（10）广延性和强度性。把与组成系统物质的数量成正比的性质称为广延性；把与物质数量无关的描述特殊状态条件的性质称为强度性。

（11）准临界压力和温度。为了使系统的换算压力—体积—温度状态与纯净气体的换算状态一致，而假设的多组分系统的临界压力和温度值。

（12）换算压力和换算温度。换算压力是系统压力与临界压力（或准临界压力）的比值；换算温度是系统温度与该系统的临界温度的比值。

（13）饱和流体。在特定压力和温度状态下与蒸气平衡的流体。

（14）饱和蒸气。在特定压力和温度状态下与液体平衡的蒸气。

（15）饱和压力。蒸气与流体平衡的压力（也称为泡点压力或者露点压力）。

（16）储罐油。在标准大气条件下，与本身部分逸出气体平衡的原油。

（17）欠饱和流体。在特定压力和温度下，能够溶解另外的气体或液体成分的流体或者蒸气。

图 1.2 说明了大量矿场流体特性。如果储层处于泡点压力，则油是饱和的；超过泡点压力，则油是欠饱和的。如果发现一个油藏具有气顶，且它处于泡点压力，则油是饱和的。A_1 和 A_2 分别是欠饱和的（在泡点压力之上）和饱和的（处于泡点压力）黑油实例。实质上储层温度低于临界温度，而且地表 GOR 是由低到中等的。在投产情况下，当储层压力下降时，A 点向下移动；而当低于泡点时，气从溶液中分离出来（溶解气驱）。这些组分的分子能量最高，对其他分子引力最小，因此最先释放出的气是最轻的组分（甲烷、乙烷和丙烷）。这些较轻组分气化之后通常是大量的较重组分，直到低压时仅剩下一小部分原始物质残留液。就这样由轻组分气化形成气，因此，残留液的体积收缩。对于黑油，收缩量仅是少量的（通常小于 30%）。然而，在低压范围内（分离器压力），由于残留液中中等和较重组分的体积损失，收缩量快速增加。由于在这些条件下发生油气地面分离，在这个压力范围的收缩特性极其明显。离临界点越近，挥发油的地面 GOR 越高，为了确保采收率，必须周密部署作业和地面设施处理。根据两相区的等体积线位置能够估算析出气体的数量。因为在这种混合物中的中间组分较多和重组分较少，通常挥发油的损耗量较高。在高压范围内，挥发油的特性与低收缩量油不同。当压力刚好下降到泡点之下时，轻组分和中间组分（C_3—C_5）分子从溶液中析出形成气。这是由于挥发油中存在大量的中间组分。由于中间组分影响气化，在低压条件下的气化仍然大于黑油的气化。因此，挥发油的收缩特性在地面分离中存在很大的问题。

凝析气田是储层温度介于临界凝析温度与临界温度之间的气田。在这种情况下，如果全部储层压力下降，由于它们的饱和度如此低以至于没有流体流向井筒（液体的渗透率为零），液体在地层中冷凝出来并且可以损失掉。为了防止反凝析作用造成的损失，常常使用干气再循环方法把压力保持在露点之上，干气是采出气经过地面处理提取液体后剩下的。气田（干气或湿气）是储层温度高于凝析温度的气田。一旦气开始膨胀向上通过油管到达地面，温度和压力下降，并且这种情况持续到最后的地面条件。在油管和地面管线中可以冷凝出液态烃，它们是可回收的（湿气田——术语"湿"指的是烃类析出，而不是指水）。干气田是终点（通常是分离器）位于包络线右侧，并且不形成液体的气田。

1.10 主要参数

（1）地层体积系数。在高温高压状态（储层）下，一个体积储罐油及其伴生气占据的体积。进一步把地层体积系数规定为液相（单相，B_o，B_g 和 B_w）或者气相加液相（两相，B_t）的地层体积。

（2）收缩量。由溶解气析出和/或液体接触引起的液体石油的体积减小。可以把收缩率表示为储罐的体积分数，或者地层油的体积分数。

（3）收缩系数。表示为储罐油桶数/每桶地层油的地层系数的全倒数。

（4）溶解气油比。在系统被还原成标准大气条件后，通过用释放出的气量除以系统中原来以油相存在量获得的体积系数。

（5）可压缩性。下面公式可以定义任何物质的压缩系数 c：

$$c = -\frac{1}{V}\left(\frac{\partial V}{\partial p}\right)_T$$

式中的体积随压力的变化率是在恒温下测定的。对于液体，c 几乎是常数（与压力无关）。积分得到 $V = V_0 \exp\left[-c(p-p_0)\right]$，式中 V_0 是液体在原始压力 p_0 下的液体体积。如果 c 非常小，$\exp\left[-c(p-p_0)\right] \approx 1 - c(p-p_0)$，因此 $\Delta V = -cV_0\Delta p$，式中 ΔV 是与压力变化 Δp 同时发生的体积变化。对于理想气体，$c = 1/p$。

（6）黏度：由液体造成的流动阻力的测量值，在估算作为压降函数的流量时需要这个参数。

1.11 天然气性质

（1）理想气体（完全气体）：符合状态方程 $pV = nRT$ 的气体。式中 p 是绝对压力，V 是体积，M 是相对分子质量，n 是摩尔数（n = 质量$/M$），T 是热力学温度，R 是气体常数。理想气体在全部条件下的压缩系数为 1。尽管没有假定所有理想气体的全部性质，但理想气体接近低压下的理想特性。

（2）天然气相对密度：天然气相对分子质量与空气相对分子质量（28.97）的比率。常常用物质的量表示天然气，使用物质的量的优势是，在相同热力学温度和绝对压力下，1mol 理想气体（假定全部是相同单位）占有相同的体积。考虑到这些因素，对理想气体定律提出了不同的修改意见，而且在石油行业中应用最广泛的是压缩系数，它具有 Standing 和 Katz 开发的曲线图，或者状态方程。

（3）压缩系数 Z：为了表示天然气与理想特性（$pV = nZRT$）的偏差，必须引入理想气体定律中的放大系数。这是石油界公认的方法。Z 是根据一个关系式确定的，例如，Standing – Katz 图解相关；或者根据一个状态方程，通常是 Hall – Yarborough 方程式，它给出了符合图解精度的相同 Z 值。对应状态定律是大多数状态方程的基础，即烃分子之间的分子间力有些相似，以至于根据能够提供确定比例参数的"标准"流体估算这种性质。

在石油工程计算中应用的大多数状态方程是在 van der Waals 方程的基础上，由 Peng – Robinson 提出的应用最广泛的三次方程（根据 V）。

$$p = \frac{RT}{V-b} - \frac{a(T)}{V(V-b) + b(V-B)}$$

式中，a 和 b 是参数，a 与分子间引力有关，而 b 是实际分子的有限体积。

对于混合物，如果已知混合分析结果，则可以用公式表示复杂的混合规律。三次方程的优势是：完全认识了热动力理论，并且能够用计算机快速解方程。这些已经成功地应用于气态和液态物理性质（密度、总热量和压缩系数等）估算以及蒸气—流体平衡（气油比等）。电脑包时代正在例行使用三次方程，方程的常数通常经过储层样品的实验室测定数据"校正"。如果不知道气的组成，那么可以用另外的相关公式给出所需参数的估算值。

（4）密度 ρ_σ：等于单位体积的质量。因此如果 M 是气的相对分子质量，即 1mol 分子的质量，那么：

$$\rho = \frac{Mp}{ZRT}$$

在石油行业中，它经常对按照压力梯度表达密度，或者 MPa/m 或者 psi/ft。一个密度为 ρ_g 的气相对分子质量相对于空气是 $28.97\rho_g$。

（5）气层体积系数 B_g：天然气的一个重要参数，它是单位体积气在标准条件下占据储层条件下的体积，$B_g = p_{SC}TZ/（pT_{SC}）$，即储层条件/标准条件。有时使用 B_g 的倒数 E_g。数 E_g 具有接近 p 的线性函数的优势，该函数对于手工计算方法有用，但是对于基于计算机的方法不是举足轻重的。

（6）黏度：在低压下气体黏度随着温度（油的情况相反）而增加，并且级别为 0.01 ~ 0.05mPa·s（水在储层条件下为 0.3 ~ 1.0mPa·s）。低气黏度表示：在已知压力梯度下，气将比油流动快 10 ~ 100 倍。气黏度特别难测量，尤其是在储层条件下，通常使用相关参数并给出足够的精度。

1.12　原油性质

油田液体的 PVT 特征比气更复杂，在区分饱和或者泡点条件与欠饱和条件上很有效。在前面的情况下，当压力随着开采下降时，气立即从油中分离。在后面的情况下，气开始从油分离的压力（泡点 p_b）低于原始地层压力很多。欠饱和型气田的压降率相当惊人，仅采出 1% ~ 2% 原始地质储量的油，压降可能达到 1000psi。储层具有压力相关性质。为了能够确定开采油藏的最佳方案，预测可达到的产量以及制定提高采收率的规划，必须弄清楚地层压力下降时的原油动态，或者变化的其他储层条件。在实验室中测量取自现场的原油样品可以获得这些性质。

最重要的参数是泡点压力 p_b、油层体积系数 B_0、原油的密度 ρ_0、原油的黏度 μ_0、原油压缩系数 c_0 和气溶解系数 R_s，以及加上相包络区、油气分析、气密度和油—气界面张力。

B_0，ρ_0，μ_0，c_0 和 R_s 是压力（和温度的函数，如果在储层出现热变化，或者如果在衰竭期间储层的等温特性受到干扰）的函数：

（1）原油压缩系数 c_0。原油压缩系数对压力变化不是特别敏感。尽管储层油的密度随着溶解气的伴生作用变化，它随着压力而变化，报道的油密度通常是储罐油，而不是储层油。欠饱和原油的压缩系数范围通常是 $(7.25 ~ 72.5) \times 10^{-4} MPa^{-1}$ [$(5 ~ 50) \times 10^{-6} psi^{-1}$] 与 $(15 ~ 30) \times 10^{-4} MPa^{-1}$ [$(10 ~ 20) \times 10^{-6} psi^{-1}$] 范围内的均值之间。为了对比，水的压缩系数大致为 $4.35 \times 10^{-4} MPa^{-1}$（$3 \times 10^{-6} psi^{-1}$）。

（2）泡点压力 p_b。在开采一个储层时，对 p_b 的精确认识是重要的。在这个储层压力之下，气从溶液中析出，因此使开采变得更复杂。气影响原油采收率和产量，以及油井动态和垂直压力损失计算。应用有气溶解度系数、储层温度和气、油相对密度的经验关系能够估算 p_b 的值，但通常在实验室通过测定早期的储层样品获得精确的确定值。

（3）油层体积系数 B_0。当压力释放到低于 p_b 时，气从溶液中分离出来。由于采出油，井筒油管中的压力和温度下降，并且油收缩。地层体积系数是在 T 和 p 下的地层体积与储罐（或者有时是标准的）条件下的体积的比值。用体积/体积表示 B_0，即 m^3/m^3 或 bbl/bbl 等（图 1.3）。当储层中的油压缩系数在高于 p_b 时大致为常数，那么 B_0 是压力的函数，随着压力增加而减少。低于 p_b，B_0 大致为线性的，随着压力降低而减少，最后在 $p = 1bar$ 时接近于 $B_0 = 1$。

（4）原油的密度 ρ_0。前面已经讨论了 API 度（相当于储罐条件下的油密度）。在储层条件下，$\rho_{or} = （\rho_0 + R_s\rho_g）/B_0$。

（5）气溶度系数 R_s。当地层压力降到 p_b 以下时，油从地层中析出。气溶度系数 R_s 是游离气的体积，游离气是在标准条件下从单位体积储罐油导致的地层油体积析出的。可以把 R 值表示为 m^3/m^3 或者 ft^3/bbl。超出泡点压力，地层中固定体积油的流体内气体，在地面条件下从油中析出，与压力无关。超出泡点压力 p_b，一些气从溶液中析出，所以当采出油藏油时，此刻溶液中到地面可以析出的油减少了。对于大多数油而言，图1.3显示的是 R 曲线，它是压力的函数，即当 $p > p_b$ 时，它为一条水平直线；当 $p < p_b$ 时，它是一条接近原点的近似直线（$R_s = 0$，$p = 1\,bar$）。通常认为溶解气油比是 R_{si}。

（6）黏度 μ_0。油黏度的变化范围很大，从比水稀的地层油到具有黏稠焦油稠度的重油。压力对黏度的主要效应（小于 p_b）是气从溶解气中析出，而且当气含有轻烃分子时，黏度趋于随压力下降而增加。超过 p_b，μ_0 随着 p 缓慢增加（图1.3）。温度效应明显呈指数关系，$\mu_0 (T) = \mu_0 (T_i) \exp [b (T - T_i)]$，式中 b 是常数。通常，在实验室的模拟储层条件下根据矿场样品确定黏度，尽管如果得不到样品还使用相关。

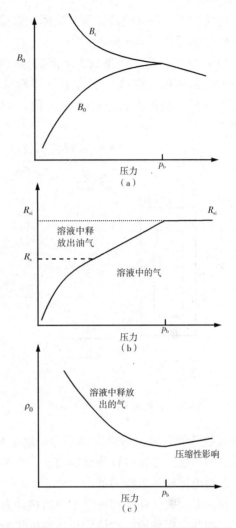

图 1.3　B_0，R_s 和 ρ_0 与压力的通用关系曲线

1.13　石油的 PVT（压力、体积、温度关系）数据

描述油气特性的不同参数是压力和温度的函数，特别是确定每个储层的 R_s，B_0，Z，p_b，μ_0，μ_g，ρ_0，ρ_g 和 c，以及油气之间的界面张力、成分和相包络区，通过在实验室测定矿场井底样品，或者诸如重复地层测试或 MDT 工具采样，或者用地面油气重新组合并且尽可能精确地描述储层流体（这项工作很困难）。在许多储层中，在矿场范围有变化，而且不同储层单元之间也有差异。为了确保样品尽可能具有代表性和满足储量估算、井流量计算及设备设计的要求，在油藏开采期限的早期应该进行取样。为了保证流体样品具有代表性，在调整井时要格外小心，例如，低压降情况。正如下面的讨论那样，如果地层处于或者接近泡点或露点，这样做很难，需要对全部数据进行一致性测试和认真分析。用生产井测试获得的现有数据已经开发了广义相关性，给出了油和溶解气的 PVT 性质方面的信息，例如，油密度、气密度、产出气油比值和地层温度。它们对于本身和检验实验室数据是有用的。

对流体样品的试验试图模拟流体从储层到储罐的热动力途径。图 1.4 是使用仪器的示意图，使用了两种不同的析出方法。

（1）一次分离。测量压力下降时油气混合物的体积 V_t。通常把 V_t 表示为在泡点 p_b 条件下的样品体积，在这个压力下气开始从溶解气中析出。系统中的质量保持为常数。根据压力和样品总体积的公式确定 p_b 值，当应用的压力降到 p_b 以下时，体积随着气析出快速增加。

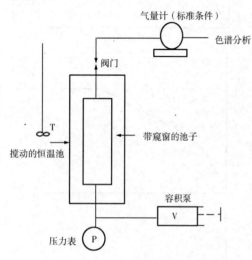

图 1.4　实验室 PVT 装置示意图

（2）差异分离。当与油接触面的压降被连续消除时，取油样使气析出，当压力降低到泡点之下时，分段测量溶解气体积和油的体积 V_0 以及析出气的总体积。把 V_0 和析出气的体积（在标准条件下测量）表示为样品在 p_b 条件下的体积。在测试中消除质量。在实验室中，通过以微级减少流体样品的压力和每个阶段后流出的气（当保持压力常数时）能够模拟差异分离。当样品处于储层温度时，因此具有储层特征，根据观察压力降低时的体积变化获得 V_t 和 V_0。

为了获得作为函数的 R_s，B_0 和 B_g（由此得到 Z），在泡点压力之上，通常使用闪蒸技术进行储层流体样品的实验室测定（PVT 测定），然后在 p_b 之下使用差异分离方法。为了建立 V_t 和 V_0 值与地面测量的储罐油体积析出的气及分离器气的关系，必须进行分离器测试。为了获得矿场装置规划的数据，在不同的分离器压力组合下对流体样品进行闪蒸。

在获得代表性样品和确定正确的热动力路径中有很大困难，后者是在实验室内模拟烃类从储层到井，再到地面和最后到达测量仪表和储罐的流动。

如果井底流压 p_{wf} 大于 p_b，那么从对应储层取的样品将具有储层流体特征，而且如果取样器不出现渗漏，在不考虑结果适用性的情况下可以进行测试。适当比例的储罐油或者地面气的重新组合将给出正确的储层流体。

然而，如果 p_{wf} 小于 p_b，那么在地层中就释放出一些溶解气。如果 $p_{wf} - p_b$ 小，则地层中的游离气体积可能特别小，以至于气以静态保持在岩层孔隙中不能移动。那么，由于原油已经把一些组分（气）损失在地层之中，原油的井底样品和地面重新组合样品都不具备真实的储层原油特征。

如果 p_{wf} 明显小于 p_b，那么即使离开井眼相当长的距离，地层中的游离气饱和度也可能会高。因为地层气要比地层油的小许多（大约小 98%），气向井流动要容易得多。因此随单位体积油产出的气体积要大大超过单位油体积实际析出的气体积，因此流体样品，无论是地下或者重新组合，并不能形成气和流体的准确比例。此外，地层中析出的气持续不断地从油中清除，因此流体和气样品的化学成分大多可能与油样中析出的油和气的化学成分相同。

在流体从储层流到储罐过程发生了变化，但是通常能够近似认为闪蒸或者差动过程。例如，储层中低于 p_b 的过程是一类差异分离，但这绝不是最佳状态，原因是当析出气离开释放它的油时，气的位置被另外从离井更远处移动来的气所占据。由于流动强化保持两相互相接触，一次分离能够强化连接地层与地面的油管，以及从井口到分离器的集输管线的过程。在地面油气分离器中，产出流体的压力突然降低，而且放出剩余气，暂时与油接触，即一次分离。

通常，差异分离比一次分离析出的气要少，因此当差异分离后降压时，以液态保持的轻烃占很大比例。对于黑油，这种差别一般很小，但是挥发油主要是这种状况，因此为了减少从井口到大气（储罐压力）的地面压力以便得到最大液量（假定多8% ~ 11%），需要两次或者三次分离。除了经济因素之外，在确定中间分离器数量和作业压力时的主要依据是油气性质。

1.14　储层压力和温度

在正常压力下的储层中，储层压力大致等于在地表测量的静水压力（水柱产生的压力）。静水压力梯度大致为 0.45psi/ft（9.6kPa/m）。温度梯度为 10 ~ 20℉/1000ft（1.8 ~ 3.6℃/100m）。因此有表1.6所列参数。

表1.6　储层压力和温度

储层深度［m（ft）］	原始压力［bar（psi）］	温度［℃（℉）］
608（2000）	61（900）	21 ~ 32（70 ~ 90）
1500（5000）	153（2250）	38 ~ 65（100 ~ 150）
3952（13000）	408（6000）	82 ~ 149（180 ~ 300）

在超高压储层中，原始压力可以相当高。如果在油田的不同部分发现不同的校正压力基线，特别是在一些开采之后，那么可能是油田总体上不连通，而且有封闭盖层或者孤立的砂体。

1.15　储层温度

因为储层的热容量主要在岩石之中，所以一次采收率的计算依赖于储层温度保持常数的（合理的）假定。因此，通常认为在此阶段的油气采收率是一个等温过程。这是由于当采出流体时，开采引起的任何温度变化都被来自盖层或者基岩的热量所补偿，认为它们是无限容量的热源。

储层条件下的实验室分析需要平均储层温度。流体性质的测定，诸如黏度、密度、地层体积系数和溶解气，要求一个储层温度值。储层温度通常是在储层中的井底或井中用电缆温度测定仪测量的。如果在经过深度校正的储层中测量到温度变化，可以用平均值作为恒定的储层温度。然而，对于提高石油采收率技术，例如化学方法和混相方法，该温度影响注入和采出流体的相态特征，因此影响到采收率，必须在储层温度下进行实验室试验确定这些方法的可行性。在使用热注入的提高采收率方法中，例如注蒸汽或者火烧油层，储层温度不是常数，而且油气采收率也不是等温过程。在这些情况下，需要始终监测储层温度，以至于能够确定热前缘的移动。

1.16 水

在石油开采的所有阶段都有水存在。水在油运移到储层之前就在那里，而且常常采出的水比油多。最初，孔隙完全被水充填，后来部分地被油气所替代。已知剩下的是原生水。用测井方法测量含水饱和度。水移动的特性是认识含水层和水驱的关键问题。生产井见水引起包括腐蚀和结垢在内的生产问题，特别是在储层水含盐达到 250000mg/L（海水 = 35000mg/L）的情况下。由于形成难以破乳的乳化液和采出水造成的污染问题，油水的分离和处理常常很困难。注入水与储层内地层水的任何不配伍性都能形成化学结垢。

水几乎总是存在于气藏之中，以至于储层气在进入井的温度下实质上几乎总是充满着水蒸气。随着从地下到地面条件的温度和压力变化，由于气不再含有如此多的水，当气在井中向上移动和进入地面设备期间，这种水发生部分凝结。许多这种冷凝水被以夹带水飞沫的状态运到管线并进入分离器。水能够形成天然气水合物，这就造成了生产困难，计量仪表和阀门失灵，而且有时造成事故。为了在气达到故障点之前消除井口附近的气携水，需要低温分离器。在许多情况下，大量水将沉到井底，因此能够及时地饱和井周围地带，以至于可以在实质上减少气流动的渗透率。这种减少或者由水堵或者由黏土膨胀产生，并且能够逐渐降低产出能力，需要周期性修井作业。

储层水的性质常被研究，但是令人遗憾的是不总是如此。水的密度为 $1000 \sim 1100 \text{kg/m}^3$（$62.4 \sim 66 \text{lb/ft}^3$），黏度在 $25℃$、常压时为 $1\text{mPa} \cdot \text{s}$，在标准储层条件下为 $0.3\text{mPa} \cdot \text{s}$，油水界面张力正常为 $20 \sim 30 \text{mN/m}$，可压缩性大致为 $3 \times 10^{-6} \text{psi}^{-1}$。不同的工程计算还需要电阻率和热力特性。

参 考 文 献

[1] A. Al-Siddiqui and R. A. Dawe, 1999 Qatar's oil and gasfields; a review. *Journal of Petroleum Geology* 22, 471 – 436.

[2] W. D. McCain 1990 *Properties of petroleum Fluids*. Tulsa, OKlahoma：PennWell.

[3] W. D. McCain 1997 Heavy components control reservoir fluid behavior. *Journal of Petroleum Geology* 46 (9), 746 – 750.

[4] H. B. Bradley (ed.) 1987*Petroleum Engineering Handbook. Society* of Petroleum Engineers.

[5] J. M. Amyx, D. M. Bass and R. L. Whiting 1960 *Petroleum Reservoir Engineering—Physical Properties*. New York：McGraw-Hill.

[6] J. S. Archer and C. G. Wall 1986 *Petroleum Engineering—Principles and Practice*. London：Graham and Trotman.

[7] H. B. Bradley (ed.) 1987 *Petroleum Engineering Handbook*. Society of Petroleum Engineers.

[8] B. C. Craft and M. F. Hawkins 1991 *Applied Petroleum Reservoir Engineering*. Englewood Cliffs, N. J：Prentice-Hall.

[9] L. P. Dake 1978 *Fundamentals of Reservoir Engineering. Amsterdam*：Elsevier.

[10] L. P. Dake 1994 *The practice of Reservoir Engineering*. Amsterdam：Elsevier.

［11］ F. Jahn，M. Cook and M. Graham 1988 *Hydrocarbon Exploration and Production.* Amsterdam：Elsevier.

［12］ W. D. McCain 1990 *Properties of Petroleum Fluids.* Tulsa Oklahoma：PennWell.

［13］ K. S. Pedersen，Aa. Fredenslund and P. Thomassen 1989 *Properties of Oils and Natural Gases.* Houston，Texas：Gulf Publishing.

2 地球科学

2.1 引言

石油地质学是研究石油从富含有机质烃源岩中形成，它的沉积作用和由于埋藏而排烃，以及在地壳上部构造内运移和圈闭的技术。这样的技术要求了解油气生成的岩石—化学过程，流体在渗透性介质中流动的动力学，以及地面沉积环境和储层在沉积后随深度发生的变化；需要了解形成大型地面沉积盆地的地壳构造运动和沉积岩层变形形成的小型构造圈闭。因此，通常作为石油储层的砂岩和石灰岩的沉积环境及沉积后的演化史非常重要。

石油地质学研究沉积岩。它涉及现今在地表显示出有机碎屑可能被如何埋藏和保存在细粒沉积物中的过程。它考虑孔隙砂岩沉积的场所和过程，因为它们后来可能成为储存石油的储层。了解沉积岩中孔隙度和渗透率分布规律也极其重要。必须了解石油从烃源岩中排出的方式、后来在储层中的分布以及被圈闭石油如何流动。石油地质学还关注地壳的构造形状，包括大型和小型的地壳构造。在大范围内，石油地质学涉及沉积盆地的形成。这是因为一些盆地极有利于石油的形成，而其他盆地不那么有利。生油层的沉积随着盆地的类型而不同，正如热流对烃源岩中油气生成的影响一样。在较小范围内，石油地质学涉及地层被变形成为褶皱的途径，以及如何由于断裂作用而发生破裂和移位。这样的构造变形可以形成能够圈闭运移的石油的构造。

2.2 石油的性质

石油是液态烃和气态烃的通用名称。石油的工业采出量几乎全部存在于沉积岩之中（砂岩、石灰岩和很少的黏土岩）。偶尔在火成岩或者变质岩中发现工业采出量的石油，石油行业中的术语称为基底。通常，这样的沉积物在成因上与沉积成因的富含有机质的烃源岩有关，它们覆盖在基底之上，或者已经被岩浆侵入。在基底已经发现无开采价值的石油，但是很少，可能是非生物成因的地下深处烃源。

根据美国石油学会提出的标准，通常用 API 度来定义石油的"等级"，正如第 1 章规定的那样。

石油主要由氢和碳组成，但是也含有少量的氧、氮和硫，以及微量金属，诸如钒、钴和镍。常见的有机成分包括烷烃、环烷烃、芳香烃和杂环化合物。石油的 API 度是变化的。常常把 API 度小于 $10°API$ 的油定义为重油。它们富含杂环化合物和芳香族化合物。随着密度和黏度的增加，重油的等级分别为塑性烃（通常称为焦油沥青、焦油或者沥青）、轻油富含烷烃和环烷烃。它们逐渐过渡到凝析油。凝析油在地下为气态，到地面凝结为液态的石油。石油气通常指天然气。天然气通常由甲烷和不同量的乙烷、丙烷和丁烷组成。把几乎全部由甲烷组成的石油气称为干气。把由相当数量其他气态烷烃组成的石油气称为湿气。石油气还与其他微量气体有关，特别是硫化氢、二氧化碳和氮。天然气水合物是含气分子的冻结冰化合物。自然发生的天然气水合物含有相当数量的石油气，主要是甲烷。天然气水合物也称为笼形化合物，仅在确定的临界压力/温度条件下是稳定的。目前，它们出现在高压和温度刚刚高于冰点条件下的深海盆地的表面沉积物中。在亚零点温度和大气压条件的永冻地区也发现了天然气水合物。俄罗斯从永冻地区笼形化合物中采出了商业性石油气，但是海底天然气水合物的石油开采技术还未达到商业应用，或者安全开采程度。然而，在深海和浅层永冻地区的石油储量是巨大的。

术语"干酪根"用来表示在正常石油溶剂中不能溶解的固体烃类，例如四氯化碳，然而当加热时具有产生液态石油的能力。干酪根最著名的例子之一是煤，如共生的泥炭、褐煤和无烟煤。在许多细粒沉积物和沉积岩（黏土、泥岩和页岩）中也性发现了分散的干酪根。其本身很少具有经济价值，但是由于干酪根是能够衍生出工业采出量石油的生油物质，所以石油地质家极其重视干酪根。

2.3 石油的生成

长期以来，石油生成一直是个争论的问题。虽然有时化学家和天文学家论证它是无机非生物成因，但是石油地质家很少怀疑工业储量的石油一定是有机成因。偶尔在一些火成岩（液态岩浆冷却形成的岩石）中发现石油，但是在大多数这样的事件中，显然石油是在岩石冷却之后很久才运移进岩石中充填裂缝的。这种岩石内部很少出现气泡。在许多大陆（东非大裂谷）和大洋中脊裂谷底部出现甲烷。碳同位素分析显示出它不总是浅层生物成因，而经常是深部热力成因。这就支持了石油发生在地幔，并且由于地震作用断断续续地向上排出到断层中，然后渗出到地表的论点。有许多证据支持工业性油气藏是有机成因的论点。一些证据是化学和地质方面的。油显示出左旋，这是在偏光下旋转的能力，这种性质仅限于生物合成的有机化合物。油通常含有在活的植物和动物组织中存在的微量配位有机分子，例如，卟啉、类固醇和叶绿素衍生物。在许多例子中，在完全被不渗透页岩封闭的多孔隙、渗透性储层中发现油。在这样的例子中，封闭页岩通常含有干酪根。气相色谱证实从页岩干酪根生成的石油与储层中的石油具有相似性。最后，值得注意的是，通常在沉积盆地中发现石油，而不是在火成岩或者变质岩盆地中。由这些观察可以得出结论：尽管在空间和地幔有少量的无机生成的石油，而工业性油气藏是由于生物合成的有机化合物的热成熟形成的。石油生成需要研究沉积岩及其包含的流体。目前，普遍同意工业性油气藏具备如下5个基本条件：

（1）富含有机质的烃源岩。

（2）热量，以便从烃源岩生成石油。

（3）孔隙性渗透储层，以便保存石油。

（4）不渗透的盖岩或者盖层，以便把石油保存在储层内。

（5）岩石构造，如背斜，把石油圈闭在储层内。

2.4 含油气系统

2.4.1 沉积盆地与沉积环境

沉积物沉积在盆地之中，这些盆地在地球表面占据较小的部分（图2.1）。沉积盆地出现在现代大陆上，并且延伸到沿着大洋盆地边缘分布的大陆架。陆地表面的其他部分被基底所占据。大洋盆地包括玄武岩壳和薄的沉积物表层，它们对石油勘探的意义不大。

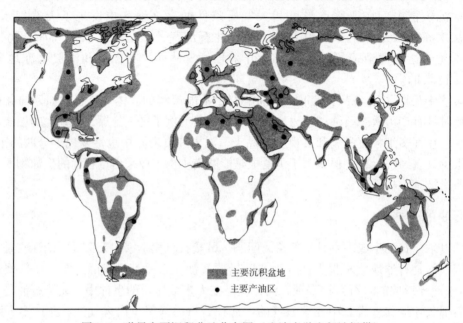

图2.1　世界主要沉积盆地分布图（牛津大学出版社提供）

沉积物沉积在大范围的环境中（图2.2）。陆源砂沉积的范围是大陆、海岸线、三角洲、大陆架和深海扇环境。碳酸盐沉积物在埋藏期间变成石灰岩和白云岩，沉积在海岸线、浅海岩礁环境中。黏土在埋藏期间变成泥岩或者页岩，沉积在湖泊和海洋环境。砂岩、石灰岩和白云岩是重要的石油储层，而细粒的页岩常常是富含干酪根的生油层。

在沉积盆地中发现明显的物理变化。温度、压力、孔隙水矿化度和岩石密度通常随着埋藏深度的增加而增加。孔隙度是油藏的一个基本性质，随着深度增加，孔隙度减少。了解这些参数的变化非常重要，它们组成了认识油气藏如何变化的基本方法。

2.4.2 地下环境

2.4.2.1 地下温度

对地球热流的研究表明，平均地温梯度大约为26℃/km。裂谷盆地中的地温梯度增加，那里的新岩浆上涌，并且冷却形成新地壳；俯冲带的地温梯度下降，沉积物被向下拖入地幔（图2.3）。已知热流随着时间而变化。如前所述，它在断裂作用期间最高，但是，随后当断裂作用减弱和地壳沉降以便沉积物充填地壳中裂谷期后的坳陷时，地温梯度降低。地温梯度不仅在横向上随时间变化，而且在纵向上也发生变化。纵向变化与岩石地层的热导率有关：

$$热流量 = 地温梯度 \times 热导率$$

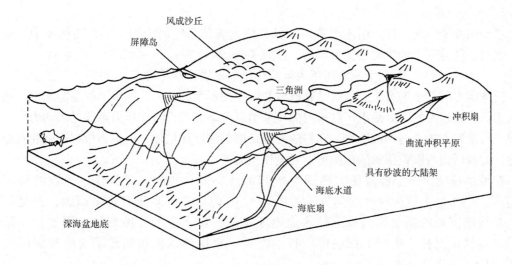

图2.2　显示主要沉积环境的地质模型图（Chapman 和 Hall 提供）

生油层能够沉积在深海环境和淡水湖泊中。陆源的和碳酸盐的石油储集砂岩可以大范围沉积在大陆、海岸线和海洋环境中。

沉积环境对决定石油储层的孔隙度和渗透率分布及几何形态具有重要的作用

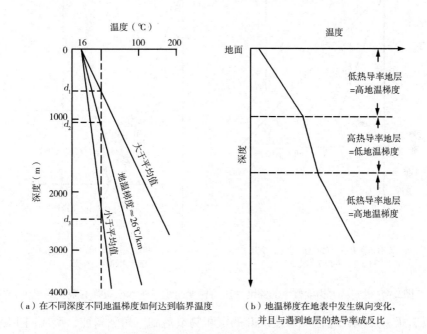

（a）在不同深度不同地温梯度如何达到临界温度　　　（b）地温梯度在地表中发生纵向变化，
并且与遇到地层的热导率成反比

图2.3　地温梯度的深度—温度关系曲线（学术出版社有限公司提供）

　　流体的热导率比固体的热导率低。因此当深度增加和岩石的孔隙度减少时，流体的热导率增加。然而，由于热导率的变化引起热导率的局部纵向变化。值得注意的是，蒸发岩的热导率非常高，所以盐丘之上的地层比相同深度的邻近地层要热，而且比它们之下的地层要冷。相反，过压页岩底辟具有异常低的热导率。当试图模拟生油层的成熟度和储层的孔隙度时，必须量化热流随时间和空间、热导率随深度的这些变化。

2.4.2.2 地下压力

正如温度的情况一样，由于上覆岩层及其所含流体质量的增加，压力随深度增加面增加。然而，区分压力的类型是很重要的。按照 Terzaghi 定律：

$$上覆岩层压力 = 流体压力 + 岩石静压力$$

流体压力与其密度有关，依次是其成分和温度的函数。此外，如果液柱是静止的，则液体压力可能是静水的；如果由于盆地内的压差引起流动，那么流体压力可能是水动力的。岩石静压力是岩石重力施加的压力。它将随着覆盖层的深度而增加，但是将根据密度和孔隙度变化，而且压力与颗粒接触的范围可能对流体压力产生缓冲。

在纯水柱情况下，静液压力梯度为 $0.173 kgf/ (cm^2 \cdot m)$。把大于这个数的梯度称为超压，小于这个数的梯度称为负压 [图 2.4 (a)]。产生超压有许多原因，但是最常见的是快速沉积的黏土因为缺乏排水通道而不能排出多余的孔隙流体，例如，孔隙性砂层。这种情况在三角洲沉积层序中特别常见，超压带沉积物隔开了浅层和深层的正常压力梯度 [图 2.4 (b)]。

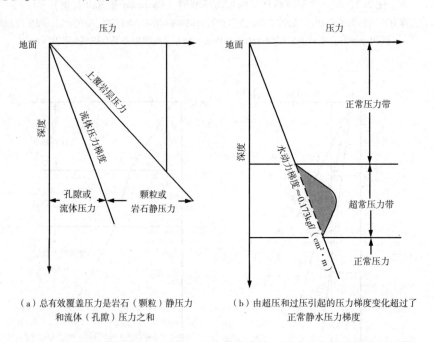

（a）总有效覆盖压力是岩石（颗粒）静压力　　　（b）由超压和过压引起的压力梯度变化超过了
和流体（孔隙）压力之和　　　　　　　　　正常静水压力梯度

图2.4　说明压力梯度概念的深度—压力梯度曲线（学术出版社有限公司提供）

超压页岩极易流动。它们能够使成套的沉积物滑落到三角洲斜坡，形成同生断层和滚动背斜。这些是后面将要描述的重要的石油圈闭。因为超压页岩比常压页岩的孔隙更多、密度更低，因此可能后来被作为"泥块"向上运动而取代。它们还能形成底辟圈闭，后面将讨论这一问题。

2.4.2.3 生油层的沉积

全部有机物都以光合作用为基础。在这种反应中，在阳光下，二氧化碳和水反应转化成糖和氧：

$$6CO_2 + 12H_2O \Longrightarrow C_6H_{12}O_6 + 6H_2O + 6O_2$$

由光合作用产生的糖，是构建在植物和动物中发现的更复杂的有机分子的起点。最常见的情况是，当生命死亡时，通过正常的细菌分解作用使其消耗或者分解。因此在沉积岩中很少保存有机质。然而，存在着特定的利于有机质保存的沉积环境（图 2.5）。在湖泊和峡湾中，有时出现水的温度分层。阳光使浅水变暖，并刺激藻类开花；当它们释放出氧时，提供了动物性食物链的基础。在较深的水中，阳光不能穿透，因此水较冷和密度较大。缺乏光合作用的藻类，这个带能成为缺氧的环境。密度分层显示出富氧水和缺氧水。从地表落下的有机碎屑可能被保存在湖底的停滞沉积物中。因此，古代的湖泊和近岸环境中的沉积物常常是生油层。

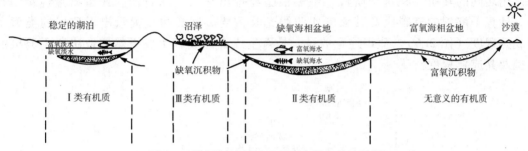

图 2.5　横剖面示意图（牛津大学出版社提供）
显示出沉积生油层和出现不同类型干酪根的沉积环境

在有限环境的潟湖中，有时发育上部为氧化水层、下部为缺氧水层的相似分层。在这种环境中，分层不取决于热分层，而是蒸发作用。稠密的缺氧海水集中在湖底，有利于浸泡下伏泥中的有机碎屑。

有机沉积物还可以沉积在海相盆地。在现代海洋中，浅水由于浮游生物的光合作用因此是富氧的。深海盆地很少缺氧，但是在主要洋盆的东侧上 200～1500m 深度常出现缺氧带。该带的上限常与大陆架边缘一致。因此有机质可以被保存在大陆斜坡和大陆隆上的沉积物中。

全球性海平面上升引起海侵，并且促进了大陆架上席状生油层的沉积。当前，冷的稠密极地水流入较低纬度的大洋盆地，防止它们的底部变成停滞状态。对于"当地球具有均匀稳定的气候时，这种混合将不会发生"的观点一直存在争议。全球性的缺氧事件有利于在大洋底部普遍保存有机质。以上描述了利于细粒沉积中有机碎屑保存的四类沉积环境。

2.4.2.4　干酪根及其成熟度

当泥被埋藏时，它们受到了压实，损失孔隙度，并且被岩化为页岩或者泥岩。它们含有的有机质经历了许多变化。这些过程可以分成：成岩作用、后生作用和沉积变质—成岩作用三个阶段。成岩作用发生在接近正常温度和压力的地下浅层。甲烷、二氧化碳和水被从有机质中驱出，剩下了称为干酪根（正如前面定义的，这是在正常石油溶剂中不能溶解的烃类，但是加热时排出石油）的复杂烃类。

干酪根有三种主要类型：腐泥型干酪根（Ⅰ类）是由藻类物质形成的，出现在湖泊和海洋环境中，它的生油潜力大；类酯型干酪根（Ⅱ类），是由海洋环境中的浮游植物和浮游动物形成的（图2.5），它能够生成油和气；腐殖型干酪根（Ⅲ类）主要形成气，这类干酪根是地球表面沼泽环境中的泥炭（图2.5）。当泥炭被埋藏和达到成熟时，它的演化过程是从褐煤、烟煤和无烟煤到石墨（纯炭）。有时，干酪根从一个沉积地层到另一个地层发生再循环。这种再循环的干酪根是惰性的，因此称为惰性组，或者Ⅳ型干酪根。

随着埋藏深度的增加，生油层及其含有的干酪根经历着温度和压力上升的过程。成岩作用合并为后生作用。这是石油生成的主要阶段。最初，一旦温度高于60℃油就排出。生油的高峰大约在120℃。高于这个温度石油生成量降低，接着是生成天然气。甲烷气生成高峰大致在150℃，并且大约在200℃时停止。这个温度标志着后生作用与变质作用之间的转折。在这个阶段，干酪根已经排出它的全部石油。残留物是纯炭、石墨。计算干酪根的氢碳比及其氧碳比曲线尤其重要。这类曲线揭示出干酪根的类型及其成熟程度（图2.6）。值得注意的是，是否生成石油或者生成天然气取决于干酪根的类型及其成熟程度。

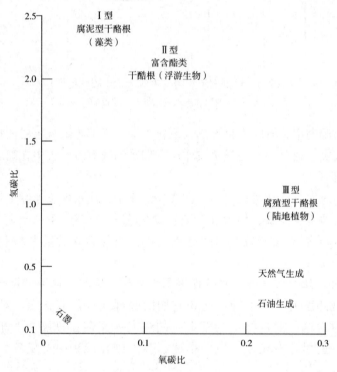

图2.6 氢碳比和氧碳比曲线（学术出版社有限公司提供）

2.4.2.5 石油运移

通常将石油运移分为初次运移和二次动移。初次运移描述石油从生油岩中迁移出进入渗透性储油层。二次运移指的是石油进入储层后的运移，以及后来在采油期间发生的流动。二次运移相对易于了解。油和气的移动取决于孔隙系统内的浮力和压差。初次运移存在不同的问题。泥岩是不渗透的，并且通常是阻止石油向上运移的优等的盖层。那么石油如何能够从不渗透的烃源岩层进入渗透性的储油层呢？援引泥岩在埋藏期间的简单压实作用不能说明这个问题。当泥岩压实时，在1000m左右，就已损失了大部分孔隙度。

温度太低，干酪根不能成熟。在通常生成石油的深度（3～4km），已经损失了大多数孔隙度。解释初次运移的机理有很多。它们援引了油气在水中溶解，未必有的高温、异常高压和使用肥皂质胶束作为石油溶剂，这些胶束一旦完成使命就解体。许多机理是目前流行的解释初次石油运移的理论。目前还没有单一理论得到公认。然而，越来越多的证据表明，超压页岩阶段性脱水，或许是通过断层网、微裂缝对地震活动的响应。这种脱水作用使热的孔隙水快速排出，不仅可以能搬运石油，还可引起上覆储层中沉积物发生固结。

或许对初次石油运移机理的认识不太重要。重要的事实是气相色谱方法能够建立生油层中干酪根与所圈闭石油的关系，这些石油是从干酪根中排出的。商业性油气藏的首要要求是存在厚层有机质丰富的页岩，有机碳超过 15%。干酪根是否产出油或者气，取决于干酪根的类型及其热成熟程度（图 2.7）。

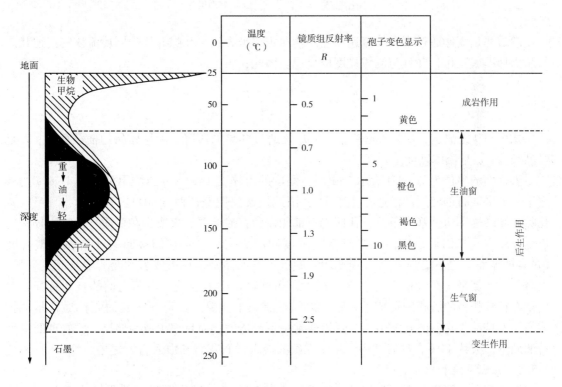

图 2.7　随深度变化生成的不同类型石油（学术出版社有限公司提供）

油气系统的盆地模拟是地质家和地球化学家提供对沉积盆地的沉积史和埋藏史认识的一种多学科研究方法。这种模拟的目标是为勘探提供一种风险评估和降低风险的方法。模拟包括诸如沉积和压实速率，以及储层和生油岩的分布范围等参数。其他参数包括干酪根丰度和生油岩类型，以及盆地的热史和压力发育史。

根据干酪根颜色指数和裂变径迹衰退分析的实验室测量获得温度估算值。当其他矿物的晶格（磷灰石）衰退和发射裂变粒子内包括放射性矿物时，它们破坏晶格并形成通过该晶格的实际径迹，在电子显微镜下能够观察到该晶格。当沉积物埋藏时，温度增加而且晶格趋于与温度成正比的再生（退火）关系。在评价烃源岩埋藏深度和达到的最高温度时利用这种效应。已知温度和干酪根原始类型，就能够推断出生成油气的数量和类型，最大埋藏、排烃和进入适当圈闭的时间。当前，这项技术涉及现有 1D, 2D 和 3D 商业软件的使用，而 4D 模拟仍在继续探索之中。

2.5 石油储层

2.5.1 孔隙度和渗透率

商业性油气藏的第三个条件是存在能够储集油或气的储层。储层有两个基本要求——孔隙度和渗透率，以及第 6 章岩石物理中要充分讨论的那些。孔隙度反映了岩石的储存能力，常用下式表示：

$$孔隙度 = \frac{孔隙体积}{岩石体积} \times 100\%$$

渗透率是流体通过岩石的流速，它用达西定律来表达。孔隙介质中同质流体的流速状态与压力梯度成正比，并且与流体黏度成反比。因此：

$$Q = \frac{-K(p_1 - p_2)A}{\mu L}$$

式中，Q 是流速；K 是渗透率；$p_1 - p_2$ 是通过样品的压降；A 是样品的横截面积；L 是样品长度；μ 是流体黏度。

渗透率的单位为 D，1D 表示 1mPa·s 黏度的流体在 1atm/cm 压降下流速为 1cm/s 的渗透率。大多数石油储层的渗透率小于 1D，因此通常使用毫达西（mD）。理论上，只要具备孔隙度和渗透率两个基本条件，任何岩石都能作为石油储层。火成岩和变质岩通常由致密的连生晶体组成。因此，它们很少具有孔隙度和渗透率，除非它们被断裂或者在不整合面（古老的地面）之下受到风化。不到 10% 的世界石油储量是在火成岩和变质岩基底发现的。大多数石油储量是在沉积岩（砂岩、石灰岩和页岩）中发现的，由于它们的自然特征，它们是在粒状颗粒的沉积中形成的，颗粒之间具有微小孔隙。页岩（压实的泥）通常是多孔隙的，但是由于它们的孔隙很小，页岩通常是不渗透的，而且很少成为储层。已发现的世界石油储量，大约 45% 在砂岩之中，45% 在碳酸盐岩（石灰岩和白云岩）之中。

2.5.2 孔隙系统和储层特性

在油藏中遇到许多不同类型的孔隙系统（图 2.8）。孔隙有原生（或者同生沉积）孔隙和次生（或者沉积期后）孔隙两个主要类型。原生孔隙是沉积物沉积时形成的孔隙。它们可以是粒间的孔隙，出现在颗粒之间；或者是颗粒内的，出现在颗粒内部。前者通常在陆源沉积物中，因此是砂岩储层中孔隙的主要类型。

颗粒内孔隙出现在骨架灰质砂的壳内。然而，在埋藏期间，这些孔隙因受到压实和胶结作用而遭到破坏。次生孔隙有几种不同的类型。迁移流体产生的溶解可以产生印模孔隙或者晶洞孔隙。印模孔隙是选择性组织，更精确地说，仅仅淋溶岩石的一种元素，诸如化石壳碎片。晶洞孔隙横切岩石的结构、颗粒、基质和胶结物。因此，晶洞孔隙通常比印模孔隙大。它们的尺寸增加就成为洞穴孔隙。

溶解孔隙是石灰岩储层的特征。这是因为碳酸钙在地下不如石英（二氧化硅）稳定，砂岩主要由石英组成。与原生粒间孔隙不同，溶解孔隙常常互相隔离。因此，这样的岩石可以有可观的孔隙度，但是渗透率差。

孔隙度的其他主要类型是由断裂引起的。裂缝能够在任何脆性岩石中发育，包括火成岩或者变质岩基底，以及石灰岩或者胶结砂岩。破裂一般是由诸如褶皱和断裂作用的构造运动引起的。一旦开始，裂缝可以被溶解或者充填，取决于成岩作用的胶结或者后来的地球运动。断裂作用可能不增加岩石的孔隙度，但是却能引起渗透率急剧增加。因此如果一口井钻入了低渗透率的石油储层，通常采取增加水力压力压裂邻近井筒岩石的措施。孔隙的主要类型是晶粒间的多样性。这是典型的白云岩储层孔隙系统的类型。白云岩是碳酸钙和碳酸镁的混合物$[CaMg(CO_3)_2]$。一些白云岩在地球表面形成。它一般是细粒的，尽管有孔隙，但通常是致密的（渗透率差）。然而，在地下，石灰岩的交代作用可以形成白云岩。这种反应是可逆的：

$$2CaCO_3 + Mg \Longrightarrow CaMg(CO_3)_2 + Ca$$

当方解石被白云石交代时，总体积收缩高达13%。如果岩石保持总体积不变，这

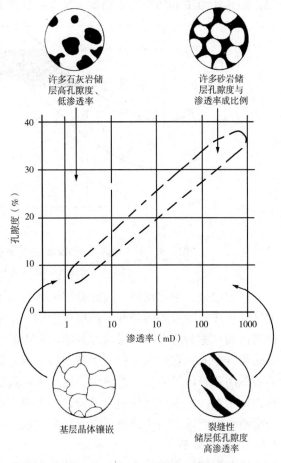

图2.8　不同类型孔隙系统的孔隙度与渗透率关系
（学术出版社有限公司提供）

种作用通常导致孔隙度极大地增加。生成物白云岩普遍具有松散的砂糖状产状。这些次生的白云岩由于显示出孔隙度和渗透率，可以成为非常有效的石油储层。图2.8是上面刚刚描述的一些不同孔隙系统的孔隙度和渗透率关系。这显示出岩石结构及其储集能力之间存在非常复杂的关系。石油地质学的主要部分涉及认识沉积物的沉积环境，以及预测它们在地下的分布状况。在沉积物与孔隙流体之间发生的沉积后地球化学反应中也显示出这种相似的特征。这些作用使沉积物被胶结，并且转变成固态岩石，因此破坏了原生孔隙。然而，先天性淋滤能够为后来增加非均匀分布的溶解孔隙系统。

2.6　油气圈闭

2.6.1　引言

商业性油气藏还有存在圈闭和盖层（或者盖岩）两个基本条件。生油岩、储层和盖层必须以这样的几何形态排布，运移的油气被圈闭在一些地层构造中，并且不能漏到地表。圈闭的最简单类型是一个地层的隆起褶皱，命名为背斜。图2.9说明了这样一个构造以及一些用于圈闭的术语。一个圈闭可以含有油、气或者油和气。这将是储层中压力/温度条件的函

数，但是还与生油层中的干酪根类型及其成熟程度有关。

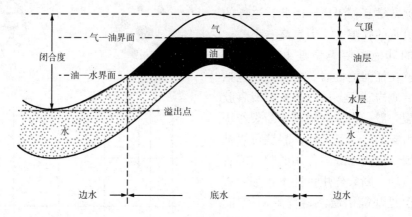

图 2.9　一个背斜石油圈闭的横剖面示意图（学术出版社有限公司提供）
显示出可能遇到的流体层状性质，以及通常使用的术语

气比油轻，油比水轻。因此储层流体有重力分层。顶部可以由气层或者被油气界面分开的气顶组成。油水界面分开了油层与水层。油层之下的储层内的水称为底水，邻近油气区的储层内的水称为边水。储层顶部到油水界面的垂直层段称为产油层，并不是所有的这个层段都是可开采的，它可能含有不渗透地层。因此通常把总产层与有效产层分开。从储层的顶点到最低闭合等值线的垂直距离称为闭合度。最低的闭合等值线称为溢出面。溢出面的最低点称为溢出点。根据可达到的石油量，一个圈闭可能或者不可能充满溢出点。术语油气田用于一个石油生产区。一个油田可能有几个油藏。一个油藏是具有单独油水界面的石油聚集。

2.6.2　盖层岩石

商业性油气藏的第五个和最后的基本要求是盖岩或者盖层。它是直接覆盖在储层之上，并且阻止油气进一步向上移动的沉积岩层。盖岩仅需要一种性质。它必须是不渗透的。它可以有孔隙度，甚至可以含有石油，但是必须不能允许流体通过它而流动。理论上，任何不渗透的岩石都可以作为盖层。实际上，大多数的盖层例子是页岩和蒸发岩。页岩可能是最常见的盖层，但是蒸发岩最有效。

我们在前面了解到泥如何在埋藏期间被压实成泥岩或者页岩。这些岩石通常是多孔的，但是因为孔喉直径狭窄，它们的渗透率可以忽略。因此页岩一般是阻止石油运移的最好盖层。然而，当地层发生褶皱或者断裂时，脆性页岩可能发生破裂。如前所述，裂缝可以极大地提高渗透率。在这样的情况下，石油可能从下伏的储层中漏出，并且最终到达地表。蒸发岩是原来认为由海水蒸发作用形成的一组沉积岩。它们由石盐或者岩盐（NaCl）、硬石膏（$CaSO_4$）、杂盐（KCl）和其他矿物的结晶层组成。蒸发岩显示许多异常的物理性质。与大多数沉积岩不同，当它们遭受到应力时，发生塑性流动而不是破裂。因此，一个饱和石油的储层可能经受各种各样的构造变形，并且甚至可能发生断裂，但是上覆的蒸发岩仍然可以是有效的、不断裂的、不渗透的盖层。

2.6.3　油气圈闭分类

石油圈闭有许多类型。通常把圈闭分成 5 个主要类型和关联的亚类。下面将依次定义和描述。构造圈闭是地壳中由构造力形成的那些圈闭。因此它们包括背斜和断层圈闭。底辟圈闭是由沉积岩中的密度差造成的，通常是蒸发岩和过压泥岩。地层圈闭是由于沉积、剥蚀或者成岩作用形成的。水动力圈闭是由于水流动形成的。

复合圈闭是由以上的两个或者多个过程联合形成的。世界石油储量大约75%圈闭在构造圈闭中，主要是背斜，底辟约占5%，地层圈闭占6%。纯水动力圈闭相当少。剩下的是复合成因。然而，应该记住这些数字属于到目前为止已经发现的石油量。没有人能够知道确切是多少。因此，这些数字反映了发现石油的能力，并且可能解释钻探背斜远景区的观念。

2.6.4　构造圈闭

构造圈闭是由诸如褶皱作用或者断裂作用形成的圈闭。地壳的挤压或者拉伸可以形成褶皱。挤压作用使地壳收缩，变形为一系列隆起（或者背斜）和向斜槽（或者向斜）。挤压背斜是伊朗扎格罗斯山脉和南美洲安第斯山脉的主要褶皱类型。

当地壳被拉伸时，开始沉降，并且发育成直径为数百千米或更长的盆地。这种盆地可能后来被沉积物充填。这样的盆地底部通常分裂成镶嵌的断块。上升的断块称为地垒，下降的断块称为地堑。当盆地的底部被沉积物埋藏时，地层覆盖在地垒之上。后来的压实作用增加了垂直闭合度。当连续的地层覆盖在这样的地形上时，背斜的闭合度向上减小。因此这些背斜在成因上与挤压背斜不同。通常将其称为披盖或者压实背斜。北海的福蒂斯油田是海底扇砂沉积物压实的典型实例。

断层圈闭有几种类型，但是在所有情况下最基本的是断层是不渗透的或者封闭的。决不总是这种情况，而且许多断层是流体运移的开启通道。不进行钻井检验无法确定断层是开启的还是封闭的。

地壳挤压产生逆断层，使地层出现重复［图2.10（a）］。通常称为逆掩的断层常常与挤压背斜有关。这样的圈闭通常沿着山前的边缘分布。落基山脉的土纳谷油田和温特顿气田就是这样的圈闭。

地壳拉伸产生正断层，穿过正断层的地层剖面部分缺失［图2.10（b）］。阿曼的法胡德油田是正断层石油圈闭的典型例子。当正断层运动时，下降盘的地层常常落入断层运动形成的空间中。这种构造称为逆牵引背斜。常发现从上升盘追踪到下降盘地层变厚，并且向下测量厚度时断距增加［图2.10（c）］。这表明断层随着时间重复运动。因此把这样的断层称为同生断层。

当与同生断层有关时，在断层封闭和

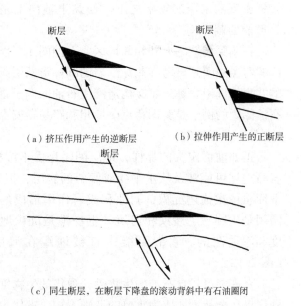

（a）挤压作用产生的逆断层　　　（b）拉伸作用产生的正断层

（c）同生断层，在断层下降盘的滚动背斜中有石油圈闭

图2.10　与断层有关的不同石油圈闭类型示意图

和截断的储层中，以及相邻的滚动背斜中常圈闭着石油。实例通常是在美国墨西哥湾沿岸和尼日利亚的古近—新近系三角洲中。地壳的横向运动产生扭断层。这些断层在一定深度是一个单断层，向上分叉成几个断层，常把它们称为花状构造。美国加利福尼亚州洛杉矶盆地中的油田常具有这样的圈闭。

2.6.5 刺穿圈闭

刺穿圈闭是由不同密度的沉积物产生的。一般情况下，当沉积物被埋藏时，由于覆盖层压力的增加而被压实。它们降低了孔隙度而增加了密度。对于这条原则有两种例外情况，低密度的沉积物被较高密度的沉积所覆盖。这种状态本质上就不稳定。当覆盖层重压时，较深的低密度物质向上运动。这种向上运动形成直径仅为几千米的穹隆或者刺穿构造。这些构造能够是石油圈闭的中心。能够形成刺穿圈闭的两种岩石是蒸发岩和超压泥岩。蒸发岩的密度通常为 2.03g/cm^3，大于新沉积的砂和黏土的密度。但是当正常的沉积物压实时，它们的密度超过 800m 深蒸发岩的密度。因此，预期浅于此深度产生刺穿变形。构造力可以引起运动，但是也可能是自然发生的。第二类刺穿构造是由超压泥岩产生的。在一些环境中，特别是三角洲，沉积过于迅速，以至于在被较新的碎屑埋藏和封闭之前不能排出水分。随着埋藏深度的增加，可能出现密度大的压实沉积物覆盖在较低密度的未压实黏土之上，使黏土被向上挤成圆柱形刺穿构造，这种情况类似于盐运动形成的刺穿构造。

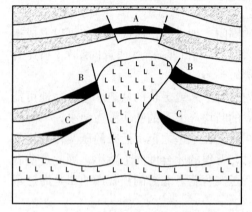

图 2.11　盐丘的横剖面示意图，说明了石油可能被圈闭的几种方式

A—顶部穹隆圈闭；B—翼部圈闭；C—翼部尖灭圈闭

在刺穿构造之上和相邻地区，石油圈闭可能有几种方式（图 2.11）。它们的范围是从顶部的穹隆圈闭到该穹隆刺穿围岩的圆柱形断层圈闭，出现的盐丘油田包括埃科菲斯克及北海的共生油气田。黏土刺穿构造圈闭石油的例子是加拿大北极圈的波弗特海，泥岩刺穿形成的石油圈闭的例子是美国得克萨斯州和路易斯安那州的墨西哥湾含油气区。

2.6.6 地层圈闭

正如前面定义的那样，地层圈闭是由于沉积、剥蚀或者成岩过程形成的。虽然涉及的岩石地层可能涉及从水平变成倾斜的岩层，但是在纯地层圈闭中不存在褶皱和断裂作用。下面将依次描述沉积、剥蚀和成岩作用形成的地层圈闭。三种主要的沉积作用成的地层圈闭是生物礁、沙坝和河道。生物礁是沉积地层圈闭的主要类型。现代珊瑚礁是高孔隙度和渗透性的。它们可能一直被埋藏在海底软泥之下，因此成为潜在的石油圈闭（图 2.12）。

有许多古代含石油的生物礁。现代的生物礁仅仅在温暖的、清洁的浅海中生长。尽管珊瑚仅仅在全新世才成为重要的造礁生物，古代生物礁的证据表明具有相似的生态学特征。除了苔藓、双壳软体动物和数种已经灭绝的分泌石灰质的群体生物之外，钙性藻类一直是重要的造礁生物。现代生物礁具有高孔隙度和高渗透率特点，但是它们由碳酸钙组成，在地下极

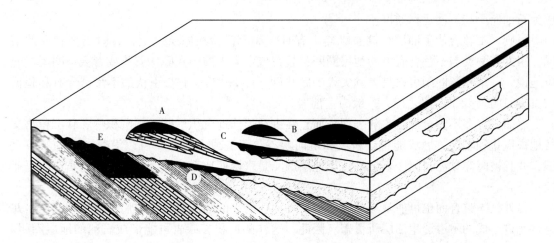

图 2.12 说明不同地层圈闭类型的立体图

A—古代生物礁灰岩；B—沿岸滨外沙坝砂；C—砂岩充填的河道；D—不整合之上的砂岩超覆；E—不整合截断的砂层

不稳定。酸雨水可以从生物礁的上部淋滤石灰，并且将其沉淀在较深的下部，形成原始孔隙中的胶结物。

后来的隆起和风化层可能产生次生溶解和裂缝孔隙。因此，古代生物礁不总是多孔的和渗透性的。即使具有这些性质，它们的分布可能与生物礁形成的原始格局不相关。尽管有这些问题，许多古代生物礁成为石油的地层圈闭。著名的例子是加拿大艾伯塔省的泥盆纪岩石，以及墨西哥和阿拉伯湾的白垩纪岩石。海滩、障壁岛和海上沙坝都是能够沉积洁净、分选好的高孔隙度和渗透率砂岩的环境。当它们被包围在富含有机质的海相页岩之中时，可以形成地层圈闭（图 2.12）。著名的例子是从艾伯塔省北部到新墨西哥州南部的落基山山麓的白垩纪盆地。

在几种沉积环境下，充填砂的河道可能成为油藏（图 2.12），包括从冲积泛滥平原、三角洲到大陆斜坡底部的深海海底水道。在这些情况下，砂充填的水道可以下切进入不渗透的泥岩，并且被它们覆盖。这些泥岩可以是生油层和盖层，然后生成石油被圈闭在河（水）道砂之中。

在加拿大西部和美国科罗拉多州及怀俄明州白垩纪盆地中有许多冲积河道砂圈闭的实例。含石油三角洲分流河道砂圈闭通常出现在伊利诺伊州和俄克拉荷马州宾夕法尼亚纪沉积物中。河道和沙坝地层圈闭都具有线性的分布特征，俗称"鞋带"状砂岩。然而，值得注意的是，河道将倾向于顺着老的沉积斜坡进入沉积盆地的中心。然而，滨外沙坝和海滩砂将趋向于与河道呈直角方向延长，与古海岸线平行排列成行。

第二种主要的地层圈闭是与不整合有关的圈闭。

不整合标志着一个地区沉积历史出现在大的间断的界面。下伏岩石可以是任何类型的岩石，如火成岩、变质岩或者沉积岩。不整合面之下的地层在上覆沉积物沉积之前经历了褶皱作用或者变成倾斜。尽管地面上的暴露不总是发生，但在不整合面之下的岩石中常存在发生风化和断裂作用的证据。有两种原因使不整合对石油圈闭起到重要的作用。不整合面之下的风化作用可以在所有岩石中形成次生孔隙度和渗透率，包括沉积岩和基底。这些风化带可以成为石油储层和石油运移通道。

再则，不整合使生油层和储层毗连。有时生油层覆盖在储层之上，有时出现相反的情况。因此有两类与不整合有关的地层圈闭：超覆或者尖灭圈闭和隐伏露头或者截顶圈闭。简单地说，一个超覆圈闭可以是上倾尖灭的席状砂（图2.12）。它被下伏的不渗透岩石和超覆的页岩封闭（除了盖层之外，一般为生油岩）。

然而，许多不整合面是古陆表面，而且在古地形洼地沉积了砂。硬沉积物和软沉积物交替地被风化和剥蚀，形成陡崖、斜坡和走向峡谷。河流或者浅海砂可以沿着古老的峡谷沉积，并且被海洋软泥封闭。著名的这类地层圈闭是密西西比系：俄克拉荷马州的宾夕法尼亚纪不整合。

另外，不整合面也可能是局部被冲积峡谷深切的平的陆地表面。它们可能被砂充填，并且被海进形成的不渗透生油层所覆盖。因此，这样的冲积谷砂岩可能形成石油的地层圈闭。在砂岩和石灰岩中都能够发育隐伏露头截顶圈闭（图2.12）。不论沉积的还是构造的圈闭都需要沿着截顶储层的走向封闭储层。一些世界上最大的油气田发生在截顶圈闭之中。美国的东得克萨斯油田和利比亚的梅斯拉油田就是两个这样的例子。

第三类地层圈闭是由于成岩作用形成的。它包括沉积物沉积之后发生的物理变化和化学变化。当沉积物由于上覆的碎屑重力而压实，以及由于从地下渗滤水沉淀矿物而破坏了原生孔隙度时，成岩作用通常导致孔隙度逐渐减少。然而，有时成岩作用能够产生次生孔隙度。或者是由于淋滤作用产生铸模、晶洞和孔洞，或者是由于矿物置换，诸如形成晶间孔隙度的白云岩化。

还有几种单独由成岩作用形成的石油圈闭。然而，有许多圈闭，成岩作用对孔隙度和渗透率的分布起着重要的作用。由于在地下环境中碳酸钙没有二氧化硅的化学性质稳定，碳酸盐岩储层比砂岩储层更容易出现这种情况。成岩作用对生物礁和隐伏不整合的孔隙度发育的影响前面已经进行了描述。

2.6.7 水动力圈闭

在海平面之上的沉积盆地中，水进入盆地隆起边缘的周围，并且穿过或者向下流入盆地。在水流动的过程中，它可能遭遇到从盆地中心向地面运移的油。由于油比水轻，所以油在已知的渗透性岩层中趋于占据较高部位，而水占据较低部位。地层有时含有缺乏垂直闭合度的挠曲，也就是说，区域倾斜可能具有局部的水平褶皱。一般情况下，油不能被圈闭在这样的阶地之下。但是水动力圈闭能够在这种情况下形成石油圈闭。当然，油水界面是倾斜的，并且只有在水继续向下流动时，石油被圈闭在这样的挠曲之中（图2.13）。

迄今为止，极少发现纯的水动力圈闭。

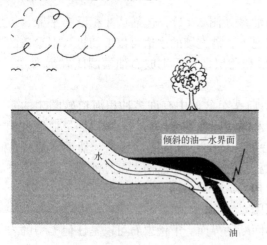

图2.13 由向下流动的水形成的水动力
圈闭横剖面示意图

向上运移的油被圈闭在缺乏垂直闭合度的挠曲
之中，油—水界面是倾斜的

然而，世界上许多油田的油水界面是倾斜的。在这样的圈闭下面，水的横向流动是出现这样的油水界面的原因之一。

2.6.8　复合圈闭

第五种也是最后一种圈闭是由前面描述的 4 种机理（构造的、刺穿的、地层的或者水动力的）任意组合形成的。这几种过程复合形成圈闭有许多方式。水动力与成岩作用的相互作用是目前发现的常见复合圈闭类型。

复合圈闭最普通的类型是在沉积过程中构造一直在隆起。隆起本身最初可能是由褶皱、断层或者刺穿引发的。这样的隆起易于受到剥蚀，能够产生与圈闭有关的不整合。复合圈闭除了在边缘周围的沉积尖灭之外，还包括隆起顶部隐伏不整合截顶。

碳酸盐岩生物礁还可以位于同沉积构造隆起之上。构造和地层的复合作用形成的大型油田有英国的布伦特油田和北海的共生油气田，以及阿拉斯加北坡的普鲁德霍湾油田。复合圈闭可能形成的排列方式极多。

2.6.9　圈闭体积估算和风险分析

所有现有盆地模拟和地质资料解释，包括地质家为了确定生油岩、油灶和储集岩的存在而进行的研究和测井曲线校正。地质家剩下的任务是确定是否存在成熟烃源岩与储层，以及石油生成、排出和运移到合适圈闭中一致的有利条件的可行性。

如果能够满足上述全部条件，那么地质家将用积分法绘出圈闭面积与构造幅度图，根据地震解释的构造图设法计算圈闭岩石的体积。为了得出商业性油藏的概率，地质家将把全部变量（圈闭体积，存在生油层和储层的可能性和地层体积系数参数）输入现有的商业蒙特卡罗模拟软件程序之中。

这样模拟的输出结果是一个风险分析模型，用概率百分数表示遇到可采出油气体积的可能性。油公司经理使用这样的结果除了作为勘探评价、远景构造分级和钻探适应性的基础之外，还作为降低勘探风险的基础。

参 考 文 献

[1] R. J. Braay, P. F. Green and I. R. Duddy 1992 Thermal history reconstruction in sedimentary basins using apatite fission track analysis and vitrinite reflectance: a case study from the East Midlands of England and the southern North Sea. In *Exploring Britain: into the Next Decade* (R. P. F. Hardman, ed.). London: Geolgical Society, Speciety, Special Publications, 67, 3 – 25.

[2] P. F. Green, I. R. Duddy, R. J. Bray, W. I. Duncan and D. Corcoran 1999 Thermal history reconstruction in the central Irish Sea Basin. In *PELOB Proceedings*.

[3] J. M. Hunt 1996 *Petroleum Geochemistry and Geology*, 2nd edn. New York: W. H. Freeman.

[4] R. C. Selley 2000 2nd edn. *Applied Sedimentology*, London: Academic Press.

[5] R. C. Selley 1996 *Ancient Sedimentary Environments*, 4th edn. London: Chapman and Hall.

[6] R. C. Selley 1997 *Elements of Petroleum Geology*, 2nd edn. San Diego: Academic Press.

[7] R. Stoneley 1995 *An Introduction to Petroleum Exploration for Non-geologists*. Oxford: Oxford University Press.

3 石油地球化学

3.1 地球化学的定义

地球化学是研究地球中化学元素及其组成物质分布的一门学科。地球化学家们旨在探索分布的过程和决定分布的深层控制因素。石油地球化学所关注的是地壳中石油相关流体的产生、运移、聚集和检测。

对于风险与效益评估、产能等钻前预测工作，石油地球化学正成为日益重要的工具。它也用于对单个区块流体组分变化的研究，由此评价储层封闭性并预测附近或者相邻区块的潜能。它也能通过对产出流体、杂质和其他物质的分析来帮助解决生产上的问题。

地球化学技术不能单独使用。在勘探阶段它必须与地质和地球物理技术相结合，并且在评估、开发和生产阶段与工程技术相融合。正如所有的地下技术一样，当作业过程从勘探到评估再到开发不断变化时，我们期望地球化学能提供丰富而且及时的信息。总的说来，可利用的数据越多，就多少会带来更多的不确定性，而且随着商业活动沿着作业链从最初的勘探转变为区块的开发，需求也会变得更加专业。在勘探阶段，地球化学主要是在我们对由地质和地球物理所划定的石油圈闭进行钻探时做出各种钻前风险评估。当我们决定是否对一个构造钻探时，必须对油藏压力以及圈闭和储层的可靠性进行风险评估。

地球化学还有助于评估已经确定的圈闭中的油藏价值。它最基本的预测是圈闭为油藏还是气藏，或者是油气藏。定量模拟能够以气油比（GOR）和凝析油气比（CGR）这种模式预测。必须考虑这种模拟结果所基于数据的不确定性：在边界地区的输入数据很可能来自于综合的类比，这样的不确定性是很大的，但像在北海这样勘探程度很高的区域已经建立了区域数据库（尽管仍然需要通过当地的测量和研究来更正和修订）。在一定条件下也可以预测可能存在的油的类型（例如，API度、黏度和硫化物以及蜡的含量），还能预测气体组分包括存在的像二氧化碳、二氧化硫以及氮气等非烃气体的危险性。

另外，利用地球化学指标可以预测圈闭内石油的体积，但由于包含大量的不确定因素，它只能就圈闭是否充满外溢做出粗略的判断。在区域研究中，我们能得出圈闭是充满或者只是部分充满的大体趋势。

一旦勘探取得突破，地球化学能根据不同产层所包含石油组分的差异将它们区分开来，这样有助于油藏描述，否则产层不清将影响生产。得出的这些信息将有助于研究石油是如何运移，通过邻近的盆地到达目的区块。这些信息可能预示相邻构造已经充满石油。通常这些构造因为太小而在盆地勘探过程中不能引起注意，但通过它可以追溯到主要的油气区域，只要它是在合适的位置上。地球化学知识对地下流体的分析也能服务于生产。例如，当两个拥有不同组分的产层合采时，就能根据对产出原油的监测来估算各自的产能。

3.2　原油性质

能从不同的角度来定义石油（参见第1章和第2章）。根据地球化学上的实用定义是任何开采到地表、来源于地下的原油和天然气（这样的定义包含天然气水合物和生物气）。石油和烃两个词经常被作为同义词使用。尽管一般认为氢和碳元素占到原油的97%，然而在原油中经常见到其他元素，尤其是硫、氮、氧、镍和钒元素，它们与碳元素和氢元素的化合物能占到原油的10%~20%。因此，严格地从地球化学角度讲，石油和烃等同是错误的。

石油形成与演化的过程决定了烃类的相对丰度以及它所包含的除氢与碳以外的其他组分。地球化学对于原油中的硫等一些非常规组分富集的预测是非常重要的，因为它们会降低原油品质。例如，细菌对地下原油的改造即生物降解作用可以破坏纯的烃类，造成硫含量的上升以及像API度下降等原油性质的改变。

正如在上一章提到的，石油源于保留下来的有机体，当不断聚集的沉积物中的有机物质被埋藏到大约3000m以下并且温度持续在100℃以上时形成的［一些自然形成的烃除外（例如，洋脊喷发的甲烷），但那些还不具备商业潜能］。有机物质中的一些组分在埋藏的最初几十米中遭到破坏，并且事实上所有剩余的有机质都转化为干酪根。干酪根主要是大的复杂组分的集合，难以直接进行研究。我们所知道的是当干酪根被加热时会发生改变，并且石油就来源于干酪根中间的活性组分。

埋藏有机质的类型决定了生成石油的类型。粗略地讲，原油来源于海相或者湖相所埋藏的水生有机质，而天然气来源于沼泽和河口处埋藏的陆生植物碎屑。水生干酪根也会产生少量的伴生气。如果加热温度超过150℃生油阶段就会结束，此时的水生干酪根只会产生天然气。

从更专业的角度看，水生有机质类型更易于生油，而且早期埋藏的过程能够决定所生成原油的性质。例如，被埋藏的海相有机质会产生富含硫的原油，但陆相沉积物所产生的是富蜡原油。

在地表，石油气是碳数为1~5的烃类组分，它们因为组分相对分子质量小而能够挥发，并且也是气体化合物的混合物。另外，原油是由碳数为6或者超过6的大分子组成的，这也决定了它们在地表以液体的形式存在，或者在某些情况下以固体蜡的形式存在。在地下温度和压力都会随着深度的增加而增加，这时组成油和气的组分既不是以液态也不是以气态的形式存在。在地表的小分子气体组分在地下就会融入液体之中。相同情况下，地表上原油里的较大组分在地下也会包含在气态混合物之中。凝析气就是一种富含这样的大分子组分的气体，当采到地面时会生成一种具有特殊意义的油。当深度小于3km并且封闭压力降低时，地下环境中的油将趋向脱离气体环境。

当对石油存在可能性和潜在价值进行风险评估时，地球化学必须同时考虑它的组分及其在地下的存在相态（液态或者气态）。它的组分可以用产出的气液相对比例来表示，即小分子烃类（碳数为1~5）和大分子烃类（碳数为6或者大于6）的相对比例。在地下这些组分以气态或者液态的形式存在或者介于两者之间。

3.3 风险

确定地下探明构造中圈闭的含油可能性（风险）需要思考和回答以下问题：

（1）构造附近是否存在烃源岩（即干酪根相对富集的岩层）？

（2）埋藏期间烃源岩是否达到足够的成熟度释放烃类（即烃源岩是否有足够的温度使得干酪根活性物质分解为油或者气的形式）？

（3）排烃过程是否在目标圈闭形成之后？

（4）产生的烃是否从烃源岩运移到了圈闭之内（它是否已经运移到了圈闭之外）？

烃源岩是否存在可以通过岩样分析、已有油气推测和地质解释来确认。通常很难获得有关烃源岩的确凿证据。这是因为烃源岩埋藏得比相关储层要深，并且可以与供油的圈闭相距几十千米甚至几百千米。由于这些原因，烃源岩通常没有被钻探到并且当被钻到时也是处于偶然，因此有关的直接认识仅仅来源于岩屑。在中东等一些石油主产区过去很少需要考虑烃源岩的问题，因为能找到的构造是如此丰富。在其他地方，如尼日利亚和墨西哥湾，烃源岩都是远离深井很远或者深于钻探的目的构造。甚至当我们在井中钻遇到烃源岩层，如在北海的 Kimmeridge 黏土组，其性质的改变也会被忽视，而向埋藏很深且成熟度高的烃源岩钻进。

通过对来自露头和岩心的样品进行分析，我们可以了解现有烃源岩的情况。最简单的方法是测量总有机碳含量（TOC），它通常是以质量分数的形式表示。典型的优质烃源岩 TOC 的含量在 5% 或者以上（例如，北海中部的 Kimmeridge 黏土组的平均含量是 9%），尽管沉积时含有更少的有机碳，能够产生石油，产气煤层的 TOC 含量都在 50% 以上。然而良好的 TOC 值并不能说明问题，因为有可能部分或者全部的干酪根都是惰性的，它们在成熟时无法产生石油。部分样品可能因为充分生烃而被"煮过头"，这就是所谓的"过成熟"。在后面的例子中，这些样品需要经过成熟度检测来鉴别。对于前面的这些样品我们需要通过更多的分析来判别它是否能够生烃，并且如果能的话，还要确定生烃量的大小以及类型。

由于 TOC 值可能只是反映惰性干酪根的含量，所以需要分析烃源岩在埋藏成熟过程中能产生烃类的量。这一过程通过实验室加热样品的方法比自然过程要快很多，在 10min 内加热到 550℃ 或者更高：这是试图模拟在自然条件下经历数千万年时间岩石被加热到 100 ～ 150℃ 的过程。这种由法国石油研究院开发的生油岩评价系统（Rock Eval）是第一种基于常规方法且广泛应用于此类检测的设备，并且这项技术常被用于岩样评估分析。这种实验室热解的结果通常会以每吨千克石油或者相似单位来表示，每吨典型的烃源岩会产生几十千克石油。常规的实验室快速裂解与自然成熟还是有所区别的，但是如果有必要的话，在可以承受的范围内延长热解的时间将会比自然条件模拟得更好。

岩石的热裂解试验仅仅反映了烃源岩在成熟过程中产生石油的最大数量。它无法区分产生的主要是油还是气，或者部分是两者的混合物。通过气相色谱对裂解产物的分析能有助于解决这个问题，但我们通常使用干酪根参数而不需要进一步的研究：

$$氢指数 = \frac{热解产率}{TOC} \times 100$$

尽管油页岩的干酪根指数为 700 ~ 900，但典型生油的烃源岩的干酪根指数为 400 ~ 600。原始干酪根指数小于 300 的生油可能性不大（即地下环境呈液态），但指数小于 200 时易于生成纯的天然气。

地球化学手段能大致鉴别出目标烃源岩，并且量化它的属性。尽管是半定量化的，但在显微镜下对沉积岩中的干酪根进行单独观测也能获得有关烃源岩潜能的相关信息。如果存在足够的干酪根活性物质，不管是否能生油都应该采取这样的光学分析。如果在水生有机质中得到足够的干酪根则预示这属于生油烃源岩，如果干酪根中陆相植物碎屑占主要部分则表示它是生气烃源岩，并且已经降解或者遭受氧化的干酪根没有生烃潜能。很容易识别来源于陆相植物碎屑的干酪根，但产生于水生有机质的干酪根通常外观没有明显特征（不定形的），并非所有的不定形的干酪根都来自于水生有机质和易于生油。可以用直观的干酪根分析判断烃源岩是否存在，但这并不是决定性的；如果需要给出烃源岩的生烃潜能，需要使用上面介绍的分析手段。

烃源岩存在性风险评估，正如提到过的那样，不能依靠对岩样的分析来判断烃源岩的生烃潜力，因为烃源岩可能埋藏很深，也可能离钻探的目标构造几十千米甚至于几百千米。地表上的油气苗现象指示沉积盆地中烃源岩已经演化生烃，尽管它们不能指示是否产生的石油已经聚集到了可供钻探的构造中。使用油苗来评估烃源岩的存在性，首先需要辨别产生油苗的烃源岩，其次必须弄清楚油气向上运移的通道。

能用地球化学将众多油气苗样品归属到一个"家族"，其中每一个都可能来自于同一套烃源岩。通过这一关系能发现石油族与已知烃源岩之间的关系。当然，通常由于上述原因无法找到烃源岩，并且无法得到可能的烃源岩的样品来研究。如果一组原油样品不能与已知的烃源岩相对应，则对样品的分析可以明确在盆内哪一个层位是可能的烃源岩层。相关工作当然不仅仅是包括油苗，而是将利用可获取的所有样品，例如露头和探井获得的岩心。

我们可以利用原油大量的物理性质和化学性质（比如硫、镍、钒和蜡的含量）追踪到相应生成这类原油的有机物质，并且进一步得到这种有机质沉积的环境。例如，高蜡原油就可能来源于湖相沉积岩或者是生油煤层。对油样做气相色谱（GC）分析能得出姥鲛烷和植烷两种组分的比值，它们能够区分烃源岩（总之，姥鲛烷/植烷值小于 3 时指示湖相沉积，当姥鲛烷/植烷值大于 3 时指示生油煤层）。这样的信息能够区分迄今为止无法区分的烃源岩。比如，通常仅仅在石油研究中证明，在南大西洋边缘沉积的深层烃源岩是在联合古陆分离的最早期由湖相形成的。

通过对油样的整体分析可以得到很多有用的信息，但样品的自然变化也会给分析带来很多问题。我们能从称为生物标志性化合物和相对分子质量标准参照物的这类特别组分中获得有选择性和附加的数据，它们合起来仅占油样的 1% 或者更少。生物标志性化合物是能够反映活体有机质综合特征的组分，因此它能够追溯到生成原油的干酪根类型。用气相色谱—质谱（GC‐MS）能进行定量分析。相对分子质量标准参照物能提供干酪根及其产生的原油之间联系的更全面的线索。例如，在有泥岩催化反应的一组产物中，它们在原油中大量存在说明烃类来源于非碳酸盐岩烃源岩，即它们富含在泥岩中。最近，一项新技术同位素比值气相色谱—质谱（IRGCMS），或者特殊组分同位素分析（CSIA），也得到了相应的发展。这项技术测量生物标志性化合物和相对分子质量标准参照物的碳同位素比。

我们对原油整体或者其馏分的同位素分析为溯源提供强有力的校正工具。由质谱测量得到样品中^{12}C（一个碳原子中含有 6 个质子和 6 个中子）与^{13}C（一个碳原子中含有 6 个质子和 7 个中子）同位素比与标准样品中的比值进行对照。只要能获得烃源岩进行分析，就能将原油与产生它的干酪根相对应。由于干酪根中较轻的^{12}C 容易优先散失，所以通过同位素比方法得到的比对并不是十分精确。这就要求在校正中要考虑所谓的分馏作用。如果仅仅涉及原油，那么可以对整个原油及其馏分中的碳同位素比做出简单的变化曲线［同位素类型曲线或者加利莫夫（Galimov）曲线］。对于不同的原油样品来说，相同的比和模式可以说明它们有所联系（这种方法对于成熟度的改变也能有所反应）。总体说来，可以用油样的同位素比、生物标志性化合物所含基本组分来判断和追溯其所属烃源岩在该地区的地层位置。

与原油相比，天然气拥有更少的能反映其烃源岩的信息。这是因为天然气的组分构成简单，仅仅是一些简单的分子（甲烷、乙烷、丙烷和丁烷）。随着非甲烷气体相对含量的增加，天然气的"湿度"也会增加，这就给出一些指示其来源的线索。然而唯一能真正追溯气体来源并指示生气烃源岩存在的是碳同位素构成比例。总体说来，这些数据能区分三个不同演化阶段形成的天然气。首先区分的是生物成因气，即有机质埋藏深度为 1 ~ 3km 或者说是在干酪根热解生烃之前遭受微生物降解产生的气体。生物气包含 99% 的甲烷（它们是干气），并且含有相对较大比例的^{12}C 同位素（即较轻的同位素）。第二种被区分出来的是干酪根热解生油过程中或者是原油裂解产生的气，因为它们都与石油一同出现，所以把它们称为伴生气。第三种气体来源于干酪根，尤其是像煤这类陆生植物碎屑中的干酪根，它们需要经历比生油更高的温度（大于 150℃）。总体上，与生物气相比，后两类气属于热成因生烃。因此，当我们说在沉积盆地内找到生气的确切烃源岩时，这一结论的可靠性比发现生油烃源岩的可靠性要差。

用地球化学分析可以对地表油苗和地下原油样品进行描述和对比，并以此推断烃源岩的存在，对于油苗以及油苗与地下聚集的油藏之间的空间关系的解释是复杂的。最主要的问题是油苗在地表或者地表附近经常发生改变。原油组分会因为吸附或者受微生物影响，地下水蒸馏和溶解或者地表径流的影响而改变。与采自地下油藏新鲜油样不同的是，对于油苗组分的解释多少基于直接的证据。只有发现快速、持续喷涌到地面的油苗才有可能是原始的样品。

我们可以观测到活跃的油气苗或者见到它却不流动。相似的，我们可能只是观测到油气苗或者通过分析推测它的存在（微油气苗）。陆上的微油气苗无论是在古代（例如，中世纪的中国）还是在 20 世纪（例如，在中东）都指导了最早期的油气勘探。由于出现了异常的微生物、矿物、植被和确认的化学组分，我们在陆上构造中的岩石和土壤中发现了微油气苗的迹象。我们还没有通过严格的科学试验来建立油气苗和聚集油气的一致关系，因此最好是在清楚证明局部的油气苗与聚集油藏之间的关系之后，油苗现象才对油气的聚集具有指示意义。当然，尽管石油能沿着没有明显裂缝的岩层垂向运移数百千米，它也能顺着渗透路径横向运移数百千米：加拿大的阿萨巴斯卡焦油砂就是典型的长距离的顺地层流动后留下的结果。

海上油气苗能在海面上发现或者是经常能在钻探的海底沉积物中找到。我们能在海面或者海底沉积物中找到石油或者其相关组作为样品进行上述分析。海面上的样品通常首先是靠可视化装置和设备或者卫星远距离观测到。真的油苗能够与油轮的事件性污染区分开，因为它们会持续停留数周并呈点状分布而不是呈带状分布。寻找到海底的油苗需要明确的目标。我们通过水中和海底的气柱来寻找海面油气苗，并且通过分析油气苗运移的可能路径（如膏盐隆起形成的断层）判定油源的所在。只有见到丰富的油气苗时才能准确指示油气核部的存在。广泛分布的众多的油气苗出现在经历数百万年快速沉积并发育大套泥岩的区域。墨西哥湾的深水区域就是出现这类油气苗的典型区域；活跃的油气苗也能通过具有潜没和海底钻孔共同特性的无脊椎动物的聚集得到研究。墨西哥湾油气苗指示了地表下油气聚集的所在或者说明它们曾从此运移过。我们推测油气通过垂向的运移从未钻探到的烃源岩到达地表。就像北海一样，盆地经历上千万年或者上亿年的缓慢沉积，并且全盆地发育的砂岩层会分割或者见不到油苗。当地表发现油苗时说明原油从地下任何聚集点经过数十千米的侧向运移到达这里。总的说来，无论是海上还是陆上的油苗都提供了一份石油样品，尽管经历了很多变化，我们还是尽量地去推测有烃源岩的存在，并且它所产生的原油运移到了地表。油苗与油气聚集之间可能存在垂向上的关系，但也可能这只是我们的想象。

我们也能从已知的地质知识推测烃源岩的存在。这种方法只能用于无法取得样品和数据的孤立区域。事实上，我们总能获得少量的样品，这些信息将有助于预测。该套方法包括根据我们掌握的区域地质知识预测烃源岩存在的可能性，以及判断它们是否产生油气。这个推论是基于我们了解到的能产生富含有机质沉积物的环境。例如，在海洋中富含有机质的沉积物沉积在浅水的非氧化环境。在这样的沉积环境占优势的区域，我们能够评价烃源岩的存在性。

总的说来，我们根据对岩石、原油和天然气样品的地球化学分析建立全盆地烃源岩不同时期的分布图，我们通过这些地质认识能评价烃源岩的存在风险。

一旦确定了烃源岩的存在，成熟度就是需要考虑的风险因素。成熟度即烃源岩被加热的程度，它决定是否有油气产生。我们需要知道的不仅仅是目前烃源岩的成熟度，还有以前烃源岩是否成熟度足够高而生烃。成熟度经常由经过测量值校正的计算机模拟装置进行评价。模拟过程主要考虑沉积岩基底的热传递、热源、沉积岩流体以及这些因素是否随时间改变。模拟也必须考虑现今的相关数据。从理论上讲，最简单的方法是特定类型的植物孢子的颜色。它的颜色随着成熟度的上升而从浅黄色到棕色转为黑色，这一过程与烤蛋糕相似。这种孢子的颜色取决于谁在显微镜下来观察它，这存在一定的主观成分。用工业化的标准测量成熟度避免了主观性，但还是依靠显微镜的方法去测量一种称为镜质组的有机物质的反射率。镜质组来源于木质，并且随着成熟度的上升，测得的发射光线的百分含量会增加。尽管镜质组和孢子在沉积岩中广泛分布，但它们并不是无处不在。当两者缺失或者反映不明显时，可以通过 GC – MS 做的分子测量来获得成熟度数据。这种分子成熟度参数与前面讨论过的生物标记化合物相似，且其结构会随着成熟度的上升从一种类型变为另一种类型。

成熟度检测和模拟提供了沉积盆地及其包含的烃源岩所经历的热史。这将有助于我们了解何时烃源岩足够成熟而生烃并排出油气。石油的生成和驱替不仅仅受温度的影响，而且还取决于烃源岩的类型以及加热的速率。比如，我们给定一个特定的地热历史条件，海相碳酸盐岩烃源岩将优先于海相泥岩生烃并排出原油，而海相泥岩的生烃时间将依次先于湖相烃源岩，然后是生油煤层，最后是生气型烃源岩。这一点是十分重要的。例如，在一个特定盆地内碳酸盐岩在110℃可以产生大部分的石油，但同一盆地内的湖相烃源岩在此条件下则不会生烃：后者将在140℃左右生烃，相当于埋深增加1000m。对烃源岩类型的了解和成熟度一样是非常关键的。虽然是次要因素，但加热速率同样决定着生烃过程：当加热速率变大时，特定类型的烃源岩更易于生烃。在盆地评价中，通常用计算机模拟烃源岩生烃以得出开始生烃时的成熟度。这些模拟基于的数据可能来自于全球通用的烃源岩标准，或者来自于目标盆地中收集到的烃源岩。

将成熟度加到烃源岩图样中，我们可以看到盆地中目前正在生成油气的区域。对于盆地沉降史和热史的了解将有助于研究在盆地历史中何时何处产生过油气。

在对构造含油性进行风险评价时，充注是第三个应该考虑的因素。问题在于圈闭在附近烃源岩排烃之前是否就已经存在。如果是，那么从烃源岩排出的油气是否运移到了圈闭之中；如果不是，时间上是错误的，并且圈闭没有充注。

石油通过水平的泥岩层运移。在泥岩中的运移方向很大程度上取决于占优势的压力梯度，石油从高压流向低压。石油向下运移能超过500m，但天然气向下运移很少超过300m。一旦它流经像砂岩这种相对的可渗透层时就会侧向运移，并且方向是向上的。这种层称为输导层，并且石油受孔隙水的浮力驱动运移。

烃源岩与圈闭之间的充注风险与圈闭结构和此时烃源岩的排烃有关。首先看圈闭，但不应关注圈闭，而是所有到达圈闭的输导层以及输导层是否与烃源岩体连通。这就必须考虑石油的最初上下运移。例如在北海，中侏罗统的砂岩输导层与圈闭组合而形成了储层。上侏罗统的烃源岩产生的油气向下运移进入了中侏罗统砂岩层中使圈闭含油。然而在油气只是向上运移的地方包含中侏罗统储层的圈闭是干的。

如前所述，构造含油可能性与烃源岩的存在性、成熟度和构造的输导能力有关。它们中的每个因素都是独立的，并且风险性与它们都相关。它们共同构成了烃源岩有效性的风险因素，即存在烃源岩能给圈闭提供石油的风险。我们需要得到不同类型的数据来考虑这个问题，并且包含很多的不确定性，没有单个的方法进行风险评估。不同的人在这个问题上已经研究了很多年。目前，计算机模拟技术已经用于研究生烃和运移，并且这样实现对充注的研究。当然，对这种类型的成功模拟需要充分了解烃源岩的空间和垂向展布、盆地热史，并且最为重要的是盆地的地质演化知识。

3.4 评价

只知道圈闭可能充满石油是远远不够的，往往关键的是在钻探圈闭之前对可能获得石油的评估。地球化学为这类评估提供了大量的数据（尽管在有些例子中用的是烃类直接检测——DHIS）。从最简单的层次看，这个问题就是构造中是否有油或者气，或者两者都有。在边缘地带这些信息已经足够了，比如在那些因为缺乏市场或者地下管网而使天然气毫无价值的地方，但是，对于成熟地区原油的气油比和天然气的凝析油与气体的比，对于风险评估是很重要的。另外，有些因素比如原油的含硫量和含蜡量以及所含的硫化氢与二氧化碳的多少对于发现区块的价值起到决定性的作用。充注到圈闭中的原油的性质决定了影响价值的大多数参数，必须评估所有的烃源岩以了解哪个参数对圈闭有利。有少量的参数取决于储层中石油所经历的多种反应，通过推测了解储层环境。

简单地讲，烃源岩的类型决定了充满圈闭的相是油还是气。海相和湖相烃源岩含有从水生有机物质中演化的干酪根而易于生油，煤或者其他沉积物含有陆相干酪根而生气。这种分析或者预测进一步描述了上面对于生油或者生气的判断。在生气烃源岩和生油烃源岩都存在的地方，就不得不考虑圈闭可能容纳两者的情况了。例如，在北海地区有些圈闭最初被来自上侏罗统海相烃源岩产生的原油所充注，但是后来又充注了来自下侏罗统煤层产生的天然气。

我们对于相的预测必须尽量定量化。对于一个或者一组烃源岩能产生的油或者气的充注，我们有一个可估算的 GOR（即 C_1—C_5 烃类与其他烃类的比值）。随着充注物向上运移，其温度和压力都会降低。原油可能以液态或者气态或者两相分离的形式存在。如果我们能够预测储层的压力和温度，那么可以通过估计的 GOR 来推算目前圈闭内是一个相态还是两个相态。尽管还存在一定的不确定性，GOR 提供了一种定量化的评估手段。由于很少或者没有烃源岩分析，远景区储层认识的不精确和超过数千米深的石油相态数据的限制，使得我们通常面临越来越多的不确定性。上面所谈到的问题可以通过两个方面解决：一是通过完善的工程关系式外推；我们为采黑色石油钻井，却很少为气体凝析油打井。二是用计算机模拟的"状态方程"，它能根据最基本的要素评价相态的变化；考虑到石油包含的如此众多的组分，这将是一个不可思议的任务。突现 GOR 和相态重要性的是两个例子，一个是生油煤的演化系统，另一个是有关于天然气凝析油的。与其他的生油烃源岩相比，生油煤层产生的烃类有更多的气体组分，因此在进行远景评估时对相态的预测是非常重要的，尤其是当天然气没有价值时。气态凝析油是一种在生产中能产生特殊液体的天然气。在较浅深度时（小于 3000m）由于温度和压力下降，它们会自然析出所含的原油。在任何盆地和地区凝析油都是有价值的，对于气体凝析油价值出现的最低深度还需要进一步评估。

含硫和含蜡影响石油品质的特性取决于产生它们的烃源岩的类型。例如，碳酸盐岩烃源岩产生高含硫原油，其他海相烃源岩产生原油含硫量中等，湖相烃源岩和生油煤层生油含硫最少。这些都是烃源岩中的有机质经历沉积和埋藏改造后表现出来的性质。以分别产生于湖相和碳酸盐岩烃源岩的原油作为例子。前者最终来自于淡水有机质而含蜡，因为淡水生物依靠蜡增加浮力。后者来源于海相碳酸盐岩的有机质，它在早期埋藏过程中富集相对高含量的硫，除了少量的硫化铁以外，其他泥岩富集的硫元素都进入了碳酸盐岩中。对烃源岩类型的了解和推测可以评估影响原油质量的大多数特殊性质。

储层内部的改变也能影响到原油品质，比如微生物降解和裂解生气。细菌入侵和微生物降解能产生重油并使得酸性增加。研究表明，细菌的活动局限于温度在 70℃ 以下，它们由地下水带来氧气和氮气。生物降解的风险限定于浅层储层，并能根据热史分析和地下水研究进行预测。在超过 150℃ 的情况下，由高分子组成的石油在高温下会裂解为气态的小分子。然而很难预测油能存在的最大深度（最大温度），它取决于原油类型和当地的地温梯度等因素。但一般当温度超过 180℃ 时石油很难保存，对于具体区块要具体分析。

与天然气伴生的非烃类气体对于油气品质影响很大，尤其是像二氧化碳、硫化氢和氮气。大量的二氧化碳气体来源于石油系统以外的地壳深部或者碳酸盐岩热变质作用。在研究地质特征时必须考虑这种大规模的二氧化碳气体的存在。硫化氢的重要来源之一是储层中的硫化物与甲烷的反应产生的。我们称这一过程为热化学降硫，且发生在140℃左右。在对储层伤害风险评估时地质知识也是一个很重要的因素。相当数量的氮气来源于煤层中的陆相干酪根热裂解，这些是区域评价中的基本因素。

3.5 体积

理论上，可以估算所充注的原油体积。实际上由于所有的不确定因素意味着这是一个大概的估计，这是对圈闭是否充注的检验。

通过计算烃源岩的排烃体积再减去运移到圈闭损失的体积，就得到对圈闭充注石油的估计值。首先，我们必须了解在圈闭充注时期供源烃源岩在三维空间上的地质结构和体积。热解排烃或者烃源岩潜能表示烃源岩生烃的最大可能值。烃源岩的成熟度决定了达到这个潜能的可能。不同体积的烃源岩可以达到不同级别的成熟度。如果能考虑到这一点，我们就能够估算到烃源岩排出石油的总量。我们所了解到的烃源岩体积、生烃潜力或者潜能范围、成熟度的变化以及在不同的成熟度能够产生的石油量都存在不确定性。如果全球或者区域性研究能够提供最后3个类型的信息，那么就可以预测出排烃总量。如果就排替石油的密度提出有根据的假设，那么其总量能转化为体积。

另外，必须估算运移过程中损失原油的量，这项工作可以使用很多方法。最通用也是最实用的方法是给出一个固定的百分比，即10%或者20%的原油到达圈闭。这样的数值来源于全球或者区域性数据，并且已经除去估算的含油储层中的漏失量。但如果不这样的话，通常包括运移到地表油苗在内损失的量。还有一种可供选择的方法是计算石油运移通道内的孔隙空间，并且不考虑饱和度。这是一种合乎逻辑的方法，但是很难控制数据的准确性。

最后，对于圈闭所含石油的估算是十分粗略的。如果估算结果是圈闭体积的10倍或者更多，那么可以放心地说圈闭是满的。但如果预测值与圈闭体积相当的话，就要十分慎重了。

3.6 储层流体的研究与应用

当发现一个新的油田后，我们将利用地球化学的手段来研究区块内流体的变化。对储层流体的研究能够为优化储层开发方案和指导区块勘探提供潜在的有用信息。储层流体的变化能够用于改善储层描述（分辨区块内部的盖层和隔层）及指导附近区块的勘探（识别油气运移和充填的方向）。

对于储层流体的研究基于工程数据（例如，气油比、压力和地下密度）和地球化学数据（例如，气相色谱、色谱—质谱和单组分同位素分析）。

储层流体组分经常变化，这是由多种原因造成的。其中最主要的原因是储层从一侧的油气充填和成熟度的提高（被温度更高的流体趋替）。其次是双烃源岩灶的充注。再次是生物降解引起的变化。自从油田充注后储层流体的变化会在地质时间刻度内（通常是上千万年）一直持续到出现混合。

随着储层不断地被充注，石油组分也在不断变化。例如，石油首先会利用高渗透通道充注于圈闭的顶部。石油会阻止储层的成岩化过程并占据孔隙水的位置。

在充注后的地质时期内，由于不停的混合作用原油组分保持不断的变化。如果现今流体仍然出现变化，那么说明其内部没有隔层或者混合作用非常短暂。在前面的例子中，我们会怀疑隔层在阻止混合方面的有效性。像后面例子的这种情况是决不可能出现的，因为相对于地质时期来说，这种无阻混合过程是非常迅速的。

原油在通过储层时以扩散、平流（流体的侧向运移）和对流（发生在局部范围且无法解释）的形式混合。然而典型的原油组分能在不到100万年的时期内以分子扩散的方式运移100m，如果在井间运移2km的距离需要大约数千万年的时间。因此扩散是井间规模而不是区块规模的特殊混合过程。

平流混合作用是由于储层内同一深度流体的密度差异带来的不稳定环境所造成的。这一环境首先是由不同组分流体的充注所引起的，后来又加入了比最先组分轻的气体。由密度驱使的混合作用使得不稳定性减小，密度较大的流体会下沉到较轻流体的下面。从以密度差为驱动力的混合作用的模拟看出，这一过程在区块级别的储层中要经历数千年，然而这在由隔层分割的区块中不会出现。原油在通过区块时其组分发生变化，说明有垂向隔层的存在且将区块分割化；反之却不能成立，即成分不变并不能说明没有隔层。

当聚集的石油混合化以后，正如前面所讨论的，油柱中水的成分也发生了很大的改变。相反，油柱下面的水却作为水系统的一部分继续演化。

当然，不能单独用地球化学信息来研究流体的变化。地球化学研究必须有计划地、综合地和可解释地利用所有可获得数据，尤其是任何可获得的工程流体数据。地球化学可用于解释石油和水中成分的变化。这些流体样品来自储层的分散样品或者它们的副产品（例如，残余沥青，储层孔隙中残存的盐）。最简单的方法是精确测试样品流体（DSTs，RFTs 等），它们来源于储层孔隙的溶解和热驱替或者单个矿物颗粒所包含的流体；也可用可视化检测这类样品数据的变化，统计分析通常需要研究这种改变或者可视化的变化。

对储层孔隙中盐类的分析［残留盐分析（RSA）］提供了研究地层水组分方法。它包括普通孔隙水和地层水蒸发后留下的保存在核部的盐。锶同位素是研究残余盐组分变化的常用方法。RSA 是一种研究充注期油层内水成分变化的专门方法。

3.7　发展趋势

在可以预见的将来，地球化学趋向于发展为一项技术。地球化学将继续在石油的勘探和开发风险评估中发挥作用，在评价、开发和生产中提供钻前油藏评价、油气体积以及储层流体的相关信息。新的技术将会提供更加经济实用的研究手段，并为对比和解释开发新的参数。对这一过程了解得越多，则会提出越合理的解释。由于通常无法钻到烃源岩，埋藏很深或者在横向上远离油田和目标区域数千米，我们还是无法摆脱不确定性的干扰。

3.8　致谢

十分感谢 BP 公司的同行、地球化学家和其他地质学家，从他们那里我学到了很多地球化学知识，同时还要感谢石油地球化学领域的众多企业和研究机构的搭档。我要特别感谢 Neil Piggott，我正是接受他的建议将勘探阶段的地球化学分为风险、评价和体积，还有 Chris Clayton，我们在一起分享了很多快乐的时光。

参 考 文 献

［1］ W. A. England and J. Cubitt（eds）1995 *The geochemistry of reservoirs.* Geological Society of London，Special Publication no. 86.

［2］ S. R. Larter et al. 1997 Reservoir geochemistry：alink between reservoir geology and engineering? *SPE Reservoir Engineering*，12，February，12 – 16.

［3］ J. M. Hunt 1979 *Petroleum Geochemistry and Geology.* San Francisco：W. H. Freeman.

［4］ L. B. Magoon and W. G. Dow 1994 *The Petroleum System—from Source to Trap.* American Association of Petroleum Geologists Memoir 60.

［5］ P. C. Smalley and W. A. England 1994 Reservoir compartmentalisation assessed with fluid compositional data. *SPE Reservoir Engineering*，9，175 – 180.

［6］ B. P. Tissot and D. H. Welte 1984 *Petroleum Formation and Occurrence.* New York：Springer-Verlag.

4 地球物理

4.1 引言

前一章介绍了石油和天然气勘探的地质基础。油源物质必须已经聚集，被埋藏在能够转换成烃类的足够高的压力和温度之下，然后需要的是运移到储集岩石的通道，储集岩石处于圈闭烃类的构造之中。然而，石油勘探者不能看穿岩石进入地下确定油源、运移通道、构造、储层或者盖层的存在。对于一个有限的范围，地面显示，诸如构造起伏或者油苗，显示出烃类的存在。然而，由于勘探目标通常在地下 3000m 以下，而且时常在海上范围内，必须使用地球物理方法探测和揭示地下地质情况。

油气勘探的标准方法是验证上述各项条件是否存在。沉积盆地的形状和厚度是否足以使大量的烃源岩沉积，并埋藏在能够成熟为油气的深度？该盆地是否足够大而成为经济勘探的目标？根据地球重磁场的测量能够回答这些问题。然后，根据在盆地内进行的地震勘探测量，我们能够绘制圈闭位置图并确定储层的几何形态。我们能够研究流体—运移通道是否使油源和储层连通，并且推断该圈闭是否是封闭的。在确定的环境下，甚至能够用地震勘探数据进行直接油气检测。

根据地球物理测量结果能够推断地下岩层的物理性质，诸如地层位置、密度（单位体积的质量）和地层电阻率，以及地层的声波传播速度和磁场强度。然后建立这些物理性质与地质性质的关系，如构造、岩性、孔隙度、渗透率、流体类型和地质年代。下面将其与医学类比。一名医生通过观察和询问患者的状况来诊断疾病，这种方法相当于测量地球自然发生的场。然而，这样的技术是肤浅的，而且常常是医生必须用 X 射线或者超声波探查患者的身体，而勘探者必须用地震波探测地球。最终，我们可以对患者做手术，对地层进行钻探。如果不用仪器在体内探测，则手术可能是不明确的；同样，把地球物理仪器下入井内可以探测详细的地质情况。

4.1.1 地球物理应用

地球物理应用的状况主要取决于要勘探盆地的成熟度。在盆地勘探初期，第一步是确定沉积体的大小，或者沉积物的厚度和展布面积。航空磁测资料和船载重力资料是获得信息的最经济的方法。第二步包括使用粗网格 2D 地震测线建立盆地的构造和地层框架。根据从 2D 地震测网获得的地质情况，对重点地区进行开发，包括潜在储层和圈闭。然后根据第三步在重点区进行 3D 地震勘探测量收集的信息对这些地区进行详细成图。对这些地质结论细化，确定井位，那么就做好了第四步的准备，钻勘探井。自然地，勘探队希望在钻探中发现商业性油气藏。然而，即使没有具商业价值的油井提供大量的地质信息，也可以把它作为细化地质的结论，并且确定更合适的钻探井位，提供需要的辅助信息，需要进行较高分辨率的 3D 地震勘探。

在成熟的油气田，勘探方法具有许多相同的特征，但是要根据勘探和采油人员的目标来制定。他们试图在目前采油的趋势上找出新的油气田吗？正在考虑部署加密井吗？正在考虑二次采油或者三次采油吗？虽然有所不同，但成熟油气田都具有一个共同的特征：井。这些井，如果进行了测井或者取岩心，提供了详细的地层柱状剖面信息，即使是仅仅在个别地理位置。确定井间的地质变化需要地震勘探数据，通常是高分辨率的3D地震勘探数据。使用垂直地震剖面能够获得直接邻近井的详细信息，其中钻孔内的检波器检测到地震勘探数据。目前正在研究时移地震，它是在油田开发之前或者早期进行的一种地震勘探测量，并且在油田部分衰竭后重复进行。目的是监测含油气饱和度随时间的变化，并且找出不变化的区域，指出诱人的开发机会。

4.1.2　地震勘探（基础）

至少在原理上，地震波反射成像与雷达和声呐成像相当相似。地震震源发射一个穿过地层的信号。由于地层是由不同物理性质的岩层组成的，地层之间的界面反射一部分地震能量，然后传播回到地面被检测和记录。

考虑一项绘制湖泊深度或者水深度的任务。在船的侧面悬挂一个水深计或者回声探测器，当船在湖面移动时，记录下它的位置。水深计包括一个压电晶体，当电触发时，它发射压力脉冲。这个压力脉冲穿过水体，从湖底反射，然后传播回到水面。水深计中的压电晶体检测反射的脉冲，并且将它转变成电子仪器可以记录的电信号。使用以下公式把通过水的双程旅行时间 T 转换成水深 D：

$$D = (T/2) v$$

式中，v 是声波在水中传播的速度。

绘制记录位置的水深等值线得到等深图。地震勘探是绘制等深图的一种常用方法。由于地震方法试图获得盆地中所有地质层位图，而不是一张单独的水深图，所以普遍化是必需的。由于每个地质层具有不同的速度，射线路径畸变是复杂的。这种畸变与观察部分淹没在水中的直棍类似；它在空气—水界面看起来是弯曲的。使过分简单的接近于地震波反射成像复杂化的其他问题，包括信号强度随反射面的深度而减弱、干扰信号的噪声（包括背景噪声和震源产生的噪声）和需要成像层内的详细信息。

4.1.3　协同作用

地震勘探技术的迅速发展促进了附属专业的发展。通过地震勘探数据采集、处理和解释阶段，许多工作趋于继续发展。数据采集专家研究地震震源、检波器、记录系统和定位系统。在地震勘探野外数据装满了数百盘，常常是数千盘计算机用磁带之后，被交付给地震勘探数据处理专家。为了提高分辨率和信噪比，并且转换成地下的图像，把这些数据进行分组和处理。这些图像属于解释专家的工作范畴，他们将地震勘探数据信息与井信息和地质资料综合，以便布井开发油气层和远景构造。

虽然专业化是快速科学技术进步的直接后果，技术之间的明显边界是不受欢迎的。没有哪一项单独的技术能够适用于所有工作。勘探需要工程技术专家的协作，其中每一位都是单项技术的专家，并且极其赞赏其他技术产生的附加值。例如，地震勘探测量应该由一个专家组设计，他们考虑勘探/解释目标、数据采集后勤工作、成本和能力，以及数据处理的必要条件和能力。由于专业范围随着手头的工作而变化，综合是勘探过程中所有阶段成功的关键。在一个新领域勘探的早期，必须组建一个专家组，包括构造地质家、油气系统专家、重力和磁力地球物理家和具有数据采集、处理和解释附属专业的2D及3D地震勘探家。对于更成熟的油气田，常常不需要重力和磁力专业，并且要在专家组中增加测井分析家、地层学家和采油工程师。

4.1.4　历史回顾

在20世纪20年代早期首次成功试验之后，反射地震仪迅速地发展成为一种流行的勘探工具。大约经历30年，主要由于灵敏的检波器和记录设备的发展，这种方法稳步地得到改进。图4.1说明了那一阶段反射法地震勘探的组成。震源是放置在浅钻孔内的炸药，而检波器是在或许0.25mile（400m）距离内按规则间距布置的地震检波器。记录是用多道示波器在电影胶片上的摄影偏差完成的。每10ms音叉控制的"I"图像线被印在胶片上。图4.1还显示了一次放炮和一组12个检波器获得的记录。

波传播的原理易于理解，而且目前使用的许多方法的理论基础被开发得很早。数据品质是一个限制因素，但是缺乏改进它的必需技术。电路的滤波器噪声是有限值，而且摄影记录妨碍了进一步处理。在20世纪50年代晚期，以模拟方式记录在磁带上的地震勘探数据是一次重大进展，因此可以进行后来的处理。

20世纪60年代左右，两次发展把反射地震仪从一种有用的工具转变成一种主要的勘探方法。把数据按共深度点（CDP）抽道集和数字技术应用于地震记录和数据处理。这些发展明显地提高了数据品质，并且允许以类似于地质横剖面图的方式显示数据。在20世纪80年代，3D地震技术成为过去几十年中可论证的最重要的勘探和开发技术。勘探家第一次有了地下的3D图像。虽然3D成像比2D成像昂贵，已经证实它是如此有效；以至于在过去的15年中其应用呈指数增长，并且占了地震勘探测量开支的大部分。

4.2　地震勘探理论

4.2.1　波的传播

了解地震能量在地层中传播的方式提供了认识地震勘探技术的基础。令人感到意外的是，这项技术主要依据声波在流体中传播的原理。虽然看来流体很难接近岩石的性质，但是这项技术应用得很好。声波传播建立在两个物理基本原理之上：牛顿第二运动定律和胡克定律。牛顿第二运动定律指出，具有质量 m 的质点受到力 $\boldsymbol{F}$ 的作用，具有加速度 $\boldsymbol{a}$，其中：

$$\boldsymbol{F} = m\boldsymbol{a} \tag{4.1}$$

除了移动之外，地层中质点还受到挤压。胡克定律揭示出应力或者压力变化与质点应变或者挤压的关系。综合这两个方程得到波动方程，建立了压力的时空变化的关系。

4.2.1.1　局部运动和大规模运动

牛顿第二定律和胡克定律控制着压力和质点速度之间的局部关系，即它们建立了地层中无限小质点的压力与该质点运动的关系。然而，地震干扰引起局部和大规模的运动。当在地下发生爆炸时，在直接邻近震源处的压力急剧增加，并且震源周围的地层受到从震源向外的径向力的作用。这个力使震源周围的物质膨胀，并且挤压外层的地层物质。以这样的方式，地球质点逐渐移动，而且出现压力扰动或者波通过地层传播。

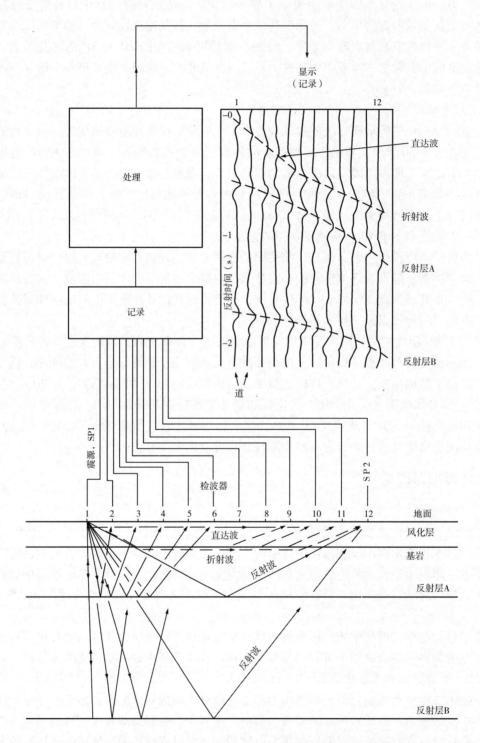

图 4.1　20 世纪 50 年代的常规地震测量

显示了地震系统的组成和记录的地质剖面、地震射线路径及典型地震炮记录

波传播的速度是地层物质的重要特征，其中主要取决于岩性（岩石类型）、孔隙度、压实度和孔隙中的流体类型。波在地层中的传播速度的范围从地表疏松物质的每秒几百米到特深的坚硬岩石的 6000m/s。在水中的传播速度为 1500m/s。

4.2.1.2　子波和波

从震源向外传播的地震扰动是一个被称为子波的能量包。图 4.2 显示出一个地震子波的组成，先是压力的快速增加（压缩），后面是压力的快速下降（膨胀波），然后是更慢的扰动变化。地球运动的表现是相同的，并且地震子波的其他类型是以地层质点速度的形式体现的。地震子波是一种重要的概念，因为它的持续时间（能量集中的时间间隔）决定后来成像的分辨率。图 4.2 中的子波是在地震波通过地壳中岩层时被测量的。当它在地层中传播时，其能量在逐渐加长的时间间隔内扩展。典型地震子波的持续时间大约是 30ms，子波的持续时间越短，分辨率越高。

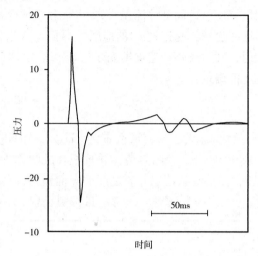

图 4.2　地球中传播的典型地震子波
（据贝克休斯有限公司分公司，西方物理公司）
该子波是海洋空气枪的远场压力特征波形

当地震子波在地层中传播时，瞬间引起空间上的压力改变。把在二维或者三维面上定义的压力波启动称为波前。在均匀介质中，波前以这种介质的速度呈球形膨胀。当波从震源向外越来越远传播时，由于能量在较大的区域扩散，任何单点的振幅都减小。在均匀介质中，振幅与传播的距离呈正比例减少。

4.2.2　平面波

当离开震源很远时，地震波前的曲率半径变得如此之大，以至于波前几乎变成平面波。许多地震波的理论建立在平面波的基础之上。对于均匀介质中平面波的传播，下式表达了波阻抗 Z、与纵波有关的压力 p 和地层质点速度 v 之间的关系。

$$Z = \frac{p}{v} \tag{4.2}$$

用岩石密度乘以它的速度（即波传播的速度）计算波阻抗，岩石给予其质点压缩的阻力。

$$Z = \rho v \tag{4.3}$$

由于地震勘探测量差不多总是在远场进行，我们能够测量压力或者质点运动，并且通过用 Z 乘或者除确定其他参数。从一个地层到另一个地层的波阻抗变化也能确定反射振幅变化，详见下面的讨论。

4.2.2.1　射线和射线路径

已知波前在任何瞬间的位置，我们能够应用惠更斯原理计算下一时刻的位置。认为波从图 4.3 的左上部向右下部传播。在确定的瞬间，波前处于表示原始波前的位置。可以认为原始波前上的每一点都是发射球形波前的二次震源。称为新波前的后来时间的波前，是二次波前的包络。这个波垂直于局部波前传播，把这个方向称为射线。把射线连续形成的轨迹称为射线路径。

地震波与光波相似，遵循反射和折射的原理。当一条射线遇到两种介质的界面时，部分能量被反射，而部分能量被透射到第二种介质中。在图4.4中，一个波从左上方以速度 v_1 传播，遇到具有速度 v_2 的地层的界面。入射射线路径遇到一个倾斜界面，并且产生反射和折射，其射线路径遵循斯奈尔（Snell）定律：反射角 ϕ_R 等于入射角 ϕ_1，而折射角 ϕ_2 由速度比值确定：

$$\frac{\sin\phi_1}{v_1} = \frac{\sin\phi_2}{v_2} \tag{4.4}$$

如果 v_2 大于 v_1，那么 ϕ_2 大于 ϕ_1，并且折射（透射）波传播比入射波更接近水平。当变成90°时，称为临界角，并且把合成波称为临界折射波。一个临界折射波并不穿透进入介质2，而是沿着两层介质之间的界面传播，并且重新折射进入介质1。当入射角大于临界角时，式（4.4）无效。全部能量都被反射，一点也不透射进入介质2。

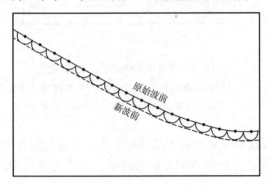

图4.3 遵循惠更斯原理的波前传播

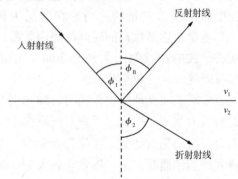

图4.4 在分别具有速度 v_1 和 v_2 的两层介质之间
界面的地震射线
斯奈尔定律控制着反射角和折射角

4.2.2.2 旅行时间和速度

假设有一个震源和检波器的间距为 X 和一个简单的两层地质模型，顶部层的速度和厚度分别为 v 和 d [图4.5（a）]。使用毕达哥拉斯（Pythagoras）三角恒等式，从震源到反射层中点再到检波器的射线路径为 $\sqrt{(2d)^2 + X^2}$。由于旅行时间是距离与速度的比值，反射旅行时间 T 或者穿过射线路径需要的时间为：

$$T = \sqrt{(2d)^2 + X^2}/v = \sqrt{\left(\frac{2d}{v}\right)^2 + \left(\frac{X}{v}\right)^2} = \sqrt{T_0^2 + \left(\frac{X^2}{v}\right)} \tag{4.5}$$

其中： $$T_0 = 2d/v$$

式中，T_0 是零炮检距旅行时间。

式（4.5）描述的轨迹是图4.5（b）中显示的双曲线。式（4.5）描述的旅行时间与炮检距关系不仅适用于均匀介质，也是层状地层极好的近似。如果用具有层速度 v_1，v_2，…，v_N 的层替换图4.5（a）中的上部层，从 N 底部的反射具有下式近似给出的旅行时间 T：

$$T \approx \sqrt{(T_0)^2 + \left(\frac{X}{v_{RMS}}\right)} \tag{4.6}$$

式中，T_0 是零炮检距旅行时间；v_{RMS} 是层速度的均方根（一类平均值）。

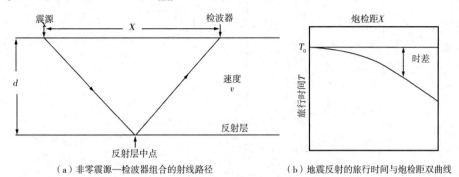

（a）非零震源—检波器组合的射线路径　　　　（b）地震反射的旅行时间与炮检距双曲线

图 4.5　非零震源—检波器组合的射线路径及地震反射的旅行时间与炮检距双曲线

把传播到非零炮检距所需的额外时间称为时差

4.2.2.3　振幅

当波在一种介质中传播时遇到另一种垂直介质，即它的射线垂直于界面，仅反射一小部分能量。如果介质 1 和介质 2 的波阻抗分别为 Z_1 和 Z_2，反射波的振幅是入射波的 R 倍，则：

$$R = \frac{Z_2 - Z_1}{Z_2 + Z_1} \tag{4.7}$$

4.2.2.4　褶积模型

上面提供的信息足以产生平面波垂直入射到一组水平地层上的地震响应。生成合成地震记录所需步骤如图 4.6 所示。每个地质层有密度和速度，乘积是波阻抗。地层的层序确定了波阻抗随深度的变化，如图 4.6（a）所示。此外，由地震震源产生的描述压力的子波，如图 4.6（b）所示。生成合成地震记录的第一步是使用每层的层速度把波阻抗从深度域转换到时间域［图 4.6（c）］。第二步，使用式（4.7）计算所有层界面的反射系数，并且通过把每个反射系数放置到它的双程旅行时间上，建立反射率函数［图 4.6（d）］。然后以每层界面的旅行时间按反射系数比例复制一个入射子波［图 4.6（e）］，并对全部反射层求和［图 4.6（f）］。在数学上，这个过程是反射率函数与地震子波的褶积。使用从井获得声波的这种方法计算合成地震记录，而合成地震记录有助于地震勘探数据与地质资料的闭合。

实际上并非许多地震反射是按比例复制的地震子波。几乎所有地下地层的双程旅行时间都小于相对的地震子波的持续时间，其数量级是 30ms。来自一个薄层顶部和底部的强反射产生干涉现象。

4.2.2.5　附加因素

平面波理论仅仅提供了地震波传播的适当近似。精确的振幅信息需要计算球形扩散波前，对于地震衰减，要把过程中的地震动能转换成热能。此外，上面仅考虑了纵波，产生了一个全部由流体层组成的模型，这是一个只允许 P 波（纵波）的模型。一个更实际的（固

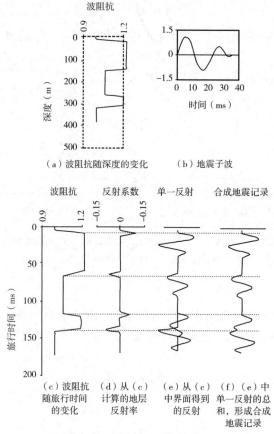

（a）波阻抗随深度的变化 （b）地震子波

（c）波阻抗随旅行时间的变化 （d）从（c）计算的地层反射率 （e）从（c）中界面得到的反射 （f）（e）中单一反射的总和，形成合成地震记录

图 4.6 合成地震记录生成

体）地质模型还包括 S 波（横波或剪切波），它的传播比 P 波慢得多。弹性模拟除了需要 P 波速度和密度之外，还要了解 S 波速度。

4.2.3 傅里叶级数

傅里叶级数的结构单元是图 4.7 中显示的正弦波，它在地球物理分析中举足轻重。值得注意的是，对于时间资料，用振幅 A、频率 f（它是周期的倒数）和相位 ϕ 3 个参数描述的正弦波是单值的。通过合适地选择 f_0，$2f_0$，$3f_0$，$\cdots$，Nf_0 频率系列的振幅和相位，几乎能够非常精确地逼近任何地震子波。已知振幅随频率变化的曲线是振幅谱或者频率谱；同样地，把相位随频率的变化称为相位谱。有效的地震能量通常局限于 10Hz 和 50Hz 之间的频带，并且在这个频带之上和之下频率的能量通常由噪声组成。因此，对地震勘探数据滤波，以便只保留有效的频率，并且提高地震勘探数据的品质。

数字资料在时间上不是连续记录的，而是以离散时间采样，一般采样间隔为 2ms 或者 4ms，并且为了绘图而进行内插。由于不能区分低频正弦波与较高频率的正弦波，而后者经历采样时间之间的额外全周期，所以稀疏采样使确定记录数据的频率含量模糊或混淆。因为一个频率可能包含信号和其他噪声，能够保持频率的单值性是重要的。野外记录系统包括一个去假频滤波器，它能够消除高于采样率的倒数一半的全部频率（4ms 采样速度为 125Hz）。

应用于上述时间序列的傅里叶级数还能够应用到空间域之中。在那种情况下，参照频率为波数以及它的倒数为波长。这个概念是相同的，但是一些问题更难以解决，诸如采样。增加时间上的采样只需要较快的硬件和更大的存储装置。增加空间上的采样需要额外的物理测量值。

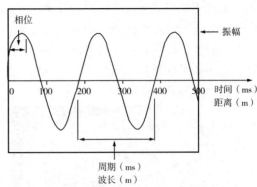

图 4.7　用振幅（峰值）、相位（第一峰的位移）和周期长度（一个完整周期的持续时间）描述的正弦波特征

当处理时间资料时（时间是自变量），把周期长度称为周期，将其倒数称为频率（单位是 Hz）；当处理空间资料时（距离是自变量），把周期长度称为波长，将其倒数称为波数

4.3　地震勘探数据采集和处理

地震勘探数据采集和处理技术的范围是巨大的，尤其在涉及 3D 地震勘探测量时更是如此。而不是单独地讲解数据采集和处理，本章的重点是介绍这两方面的基础，而下章介绍先进技术。基础讨论限于 2D 方法，它主要建立在几乎由水平层组成的层状地质模型的基础之上，即一个模型的物理性质在垂直范围急剧变化，但是在水平范围逐渐变化。

地震勘探数据采集和处理的主要成果是一套地震剖面。为了认识地下的构造和地层情况，勘探队从这些剖面中提取反射旅行时间、形状和振幅。此外，从这些资料中提取的地震属性和反演显示出地层的物理性质。精确的地质推断需要最高品质的地震勘探数据。使用信噪比、分辨率和完整性 3 个标准评价地震勘探数据品质以及地震勘探数据采集和处理的质量。信噪比说明信号或者有效信息与噪声或者无效信息之间的关系。分辨率是确定地下地质状况中很小变化的能力。完整性是地震勘探数据反映地下地质状况的程度。

4.3.1　地震勘探数据采集

地震勘探数据采集是一个简单的概念：造成一个地震扰动，并且检测和记录地层对这个扰动产生的响应。然而，要完成这些步骤以获得采集及时、低成本和对环境影响小的地震勘探数据是成功的关键。海洋和陆地的数据采集仅仅在原理上相似，使用明显不同的设备和方法。

4.3.1.1　陆地地震勘探数据采集

采集系统包括震源、检波器、遥测装置和记录仪，如图 4.8 所示。震源造成一个地震扰动，它在地层中传播。用检波器检测在界面产生的反射波，并且把它们转换成电信号。遥测中心位置的信号，并以数字形式进行记录。常规的地震震源是炸药或者其他的化学炸药，把它们加载在事先钻好的浅钻孔中。当采集数据时，爆炸工发送一个电信号引爆炸药，同时启动记录系统。炸药产生的地震能量极其有效，目前仍然广泛地应用于陆地勘探。然而，它的使用涉及安全、可靠和环境问题，而且钻井成本常常相当高。

对于陆地勘探，最受欢迎的地震震源是可控震源（图 4.8 和图 4.9）。对于使用这种震源，把悬挂在卡车上的一个液压传动板下降，直到紧密接触地面为止。然后使这个板在一个频率范围内振动，同时连续扫描几秒。在这个过程中，记录道与输入信号互相关，以便获得一个与炸药震源相似的道。由于可控震源产生相对低的能量，通常需要几次扫描以增强足够的信号强度，以便检测超过噪声信号。当经济上可行时，一个震源组合比点震源好。当震源组合集中地震能量向下到达需要之处时，并且还有助于消除水平方向传播的噪声波，它可能比有用信号强几倍。

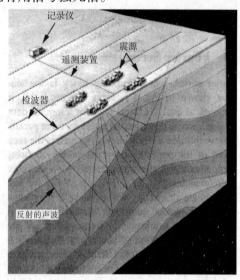

图 4.8　一个采集系统及其组成：震源、检波器、遥测装置和记录仪（据贝克休斯有限公司分公司，西方物理公司）

图中的震源是 4 个可控震源组

图 4.9　特大型可控震源车（据贝克休斯有限公司分公司，西方物理公司）

特大型可控震源车以精确的频率震动地面，为陆地测量提供声能源。每个可控震源可产生 275kN（61800lbf）的力

地震检波器是用于陆地测量的检波器，由固定在框架上的永久磁铁和软弹簧固定在框架上的传导线圈组成（图 4.10）。检波器框架有一个金属长钉，可以插入地下，以便使地面移动时，框架和磁铁也移动。线圈趋于保持固定不变，磁铁相对于线圈移动产生一个电压。正如使用震源的情况一样，检波器通常按排列组合，以便降低水平方向上传播的噪声。

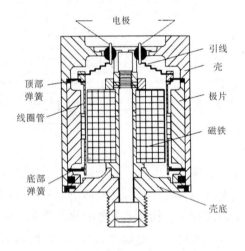

图 4.10　检波器的横剖面图

检波器用于陆地上检测地震波。它的长度约为 5cm，质量小于 0.5kg。通常，检波器的底部有个尖钉，把它插入地下固定

在现代系统中，地震信号在靠近检测的位置被数字化，然后通过电缆或者光缆，或者无线电系统传输到中心地点，在那里记录在磁带上。除了操作程序之外，在每次操作中使用的技术是设计过程的一部分，主要取决于室内设计和成本。当转换成数字形式时，由于受到记录信息的信息量限制，采样率是关键性的。一般情况下，每秒记录 2500 样点的地震勘探数据（4ms 采样率），

它允许精确地记录到大约 100Hz 的频率。

必须在安全而有效的条件下采集数据。在一个容易进入的地区看来是简单得许多的决定，在实际野外条件下变得困难得多。例如，根据近地表物质、驱动钻机的有效能量来源，以及钻机在现场移动的难易程度，可以利用的炮眼钻机是多样的。在山区，直升机在从一处向另一处运输重型设备时起重要的作用。

把地震记录的炮点和检波器组合称为排列。控制排列的一些更重要的因素是它的最大炮检距，或者炮点—检波器距、最小炮检距、有效检波点的数量、相邻排列中心之间的距离和排列的类型。在 2D 测量的情况下，仅广泛使用两类检波器组合：中间放炮排列（在这种情况下检波器在炮点两侧）和单边放炮。由于检波点通常比炮点便宜，在陆地作业中更常用的是中间排列放炮。

陆地地震勘探数据采集通常从许可证的法律程序或者获得实施测量的许可开始，然后在一个地区进行实际测量，即绘制天然的和人工建筑的地形图和位置图。下一步是测量设计。根据一些因素来确定设计，如地表情况，该地区的噪声类型，预期的地下地质状况，目标的深度和测量参数。测量参数如震源类型、测线方向、检波器组合参数，组合形式和测线长度。然后，认真开始预先采集工作。通过清除植被的途径改善地表情况，确定炮点和检波器位置，定标和注明海拔，调动设备，钻炮眼并放入炸药，安放检波器并连接导线或者遥测装置。现在，可以开始采集数据了。选择第一次放炮的排列，引爆，并且在磁带上记录地震勘探数据。选择下一炮的排列（使用记录系统软件），并且重复这一过程直到采集完全部数据为止。最后，拆卸全部设备，清洁场地，并且赔偿任何损失。

4.3.1.2　海洋地震勘探数据采集

与陆地地震勘探数据采集不同，海洋地震勘探数据采集不需要在每个检波点放置检波器，也不用关注每个震源的位置。一般情况下，以高度自动化形式实施作业，使用一条船牵引震源组合和装有检波器的拖缆（图 4.11）。

图 4.11　一艘装载设备的现代地震勘探船的航空照片（据贝克休斯有限公司分公司，西方物理公司）
最近炮点的气泡显示出地震空气枪震源的位置，还显示了两组 4 个拖缆的拖缆头或者牵引点。在船下数千米的深度，每条拖缆配置压力检波器或者水下地震检波器。这艘船长 93m，波束宽 20m。它能配置 12 条拖缆，长 8000～10000m

地震勘探船使用全球定位系统（GPS）导航，按预定航线航行，而且在预定位置放炮。然而，由于有海流和其他引起设计偏差的因素影响，还与地震勘探数据一道，记录了实际的震源和检波器位置。

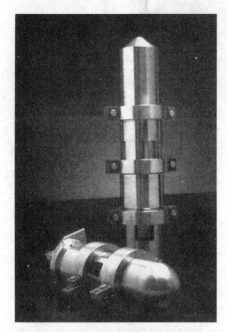

图4.12 空气枪——最普通的海洋地震
震源的主视图和侧视图（据贝克休斯
有限公司分公司，西方物理公司）
空气枪向水中发射定向排列的高压空气

炸药是最初的海洋地震震源，但是证明它对全体船员和海洋生物是危险的。此外，不能自动使用炸药。现在空气枪是最流行的海洋地震震源（图4.12）。船上的压缩机给空气加压，当打开电信号开关时，压缩空气进入水中。合成空气泡的振动产生相当窄带的信号，但是不同型号的空气枪组合供给压缩的宽带信号（图4.2）。图4.11显示了最新空气枪射出的气泡。海洋检波器是海洋作业中的主要检波器，由压电式传感器组成，能够产生响应压力变化的电压。值得注意的是，海洋检波器对压力敏感，而地震检波器对质点速度敏感。正如在第2章讨论的那样，检波器所在物质的波阻抗涉及两个测量的量。在记录船后面带有装在中性拖缆中的检波器组合，并且用压敏装置——著名的吊舱保持固定的深度。图4.11显示出拖缆或者牵引接头，其后拖缆长3000m。

像在陆地作业中一样，海洋地震勘探数据采集从许可证和识别障碍开始，如钻探设备。测量设计仍然是主要的，但是常常受到设备利用率的制约。常常可以制定测量的测线方向和长度、震源和检波器深度，但是对于一个特定工作队，通常硬件固定了检波器组合的参数。海洋作业的自动化程度决定了可以更加快速地采集数据，并且定额数据采集成本比陆地采集更低。

空气枪/拖缆测量获得了大多数的海洋地震勘探数据，但是还使用了一些其他工具。双船作业可以使拖缆作业更灵活。洋底地震勘探系统是最近发明的，讨论如下，除了海洋检波器之外，在洋底使用地震检波器作为检波器。海上可控震源可以用于空气枪受到限制的地区。

4.3.2 数据采集和处理规则

4.3.2.1 地震勘探数据品质

如以上的讨论，必须安全地采集地震勘探数据，即对人员、财产或者环境无损害。此外，数据采集应该是快速的和便宜的，而且最终数据应该是超级品质的。数据品质的一个要素是信噪比（S/N）。在野外，在外部噪声最小时采集数据能提高S/N，常常在夜晚采集。野外方法的多样性包括检波器组合和衰减面波噪声。或许最重要的，是采集高保真度数据（用井控波形和振幅）实现处理能有效地衰减噪声。

良好的垂直分辨率要求宽频带和精细采集的数据。为了获得良好的横向分辨率，测量必须具有大孔径，进行密集的空间采样。通过对接近记录位置的信号数字化和确保可重复的放炮以及均匀的耦合检波器获得振幅保真度。如果存在陡倾角，测量必须具有足够大的成像孔径和足够长的炮检距以保证精确的速度和近地表测量值。

4.3.2.2　共中心点方法

共中心点（CMP）放炮，最初称为共深度点（CDP）放炮，是大多数数据采集和处理技术的基础。使用丰富的信息，CMP 提高了地震勘探数据品质。正如图 4.5（a）所示，在水平地层的情况下，地下反射层是在地面炮点与检波器中点照射的。其他具有相同中点的炮点—检波器对照射相同位置的同

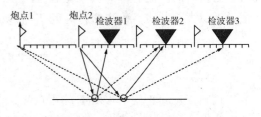

图 4.13　CMP 射线路径

一地下反射层。在图 4.13 中，炮点 1 和检波器 2 组合像炮点 2 和检波器 1 一样照射相同的反射层点；同样地，炮点 1—检波器 3 和炮点 2—检波器 2 照射相同的地震点。用这种丰富的信息能够提高可能被噪声淹没的其他信号。

因为实际观测系统很少是理想的，我们把全部道大致放置在相同叠加面元的中点。对于具有 TR 检波点的排列，下式给出检波点间距 GI（相邻检波点之间的距离）、炮点间距 SI 和覆盖次数 N，或者叠加面元中的道数。

$$N = \frac{TR}{2} \times \frac{GI}{SI} \tag{4.8}$$

如果炮点和检波器间距相同，覆盖次数是检波点数的一半。一旦炮点和检波器都在一条测线上（2D 放炮），式（4.8）或者用于单边放炮，或者用于中间放炮。叠加面元间距（或者钻孔采样）是检波点间距的一半。

当经过合适的旅行时间校正后叠加面元中的道被平均（叠加）时，反射互相增强，但是每条道上不同的随机噪声却不是这样。结果是信号—随机噪声比增强的系数为 $\sqrt{N}$。由于相干噪声比反射能量易于受到不同旅行时间关系的控制，这种叠加处理还增强了信号—相干噪声比。

4.3.3　地震勘探数据处理

地震勘探数据处理把野外记录的数据转换成勘探学家有用的信息。处理包括几个步骤，一些在具备大型计算机的远端处理中心完成；另一些在野外用较小的，但是却非常高效的计算机处理。在野外进行处理可以减少总测量施工时间。此外，还利于现场人员对数据采集的质量控制。正如数据采集一样，成功的数据处理产生及时、低成本和高品质的勘探结果。

由于说明数据品质降低的特殊原因必须对处理程序设计合理，要达到信噪比、分辨率和完整性的地震勘探数据品质标准是相当复杂的。在本章仅讨论常规处理技术：分类和编辑、速度分析以及正常时差（NMO）校正和叠加。后面将讨论更复杂的方法。

4.3.3.1　分类和编辑

在野外，用已知炮点记录组共同记录数据，并且必须把它们抽成所有道具有相同中点的 CMP 道。这一阶段，编辑消除明显异常的道或者数据样品。识别异常基于大量标准中的任何一个，通常包括道振幅或者波形相似性。同时，手工完成这个过程，但是现代勘探中的数据品质使自动化方法更可行。

4.3.3.2　速度分析

正如在第 2 章中讨论的那样，地震反射的旅行时间与炮检距曲线是双曲线。这种关系对

单层是精确的，而对一个层序是近似的。在分析记录的 CMP 资料中，反射也好像是双曲线，至少近似为双曲线。确定旅行时间 T 与炮检距 X 关系的公式为：

$$T = \sqrt{(T_0)^2 + \left(\frac{X}{v_{NMO}}\right)^2} \tag{4.9}$$

式中，v_{NMO} 和 T_0 不必具有物理意义，是只表示观测结果特征的参数。

值得注意的是，式（4.9）是式（4.6）的变形，是水平层状地质模型中旅行时间与炮检距之间的理论关系。

由于许多方法主要取决于速度，所以速度分析是数据处理的第一步。首先，选择道形成道集，通常包括相邻的几个叠加面元，它们包括整个炮检距的全部范围 [图4.14（a）]，显示出一个实际数据组的3个道集。注意线性初至和双曲线反射。然后，把每个 T_0、炮检距大于相应反射深度的数据切除。

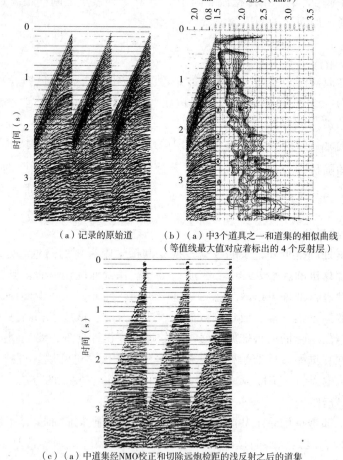

（a）记录的原始道　　（b）（a）中3个道具之一和道集的相似曲线
（等值线最大值对应着标出的 4 个反射层）

（c）（a）中道集经NMO校正和切除远炮检距的浅反射之后的道集

图4.14　从实际数据组得出的3个道集（据 Yilmaz，1987）

一个道集包含在共中心点或者接近共中心点的炮检距的大范围内的地震道。道的排列从左边的炮检距最大，到右边的炮检距最小。注意，现在每个反射在所有炮检距上都具有相同的旅行时间

大多数速度分析方法涉及数据扫描。即对于每个 T_0，应用几个试验速度，并且选择代表旅行时间曲线上最精确的速度。实际上，对于一个已知的 T_0 值：

（1）试验一个 v_{NMO} 值。

（2）对于该道集中的每个炮检距，提取用式（4.9）计算出的旅行时间 T 中点的短间段。

（3）在全部炮检距范围内对该数据段求和，并且使用一相干的数据段确定耦合相加的范围。

（4）在 v_{NMO} 值范围内重复步骤（2）和步骤（3）。

绘制相干值（通常作为等值线）与 v_{NMO} 和 T_0 的曲线，而且一名有经验的速度解释员选择他认为代表反射信息的最大相干值。图 4.14（b）显示图 4.14（a）中 3 个道集之一，（a）作为那个道集的相似曲线。注意，道集上双曲线反射与相似曲线上峰值之间的对应。

沿着每条地震测线以规则间距进行速度解释，通常每个间距为 1km，而且在地下地质情况出现明显变化。结果是完整的速度场，其中的 v_{NMO} 值与零炮检距 T_0 和该地震测线上的 CMP 位置有关。

4.3.3.3 NMO 校正

正常时差（NMO）校正是 CMP 叠加效率的关键。除非一个反射同时到达所有道集，叠加或者求和 CMP 道集并不增强那个反射的信噪比。使用上面介绍的速度分析方法，确定所有旅行时间和炮检距的 v_{NMO}。然后，使用式（4.9）计算 $T - T_0$，图 4.5（b）显示出 NMO 或者时差校正。每个数据样点在时间上偏移早一个时差 $T - T_0$。图 4.14（c）是图 4.14（a）经过 NMO 校正（并且切除远道上的早到波至）的道集，显示出每个反射在所有炮检距上具有相同的旅行时间。

一种岩石的速度一般随着埋藏深度的增加而增加，正如 v_{NMO} 出现的情况。v_{NMO} 随 T 而增加，结合式（4.9）的性质在一个已知道上产生时差 $T - T_0$，小 T 值的时差大于大 T 值的时差。由于时差校正随旅行时间 T 而变化，把它称为动校正。这个动校正的一种重要表现形式是 NMO 拉伸。假设在弹性物质上绘制一条非零炮检距的地震道，如果该道后面的部分偏移到较早的部分，偏移量小，而且较早部分的偏移量较大，那么这两点之间的轨迹被拉伸。如果一个地震反射在 NMO 校正之前有 30ms 的持续时间，在 NMO 校正之后也许有 32ms 的持续时间。对于一个浅层、大炮检距的反射，拉伸如此之大，以至于向外移动的反射比近炮检距上的相似性小。由于叠加不同的反射波形并没有增强信号，切除了大炮检距的浅层反射，如图 4.14（c）所示。

4.3.3.4 CMP 叠加

基本处理的最后阶段是叠加每个叠加面元内的全部经过 NMO 校正的道（切除后）。沿着该地震测线的每个叠加面元重复这一过程，得出一条地震剖面，它代表该地震测线之下初步近似的地质横剖面。然而，注意到这条地震剖面是用旅行时间标绘的，而不是深度。随旅行时间变化的横向速度变化影响了与地质横剖面的直接相关。

叠加增强了信号—随机噪声比，系数为覆盖次数的平方根。此外，反射时差校正很少能校正未叠加记录上的相干噪声，因此，它被叠加处理所衰减。图 4.15 对比了单次覆盖与完全覆盖叠加地震剖面，说明了叠加的益处。值得注意的是，增强了地震波反射的清晰度，并且降低了叠加剖面上出现的噪声，特别是在深反射的情况下更是如此。在叠加剖面上标明 B 的反射清晰得多，而在单次覆盖剖面上几乎不能识别出标明 A 的反射。

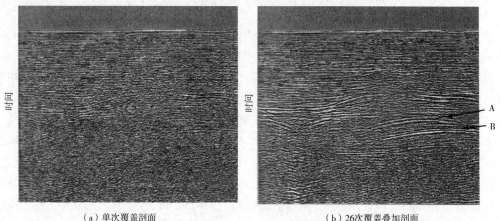

（a）单次覆盖剖面　　　　　　　　　　　　　　（b）26次覆盖叠加剖面

图 4.15　单次覆盖（1581ft 炮检距）剖面与 26 次覆盖（1581 ~ 28000ft 炮检距）
叠加剖面的对比（据贝克休斯有限公司分公司，西方物理公司）

在叠加剖面上可以看到地震波反射的清晰度增加和噪声减少，特别是深层反射。叠加剖面上的反射层 B 清晰得多，
而在单次覆盖剖面上几乎不能识别出反射层

4.3.3.5　振幅

在地震勘探中振幅十分重要。在传送反射系数信息的范围，地震波反射振幅提供关于地下岩石性质的有用信息。此外，许多处理步骤，包括 CMP 叠加，需要均匀的道振幅，以达到压制噪声。同时，记录的地震道衰减了随时间而变化的振幅，所以没有随时间变化而调节增益，同时显示浅层反射和深层反射是困难的。

正如在理论部分讨论的那样，平面波仅仅近似了扩展的地震波前。当地震波传播时，能量以不断扩散的球形波前扩散，导致单位面积内能量减少。产生的振幅衰减大致与传播距离成正比，称为发散。通过已知的衰减过程，波的动能还被转换成热。传播损失和多次反射也起因于通过地下岩石层序的传播。这些因素连同其他一起促进了记录地震道中的有效振幅变化。

最常见的振幅处理是自动增益控制（AGC），在处理中，把地震勘探数据定标为在所有时间门长度 T 内具有相等的平均振幅（在任何道上和该道上的任何时间）。这个过程准备显示数据和条件数据，以致使 CMP 叠加和相似的处理有效。AGC 对于构造应用相当有效，但是对地层应用不适合，在这种情况下把振幅变化解释成反射系数变化。AGC'd 数据地层解释中的一个本来假设是地层反射系数具有任意值，所以在任何时间间隔内的平均振幅总是相同的。这个假设时常是正确的，特别是当时间门相当长（1s 或者更长）和不以一或两个强振幅反射为主的情况。当使用较短的时间门时，AGC 减少强振幅反射上下同相轴的振幅。

受控振幅处理是 AGC 的替代，它试图为地震勘探数据补偿引起振幅不同于反射系数的全部因素。特别是，受控振幅处理补偿发散、衰减多次波，并且在一些情况下，补偿震源强度与检波器耦合中的变化。尽管需要比使用 AGC 时付出更大的努力，但这种方法优先从地震勘探数据中提取最有意义的振幅信息。

4.4 地震勘探数据解释

地震勘探数据解释是勘探的主要部分，而且不能孤立地理解。勘探计划的成熟度，从新领域研究到加密钻井，确定地质研究和预期解释的范围。地震勘探数据解释是根据地震勘探数据推断地下地质情况的方法。虽然使地震剖面与地质横剖面具有相同作用的尝试是诱人的，但是它们不是等同的。对地质和地下地球物理状况的认识是可靠地推断地质情况的主要依据。地震勘探数据包含大量的信息，但是在本节中强调使用旅行时间，这是最重要的信息。在 4.6 节中，我们讨论了其他地震属性的应用问题。

构造解释的主要任务是追踪穿过地震剖面的突出或重要的反射。这些反射与联络测线上的那些反射有关，然后对测量的全部测线进行闭合。在反射被断层抵消处，解释人员必须从一个断块到另一个断块对比同相轴。拾取每个选择反射的时间，并记录在它们的地理位置上，然后绘制等值线图，通常用 10ms 或者 20ms 的间距。结果是一套时间构造图，除非出现强的横向速度变化，它们与地质构造紧密相关。作等时线（反射之间的时间间隔）图是为了发现和突出隐伏的地质变化。

进行构造解释时，应该只使用偏移地震勘探数据。地震偏移，在处理部分详细讨论过，是恢复反射以至于覆盖产生反射的反射层的一种方法。它以倾斜层变得更陡、向斜变得更宽和背斜变得更窄的方式移动反射。此外，能够生成旅行时间或者深度的偏移剖面。

由于地震勘探数据是按照旅行时间采集的，而勘探问题是按照深度提出的，所以旅行时间与深度的关系很重要。在出现强的横向速度变化处，时间构造图与深度构造图完全不同。或许最精确的时间—深度关系是用测量井中震源到检波器的旅行时间直接确定的，即人们所熟悉的检验炮测量。如果不能利用井信息，能够使用地震导出速度进行估计。反射层 A 在位置 B 的深度（反射时间为 T_A）的粗略估计，可以用反射层 A 和位置 B 的 NMO 速度乘以 $T_A/2$ 获得（由于反射包括从地面到反射层再回到地面的双程时间）。一种更好的估算深度的方法是利用式（4.6）和式（4.9）的相似性。通过用 NMO 速度近似均方根（RMS）速度，能够估算出反射层之间的层速度。通过分析连续反射，计算旅行时间—深度的关系。通过在测量区内一些点重复这种运算，可以把时间构造图转换成深度构造图。

一旦计算并显示出深度图，剩余的解释中地质解释要多于地球物理解释。划出断层，解释背斜和向斜，以及倾斜层测量区内发育的构造框架。然而，我们对速度认识的错误可以使解释无效。如果一个构造可能用似是而非的估算速度替代，那么这个构造可能不是实际存在的。

反射层不必与岩性界线有关，但是与层面有关的概念，对地震勘探数据解释具有重要意义。在岩石类型发生横向变化处，反射沿着层面而不是岩性界线。因此，反射与地质时刻，或者时间—地层标志层一致，同样地，它至少是一个沉积地层的构造形态的真实表现。地层解释的一个基本假定是，在岩石中总体上是均匀的，许多弱振幅反射按平行于层理或者交错层理面的方向排列。经验论据表明，使用这些基础分析地震勘探数据揭示出关于沉积历史、古环境和相分布的大量信息。

地层解释从识别反射终止的面开始。认为这样的面是层序的边界，并且代表地质记录的间断，由于非沉积作用或者剥蚀的原因使相当于地质时间间隔的沉积物缺失。这些边界把地震剖面分成许多层序，每一个层序相当于在确定的地质时间跨度内沉积的沉积物。

层序边界以任何形式的反射终止为特征，如图4.16和图4.17所示。一旦识别出，在剖面上对它们追踪，并且与周围其他相同方式的地震同相轴闭合。拾取相同反射时间的层序边界，并且以相同的方式进行构造解释。用颜色和符号记录并且说明边界上下的关系。对于上覆层，可以平行、上超，或者下超；对于下伏层，可以平行、顶超，或者截顶。还观察了一套层序中反射的内部结构，并且标在图上。显示这样关系的图对于识别侵蚀区域和确定沉积搬运方向是有价值的。

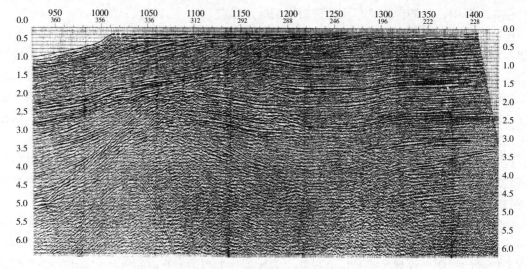

图4.16　海上勘探的一条地震剖面（据 BP – Amoco 公司）

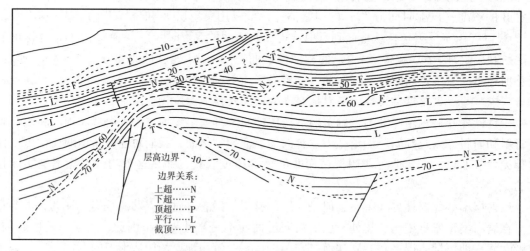

图4.17　图4.16中地震剖面的解释

实线是反射层的旅行时间，虚线是层序边界

用水平线表示每套层序的反射，其长度和横向位置相当于在地震剖面上能够观察到的距离。可以认为这个年代地层剖面（图4.18）是一张图，它的水平轴相当于地震剖面的炮点，而垂直轴表示无固定比例的地质时间。水平线相当于地质时间；即使时间值未知，每条线比下面线的地质时间要晚。用这种方法损失了全部构造信息。可以认为这种年代地层剖面是一个二维地层柱状图，显示确定年代岩石缺失的位置和成因。它与动物群图相似，架起地球物理学家与古生物学家之间的桥梁。

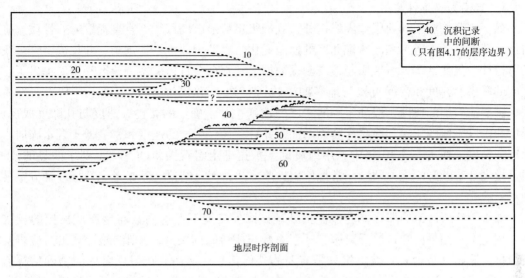

图 4.18　图 4.17 的地层时序图

　　通常，层序形成海进和海退的交错层序，并且层序边界起因于相对海平面的变化。许多重要的海平面变化是全球性事件，而且在缺乏其他地质信息的情况下，能够用层序边界预测层序的年代。当从远距离的地理位置拟合地震剖面时，层序边界常常是比反射更可靠的标志层。一套层序内的反射特征和结构含有关于沉积环境和相分布方面的信息。如果像图 4.16 那样，剖面穿过一个古大陆架边缘，大陆架、大陆斜坡和深海环境的识别是简单的。即使在所有这些要素都不存在的地方，按照丰度、振幅、连续性和平行性或者发散性的反射分类是有用的。用颜色显示一套层序的等厚线，这些分类对于解释地下资料是有益的。

　　在可用的范围内，井资料明显地提高了地震勘探数据解释的精度和价值。井资料提供岩石性质、流体类型、地层深度和厚度方面的基本信息。此外，它们还提供地质资料与地震勘探数据之间的联系。它们校正地震勘探数据，以便在远离井的情况下根据地震勘探数据解释地质信息。

　　如上所述，检验炮测量把井的深度与地震勘探数据集的旅行时间联系起来。倾角测井图能够验证地震勘探数据上构造倾角的解释。一条垂直地震剖面（VSP），是由下入井中的检波器检测到的，而且记录了地面震源产生的地震波场，在井最近处（在 $1 \sim 2km$）的地质成图的分辨率高于地面地震勘探数据的分辨率。

　　4.2 节介绍了用密度测井和声波测井数据计算合成地震记录。合成地震记录有助于建立地震反射与地下地质情况之间的关系，而且对于从地震勘探数据提取地层信息是无法估价的。很少能用一个单独地质界面产生的反射对一个勘探区域成像。反射往往是几个界面产生的干涉图像。合成地震记录与地面记录的地震勘探数据之间的良好匹配关系增强了人们进行地震勘探数据解释的信心。通过对比将反射与特殊的地质信息结合起来。如果认为离开该井出现地层变化（如孔隙度），则能够使用岩性关系推断地层密度和速度的变化。这些变化可以做出新的合成地震记录，并把它与记录的地震道进行对比。相似则确定所推断的地层变化，而相异则否定解释。

4.4.1 岩石和流体性质

除了绘制构造图和地层边界线之外，我们很想从地震勘探数据直接提取岩石性质。确定岩性、孔隙度、渗透率和流体饱和度的横向变化，有助于评价勘探远景、井位或者衰竭策略的可行性。虽然这些岩石性质与地震勘探数据之间不存在直接关系，速度和密度提供了它们之间的联系。速度和密度直接与地震勘探数据有关，而且，在一定程度上，与岩石性质有关。碳酸盐岩层的速度一般高于碎屑岩层的速度；对于确定的岩性，速度与孔隙度成反比；速度和密度一般随年代和埋藏深度而增加，并且含气碎屑岩的速度和密度低于含水碎屑岩的速度和密度。在过去的 10 年中，用地震勘探数据确定岩石性质的方法得到了明显的改进，但是模糊性继续影响这一领域。常规使用这些方法，但是结论必须是考虑选择多种方案带来的风险。

如 4.3 节所讨论的那样，受控振幅处理试图保持地下反射系数与地震波振幅的直接关系。理论上，如果已知地层反射率（反射系数与旅行时间关系），则能够计算出对应岩层的波阻抗；原始（近地表）波阻抗只是需要的其他信息。然而，获得反射率的精确估算值具有很大困难，特别是达到所期望的分辨率。为了把地震道转换成反射系数，在频率域，用地震子波的估算值划分地震道。这种划分的明显问题是在高频条件下出现低信噪比。带限划分提高了地震道的分辨率，但是并不在有详细测井曲线处产生反射系数。

应用 4.2 节提出的反射系数反演公式能够把较高分辨率的地震道转换成波阻抗道。然而，值得注意的是，这个阻抗道内的每层包括几个地质层只有一个阻抗值，即那些地质层的平均值。通常认为速度比阻抗更能说明地层的变化，所以使用速度和密度之间的经验关系把伪阻抗曲线转换成伪速度曲线。反演值的结果主要来自于大量的有关岩层，而不是它们的边界。这种特征使其可以与其他地质信息综合，以便除了由地震信息单独支持的之外，提高分辨率。几个现代软件包可以明确地把地质信息加入反演之中。

对一个薄层定位或者估算其厚度的问题是勘探和圈定油田界线中常见的问题之一。当在一口井确定的一个层在另一口相邻井中缺失时，地震反演有助于确定它的位置和原因。可以认为迭代地震模拟是反演的一种非自动化形式。根据两口井的测井曲线和它们之间的地震波反射特征建立了一个地下模型，包括一个层的尖灭。用估算的地震子波计算反射率和对它们褶积，产生一条合成地震剖面。经过几次试验后，通常得到一个与实际地震剖面匹配的模型，因此，代表可能的解。如果达到充分控制，它可以是唯一解。

4.4.2 直接烃类显示

自从用探矿杖找矿以来，遥测找矿一直是诱人的和难以捉摸的。至少适当地，常常在地震勘探数据上直接显示烃类。最先是在胶结差的含水砂岩储层发现了直接烃类显示（DHI），该储层的速度比上覆页岩的速度低，在储层顶部得到一个负反射系数。气的存在降低了砂岩的密度和速度，并且增加了产生反射的反射系数和振幅的量级。把即使在常规处理的剖面上值得注意的效果也称为亮点。暂时认为亮点与气藏之间简单相关，但是不久获得多种形式的直接显示。根据有关的储层和上覆岩层的波阻抗，通过加强或减弱反射，根据它的出现和消失、极性变化，或者这些效应的组合，可以显示游离气体的存在。受控振幅处理，通常产生最适合代表相关反射系数的反射，应该专门用于 DHI 分析。

DHI 取决于孔隙流体对岩石的作用。因为地震波在空气中传播比在水中传播的速度略微慢些，用气替换水改变孔隙地层的反射系数。有时，在储层的气—流体界面产生一个水平反射，把它称为平点。如果气藏足够厚，除了较深的反射之外，对于中等轻微凹陷，它的低速度可以产生平点。气藏还强烈吸收较高的频率，下伏气藏产生比别处明显弱和较低频率的反射。并非上述效应本身是存在气的证据，但是，在几个效应共同出现的地方，出现这种情况的概率增加。

DHI 有一些限制。第一，如果根据反射系数改变到要求的范围，储层中的高孔隙度是必需的。第二，如果储层基质非常硬，孔隙流体对波通过储层传播的影响很小。深度大于 10000ft 的砂岩和任何深度的碳酸盐岩对于 DHI 太硬。第三，水和油之间的速度和密度差是轻微的，产生 DHI 需要游离气。令人遗憾的是，少量气与大量气具有相同的效应，而且在许多 DHI 处钻的井仅仅是含气、水。气的存在只是许多引起反射振幅和相位变化的原因之一。

克服常规 DHI 限制条件的方法之一是分析叠前资料。如以上的讨论，声波地质模型只是一种近似，并且不总是充分地描述地质过程。当地震纵波遇到一个倾斜界面时，随着包含在反射和纵波折射一起，部分入射能量被反射和作为横波折射。由于转换成横波的能量的大小取决于入射角（或者炮检距），纵波反射振幅还取决于方位角或炮检距。

除了储层上下的岩石类型之外，振幅随炮检距变化（AVO）主要取决于流体类型和数量。对于一个地球物理勘探区，用波阻抗与泊松比或者 P 波速度与 S 波速度比确定 AVO。与围岩的波阻抗相比，第一类储层具有高波阻抗，第二类具有零波阻抗，而第三类具有低波阻抗。每类具有其单值 AVO 响应（图 4.19）。我们希望利用储层的其他物理性质提取储层信息，不包括从叠加资料获取的 DHI 信息。使用 AVO 分析的一个较大困难是要比分析叠加资料要分析更多的信息。通过拟合 AVO 与一条测线，然后只用它的斜率和截距，可以稍微简化这种分析。

4.5　地震勘探数据处理 II

CMP 叠加或许是我们方案中最重要的数据采集和处理工具，但是它当然不是唯一的。下面将讨论降低信噪比、分辨率或者地震勘探数据图像完整性的各种影响因素。同时还将讨论减轻针对这些影响的数据处理工具。某些这样的工具相互影响，并且需要一系列的处理过程，全都受数据采集方法和参数选择的影响。

降低地震勘探数据品质的主要因素是噪声、覆盖层和地质构造。前面讨论了用 CMP

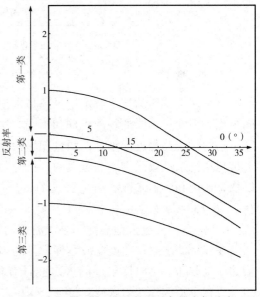

图 4.19　嵌入厚层页岩地层中的含气砂岩
的 P 波反射率随炮检距的变化

（据 S. R Rutherford 和 R. H. Williams，1989）

3 条曲线对应于三类波阻抗差

叠加减少随机噪声，它还可减少相干噪声；即能够沿着地震记录追踪的噪声。在陆上，最麻烦的是，一些相干噪声是地面波，不穿透地层，沿着地面传播的震源产生能量。这些波趋于以低速（小于1000m/s）传播，并且仅含有低频（小于15Hz）。在野外，它们随着震源和检波器组合而衰减，在处理中，随着低频和低速的消除而改变。

4.5.1 主要的地震勘探数据品质问题

4.5.1.1 多次反射

相干噪声也称为多次反射，它是海洋地震勘探中最麻烦的问题。决不是射线路径，多次反射在地下产生极大的反弹［图4.20（a）］。每个一次反射具有一个回波，穿过该层的旅行时间延迟，出现极大的反弹。这个多次波是一次波的缩小型，缩小比例为 R，限于该层范围的二次反射系数的乘积。虽然所有的地下层产生多次反射，它们是仅在 R 为大值（假定大于0.2）才出现的问题。通常，最易出麻烦的层是水层，原因是地面具有单位反射系数，而且密度和速度在水底急剧增加。图4.20（b）说明一个强的浅反射产生的多次反射可以与较深反射同时到达。除了这个问题之外，多次波有时与一次波混淆，并且解释为地质层。

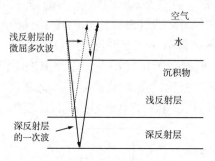
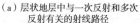
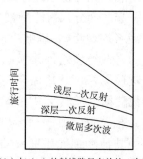

（a）层状地层中与一次反射和多次 　（b）与（a）的射线路径有关的一次反射和
　　反射有关的射线路径 　　　　　　　多次反射炮检距中的旅行时间变化

图4.20　多次反射示意图

衰减多次反射的技术假定记录道是主记录道、多次波道和其他噪声之和，主要取决于不同水深。因此，不同的物理机理和不同方法开始起作用。在浅水中（水深大约小于120m），穿过水的射线路径近于垂直，而且随炮检距或者反射层深度的变化很小。因而，多次道本质上是与主记录道成比例的、延迟的拷贝。著名的预测反褶积相关方法用记录道作自相关，以便估算比例和延迟参数。图4.21（a）显示了北海的一个水深82m地区的实例，可以观察到在3.35~3.40s有强的一次反射。对于相同资料，在叠加之前应用了预测反褶积的变形［图4.21.（b）］，极大地衰减了多次波，而且增强了向左倾斜的一次反射。

在较深的水中，速度滤波是最常见的多次波衰减方法。图4.20（a）显示了一个深反射层的一次波和一个浅反射层的多次波具有相同的旅行时间。注意，这两条射线路径是相同的，只有一个例外：一次波穿过一个深层，而多次波第二次穿过水层。由于在水中的传播速度要比深部地层的小得多，多次波的速度小于同时到达的一次波，即多次波的时差比一次波的时差大［图4.20（b）］。因为一次波经过 NMO 校正之后，多次波仍然有剩余时差，CMP叠加对衰减深水多次波的效果中等。如果在最远炮检距处的剩余时差小于100ms，那么不能

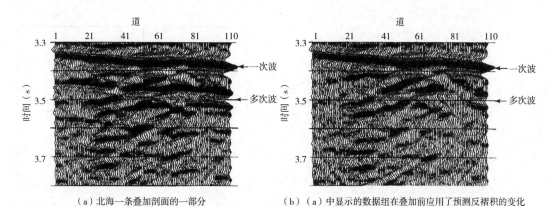

（a）北海一条叠加剖面的一部分　　　　（b）（a）中显示的数据组在叠加前应用了预测反褶积的变化

图 4.21　预测反褶积方法（据 M. Schoenberger 和 L. M. Houston，1998）
注意，多次波的振幅减少，而且原始倾斜向下至左边的振幅明显增加

衰减频率大于 10Hz 的多次波，而且在叠加道上可以保持大部分多次波的能量。在这种情况下，需要更高级的速度滤波器，即定制特殊需要的滤波器。

地面多次波抑制的一项新技术不局限于水层多次波，而包括在空气—水界面产生的所有多次波。它使用地震子波和用本身褶积的记录地震道来预测多次波道，然后从记录道中去除多次波。当上述技术因水底地形急剧变化而失效时，这项技术看来是有效的。

4.5.1.2　静校正

当多次波是海洋地震勘探数据品质中的严重问题时，陆地地震勘探数据静校正具有不确定的特性。在大多数陆上地区，表层由未胶结土壤或者砂组成，多数在潜水面之上。除了速度的横向变化之外，这个低速层的厚度变化使地震波前产生严重变形。一个低速近地表层的射线路径近于垂直（图 4.22），因此，把引起浅反射和深反射经历大致相同的近地表延迟的现象称为静校正。

快速横向静校正变化（相对于一个地震排列）或者短周期静校正阻止了来自叠加结构的反射，并且使 CMP 叠加无效。进行短周期静校正常常明显地增强了陆地地震勘探数据的信噪比。多数校正技术检测使叠加道上反射振幅最大化的道位移。在物理意义上，道位移局限于表面一致，即每个道位移是一个震源校正和一个检波器校正之和（图 4.22）。

长周期静校正并不干扰反射相干性，但是它们改变了地震剖面的完整性和地质意义。考虑在图 4.23 中有一个近地表的宽阔的低速水道和两个深部的、横向大范围的水平反射。地震波经过水道时，相对于它们的横向对应层和图 4.23 中水道之下凹陷中的反射，出现了延迟。在这种情况下，这种反射不像水平反射层，而且地震剖面反映地下地质情况。进行这样的长周期静校正需要不包含反射资料的信息。对于一个埋藏炸药的震源，井口时间（穿过炮眼需要的时间）提供了近地表的速度信息，主要通过近地表层的地震波折射，还传递了近地表层的厚度和速度变化信息。

消除深反射盖层影响的静校正，需要建立一个近地表的速度—深度模型，包括地形和多层或者地质单元。然后，根据地质模拟偏移地震道，以便用一个等厚度和等速度层替代复杂的近地表形态。

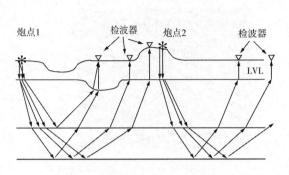

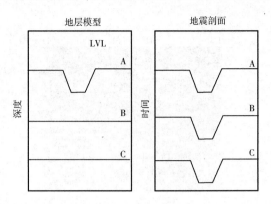

图 4.22　射线路径的近地表畸变

只在地表之下的低速层（LVL）使从下面来的反射延迟。
把这些延迟称为静态时移或者静校正。注意，每
个道都有一个炮点静校正和一个检波器校正

图 4.23　长周期静校正

地质模型描述了一个近地表的低速层（LVL），它有一个
凹槽和两个水平层。对应零炮检距地震剖面中
凹陷的反射在近地表凹槽之下

4.5.2　垂向分辨率

没有哪一项技术能够单独地用全部长度比例对地下地质情况进行成像。卫星图像和航空磁测数据对长度规模大于1km的盆地规模构造进行成像。钻孔测井和岩心分析技术对储层内长度比例为1cm的地层几何形状沉积模式成像。地震勘探数据提供中等比例的信息，圈定地下地质情况的比例级别为100m。分辨率是唯一区分两个靠拢目标的能力。要分别讨论垂向分辨率（薄层）和横向分辨率（水道、小丘和地质上的其他横向变化），原因是它们受到不同物理原理的限制，而且用不同处理技术能够增强。

在本章第2节中，我们讨论了一个层状地质模型产生的地震响应（图4.6）。在一个层的双程旅行时间大于地震子波持续时间的情况下，该层顶、底的反射是不同的。然而，当旅行时间小于子波持续时间时，超出了两个反射的干涉和分辨率限度。

即使超出分辨率限度，地质变化也会引起地震响应的变化，但是不能只根据地震勘探数据推断出这些地质变化。当地震子波具有图4.24（b）的振幅谱时，出现图4.24（a）地质楔的地震响应。图4.24（c）显示出这个地震响应。当地层单元的厚度大于地震子波［图4.24（c）右侧］时，地震子波的持续时间大约为30ms，从顶和底的反射是不同的。当地层变得更厚时，这两个反射不再分开了，但是厚度变化对反射干涉图有明显的影响［图4.24（c）中间］。注意，厚度减少到15ms以下（子波长度的一半）对反射形状的影响不大，但是振幅几乎随地层厚度成比例地降低［图4.24（c）］。一项简单的解释技术允许用反射振幅推断地层厚度，但是这样的解释不是唯一的。或许振幅变化是由于一个地层中或者该层上、下地层中物理性质的变化引起的。或许这个楔形模型过于简单，而且实际地下包括了那一深度范围内的几个层。

4.5.2.1　频带宽度和垂向分辨率

高垂向分辨率的关键是地震子波。如果它的能量在短时间内集中，它就能够分辨薄层。在第2节讨论的傅里叶变换是一种分析子波特征的合适途径。通过对合适振幅和相位的足够正弦曲线求和，能够合成任何子波。同样地，通过规定振幅和相位谱（振幅—频率和相位

（a）具有双程旅行时间厚度τ的地质楔

（b）零相位30ms持续时间子波的振幅谱

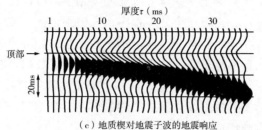

（c）地质楔对地震子波的地震响应

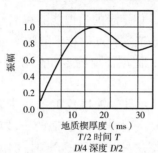

（d）地震响应振幅随地质楔旅行时间厚度的变化

图4.24 薄层地质单元的地震响应

—频率曲线），能够描述任何随机子波。

控制子波特征的频率是高振幅的频率，所以振幅大于70%峰值的频率组成了子波的频带宽度。总之，对于一个零相位子波：

$$子波持续时间 \approx 1/(频带宽度) \tag{4.10}$$

宽频带宽度，零相位子波分辨薄层比其他子波好。

如简单楔实例所示，用地质反射能够推断出旅行时间超过子波持续时间一半的地层：

$$最低可分辨的层厚度(用旅行时间) \approx 0.5/(频带宽度) \tag{4.11}$$

地震子波向下传播到该层底部再返回顶部所需要的双程时间，是地层厚度除以层速度结果的两倍。因此，

$$最低可分辨的层厚度(用深度) \approx (层速度)/(4 \times 频带宽度) \tag{4.12}$$

常常假定子波的频带宽度和峰值频率相等。这个假定提供了一个合理的频带宽度估算值，简单计算地震道上的零交叉能够得到。在这一术语中，波长等于速度与频率的比值，而且最低可分辨的层厚度是波长的1/4。

式（4.12）说明了控制分辨率的两个因素：层速度和频带宽度。地震波衰减区别于高频，并且产生具有相对窄频带宽度的深层反射。此外，地壳深部岩石已经被压实，而且一般

具有高速度。最后结果是分辨率随深度严重降低。一个典型的浅反射具有50Hz频带宽度，层速度为2000m/s，得到的最低可分辨层速度为10ms（旅行时间）和10m（深度）。然而，从深度上，一般情况下，带宽减少到20Hz，层增加到4000m/s，得出的最低可分辨层速度为25ms（旅行时间）和50m（深度）。

4.5.2.2 反褶积

如果能把子波的带宽加宽和把频率成分改变成零相位，可以提高地震分辨率。这种方法称为反褶积，或者子波处理，需要一个处理程序，来识别传播子波的形状和数据能够支持的更详细描述子波的形状。在现场测量并直接识别一些子波，如可控震源信号。然而，在多数情况下必须用地震勘探数据估算子波。如果子波和地震反射数据具有相同的振幅谱以及该子波是最小相位，那么能获得精确的估算值。第一个假定需要选择一个至少1.0s长，并且不受少数高振幅反射控制的反射数据段。第二个假定需要一个相当合适的炸药震源，能够在子波持续时间开始时产生多数能量。

确定一个更合适的地震子波，使记录的数据能够在宽范围频率内，支持估算数据集的信噪比（S/N）或者反射相干性。确定这种反射相干的频率范围的一种方法是检查数据集的窄带能滤波器屏。规定预期的子波，使用需要的零相位和振幅谱，频率具有高S/N时用高振幅，而低S/N时用低振幅。

由于子波传播受到了衰减，并且较深层反射的频带宽度变窄，因此必须测定每个深度层或者旅行时间段的扩散子波。同样地，预期的子波发生变化，S/N谱的频带宽度随着深度增加而变窄。典型地，使用两三个1~2s时间门，以便设计和应用反褶积滤波器。另一个门控反褶积是Q反褶积，它使用时变滤波器消除沿着地震道的连续衰减效应。这种方法要求地层衰减系数的精确估算值，而且还容易受到上面讨论的S/N必要条件的影响。

反褶积放大了频率成分，它具有低振幅、高信噪比，而且相位得到校正。图4.25是应用反褶积提高地震剖面分辨率的一个实例。注意每个图像上右边半圆形部分。原始剖面几乎是单频的，而且显示不出多少地下情况。经过反褶积处理的剖面显示出地下详细的地质情况。

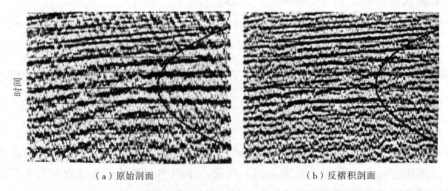

（a）原始剖面　　　　　　　　　　　　（b）反褶积剖面

图4.25　经过反褶积提高了分辨率的地震剖面（据贝克休斯有限公司分公司，西方物理公司）
注意每幅图右侧的半圆形部分。原始剖面几乎是单频的，而且显示不出多少地下情况。
经过反褶积处理的剖面显示出地下详细的地质情况

4.5.3　地震偏移和横向分辨率

一条地震剖面精确地刻画出地下有平缓倾斜层的地质情况。然而，如果地层倾角变陡，在叠加剖面上的反射与地质剖面上出现的位置不同。偏移处理能够把地震剖面转换成更接近地质剖面的图像。它改变地震能量的位置和聚集成像，因此提高了完整性和分辨率。在过去的 25 年间，投入地震偏移上的研究力量比地球物理其他任何领域的都要多。

4.5.3.1　归位和聚焦

考虑图 4.26 中显示的这个倾斜层。在一个重合震源和在 1 号震源位置的检波器的情况下，入射射线和反射沿着相同的路径垂直于反射层。在地震剖面上的震源—检波器位置显示了 1 号道上的反射（相当于震源和在 1 号震源位置的检波器的道），而且似乎来自 1 号震源之下。

同样，对于 2 号道（在 2 号震源位置的震源和检波器），反射似乎直接来自 2 号震源之下。正如图 4.26 所示，结果是反射看来从它的反射点向下倾，而且在一个层上（单道反射的组合）的倾角比在该反射层的倾角小。偏移执行逆运算和使反射归位到与反射层重合。因此，它使反射变陡，并且沿倾向向上移动反射点。一个相似的射线追踪分析偏移归位的主要影响，至少对于具有很少的横向速度变化的地区：

（1）平层保持不变。

（2）倾斜层变得更陡，而且反射点向上倾方向移动。

（3）向斜变得更宽。

（4）背斜变得更窄。

除了归位反射之外，偏移主要是通过消

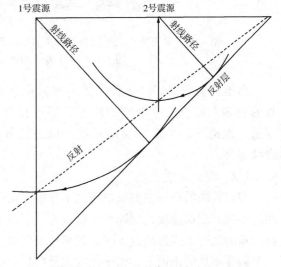

图 4.26　一个倾斜反射层及相应的反射
反射层比它们的零炮检距反射的倾角陡。此外，
一个单道上的反射来自该道的上倾反射点

除与向斜有关的回转波与横向间断，如断层和尖灭有关的绕射，进行成像。对于一个陡向斜，来自地面单点的射线路径最多垂直于向斜上的三点：向斜的每个翼各有一个点，向斜的底部也有一个点。把三个向斜反射形成的模式称为回转波。在图 4.27（a）中 B 点位置之下有许多回转波。此外，图 4.27（a）中 A 和 B 之间的长的陡倾特征是绕射，是由地质间断（如断层）产生的，可以认为一个绕射是地下单一间断的地震响应。它的双曲线旅行时间与位置曲线类似于 NMO—炮检距关系。偏移对断裂回转波和绕射相当有效，如图 4.27（b）所示，可以观察到在偏移剖面上显示的地质特征相当清晰［图 4.27（b）］。

在地震勘探数据偏移处理程序中应用了许多偏移算法。这些算法都试图使用波动方程反向把记录的地震勘探数据传播到产生它们的反射层。想象偏移方法的便利方式是，认为不知位置的反射层已经产生地震道上反射。该反射层可能处于沿着半圆中心地面位置的任何点上，并且半径等于旅行时间与层速度的乘积（图 4.26）。如果用半圆替换所有道上的反射，则在地质界面上得到相长干涉和别处的相消干涉。

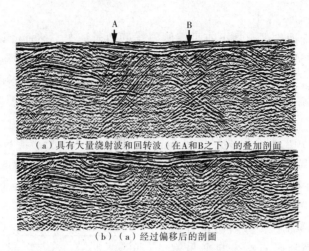

（a）具有大量绕射波和回转波（在A和B之下）的叠加剖面

（b）（a）经过偏移后的剖面

图 4.27　具有大量绕射波和回转波的叠加剖面及其偏移后的剖面（据 Yilmaz，1987）

注意，A、B 下方向斜内的绕射波收敛，回转波反转

　　由于长射线路径产生大的侧向反射位移和绕射波大的扩散，深层反射比浅层反射失真的更多。偏移的一个原理假定浅层数据是中等精确的，那么在数学上剥去该地层的顶部，改进下一个更深层的精度。该方法使用从每步中剥离的浅层数据作为偏移数据继续循环。

4.5.3.2　偏移速度

　　偏移算法的选择主要取决于地下速度变化的复杂性和地层倾斜程度。确定速度是偏移成功的关键。偏移速度是层速度，而且明显不同于在 CMP 叠加中使用的 NMO 速度，特别是在陡倾角的地区。当速度过大时，偏移移动反射能太远，而且造成剖面的过量偏移。同样，在一个偏移不足的剖面上，由于速度太低使反射能被移动得太慢。

　　当偏移速度太低时，绕射不能完全收敛，但是和绕射双曲线一起更加变成局部化。当偏移速度过高时，绕射好像从下凹变成上凹翻转，如我们熟悉的打开"蝴蝶结"而形成偏移弧的过程。这个偏移弧由于过度偏移在性质上趋向于更紧密和相当局限。然而，另一个偏移弧，一个已知反射同相轴上所有可能反射层位置的轨迹，像绕射一样横向大范围的。这些偏移弧不是地质现象，而是由资料中噪声脉冲或者地震勘探数据边缘产生的假象，即在地震测线末端，因为不再记录数据，一个地震反射结束。然而，这个偏移程序错误地假定地质层间断，并且在该反射层末端加上一个偏移弧。

　　另一种重要的偏移算法的选择是相对于时间偏移的深度偏移。自然地，对于一个更类似于地质剖面的偏移地震图像，应该用深度表示。表示深度信息的一种简单方式是使用一条时间—深度曲线，把偏移剖面的时间轴拉长为深度轴。这种方法并不包括地震反射层的任何横向位置，但是适用于横向速度变化极小的地区。一种考虑了横向变化的更复杂方法称为深度偏移。深度偏移在构造复杂地区特别有效。在墨西哥湾，盐层速度大约是围岩的两倍，在邻近于下部盐体成像时，进行深度偏移极其重要。因为一个精确的深度—位置—速度模型是必需的，所以深度偏移比时间偏移要费时和昂贵得多。通常，重复地进行深度偏移和建立速度模型，用偏移改进速度模型，并且用改进的速度模型提高偏移的质量。

4.5.3.3　叠前偏移

上述讨论包括归位和聚焦零炮检距地震资料，假定起因于 CMP 叠加的类型。偏移是一种相对费时和昂贵的方法，而且由于叠前资料集时常比叠加资料集大 50 倍，叠后偏移比叠前偏移便宜得多。然而正如以上的讨论，断定 CMP 方法的依据是地下包括平缓倾斜层。当把 CMP 叠加应用于更复杂的地下时，预期成像效果差是当然的事情。

叠前偏移比单独用 CMP 方法能够成像更复杂的地下地质情况，通过避免两个问题：深度点模糊和重合（不能成像，来自水平反射层、倾斜反射层和绕射层的同时到达同相轴）。图 4.28 显示了深度点模糊，表明了一个倾斜反射层的零炮检距或者中点射线。一个 CMP 道集由各种炮检距组成，具有射线照射反射层的一个间隔而不是一个单点，并且使 CMP 叠加产生模糊的图像。

叠前偏移的另一个促动因素是称为重合的现象。当地层倾角急剧变化时［图 4.29（a）］，来自倾斜界面和水平界面的反射能够同时到达。倾斜层反射比水平层反射的 NMO 速度大［图 4.29（b）］，这两个反射有不同的时差，所以 NMO 校正不能把它们都校平［图 4.29（c）］。

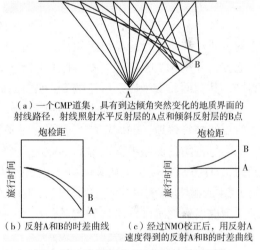

（a）一个CMP道集，具有到达倾角突然变化的地质界面的射线路径，射线照射水平反射层的A点和倾斜反射层的B点

（b）反射A和B的时差曲线　（c）经过NMO校正后，用反射A速度得到的反射A和B的时差曲线

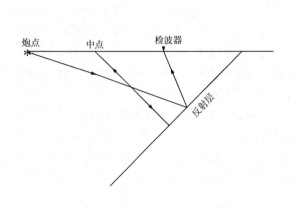

图 4.28　使倾斜反射层模糊的深度点

对于一个倾斜的反射层，零炮检距射线比非零炮检距射线照射的地下点要多，后者具有相同的中点。CMP 叠加使倾斜反射层形成斑点状图像

图 4.29　水平层和倾斜层的一致反射

许多叠前偏移算法提出了以上问题，精度和复杂性通常与成本成正比。最简单可行的方法是倾角时差（DMO）和以上讨论的零炮检距偏移半圆的标准化。在非零炮检距上的一个反射可能是从沿着椭圆地下倾斜界面任何位置反射的，该界面是由震源和检波器（双焦点）的射线形成的，射线总长等于旅行时间速度。用合适的椭圆替换每个非零炮检距道上的已知反射，CMP 道集中的道相长干涉实际地质界面，而且在别处不利。由于减小了倾角模糊和重合的影响，经 DMO 校正的 CMP 叠加产生具有更多细节的剖面。

4.5.3.4　横向分辨率

以上，我们讨论了垂向分辨率，唯一圈定薄层界线的能力。分辨率在水平范围内也是重要的，所以能够划定窄水道、断层和其他横向变化的地质构造的界线。地震波使菲涅尔带内的明显间断模糊不清，即从检波器到长度小于波长一半的反射层上的点的射线路径，确定具有相长特征的反射层。菲涅尔带的横向规模为 $D_F \approx \sqrt{2\lambda d}$，式中 λ 是地震波长，d 是反射层深度。要分辨在这个带内发生的变化是困难的。注意深度在上面的剖面中的重要性。对于一个浅部（1000m）反射层，层速度为 2000m/s，峰值频率为 50Hz，$\lambda = 40\text{m}$，$D_F \approx 200\text{m}$。然而，对于一个深部（4000m）反射层，层速度为 4000m/s，频率为 20Hz，$\lambda = 200\text{m}$，$D_F \approx 900\text{m}$，是一个极端大的地带。

偏移有效地提高了分辨率，并且将总量用于增强细小的横向特征。通过偏移速度精度和偏移孔径尺寸，偏移把菲涅尔带尺寸收敛到一定范围内。偏移孔径是我们已经记录了地震资料和允许具有角 ϕ 的射线照射的地下点的地面区域。偏移（用精确速度）后，菲涅尔带减小到 $R_V/\sin\phi$，式中 R_V 是垂向分辨率。因此，偏移孔径足以使 ϕ 大于 $30°$ 是达到高横向分辨率所必需的。用 $30°$ 孔径偏移后，在以上的例子中，浅部菲涅尔带缩小到 20m 而深部缩小到 100m，都提高了一个数量级。

4.6　三维地震勘探

三维（3D）地震勘探不是一项特殊的技术，而是采集、处理与解释的复合。为了强调它的重要性和统一讨论其技术组成，本章分别进行讨论。在 2D 地震方法得到一张地质剖面的地方，采用 3D 方法获得地下地质情况的 3D 图像。附图 1 显示了用地震体成像的这样的实例，其侧面类似于以上讨论的 2D 地震剖面。此外，地震体的顶部是在固定时间或深度的一个平面图像。任意穿过地震体得到了另外的地下图像。附图 2 是一个地震切片，是用相当于曲流河穿过该地区的固定旅行时间穿过不同地震体得到的。

通过密集的面积覆盖、提高的空间分辨率、更精确的反射层定位和增强的解释/可视化能力，3D 方法提供了更精确的构造成像和更好的油藏描述方法。在它发展的早期，认为高精度 3D 地震勘探测量仅仅是对油田开发的调整。然而，它对油田开采期限的所有阶段，从勘探到储层衰竭阶段，增加的效益很快就变得明显了。目前，在勘探阶段老早就进行大量的 3D 地震勘探测量了。

3D 地震勘探测量的推动力来自油气勘探和开发工作的成熟度。在我们勘探或者开发油气储量的大多数地区，都是以构造或地层造成的严重的地质复杂性为特征。此外，这些项目具有极高的提前预付成本，使经济遭受严重损失。因此，我们需要在一个项目的早期增加精确的地质信息，以避免不必要的勘探，划定界限和评价井。我们需要认识进行勘探和开发决策的钻探结果，决策要具有最大的投资回报率和使不经济开发的可能性最小化。我们还需要能够识别所有含油气储层的区划，以便能够适当地提高储层的产量。3D 地震勘探测量通过精确成像和提供构造、储层连通性和流体成分方面的定量信息，满足了从勘探到连续开发的所有这些要求。

3D 地震勘探是在过去几十年中公认的勘探和开发中最重要的工具。虽然该项技术比 2D 成像昂贵，已经证明它是如此有效以至于它的使用呈指数性增长。引用 1993 年 9 月 20 日发行的《油气杂志》的评论："许多公司使用先进的技术，比如 3D 地震……减少达到作业目的所需要的钻井数量"。石油公司的决策层已经决定拿出一些钻井费用进行更多的地球物理工作。

4.6.1 地震勘探数据采集

地震勘探数据采集花费了 3D 地震勘探的大多数成本，而且最初的高成本降低了接受这种方法的速度。然而，新一代硬件显著地降低了单位采集成本，而且效益已经证明现在中等规模测量的 1000 万美元成本是值得的。

硬件改进分成定位、震源、检波器和记录系统 4 类。不像具有单震源组合、单拖缆和 100 道记录系统的前一代，现代 3D 地震勘探船牵引多至 12 条平行拖缆和多至 4 震源检波器组合，而记录系统多至 4000 道（图 4.11 显示一个双震源、4 拖缆地震数据船在作业）。高级便携式计算平台和卫星，声波和磁传感器使我们能够实时检测所有这些装置的位置。这样的结构比过去的采集要快速得多；在相同的时间内，一艘 12 拖缆、4 震源的地震勘探船采集的数据比一艘单拖缆、单震源的地震勘探船多 48 倍。陆地震源和检波器系统没有海洋系统改变的大。陆上作业的主要硬件变化是高通道记录系统和改进的遥测技术。用一对铜线代替连接到记录系统上的每个检波器，局部地记录检波器点组或者把信息无线传输到中央记录仪。

3D 地震勘探测量的高成本和高期望值已经把测量的设计过程推进到几年前做梦也想不到的精确程度。指导 3D 和 2D 地震勘探测量的是相同的标准：信噪比、分辨率和资料完整性。通常，3D 地震勘探测量沿着先前的 2D 或者 3D 地震勘探测量测线或者区域，这提供了有效的设计指导。CMP 覆盖次数是一项重要的设计标准，而且通常基于先前测量的信噪比的适合性。由于 3D 地震勘探处理和解释技术提供了改进，3D 地震勘探测量比 2D 地震勘探测量要求的覆盖次数要低。先前测量还提供了一个有助于测量设计的初始地下模型。例如，预计的目的层深度的界面倾角范围控制着孔径和采样。

海上工作比陆上工作的设计自由度要少。由于它们采集数据更快和用更低的成本，通常选择高通道数、多拖缆系统。然而，因为宽的检波器条带引起震源—检波器方位角改变，多拖缆系统易于引起资料完整性的某些降低。一个初步设计需要考虑的事项是测量放炮方向，它受到工区形状、地下照明和采样率三个因素的控制。如果工区的一边比另一边长得多，沿着长边放炮通常是最便宜的方法。当在盖层存在高速度层时，如盐，照明是一个问题；它的影响是测量相关的，而且用模拟方法进行确定。从采样的角度，纵测线方向是更可取的，因为它的采样比横测线密集得多，而且它的检波器组合有去假频保护。

陆地测量设计受到许多与海洋情况相同问题的支配。然而，陆地测量的较高成本和具有大量的自由度，常常推动设计接近于垂直放炮的一些类型，即炮线垂直于检波器线。地面可接近性及易于移动震源和检波器也在陆地测量设计中起到了重要的作用。类似于海洋测量情况，测线方向非常重要。因为检波器组合趋于按纵测线方向排列，从测线之外散射的能量得不到完全衰减。

4.6.2 处理

可能在处理 3D 地震勘探数据中最大的机会也是最大的挑战，是纯粹的信息量。一个标准测量包括 5000 万道，每个道有 10 个千字节，得到 500 个千兆字节的数据。虽然这个巨大的数据体揭示了大量的地下情况，计算机资源的负担同样是严重的。相对简单的 2D 处理，比如 CMP 面元和地面一致性静校正，变成了费时的 3D 运算。然而，由于放弃了不切实际的

2D 假定，相应地提高了成像精度。

CMP 叠加使用一个等于覆盖次数的系数减少了数据量，所以上述的一个 50 次覆盖规模的测量从 500 千兆字节减少到 10 千兆字节，一个更加容易控制的规模。因此，除非显示出叠前处理能够极大地增加效益，一个费时的处理步骤将总是用叠后方式完成。

偏移或者成像是 3D 地震勘探数据处理的最重要益处。2D 地震勘探数据易于受到侧向反射的影响；即 2D 剖面上的地震反射可能代表位置不在地震测线下面的界面，但是界面横向离开该测线一段距离。例如，穿过盐丘附近但不是顶部的一条地震，将包括盐丘的反射，一个可能混淆解释的一个反射。在一个单一地震道上无反射包含许多关于产生这个反射的地质层位置的信息。地震道的每个反射可能来自以该道地面位置为中心的半圆内任一点。单独使用 2D 地震勘探数据，在横测线方向没有信息利于确定反射层的位置。图 4.30 和图 4.31 是 3D 成像与 2D 成像的益处对比的实例。图 4.30 是一个非常难以解释的 2D 偏移图像，但是这个 3D 偏移图像清晰地显示出一个背斜，其位置在一个较浅的起伏构造之下。图 4.31 中的 2D 和 3D 图像都显示出重要断层，但是 3D 图像要清晰和明了得多。在这两种情况下，用 2D 地震勘探数据，来自该测线下面剖面反射与侧向反射抵消，产生一个错误的图像。使用 3D 地震勘探数据，根据对下精确的 3D 描述，能够确定井位。

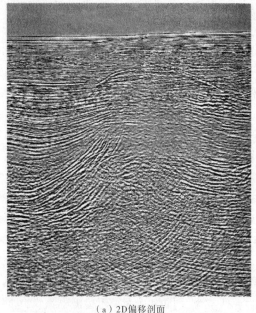 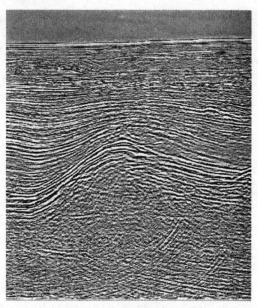

（a）2D偏移剖面　　　　　　　　　　　　　　　（b）3D偏移剖面

图 4.30　2D 偏移剖面与更精确的 3D 偏移剖面的对比（据贝克休斯有限公司分公司，西方物理公司）
在 3D 偏移剖面上可以观察到构造的相对清晰度

3D 地震勘探数据需要 3D 成像。可以想象，如果使用 2D 方法对两条交叉测线（也许从 3D 测量中提取）进行偏移，会出现什么情况。每条测线将被本身用于地下成像，而且最终成像可能包括错误位置的地震反射。图 4.32 是两条测线——测线 A 和测线 B 的例子。当使用 2D 方法单独偏移测线 A 和测线 B 时，反射并不闭合，即两条测线确定的反射位置不同。然而，3D 偏移确定反射层位置接近 3D 地质位置，而且这两条测线闭合（图 4.32）。

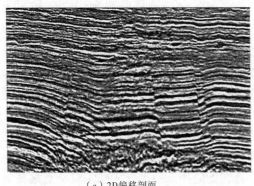

（a）2D偏移剖面　　　　　　　　　　　　（b）3D偏移剖面

图4.31　2D偏移剖面与更精确的3D偏移剖面的对比（据贝克休斯有限公司分公司，西方物理公司）

注意，在3D偏移剖面上可以观察到断层的弯曲度

4.6.3　解释

　　计算机工作站几乎与3D地震勘探同时流行。它们的协同作用是巨大的，而且可能不获得极大的成功就没有别的了。工作站使地震解释人员分析巨大的数据体比用打印的地震剖面要快得多。在一条剖面的一个或者多个道上选择一个反射，指令计算机在那条剖面上自动检测（自动拾取）其他道上的相同反射，能够很快地解释一条地震剖面。自然地，由于没有计算机算法能把地质认识和解释人员的充足经验结合到一起，常常需要解释人员介入。

　　工作站省时的另一个方面是簿记能力。一旦某人输入有关放炮和检波器位置的测量信息，用鼠标定位能够自动确定连线交叉点。一旦解释人员解释了测量的第一条测线，能够自动得到联络测线交叉点上的反射时间。使用自动拾取解释整条联络测线，直至粗闭合线闭合为止。在解释了粗网格数据之后，能够自动解释逐步加密的网格。数据库中的其他信息也能显示在它的合适地理位置上。主要地，测井曲线和合成地震记录与地震资料综合，以便使可利用的地质信息最大化。最新软件可以粗略地拾取网格，作为全部数据体自动解释的"种子"。

　　3D构造解释比那些主要依靠粗网格2D地震勘探数据的解释要精确得多。高密度的3D地下覆盖范围提供的解释具有两条测线之间正在发生的有效信息。他或者她不再需要依靠想象力。不希望的结果之一是在3D测量解释的断层数量大量增加。然而，

测线 A　　　　　　测线 B

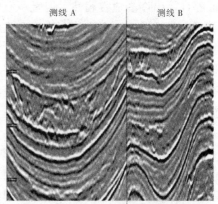

（a）2D偏移剖面

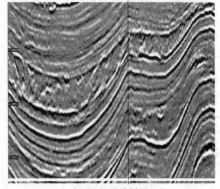

（b）3D偏移剖面

图4.32　2D偏移数据与3D偏移数据组的测线闭合（据贝克休斯有限公司分公司，西方物理公司）

注意，用2D偏移闭合的程度差，而用3D偏移闭合得极好

在过去，用连续层假定完成测线之间的关系，我们现在了解到这些界面实际上包含许多断层。

或许工作站与 3D 地震勘探数据之间的最大协同是在构造和地层信息的显示和可视化方面。不要仅仅浏览一条纵测线地震剖面，还要能够得到不同的其他观点。除了随机横切地震体之外，还要能够合成横测线的地震剖面。用 3D 时间切片视图，可以得到完全不同的地质观点，即通过该 3D 地震体的水平切片。这个视图基本上剥去浅部地层，在许多情况下，揭示出过去存在的地面地质现象。附图 2 清晰显示了一个曲流河的时间切片。现在，它可能是一条由含油气砂充填的河道，把它作为一个勘探目标。另一种从地震体中收集地质解释的方法是通过平面图和纵测线与横测线垂直剖面的综合，如附图 1 所示。工作站对交互选择时间切片与纵测线和横测线剖面合适组合是必不可少的。

平面图不限于地震勘探数据值，但是扩展到它们的属性，那些从地震勘探数据计算的精确的量，并且用于描述地质特征。通常，属性简洁地传递了基本地质特征。从地震勘探数据能够计算出许多地震属性，但是所有的分成层属性和层间属性两大类。层属性通常用于构造解释，包括倾角、方位角、边缘和振幅图。层间属性是一个单循环宽度或两个解释层之间道特征的测量值，取自振幅、波阻抗、相位或者频率资料。诸如持续时间、非对称性、平均振幅和闭合面积的属性，能够成图，并且与储层性质、有效孔隙度、相或者液体饱和度的变化有关。在每一类中，属性常常可以检测与隐伏的构造、地层和/或流体相关的特征，那些特征在单一地震剖面或者时间切片上是肉眼不可识别的。属性还揭示出地层特征，如地层尖灭、削截、河道或者进积相。

用平面图中的空间范围和几何形状与垂直地震剖面结合，以便推断出合理的地质解释。例如，倾角图可以识别空间上连续的、具有一个炮检距的小规模断层，这在单一地震测线上不可识别，但是可能对了解储层区划是关键的。在附图 3 中，北海特尔油田布伦特储层面顶部的倾角图显示出地层倾角快速增加的趋势，表明断层，包括许多小型、隐伏断层。倾角图可以解释构造偏移超出从地震直接可分辨的相关范围。对于该油田确定生产井和注入井的井位和设备尺寸，识别由精确断层成图漏掉的可能断层是关键性的问题。

属性解释的一个基本步骤是校正，必须使用有合成地震记录的井控制校正地震勘探数据，以便确定储层、岩石和流体类型变化的地震响应。如果从地震勘探数据提取的属性与井所在位置的重要地质构造相关（具有已知的岩石和流体性质），解释人员能够使用具有某种置信度的属性划定远离该井的地质变化的界限。

4.7 重磁

地震方法不是勘探油气的唯一地球物理方法。磁力和重力使用地球自然场的测量值提取地下的有效信息，通常快捷而经济。

4.7.1 磁力

磁力学的应用基于对确定矿物的观测，如磁铁矿，产生容易识别的地磁场中的"异常"。由于磁铁矿是沉积岩石中的次要成分，能够使用磁力图估算沉积物之下的基底深度。然而，少量的磁铁矿可以像铁一样影响地面的地磁测量，磁铁矿在居住区是很丰富的。由于这些原因以及地面测量的速度缓慢，几乎总是使用航空磁测。

在地磁场的背景下，测量由地质源产生的异常磁场。所有磁场基本上是偶极性质，即可以认为它们是由偶极产生的，地质源包括强度相等而符号相反的两个极，它们之间的距离很小。地磁场大致是位于地球中心的一个偶极子，与自转轴呈100°倾角。在它的磁极，该磁场大致为60000nT，是垂直的；而在赤道，大致为30000nT，是水平的。然而，地磁场的数量和方向随着时间而缓慢变化。当与几个月前的航线对比时，需要考虑这些变化；同时要考虑随纬度和经度而产生的变化，用一个国际标准地磁场（IGRF）的复杂的经验公式描述地磁场。IGRF在已测量区通常是一个比较近似的区域场，但是在边远地区可能不是令人满意的。

除了IGRF所描述的长期变化之外，由于地球电离层中电流的波动，地磁场有一个大约为50nT等级的每日周期变化（日变化）。由于磁力图的等值线间距通常为1nT，在航空磁测中必须仔细地进行校正。在进行测量期间，用一个固定的地磁仪监测日变化，并且记录在磁带上。使用这种记录结合垂直主测线的专用航线进行校正。

4.7.1.1 航空仪器

通常用铯蒸气（光抽吸）磁力仪获得航磁测量值。传感器测量总磁场，仪器通常安装在相对轻的底部尾锥体内或者机尾支架上。大多数现代测量系统每秒读一次，在此期间飞机飞行50m左右；在此时间的1/10范围内对实际读数进行平均。

4.7.1.2 解释

磁力解释需要了解岩石的磁性。岩石可能被永久性（剩余的）磁化，最常见的是在存的强磁场中从高温快速冷却，或者由现有地磁场瞬时感应产生。感应磁化按现在磁场的方向排列，但是如果由于获得磁化引起岩石位置或者磁场出现明显变化，剩磁方向可以完全不同。虽然通常被永久性和感应磁化，为简单起见，我们常假定剩磁或者是小的，或者与感应磁化定向排列。幸运的是，估算磁源深度的大多数方法对磁化方向极不敏感。这些方法以磁异常的波长（宽度）与磁源深度有关为基础，浅磁源具有窄的异常。把估算的深度绘成图，并且在已知的磁性基底上画出等值线。由于沉积物底部的许多磁源被截断，磁性基底常常利于解释沉积物的厚度。存在许多可能的误区。虽然在确定深度之下的震源不能产生具有短空间波长的异常，反之不是这种情况；浅磁源可以产生宽异常。同样，在沉积物底部的一个磁源可能不被截断，但是可能埋藏的深度远低于那个深度。

在有利的环境中，估算有效性基底的精度可以达到10%～20%，并且为勘探家提供有用信息。在图4.33中，东、西边界上的太古代片麻岩露头使一个深的沉积盆地不可能在期间的浅海之下。这张航空磁力图显示，太古代或者没有海底扩张，或者已经发生断裂并下降到更大的深度。在任一种情况下，磁力预测出厚的沉积物，已经分别得到验证。

4.7.1.3 滤波

时常，我们需要消除区域背景，或者增加背景与局部异常的对比度，即使在应用IGRF校正之后。确定区域场的一种普通方法是用弯曲小的界面（低阶多项式）拟合野外数据。另外，场存在于某一较高但是平行的平面上，可以计算出这个平面的测量值。在这种向上延拓的场中，宽异常改变的很少，但是窄异常因在地表磁源附近而受到衰减，平滑成背景值。相反，用向下延拓或者二次垂直导数计算能够增强局部异常。必须仔细控制这些运算，因为它们在放大实际局部特征的同时，还放大了误差。

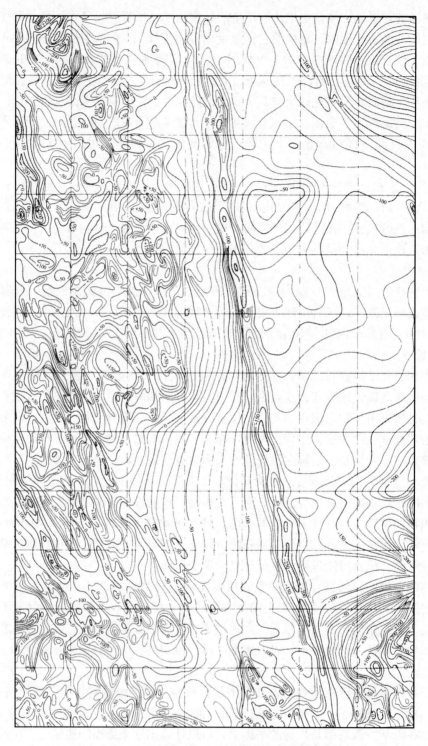

图 4.33　航空磁力图（10km 边长的方格网）

（版权经地球物理学会许可，自然环境会议出版）

归极换算（RTP）滤波器使图更容易解释，通过减少地磁场的偶极性质，它仅在磁极垂直于地面。因此，除非在地球磁极，一个磁源并不直接存在于相应的异常正峰值之下，而是在正峰值与负峰值之间的某处。RTP滤波器产生的这张图，如果同一地质特征存在于磁极处，其中磁场是垂直的，就将能得出此图。远离磁极磁力图失真最大，遗憾的是，RTP滤波器在那里常常不稳定。在低纬度地区，磁测数据通常被减少成赤道，那里的磁源也直接位于相应的异常最小值位置之下。

除了基于物理原理的滤波器之外，使用空间滤波器增强异常，它们与用于地震勘探数据的滤波器没有不相同之处。常把高通滤波器和低通滤波器组合用到应用标准数字技术的地磁图上。

4.7.2　重力

基本物理学把地球模型分类为质量集中在中心的一个球体。这样一个模型产生了在该球体表面各处均匀的重力场。虽然这个模型极其精确，不同密度的岩石分布在地球中产生重力异常。用重力场的测量值推断这些岩石的分布。重力方法类似于依据测量自然存在位场的磁力学。然而，在细节上和遇到的问题方面有许多不同。通常，重力比磁力的处理和校正步骤更复杂，但是解释更简单。

由于地球非常接近于球体，而且它的密度主要随离开地心的距离而变化，一个球状重力场是对地球重力场的一个极好近似。然而，一名观测者站在轻微拉平的磁极位置，比站在赤道略微地离地心近些，这使他的体重多0.5kg以上。此外，地球旋转产生离心力，它与地球的主磁场相反，并且在赤道减少最多。用正常重力公式描述，这两个效应导致海平面重力的区域变化。

4.7.2.1　重力仪

实际上，所有的陆上重力测量是使用弹簧平衡型重力仪进行的，这类重力仪对重力灵敏度达到1%毫伽（mGal），是地磁场的1亿分之一。专用仪器的灵敏度是它的10倍。弹簧系统的精心设计和制造，对于使它接近于不稳定点是必需的，以至于极小的重力变化也能够在平衡点产生大的变化。使用仪器，偏移率如此低，而精度如此高，必须对太阳和月亮与地球的相对位置变化所产生的重力变化进行测量。幸运的是，能够精确地计算出地球—潮汐影响，并且在进行其他任何运算之前从读数中减去。经验丰富的观测者能够在1min内得出精确的读数。

把重力仪读数换算成毫伽，并进行偏移和地球—潮汐影响校正。调整后，使用一个国际标准，保证是绝对值，而不是相对值，就得到了一个观测重力场的量。如果测量不是在海平面进行的，则它的值会受到海拔的影响。由于把重力仪提升到海平面以上，使它离开地心的距离更远些，产生了自由空间影响。它的值约为0.3mGal/m。在减去区域重力场（根据纬度）和进行自由空间影响校正之后，剩余的量称为空间异常。

如果像在正常情况下，在地面读取海平面以上的读数，必须计算位于测点与海平面之间的岩石质量的公差。代替该区域全部岩石质量的详细校正，我们用无穷大、均匀的平板近似表示读数点周围的地形。术语把这样的平板称为布格效应，它产生大约为0.1mGal/m的重力场，随密度而轻微改变。因为布格和自由空间效应作用于相反方向，它们的组合产生了一个海拔校正，约为0.2mGal/m（相当于每5cm高度变化为1%mGal）。具有足够精度的观测点海拔对于充分利用重力仪的精度是必需的，而且多数测量成本花在地形控制上，而不是测量重力。

对观测的重力值进行纬度、自由空间和布格校正后，得到一个布格异常的量。图 4.34 是一张勘查布格异常图。在高精度测量中，或者在丘陵或者在山区测量中，为了考虑地形与平板的偏差，需要进行另外的地形校正。这种校正可能相当费时，可能是不精确的，而且，在许多情况下，限制了使用重力方法进行地质解释。

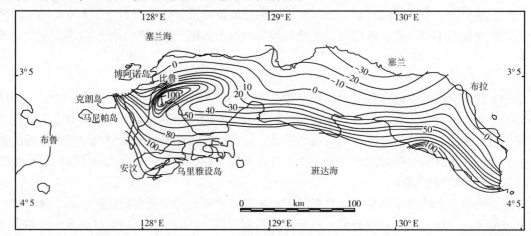

图 4.34　东印度塞兰的勘查布格异常图

等值线间距为 10mGal。沿着海岸的重力低，表明此处为北岸东西向的布拉沉积盆地。靠近盆地边缘的
布拉产油。比鲁南部的重力高是由于存在致密的铁镁质和超铁镁质火成岩造成的

岩石不仅对于海拔校正，而且对于解释也是很重要的。密度值的范围相当小，轻的、未固结物质的密度可以低于 1.8g/cm^3，而一些基性火成岩和金属矿的密度大于 3.0g/cm^3，但是多数岩石的密度为 $2.0\sim2.9\text{g/cm}^3$；水的密度为 1g/cm^3。总之，沉积岩比火成岩轻，但是有许多例外。例如，石灰岩和白云岩几乎比所有的花岗岩更致密，而且某些花岗岩的密度低于一些胶结好和硬化的碎屑沉积物。盐岩的密度为 2.17g/cm^3，处于这个范围的底部，而且重力方法的最早用途之一是寻找盐丘。

因为在实验室只是对样品进行测量，而样品离开了原来的自然环境，求出岩石的总密度不是容易的。野外测定方法需要钻孔。对于直接靠近钻孔的岩石，伽马—伽马曲线显示出密度值。在距离较远的测量中（包括横向上远离钻孔和钻孔内的垂直距离），钻孔重力仪测定连续的重力读数，并且用重力差计算读数点之间的岩层密度。

在布格异常图上观察到影响是由地球内所有水平面的重力源产生的。与磁力方法相反，虽然地幔和地核比地壳要均匀得多，没有重力源不存在的深度。深部引起地面重力变化的最重要原因之一是地壳均衡；一个山体在比它大得多的低密度山根上有效地漂浮，山根向下延伸进入致密的地壳之中（或者在一些地区，经受了异常的地壳张力作用）。能够计算并消除这种均衡补偿的重力影响，得到均衡异常图，在这种图上已经消除了在布格异常图上看到的一些区域异常。

许多重力测量是为普查做的，即识别沉积岩可能存在的地区和确定盆地内构造隆起的可能位置（图 4.34）。虽然磁场和重力场在数学上相似，但是在油气勘探中解释的磁力和重力图却是不同的。在磁力图中，异常的数量、大小，尤其波长与解释程序有关；而重力图上的实际高点和低点可能分别与厚、薄沉积物的面积有关。

从来没有人认为重力解释是最终的解释。当更多的信息有效时，解释加细，而且对较深层或者横向上离开控制点区域地质特征的认识不断加深。在上层沉积层已经试井和解释的地区，应用重力剥离法，即消除已知层和构造的影响，能得到一张更直接显示出深部地质特征的图。剥离运算与在重力和磁力图上进行的各种滤波运算有一些相同之处。它们包括高通滤波和低通滤波。高通滤波有时用垂向导数或者向下延拓运算，突出近地面异常和压制区域影响；而低通滤波，可以被公式化为向上延拓算子，它能够确定区域背景。

重力解释的最简单方法是建立一个地质模型，计算对应的布格重力异常图或者剖面，并且调整模型，直至符合程度达到计算和实际测定结果的范围为止。模拟已经超出了应用重力（和磁力）普查远景区的范围。现代软件允许用地震资料解释成果建立模型的几何形态。根据 2D 地震勘探数据解释建立 2D 模型，用 3D 地震勘探数据解释成果建立 3D 模型。在把密度加到模型层中之后，计算重力。用这种地震与重力交互的方法验证地质模型。如果使用了合理的密度值，野外和模型数据不匹配，那么地震勘探数据解释可能有差错。如果它与多数地球物理测量值一致，那么地质模型可能是正确的。

用自适应常规重力仪和新研制的重力仪把重力测量扩展到海上。前者能够下到海底，并且遥控；后者在航行的船上读数。问题有许多，不仅船的加速度影响重力仪，而且它向东或者向西移动改变重力仪对于地球自转轴的转速，所以也改变所经受的离心力。在赤道厄缶效应最严重，在那里 1km/h 的向东或者向西速度产生 4mGal 的重力读数变化。一架飞机测量足够的厄缶效应方面的困难是航空重力资料主要用于区域勘探的原因之一，那里不需要精确的短波长信息。

4.8　新兴技术

地球物理技术继续成熟和发展。在地震勘探数据采集中，记录系统已经从 25 年前的少于 100 道发展到目前的数千道。推测起来，这个趋势将继续下去，正像计算机将朝着更高效的趋势发展一样，将能够改变目前因数据处理的数据量太大，计算机无法执行的状况。几十年来已经以稳健的步伐实现这些逐步改善，并且事实已经证明，在地震勘探技术和降低成本方面出现了引人注目的改进。期望未来地震勘探技术将继续不断地取得新进展。

然而，除了传统上关注的领域之外，未来大量新技术也许会带来巨大的冲击。然而，未必所有新兴技术都可能是成功的，但是每项都有成功的可能。每项技术的成功将取决于技术进步，即技术和经济上的需要。经济包括开发该项技术的成本、推广成本以及推广该项技术所获得的经济效益。

我们目前正试图达到许多目的，但是在此过程中或者没有取得成功，或者没有达到令人满意的程度。30 年前，世界大部分地区被标记了"NR"，即"无反射"。在这些地区用地震勘探数据指导工作进程具有极大的风险。数据采集和处理的成功已经减少了这些地区的面积，但是在一定范围内，地震勘探数据品质对于勘探仍然是不合适的。

4.8.1　弹性

目前的数据采集、处理、模拟和解释技术主要基于一个声波地质模型，即假定固体地层是流体。尽管它有局限性，这个声波模型非常符合油气勘探的共性。然而，弹性，特别是横波（S 波）速度，还可以提供额外的地下地质信息。信息的范围不清楚，但是流体识别是一项有希望的选择。如上所述，一个高振幅 P 波反射可能显示存在气，但是它也可能显示孔隙度降低或者岩性变化。S 波数据提供了一种确定高振幅产生原因的方法。因为 S 波数据受流体含量的影响较小，在 P 波和 S 波剖面上都存在高振幅，表明这个高振幅不是由于气产生的。如果 P 波反射有高振幅，但是 S 波没有，那么可能是气。

横波有一个很异常的特征：传播的速度主要取决于传播的方向。由于为了合理地处理 S 波，必须估算它的方向和范围，常常认为方位各向异性是一个问题。然而，在裂缝储层中的方位各向异性最高，在那里，低速方向垂直于裂缝。因此，应用方位的 S 波各向异性探测裂缝性储层可能是未来 10 年中一项重大的技术。

假定一个弹性地质模型可能有许多其他益处。在界面 P 波转换成弹性波，考虑这些转换能够更精确地模拟 P 波数据。具有很高 P 波速度的物质，例如，嵌入沉积剖面中的盐产生严重的射线路径畸变，而且盐下地层常常不能成像。然而，盐的 S 波速度类似于沉积物的 P 波速度，所以由盐层顶部 P 波转换的 S 波可能比成像盐下构造的 P 波更好。如果 S 波信息的确更容易获得，那么用 P 波和 S 波速度组合比单独使用一种进行岩性识别更明显。转换波对于勘探浅层气藏之下严重衰减的 P 波也很有效。

数十年来，地球物理学家们一直试图在陆上采集高品质的横波数据，但是仅仅取得有限的成功。随着把水平地面运动检波器、垂直地面运动用于 P 波勘探，进行了许多不同横波震源的尝试。数据品质很少能满足横波要达到的经济效益的要求。然而，现在正在使用带有海洋检波器和多分量检波器的洋底电缆，记录在地下界面从 P 波转换的 S 波。数据品质好得出奇，引起了人们对弹性地层成像的极大兴趣。

4.8.2 储层地球物理

当开发储层时，通常可用两个信息等级。测井测量几厘米的地层厚度，但是仅限于井的位置。地震勘探数据允许成图的层范围是整个油田，但是层厚度的分辨率的量级为数十米。当然，油藏工程师能够描述油田范围内的薄层分布状况。如上所述，地面与反射层之间双程路径的地层衰减严重地限制了地震勘探数据的频率成分，因此，也限制了它们的分辨率。井眼地震勘探技术是正在开发的中等分辨率数据的潜在来源，能够提供远离井眼的信息。

最常见的井下地震勘探技术是垂直地震剖面（VSP）。把一个几十米长垂直的检波器串下到井眼内，然后用机械式或者液压式夹具把它紧靠在井壁上。沿着地面部署地震震源，很像常规地震勘探测量。然而，不是在地面检测地震波，而是在井眼的某个深度进行检测。当地震波从地面传播到检波器时仍然衰减，但是对于一个深部检波器，由于从反射层到检波器的传播路径比地面检波器的要少得多，所以返回射线路径短得多，而且极大地减少了地震波衰减。此外，最严重的衰减发生在近地表，而且返回射线路径避开了这个区间。图 4.35 是地面地震剖面与 VSP 的对比。

井下地震勘探技术的一个更大胆的形式是井间地震勘探数据成像。该技术至少需要两口井。把检波器下到一口井中，把地震震源下入另一口井中。由于震源和检波器的射线路径都不经过在震源和检波器深度以上的地区，所以这两口井之间地区的成像分辨率极高。虽然这

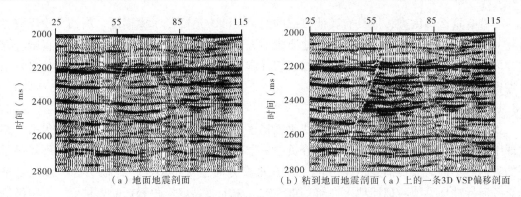

图 4.35　地面地震剖面与 VSP 的对比（据 Celine Barberan 等，1999）

项技术已经有效地应用于确定深度小于这些井深度的速度场，但是它对较深地层成像有效性很少。

应用 3D 地震勘探技术进行储层成像，提供的细节比过去能够应用的方法提供的要多得多。这些成像极大地提高了我们的布井和确定开发衰竭策略的能力。然而，即使现在，一个油田开发完成后，仍然剩下一半以上的原始地质储量，而且这个油田报废了。应用地球物理监测储层特征的变化看来是一项非常有效的技术。尤其，时移地震勘探测量（有时也称为 4D 地震勘探测量）是大有希望的新技术。

时移地震勘探技术以烃类抽取产生岩性变化为基础。它要求在生产周期之前或者早期进行 3D 测量，并且随后在生产周期中重复进行测量通过观察地震勘探数据中的变化，推断储层性质的变化。自然地，在储层条件变化对地震响应影响大的地区，使用这种方法的效果好。例如，蒸汽驱（用于重油开采）对孔隙压力和游离气的影响巨大，并且常常容易观察到蒸汽驱完的区带和有剩余油气的区带，并且作为拟定的加密钻井目标。由于低含气饱和度对地震波速度的影响与高含气饱和度相似，所以非固结沉积物中游离气量的变化可能更难检测，如在墨西哥湾地区。该项技术的成功应用，除了采集与处理的良好配合之外，还需要精细的岩石性质模拟。近年来已经取得了重大的进展，并且找到了应用该项技术能够取得经济效益的合适位置。

附图 4 显示了墨西哥湾时移地震监测的例子。这是在油田开采 10 年之后，1983 年采集的 3D 图像［附图 4（a）］与 1995 年采集的相应图像［附图 4（b）］的对比。

在合理地校正了采集和处理中出现的差异后，这两套地震勘探数据集的差异，如附图 4（c）所示，提供对该油藏衰竭的认识。在差异数据体右下方的高振幅是由 B80 油藏油柱中（大致在 10500ft 深度）的气侵引起的，可以用被分流的石油表示 B80 未波及的面积。

4.8.3　反演

如上所述，反演试图确定产生记录的地震勘探数据的地质特征。在这方面已经取得了重大的进展，但是它继续仅仅具有边际值。主要的障碍问题如下：（1）地震勘探数据的有限分辨率不允许单值确定厚度小于几十米的地层；（2）由于控制震源与检波器地面耦合是困难的，所以陆地资料很少能获得受控振幅；（3）即使对于海上资料，仅仅可以获得相对振幅控制——反射系数真值未知；（4）反演试图拟合记录的和模拟的数据，但是声波模型不是对真实地层的精确描述。

尽管有这么多困难，用具有其他数据的约束反演方法降低了模糊度。例如，把反演参数与测井曲线拟合，和使用沉积环境的地质模型进行约束反演。使用其他新兴技术将减轻许多这方面的困难，将提高井中地震勘探数据的分辨率，并将继续改进振幅控制，而且更复杂的弹性模型将替代声波地层模型。

4.8.4　数据处理和传输

如上所述，数据处理中的许多预期改进将逐步改进现有技术。然而，有些将包括对波在地球中传播方式的新认识。现在速度分析中一个原有的假定是各向异性，即速度不依赖于传播的方向。然而，波传播在水平方向上比在垂直方向上快得多，已经证明这一假定是错误的。各向异性估算值对描述地下性质是重要的。关于非零炮检距数据的更重要、更精确的校正，将遵从不把变化限制于双曲线形式。

在过去几十年中，随着 3D 地震勘探已经变得越来越重要，存储和传输巨量的数据已经变成非常昂贵而费时的工作。主要地，为了用于解释，工作站只用最重要的数字位工作，并且丢弃了其他位，以便用更少的磁盘空间存储数据和把图像更快传输到显示屏。更有效的编码方案是现有的，它把数据集压缩为 1/10 或者更多，几乎不损失保真度。现在正用这些方法从现场无线传输数据，以便一采集到数据就立即处理，而不是等待交付磁带。

这里讨论的新兴技术集中在那些能给用户主要的新能力方面。此外，许多新技术将使油气勘探更有效、更实际。目前正在开发软件，从那些在勘探初期以地质假设、重力和磁力为基础，到以 3D 地震和井数据为基础的那些软件，以便提供不断更新的地下模型。同时在可视化技术方面也取得了重大的进展。回头查阅附图 1 中地震体，能够证实使用可视化提取地震信息更快捷和更有效的实例。已知在该地区出现高振幅反射，但是由于它们被其他反射隐藏，在附图 1 中看不到。可视化技术允许解释程序通过逐步剥离出低振幅信息，使它更透明〔附图 5（a）〕。附图 5（b）剥离出更多的显示地震亮点位置的地震体，它们是极有希望的钻探目标。

另一个可能具有重大冲击的领域是不确定性分析技术。风险遍及油气勘探的全过程。目前，许多分析是综合完成的，但是随着时间推移，地球物理学家们将能够量化与估算地下地质参数有关的误差。这些误差的分析将能够获得更科学的方法，减少勘探成功的风险。

4.9　致谢

感谢埃克森石油公司生产研究部（EPR）的管理部门倡议我写这一章，感谢经理拉里贝克（Larry Baker）的大力支持。感谢 EPR 同事们的鼎力相助：特里安·杰利奇（Terry Angelich）、温迪·布吉斯（Wendy Burgis）、戴维·约翰斯顿（Dave Johnston）、理查德·鲁（Richard Lu）、瓦伦·罗斯（Warren Ross）、弗雷德·斯罗德（Fred Schroedel）、普拉汶·沙阿（Pravin Shah）、约翰·萨姆纳（John Sumner）和约翰·瑞德（John Wride）检查了部分原稿并提出了有价值的意见。戴维·约翰斯顿和约翰·法尔（John Farre）提供了一些图的解释材料。

我还要感谢贝克体斯有限公司西方地球物理公司提供了强有力的图形支援。罗德·霍茨（Rod Hotz）根据劳伦特·迈斯特（Laurent Meister）和鲍勃·沃特兰（Bob Vauthrin）的建议耐心、细致地标绘了许多图件。

参 考 文 献

［1］ Brown. Alistair R. 1999 *Interpretation of Threedimensional Seismic Data*, 5th edn. Tulsa, Oklahoma：Society of Exploration Geophysicists.

［2］ Gadallah, M. R. 1994 *Reservoir seismology*, Pennwell Books, Tulsa, USA.

［3］ Savit, Carl H. and Dobrin, Milton B. 1998 *Introduction to Geophysical Prospecting*, 4th edn. New York：McGraw-Hill.

［4］ Sheriff, Robert E. 1991 *Encyclopedic Dictionary of Exploration Geophysics*, 3rd edn. Tulsa, Oklahoma：Society of Exploration Geophysicists.

［5］ Sheriff, Robert E. and Geldart, Lloyd P. 1995 *Exploration seismology*, 2nd edn. Cambridge：Cambridge University Press.

［6］ Yilmaz, Ozdogan 1987 *Seismic Data Processing*. Tulsa, Oklahoma：Society of Exploration Geophysicists.

5　钻井作业

5.1　引言

油气井钻井是一项极其复杂而昂贵的作业，需要许多工程和地质方面的知识。钻井预算可以代表一个油气田勘探和开发预算的比重较大部分，必须周密地规划这些作业，以便在安全和低成本的状况下钻井。钻井计划的第一步是由油公司的地质师和油藏工程师们准备钻井方案。该方案提供必要的信息，在此基础上开始钻井设计和准备计划。

钻井计划是由钻井工程师准备的，其中包括安全和有效钻井所需要的全部信息。这个资料中包括详细的井身设计和井结构平面图，而且钻井作业所涉及部门用于选择合适的工具，购置需要的设备和制定作业时间表。

本章将介绍人员和组织、钻井设备、规划和施工程序，以及与钻井过程有关的经济核算。

5.2　钻井人员

在完成石油勘探的详查之后，油公司做出钻井的决定。在许多情况下，许多油公司组成了开发该油田的联合企业。在联合企业中，一个公司作为其他股东的代表经营钻井和/或生产作业，就是所谓的甲方。

甲方通常雇用一个钻井承包商来实施钻井作业。钻井承包商拥有和维护一些钻机，并且培训需要操作钻井的人员。在确定使用专项技术或设备钻井时，将需要专用设备和具有专门技术的人员，比如定向测量人员和设备。这种设备和有关服务由服务公司提供，培训人员和开发及维护专门工具，并向承包商出租，一般按天计算。图 5.1 是钻井作业所涉及的人员。

钻井所用的签约方式从日费到"总包"承包，最常用的钻井合同是日费合同。这些合同一般极其复杂，因为除了作业所涉及的财务、法律、环境、健康和安全之外，它们还必须适应钻井过程中固有的不确定性，以便没有股东因不可预料事件而遭受过度的处罚。在钻井中要考虑可能遇到涉及地质条件和地层孔隙压力的重大不确定性，这在钻井作业中是特别重要的问题。

日费合同是钻井承包商按约定每天钻井费用的总和付款的合同。在签订这类合同情况下的作业，甲方通常准备一份详细的井设计和在钻井过程中钻井作业及保持高水平管理的工作日程。钻井承包商为钻井提供钻机和人员，并且监督日常作业。全部消耗材料（如钻头和水泥），运输和后勤服务由钻井承包商提供。

在总包合同的情况下，钻井承包商设计井，购买全部消耗材料，与油公司签订运输、后勤服务以及整个作业过程中的全部固定费用的合同。在日费承包合同中，钻井承包商的责任是规定钻井目标和评价标准，以及完井的井身结构（如油管尺寸和射孔深度）。在任何情况下，对维护钻机和相关设备负责。

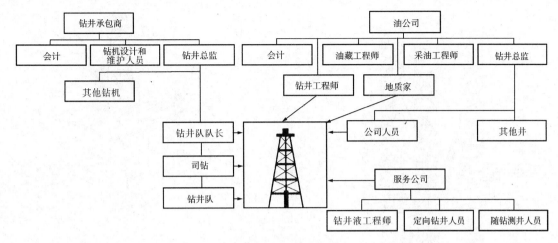

图 5.1　钻井作业人员

钻井承包商通常在钻井队派一名代表（有时称为公司人），以确保钻井作业按计划运行，并且做出涉及钻井过程的决定。他将是日费合同中的钻井总监，钻井承包商总部的总负责人。在井队也可以有油公司的一名钻井工程师和/或一名地质师。

钻井承包商将聘用一名钻井队队长，全面负责钻井工作。他负责钻井队的日常管理和与公司人员联系，以保证进度令人满意。钻井队实施与钻井有关的作业。由于每天连续 24h 钻井，一般情况下总是有两个班。每班在司钻的指导下工作，司钻负责管理钻井作业和操作钻井平台上的设备。钻井队一般由一名井架工（他在钻井时还负责钻井泵）、三名钻工（在钻台上工作）和杂工（非熟练工）组成。

服务公司人员在钻井队需要专项服务时（例如，测井、注水泥固定套管）去钻井队。有时他们也全部时间都在钻井队（如钻井液工程师），但是他们一般只是在特殊作业期间在钻井队工作几天（如定向钻井工程师）。

5.3　钻机

发现油气藏的地理和地质环境范围特别广。因此在这些油气藏中钻井可以在陆上或者海上，深度 3000～30000ft，并且可以钻完全垂直的井，或者钻水平井。因此必须慎重选择钻特殊井用的钻机，其应具有适应特殊环境的钻井性能。由于钻机租金大约占钻井总成本的25%，要用大量精力选择最适合于将遇到的特殊条件的钻机。

在北海，通常用移动式钻井船钻探井，如自升式钻机（图 5.2）、半潜式钻机（图 5.3）或者一艘钻井船（图 5.4）。自升式钻机有一个带可收缩腿的浮动船身，能够下降到海底。当与海底接触时，开始升降作业，直到船体完全离开海面和腿支撑起船体时为止。一般这种钻机最大设计水深为 350ft。半潜式钻机不是底部支撑，而是设计成浮动式，最大水深为3500ft。在特别深的水中（最大到 7500ft），用钻井船钻井。用一个锚和/或推进器（螺旋桨）把浮动式钻机固定在井位之上。这个推进器是部分动力定位系统，并且被定向，以便在大风、海浪或海流使钻机偏离井位时，能够把钻机推回原来位置。用一个计算机系统控制推进器，该系统连续接收钻机的最新位置信息。

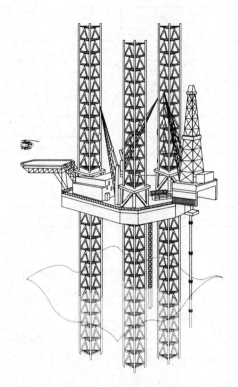

图 5.2　自升式海上钻机

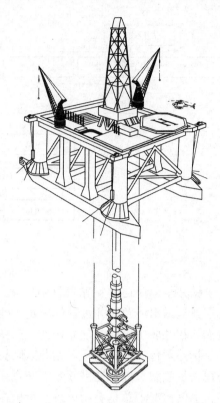

图 5.3　半潜式钻机

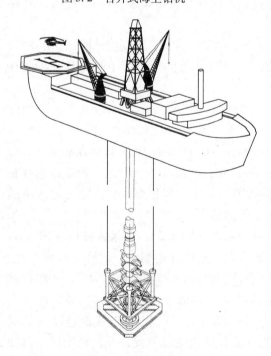

图 5.4　钻井船

由于自升式钻机固定在井导管之上，因此所有后来的套管柱都从海底延伸到水面，如台式钻机。平台与自升式钻机之间的差别是，当这口井完井时，在海底能把钻机拆开。在浮动式钻机的情况下，把全部套管、井口装置和防喷器组合下到海底，并且用一根称为海上隔水导管的立管把钻机与防喷器和井口装置连接到一起。这个立管引导钻柱和其他设备进入井中，并且使井中的钻井液流回到地面。然而，如果天气过于恶劣或者钻机偏离了井位，能够遥控从防喷器组合顶部拆除立管。当钻井作业完成后，能够从井口拆除防喷器组合和海上隔水导管，并送回到地面。

如果一个油田的探井提供足够的证据表明，存在经济上可行的油气储量，那么可以安装大型平台，并在平台上钻斜井来开发这个油气田。在一个平台上最多可以钻 40 口这样的井。对于北海特大型油田（例如，福蒂斯油田和布伦特油田),多半需要几个平台。斜井的水平位移可以达到 30000ft,井斜角最大为垂直方向的 90°。而对于较小的油田,安装一个固定平台可能并非经济可行的,而且可以考虑采用其他开发技术,例如巴尔莫勒尔油田采用的浮式开发系统。

上述所有海上船只的共同特征是放置钻机和配套设备。一部旋转钻机有许多配套设备(图 5.5)。然而,这些单独的设备能够分成动力系统、提升系统、循环系统、旋转系统、井控系统和井监测系统 6 个子系统。

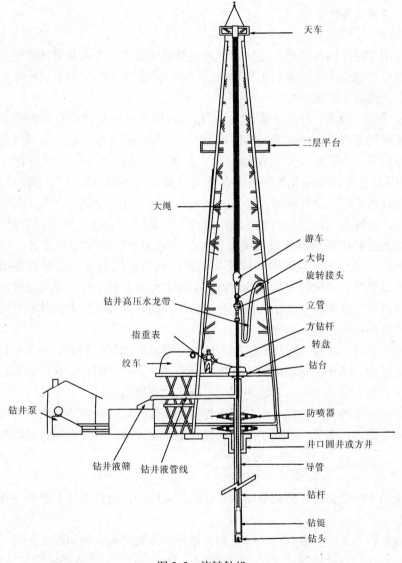

图 5.5 旋转钻机

5.3.1 动力系统

钻机必须能够在边远地区作业。因此它们装备着许多大型柴油动力驱动的内燃机,用于发电供给钻机作业使用。根据尺寸和性能,钻机最多可以有 4 个主发动机,供给动力超过

3000hp。在钻井装置中，绞车和钻井泵是主要的动力消耗装置。

5.3.2　提升系统

提升系统是用于运行和牵引设备（钻柱和套管）进入或拉出井中的一个大型滑轮系统。提升系统的主要部件是绞车。绞车由大型转筒组成，钢丝绳缠绕在绞车的转筒上。转筒与电动机和传动系统连接。司钻用离合器控制绞车、传动系统和刹车（摩擦和电动）。大绳穿入井架顶部天车的一套滑轮中，并且向下穿入一套游车的滑轮中。在游车上悬挂着一个大钩，这个大钩用于悬挂井中的钻柱。当运转时，牵引钻柱或套管进入或拉出井时，使用一套吊卡的夹具，吊卡连接到游车上。

5.3.3　循环系统

循环系统用于循环钻井液进入钻柱中，再从钻柱底部向上进入井眼环形空间，把钻出的岩屑从井底携带到地面。钻井液的主要功能是：清除井眼中的钻井岩屑；产生足够的静水压力，防止地层流体进入井眼中。

钻井液通常是一种水、黏土（膨润土）、钻井液加重材料（重晶石）和化学药品的混合物。在钻井液池按要求混合钻井液，然后用大容量泵循环到井底。钻井液通过排出管线从钻井泵被泵入立管中，立管垂直安装在井架的一条腿上，然后进入一个软胶管（钻井高压水龙带），水龙带与立管顶部和水龙头鹅颈管连接（见下面的旋转系统）。而后钻井液进入钻柱顶部。在钻柱的底部，钻井液通过钻头，然后向上进入环形空间，把钻出的岩屑携带到地面。在地面上，从环形空间流出的钻井液经过放喷管线（或者钻井液返回管线），并且在重新回到钻井液池之前用固相清除设备清除钻井液中的岩屑。固相清除设备由钻井液扰动筛（主要是振动筛）、除砂器、除泥器（旋流分离器）和离心机组成。钻井液振动筛清除钻井液中较大的岩屑颗粒。较细的岩屑由除砂器、除泥器和离心机清除。如果钻井液中含有地层中的气，将通过脱气装置从液态钻井液中分离出气。钻井液经过所有钻井液处理设备的处理之后返回到再循环用的钻井液罐之中。

当关掉钻井泵时，钻柱内与环形空间内的钻井液面将相等。如果钻井泵关掉后钻井液继续从环形空间流出，那么就有地层的流体进入，应该立即用防喷器关井。如果钻井泵关闭时井中液面下降，那么钻井液流入井底地层，出现了钻井液漏失。

钻井液池是一系列大型钢罐，安装了搅拌器以使保持钻井液密度用的固体颗粒悬浮。一些钻井液池用于循环，而另一些用于配制和储存清水钻井液。混合泵通常是高容量、低流量的离心泵。

5.3.4　旋转系统

旋转系统用于转动钻柱，因而带动在井底的钻头转动。旋转系统包括使钻头转动的全部设备。

常规钻机旋转系统的主要部件是转盘和方钻杆。方钻杆是一根40ft长的管子，横截面外形是六角形。方钻杆与钻杆顶部连接。方钻杆有一个导流管（方钻杆衬管），这个导流管有4个销钉固定在转盘的4个孔内。因此，转盘的力矩通过方钻杆导流管底部的4个销钉传送，然后传送到钻柱。转盘在平台上，能够以顺时针和逆时针方向转动。它由司钻的控制台控制。

水龙头在方钻杆的顶部，它具有支撑钻柱、使钻柱旋转以及在钻柱旋转时泵钻井液的功能。

　　水龙头上的一套提环与游车的大钩和水龙头的鹅颈管连接，用于方钻杆水龙带的连接。

　　在钻柱上新加一个单根时，或者从钻杆顶部减去一个单根时，用卡瓦悬挂转盘中的钻柱。卡瓦由 3 个锥形铰链块组成，裹在钻杆顶部，以便与钻杆接头拧紧或卸开时，从转盘上悬挂起来。卡瓦内有一个锯齿形面，它能夹紧钻杆。

　　把钻柱拉出或者下入井中称为起下钻柱。起下钻的原因有许多（例如，当钻头变钝，不能进一步钻进时）。当必须从井中起出钻柱时，把钻杆从井中提出并拆成 90ft 一段，直立在平台上。这些连在一起的 90ft 长的钻杆（3 个钻杆长度）称为立根。使用两个大扳手（或者是大钳），松开（拆开）连接。陆续地把立根从井中提起并直立在平台上，直到最下面的一个钻杆接头出现在转盘之上为止。钻工把卡瓦放到钻杆与转盘之间的空隙上以便支撑剩下的钻柱，同时松开接头。用卸扣大钳夹住接头以上的钻杆，用接钻杆大钳夹住接头。接钻杆大钳固定不动，钻工操作卸扣大钳并卸开接头，然后把立根垂直放在钻台的角上。

5.3.5　顶部驱动

　　现在大多数海上钻机都有一个顶部驱动系统，驱动钻柱旋转。顶部驱动系统替代转盘和方钻杆的作用，使用动力水龙头代替转盘和方钻杆，从顶部驱动钻柱旋转。在钻柱顶部有个动力接头，钻柱由 1000hp 的交流或直流电动机带动旋转。这个动力水龙头与游车连接，而且这两个部件都沿着垂直导轨从天车下面到离钻台 3m 内移动。电动机输送超过 30000lbf·ft 的转矩，并能以超过 200r/min 的转速运转。从司钻控制台远程操纵动力水龙头，而且如果允许用常规操作方法完成，可以重新设置。

　　一个由升运系统和转矩扳手组成的管子装卸装置，悬挂在动力水龙头之下，用它们松扣，用动力水龙头下面的一个液压促动阀作为方钻杆旋塞。该系统的优点是：

　　（1）它能把完整的 90ft 立根加到钻柱上，而不是常规的 30ft 单根。由于省去了两个接头，因此节省了钻机时间。它还使取心作业更有效。

　　（2）当起出钻柱时，如果必要，能够很容易地把动力水龙头插入钻柱中进行倒扩（例如，预防卡钻杆）。

　　（3）当下钻时，能够连接动力水龙头，不用接上方钻杆，就能钻碎任何砂桥。

5.3.6　井控系统

　　井控系统的作用是防止渗透性地层中无控制流体进入井眼。如果渗透性地层中的孔隙压力大于钻井液柱形成的流体静压力，地层流体将进入井眼。把地层流体（油、气或者水）的流入称为井涌。无法控制井涌，可能导致这种流体无控制地流动到地面（所说的井喷），可能造成人员伤亡和设备损失，毁坏环境并造成油气储量损失。

　　井控系统要求钻井人员必须做到：

　　（1）检测井涌。

　　（2）在地面关井，防止地层流体进一步流入井中。

　　（3）清除已经流入井中的地层流体，保证井的安全。

　　用一次和二次井控测量预防地层流体流入井内，保持井底钻井液柱的流体静压力大于所钻地层的孔隙压力，维持一次井控。因为钻井液产生的流体静压力是钻井液密度与钻井液柱高度的函数，通过保持钻井液密度足够大，以使井中总是充满钻井液，进行一次井控。如果遇到意外的地层高压，使用二次井控关井，直到井达到安全要求为止。或许二次井控说明，使用安装在井口上的大型阀门——防喷器关井，能够防止流体从井中流出。

发生地层流体流入井中有许多信号。其中最先的一个信号是钻井液池的液面上升。这是由于溢流发生时从地层进入该系统的另外流体造成的。另一个信号是关井时（即不循环时），钻井液从井中流出。使用机械装置，如钻井液池液面指示器或者钻井液流量计，触发警报器，提醒钻井人员已经发生溢流。必须按操作规程钻井，才能保证司钻和钻井队人员在井涌事件中能够快速反应。

在钻井开始之前，必须把防喷器安装在井的顶部。防喷器主要是一个高压阀，封闭发生溢流的井口。在陆上钻机或者固定平台上，防喷器组合直接安在钻台下面。在浮动式钻井平台上，防喷器安装在海底上。在任一种情况下，都是从钻台上液压操作阀门。

防喷器有环形防喷器和闸板式防喷器两种类型。环形防喷器（图 5.6）由合成橡胶零件组成，当垂直压缩时，将封闭防喷器与钻柱之间的环形空间。闸板式防喷器（图 5.7）由液压活塞组成，当需要时，被驱动穿过井眼封闭环形空间。通常，这两种防喷器用在一口井上，一个叠在另一个之上，形成防喷器组合。

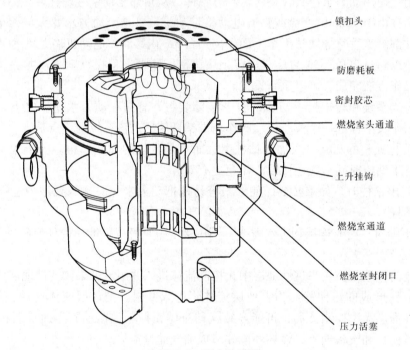

锁扣头

防磨耗板

密封胶芯

燃烧室头通道

上升挂钩

燃烧室通道

燃烧室封闭口

压力活塞

图 5.6　环空防喷器

在井涌期间，发生的溢流在通过钻柱时被方钻杆上的阀门或者顶部驱动系统阻挡了，它们在紧急时刻能够关闭。另一种方法是在外柱内安装内部防喷器的止回阀。

当在地面上用防喷器关井时，流入井眼的地层流体被封闭的环形空间内，必须立即把它们从环形空间中清除掉。因为流入的可能是高压气体，在地面用一个高压管道系统和节流管汇向外循环。通过用高密度钻井液替换封闭在井内的流入流体和低密度钻井液达到对井的基本控制。把高密底钻井液泵入钻杆，并上升到环形空间，替换所有流入的地层流体和低密度

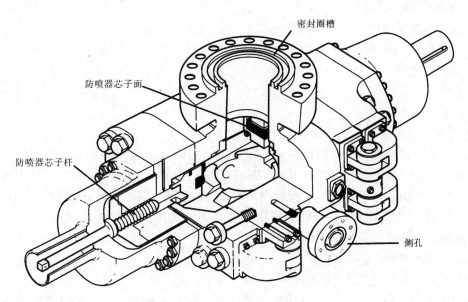

图 5.7　闸板式防喷器

钻井液。当井充满高密度钻井液时，井底压力应该高于地层压力，并且将不再发生地层流体流入。

当循环高密度钻井液进入钻柱时，调整环形回流管上的节流阀，以便保持对地层的足够回压防止进一步流入。流体向外循环通过节流管线、节流管汇，再到气泥分离器，最后到达废气燃烧烟道。一旦通过该系统循环密度较大的钻井液并且到达地面，就基本上恢复了一次控制，并且将可能在安全状况下继续钻井。

5.3.7　井监控设备

必须连续地监测钻井过程，以便及早检测井控和钻井问题，尽快采取补救措施。这将有助于避免钻井过程中昂贵的延迟。因此，有不同的测量装置监测钻井中钻机主要位置的关键参数（例如，钻头—钻压表上的质量、钻头转速、泵速、泵压以及钻井液中的气体含量等）。这些装置与司钻控制台上的仪表连接，使它们易于观察。

5.4　井的设计过程

钻井工程师根据下述信息进行钻井设计，这些信息是由作业公司勘探部或者油藏工程部提供的：

（1）钻井的目的。

（2）目的层深度（海平面以下）和位置（经纬度）。

（3）地质横剖面。

（4）孔隙压力剖面预测。

钻井设计包括安全而有效钻井的全部信息。正如已经指出的那样，钻井作业中涉及的各种人员都要使用这个设计，包括选择合适的钻井工具，订购需要的设备和列出作业时间表。一个标准的钻井设计将包括下列内容：

（1）用于钻这口井的钻机。

（2）建议的钻机位置。

（3）套管尺寸、规格和下入深度。

（4）钻井液规格。

（5）定向钻井信息。

（6）井控装置及措施。

5.4.1 套管尺寸、规格和下入深度

通常，在井的剖面上，不可能钻一个井眼穿过从地面（或者海底）到目的层深度的所有地层。在钻完的井段下套管，并且用水泥充填套管柱与井壁之间的环形空间，然后再钻下一个井段。套管柱由数根 40ft 长的套管组成，用螺纹连接在一起。根据井的条件，到达目的层深度可能需要三四个套管柱。套管的费用占井总成本（100 万 ~ 300 万英镑）的 20% ~ 30%，因此在设计井身结构时必须格外慎重。

下套管封隔地层有许多原因：

（1）防止不稳定的地层坍塌。

（2）保护软弱层免受高密度钻井液的伤害，在后面的井段中可能需要这些钻井液，它可以使软弱层产生裂缝。

（3）隔开较深的异常高压层和可能的较浅低压层。

（4）封闭循环液漏失层。

并且在套管下入生产层时，可以选择流体流动的生产井、注入井、控制井，或者进入储层的位置。

还要求套管柱对井口装置和防喷器提供结构支撑。

必须慎重地设计每个套管柱，当钻下一个井段和从该井段生产时，使它能够承受负荷。这些负荷将取决于一些参数，如所钻地层的类型、地层孔隙压力和钻遇地层中的流体性质等。设计师还必须考虑套管的成本，以及不同类型套管的利用率和下套管柱时的作业问题。

因为套管成本最多可以达到井总成本的 30%，应该使下套管的数量最小化。理想的情况是钻井工程师钻井时从地面到目的层深度根本不下套管。然而，一般情况下为了到达目的层，在井眼内必须下几个套管柱。这些套管柱必须与最先下的最大直径套管和较深井段用的套管柱同心。套管柱中 7in 套管的下入深度几乎完全取决于具体钻井位置的地质压力和孔隙压力条件。

由于套管的成本高，必须慎重设计每个套管柱。钻开发井时，已经从先前钻的井中获得了地下条件，所以设计的套管组合可信度高，而且成本最低。然而，在一口探井中，只能估计这些负荷，而且可能遇到意外的问题。因此，必须更谨慎地进行套管设计，当量化设计负荷时必须使用安全系数。在一个具有高压或者容易出问题地层的地区钻井，要比在正常压力环境的地区钻井需要更多的套管柱。

在钻井中用的套管尺寸因位置不同而不同，但是在北海及图 5.8 中显示的地质剖面和压力剖面的情况下。通常把一个 30in 套管柱大致下入地下 100ft，以便支撑地表的疏松地层。然后，在重新钻入可能存在高压流体的地层之前，把第二个套管柱（20in 直径）大致下到

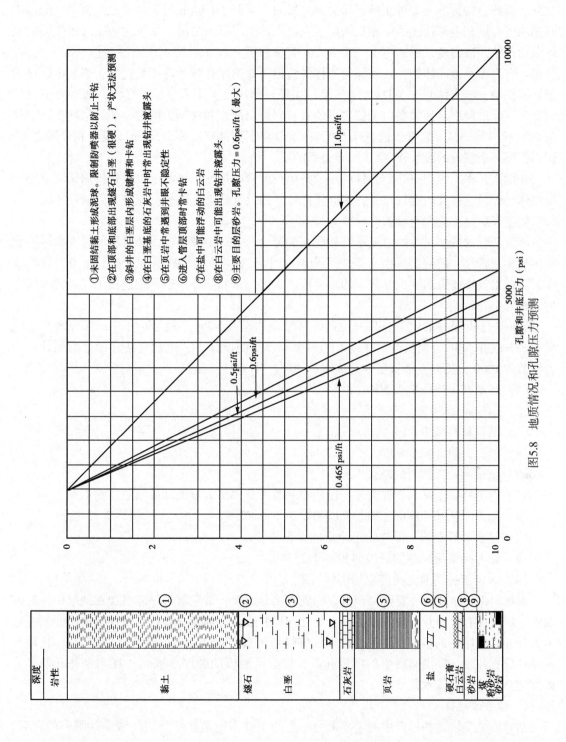

图5.8 地质情况和孔隙压力预测

①未固结黏土形成泥球。限制防喷器以防止卡钻
②在顶部和底部出现缝石白垩（很硬），产状无法预测
③斜井的白垩层内形成键槽和卡钻
④白垩基底的石灰岩中时常出现钻井液露头
⑤在页岩中常遇到井眼不稳定性
⑥进入盐层顶部时常卡钻
⑦在盐层中可能存动的白云岩
⑧在白云岩中可能出现钻井液露头
⑨主要目的层砂岩。孔隙压力＝0.6psi/ft（最大）

孔隙和井底压力预测（psi）

1.0psi/ft

0.5psi/ft
0.6psi/ft

0.465 psi/ft

深度
岩性

黏土
燧石
白垩
石灰岩
页岩
盐
硬石膏
白云岩
砂岩
煤
粉砂岩
砂岩

3000ft 钻遇的未固结泥岩的深度。下一个套管柱（$13\frac{1}{8}$in 直径）将下入 8200ft，这是盐层的顶部。因此，在钻下一个可能极高压力的井段时，隔开了 6500ft 与 8200ft 之间页岩可能出现问题的所有层和全部较浅的可能软弱层。在进入储油层砂岩之前，如果为防止高压盐层的流体而增加钻井液密度，那么将下一个 $9\frac{5}{8}$in 套管柱下入。如果钻入该储层时钻井液密度大，它将含有许多细微固体物，减弱储层流体的流出。如果钻井液密度不是过高，那么可以自始至终钻储层——完钻井深（TD）的井段。如果在储层之上下入 $9\frac{5}{8}$in 套管，那么要下最后的套管柱穿过储层。如果在白垩层之下的石灰岩层出现钻井液漏失问题，那么早期在页岩顶部必须下一个 $13\frac{3}{8}$in 套管。这意味着 $9\frac{5}{8}$in 套管将下到盐层的顶部，7in 套管下到储层之上，还将需要一个额外的套管柱（4in）穿过目的层。

在生产井中，规定完井套管柱的尺寸是生产油管的尺寸。事实上，最初根据储层可能产出流体的产量选择井的套管尺寸，因此生产油管的尺寸选择也同样。完井套管的尺寸将依次影响到生产层之上的所有套管柱尺寸。

因为套管的成本对井的总成本有如此大的影响，有一个减小使用套管柱的尺寸和尽可能使用最小套管尺寸的趋势。由于减少了套管尺寸导致井眼尺寸减小，节省了相当大量的成本，因此用较小能力的钻机、较少的钻井液、水泥、水和柴油。通常把使用小直径套管尺寸的井称为小井眼井。

然而，小井眼井的定义有几分主观，常常把"至少 90% 井段是小于 7in 套管的井"定义为小井眼井。BP 公司报道，在刚果的一个 4 口井的设计中，比常规钻井设计的预计成本大约节省 1000 万美元，节省了井总成本的 40%。节余项目如下：

（1）场地和道建设减少 50%。

（2）运输减少 50%。

（3）消耗材料减少 40%。

（4）第三方服务减少 40%。

（5）钻机移动持续时间减少 60%。

除了实现的实际成本节省之外，还从小井眼井获得了大量的环境效益。它们是：

（1）场地干扰从 5000m^2 下降到 1800m^2，下降 72%。

（2）钻机和后勤服务需要的运输量减少 50%。

（3）钻井结束后处理的废液体积小于 25%。

（4）减少了燃料消耗和产生的废气污染。

根据定义，小井眼井将限制产量，因此大部分用于：常常通过钻穿已经在地层中的完井油管，加深现有常规井；高成本的海上易处理探井或者边远探井使这种较便宜的小井眼井技术大放异彩（唯一的限制条件是，必须能够操作工具，对已钻地层进行全部评价）；从现有井侧钻分支井眼，提供储层中的泄流井眼；促进重油流动的注蒸汽井（在水平井开发部分详细地介绍了该项技术）。

5.4.2 钻井液规格

钻井液是旋转钻井过程中的重要部分。它的主要作用是在钻井期间清除井眼中的岩屑，防止所钻地层的流体流入井眼。然而，它还有许多其他用途。钻井中遇到的许多问题可以直接或者间接地归因于钻井液，因此必须慎重地选择和设计这些流体，以适应钻井过程中对它们的要求。

由于不保持良好的钻井液性质可能产生钻井问题,解决这些问题既要花费大量时间,又要花费很高成本,因此慎重设计和配制钻井液非常重要。由于不保持良好的钻井液性质需要高成本,作业公司通常雇用服务公司的钻井液专家(钻井液工程师)到井场配制和连续监测钻井液,如有必要,应对钻井液进行处理。

5.4.2.1 钻井液的功能

表5.1列出了钻井液的主要功能及与满足这些功能有关的性质。

表5.1 钻井液的功能和性质

功能	物理/化学性质
从井眼向外输送岩屑	屈服点、表观黏度、速度、凝胶强度
防止地层流体流入井眼	密度
保持井眼的稳定性	密度、对黏土反应性
冷却和润滑钻头	密度、速度
给钻头传送水动力	速度、密度、黏度

必须选择和/或设计钻井液,以致流体的物理性质和化学性质能够满足这些要求。然而,当选择钻井液时,必须考虑使用钻井液对环境的影响、钻井液成本以及钻井液对生产层生产的影响。

(1)从井眼向外输送岩屑。钻井液的主要作用是从井眼中连续清除钻头产生的岩屑。这个过程分为两个阶段。首先是保证从钻头端面清除岩屑,然后是保证把它们从环形空间输送到地面。如果不能清除钻头端面的岩屑,将减少钻进效率。如果不能有效地输送钻柱与井壁之间环形空间的岩屑,钻柱将被卡在井眼中。

从钻头端面清除岩屑,通过保证钻头上有清洁钻头的足够水动力(由在钻头上的钻井液流速和压力损失产生的)来实现。防止卡钻要求钻井液流动时能够有效地输送岩屑,而钻井液静止时保持岩屑悬浮在钻井液中。钻井液运动时的载运能力取决于钻井液的环空流速、密度和黏度。钻井液静止时,如接扣或者松扣,岩屑悬浮取决于钻井液的胶凝(触变性的)性质。在地面用机械装置清除岩屑,如钻井液振动筛、除砂器和除泥器。

(2)防止地层流体流入井眼。必须保持钻井液产生的流体静压力足够高,以防止地层流体流入井眼中。然而,井眼中的压力不必太高,否则将使地层产生裂缝,因而使昂贵的钻井液漏失到地层之中。在钻井的同时,钻井液流入地层中的现象称为漏失循环流体。这是由于确定比例的钻井液没有返回到地面,而是流进了地层。因此必须在超过孔隙压力,但是不超过钻遇地层的破裂压力的范围内选择钻井液密度。把重晶石和赤铁矿(在一些情况下)添加到增黏钻井液中作为加重料。由于这些矿物密度大(相对密度分别为4.2和5.6),所以使用它们。

(3)保持井眼的稳定性。井眼不稳定性是钻井作业中最常见的问题之一。在页岩中时常发生这种不稳定性。它可能由下列两个机制之一,或者全部所引起:

①井眼压力与页岩层中孔隙压力之间的压差。

②在页岩中,由含水钻井液流体造成的黏土水化。

增加钻井液密度可以解决井眼压力与孔隙压力之间的压差造成的不稳定性问题。黏土水化的问题,只能使用非水基钻井液来解决,或者部分添加用化学剂处理过的钻井液,这种化学剂将减少钻井液中水对地层中黏土的水化能力。这些钻井液称为抑制性钻井液。

(4)冷却和润滑钻头。在钻岩石的过程中,特别是用聚晶金刚石复合片(PDC)钻头时,在钻头上产生大量的热。除非冷却钻头,否则它将过热并快速磨损。钻井液循环将冷却钻头,并且有助于钻进中的润滑作用。

(5)把水力功率传送到钻头。当通过钻柱,经过钻头再上升到井眼的环形空间循环钻井液时,钻井泵产生的压力将用在该系统的摩擦压力损失上。然而,改变钻头水嘴尺寸和通过该系统的流速能控制这些压力损失分配。此外,如果大约65%的压力用在钻头上,那么将明显地提高钻井的效率。因此,钻井工程师将设计该系统和作业参数,以使65%的压力损失用在钻头上。

为了满足所有的这些要求和钻井效率,使用不止一种的钻井液(例如,水基钻井液可以用于下 13⅜in 套管鞋,然后在钻易出问题层段和/或生产层时用油基钻井液替换)是可能的。此外,一些钻井液性质难以预测,所以钻井液设计必须具有灵活性,以便在钻井时易于变更或者调节(例如,意外的井眼问题可能引起某一点的 pH 值增加,或者黏度降低)。

5.4.2.2 钻井液的类型

钻井液大致可分为液体或气体两大类(图5.9)。然而,使用的两类最普通的钻井液是水基钻井液和油基钻井液。水基钻井液(WBM)最常用,它是系统连续相是水(盐水或者淡水)的钻井液。而油基钻井液(OBM)的连续相是油。虽然使用纯气或者气液混合物,但是它们不如液基系统常用。使用空气作为钻井液限于那些具有坚硬的和非渗透性地层的区域(例如,西弗吉尼亚)。使用空气作为循环系统进行钻井的优点是:较高的穿透速度;较好的井眼清洗和较小的地层伤害。然而,还有两个缺点:空气不能支撑井壁和空气不能产生足够的压力,防止地层流体进入井眼。最常使用气液混合物(泡沫)的情况是:以水作钻井液时,地层压力太低出现大量损失。在储层流体衰竭已经造成低孔隙压力的成熟气田,可以出现这种状况。

由于供水迅速,水基钻井液相对便宜。它是由固体、流体和化学剂组成的混合物。在钻井液中,一些(黏土)与水和化学剂起反应,把它们称为吸附剂。为了使钻井液的性能合适,必须控制这些固体的活性。把在钻井液中不起作用的固体称为不活泼的或者惰性固体(重晶石)。用淡水作为大多数这样钻井液的基,但是在海上钻井作业中,海水更可利用。

使用水基钻井液的主要缺点是:这些钻井液中的水引起页岩的不稳定性。页岩主要由黏土组成,而且不稳定性大部分是由钻井液中水造成黏土水化作用引起的。页岩是钻油气井遇到的最普通岩石类型,并且每米进尺比其他类型地层产生的问题多。据估计,与页岩问题有关的非生产性成本每年要花费 5 亿~6 亿美元(1997 年)。此外,在页岩中常遇到的井身质量差问题可能使测井和完井作业困难,或者不可能进行。

长年累月,一直在寻找限制或者抵制水基钻井液与水敏感性地层之间相互作用的途径。

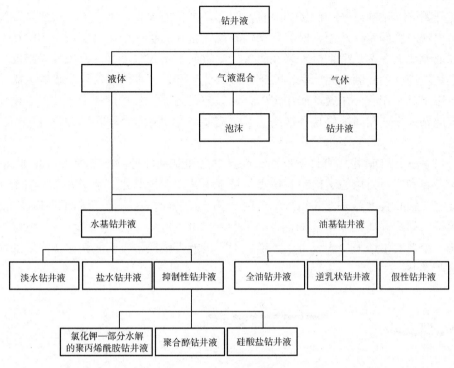

图 5.9　钻井液的类型

因此在 20 世纪 60 年代晚期,钻井液—页岩关系的研究导致了含有氯化钾(KCl)和部分水解聚丙烯酰胺(PHPA)的水基钻井液的引入。通过覆盖聚合物保护层,KCl 抵制黏土膨胀,而 PHPA 帮助稳定页岩。

KCl – PHPA 钻井液的引入减少了页岩不稳定性的次数和严重程度,以至于能够钻高水敏地层的井,尽管仍然是高成本和有重大困难。其后,除了其他针对抵制页岩的水基钻井液之外,在这个课题方面出现了许多变化。

在 20 世纪 70 年代,石油行业逐步转向油基钻井液,它是控制活性页岩的一种方法。通常把这些钻井液配制成油包水乳化流体,因此把它们称为逆乳化原油钻井液(IOEM)。向钻井液中添加水可以精确地控制钻井液的流变性质。尽管水可以占钻井液体积的一部分,油仍然是连续相。在这样的系统中,水被分散成水滴。

由于油基钻井液不含有自由水,所以在页岩中不发生与黏土的反应。因此,除了保证良好的润滑作用、温度稳定性、减少差压卡钻风险和降低地层伤害可能性之外,它们还保证了极好的井眼稳定性。因此,油基钻井液产生较少的钻井问题,而且比水基钻井液产生的地层伤害少,因此它们在确定地区非常流行。然而,油基钻井液比水基钻井液更昂贵,更要慎重地处理(污染控制)。

油基钻井液将可能继续扩大使用范围,但是越来越多地担心油基钻井液污染的岩屑对环境造成的影响。在许多地区,这种担心已经立法,限制或者禁止排放被油基钻井液污染的岩屑。随后,这促进了寻找利于环保的替代物的热潮,并且推进了抵制性水基钻井液的研究工作。

5.4.3 定向井设计

自从开始陆上钻井以来，已经知道直井眼不是真正的垂直。由于受地层影响和钻柱的弯曲，总是出现一些偏差。然而，沿着预定偏斜路线钻井的第一个记录实例是20世纪30年代在加利福尼亚海上。不是把钻机安装在码头上垂直向下钻入水下目标，该井是从陆上钻机钻的，但是其轨迹受到控制，因此它偏斜到海底。此后开发了许多能够用于控制井眼轨迹的新技术和专用工具。作业公司通常雇用定向钻井服务公司提供井身设计专门技术、供应专用工具，在定向钻井作业期间提供现场援助。承包商还将雇用测量公司在钻井过程中测量井的方向和斜度。

钻一口垂直井（斜井）有许多原因，而且定向控制钻井的一些更典型应用如图5.10所示。两种最新和广泛讨论的定向钻井技术是钻水平井和大位移井。水平井用于扩大穿透的储层长度。定向钻井技术容许把井钻入生产层并且与其平行。这明显地增加了地层产液量。用大位移井钻入那些远离钻井位置的储层（最大到10km）。一口新井钻入一个小型油田或者气田，从一个老的生产平台或者由于环境原因不可能直接把钻机安放在储层之上的地方，常常需要这两类井。

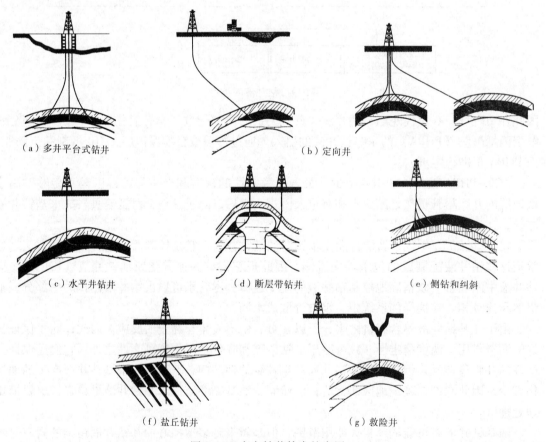

（a）多井平台式钻井   （b）定向井

（c）水平井钻井   （d）断层带钻井   （e）侧钻和纠斜

（f）盐丘钻井   （g）救险井

图5.10　定向钻井技术的应用

基本上有三类斜井剖面（图5.11）。增斜和稳斜是最常见的斜井轨迹，而且是钻井要达到的最简单轨迹。S形井是最复杂的井，但是常常要求保证垂直穿透目的层。油藏工程师和生产技术人员经常需要这类井轨迹，精确确定探井的潜在产能或者增产措施的效率。如果必须在一个障碍物之下钻井，如盐底辟的翼部，可能需要深的造斜井段。由于必须在较深的、压实很好的地层中开始钻斜井段，这种井身结构是最难钻的。

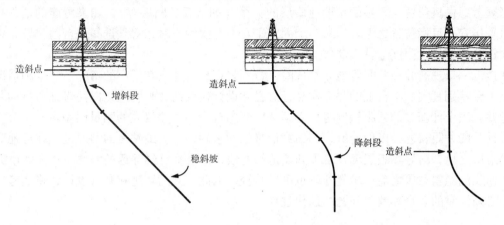

图 5.11　常规井轨迹

当设计如图 5.11 所示的井轨迹之一时，必须考虑造斜点（KOP）、增斜率和降斜率（BUR 和 DOR）及井的稳斜角 3 个特定参数。

（1）造斜点是测量深度，井眼方向在这个深度将开始变化（方位角和/或井斜）。通常，为了减少稳斜角（井斜），最远的目标具有最浅的造斜点。

（2）增斜率和降斜率是井偏离垂直方向的比率（通常用每钻 100ft 所偏离的度数测量）。增斜率取决于钻井条件和所有的钻井工具，但是常规井中最常见的是 1～3 之间的比率。因为增斜率和降斜率是常数，根据定义，井的这些剖面形成圆弧。当用常规钻井设备钻常规斜井时，把超过 30°/100ft 的增斜率称为狗腿。常把增斜率称为狗腿度。

（3）井斜角是造斜后与井垂直的长井段之间的倾斜角。为了避免井眼清洗问题，通常限制这种井段的倾斜角为 60°或者更少，而且由于它形成了造斜井段所生成圆弧的切线，故把它称为切线段。当设计定向井时，将规定井眼轨迹的许多额外约束条件：

①目标位置。
②目标大小和形状。
③地面井位（钻机位置）。
④地下障碍物（邻井、断层等）。

在定向井轨迹的设计中，必须结合上述约束条件一起考虑下列因素：

（1）套管和钻井液设计程序。
（2）地质剖面。

由地质家和/或油藏工程师选择目标位置。将按照地理坐标系（如经纬度）或者网格坐标系［如能用横向麦卡托（UTM）系］详细说明目标位置。按照参考点的米数北和东表示坐标，由于井轨迹上的所有位置都容易计算，在设计定向井的轨迹时，网格参考系特别有用。

地质家通常根据国家参考基准面以下的垂直深度（如海平面）表示目标深度。必须计算国家基准面与钻井参考基准面（如转盘）之间的差异，以便司钻能够快速地把井眼深度转换成平均海平面以下的深度,并且因此接近目标。

地质家和/或油藏工程师还选择目标的大小和形状。靶区将以地质构造和现有地质特征的形状为基础,如断层。通常,靶区越小,需要的定向控制越多,而且井的成本将越高。

必须考虑候机位置与要钻的预期地质层的关系(如盐丘、断层等)。如果可能的话,将把钻机直接安在目标位置之上。当从一个固定平台上开发油田时,必须选择平台的位置,以便定向钻井能够最大限度地钻入储层。

在接近一口现有井钻井时可能非常危险,特别是在现有井正在生产的情况下。这种情况在海上平台特别真实,平台上的井非常靠近。必须设计建议的井眼轨迹,以便避开所有的其他邻近井。当设计新井的井眼轨迹时,必须考虑测定现有井和建议井的测量误差。

设计井的井眼轨迹,以便能够顺利钻穿最难钻的坚硬地层。最常见的情况是,在近地表的疏松地层之后,恰好在表层套管之下开始造斜井段,或者在已经穿透的海底。在大斜度井中,在钻长的稳斜井段之前,增斜井段也可以减轻。因此,井的轨迹和套管设计,将是考虑钻井中必须注意的安全和效率问题的迭代过程。

5.5 井身结构设计

用考虑涉及井身结构的事件能够最好地说明钻井包括的作业程序。下列说明仅仅是井身结构设计中每步所涉及的设备和作业选择的综述。

如果可能,将用一个井段钻整口井,从地面到储层。然而,由于在钻井过程中遇到的地质和地层压力问题,通常这是不可能的。因此分段钻井,一旦遇到出问题的井段,用套管进行分隔。

5.5.1 安装30in导管

作业的第一步是把一个大直径的管子下入地下或者海底以下大约100ft的深度。安装这个管子(通常称为导管)是为了在加深钻井时防止疏松表层坍塌。

5.5.2 在26in井眼中钻井、下套管

用一个直径小于导管内径的钻头钻第一个井段。因为导管的内径大约为28in,一般使用26in直径的钻头钻这个井段。在图5.8显示的情况下,一直向下钻这个26in井眼,穿过疏松地层、表层,到接近3000ft。

当钻到大约3000ft时,从井中提出钻柱,并且下入套管。逐节套管用接头连接,直至到达井底为止。把水泥泵入套管中,水泥通过套管的底进入套管与井眼之间的环形空间。用钻井液替代套管内的水泥浆。当水泥固结时,水泥壳起到封闭套管和井眼空间的作用,防止套管和井眼之间的环形空间塌落,掉进后来的井眼中和/或一个井段的流体进入环形空间。

现在使用的钻头有牙轮钻头和聚晶金刚石复合片(PDC)钻头两种类型。牙轮钻头也称为钻岩钻头或者三牙轮钻头。牙轮钻头(图5.12)仍然是世界范围内最常

图5.12 牙轮钻头

图 5.13　聚晶金刚石复合片钻头

用的类型。牙轮提供切割作用，它有钢齿或者镶硬合金齿。这些牙轮在井底旋转，主要是磨碎和切割岩石。根据牙轮的切割表面把牙轮钻头分为铣齿钻头和插入钻头。

三牙轮钻头的牙轮安装在牙轮轴颈上或者轴颈支架上，它从钻头体伸出。当钻头旋转时，牙轮轴颈使每个牙轮围绕本身的轴转动。使用三牙轮可以达到质量平均分布和牙轮钻头齿及齿面结构平衡。自从引入牙轮钻头以来，牙轮钻头设计中主要包括：

（1）使用喷嘴改进了清洗作用。

（2）使用硬质合金进行牙轮表面淬火和保径。

（3）引入牙轮与端轴颈之间的密封轴承，防止钻井液引起轴承磨损和腐蚀，从而过早损坏轴承。

20 世纪 80 年代引入了聚晶金刚石复合片（PDC）钻头（图 5.13）。这些钻头使用人造金刚石小圆片作为切削表面。金刚石的硬度和耐磨性使其明显地成为制造钻头的材料。用在 PDC 钻头上的小圆片可以做成任何尺寸和形状，并且像用天然金刚石一样，对沿着破裂面的破裂不敏感。使用每分钟的高转数刮碎岩石达到 PDC 钻头的切割作用。钻头面的有效冲洗流体循环对防止金刚石和黏结材料过热，以及防止钻头面粘上岩屑变成斑点状（钻头泥包）极其重要。在全世界的许多地区已经成功地使用了 PDC 钻头。它们在与涡轮钻和油基钻井液结合方面特别成功。

PDC 钻头的主要缺点是造价高。然而，当钻需要长钻井时间的地层时（200～300h/钻头），它们是有效的。由于 PDC 钻头没有移动部件，它们容易比牙轮钻头磨损更严重，能够用于极长的钻头行程。这样减少了行程数，抵消了钻头的总成本。这在作业费用高的地区（如海上钻井）特别重要。

钻头安装在钻柱的底部（图 5.14）。这个钻柱由钻铤（厚壁钢管，一般 $9\frac{1}{2}$in × 2 $\frac{13}{16}$in）和钻杆（薄壁钢管，一般 5in × 4.276in）组成。钻铤给钻头施加压力。它们与一些装置一起组成了钻头以上的一个组合。这些装置用于控制钻头的方向（导向仪），收集井轨迹和钻遇地层性质的信息（随钻测量工具）以及防止钻铤卡钻（稳定器）。这样的整个组合称为井底钻具组合（BHA）。把钻头连接到 BHA 的底部。BHA 占钻柱总长度的 5%～10%，剩余部分由钻杆组成。

当钻小井眼井时，能够用挠性管（CT）代替常规

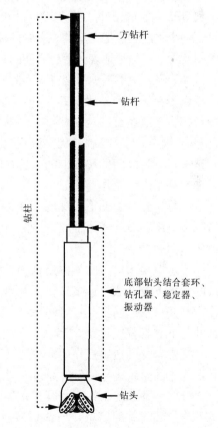

图 5.14　钻柱

钻井中的钻杆。挠性管是小直径的无缝钢管（1½~2⅞in），长度为1000ft。这种管被绕在一个大绞车上（因此得名挠性管），以便在运输及钻井和修井作业时使用。通过利用挠性管作为管状传输 BHA 是一个相对新的概念，但是已经在一些地区得到广泛的应用，例如加拿大的西海岸。挠性管钻井（CTD）技术需要很少的钻台上人员，因此减少了危险。

缩小管子尺寸和质量降低了由于管子装卸事故造成的人员伤亡的风险。然而，使用挠性管作为钻柱的特殊优势与可能的井压力控制有关。因为 CT 是连续的（无接头），能够在地面用一个封闭组合运行或者牵引。这意味着能在欠平衡或者有出井油气流的条件下钻井。这明显地减少了卡钻和因钻井液中固体颗粒堵塞油层造成的地层伤害可能性。利用泡沫作为钻井液进一步提高了挠性管钻井的效率，可以用这种技术钻衰竭油气层。理论上，用挠性管钻井时，钻头的机械钻速也应该增加，但是由于能用的钻压小于正常钻井作业中的钻压，所以一般不能用于这种情况。按照井控，负压下作业的能力意味着作业是真正安全的。由于没有接头需要连接或者拆开，挠性管还更为容易和快速起下钻。因为挠性管是连续的，还可能在作业中连续循环，因此减少了连接时造成的岩屑沉淀和卡钻的可能性。使用挠性管作为钻柱的主要缺点是不能做到按井下装置的方向旋转钻柱或者减少卡钻的可能性。

5.5.3 17½in 的井眼钻井与下套管固井

一旦在20in 套管与井眼之间环形空间的水泥凝固，把井口罩（一个大的带法兰的球）安装到20in 套管的顶部（图5.17）。用这个井口罩负担后面套管柱和防喷器组合的重力，必须在钻下一个井段之前把它安装在套管的顶部。井口罩是井口的第一个部件（图5.17）。井口用于负担套管柱，是近地表套管柱之间的封口，而且是地面套管柱之间环形空间的出口。井口用于支持套管串，提供近地面套管中间的密封，并且提供地面套管串间环空的通道。

由于在钻下个井段（17½in）时可能遇到含高压流体的地层，在钻17½in 井段之前，通常把防喷器组合安装在井口上。如果遇到高压流体，它们将替换钻井液，如果不安装防喷器组合，将以不受控制的状况流到地面，发生井喷。把防喷器阀门设计成紧紧围着钻杆，密封钻杆与套管之间的环形空间。这些防喷器组合有一个大型的外径，以便所有必需的钻井工具能在井眼中安全作业。

一旦达到套管的下入深度，在17½in 井眼中的易出故障地层被另一个套管柱（13⅜in）所隔离。用下20in 套管的方法把这个套管下到井眼中，它被20in 井口罩所负担，同时在原地用水泥固井。

当水泥凝固后，防喷器组合稍有移动，然后把井口管线接在井口罩的顶部。除了井口管线的上、下端有法兰连接外，而井口罩下端有螺纹或者焊接，管线连接其上端，井口管线的作用与井口罩相同。井口管线承载着下个套管柱和下个井段需要重新安装的防喷器的重力。钻井和下套管程序见图5.15。

通常斜井的造斜点在20in 表层套管以下开始。工程师能用许多工具改变井的轨迹，但是最先进的系统是导向钻井系统。

导向钻井系统由钻头、容积式导向钻井泵和定向测量系统组成，该测量系统传输实时有关井方位和斜度的信息。当钻井液通过钻柱循环时，该系统的泥浆马达带动钻头旋转。因此，不必从地面上旋转钻柱。导向系统不用为了改变组合而起出钻柱，改变所钻井的方向（方位角和/或倾斜角）。

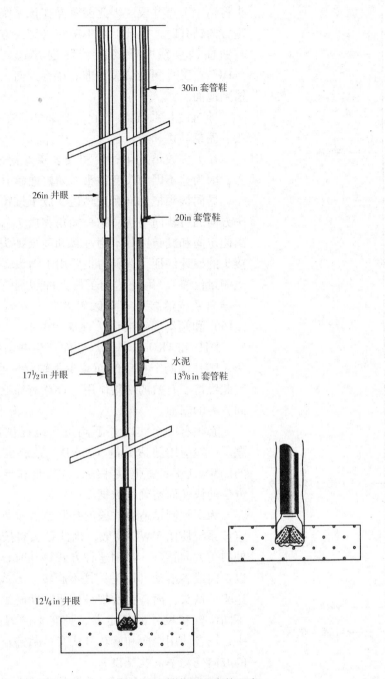

图 5.15　钻井和下套管程序

　　通过把导向接头接到泥浆马达上，可以任意改变钻井方向（图 5.16）。导向接头在钻柱接近钻头处造成一个小的倾角。这个倾角极小，并且产生了一个小的移轴量。因此，当钻柱保持不动时（不旋转）时，钻头指向远离井眼中心线的一个特殊方向。这是钻井液向下进入钻柱循环和通过泥浆马达时，钻头将钻进的方向。然而，钻头倾角和移轴量如此小，以至于当司钻希望钻直线井段时可以让钻柱旋转。钻柱旋转抵消了钻头倾斜的作用，并且通常钻

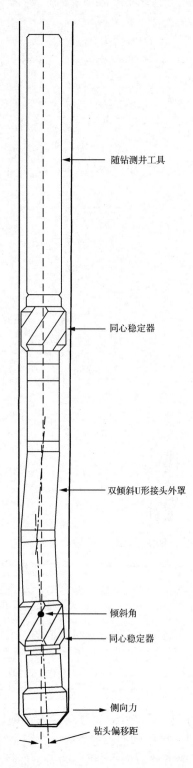

随钻测井工具

同心稳定器

双倾斜U形接头外罩

倾斜角

同心稳定器

侧向力

钻头偏移距

图 5.16 双倾斜 U 形接头导向系统

头将钻一个直井段。因此能够操作该系统，以至于在特定方向钻井时，循环但是不旋转（定向方式）或者用旋转钻柱钻直线井段（旋转钻进方式）。用随钻测量（MWD）工具测量钻头钻进的特定方向，并且把信息传输到地面。

导向钻井系统有 4 个主要部件，即钻头、导向接头、泥浆马达和测量系统。

在大多数情况下，使用安装了导向系统的 PDC 钻头，因为这不因为改变钻头而频繁地起下钻。

导向接头把标准泥浆马达变成了按预定角度改变钻头方向的可转向马达。钻头倾角和接头与钻头的最小距离使定向和旋转钻井不用过载和磨损钻头及马达。导向接头的设计保证了造斜力主要用于钻头端面（而不是用于测量仪表），因此达到了最大的切割效率。目前，用于导向系统的接头有双倾斜万向节外壳（DTU）（图 5.16）和倾斜造斜接头（TKO）两类。

DTU 和 TKO 都利用双倾面产生井斜要求的钻头倾角。DTU 的两个相反倾面减少了轴移量和侧向载荷力，因此维持了有效的切割作用。TKO 有靠近钻头的两个相同方向的斜面。

必须有一个实时井下测量系统提供连续的定向信息。一般应用随钻测量（MWD）系统也是出于这一目的。MWD 工具将提供井斜、方位角和导向接头工具面方位的快速而精确的数据。

为了控制钻造斜井段的井眼或者进行路径校正，确定该系统使用 MWD 读数，因此钻头将按照导向接头的偏斜角方向钻进。当用这种方式钻井时，据称该系统正以定向或者滑动（因为钻柱不旋转）方式钻井。井下马达驱动钻头，而且在常规马达运转期间锁住转盘。使用不同位置和尺寸的稳定器、具有不同偏斜角的万向接头，或者使用定向和旋转方式交替钻井，能够控制产生的方向变化率（狗腿度）。

该系统还能应用于以简单的旋转方式钻下一个直井段。当马达连续运转时，转速一般为 50 ～ 80r/min。当用这种方式钻井时，可以说该系统正在用旋转方式钻井。通过慎重的井身设计和井底钻具组合设计，定向井段减到最小，而且该组合尽可能多地旋转。在保持该井按预定方向钻进过程中，这使进尺速度达到最大。

从 MWD 工具读取的测量数据能有效地监测方向数据,所以司钻能够使井眼轨迹接近预期的路径。能够检测到小的偏差,并且在成为主要问题之前用较小的定向井段进行校正。

随钻测量(MWD)系统可以使司钻在不中止正常钻井作业的情况下,收集和传输从井底返回地面的信息。这些信息包括方向变化数据、与地层岩石物性有关的数据和钻井数据,例如钻压和扭矩。相应的传感器和设备收集信息并且传输到地面,这些设备被封闭在井底钻具组合的非磁性钻铤中。这种工具称为随钻测量工具。这些数据通常是以十进制编码的压力脉冲通过钻杆中的钻井液柱传输的。在地面,信号被解码,并以合适的方式传输给司钻。这种传输系统称为钻井液脉冲遥测装置,而且不涉及任何电缆作业。

5.5.4 在 12¼in 井眼中钻井和下套管

在重新安装防喷器和试压后,正在钻的 12¼in 井眼通过储油层。当钻入这个地层时,在钻井液携带到地面的岩屑上可以观察到油气显示。如果地层中含气,也将被钻井液携带到地面,并且用安装在钻井液管线上面的气体检测仪进行检测,钻井液管线与防喷器组合顶部连接。如果检测到油或者气,将更全面地评价该地层。

起出钻柱和钻井中使用的工具(参见 6.4 节),能够测量岩石中流体的电阻(指示存在水或者烃类)和岩石体积密度(指示岩石的孔隙度),或者岩石的自然放射性辐射(指示存在无孔隙页岩或者砂岩)。这些工具依靠导电电缆运行,所以能够几乎立即把测量数据传输到地面并绘成随深度变化的曲线图。这些图称为岩石物理测井曲线,因此把这些工具称为电缆测井工具。

在一些情况下,希望取回大的圆柱形岩石样品(一般直径为 5in),一般直径为 5in。为了取岩心,当钻头大致进入含油砂岩层时,必须从井中取出常规钻头。然后把环形钻头安在一个特殊的大直径钢管上,这个钢管称为取心管,并且与钻杆孔连接。这个取岩心组合可以切割岩石的岩心,并且取出。在实验室可以对这样的岩心进行孔隙度和渗透率测量。

在一些情况下,工具可以在这样的井中作业,即井内砂层中的油气能在控制的方式下流到地面。这些工具可以使流体以与井生产时几乎相同的方式流出。

如果这些测试的所有显示都是良好的,那么油公司将决定完井。如果测试显示是负面的或者仅显示出少量油的迹象,那么将给井打水泥塞和切割及回收套管到地面,并放弃这口井。

5.5.5 完井

如果井用于长期生产,那么必须在井上安装控制油气流的设备。在大多数情况下,作业的第一步是在产油层下入生产套管(9⅝in 外径)和用水泥固井。油气流动通过的管子称为油管,然后把这样的一个管柱(通常 4½in 外径)下入生产套管之内。不像生产套管一样用水泥固井,如果生产油管出现泄漏或者腐蚀,可以把它从井中取出。用一个封隔器密封生产套管与生产油管之间的环形空间。通过对油管柱进行液压或者机械操作,把这个装置下到油管底部并就位。

当封隔器刚好安装在产油层之上时,它的密封圈膨胀封堵油管与 9⅝in 套管之间的环形空间(图 5.17)。然后拆除防喷器并且把一套阀门(采油树)安装在井口的顶部。用采油树控制到达地面的油流。为了开始生产,把装有射孔弹的电缆下入油管,并且在接近油层的深度定位,然后对生产套管射孔。这些孔穿透套管和水泥环,进入油层内部。油气流入井筒,向上进入油管并流到地面。

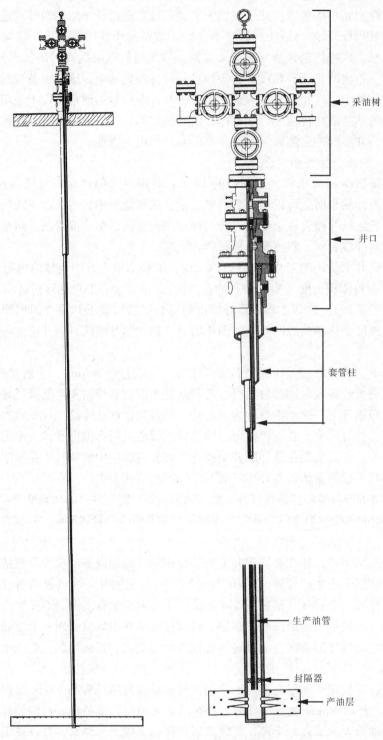

采油树

井口

套管柱

生产油管

封隔器

产油层

图 5.17　井口和采油树

5.6 钻井经济学

一个海上油田（表5.2）的钻井成本占总开发成本的25%～35%相当平常。因此，通过减少钻井成本提高开发的利润有相当大的空间。

表 5.2 北海地区钻井成本分析

项目	成本（百万美元）	项目	成本（百万美元）
平台建设	180	管道	40
平台装备	310	岸上设施	40
平台安装	125	其他	50
钻井开发	275	总计	1020

在一个钻井设计被批准之前，必须包括所涉及成本的预算。在一个没有先前钻井资料的完全新区钻井时，钻井成本只能是粗略的近似。然而，在大多数情况下，可以利用一些以前井的资料，并且能够把预算做得比较近似。

表5.3 中列出了北海地区井的标准成本分配。选择了一些与时间有关的成本，因此称为时间相关成本（例如，钻井合同、运输、供应）。然而，许多消耗品（例如，套管、水泥）与深度有关，因此常常称为深度相关成本。根据钻井设计能够预算这些成本，设计提供了需要的长度和体积。一些消耗品，如井口装置，将是固定成本。专项服务（如射孔）将根据服务前签订的合同要价。与这个合同有关的价格表将是时间和深度以及服务完成时支付的服务费用的函数。对于用相同钻机在相同条件下钻的井（如台式钻机），确定成本的主要因素是深度和因此得出的完成该井作业的时间。有趣的是，钻一口井花费的全部时间还不到实际钻井花费时间的一半（表5.4）。

表 5.3 一口井的成本分配

项目	成本（万美元）	所占比例（%）	项目	成本（万美元）	所占比例（%）
井口装置	10	1.0	小计	441	47.0
出油管线和地面设备	16	1.5	运输	158	16.5
套管和井下设备	146.5	15.5	设备租金	39	4.0
小计	173	18.0	通信	12	1.5
钻井承包商	206	22.0	流动资金	69	7.5
定向钻井/测试	32	3.5	动力和燃料	22.5	2.5
测井/试井/射孔	60	6.5	技术监督	30	3.0
钻井液处理/化学剂	86	9.0	小计	330	35.0
水泥	29	3.0	井的总成本	944500	
钻头	28	3.0			

表5.4　一口井的时间分布

项目	时间（h）	所占比例（%）	项目	时间（h）	所占比例（%）
钻井	552.0	41.9	测井/下封隔器/射孔	26.5	2.0
起下钻	195.0	14.8	测试防喷器/井口装置	25.0	1.9
井斜测量	104.0	7.9	钻机维护	20.5	1.6
取心/循环取样	91.5	6.9	处理/驱替钻井液	20.5	1.5
导向基座/导管	60.0	4.6	补救/磨铣损失的工具	20.0	1.5
洗井/扩眼/修井	59.0	4.5	固井	18.0	1.4
停工时间	49.5	3.8	拆卸/移动/安装钻机	2.5	0.2
下套管/油管/分隔器	37.5	2.8	总计	1318.5 （55d）	100.0
拆卸/安装立管	37.0	2.8			

无论使用什么方法做总成本预算，对无法预见问题都必须留一些余量。当预算完成后，提交给公司管理部门审批。通常把这个过程称为 AFE（费用核定单）。然后在规定的预算内拨钻井经费。当这口井超出规定费用时，必须增加补充的 AFE 以支付新增成本。

参 考 文 献

［1］J. Ford，1999，*Drilling Engineering Notes*，MScPetroleum Engineering，Heriot-Watt University.

［2］A. T. Burgoyne，M. E. Chenevert，K. K. Millheim and F. S. Young，1986，*SPE Applied Drilling Engineering*，Text-book Series，Vol. 2.，Society of Petroleum Engineers.

［3］H. Rabia，1987，*Fundamentals of Casing Desing*，Graham and Trotman.

［4］N. Adams and L. Kuhlman. 1980，1994，*Kicks and Blowout Control*，Penwell Books.

［5］J. P. Mouchet and A. Mitchell，*Abnormal Pressures While Drilling*，1989，Elf.

［6］Designing and managing drilling fluids，April 1994，*Oilfield Review*，Schlumberger.

［7］Hydril Catalogue，M-9402B.

［8］Hughes Christensen Drillbit Catalogue，1998.

6 岩石物理学

6.1 引言

岩石物理学包括对岩石物理性质和所包含流体的研究。这是石油工业中油藏评价和预测采收率的基础性研究。从这个意义上讲,勘探地质和油藏工程以及生产工艺组成了一个学科链。在这一章中将介绍实验室内用到的各种岩心分析方法以及石油地球物理测井的数据采集、处理和解释,它能为油藏工程提供构建油藏流体流动模型所必要的地层地质和物理参数。

岩石物理的术语是由 Archie 在对油藏内岩心试验分析的基础上提出来的。最初这一概念还包括裸眼井和套管井的地球物理测井数据的处理与解释,以及泥浆录井和地层压力测试部分。因此按照现在的观点看,岩石物理学是地层评价相关领域的重要组成部分(图6.1)。尽管地层评估应该包括地层水、煤、矿物和地热资源评价等其他学科,但该术语通常是针对石油储层。本文引用了 Dewan, Desbrandes, Hearst 和 Nelson, Rider, 斯伦贝谢, Theys 和 Tiab 以及 Donaldson 关于石油岩石物理学方面的文章。

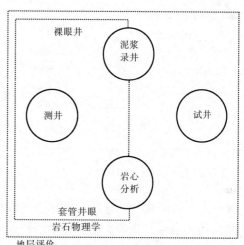

图6.1 岩石物理学的范畴

6.1.1 专业术语

以下是全部或者部分存在于岩石物理学领域的技术测量手段:

(1)泥浆录井。检测和记录循环钻井液的理化性质以寻找油气显示,进行钻井岩屑岩性描述、烃类气体分析以及安全性测量,例如,对硫化氢气体的早期识别。泥浆录井报告还包括钻速等重要的钻井参数。

(2)岩心分析。利用试验分析得到岩心样品的理化性质,用来校正测井解释或者为更复杂岩石地球物理解释打下基础,流体流动的特点可以服务于油藏工程。为了提高有效性,至少应该在油藏环境的温度和压力下进行一些辅助性测量。

(3)电缆测井。将测井工具或者探测仪器放入井眼中,当工具上下移动或者固定时,位于井口的装置通过与电缆连接的数字传感器记录可渗透的地质层位的理化性质。现代测量设备能同时测量几种不同的物性。电缆工具能放入刚钻完的裸眼中或者已经完井的套管井眼中。

（4）随钻测井。将测井传感器置于钻柱中，在井口的数字转换装置通过钻井液或者井下记录正在钻的地质层位的物理信息。一般同时使用多个传感器，但是它们的范围要比电缆测井小很多。显然，这类测井运用于裸眼井中。

（5）地层测试。这种作业包括测量实际地层压力和获取地层流体样品。电缆地层测试一般是在裸眼井测井操作之后，使用相同的电缆和地下测井装置。

6.1.2　岩石物理学的范畴

多年来，岩石物理学一直在地层预测和油藏描述的框架内发展。20 世纪 80 年代，数字技术得到快速发展，计算机软硬件支持复杂光谱并使多通道测井设备得到发展，而且它们可以对测井质量实时控制。岩心分析也受益于传感技术和计算机技术的进步，实验自动化和岩心的可视化就是现代化的两个最好例子。

通过这些发展，岩石物理学在储层研究方面已经起到更加重要的作用，例如，储层划分、地震勘探数据解释的岩心和测井校正，以及钻井之间地层成像的物理测量。

这些发展扩大了岩石物理学的定义范畴，可以把岩石物理学定义为对储层岩石理化性质的研究，并且是地质和工程相关的一些性质。这个定义强调了岩石物理学与勘探生产活动的自然联系（图 6.2）。

如图 6.2 所示，尽管将岩石物理学与储层地质和地震勘探数据解释并列，使它的范围有所扩大，但它实际上是介于孔隙或者说微观尺度研究和储层划分的大尺度之间的中间研究尺度（图 6.3）。当然，这些尺度的边界是无缝的，并且介绍它们主要是说明地质研究中不断增大的尺度，而不是介绍传统的勘探和开发领域在空间上的尺度。尽管如此，

图 6.2　岩石物理学与勘探和生产其他领域的关系

所强调的还是岩石物理学在目标储层描述和刻画中所起作用的宽度，静态的储层模型融入储层模拟之中。

6.1.3　岩石物理数据的采集

岩石物理采集技术的进步是因为人们需要测量出更为精确的储层物性。岩心分析的一种普遍方法是在储层条件下测量岩心柱的物理性质，最基本的重点是保证有效的储层压力。因为这些测量比在大气状态下的测量费用更高，所以通常依靠模拟地下条件的储层应力等一系列能实现的大致条件对岩心样品进行分析。目前，还包括了储层温度的模拟。另外，因为操作的复杂性和费用昂贵，这些试验只是象征性地模拟，而与真实情况差别很大。如果利用好目标储层描述中研究成熟的井，会获得更多具有代表意义的岩心数据，因此会节省大量的费用。

电缆测井与岩心分析一直都是地层评估的主要手段（附图 6）。电缆测井工具的进步主要体现在克服钻井液滤失带来的储层伤害问题。因此我们见到了组合类型的电阻率工具，那些数据能够消除井筒附近的侵入效应，对于测井工具的 3D 模拟能提供具有不对称侵入带

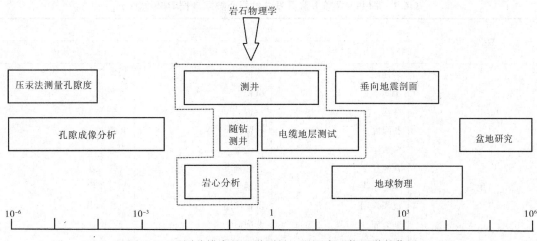

图6.3 不同分辨率的地学测量，强调岩石物理学的作用

的高斜度井和水平井的测井数据。对于薄层的识别主要是依靠高聚焦电阻率装置，以及可充分利用来源于短源距探测器数据的放射性工具。最近出现的随钻测井设备具有上述部分功能。总的说来，钻井管柱传感器的测量范围受到一定的限制。

附图7显示了北欧的一个计算机测井程序（CPI）。

测井作业需要解决的重点不是井眼、围岩和钻井液滤失，而是提高岩石物理的解释能力。目前，我们的测量手段已经超过了能解释最终结果的能力。

6.2 泥浆录井

泥浆录井是指在钻井过程中广义的信息采集，它因为在钻井中使用的钻井液而得名。尤其是在陆上探井中，我们习惯使用泥浆录井设备来提供有关钻速、地层岩性、烃类显示以及出于安全考虑的天然气监测。

泥浆录井包括对钻进过程产生岩屑的分析以及天然气检测。岩屑随着钻井液循环到地面并收集起来用于测试。它们提供了有关地下钻遇地层的矿物组成和所包含流体的高质量信息。通过对岩屑的岩石物理学分析能得到相当于压汞法测得的孔隙尺寸分布。这一信息可以得到补充岩心柱定量化和精确分析的结果。通过天然气检测可确认地层流体释放到钻井液中的气体。地面装置检测到钻井液中的气体且使用气相色谱仪可以区分其成分。尽管泥浆录井的可靠性和准确性不足，但是这些宝贵的、及时的和相对低廉的信息是对电缆测井数据很好的补充和支持。

6.3 岩心数据

岩心是取自井眼内的岩石样品。对于地下岩石和储层研究来说，岩心是最为直接和有用的数据来源。岩心分为井眼轴向取心和井壁取心。岩心是由钻杆顶部取样装置获取的。岩心数据对于地质学家、岩石物理学家、油藏工程学家和生产技术人员都是非常重要的。表6.1显示了来自于勘探井、评价井和开发井的岩心数据格架。

表 6.1 探井、评价井和开发井的岩心数据（据 DBS 修改）

数据类型	井类型		
	探井	评价井	开发井
地质	岩性 沉积学 结构 孔隙度 渗透率 含烃程度 地层年代 沉积作用 断裂面 成岩作用 微量元素 地球化学 古地磁	岩性 沉积学 结构 孔隙度 渗透率 含烃程度 地层年代 沉积作用 断裂面 成岩作用 微量元素 地球化学 古地磁	岩性 沉积学 结构 孔隙度 渗透率 含烃程度 地层年代 沉积作用 断裂面 成岩作用 微量元素 地球化学 古地磁
岩石物理和油藏工程	测井曲线标定：颗粒密度、声波速度、矿物成分、电性和伽马放射性	孔隙度 渗透率 非均质性 相对渗透率 剩余油饱和度 剩余水饱和度 剩余气 润湿性 毛细管压力 应力依从性 油—水界面 测井曲线标定：颗粒密度、声波速度、矿物成分、电性和伽马放射性	孔隙度 渗透率 非均质性 相对渗透率 剩余油饱和度 剩余水饱和度 剩余气 润湿性 毛细管压力 应力依从性 油—水界面 测井曲线标定：颗粒密度、声波速度、矿物成分、电性和伽马放射性
油田生产		泊松比 压缩强度 杨氏模量 张拉强度	泊松比 压缩强度 杨氏模量 张拉强度 酸敏性 原生水估计 颗粒尺寸分布 岩石对完（修）井液的兼容性 黏土形态 黏土含量和分布 断层处理措施

6.3.1 岩心数据特点

对一口新井的岩心进行评价并得出丰富的信息，我们需要一个多学科专家组成的团队。取心时需要有一个合理的钻井环境以保证好的岩心收获率。取心需要有明确的目的性，有时还要考虑经济上的可行性，如性价比分析。在成本—效益中应该表明降低地层性质的不确定性和提升油藏描述所增加的价值，这将有利于勘探和区块开发方案抉择。

对于探井来说，它的主要目的是以岩性变化的形式描述岩心为分层打下基础，分层是先区分储层和非储层，然后再细分为不同的岩石单元。电缆测井和钻井之间的信息可以作为基础，随着获得的信息越多，分层会越细。在对岩心做基本分析时，应该分别考虑取样方案（取样密度、取样位置）、岩样包含的地层流体、岩样的清理过程甚至于岩样的分析方法。在区块的开发阶段应该建立更细的储层划分，进一步研究岩心的沉积相和矿物组合，在更详细的储层模型中继续研究它们的展布与岩石物理性质。应该非常注意钻井液和取样技术的选择、岩心的密封以及样品的选择和保存，因为它们会影响到岩心的分析数据，如润湿性的变化。

井壁取心是在井眼内为我们提供了另一个数据来源。岩样是由点燃一个中空圆柱形的"子弹"射入井壁之中或者说钻一个水平的小孔取得的。那些样品直径大约2cm，长大约5cm。这项技术的优点是已知确切的深度并且样品比岩屑大，它能够更好地反映地质上的变化、沉积环境和烃类显示。尽管这些样品有时看起来太少或者太零碎而不能提供可靠的信息，但是它们要比垂向的大段取心要便宜。在对井壁取心样品进行孔隙度和渗透率的测量时，小心取样可能带来的机械伤害，尤其是操作火药取样器的时候。

连续取心技术在近年来得到了长足的发展，最近取心筒或取心筒衬里被设计成在被切断时与里面的岩心一同转动。尽管可用更长的取心筒，但是典型的取心筒是30ft长（大约10m），可用玻璃纤维和铝做成井筒衬里。

为了满足对储层代表性流体和岩心润湿性的研究需要，人们发展了一种特殊的低侵入取心技术。一个例子是低侵入取心钻头，它在取心切割时能屏蔽钻井液。以往的取心钻头设计导致取心时大量的钻井液侵入。为了使岩心在从井底运达地表时流体再分配定量化，海绵取心井筒应运而生。井筒衬里由铝制成并装有特殊的海绵物质可以吸收排出的流体。最新的发展包括抗压取样筒的使用，这类取样筒在井下密封，并能在地表保持相同的储层压力，并且使用凝胶岩心防止液体泄漏。

一旦岩心取到地面，尽可能保持其原样十分重要。现在已经有很多技术可以用来满足这种需要：防止岩心风干、与氧气接触或者被机械损坏。其中一种最简单的方法就是将岩心截断为3ft长（约1m），就像是玻璃纤维一样。在岩心与岩心筒之间的环空塞上树脂以防止岩心移动并减少暴露表面积。这一方法尤其适用于固结较差的岩心，它在运输过程中特别容易受到破坏。未固结成岩岩心的运输问题有望在将来依靠干冰或者冷藏箱的冰冻方法来解决。

对于固结成岩的岩心需要采取封闭措施，首先是包裹一层塑料薄膜，然后用铝箔包裹最后浸泡熔化的石蜡。当石蜡凝固时可以隔绝空气，它可以密封长达数月。另一种可供选择的方法是将岩心放入罐子中，并泡在液体中。作为后面一种方法的推广，在需要长期保存时可以在岩心允满低压氮气以确保样品与氧气隔绝。需要推荐的做法是当样品到达实验室后马上开始研究工作。

6.3.2 岩心分析

岩心分析可以分为基本岩心分析和特殊岩心分析两个范畴。基本的岩样分析提供有关岩性、视孔隙度、视渗透率（水平的和垂直方向的）以及岩石骨架密度等信息。这种岩心通常沿纵向切开呈片状使其结构清晰可见。接下来会尽可能沿层面钻取长约 1ft（约 0.3m）的岩心栓。然而对于非均质地层需要通过统计分析的方法得出具有代表性的数据。建议使用 X 射线岩心或者岩心栓扫描的方法估算非均质性，检测内部不可见流体和机械损伤［附图 8 (a)］。常规的样品准备包括清理油脂（或者是 Dean – Stark 蒸馏以获得含水饱和度）和岩心栓的干处理。对于包含细黏土矿物［附图 8（b）所示桥状孔隙的伊利石］的样品需要专门处理和烘干程序（如湿度控制和关键点烘干）。为了减少可能的样品损伤，许多实验室都采用混合流体清理和岩心栓浸泡的方法。基本的岩心分析还包括样品流程图［图 6.4（a）］。

这里需要说明，通常我们所说的岩心常规分析在这里被替换为岩样基本分析，以强调不存在这样的常规分析，并且除了重要的岩石物理性质之外，特殊的处理方法也被划分到基本的范畴。

特殊岩心分析提供以下信息［图 6.4（b）］：

（1）在升高的围限应力下的孔隙度和渗透率。

（2）毛细管压力。

（3）地层电阻率系数和电阻率指数之类的电性参数。

（4）润湿性和相对渗透率。

（5）岩石的机械性质，如抗压强度等。

（6）吸水性对水驱的敏感性和井动态。

一些岩心分析人员将高于特殊岩心分析的测试活动称为高端岩心分析，就像最近发展起来的核磁共振（NMR）测试、多相流成像和数字模拟。

在特殊岩心分析中使用的岩心数量取决于储层的复杂性和岩石类型的多少。在实际操作中，也取决于预算和可供研究的时间长短。关于特殊岩心试验的细节将在本章的后面谈到。

6.3.3 岩心数据报告

一个完整的岩心分析程序需要有关于样品历史、测试过程和结果的正式文档。岩心分析数据以表格、曲线、图像和数字的形式呈现。这些有关于取心、岩样运输、筛选、准备、基本分析和特殊分析过程都将以报告的形式成为永久性记录。岩心报告应该包括简要的井场记录、岩心分析程序（包括基本分析和特殊分析的操作流程图）、产生结果的所有原始数据，以及任何不寻常的测试环节和可能的数据异常。表格和图件都在现场完成。表格报告通常是电子表格形式，并且含有包括井场报告和部分试验数据在内的全部数据。

井场报告应该包含井标识、井类型（直井、分支井、侧钻井等）、岩心收获率、钻井参数、取心钻头和钻井液组分、岩心深度、现场处理和保存、岩心运输和取样时间信息。

岩心分析试验数据应该包括样品准备细节和测试流程图、岩心到达实验室时的状况、岩心筛选、岩心的保存和处理以及原始数据和计算得出的数据。

6.3.4 孔隙度

如果要形成具备商业价值的烃类储层，必须具备两个基本特征，即储存能力和包含流体的流动能力。储存能力需要岩石具有孔隙空间，流动能力需要这些孔隙空间相互连通。第一种性质专业术语上是孔隙度，第二种性质专业术语上是渗透率。对于这些参数的测定以及其分布和变化模型的研究是油藏工程技术的基本应用。

```
地震屏蔽
    ↓
深度拟合：
（1）岩心伽马扫描
（2）X 射线扫描
    ↓
特殊岩心分析要求→保存适当部分
    ↓
全岩心分析
    ↓
板状心→地质描述
    ↓
关键点取样→保存剩余物质（通常是逐英尺取样，但可以要求特殊取样）
    ↓
也可以在取样后做切割
    ↓
对切割面照相（用白炽灯和紫外线灯）
    ↓
把岩柱修整为正圆柱体→保留末端用于薄片、粒度分析、扫描电镜、X 射线检测、压汞等
    ↓
测量：
（1）用 Dean－Stark 蒸馏法测液体饱和度。
（2）清洁和干燥。
（3）孔隙度。
（4）空气渗透率
```

（a）基本岩心分析

```
地质和岩石物理描述确定岩相和岩石类型
    ↓
油藏工程输出：
（1）用特殊岩心分析确定主要参数。
（2）确定每种岩石类型的样品数量（保证全部类型岩石充分取样）。
    ↓
用全岩心 X 射线 CT 扫描；钻岩心栓；岩心栓 X 射线 CT 扫描；薄片；矿物成分辅助选样
    ↓
样品扫描——薄片描述
矿物成分、孔隙度和渗透率，压汞孔隙尺寸分布
    ↓
岩心栓清理（溶剂清洗或者混相驱替）和岩心制备，如果需要进行润湿性恢复
    ↓
测量：
（1）电阻率指数。
（2）毛细管压力。
（3）相对渗透率。
（4）可压缩性等。
    ↓
数据的质量、一致性和实用性检查
    ↓
岩心数据的解释和应用
```

（b）特殊岩心分析

图 6.4　基本岩心分析和特殊岩心分析中的流体样品流程图（据 Shell 研究中心修改）

孔隙度的定义是一种物质的岩石内部孔隙体积与总体积的百分比。如果三种固有体积（孔隙体积、颗粒体积和总体积）中知道两种就可以计算孔隙度了。对于像立方堆积或斜方堆积那样的均匀球粒的规则排列，能够计算粒间的孔隙。然而，对于具有不同的颗粒类型、粉砂含量、黏土含量和胶结的储层岩石，它的孔隙度必须依靠实验室对岩样的测量得出，或者依据现场的测井分析做出估计。

具有商业价值的储层孔隙度从5%到30%以上，孔隙度更低的储层只有在具备双重孔隙度系统时才具有一定价值。在碳酸盐岩中见到1.5%的低孔隙度裂缝性储层，它仍然是具备潜力的。然而一些高孔隙度的岩石却毫无价值，例如一些不渗透的泥岩、页岩和石灰岩能够拥有超过40%的孔隙度。

6.3.4.1　孔隙度的定义

总孔隙度包括所有的内部连通且被流体所充满的孔隙，液体包括化合水和黏土束缚水。由于岩石中含有独立的孔隙，所以出现了绝对孔隙度这一专业术语。它包括所有被流体充满的孔隙（独立的和连通的）。通常总孔隙度是指在105℃岩样完全干燥后留下的孔隙。有效孔隙度是指内部相连通的包括被化合水和黏土束缚水所充满的孔隙。在实验室检测有效孔隙度时，样品在60℃下干燥且保持一定的湿度（比如40%）来保留黏土结构水和黏土束缚水。

在纯净砂岩中总孔隙度和有效孔隙度是等同的。在泥质砂岩中，算出总孔隙度和有效孔隙度需要分辨出非黏土骨架、干的黏土体积、黏土结构水和黏土束缚水、毛细管束缚水和孔隙自由水。测井和岩心试验联合分析能够得出这些体积数据，试验过程包括适当的岩心制备、干燥和技术测试。图6.5详细地介绍了烃类储层的孔隙度定义以及实验室岩样的测试手段。

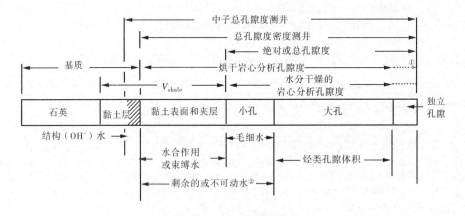

图6.5　烃类储层孔隙度的定义

①如果岩样在测试时碾碎；②高于自由水水平时，其变化是高度的函数

6.3.4.2　原生孔隙和次生孔隙

沉积、压实、结晶、溶解、风化和断裂这一系列联系的过程能从根本上改变孔隙空间的性质和分布，在有些情况下需要定义具有原生孔隙度和次生孔隙度的双重孔隙度系统。

在砂岩中，粒间孔隙构成了原始孔隙，它是存在于骨架或基质颗粒之间的孔隙。砂岩中的第二类孔隙总的包括溶蚀孔隙、裂隙孔隙和微孔隙，如图6.6所示。当骨架颗粒和/或胶结物被部分或者全部溶蚀时形成溶蚀孔隙。当岩石受到应力场作用而破裂或者产生解理时产生裂隙孔隙，它是应力场的函数。微孔隙以微小孔隙（直径小于$1\mu m$或半径小于$0.5\mu m$）形式存在，通常与黏土矿物相伴生，尤其是自生黏土矿物。

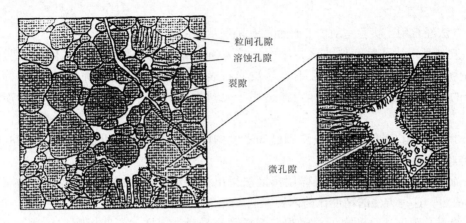

图6.6　砂岩基本孔隙类型

　　与碎屑岩系统相比，碳酸盐岩孔隙类型更为多样。基本的孔隙类型能归纳为如图6.7所示的三种主要类型。碳酸盐岩中最常见的孔隙类型是裂缝孔隙和孔洞孔隙。裂缝孔隙比较少见，一般占$0.01\% \sim 0.1\%$。孔洞孔隙能占到10%。

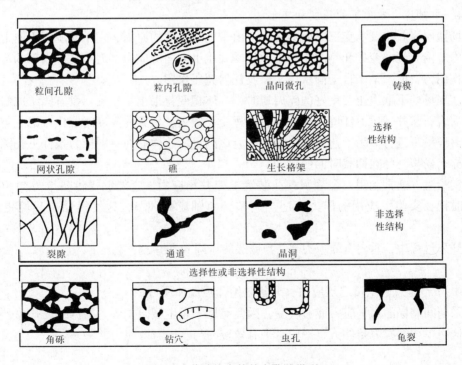

图6.7　碳酸盐岩的基本孔隙类型

从油藏工程的角度来看，原生孔隙和次生孔隙的区别不在于它们的存在形式，而是存在次生孔隙的地方，其内部通道的流通能力有很大的差异。这就是所谓的双重孔隙系统。如果这个"粗"系统的流通能力要比"细（粒间孔隙）"的高出两个数量级的话，那么就可能区分出双重系统带来的任何影响。

6.3.4.3　孔隙度测量

以下方法经常用于实验室对岩心样品的孔隙度测量：

（1）波义耳定律孔隙度仪。该方法中，进入所制备岩心样品的压缩气体（通常使用氦气，因为它的相对分子质量小且不容易被岩石表面吸附）膨胀，我们测量气体等温膨胀过程中的压力变化，并且波义耳定律适用于测量颗粒体积。这一结果用于计算连通的孔隙度。

（2）干湿重法。制备的样品被注满已知密度的液体。通过样品质量的变化测量孔隙体积。这种方法能给出连通孔隙度。

（3）流体累加法。对于新鲜岩样用蒸馏法得出油气水的各自体积。孔隙体积由三相的不同体积决定。这种方法的精度比前两种要低。

（4）绝对孔隙度法。确定了总体积和干样品质量后，把样品研磨成颗粒尺寸，由此确定颗粒体积，然后从总体积减去得到绝对的孔隙体积。

在孔隙度测量时应该注意的问题包括表面孔隙度校正影响，以及对含有敏感黏土矿物样品的清理和干燥的适当操作方法。在后一个例子中，我们应该使用冷的可溶试剂清洗和润湿性控制取代一般的索格利特清洗法和过分干燥以防止黏土矿物脱水。

6.3.4.4　单轴应力条件下的压实和变形

现场储层岩石主要承受三方面的压力。由于埋藏深度的原因，它承受源于垂向上固体物质的应力。由于侧向变形和侧向制约，地层受到水平方向的应力。岩石孔隙内部的流体承受一个反作用力，以抵消来自于静水压头以及任何超压作用。

当从现场井下取出压实良好的碎屑岩时，其体积变化很小。相反，没有固结成岩或者固结不好的岩石从井下压力环境下取出时经体积变化较大。估算孔隙度时应该考虑在与井下相同的压力环境下进行。为了达到这个目的，应该测量所选样品在不同压力条件下孔隙度的变化，这样来模拟样品在卸载时的变化。

在实验室，通常利用一个静水载荷装置模拟井场应力，它能够提供各个方向相同的压力。有时把在实验室应用的压力值适当调整到单轴应力环境，这使得储层环境更具有代表性。

在开采过程中，垂向有效应力 $\sigma_{v,e}$ 与储层的压降 δp 的关系如下：

$$\sigma_{v,e} = \sigma_v - p_i + \delta p \qquad (6.1)$$

式中，σ_v 是总的上覆岩层应力；p_i 是原始孔隙流体压力。

开采期间储层的水平应力能够改变，因此储层不发生横向变形。根据线性孔隙—弹性理论，在这些单线性应力条件下，平均水平有效应力与垂向有效应力的关系是：

$$\sigma_{h,e} = \frac{\nu}{1-\nu}\sigma_{v,e} \qquad (6.2)$$

式中，ν 是泊松比，对于砂岩，变化范围为 0.1~0.3。

总的说来，作用于储层的平均有效应力 σ_e 相当于垂向有效应力和平均（两个主分量）水平有效应力的平均值：

$$\sigma_e = \frac{\sigma_{v,e} + 2\sigma_{h,e}}{3} \tag{6.3a}$$

在单轴应变的特殊例子中，能够合并式（6.2）和式（6.3a）得到：

$$\sigma_e = \frac{1+\nu}{3\,(1-\nu)}\sigma_{v,e} \tag{6.3b}$$

从式（6.1）和式（6.2）中能够给出开采过程中遇到的应力状况，并且储层的平均应力由式（6.3b）给出。因此，对于像孔隙度、地层系数、渗透率、毛细管压力等许多岩石物理参数都可以在由式（6.3a）和式（6.3b）计算的流体静应力下通过试验数据获得。在得到相同的流体静应力并直接计算出岩石物理参数（或者通过对岩石物性随流体静应力变化曲线内插得出）之前，我们先转向求取在一种应力状态下到另一种状态测量的岩石物理参数。

需要说明的是，上述转换基于式（6.3b）中的泊松比，假定储层岩石是均一的，各向同性且在所涉及的应力范围内呈线性弹性变化，而且颗粒压缩性忽略不计。因此，在这些条件下，能够在实验室的代表性应力环境下测量所选样品，以确定正确的相关系数，把上覆岩层净应力转换成相当于单轴应变条件下的液体静应力。对于较为柔软或者易碎、固结不好的岩石，由于应力滞后作用的影响，在恢复其原始孔隙结构上会出现问题。

6.3.5　流体饱和度测量

6.3.5.1　蒸馏法

将岩石样品加热到高温，使孔隙内的石油和水蒸发。蒸发的石油和水冷凝后进行测量。也可以测定邻近岩样的气体体积。当校正油的体积系数后，油气水的累加体积提供了累加流体孔隙度值。用液体体积比上总的孔隙体积就得到油和水的饱和度。原油的密度，也就是API度同时也得到测量。油水饱和度通常被称为剩余饱和度，因为除了下面将要说到的特殊情况以外，它们与油藏内部的实际饱和度有所不同。

6.3.5.2　Dean – Stark 方法

在特殊烧瓶里使用蒸煮苯的方法蒸发岩心栓的孔隙水，在一个标有刻度的容器内孔隙水重新冷凝。这种水的体积和气体膨胀孔隙度一起用于计算岩心的残余水饱和度。这种方法能驱替残存的石油。

6.3.5.3　流体饱和度测量的定量分析

通常用蒸馏方法获得采自水基钻井液（WBM）的岩心的残余油饱和度，以便初步判别储层的油气潜能。通常在此基础上开展测井和测试。通常来自 WBM 的岩心的剩余油饱和度比储层的偏低，而含水饱和度偏高。

对于采自油基钻井液（OBM）的岩心，利用蒸馏法和 Dean – Stark 方法得到烃类储层的原始含水饱和度一般都比较准确。含烃储层的原生水都分布于极小孔隙和难以到达的空间，因此没有因为钻井液含油的入侵而发生变化。显然这一方法不能用于产水层，对于完全含水地层测得的这一数据要比储层实际的偏低。当 OBM 岩心从井筒里取出时必须小心包裹，以尽量减少暴露蒸发的影响。

来自于含烃储层的油基钻井液岩心测得的残余水饱和度是 S_w 数据的最准确来源。它们能够用于校正更广泛的现有测井评价方法，而且它们被用于测量现有地下原油储量。

6.3.6 渗透率

渗透率是孔隙物质在水力梯度下允许流体通过能力的定量测量。它仅仅能通过精确的流体试验获得。对于单相，不可压缩的水平流动的流体通过孔隙介质时，达西定律有以下描述：

$$Q = \frac{KA}{\mu} \frac{\Delta p}{L} \tag{6.4}$$

式中，Q 是流量，cm^3/s；K 是渗透率；A 是流体通过的横截面积，cm^2；μ 是流体黏度，$mPa \cdot s$；Δp 是压差，单位校正到基准面的大气压；L 是长度，cm。

1D 被定义为，在压力梯度为 $1atm/cm$ 时，其渗透率将允许黏度为 $1mPa \cdot s$ 的流体每秒通过 $1cm^2$ 横截面积的流量为 $1cm^3$。在岩心分析和实际计算中，经常使用的是毫达西（mD），即 0.001D。地层的渗透率从 1mD 变化到 10000mD。

从式（6.4）看出，Q/A 值与压力梯度（$\Delta p/L$）应该呈线性关系，其斜率 K/μ 即是流动能力。达西公式适用于单相层流，且没有岩石与流体的反应。

影响砂岩渗透率的小尺度变化因素有以下几个方面：粒度（主要因素）、层理、颗粒形状、颗粒排列方向、填充方式、粒度/分选、胶结和黏土矿物含量。碳酸盐岩渗透率变化的影响因素有矿物蚀变程度（即白云石化程度）、溶蚀增加的孔隙度以及裂缝（是致密基质岩石的主要因素）。

6.3.6.1 渗透率各向异性

渗透率具有方向性。砂岩沉积时颗粒的长轴方向与最大的流体速度方向平行。因此颗粒的最大横截面平行于层理的水平面。垂直于层理方向的渗透率由于砂岩中粉砂/页岩夹层或者碳酸盐岩中的缝合面而降低。控制各向异性的主要因素包括沉积环境、成岩作用（溶解和液化）和破裂作用。裂缝会在很大程度上改变渗透率的方向。这种各向异性在研究流体的运移和流动特征方面是极其重要的。

由于各向异性渗透率的基本性质及其下伏的地质控制因素，理想的储层流体流动模型应该基于张量渗透率的概念。然而，在大多数商业模拟软件中，出于实用性的考虑，非对角元素忽略不计，简化的渗透率张量形式为：

$$K = \begin{bmatrix} K_{xx} & 0 & 0 \\ 0 & K_{yy} & 0 \\ 0 & 0 & K_{zz} \end{bmatrix} \tag{6.5}$$

式中，下标 xx，yy 和 zz 表示渗透率的主分量。

在这种简化形式中，任何给定方向的流速都是相同方向水力梯度的直接函数。在渗透率各向异性表现不明显的地方，最大渗透率（地质模型）轴向与坐标系统（数字模拟）相一致，式（6.5）是有效的。在这种情况下，就可以使用传统意义上的垂向渗透率和水平渗透率。

6.3.6.2 渗透率测量的试验方法

渗透率测量使用的岩心栓的范围是从井壁取心到全直径岩心。图 6.8 展示了 Hassler 型渗透仪在稳定流动条件下测量渗透率的示意图。

因为气体与岩石很少发生反应，首先选用气体（一般为空气）而不是水。准备测量了尺寸的规则几何形状的样品，因此知道流动的距离和横截面积。用渗透仪测量压差和流量。使用下列的达西公式修改形式计算渗透率，它考虑了气体在流动过程中的可压缩性：

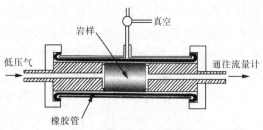

图 6.8　Hassler 型渗透仪测量渗透率的示意图
（据岩心实验室）

$$K_g = \frac{2000 p_a \mu Q_a L}{(p_1^2 - p_2^2) A} \qquad (6.6)$$

式中，Q_a 是大气压下的流动速率，cm^3/s；K_g 是气体渗透率，mD；A 是横截面积，cm^2；L 是流动距离，cm；μ 是流体黏度，$mPa \cdot s$；p_1 是上游压力；p_2 是下游压力；p_a 是大气压，atm。

6.3.6.3　气体渗透率测量中的滑脱现象

测得的岩石对流体的渗透率是一个常量，而且它与附加在层流条件下的压差无关，这是以岩石和流体间不反应和孔隙完全被流体充满为前提的。但是对于气体则不一样，当气体分子的平均自由程与孔道大小相当时就会发生气体滑脱效应。因此，气体在孔壁处的速度是非零的。因为渗透率是一种岩石属性，与测量所使用的流体无关，所以使用气流测得的数据必须修正其滑脱效应。

气体的滑脱效应修正是在平均压力条件下在气体测得的渗透率基础上进行的，数学上可以用 Klinkenberg 方程表示：

$$K_g = K_\infty \left(1 + \frac{b}{p_m} \right) \qquad (6.7)$$

平均流体压力的倒数 $1/p_m$ 与 K_g 呈直线关系，其截距等于其等效液体渗透率（图 6.9）。数值 b 是 Klinkenberg 滑脱常数，它是随岩石和气体类型变化的函数。

在较低的平均气压下，气体渗透率值超过液体渗透率。在高平均气压下，两者的数值很接近。滑脱效应是由于低流动气压产生的一种实验现象。通常在储层流体的压力条件下气体的滑脱效应忽略不计。

6.3.6.4　电子探针渗透仪

电子探针渗透仪（也称为微型渗透仪）（图 6.10）能用于对露头和全岩心的渗透率非均质性的详细研究。在电子探针渗透仪中，气体从封住暴露的岩心或者岩心切片表面的小直径

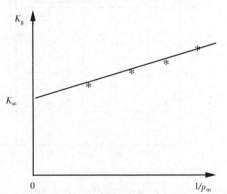

图 6.9　Klinkenberg 的渗透率曲线校正

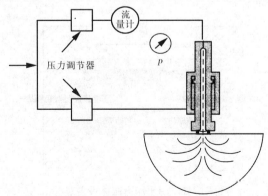

图 6.10　电子探针渗透仪示意图

探针末端呈半球状流出。探针内部的压力以及相应的气体流量被记录下来用于计算渗透率。这种技术是非破坏性的，且将高渗透率的分辨率提高到厘米级别。它适合于描述小尺度地质非均质性，也可作为渗透率尺度转换的输入值。

6.3.6.5 福希海默（Forchheimer）惯性阻力（非达西流）

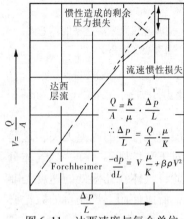

图 6.11　达西速度与每个单位
长度压降的关系曲线

达西公式仅限于线性片流区域，达西速度与压力梯度（Q/A）曲线呈直线关系。Forchheimer 对流体的研究表明：当孔隙介质中流体速度上升时，速度与压力梯度的关系不再是线性关系。图 6.11 示出了达西速度与每个单位长度压降的变化关系。虚线部分是达西流（线性片流）区域，实线部分是 Forchheimer 流（非达西流）区域。

非达西流惯性力产生于孔隙系统中液流周期性地变宽和变窄，这会造成部分流体流动时在孔隙喉道加速，且在流动流体质点的孔隙体减速。Forchheimer 通过以下公式研究了非达西系数 β、流体密度 ρ 和流体体积 V 的组合与剩余压力损失的关系：

$$\frac{-\mathrm{d}p}{\mathrm{d}L} = \frac{\mu V}{K} + \beta \rho V^2 \tag{6.8}$$

如果没有惯性效应，β 值为零并且 Forchheimer 公式可以简化为与式（6.4）相同的达西公式。非达西流经常出现在高产气井，尤其是在井筒附近区域。对于大多数的油藏来说，影响不大或者可以忽略。尽管很多发表的文章将 β 看作是孔隙度和渗透率的一种属性，但要注意的是，只有在非达西流占主导地位时才出现 β。

6.3.6.6 密闭压力下的渗透率测量

通常使用的是如图 6.12 所示的静水力学试验装置。测定渗透率应该在与现场储层压力相同的条件下进行。使用一系列的压力密封装置对所选样品逐步加压，以模拟其渗透率的变化。在对渗透率的测量中需要检测质量控制，尤其是对高渗透率（大于 1D）样品和低渗透率（小于 10mD）的样品。图 6.13 显示了上覆岩层压力对样品渗透率的巨大影响，尤其是未固结岩心。

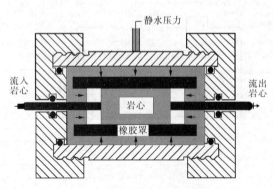

图 6.12　静水压力流体设备对
渗透率的测量（据岩心实验室）

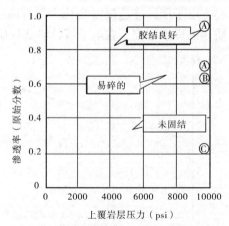

图 6.13　上覆岩层压力对渗透率
的影响（据岩心实验室）

对于已知岩石类型、胶结良好或者未固结的岩心来说，低渗透率样品对于压力的敏感性要大于高渗透率的样品。裂隙性岩石一般对于压力更加敏感，因为它们含有非常低的高宽比的裂隙和微裂缝（厚度/宽度）。

6.3.6.7　岩石与流体的反应以及对渗透率的影响

储层岩石和引入流体的反应能影响渗透率。硬石膏的溶解能提高渗透率。黏土膨胀和与低卤水离子聚集物接触发生反絮凝作用会降低渗透率。越淡的卤水膨胀得越大。影响黏土与水反应的因素有泥岩的类型、数量以及分布特征、水的组分（钙、钠和钾的存在），接触的流体、残余烃类或者有机质组分的存在以及水的 pH 值。渗透率的降低与它的大小成反比：渗透率越低，遇到黏土反应，其值降低得越严重。

岩石—流体的化学平衡系统中离子的运动也能导致渗透率下降。离子的运动是流体动量的一种反应（表现为速度和密度）。为了消除细微移动引起的涡流，需要了解临界速度来决定试验岩心能够移动的最大范围。测量得到的 Klinkenberg 渗透率 K_∞ 代表没有发生液体反应的绝对渗透率。它是有岩石—流体反应的渗透率估算的基准点。

6.3.7　润湿性

润湿性的定义是存在其他不互相混合的液体时某一种液体在固体表面上呈现出来的亲近或者排斥的趋势。如图 6.14 所示，它通常定量表示为接触角（θ）的大小。

在岩石—油—水系统中，测量到的润湿性表示岩石是亲水还是亲油。当岩石亲水时表示一种趋势，即水将占据小的孔隙并且接触到岩石大部分的表面积［图 6.15（a）］。在亲油系统中存在的两种液体是相反的，油将占据较小孔隙以及大部分的岩石表面积［图 6.15（b）］。可以用驱替和浸润两个专业术语来表示非润湿相流体饱和度的上升和亲相饱和度的上升。通过岩石、水和油内部一定的反应，一个系统的润湿性可以从亲水变为中性、混合润湿性然后变为亲油。中性的润湿性表示对于油和水两者都不占优势，

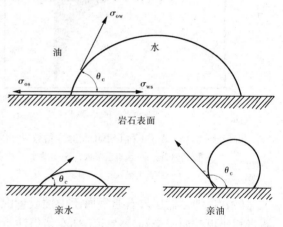

图 6.14　用接触角识别润湿性

混合润湿性表示一部分内部连通孔隙是亲水的，但是剩下的表面积是亲油的。

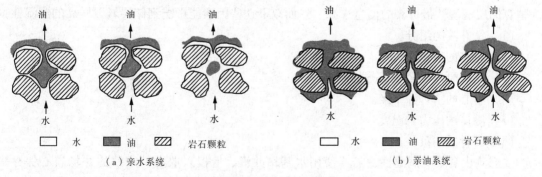

图 6.15　亲水系统和亲油系统的微孔隙流体分布

储层由于不同的原油组分、岩石矿物、地层水矿化度和 pH 值、压力、温度和接触水层的厚度（超过自由水平面的高度）而有不同的润湿性特征。由于吸附极性物质和/或沉积生成原油的有机物质，而使最初亲水的岩石表面润湿性发生改变。在实验室有很多测量润湿性的方法。它们包括：

（1）在抛光矿物晶面上测量接触角。

（2）测量吸入岩心栓的油水比例。

（3）自然吸入和使用储层油、地层水置换以及对储层环境的模拟（测量更为复杂）。

在油藏工程中最实用的两种方法是 Amott – Harvey 指数和美国矿业局方法（USBM）。Amott – Harvey 润湿性指数的计算是根据自然吸入（图 6.16 中的 *pq* 线）的置换流体体积与自然吸入和强迫吸入（图 6.16 中的 *rs* 线）置换流体总体积的比值。置换出的地层水的系数就是被油驱比例，置换出的油的系数就是被水驱比例。总之，这两个比例给出了计算润湿性的方法：对于强烈的亲水岩石，油比例 = 0，水比例 = 1；对于强烈的亲油岩石，油比例 = 1，水比例 = 0；对于中性润湿性体系，两者都是 0。对于混合润湿性体系，两个系数都是正值，因为部分孔隙表面是亲油的，但其他表面却是亲水的。USBM 技术依赖于毛细管压力曲线（下面将详细讨论）。润湿性指数 *W*，被定义为油驱毛细管压力曲线下的面积（A_1）与水驱毛细管压力曲线下的面积（A_2）的比值再取对数。正 *W* 值表明亲水，负 *W* 值表明亲油。绝对值越大，说明极性越明显。

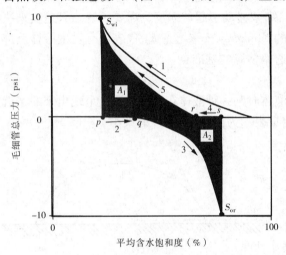

图 6.16　Amott 和 USBM 润湿性指数
1—原始油驱；2—水自由吸入；3—水驱；
4—油自由吸入；5—油驱

砂岩含油区储层岩石通常属于中性或者混合润湿性，然而我们认为碳酸盐岩含油区与碎屑岩相比更趋向于亲油。然而，还有值得注意的未知因素控制着储层的润湿性。由于目前还没有针对储层润湿性测量的测井技术（尽管 NMR 测井在理论上存在这种可能，从测井上得到的储层流体的接触程度和压力能给出一些线索），实验室对有代表性的岩心矿物的测量成为估算储层润湿性最可靠的信息来源。然而以下这些因素能影响到储层岩石样品的润湿性：

（1）钻井液的组分。

（2）岩心的氧化。

（3）储层原油中轻质组分的散失。

（4）岩心的清理和干燥。

（5）测试的压力和温度。

（6）沥青质的沉积。

要想测出真实的润湿性，需要使用水基钻井液、低侵入取心和细致的井场岩心保存措施。由于岩心保存措施的限制，很难获得自然的润湿性，最好的选择是通过陈化恢复岩心的润湿性。岩样首先经过彻底清洗，后浸泡在储层原油里面，或者是以前的方法，在储层的温度和压力下将原始的含水饱和度保持一段时间（一般是 4 个星期）。除非气油比很高的情况，一般样品残留原油能在很长时间内代替含气原油。然而由于实验室的一些特殊条件限制，比如还原时间的长短选择使得样品的润湿性不一定能够完全恢复。还有一个值得注意的是，是否改进的试验过程能够真实再现运移时和之后发生在储层岩石和流体间的相互作用。

6.3.8 毛细管压力特征

毛细管压力（p_c）定义为两种不互溶液体之间弯曲界面的流动压差。对于孔隙性岩石内的油/水系统，通常 p_c 被定义为油相（p_o）与水相（p_w）之间的压差，即 $p_c = p_o - p_w$，并且它是影响含水饱和度的因素。

p_c 反映的是岩石和流体的相互作用，因此它受到孔隙几何形态、界面张力和润湿性的控制。在油藏工程中，p_c 是进行模拟研究输入的基本参数之一，它对于原油可采系数的影响在非均质系统中表现得尤为明显。p_c 在岩石物理研究方面也是重要的参数，例如，利用岩心和测井信息进行全油田的含水饱和度分布研究时就与它有着紧密的联系。依靠储层含水饱和度变化的历史，无论是吸入还是驱替的毛细管压力曲线，都可以用于加强储层的深入研究。

毛细管压力可以通过 Young – Laplace 公式求取。对于圆形截面孔隙中的一对不互溶的液体，可以把该公式写为：

$$p_c = \frac{2\sigma\cos\theta}{r} \tag{6.9}$$

式中，σ 是界面张力（IFT）；θ 是接触角（润湿性和岩石—流体相互作用）；r 是平均的孔隙半径（一种与岩石孔隙度和渗透率相关的性质）。

表 6.2 列出了各种流体组合在不同的温度和压力条件下，其接触角和界面张力的典型值。

表 6.2　不同流体组合的接触角和界面张力的典型值

润湿相	非润湿相	条件 T = 温度，p = 压力	接触角 θ（°）	界面张力 σ （dyn/cm）
水	油	储层 T，p	30	30
水	油	实验室 T，p	30	48
水	气	实验室 T，p	0	72
水	气	储层 T，p	0	50
油	气	储层 T，p	0	4
气	汞	实验室 T，p	140	480

使用下面公式把实验室测得的 p_c 值转换到与储层相同的条件下：

$$p_{cres} = p_{clab} \frac{(\sigma\cos\theta)_{res}}{(\sigma\cos\theta)_{lab}} \tag{6.10}$$

然而，在这个公式中仅仅考虑由于界面张力和接触角产生的毛细管压力的差异。不考虑如压力效应等其他的测量环境因素。实际上，式（6.10）是基于一个暗含的前提，即孔隙的平均半径保持不变。另外，尽管在实验室或者在储层条件下都能测量界面张力，但是接触角却很难定量化，尤其是在润湿性表现不明显的情况下。因此，在实际测量中，上述转换还要根据现场有关流体饱和度与高于自由水位面高度关系的数据进行校正，这里的饱和度数据来源于测井和油基钻井液取心。

6.3.8.1　毛细管压力曲线的实验室测量

通常，毛细管测量方法有多孔板法 ［图 6.17（a）］、离心机法 ［图 6.17（b）］ 和压汞法。每种方法都有优缺点。使用空气/水的多孔板方法是最常用的一种方法，但它仅用于强润湿系统的驱替过程。油/水多孔板技术适合于含油储层，但是在每个压力条件下毛细管达到平衡需要相当长的时间。离心机法快速且不具破坏性，但是它的数据解释更为复杂而且需要数字模拟。压汞法快速，但它具有破坏性。它能为小到微孔隙级别（小于 $1\mu m$）的孔隙尺寸分布研究提供有价值的信息，但是它不能反映储层岩石—流体系统真实的润湿性特征，因此不能最终给出具有代表性的必要的饱和度值。

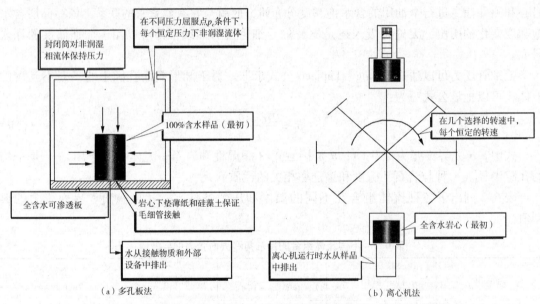

图 6.17　通过多孔板法和离心机法测量毛细管压力曲线（据岩心实验室）

6.3.8.2　毛细管压力曲线的特征

实验室测试结果类似于图 6.18 的形式。为了使非润湿相的侵入流体进入最大的孔隙，试验必须使用超过最低门限的压力（p_{ct}）。随着压力的不断增加，被驱替相流体（D）的饱和度不断降低直至降到一个不可动的润湿相流体饱和度（S_{wirr}）为止。当润湿相遵循曲线（I）被吸回样品内时，根据吸入和驱替两种不同的流体路径和流体分布，可以发现并研究滞后效应。它对于油藏应用是十分重要的，我们可以根据储层有利的毛细管曲线进行岩石物理和油藏工程分析。最初的驱替代表的是烃类聚集，它形成了最初的油藏条件。吸入表示刚开始水侵或者注水，烃类就被驱替或者产出。

高于自由水平面（FWL）越远，则储层含水饱和度越低，当离 FWL 足够远时含水饱和度降到最小，相应的 $p_c=0$。这样的饱和度是不稳定的。通常将过渡带命名为既能产烃又能产水的区域。油和水的压力梯度由它们的密度决定。
FWL 以上地层含水饱和度的分布是毛细管力和重力平衡
的结果：

$$p_c = (\rho_w - \rho_o) \, gH \qquad (6.11)$$

在油田上，p 的单位通常为 psi，H 的单位为 ft，流
体密度单位为 lb/ft^3，式（6.11）变为：

$$p_c = \frac{H \, (\rho_w - \rho_o)}{144} \qquad (6.12)$$

式（6.11）和式（6.12）能将测得的毛细管压力数
据转换为随着高于 FWL 的高度变化的饱和度。过渡带
的范围和厚度以及不可动水的含水饱和度主要受孔隙大
小的分布控制，它也在很大程度上影响和控制着渗透率
（也可参见 7.6.1.1 节内容）。

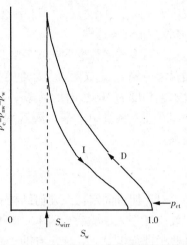

图 6.18　毛细管压力曲线和滞后效应

6.3.8.3　Leverett 的 J 函数

根据具有各向异性的岩石类型，我们有许多实用方法校正毛细管压力。最常用的方法是
基于 Leverett 的 J 函数的方法。Leverett 利用 J 函数将得到的毛细管压力数据（针对强润湿
性）转换为通用曲线：

$$J_{(S_w)} = \frac{p_c}{\sigma} \sqrt{\frac{K}{\phi}} \qquad (6.13)$$

为了调整试验环境以更加吻合于储层条件，后来又加入了接触角（$\cos\theta$）这个术语：

$$J_{(S_w)} = \frac{p_c}{\sigma\cos\theta} \sqrt{\frac{K}{\phi}} \qquad (6.14)$$

J 函数的理论基础是 Kozeny – Carman 关系，他认为多孔介质包含众多的毛细管。将达西
公式运用于多孔介质，再将运用于线性流的 Poisseuille 方程运用于毛细管中就得到式
（6.14）。定义 $\sqrt{K/\phi}$ 为孔隙的几何系数。尽管已经广泛用于流动单元分区和岩石物理的对
比，但它仅仅适用于拥有相近的岩石孔隙尺寸分布和几何形状的类型。这类岩石的孔隙尺寸
和渗透率随着颗粒尺寸的增加而增加。

对于拥有相似孔隙几何形态的一类岩石样品试验测量为构建 J 函数提供了最可靠的手
段。通过对每块岩心栓的毛细管压力的测量能够获得 p_c 与 S_w 的关系。首先把测得的毛细管
压力转换到储层条件，然后用于计算每块样品 J 值。可以作 J 与 S_w 的交会图。对于拥有一
系列形似孔隙尺寸分布的样品，可以将 J 值看作独立的变量进行最小二乘法回归分析。使用
以下的幂方程可以获得最好的相关性：

$$J = AS_w^B \qquad (6.15)$$

如果岩石在有限的孔隙中包含大量的微孔隙，上述公式中的 S_w 应该被换为（$S_w - S_{wirr}$），
其中 S_{wirr} 是含不可流动水的饱和度。当进行地层数据与岩石类型独立相关时通常会获得最好的
结果。如果缺乏相关性，则需要进一步分带。当建立了每种类型岩石的 J 函数以后，就可以用
来预测油田范围内自由水平面（FWL）以上地层的含水饱和度、渗透率和孔隙度。这就需要用
式（6.11）中的高度项形式表示式（6.14）中的 p_c。J 函数中孔隙的几何系数（$\sqrt{K/\phi}$）已经

被广泛应用于对比岩石物理和流体流动特征，包括相对渗透率和残余饱和度。

6.3.9 相对渗透率

相对渗透率概念的出现意味着达西定律涵盖的范围必须扩大到孔隙空间中的多相流体。相对渗透率 K_r 定义为油气水的单相有效渗透率 K_e 与基本或者参考渗透率 K 的比值（例如，含水饱和度为 100% 时的渗透率 K_w）。因此，$K_r = K_e/K$。

在油水系统中，基本渗透率经常使用油 K_o，而其原始含水饱和度为 S_{wi}，则存在以下关系：

$$K_r = \frac{K_e}{K_o\ (S_{wi})} \tag{6.16}$$

对于拥有固定孔隙几何结构和润湿性的特定岩石类型，其相对渗透率取决于饱和度和滞后效应（侵入和驱替）。图 6.19 展示了一系列的实验室相对渗透率的典型数据。通常对于这些图进行半对数处理，有助于刻画其临界饱和点附近的相对渗透率。

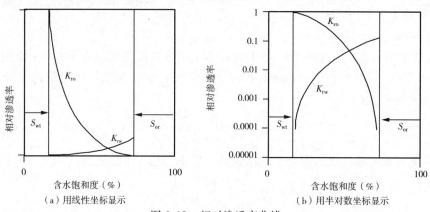

图 6.19　相对渗透率曲线

相对渗透率对于烃类储层内流动流体的所有计算都是基本的数据。这种数据在储层评估和生产作业规划方面用于生产井、注水、流体分布和最终采收率的计算。通过实验室岩心驱替对相对渗透率精确的测量和解释，以及为了模拟将它适当按比例放大到流体单元，对于任何成功的油藏工程研究都是十分重要的（解析的或者数值的）（进一步的讨论见 7.6 和 7.7 节）。

相对渗透率数据受到许多物理参数的影响，它们包括润湿性、岩石结构、流体性质、饱和度历史和流体机制。在测定 K_r 或者残余饱和度的任何实验中，必须在取心、切割、清理、准备和测试中保留所用岩心栓的润湿性。如果没有保存原始的润湿性，必须进行恢复。

为了获得具有代表性的相对渗透率数据，需要在测试中尽可能地复制储层条件。实现这一目标需要使用保存良好的或者密封的岩心样品，没有污染的"活性"实际流体，在储层具有的温度、流体、压力和封闭应力的条件下操作，并且复制储层流体历史和速率。然而在储层条件下测试是复杂而昂贵的。因此，通常将试验简化为人造流体和模拟储层有效压力条件。

6.3.9.1 测试方法

以下因素影响实验室测定的相对渗透率曲线：岩石结构、流体性质、流动过程、润湿性和饱和度历史。我们已经研究了有关速度的影响。低速试验（每天前进几英寸）可以很好地平衡毛细管压力，但会人为引入毛细管末端效应。这个结果对于亲水和中性润湿性系统是有效的。高速数据仅仅对于强润湿性系统有效。对于混合润湿性系统的高速测试，可以降级毛细管末端效应，然而这个原理对于寻找剩余油没有代表性。建议使用储层具有代表性流体的黏度比值。

相对渗透率的测量方法包括稳态、非稳态驱替和离心机技术。稳态法是一种优良的方法，尤其是对于中等渗透率范围，因为边际效应可以忽略不计，而且与黏度不稳定性相关的稳定和速率效应也消除了。两相流体的相对渗透率可以通过达西公式直接计算。然而，稳态技术也有不足：充注时间过长，对于圈闭的潜在影响，大流量可能引起细微的变化。

非稳态测试是对注入该岩心具有最小饱和度的单相流体。驱替试验对于相对渗透率的计算是建立在没有毛细管压力、没有边缘效应和没有非均质的良好驱替基础之上的。因此，这种相对渗透率的准确性在很多地方都是值得怀疑的。

在离心机试验中，将样品放入离心机样品夹持器，并用侵入相（通常是在吸收模型中的地层水）驱替原油。测定产生的烃类数量作为时间的函数。使用标准方法绘制相对渗透率曲线，接下来要做的是运用计算机对流体运动的模拟来对离心机产物进行历史拟合。离心机分离法依赖于稳定的重力，不考虑黏度指数，建议使用它测量剩余油饱和度和刻画末端相对渗透率。

总的说来，对于在中等范围的饱和度使用稳态测量，并且在末端范围使用离心机测量，以建立全的相对渗透率曲线（包括残余油饱和度的特征）。该领域最新的发展趋势包括储层环境测量、实时饱和度监测、岩心尺度的流体模拟和历史拟合。

润湿性控制着流体的饱和度和分布。因此它会影响储层岩石的相对渗透率和毛细管压力特征。图 6.20 显示的是亲水和混合润湿（小的孔隙亲水，但是大的或者内部连通的孔隙亲油）环境下相对渗透率曲线。

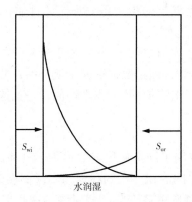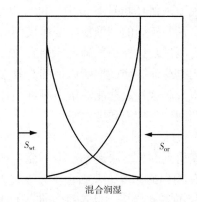

水润湿   混合润湿

图 6.20 润湿性对于相对渗透率的影响

混合润湿系统显示高的自由水和相对较低残余油饱和度。因此，在正确指导实验室的实验过程中，建立起原地润湿性条件是非常重要的，它应该模拟地下真实的条件。我们在实验室进行润湿性研究之前，需要建立起一套有效并且经济的样品制备和测试程序来反映原地的润湿性特征。使用活性储层流体对保存或者恢复了必要润湿性的样品，在严格储层条件下进行驱替可以得到典型的岩石相对渗透率和小范围内的恢复效率，以及外部条件测试方法的有效性。通常认为使用含气原油的陈化过程是恢复储层润湿性最有效的方法。

与相对渗透率相关的另一个重要因素是滞后效应，即相对渗透率值对饱和度历史的相关性。滞后性分为驱替相（吸入和驱替）相关和循环（初次循环和二次循环）相关两种。所以实验室的相对渗透率测量应该遵循与储层相同的饱和度历史。

毛细管压力形成了驱替前缘的扩展和著名的末端效应（或者在岩心末端形成润湿相）。它能影响到通过岩石样品测到的相对渗透率和原油采收率。在大多数的岩心驱替试验中普遍的做法是尽量减小毛细管压力的影响，使得在流动方向上的毛细管压力梯度小于注入压力梯度。但是这样也会带来一些问题，比如细微偏移、地层乳化和瞬时界面效应的失真表现，因此导致错误的相对渗透率和残余饱和度。

对于各向异性和复杂的润湿性、饱和度的样品，或者黏度相对较大的原油来说，由于此时的毛细管压力作用变得明显而使注入地层流体的速度变慢。这就意味着必须使用基于数字模拟的岩心驱替历史拟合来计算毛细管压力的影响。

6.3.9.2 岩心驱替历史拟合

岩心驱替历史拟合方法的基础是替代已知的在多孔隙介质和压力下的相对渗透率关系，并且使用生产历史来获得给定体系（例如，岩心样品）的相对渗透率和毛细管压力曲线。既然数字模型能够算出毛细管压力和重力效应，则它们可以直接进行模拟，因此允许模拟实际流体过程和边界条件。模拟的基础是假定两相流体的毛细管压力与相对渗透率的函数关系。通过生产和压力历史对那些函数中的变量做最初估计。将历史生产数据与输出的岩心试验数据相比较就会发现错误。采用校正算法不断修正函数关系中的参数，直至得到最小平方法误差。这时的相对渗透率曲线与试验数据最吻合。

6.3.9.3 从对比和油田数据获得的相对渗透率

由于测量相对渗透率面临众多的困难，尤其是对于三相流体而言，我们有时利用经验和简单的理论模型来估算相对渗透率，也可以根据储层的生产历史和流体性质推断相对渗透率。常常用有油井控制的二维横向剖面模型进行这种推算。

瞬时压力测试是另外一种确定原始有效渗透率的位场法，它依赖于精确的井下流体测试装置。还能用电缆地层测试推断原地的有效渗透率，但是数据解释是复杂的，并且包含数字模拟和历史拟合。这种数据能够给出测试半径范围内的油藏体积平均值，并且这种测试仅仅能反映测试期间产生的饱和度水平。

6.3.9.4 相对渗透率误差

从实验室得到的相对渗透率数据不能直接应用于网格块尺度的模拟。其原因有两方面：（1）实验室使用到的黏度—毛细管压力—重力之间的相互比例和现场实际储层的条件不同；（2）烃类储层的各向异性，且这种各向异性呈函数关系变化。相对渗透率误差的概念最初来自于模拟过程中对于数字偏移的控制，后来扩展到对于从岩心栓到网格块尺度的相对渗透率曲线的标定。现在已经出现了大量的误差函数（静态的和动态的）。然而，它们的有效使用还需要高精度的储层描述和涵盖大家感兴趣的主要岩石类型的可靠实验室分析数据。小网格模拟模型用于改进误差函数，以便用于描述多相流体（参见 7.7 节）。

6.3.10 电学性质

Archie 指出，饱含水岩石样品的电阻率 R_o 与其地层水的电阻率 R_w 呈线性关系。他把这个比例常数称为地层系数 F。使用来自海湾沿岸地区具有 10% ~ 40% 孔隙度和典型矿化度为 20 ~ 100g/L 的 NaCl 型地层水的砂岩样品，Archie 建立了地层系数与孔隙度 ϕ 的关系：

$$F = \frac{R_o}{R_w} = \frac{1}{\phi^m} \qquad (6.17)$$

式中，R_o 是岩石电阻率，它饱含电阻率为 R_w 的地层水；m 是胶结指数，为传统常量，使用 F 与 ϕ 的双对数图与拟合通过数据和对数原点（1, 1）的直线获得指数 m，得到的斜率值大约是 2。

能够使用广义化的 Archie 公式以便更接近实验数据：

$$F = \frac{a}{\phi^m} \qquad (6.18)$$

式中，a 值范围为 0.62 ~ 3.7；m 值范围为 1.1 ~ 2.4。这些值取决于岩石类型。

油和气不是导体，所以当孔隙中的部分地层水被油或气驱替时，地层的电阻率就会上升。因此，对于部分饱和的含油气岩石，Archie 提出了第二个系数，后来被称为电阻率指数（I_R）。根据文献中报道的试验数据，Archie 提出了以下关系：

$$I_R = \frac{R_t}{R_o} = \frac{R_t}{F R_w} = \frac{1}{S_w^n} \qquad (6.19)$$

式中，R_t 是被地层水和油部分饱和的电阻率；R_o 是饱含水岩石样品的电阻率；n 是饱和度指数，最初被公认的 n 值在 2 左右，在后来的报告中这个值最低达到 0.74，最高达到 10（人造的强亲油系统）。

综合上面两个公式，得到下面的饱和度公式：

$$S_w^n = \frac{R_w a}{R_t \phi^m} \qquad (6.20)$$

通常 a 和 m 由实验室的岩心数据得到，但是有时仅仅电缆测井和局部经验是有效的。只能根据特定岩心分析精确地确定饱和度指数 n。能够从测井（例如，水基钻井液中的自然电阻率测井）、交会图技术，或者对水样适当的分析中得到地层水电阻率 R_w，根据与压实相关的中子、密度和声波测井的数据综合得到 ϕ。

Archie 关系假定在双对数尺度上，孔隙度与地层系数，以及含水饱和度与电阻率指数间存在线性关系，也就是说，在给定孔隙介质和含流体后 m 值和 n 值是常量。它还假定只有水相能有助于电的传导。然而，试验证据表明：与饱和度曲线比较，双对数电阻率指数有时无论是在亲油还是亲水岩石中，其斜率都会改变。这种非线性是由于多种原因引起的：润湿性、黏土过剩电导率、表面的凹凸不平和微孔隙以及多种孔隙尺寸分布。

对于页岩储层，Archie 公式就不再适合。这是因为在泥质砂岩中存在双电层，它为电流的传导提供了第二个渠道。黏土过剩电导率的效应取决于岩石中盐水电阻率和类型以及黏土含量和分布情况。已经建立了泥质砂岩模型（例如，印度尼西亚的 Waxman – Smits 和 Dual – Water）用于泥质砂岩分析。图 6.21 简单展示了泥质砂岩含水地层传导率 C_o 是地层水传导率 C_w 的函数（实线的曲线趋势），而纯砂岩（无黏土）为直的虚线。从测量复杂矿化度 C_o 与 C_w 的试验中推导出每个单位孔隙体积 Q_v 具有的阳离子交换能力（CEC），这是一个费时的过程。通常，用电导滴定法（即湿法化学）测量的 CEC 推导出 Q_v 值。由于在测量过程中

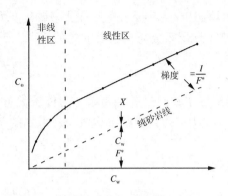

图 6.21　泥质砂岩含水地层传导率与地层
水传导率的关系曲线

F^*—地层系数

需要对样品进行洗刷，这会改变黏土的形态和分布，所以这种湿法化学方法并不适合于对 Q_v 的准确测量。

在实验室中最常用的测定 Archie 饱和度指数的方法是使用空气和盐水作为流体的多孔板半渗透均衡法。这个试验应该在模拟现场环境的实际压力下进行。然而用空气驱替盐水的试验仅仅代表驱替的过程。对于没有强亲水性的油藏进行油/水试验很有必要。另外，由于涉及滞后效应，在进行过水驱油的储层区域进行以测量电阻率指数随饱和度变化关系为目的的吸入性试验（就是水驱油）很有必要。

用极低流量连续注入的方法使得测量电阻率与饱和度关系的试验进程加快到 2~3 周。然而，值得注意的是，持续注入技术可能导致岩心样品内部饱和度分布不均，这将给试验带来人为干扰。最近，像 NMR 和 X 射线的 CT 扫描技术已经运用于电阻率测量以及对于样品内部饱和度分布规律的监测，这样可以确保测试的质量。

6.4　裸眼井测井

岩石物理研究中的数据采集从根本上可以分为随钻测井、钻井完成到投入生产之前（裸眼井测井）和完井后投入生产（套管井测井）三部分。一个基本的裸眼井测井过程包括识别岩性的伽马射线，针对饱和度的电阻率测试，识别孔隙度和岩性的中子、密度测井，用于解释孔隙度的声波测井，相应的地震勘探和渗透率预测。井眼直径也需要测量。更进一步的测井程序包括：储层压力检测和采集流体样品；以某些形式提供地质信息的成像工具；可能使用核磁共振工具提供渗透率和流体流动性的预测。

从工具所能测试的深度来看，所有测井手段检测到的仅仅是储层的一小部分。井眼环境的示意图如图 6.22 所示。

6.4.1　伽马射线

任何一种测井程序，无论是下套管井眼、裸眼还是随钻测井（LWD）都离不开伽马射线测井工具。所有地层都会释放出一定强度的自然伽马射线。射线的强度取决于地层的沉积环境和沉积之后的成岩作用。由于形成页岩的有机物质中含有较高浓度的钾、钍和铀，所以页岩（泥岩）拥有较高强度的伽马射线，然而，在夹有薄层页岩的地层中能够在其断层内富集较高浓度（水的溶解作用）的铀。

一般使用两类伽马射线工具：一种能够测量岩石总的伽马射线活动；另一种能够根据射线能量的强度区分钾、钍和铀。工程地质学家们（地质学家、岩石物理学家、地球物理学家、完井工程人员和钻井工程人员）经常用这一工具识别岩性、评估储层中的泥质含量和对井进行分类。泥页岩或者黏土矿物的存在会降低储层的有效孔隙度和渗透率，因此储层泥质含量将会直接反映流体环境。

6.4.2　电阻率

对地层电阻率的测量是测井程序中的基本任务。因为对电阻率的测量是储层烃类饱和度

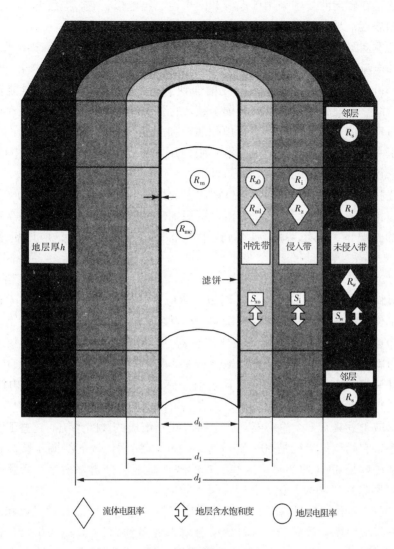

图 6.22　井眼环境示意图

有决定意义的许多解释工作的基础。正是因为这项测量的重大意义，我们做了很多的工作来获取更好、更精确和更真实的地层电阻率。用于地层电阻率测量的技术可以分为两个范畴：侧向测井工具类型，用于高电阻率地层或者导电钻井液（饱和盐类）；电感应装置，适用于中等到较低的电阻率或者非导电钻井液（油基钻井液或者淡水钻井液）。

6.4.2.1　侧向测井

如果将一个电源置入井眼中，在稍远一点的地方放置电极探测器，那么就能在电源与电极之间得到一个复合电阻。在没有干扰的情况下，测量的电流将会沿最小电阻路径通过。我们测量包括井眼和侵入带的电阻率，如果电流路径足够深也将包括真实地层电阻率。要将地层的电阻率从它们中间区分出来是非常困难的，然而通过聚焦或者强迫电流进入地层可以减小井眼和环境的影响，并将会更好地反映真实地层的电阻率。

传统方法是在侧向测井中采用单电源和两个检测器电极，它们与强迫电流进入地层的可变聚集电极相连接，从测量结果直接获得电阻率。

新一代的侧向测井工具采用单电源，但是具有离电源不同距离的多个电极组成的复合感应器。注入的电流和电压也能测量到，不同的感应器测得的电压不同。由于有更好的薄层分辨率（12~18in，0.3~0.5m），测量深度增加到120in（直径），通过测量能得到一系列的综合电阻率曲线。这些也能通过反演和模拟技术得到。这一代工具提供了更精确的地层分辨率、更好的可动流体预测，并且提高了预测薄层和深度侵入储层的能力。附图9列出的是一种侧向测井工具测得的结果。这个工具沿井眼使用了12个电极提供分段式的电阻率。这些结果可以用来识别类似断层的地层非均质性。

与前几代相比，新工具具有的优越性取决于储层和测井环境。新技术的主要优点是能针对小于3ft（大约1m）的生产层或在高侵入层识别出薄层真实的电阻率。在生产层较厚或者侵入不明显的情况下，操作费用高的新技术不能显示它的优越性，应该更多地使用传统方法。

6.4.2.2 感应

感应工具使用的原理与基本转换器相似。感应工具通过向一个线圈组（放射线圈）提供交流电来工作。在放射线圈周围的地层会产生次级电流（涡流电流）。这个涡流电流与地层电导率（电阻率的倒数）成比例。在离传感器一定距离的地方放置一个接收线圈，测量到的涡流电流就能反映地层的电导率。遗憾的是，接收的信号不仅受到地层传导率的影响，还会受到钻井液和侵入带性质的影响。这也就是感应工具在低电导率（高电阻率）钻井液环境下会工作得更好的原因，因为它们对测量信号的影响最小。

早期的感应工具具有1个感应器和6个接收线圈组成的线圈系统。这些工具能测量中等深度的电阻率，它的测量半径是60~80in（2~3m）。使用传统的线圈步长，这些工具能分辨的最小地层厚度是8ft（约2m）。这些工具的缺点是地层分辨率很差，而且受地层环境因素（称为围岩影响）影响大，比如井眼和侵入效应。

在20世纪80年代中期出现了相量型的感应工具，它引入了非线性反褶积的方法对测井进行实时校正以应对围岩效应，并且将地层分辨率提高到2ft（大约0.6m）。这些工具使用了多重接收/传感系统，有些在不同的频率下使用，因此提供了更好的垂向分辨率，有时能达到1ft（0.3m），薄层自动识别和抗井眼效应。这些新工具的主要优点是能够提供多重深度的测量［一般是5~6条曲线，范围为10~90in（0.25~2.3m）］。多深度测量能为识别侵入带提供丰富的信息。尽管对它的影响要小于老一代的设备，这个工具仍然受到不规则井眼的影响。附图8中列出的是现代感应测井的例子，能见到更为精确的侵入带地层电阻率。图中数值也反映了该技术可能达到的地层分辨率。

这些工具的主要缺点是费用过高。为了开发新技术，服务公司需要提供额外的费用，这在薄储层地区通常是划算的。然而在具有稳定侵入带的厚地层区域，使用这些工具获得的效益不够额外的支出。

6.4.2.3 微电阻率

微电阻率工具是极板型下井仪，它紧贴井壁测量侵入带电阻率的变化。大多数的测井工具利用与侧向测井相似的原理。这些工具的典型垂向分辨率是1~4in（2.54~10.1cm），测量深度通常大约是 4in（10.1cm）。

来自于 Baker Atlas 公司的薄层电阻率测试工具有望能达到 2in 的垂向分辨率和 13～21in（33～53cm）的探测深度。这种极板型下井仪的操作方法与感应装置有些相似，在地层中释放电流并测量响应。这种工具主要应用于薄层状砂—页岩储层。

6.4.3　孔隙度/岩性

6.4.3.1　密度测井

密度测量工具长期以来就是进行孔隙度和岩性解释的基础。它是一种稳定的基础性工具，在过去的 30 年中只出现过很少的更新。这种工具是极板式仪器，它在离两个探测器一定距离的地方放置放射源。放射源释放出高能的伽马射线进入地层。当这些伽马射线与地层电子反应时，它们会扩散、减速并最终被吸收。地层的密度越高，伽马射线被吸收得越快。测井工具就是对散射并返回到探测器的伽马射线予以分析。把最终探测到的伽马射线强度按比例换算为地层密度，这与孔隙度直接相关（参见 6.9.2 节）。

由于在同一块极板上放置两个探测器，井眼和滤饼效应被消除。靠近放射源的探测器受不规则井眼和滤饼效应的影响较大，并且可以用它来校正稍远一点的探测器。新一代的密度测量工具不仅记录强度，还可测量漫反射回来的伽马射线的能谱。这一增加的功能能检测地层的光电吸收，该参数能用于岩性的识别。

这一工具主要用于孔隙度和岩性的一体化解释。密度与中子测量工具的联合使用能很好地识别含气储层。密度工具测量的缺点之一是在套管井眼中使用效果不佳。

6.4.3.2　中子测井

补偿中子测井工具是对密度工具在识别烃类型（气）、孔隙度和岩性时的补充。尽管更多的现代工具使用中子源获得高能中子，但是这些工具一般使用低放射性的中子源（典型的镅铍中子源）。两种工具的操作原理是相似的。当中子与地层中的核子反应或者碰撞时，它们就会失去能量。最终中子会因为能量过低而被核子捕获，由此释放出伽马射线。中子工具才能检测到捕获的伽马射线。能量损失的多少取决于地层核子的相对大小，并且当核子与遇到的中子大小相当时能量损失最大。由于氢核子与中子的大小相当，所以它是中子的主要捕获元素。因此，有时也把中子测量工具作为地层中的氢指数检测手段。

中子测量工具使用两个检测器可消除任何井眼的影响，通过两者检测到的伽马射线的比例可以预测烃类的体积，进一步得出地层孔隙度。遗憾的是，烃类体积和地层孔隙度的关系还依赖于岩性。为了得到精确的岩性分析，还需要密度或者中子测量工具以外的信息。

中子测量工具能够测量某个地层横截面所捕获的中子数量（中子俘获截面），可以利用这个信息得出烃类饱和度和电阻率（细节参见 6.7.3.1 节）。利用综合氢指数和中子俘获截面信息可以提高孔隙度测量的精度，它只受到井眼环境和诸如岩性、矿化度等地层环境的轻微影响。使用 5 个监测器可以提供孔隙度测量、气体检测、泥岩检测和提高垂向分辨率以及抗井眼干扰。

中子和密度测量工具经常在地层中联合使用。工具与结果的融合提高了对岩性和孔隙度的预测精度。由于气体的氢指数远小于液体的氢指数，所以这是一种识别含气储层的好方法。对气体储层的密度检测和中子检测得到的结果是相反的。由于中子测量工具能在套管井中工作，因此它对于监测油—气界面和获得生产后期孔隙度信息是非常有效的手段。

6.4.4　声波

声波测井工具从最初指示孔隙度的简单接发装置到现今已经发生了翻天覆地的变化。最新一代的工具拥有不同步长传输系统以及方向性接收和传输功能。声波工具已经从最初在致密地区简单指示孔隙度发展成为预测力学性质、地球物理应用和识别渗透率/天然裂缝。

6.4.4.1　工具原理

可以把岩石中的波动分为几种类型，包括压缩波和剪切波。压缩波也称为 P 波，当岩石受到锤子撞击时以拉张和压缩的方式传播。在压缩波传播时岩石质点运动方向相同。剪切波也称为 S 波，如果岩石受到侧向的敲击，剪切波会横向运动，岩石颗粒的运动与波的传播方向垂直。

波在地层中的传播速度受到岩石力学性质的控制。流体类型、孔隙度和岩石颗粒构成以及颗粒间的胶结程度都影响着波在岩石中的传播速度。波在胶结疏松的软岩石中传播的时间要比在致密的硬岩石中长。

（1）单极声波工具。单极声波工具利用无定向传输在井眼流体中产生 P 波脉冲。该脉冲通过井眼流体传播到达地层。一部分波留在液体柱中，另一部分在地层中产生 P 波和 S 波。P 波和 S 波在地层中传播时，能在井眼流体中产生所谓的"首波"，部分首波能被监测器感应到。

如果波在井眼中的传播（来自于地层中的压缩波和剪切波）速度比它在钻井液柱中的速度快时就会产生首波。压缩波总会在井眼中产生首波。然而，在固结不好的疏松岩石中，剪切波的速度往往要比流体波慢，因此阻止了井眼中剪切首波的产生。结果是在这类地层中不可能测量剪切波。

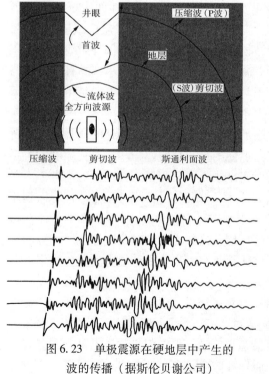

图 6.23　单极震源在硬地层中产生的波的传播（据斯伦贝谢公司）

首波之后出现的是导向井眼波和斯通利面波。导向井眼波是基准波在井眼内回响的反射，而斯通利面波是沿着井壁传播的面波，它要比流体波速度慢很多。这些波的速度依赖于基准波的频率。单极震源产生压缩波和剪切波的示意图如图 6.23 所示。

（2）偶极声波测量工具。与单极声波测量工具无定向的传输/接收不同的是，偶极声波测量工具使用了定向震源和检波器。这些震源就像活塞一样运动，产生一个垂向的压力波传向井眼。这些波通过使井眼壁轻微变形而在地层中产生剪切波和压缩波。这些波直接向地层扩散，附加的剪切波/挠曲波沿着井壁传播。检波器检测到的正是这些剪切波/挠曲波在井眼流体中产生的压力波。偶极震源产生的波形示意图如图 6.24 所示。

新一代工具使用两套传感器：一套是全方向单极传感器，它用两个频率工作，低频产生斯通利面波，高频产生 P 波和 S 波；另一套两个方向上的偶极传感器，使用低频测量剪切波。有间距为 6in（15.25cm）的 8 个检波器，每个测点有一对检波器，每个测点包括一对检测器，每个检波器都定向对应于特定的传感器。检波器输出的数值要减去定向或者方向参数，并且将其累加得到单极或者非定向结果。

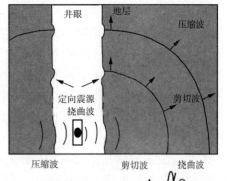

6.4.4.2 应用

（1）力学性质。由于岩石的力学性质部分决定了声波的传播时间，所以利用这项技术可推导出与地层强度有关的参数，即地层的泊松比、剪切模量、杨氏模量、体积模量和体积可压缩性等参数。通过这些参数，可估算井眼稳定性、射孔稳定性和水头，以及进行砂岩分析。

由于可以区分不同岩石类型的力学性质，因此综合利用剪切波和压缩波数据可以区分岩性。主要的分析技术是用 P 波和 S 波的速度比值除以压缩波的传播时间就得到弹性比。由于岩石的力

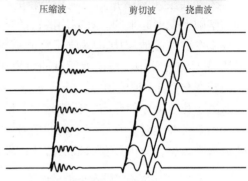

图 6.24　偶极震源在软地层中产生的波的传播示意图（据斯伦贝谢公司）

学性质还包括了所含流体的特征，还可以用这个工具测得的结果判断有效孔隙度，以及进行气体检测、天然裂缝识别和渗透率预测。

（2）孔隙度。声波中的压缩波沿着地层颗粒间连通孔隙传播。因此，声波工具反映粒间孔隙，而不是次生孔隙。例如，中子测井和密度测井等测量工具反映的是总孔隙度，不论孔隙连通与否都计算在内。一旦用岩心孔隙度标定声波工具，则测量结果就为纯地层的连通孔隙度的测量提供了可靠的方法。声波工具的主要优点之一是无需用贴井壁的极板式测量，因此可以给出不规则井眼的孔隙度估算值。

然而，声波中 P 波的旅行时间受到页岩的严重影响。由于页岩的层状特性，当 P 波穿过它们时速度会大大降低。因此，不仅需要用岩心孔隙度校正获得的数据，还要进行地层页岩校正。通过校正，这种测量能给出准确的有效孔隙度。

两种广泛应用的解释技术（Wyllie 平均时间和 Raymer – Hunt – Gardner）都需要进行校正，最好用岩心导出的孔隙度。一旦经过校正，声波测量就能提供有用的内部连通孔隙的孔隙度，尤其是在不规则井眼环境下，这时紧贴井壁的极板式测量已经不能提供真实的数据。

（3）天然裂缝。有时利用单极斯通利面波也能识别出天然裂缝。当斯通利面波遇到井眼内的开启裂缝时，一部分能量就会反射回到井眼中。反射程度取决于裂缝的阻抗差，它与裂缝系统的开启程度有关。

（4）渗透率。在某些储层中可以根据斯通利面波的速度和能级来预测渗透层，主要是通过其速度和能级的衰减。遗憾的是，斯通利面波也受到井眼尺寸、滤饼、地层和工具特征的影响。这项技术需要经过岩心校正才有效。

更为先进的工具具备了定向校正的功能，可以识别地层的非均质性。将非均质性（单极）结果与地层的其他输出信息结合能够得到裂缝与流体流动通道之间的关系。

（5）地球物理应用。泊松比是反映储层岩石力学性质的主要指标之一，但是一些含气的高孔隙度砂岩具有异常低的泊松比。因此能够应用泊松比进行地震勘探数据解释，识别由气体引起的振幅异常。现场数据表明，含气储层的泊松比与围岩的泊松比存在很大的差异。这种差异能够在地震勘探数据的振幅随炮间距的变化期间产生异常。

6.4.5 核磁共振

核磁共振（NMR）是一项相当新的技术，它是在与医学上使用的 NMR 具有相同基本原理的基础上发展起来的。其应用的目的是获得储层岩石和所含流体的物理性质相关信息。这项技术主要关注地层中的氢质子。能够把氢质子描述成陀螺，全部点都在不同的方向上。NMR 工具首先利用磁场使得所有的氢质子向同一个方向运动，然后利用电磁波使得它们的方向转变 90°。关掉电磁波，让质子释放或者旋转并返回到最初的方向上去。这个释放的时间取决于孔隙大小的分布。孔隙越大，质子释放所需的时间越长，当孔隙很小时释放就会很快。当质子释放时，它能产生弱的信号，且可被天线检测到（图 6.25）。重复使用电磁波并叠加最终数据，就可以获取地层流体比较可信的释放时间。

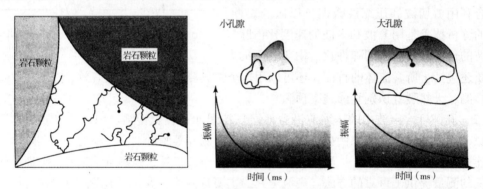

图 6.25 NMR 在不同大小孔隙中的反应（据斯伦贝谢公司）

NMR 的应用范围可以归纳为以下几个方面：

（1）不依赖岩性确定孔隙度。这在泥质砂岩层序中是关键的，而用传统的测井方法很难测定泥质砂岩的有效孔隙度。

（2）鉴定非可动水的比例。用传统测井方法得到的含黏土与粉砂岩的储层的含水饱和度偏高，在很多情况下，这些水被束缚在细粒结构中，并且是不可动的。在这些条件下，尽管用常规方法确定的储层含水饱和度较高，但是仍然能够产出无水原油。

（3）孔隙尺寸分布。由于 NMR 工具能反映所有氢质子的释放时间，所以可以通过 NMR 参数识别孔隙尺寸的分布状况。

（4）估算渗透率。在地层中渗透率是孔喉大小和分布的函数，可以估算出储层的渗透率。

（5）根据孔隙度和岩性，可以预测出重油的黏度，至少是半定量化的。

目前市场上有两种商业工具是基于此项技术：一种是斯伦贝谢公司的可组合的核磁共振测井仪（CMR）；另一种是哈里伯顿公司的核磁共振成像测井仪（MRIL）。CMR 使用底座安装的合适传感器，而 MRIL 使用封装在芯轴内的固定磁铁。每项技术都有优缺点，这要视需求而定。这些工具大多数在钻井液中工作，通常是高盐度的水基钻井液。尽管这项技术展现出良好的前景，但它仍然是相对新的技术，对于大多数的公司来说，它还没有走上常规的轨道，除非它能带来额外的回报。

6.4.6 成像测井

数据传输速度的加快使得井眼成像技术也得到了长足的发展。测井获取的图像传递的是有关地层或者构造信息以及对于薄层的分辨。提供井眼成像测井的两项技术是基于岩石的电性或声学性质。在清水和空气钻井井眼中可以使用电视成像技术，但是不能应用于饱含钻井液的井眼中。

6.4.6.1 电像测井

电像测井，诸如斯伦贝谢公司的地层微成像测井（FMI）或者哈里伯顿公司的电子微成像（EMI），都是装有 4~6 个极板和 1 个附加"插板"的极板型工具。每个极板上都安装有微型电极以记录小尺度［大约 0.25in（0.635cm）］的电导率变化。合并单独极板的结果可能得出井壁的电导率成像。这一工具是从使用 4 个极板的地层倾角测井仪演化而来的，其中每个极板仅有两个微型电极以提供有关构造的信息。遗憾的是，这项技术只适用于传导性钻井液，对于油基钻井液无效。目前唯一可以在油基钻井液中获取构造信息的技术是利用刀片切透非导电性滤饼探测到地层。由于极板接触井壁有限，这种方法测得的数据质量很差。

6.4.6.2 声波成像测井

Baker Atlas 公司的井周成像测井仪（CBIL），哈里伯顿公司的井周声波扫描测井仪（CAST）和斯伦贝谢公司的超声波井眼成像仪（UBI）都是使用可转动的高分辨率传感器激发和接收超声波脉冲。反射波的振幅和旅行时间都被记录下来。通过对这些结果的分析可能获得反映井眼形状和声学特征的高分辨率图像。这种工具能在所有类型的钻井液中工作。

Baker Atlas 公司的同步声波—电阻率成像测井仪（STAR）利用了这两项技术。井周成像测井仪与拥有 6 个极板且每个极板包含 12 个电极的电阻率成像工具相结合。由于能同时获得声学和电导率成像，因此可获得二者的优点。

6.4.6.3 应用

这些技术的应用影响到所有的地下学科。

（1）构造信息：电导率成像能最好地分辨出地层倾角和方向。

（2）地层信息：电导率和声波井眼成像能提供沉积和成岩信息。

（3）裂缝：每一种成像都能很容易地识别出开启裂缝。但是受到这种工具分辨率的限制，确定一个开启裂缝的大小是非常困难的。

（4）薄层分析：由于提供小规模的井身成像就可能识别出其他传统测井工具所忽略的薄层。

6.5 随钻测井

6.5.1 背景知识

从岩石物理角度上讲，测井的定义是在钻井结束后通过电缆采集的地层数据。我们可以通过随钻测井（LWD）技术在井的钻进过程中获得一些数据。这些测井设备放置在钻铤靠近钻头的地方。这样的测井方式加上一些公司提供的通径规，可以获得大部分主要的有线测

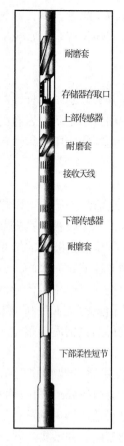

耐磨套

存储器存取口
上部传感器

耐磨套

接收天线

下部传感器

耐磨套

下部柔性短节

图 6.26　典型的 LWD 钻具
组合（据 Baker Atlas 公司）

井工具能得到的信息，即伽马射线、地层电阻率、地层密度、中子测量和声波速度。通过随钻测井（MWD）设备能得到有关钻进方向等信息。LWD 的发展解决了很多难题，大到制造能经受钻井设备振荡和冲击的坚固工具，小到为工具提供动力和数据的传输。将装置直接置入钻铤中解决了第一个制造坚固工具的问题。电子部分安装在钻铤厚壁之内，有的感应设备安装在钻铤外部的减振器上。典型的 LWD 工具如图 6.26 所示。

可以通过一两种方法解决工具动能的供应问题。要么在测井工具附近放置电池，要么将涡轮发电机和测井工具一同下入井下。两种系统都各有其优缺点。有时，在我们需要连续数据时电池的电能耗尽，需要中途更换，发生这种情况时需要进行昂贵的起下钻作业。井眼发电机或者涡轮发电机在钻井泵运行时会工作得很好，但是当起下钻钻井泵关闭时就无法获得数据。当得到需要的数据以后，接下来的问题是如何在没有电缆的情况下将它传输到地表。所有数据的传输都通过钻井液柱来完成。我们在钻井液柱中形成一定形式的脉冲，无论是正的还是负的，然后通过放置在流体中的传感器来接收。由于通过钻井液脉冲传输数据还存在一定的技术难题，所以得到的数据质量比电缆传输的差。结果就造成我们所需要的 LWD 数据不能全部实时传输；还可以将数据存储在测井工具中，当钻具取出时再下载。这就导致 LWD 数据的两个变化：实时数据的采样频率要小，且未必能够获取好的我们所需的所有数据；而存储在测井工具中的数据包含所有可利用的测井信息，但是只有等到起钻时才能读取。

LWD 和有线测井在数据取样方法上有所差别。有线测井是依照深度取样，典型的是每 6in（15.25cm）取一个样品。而 LWD 的取样是以每分钟或者 5min 为间隔进行的。通常在工具下井之前就设定好取样率，它取决于操作费用和计划的钻井速度。如果钻进速度很慢，就要设定较低的取样率，否则存储器就会爆满而需要中途刷新。当钻井速度很快时就要提高取样率，以保证有足够的数据进行充分的解释。

6.5.2　与时间相关因素的测量

LWD 测量中的一个人为因素就是时间相关因素。当井钻完后，有线测量对于某一井段通常只测量一次。然而，在 LWD 中，当起下钻时会对同一井段测量多次。在钻进初期，如果工具放置在靠近钻头的地方，地层暴露在钻井液中的时间有限，且钻井液侵入也最少。因此，能假定任何测量近似于侵入前或者是原始地层。然而，随着滤液浸泡时间的增加，随后进行的任何测量将得到不同的侵入带剖面。在起下钻或者通井期间，会记录随后的或侵入后的测量结果。这种侵入效应在密度和电阻率的测量中最明显。

在起下钻时，能看到时间推移测井的效应。当钻进停止时，位于测井传感器和钻头之间的井段就不会被记录直到恢复钻进，由于这一井段在停钻时侵入钻井液，使得它在测井曲线上有所差异。

6.5.3 水平井

LWD 的最广泛应用是在高角度斜井和水平井中。由于能随钻获取岩石物理参数，它能实时改变钻井方向而达到最优化的钻进方案。这种能力称为地质导向。

然而，对水平井的 LWD 结果进行解释却存在独特的难题。这不仅限于水平井段。在钻斜井和水平井时，钻头之后会直接接上弯头和井下动力钻具。通过钻铤的滑动或者旋转来改变井眼轨迹。在滑动模式下，钻井管柱并不旋转，而是通过井下动力钻具带动钻头转动而钻进。在这个模式下的井眼轨迹会根据弯头的位置而发生改变。旋转正如其名称的含义一样，它是指包括弯头在内的整个钻柱的旋转。在旋转钻井期间，井眼轨迹或保持相同角度，或根据地层倾角度发生改变。

当滑动时，我们在解释 LWD 测得的密度和中子数据时存在一些问题。在这个模式下，LWD 工具保持与井眼轨迹相同的角度（方位角）。根据这些工具方位，我们知道一些测井传感器的方向是朝上的，因此，受到传感器与地层之间间隙或接触不良的严重影响。因此在滑动造斜的这一井段中测得的密度和中子数据都是无效的。如果需要对测得的密度和中子数据进行校正，有一种方法就是在起下钻时再次测量或者使用电缆测量（钻井后测量）。电缆或者起下钻测量可以让传感器归位而获取到有效的数据。然而，由于测量时间的关系，此时测得的密度结果会受到钻井液侵入的影响。

当旋转时，LWD 的所有传感器会暴露在井眼的全部方位，并且在有些点传感器会贴近地层。有些公司采用最小误差法，有的采用方位角记录法，测井公司想到很多办法让密度传感器和中子传感器接触地层，这样测得的结果是最准确的。这里的每种方法都提供理论上的精确结果。

另一种高角度井的测井方法是钻井管柱辅助测井法。在这种技术中使用钻井管柱将标准的电缆测井工具下入井中。这种测井工具使用新型测井电缆与地面设备连接。

6.5.4 随钻测井（LWD）工具

除了电阻率测井装置以外，LWD 工具与传统的有线测井工具是相似的。虽然对于 LWD 工具要注意识别侵入流体，但是这两种工具获得的数据都可以使用同一解释技术。

6.5.4.1 伽马射线

这种工具的工作方法和作用与有线设备大体相同：判断泥质含量，识别储层和地层界面以及进行井间对比。有些服务公司还提供方位角伽马射线曲线，它能提供在井眼顶部、侧面和底部的相关伽马数据。这些测量在井筒接近或穿过地层界面时有用。

6.5.4.2 电阻率

用于有线电阻率测量的标准侧向测井和感应测井设备在 LWD 工具中并不适用，因为它们需要将工具放入固体的金属管中。在像有线设备一样的频率下作业，金属套管对测量结果很有影响。为了克服这种限制，LWD 工具需要在一个高得多的频率（1～4MHz）下作业。电磁波就是以这样的频率在地层中传播，根据检测到这些波的相移和衰减求出地层电阻率。在电阻率测量中，与波的衰减比较，相移具有更好的垂向分辨率，并能在更大的范围内准确地反映地层的电阻率。这些测量的准确性和探测深度取决于地层电阻率、钻井液电阻率和侵入效应。多数的服务公司提供多深度的测量以校正侵入影响。这些工具能在从传导性到油基范围内的多种类型钻井液中作业。

LWD 电阻率工具测量范围比裸眼测井的略低，根据钻井液，最大的电阻率达到 $100\Omega \cdot m$。

所有电阻率测井都受到地层倾角的影响，当地层倾角增加时，传输工具解释薄层的能力减弱，这是由于较大的地层边界效应所致。计算机模拟和反演技术能够解决这些问题，因此能提高薄层的解释精度。

6.5.4.3 钻头处电阻率（RAB）

钻头处电阻率成像是一种既能存储反映微电阻率变化的图像，又能实时测量电阻率变化的工具。实时测量是将钻头作为一个电极，返回电极在测量工具本身上。由于钻头离工具很远，所以钻头得到的是典型的深部电阻率曲线，但是分辨率很差。利用这种曲线区分地层边界的能力取决于钻头与工具的距离，它们的距离越远分辨率越差。主要的应用是识别钻头处的地层变化边界（大尺度）。

电阻率成像是依靠钻头后面呈环状分布的 3 个微型电极。当钻头转动时能记录下地层电阻率的变化，并具备良好的薄层分辨率。由于属于侧向测井类型，它能应用于传导性钻井液和高电阻率地层。微电极测量的精确性和分辨率取决于井眼环境、地层电阻率和钻井液的导电性（图 6.27）。遗憾的是，由于数据容量的限制，RAB 微电极数据不能实时获取，只能在起钻时下载。

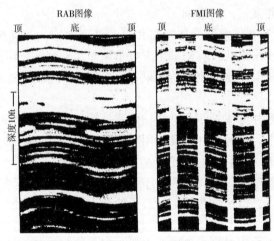

图 6.27 钻头处电阻率地层微扫描成像测井的例子（据斯伦贝谢公司）

6.5.4.4 密度

LWD 密度测量工具与有线测量工具相似，有一个放射源和两个传感器。这些地层密度、光电效应（PEF）和井眼不规则反映都与有线测量相似。将它与有线测量得到的结果比较，很大程度上可以反映由于测量空间流体密度的差异带来的影响，即钻井液滤液与地层流体。

对于 LWD 密度工具的其他争议之一是有关它的放射源和传感器的组合。通常的做法是将一个传感器安装在钻铤扶正器上。这样传感器与地层更接近，且将侧面效应降到最低，尤其是当工具向下运行时。然而，在有些情况下不适合在钻柱中安装扶正器。这样工具就可以自由活动，并在导向设备的指引下进入井口。在这种情况下，无论工具在哪儿都会产生侧面效应，并导致解释上的问题。

尽管 LWD 工具能精确测量地层密度，但是将结果转换为有意义的孔隙度却是困难的。

正如前面讨论的那样，对于孔隙流体类型的准确判别是得到准确孔隙度的关键。在有线测量中，流体是钻井液和钻井液滤液以及原始地层流体的混合物。对于 LWD 可能有所不同，主要取决于原始地层流体和暴露时间。通常，当解释 LWD 密度结果时，如果暴露时间很短（钻头钻开地层不久），则应该把工具测得的流体密度看作原始地层流体。但是在另外一种情况下，如果钻开地层之后或者浸泡一定时间之后，测得的孔隙流体密度应该是地层原始流体与钻井液滤液的混合。然而，相关文献指出，在这种情况下应该注意含气层，它随着时间的增加侵入变少。这是因为原始地层流体会在钻头处的钻井液初滤失之后重新占据侵入带，并且气体和钻井液滤液的垂向运移也会形成非对称的侵入空间。

6.5.4.5 中子

中子工具与 LWD 密度工具拥有相似的结构，都是内置的放射源和安装在扶正器或者钻铤上的感应器。它与有线装置的应用和解释都是相似的。

6.5.4.6 声波

有些服务公司提供 LWD 声波工具。典型的设计是单极发射、多极接收。这种设计与更早期的有线声波测井装置相近：发射器产生一个脉冲通过钻井液进入地层。由于压缩波在地层中的传播速度最快，这种最快的波会在井眼流体中产生自己的横波。我们接收到的就是这种横波。多级检波器用于消除井眼效应。在钻井过程中，尽管工具记录了所有波形，但是只有最初到达的波的旅行时间会被传送到地表。

LWD 声波工具在使用上与有线设备相似，通过压缩波进行地震校正和孔隙度测量，并识别超压带。由于泥岩和砂岩的不均衡压实，孔隙度随深度异常增加。

6.5.4.7 井径

超声波井径测量仪利用钻铤扶正器上反方向的两个传感器，使用高频脉冲响应系统可以测量井径。另外，据报道，这种工具能识别钻井液中的含气量，在气体增多的地方反射波的幅度就会降低。

在使用放射性源的密度测井过程中也能得到井径数据。在得到的信号中剔除地层和钻井液的影响就可得到井眼尺寸。当井眼变大时，反方向上传感器得到的数值就会变大，通过适当的计算能得到井眼尺寸。

超声波井径测量仪工具能用于密度测井的质量控制、识别井眼冲刷和在固井中判断环空体积。

6.6 地层测试

我们所讨论到的测井手段都不能提供有关储层压力和连续性的信息。另外，渗透率和流体饱和度等参数只能通过间接的方法得到。地层测试可以测量储层压力和获取流体样品，以提高对于这些参数和储层连续性的分析能力。地层测试有两种基本方法，即有线地层测试（附图 6）和中途测试（也称为试井分析，参见 6.2 节）。

6.6.1 有线地层测试

有线地层测试能够提供储层流体样品、储层压力，指示流体流动性和储层连续性等信息。这些工具都有相似的工作原理。一个环形封隔器在压力作用下压向井壁。封隔器与对地层的压力/流体测试密切相关。封隔器中有个探针压向井壁。与探针相连的一个小容器能接收并储存来自于地层中没有受到井眼流体污染的流体。我们能越过侵入带获取足够的储层流体作为有代表性的流体样品。在过去我们会在两个大的容器中储存流体，典型的是 1gal，6gal 或者 12gal，并且希望流体样品能代表储层流体。相比之下，现在的工具能连续取样，并可以将流体样品存储在容器中或者释放到井眼中。新的光谱方法能够鉴别流体组分。当有代表性的流体样品通过工具时，它可能分析出所包含的组分。由于取样的体积很小，所以获得一份具有代表性的样本需要几小时。

使用相同的探针可以测量储层压力。在此过程中会取出少量的流体样品，一般是 $22cm^3$。一旦取得样品，探针就会检测到地层压力。如果地层是渗透性的，探针中的压力就会从生产压降上升为原始地层压力。压力上升的速度与地层的渗透率和测试段地层流体的黏度有关。

目前，最新一代的地层测试工具利用多种模块已经具备除压力测试和取样之外的功能：

（1）使用多探针可以得到垂向和附近一定范围内的连续性和渗透率。

（2）为 PVT 测试提供高质量的样品。

（3）能封隔整个井眼的全径封隔器。这在裂缝性地层中是十分有用的，因为很多时候利用传统的环形封隔器不可能实现封隔。

使用这样一种工具的目的是：

（1）了解储层中的地层压力能提供压力梯度和地层流体密度。

（2）如果已知储层中的水平面，则了解相关梯度就可以得到烃类—水界面的信息。

（3）识别超压和负压储层。

（4）通过与其他钻井压力数据比较识别储层分区、储层连续性和识别封闭性断层。

6.6.2 试井分析

有线地层测试仅仅能提供有限的储层信息，这是因为小的封隔器和局限的压降试井只能对小部分储层进行测试。为了获得大部分的储层信息，需要大规模的试井。试井不仅为烃类的流动、流体样品和产能提供证据，而且也给出了储层性质的有用信息。试井分析基于储层流体方程，且在文献中有具体表述。

开发井和评价井中的试井分析的主要目的是：

（1）评价渗透性地层厚度和渗透率（Kh 和 K）。

（2）评价饱和度（通过地层的连续测试得到）。

（3）评价井产能。

在长期测试中的另外一个目的是研究储层的边界和大小。在气藏中，进行多级流量测试对于研究非达西效应非常有用。

在开发井中的中途测试可以直接指示井的产能和储层渗透率的变化。干扰试井或脉冲试井可以提供储层连续性和方向渗透率变化的信息。除了用于压力测试和物质平衡之外，后面的测试还能指示表面效应和产能。

根据岩石物理学数据综合看来，试井分析得到的 Kh 能够预测以岩心/测井为基础得到的渗透率变化。

6.6.2.1 流体取样和分析

在储层早期研究中，对流体取样是十分重要的。它包含两种基本方法，分别是有线流体取样和生产测试。有线流体取样能为储层流体分析提供样品，获得的黏度和密度等流体性质对于制订生产方案十分有用。然而取样的容量有限，且其中包含钻井液滤液。有线流体取样的另一个优点是能相对廉价地获取地层压力。

当我们需要整套具有代表性的数据时就采用生产测试的方法。尽管费用很高，但它能给出油井产能的准确信息，这对于油田的生产规划是非常重要的。

6.6.2.2　采水样

只要在产水的情况下就需要从井中采集水样。水样应该放置在塑料容器中，而不是金属容器中。修井和其他的相关作业可能污染水样。如果储层不产水，则可以使用 RCI/MDT 工具在含水区域中获取。在假设没有钻井液滤液深度侵入的情况下，使用离心机在油基钻井液中获取自由水是另一个获取水样的方法。

在电阻率测井解释和电性测量中，盐水电阻率（R_w）十分重要。尽管有不少的基于测井获取地层水电阻率的方法（例如，SP 测井、图版法和 R_{wa} 法等），从具有代表性的地层水组分中获取到 R_w 是最可信的方法。盐水组分对于地球化学分析是十分有用的，而它的 pH 值又会影响到地层的润湿性。在岩心测量中得到的地层水组分和电阻率与实际地层水情况十分相近。在流体试验中，应该特别注意盐水的兼容性，例如，在测量钾含量时应该设法保护黏土矿物的完整性。

6.7　套管井测井

一旦完井并准备投产时，我们也可以利用相关设备进行套管井测井获取储层饱和度和生产层位等信息。套管井的两个主要用途是生产测井和储层监测。生产测井是在一定的层段测量生产剖面或者吸水剖面。这些对于储层模拟非常重要，因为它能检测完井效率，并能为后续调整提供依据。与裸眼井测井相比，套管井测井更加简单和廉价。对于直井和小斜度井，基本的装置是通井规、压力计、温度和某些流体的识别。然而，对于水平井和大斜度井（大于60°），已经开发出了确定生产剖面的专门工具。

储层监测是为了获得烃类饱和度变化的实时信息。这些信息对于研究油田生产周期内水的运移十分重要。其他的套管井服务（包括固井声波测井），用来判断水泥固井质量。

6.7.1　生产测井工具（PLT）

6.7.1.1　伽马射线

用到的伽马射线工具与大多数的测井作业中使用到的相似，且在套管井中使用时并没有实质性的改变。它主要的应用是内部测井曲线相关，以确定套管井测井所记录的深度和最初的裸眼井深度一致。另外，还有一种附加的功能就是测量套管内壁沉积物的放射性。通常在开始产水井段能看到它的伽马射线测井值会出现异常高值。

6.7.1.2　通井规

通井规是许多生产测井的基本物件。通井规分为两类：一类是轴向式的与测井工具直径相同且像汽轮机叶片；另一类是像风机叶片一样的全径通井规。那些更大的通井规在井中移动或者遇到小的障碍时会收缩，但是在到达生产层段时会重新打开。更大的通井规在测量小流速或者超大流速（大于4in/10cm）时得到的数据更精确，而轴向通井规更适合于紊流和高流速的测量。当处于片流状态时，这两种通井规都能提供精确的生产数据。

这些工具能在套管、油管中测量流速，主要用于注水、产油、漏失和窜层等情况。所有的生产测井服务都有一个主要的不足，即受到完井方法的限制。由于 PLT 服务需要测井工具在生产层段活动，所以对于安装电动潜油泵的井需要特殊作业，使得测井工具能顺利通过。

6.7.1.3　温度

温度测井是简单记录测量到的井眼流体温度。该结果用于校正对生产/注水层段以及其他可能的下套管后流体的测量。对于测井结果的解释理论是基于 Joule – Thomson 效应。当储层内部的油或者气进入井筒时会由于体积膨胀在附近区域降温。这种效应只在有地层流体进入的层段才会存在。

无论是生产井还是注入井，在生产或者注入层段的温度梯度（温度随着深度而变化）都会发生改变。在大多数的储层中，温度与深度之间的变化关系是相对稳定的。在生产井中井眼流体温度会高于生产层段。温度上升的快慢取决于完井方式和流体的流速。对于注入井的情况则刚好相反。凉的注入流体的温度比井中注入段的温度要低，因为当流体进入地层时会在进入层段附近产生温度变化，并且不仅仅局限于井眼范围，所有固井后的流动流体都存在这种现象。

6.7.1.4　干扰试井

测井装置中包括简单的灵敏麦克风。在一些情况下，使用流体通过完井管柱时产生的独特的声音，测得的结果用于对其他生产测量的校正。

6.7.1.5　流体密度

对于大多数生产测井的解释，了解生产流体的密度是十分关键的。目前有两种测定流体密度的方法，它们都能为计算井眼中重相流体占据的体积（重相持率）提供信息。根据压差密度计测得的轻流体密度更为准确。

这种工具通过把两个压力探测器分开一定距离直接获取流体密度。它获取的是与流体密度直接联系的压力梯度。该工具在其全部量程范围内都十分精确，且适用于层流环境。

它主要的缺点是由于计算任意两点之间的压差，任何井眼的变化都能影响到测量结果。工具在垂向倾斜 60°~70° 较为准确，当倾角超过 70° 时就不能反映流体之间小的密度差异。因此这种工具不太适合水平井和大斜度井。

还有一种方法是利用放射源的背景反射确定流体密度。这种工具包含一个小的放射源和放置在一定距离之外的接收器。背景反射程度和捕获到的伽马散射量决定放射源与接收器之间的流体密度。这个工具的优点是能在任意方向工作。缺点是它只能直接反映放射源与接收器之间流体的密度。这就意味着在斜井的层流环境中不能有效反映井眼中流体的平均密度。

6.7.1.6　流体电容

另一个容易测量的流体性质是电容，它在油、气、水中各不相同。我们让井眼流体通过工具以获取介电常数。这种工具有两个不足：一个是仅仅测量到通过工具的流体，结果是测量值仅代表完全均质流体；另一个是工具对于流体组分变化的反应不是线性的。当含水比例增加时测量结果并没有持续变化。尽管这些问题使得对于测量数据的解释变得复杂，但是这种工具是少有的能为三相流体提供大量信息的传统技术。

6.7.1.7　流体成像

利用传统的工具识别少量外来流体的混入是十分困难的，比如油进入水或者气进入油中。为了识别第二种流体的局部混入，斯伦贝谢公司基于简单原理设计了数字混入流体成像仪（DEFT）。在这种情况下，使用一个微电极就可以测量井眼局部区域的电阻率，其结果可能指示该区域的含水率。电阻率瞬时变化速度可以表示为任何气泡的大小：快速变化表示成小的分布均匀的气泡，慢的变化表示为偶发性的流动。沿着井眼分布 4 个这样的电极就可以精确反映产出流体的图像。尽管这 4 个电极只能反映局部的含水率，但这个工具却代表井眼流体分布成像技术的巨大进展，尤其是在大斜度井和水平井中。这一结果可以识别出混入的少量烃类或者水。

6.7.1.8 持气率光学传感器

这种工具是对 DEFT 的改进。它使用光学感应设备代替电阻率探针。DEFT 测量的是含水率，而 GHOST 测量的是含气率。它的输出结果与 DEFT 相似，即含气率和气泡数量。工具主要用于研究三相流体以及识别混入油或者水中的气体。

6.7.1.9 放射性示踪剂

使用传统的通井规/温度测井方法，并利用封隔器和滑套来测量复杂完井情况下的吸水剖面是一大挑战。可能的解决方法之一是在注入流体中另外加入少量具有示踪作用并能用一些方法检测到的流体。这是一种典型的放射性流体。将检测仪放入注水井中就能得到吸水剖面。这一技术也能用于完井、窜流检测和下油管的流体流动过程。所选示踪剂的典型半衰期是 8 ~ 15 天，使它造成长期环境破坏的风险大大降低。放射性示踪剂的危害是巨大的，所以示踪剂流体只限于化学剂。

6.7.2 水平井

6.7.2.1 仪器研发

在直井中的测井工具是简单地通过电缆放入井中，并依靠工具的上下移动测量物理性质。当斜井角度超过 60°时，已经不可能通过有线的方式投放工具，可能需要一种机械方法来解决这一问题。目前所使用的方法仅限于连续油管和井下马达。

井下马达是一项较新的技术且目前使用有限。它依靠轮子或者螺旋运输器将工具送入尽可能深的地方。用电缆把工具送入井下直到摩擦力与重力平衡，这时启动马达将测井工具运送到需要的地方。我们使用电缆回收测井工具。结果是尽管我们能通过程序控制获取到大部分数据，但是只有在上升阶段才使用井下马达。由于只使用了电缆工具和马达，这项技术的优点是廉价和操作简单。缺点是可靠性比较差，且由于动力的限制，对测井工具的质量有所限制，还要考虑到套管的最小限制和最大尺寸。

在生产测井中使用的更为普遍的是连续油管。与测井工具相联系的是放置在连续油管中的电缆。连续油管在上下操作和不同的速度测井过程中具有很好的柔韧性，但是这项技术也存在潜在的问题：

（1）安装设备比较费时，且在实际操作中对测井工具长度有所限制。

（2）连续油管存在推送测井工具的距离上限。由于摩擦阻力的原因，所有的连续油管公司都会估算在安全情况下的最大投递范围。而直径更大的油管能投递的距离会更远，且大油管对于油井的生产影响也更大。这是因为大油管会使得完井管柱中获得的生产流体流动更顺畅。

（3）油管的存在和运动也影响到生产过程。不同大小的油管与生产流体之间的摩擦阻力是不同的。这种摩擦阻力会因为油管的移动而加剧：当油管进入或提出井中时会改变流体压力。在饱和度测试中可以见到这一过程带来的影响。

6.7.2.2　水平井测井工具

针对水平井已经设计出了新一代的生产测井工具。由于通常在水平井中存在的流体成层性，传统的测井方法不能很好地解决多相流带来的问题。不管有多么好的设计，所钻的水平井很少是绝对水平的：通常会有小幅度的波动。流体实验表明，即便水平度发生微小的变化也能带来多相流体的分层，使得油层在井的顶部流动，而水在底部流动。不同相的流动速度也是不同的。图6.28显示了两相流体在不同角度的流动试验。流体比例的改变使人们有可能对它们分别测量。目前有两种技术能提供这种信息。斯伦贝谢工具被认为是标志工具，而Baker Atlas公司提供脉冲中子持率成像仪（PNHI）和多容量流量计（MCFM）。这些技术利用不同的方法计算单相流体的速度。

6000
15000
6000
总流量（bbl/d）
80
89
90
91
与垂向的偏差（°）

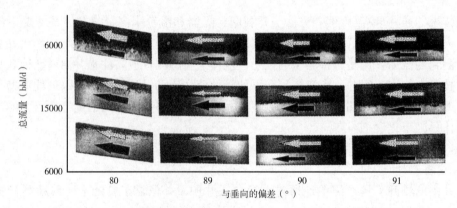

图6.28　5.5in套管中的油水层流试验——含水50%（据斯伦贝谢公司）

6.7.2.3　标志工具

斯伦贝谢公司在水平井的PLT中使用标志工具（图6.29）。这个工具最明显的不足在于它的长度。由于工具长度超过90ft，在很多情况下不能安全安装。然而这种工具能够解决大多数水平流动剖面问题。这个工具包含以下几部分：

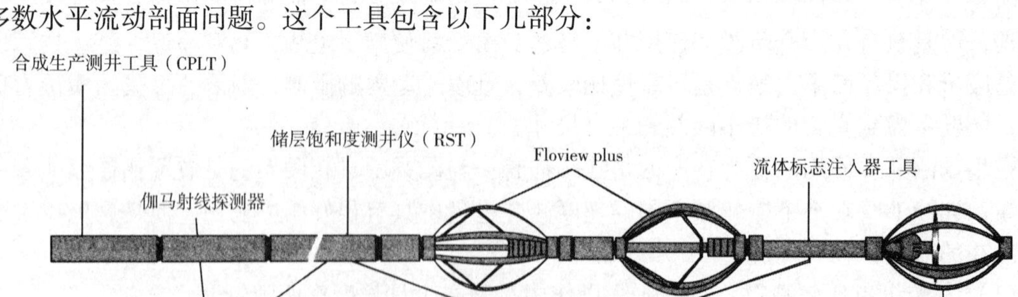

合成生产测井工具（CPLT）
储层饱和度测井仪（RST）
Floview plus
流体标志注入器工具
伽马射线探测器
通井规
水流测井（WFL）
相速测井（PVL）

图6.29　用于斜井多相流测井的标志工具（据斯伦贝谢公司）

（1）一个标准通井规，提供总流量评价。

（2）相互方位角为45°的两个DEFT工具，利用环井眼的8个电极独立提供含水信息。

（3）储层饱和度测井仪（RST），提供独立的饱和度信息（参见储层监测部分）。

（4）两个注入器，注入特殊相的化学示踪剂（非放射性），以便 RST 能够检测相应的相速度。

（5）RST 进行单独的水流测试（氧活化作用）。

只要能够满足安装条件，对于复杂多相流来说它是一个有用的工具。一个重要的不足在于它复杂的管柱结构使得它非常昂贵。然而，它能获取到高质量的数据。追踪特定使我们有机会测量井的不同点的单相流动速度。需要指出的是，在测井工具的操作中只有 PLT 的常规测量程序才属于连续测井作业，如通井规、DEFT、压力、温度和 RST 测量中伽马射线脉冲。通过化学示踪和氧活化作用来判断单相流体的速度是基于统计的方法，所以使用时需要特别注意。任何统计测量都需要考虑井眼的偏差、井下工具的机械组合和在 DEFT 结果中见到的流体分层现象。

6.7.2.4 脉冲中子持率成像仪/多容量流量计

Baker Atlas 公司的脉冲中子持率成像仪（PNHI）和多容量流量计（MCFM）为我们提供了可供选择的方法。PNHI 工具利用氧活性作用检测水分移动。然而，它是一种连续测井，与 RST 的统计测量不同。尽管两种测量工具使用的原理相同，PNHI 使用连续的中子流来激发水中的氧元素。当测量速度小于水流速度时，能够检测到结果的差异。

MCFM 是利用两翼上独特的 8 个不同级别的探测器在井眼中工作。每个探测器可以测量通过流体的介电常数，且能够区分油、气和水，容量工具也是采用这样的方法。每翼上有 4 个探测器通过测量经过时间得到流体的速度。由此得到井眼横截面上流体的特定速度和持率。这个工具拥有能动的转向功能，可以让井眼中的工作翼朝向任何角度。

除了容量传感器之外，在翼的后面带有温度探针，提供井眼的温差。此外，芯轴中还有压力传感器和声传感器。用流体的声学图像能够识别流体特征，并有可能识别出窜层流。尽管这个装置的精确性和实用性还有待证明，但这种测量结果为水平井的生产测井解释提供了很好的基础数据。

6.7.3 储层监测

6.7.3.1 中子寿命测井

（1）脉冲中子测井。尽管使用传统的中子测井工具能监测到气体饱和度，但是，不可能使用传统裸眼测井工具测量套管之外地层的含油饱和度。使用中子脉冲工具可以达到这一目的。这些工具利用中子发生器产生一个瞬时的高能中子爆发。当中子通过地层时就会减速到一定的能量级直到被捕获，主要是被氯离子捕获。中子被捕获时会释放出伽马射线。两个分开的探测器会接收到这些伽马射线。探测到的伽马射线的量会随着时间增加而呈指数减少。我们把这种指数降低称为捕获截面或者地层西格玛。这种测量结果对地层水中的氯离子和矿化度很敏感。脉冲中子测井工具对淡水与油的区分作用不大，因为两者都含有很少量的氯离子。在这种情况下，可以使用电阻率手段区分油与水。

散射和井眼效应对测量结果有影响，多数服务公司采取了很多办法来解决这个问题。有些公司采用多窗口的伽马射线衰减曲线方法来消除井眼效应的影响；其他公司采用双脉冲方法，用较短的脉冲，它受到的井眼效应影响更大。我们采用短脉冲的结果来校正和消除井眼效应的影响。能用这两类工具识别孔隙度和井眼流体类型。

（2）气活化作用。当受到高能中子的轰击时，氧元素会被激发成半衰期为11s的不稳定同位素氮－16。当同位素衰变为普通氧时会释放出伽马射线。通过监测释放的伽马射线可以确定氧，然后水是否正在流动及其它们的流动速度。我们能从比水流动速度更慢的测井或者统计测量中获取数据。这项技术在套管内外都适用，尤其是对套管窜层水流的检测更为实用。它还能用于监测生产井的产水和注水状况。

（3）碳氧比测井。与中子脉冲测井方法相比，碳氧比测井方法又前进了一步。与脉冲中子测井工具相似，这些工具使用高能中子发生器。它们不仅检测伽马射线的密度，更注意到它的能谱。通过能谱可以识别出地层的附加信息，尤其是烃类、氧、碳、钙、硅和铁的含量。由于知道了不同物质的量，可以得到烃类饱和情况下的水矿化度，这一特征在处理低矿化度水的过程中是非常有用的。

6.7.3.2 水泥胶结测井

一旦钻完一口井并决定完井，需要下入套管并用水泥胶结。使用水泥的目的是为了在井的生产寿命期间保护井眼，并在井中形成水力分隔。确定水力分隔的范围常常是十分困难的，最多也是一个定性的过程。传统的水泥胶结测井由标准的声学工具组成，目前都是使用一个声源和两个探测器。其结果是得到声幅测井图和一些完整的波形。我们通过读取振幅曲线进行解释，低值表示胶结良好，高值表示胶结很差或者孔道胶结。结合波形分析，有地层波至的地方胶结良好，有套管波至的地方胶结很差。简单地讲，管柱胶结良好的地方声波很容易透过套管到达地层。能清晰见到地层波至的地方就是可以接受的。如果胶结很差或者孔道型胶结，结果的幅值就会很高，在波形中就无法分辨出地层波至。由于这一结果非常定性化，所以基于这一结果确定的水泥挤入量是有风险的。

技术不断发展，新的工具可以提供水泥的定性图像。遗憾的是，目前的技术只能识别套管与水泥胶结的好坏。如果靠近地层一侧出现通道或者裸眼出现冲刷，这些工具就无法识别差的分隔。它们使用的是超声波脉冲或者多重缓冲垫。

（1）超声波成像仪（USI）。当超声波遇到铁板时不仅会在铁板内部产生响应，也会产生向外反射。套管壁产生的二次反射的强度取决于其外侧的物质。如果这种物质是坚硬的水泥，那么反射就会很强烈。如果是水和固结不良的水泥，反射就会很弱。这就是斯伦贝谢公司的超声波成像仪的基本原理。一个旋转的传感器产生和接收短的超声波。初始信号反映的是套管内部的情况。通过对波形的分析可以判断套管壁外侧的物质。用这种工具识别套管外侧通道和空隙。如果调试得当，它也可以识别水泥泡沫以及水泥是否充足。这种工具的其他应用是识别套管磨损和腐蚀。

（2）分区水泥胶结测井仪（SBT）。Baker Atlas公司的分区水泥胶结测井仪采用了不同的技术来识别胶结质量。它使用6个缓冲垫来挤压套管壁，每个缓冲垫含有一个发射器和两个检波器。它能够感应到套管周围的变化。这些数据指示了套管周围水泥的胶结质量。为了得到水泥与地层胶结质量的相关信息，还需要与附加工具一起运行，得到与标准的水泥胶结测井图相似的波形图像，以便进行分析。

6.8 综合岩石物理解释

6.8.1 引言

岩石物理解释就是对裸眼井测井结果进行计算机程序处理和解释，这一方法也应用于人工解释。因此，假设以规则的数字采样间隔得到的数据是有效的，而且岩心数据的深度能够与参考电缆深度标尺匹配；还要假设所有的测井和岩心数据都是有效的，且得到适当的校正（即消除了井眼、侵入和围岩效应）。最后，为了便于讨论，除非特别强调，我们都假定井眼是规则的、垂直的且钻遇水平地层。

在综合储层模型的范畴内，岩石物理解释具有明确的目标，即对地质图上标明的储层区域（包括储层本身）进行物理评价。岩石物理评价过程需要岩心校正和通过测井手段取得储层的孔隙度、烃类饱和度和可能的渗透率等定量化的样品信息。

了解一些储层的变化性质需要使用确定性的方法和地质统计的方法。总的原则是，在确定性的方法用尽之前不会使用基于地质统计的解释，显然这种情况出现的概率很小。因此，确定性的方法是使用的重点，而地质统计的方法只是补充。

岩石物理解释应用于连续尺度的调查性地质科学领域（图 6.30），从中可以看到岩石物理解释实际跨越的尺度范围是从岩心柱（1cm 级）到全岩心（10cm 级）和测井（1m 级），以及储层区域（10m 级）。这一范围包含了 3 个数量级。在对地层解释时，把由于尺度变化带来的影响降到最低是很重要的。

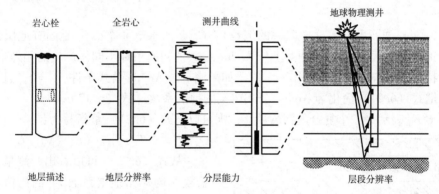

图 6.30 连续尺度的物理地质科学

6.8.2 储层分区

分区的主要原则是储层区域在地层上有可对比性，并且区域包含的次级单元具有可解释的岩石物理特征。简单地讲，认为储层的地质分区相当于岩性单位的岩石物理分区，即储层分区只是依据岩性。然而，也不总是这样。

岩石物理解释的理论基础如下所示，而且应该在储层有效应力条件下解释相互关系，除非另有说明：

（1）大气条件下岩心孔隙度与有效储层应力条件下孔隙度的关系。

（2）利用测量的物理属性预测孔隙度的关系。

（3）利用其他的物理属性预测泥岩参数的关系。

（4）固有的地层电阻率系数与孔隙度之间的关系。

（5）固有的地层电阻率系数与含水饱和度之间的关系。

（6）从其他物理属性预测渗透率的关系。

（7）选择有效储层或者是产层有效厚度的方法，一般遵循简要原则。

对于每个储层区的解释性算法都要定量化。在随后的测井中运用岩心分析得到的相关信息，然后描述一个地区的岩石物理特征。换句话说，就是我们掌握了一些手段来影响该区域的岩石物理性质的定量化解释。算法的精确性程度与选择的储层解释模型有关。

6.8.3 储层的砂泥岩划分

首先要做的工作就是区分储层中的砂岩（满足 Archie 假设）或泥岩（不满足 Archie 假设）。

在估算孔隙度时纯储层并不包含黏土矿物。在估算纯储层的含水饱和度时主要使用所谓的 Archie 公式［式（6.18）和式（6.19）］。它包含地层盐水且不含黏土矿物，所以测量数据仅限于电化学意义上孔隙中的自由地层水。这里的孔隙度还要求不含有水合黏土矿物。

对于孔隙度评价，泥岩储层是包含黏土矿物的。在进行含水饱和度的预测时 Archie 公式对于泥岩储层并不适用，由于地层水的低矿化度和黏土矿物变化的影响，储层不再满足 Archie 公式的初始条件。在这些情况下，可以使用更为复杂的描述性算法进行储层预测，即所谓的泥岩公式。

在包含水的特殊例子中，泥岩储层的附加电导率与我们所定义的地层电阻率系数 F［式（6.7）］有关，表述如下：

$$C_o = C_w/F^* + x/F^* \tag{6.21}$$

式中，C_o 是岩石电导率（电阻率的倒数）；C_w 是卤水电导率；F^* 是固有地层系数（理论上，校正任何泥岩效应）；x 是由于与 Archie 公式的初始条件不同而产生的额外电导率。

通过特殊的岩心分析技术可得到 x 值。如果满足了 Archie 公式条件，$x=0$，且 C_w 很大，因此可以把式（6.21）简化为 Archie 公式定义的地层系数［式（6.17）］。

如将 x/F^* 表示为一个复合的泥岩项 X，则可以把式（6.21）重新写为：

$$F/F^* = (C_o - X)/C_o \tag{6.22}$$

从式（6.22）可以看出，测量到的地层系数 F 与原始地层系数 F^* 的比值实际上是纯地层电导率（Archie 区域）与总的地层电导率（Archie 地层电导率加上非 Archie 区域）的比值。因此利用 F/F^* 可以测量 Archie 区域条件的一致性，当完全满足时 $F/F^* = 1$。

能够用图 6.31 通过 x 和 C_w 来识别 Archie 区域条件和非 Archie 区域条件。这就得到一个轻度泥岩储层的概念，如测得泥岩效应占 Archie 区域条件 $F/F^* = 1$ 时的比例在 10%以内，则也可以作为 Archie 储层对待。由于 x 的不确定性影响到使用精确的传导公

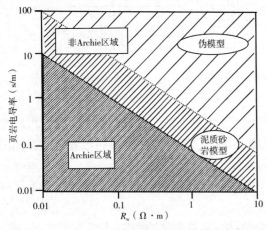

图 6.31 对 Archie 区域和非 Archie 区域的定量识别
当 $F/F^* \geqslant 0.9$ 时使用 Archie 模型；当 $0.5 \leqslant F/F^* \leqslant 0.9$ 时使用泥质砂岩模型；其他情况下泥质砂岩模型也不能适用，只好使用变量（伪模型）

式的效果，这里的 x 可能很小。

6.9 纯地层的岩石物理评价

我们将首先关注纯地层的岩石物理评价，图 6.32 描述了决定岩石物理解释的基本结构。

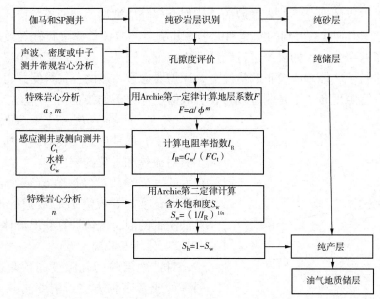

图 6.32　纯储层的确定性岩石物理解释结构图（以电导率的形式表示电学性质）

6.9.1　纯地层组成的特征

最初阶段要描述储层所包含的每个岩石物理单元的储层组成特征。这有赖于物理属性的定量化，也是岩石物理评价的需要。假设储层不含黏土矿物，因此需要的参数与岩石基质和所包含流体有关。

这些参数的属性取决于可获得的测井数据。如果能得到密度、中子和声波测井资料，就可以了解颗粒密度、中子基质响应和声波基质响应。一般通过传统的岩心试验方法获得颗粒密度（参见 6.3 节）。通过对密度—中子和中子—声波交会图获得中子和声波的基质响应（图 6.33）。

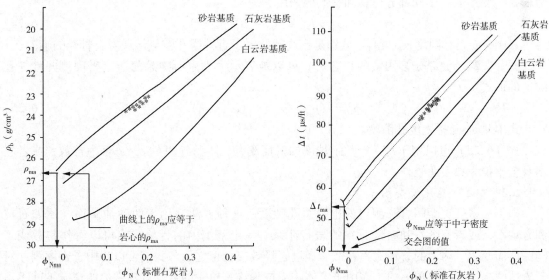

图 6.33　密度—中子和中子—声波交会示意图（验证对于骨架响应的预测）

除去非常低侵入的情况，侵入区域的流体都会部分地被钻井液滤液置换。如果地层含有轻烃（气体或者轻质油），得到的密度和中子测井响应，应该首先进行轻烃效应校正。斯伦贝谢公司给出了这个公式。如果不进行轻烃效应校正，则从工具刻度环境中得到的数据就会失真。甚至在进行了轻烃效应校正的情况下，还需要通过一般的公式将测井得到的流体孔隙度换算成为岩石孔隙度 ϕ（不是测量或者在有效储层环境下的校正）：

$$U = \phi \ (U_f - U_{ma}) \ + U_{ma} \qquad (6.23)$$

式中，U 是总的工具响应；U_f 和 U_{ma} 分别是工具对流体和骨架的响应。

式（6.23）已经被图 6.34 所示的密度测井结果所证实。在没有岩心数据的地方可以通过对冲洗带的混合流体计算获取流体属性。

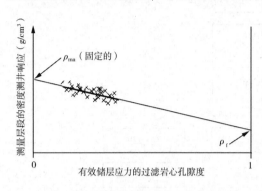

图 6.34 密度测井对岩心属性的响应示意图

6.9.2 纯地层孔隙度预测

对纯地层粒间孔隙度的预测通常是基于下列一种或者多种方法：密度测井、中子测井或者结合声波测井。最近又引入了核磁共振成像技术。对于给定的储层区域，每一种方法都有自己的测量精度。

6.9.2.1 密度测井

密度测井所得到的是总孔隙度，即包括粒间孔隙和独立孔隙。密度测井工具的运用需要预知骨架和所含流体的密度。骨架密度可以在一定范围内看作常数或者随深度而变化。两者的解释流程相似。流体密度受到井眼环境、钻井液类型、地层流体和侵入程度的影响。总的说来，流体密度在一定范围内有固定的钻头尺寸，钻井液性质、超压和烃类相态情况下假定为常数。当井眼直径超过标准 5cm 时得到的密度测井值会快速下降。

密度测井对于流体和岩石骨架的响应被用于计算孔隙度总密度公式中。这个公式涉及总密度 ρ_b、储层岩石不同部分体积和它们的密度。

$$\rho_b = \phi\rho_f + \ (1 - \phi) \ \rho_{ma} \qquad (6.24)$$

式中，ϕ 是孔隙度；ρ_f 和 ρ_{ma} 分别是密度测井对于近井眼孔隙流体和岩石骨架的响应。

式（6.24）是基于多因素的集合。它可以被表示为大家所熟悉的通过密度测井计算孔隙度的形式：

$$\phi_D = \ (\rho_{ma} - \rho_b) \ / \ (\rho_{ma} - \rho_f) \qquad (6.25)$$

式中，ϕ_D 是指密度孔隙度。

式（6.25）可以用于每一个数字精度的密度测井，不管这里的 ρ_{ma} 是否为常数，或者它本身会累积为数字曲线。

6.9.2.2 中子—密度交会图

中子—密度交会图方法测得的也是总孔隙度。这种方法适用于两种纯矿物（比如石英和方解石，或者方解石和白云石）的岩石体系。一定范围内的骨架响应可以看作常数或者随深度而变化。两者的解释流程相似。经过轻烃效应校正之后，我们可以将中子密度测井对于流体的响应看作是单一的。在中子流体响应被确认是单一的且没有异常值的情况下就不需要进行校正了。

　　中子—密度交会图方法能够用于单一骨架或者近似单一的情况，或者是两种骨架成分的变化组合中。图 6.35 所示的就是中子—密度交会图。如果已知岩性，则可以通过图上中子曲线和密度曲线的交点读取适当岩性趋势下的孔隙度值。甚至于在岩性未知的情况下，根据储层孔隙度等高线也有助于判断岩性的趋势。因此粗略地讲，这种方法并不依赖于岩性。部分组成矿物的体积也可以预测。

6.9.2.3　声波测井

　　声波测井反映的是粒间孔隙的值。声波测井工具的运用需要已知在骨架和流体中的旅行时间（速度的倒数）。骨架的旅行时间可以在一定范围内看作常数或者随深度而变化。两者的解释流程相似。流体中的旅行时间根据经验设定。与式（6.23）一样，这个公式也涉及声波测井响应和岩心孔隙度。在缺少水体积值的情况下，比如 $620\mu s/m$，对于流体旅行时间的估计差别很大，尤其是在欠压实的地方（图 6.36）。由于在砂岩骨架之间缺乏良好的声学耦合，外推的流体旅行时间值需要补偿校正，这种弱点在压实不良的地层中表现得尤为明显。在压实不好的含气砂岩中声学响应急剧下降。

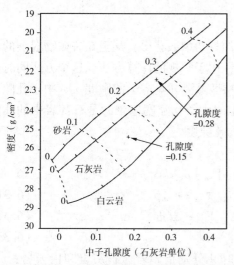

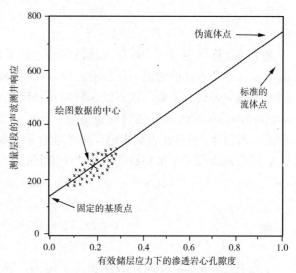

图 6.35　中子—密度交会图（验证孔隙度的估算）　图 6.36　声波测井响应与岩心孔隙度关系曲线

　　在预测孔隙度的声波测井中经常使用到与式（6.24）相似的平均时间公式：

$$\Delta t = \phi \Delta t_{f} + （1 - \phi） \Delta t_{ma} \tag{6.26}$$

式中，Δt 是声波旅行时间；Δt_{f} 和 Δt_{ma} 分别是近井眼流体和岩石骨架的声波旅行时间。

　　式（6.26）基于加权平均旅行时间，可以被重新表示为以下形式：

$$\phi_{S} = （\Delta t - \Delta t_{ma}） / （\Delta t_{f} - \Delta t_{ma}） \tag{6.27}$$

式中，ϕ_{S} 是指声波孔隙度。

　　式（6.27）基于概念模型，它只适用于压实良好的地层。

　　Raymer 等人提供了可供选择的方法。他们提出了将旅行时间转换为相应孔隙度的 3 种主要算法。每一个特定范围的孔隙度对应于一种算法，下面讲到的也是这里唯一讨论的算法，其孔隙度范围为 0 ~ 0.37。

$$1/\Delta t = （1 - \phi_{S}）^{2}/\Delta t_{ma} + \phi_{S}/\Delta t_{f} \tag{6.28}$$

这里的 Δt_f 不需要根据计算平均旅行时间的公式［式（6.9）］来求取，而是应该基于滤液矿化度的数据。据说 Raymer – Hunt – Gardner 公式能针对未压实砂岩计算出更为合理的值，因为这里的平均时间公式不再适用。在文献中也出现了式（6.28）的简化形式：

$$\phi_S = 0.63 \times \frac{(\Delta t - \Delta t_{ma})}{\Delta t} \qquad (6.29)$$

式（6.28）和式（6.29）都是经验公式，它们在每次使用前都应该先得到确认。

6.9.2.4 核磁共振（NMR）测井

NMR 测井技术仍然在不断发展，其相应的解释过程也在不断进步。该方法的独到之处在于它能提供自由流体的孔隙度，针对孔隙中不受毛细管压力束缚的流体。该方法尤其适用于细小骨架和微孔隙（水湿性）储层，这里由于强毛细管压力产生高含水饱和度，但仍然能生产出纯的原油。目前这种方法已经推广到对总孔隙度的计算。目前这一技术对孔隙度的测量在工业上还没有达到与传统技术相抗衡的地步，这也应该是未来发展的目标。目前，NMR 测井提供的特别技术与标准测井同时运用，在复杂储层孔隙系统中大显身手。

6.9.2.5 孔隙度预测的通用方法

上述流程假定岩石物理单元属性能够通过系列的骨架参数获得，甚至在有矿物混杂的情况下。在复杂岩性的情况下就没有占主导的骨架属性用于常规的计算方法。这个方法同时运用多个响应公式。下面的例子就是针对 4 种组成储层区域测井响应上的密度 ρ_b、中子孔隙度 ϕ_N 和声波旅行时间 Δt。需要注意的是，传统意义上的中子孔隙度记录的是石灰岩中的孔隙单元，所以 ϕ_N 只有在石灰岩地层中才能表示真实的孔隙度。

通用公式就 4 个未知数列出了 4 个方程：

$$\rho_b = \rho_{ss} V_{ss} + \rho_{lst} V_{lst} + \rho_{dol} V_{dol} + \rho_f \phi \qquad (6.30)$$

$$\phi_N = \phi_{Nss} V_{ss} + \phi_{Nlst} V_{lst} + \phi_{Ndol} V_{dol} + \phi_{Nf} \phi \qquad (6.31)$$

$$\Delta t = \Delta t_{ss} V_{ss} + \Delta t_{lst} V_{lst} + \Delta t_{dol} V_{dol} + \Delta t_f \phi \qquad (6.32)$$

$$1 = V_{ss} + V_{lst} + V_{dol} + \phi \qquad (6.33)$$

式中，V 表示矿物成分的体积；下标 ss，lst 和 dol 分别指砂岩、石灰岩和白云岩；ρ_b、ϕ_N 和 Δt 分别表示密度、中子和声波测井响应；下标 f 表示孔隙流体（近井眼地区）；ϕ 表示孔隙度。

式（6.30）至式（6.33）的使用需要预知 V_{ss}，V_{lst}，V_{dol} 和 ϕ 的值。需要注意的是，当地层中含有泥岩时这些公式是无效的，这种情况下就需要用到泥岩模型。通过式（6.30）至式（6.33）的扩展可以解决地层包含泥岩的问题。如果知道有其他矿物存在，例如蒸发岩，输出的结果就要进行相应的改变。扩展公式还涉及了通过光谱密度工具测到的光电效应和岩性识别。在计算密度和声波旅行时间过程中需要剔除煤层和致密地层。

对于各自体积的计算可以避开式（6.30）至式（6.33），而通过理论测井计算与原始状态对比得出。这种对比为上述方法提供了数学检测，并且需要反复调整。通过不断修正，有可能得到部分体积值，但它不是唯一可信的结果。由于这个原因而且这种比较缺乏控制，因此使用者需要同时使用不同的方法进行比对，这些方法得到的孔隙度值仅用于参考。

6.9.2.6 粒间孔隙度的求取

在纯地层中没有第二种孔隙度，这里的中子密度和声波孔隙度应该大体相同。如图6.37 所示，它们的有效性应该将交会图显示的值与在良好井眼环境中取得的岩心测量并校正得到的孔隙度值相比较，以确定哪类区域应用效果最好。在井眼环境普遍很差的地方需要我们采取一些主观手段。冲洗带对密度和中子孔隙度测量值的削减幅度要高于声波孔隙度的测量值。在这种情况下，一种谨慎的做法是使用计算得到的最小孔隙度值，这通常是压实良好地层的声波孔隙度值。在极端情况下，声波孔隙度值也会差得离谱，这样就需要采用非常规的孔隙度处理手段，比如参考其他涉及岩心孔隙度的测井响应（例如伽马射线）。由于工具上不同传感器的位置不同，所以地层膨胀引起测井工具粘持会影响到不同测井传感器的深度位置。因此，对于解释的不同孔隙度值进行拼接也是一种选择。这些操作的最终结果是获取最终的孔隙度值。

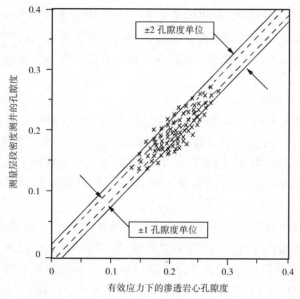

图 6.37　密度测井解释的孔隙度与有效储层压力下的岩心孔隙度的交会图

6.9.2.7 次生孔隙度

在裂隙性储层中，对于孔隙度的估算更为复杂。由于最简单裂隙的存在，中子测井和密度测井所反映的完全孔隙度就包括总的粒间孔隙度和裂隙孔隙度，而声波测井只反映粒间孔隙度。这样，裂隙孔隙度指数 I_F 可以被表示为：

$$I_F = (\phi_{ND} - \phi_S) / \phi_{ND} \tag{6.34}$$

式中，ϕ_{ND} 是中子—密度孔隙度；ϕ_S 是声波孔隙度。

微电阻率测井和多电极地层成像工具能识别裂隙的存在。那些比核测试工具测量深度更浅的表层裂隙受到钻井过程的强烈影响。由于这个原因，式（6.34）仅仅适用于井眼成像得到的结果。

6.9.2.8 孔隙度解释的质量保证

通过测井解释得到的孔隙度值需要参考经过环境校正后的岩心试验获取到的孔隙度值。有时候需要对后者针对井眼轴向上测井和岩心对于孔隙度测量的分辨率上的差异带来的影响予以校正。这些交会图的正常使用还需要良好的井眼环境。它们对于孔隙度测量的多种方法有定量的评估，并且可以发现手头上可用的最优方法。

6.9.3 纯地层烃类饱和度的预测

我们可以通过 Archie 公式［式（6.18）］和式（6.19）来计算烃类饱和度，这两个公式可以合并为以下的单一算法：

$$S_h = 1 - [aR_w / (R_t\phi^m)]^{1/n} \tag{6.35}$$

式中，R_t 是环井眼未侵入地区的电阻率；R_w 是地层水电阻率；a，m 和 n 是从岩心试验中得到的经验常数。

式（6.35）适用于储层区域内所有的测量精度。它需要输入其他参数。从这一点上讲，在没有特殊说明的情况下，采用传统的电阻率代替电导率作为电性参数。

6.9.3.1 孔隙度

我们从密度、中子密度和声波测井的岩心校正分析中了解了每一个精度级别的孔隙度。需要指出的是，尽管核测井反映的是总孔隙度，但将它校正到粒间孔隙度的过程也使得测井工具具有了针对内部连通孔隙的更好的兼容性。在没有岩心数据的情况下，采用密度或者核测井获取粒间孔隙度和裂隙孔隙度。

6.9.3.2 孔隙度系数 a 和指数 m

Archie 孔隙度系数 a 和指数 m 的值可以通过专门的岩心分析得到。这个基本的公式是 Archie 第一定律［式（6.18）］，它通过 a 和 m 联系到地层电阻率系数 F（R_0/R_w）和地层孔隙度 ϕ。式（6.18）特别针对全含水岩石。在有效的储层压力环境下通过抽样总体的每一个岩心栓研究获得 F 值和 ϕ 值。这样每一对 F 和 ϕ 的值都对应不同的岩心栓。工业上使用模拟的地层水测量 F 值。

无论是对于整个储层还是针对单个储层区域，通过对 F 值和 ϕ 值的双对数交会图回归分析可以获得 a 值和 m 值，在这一过程中边界条件忽略不计，a 和 m 都是绝对的经验值，并且只有在满足数据的测量范围的条件下，式（6.18）所得到的结果才是有效的。另外，如果考虑边界条件 $\phi=1$，$F=1$，那么系数 a 满足式（6.17），在没有岩心数据的情况下使用各种不确切的评估值（例如，$a=1$，$m=2$，它们满足边界条件）。

6.9.3.3 饱和度指数 n

饱和度指数 n 只能从专门的岩心分析中获取。这个基本的公式是 Archie 第二定律［式（6.19）］，它利用电阻率指数 I_R（R_t/R_0）计算含水饱和度 S_w。I_R 值和 S_w 值都是由测量抽样总体中含有不同干燥级别的多个岩心栓样品得到，一般（也有例外的情况）是在储层有效压力环境下。实际储层的饱和度应该在这个干燥范围之内。这样同一个岩心栓拥有多对 I_R 值和 S_w 值。工业上使用模拟的地层水测量 I_R 值。

无论是对于整个储层，还是针对单个储层区域，利用可获取的数据通过对 I_R 值和 S_w 值的双对数交会图可以获得 n 的估计值。所有的数据值都由这些点来约束控制（$I_R=1$，$S_w=1$）。不确定值是 $n=2$。

6.9.3.4 地层电阻率

地层电阻率利用感应测井和侧向测井再经过对环境和流体侵入效应的校正获得。在淡水钻井液和油基钻井液情况下使用感应测井。这里所提到的淡水钻井液就是指矿化度远低于地层水的钻井液。如果在盐水基钻井液中使用感应测井读取的地层传导率偏大，也就是电阻率偏小。侧向测井不能在油基钻井液中使用，只能用于淡水钻井液，否则读取的地层电阻率偏大。当钻井液滤液和地层水的矿化度相似时，则两种工具都能使用。这时由于侧向测井具有良好的空间分辨率而成为首选。

6.9.3.5 水的电阻率

出现一个有意义的地层水矿化度值的先决条件是储层所在地质区域内拥有代表性的地温梯度。

测量地层水矿化度的基本条件是得到未被钻井液滤液污染的原始水样。如果水样的主要（90% 以上）溶解物质是 NaCl，那么在该地温下的电阻率很大程度上可以由重复测量来决定；否则，R_w 应该在高阻抗且非极性的容器中测量。在没有水样的地方，通过测井并利用如下的方法求取 R_w。

自然电位方法是测量近井口区域电化学元素产生的电流。这种方法可以用于水基钻井液钻井中，钻井至少穿过一个厚砂岩层和一个厚泥岩层（3~6m），砂岩的电阻率适中且没有人工电流干扰，例如，没有地表的电极产生的离散电流。在淡水钻井液中，相对于砂岩层而言，自然电位测得的泥岩在泥岩基线一侧呈现出负的特征：在盐水钻井液中呈现正值。SSP 的偏向取决于水的电阻率，其计算公式为：

$$SSP = -K\lg\,(R_{mfe}/R_{we})\tag{6.36}$$

在此，负值产生负的 SP 偏向，且

$$K = 61.0 + 0.13T\tag{6.37}$$

式中，T 是地层温度，°F。

对于理想的电解质溶液，式（6.36）中 R_{mfe} 和 R_{we} 代表的值分别与钻井液滤液电阻率 R_{mfe} 和地层水电阻率 R_{we} 相同。将 R_{mf} 转换为 R_{mfe} 的过程使用的是经验关系式，在式（6.36）中输入 SSP，K 和 R_{mfe}，计算 R_{we}，并且最终逆向使用相同的经验流程将 R_{we} 转化为 R_w。这一方法能用于含烃类区的计算，但是用于地层水区域效果更佳。

Pickett 交会图法是 Archie 公式的图解应用，它可以重新表示为以下形式：

$$\phi^m = \frac{aR_w}{R_t S_m^2}\tag{6.38}$$

式中，ϕ 是指根据密度、中子和/或者声波测井得到的孔隙度值；R_t 是通过感应测井和侧向测井得到的地层电阻率；a 和 m 分别是式（6.18）中的孔隙度系数和指数；R_w 是水电阻率并且它需要估值。

式（6.38）适用于井眼环境良好的纯水区域。在地层水区域中，R_t 趋向于 R_0，S_w 趋向于 1，允许有残余烃的存在。在以 R_0 作为横坐标和以 ϕ 作为纵坐标的双对数交会图中将会得到一条以 $-1/m$ 为斜率的趋势线，即所谓的水线，这条线在点（aR_w，1）截止。因此如果通过岩心分析知道 a 值，那么就可以计算出 R_w。在实际应用中受到残余烃的影响，它会表示为一条曲线，因为这时的电阻率会偏大。由于这个原因，这条以 $-1/m$ 为斜率的趋势线在其“西南”边的点需要除去（图 6.38）。

这个 Pickett 方法也能反向运用，如果已知 R_w 和 a，或者在缺乏岩心数据时能够假定出 a 值，我们就可以计算出孔隙度指数 m。在没有一个数据得到校正的情况下，通过 Pickett 方

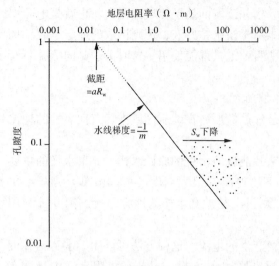

图 6.38　判断地层水电阻率的 Pickett 法示意图

法同时计算 R_w 和 m 是很冒险的，除非数据具有极高的可信度。需要指出的是，由于 Pickett 方法是基于 Archie 公式，这就需要地层水具备足够的矿化度以满足 Archie 纯砂岩环境的一致性。在使用时应该假定 R_w 在一定范围内是常数。图中与水线平行和其"东北"区域的点具有相同的 S_w 值。

这种直观的水电阻率方法又名 R_{wa} 方法，是基于 Archie 定义的地层因素：

$$R_{wa} = R_t / F \qquad (6.39)$$

式中，当水线方法测量得到的地层电阻率 R_t 与 R_o 相同时，水的电阻率 R_{wa} 等同于 R_w，即它们是一个水区域。在其他情况下，R_{wa} 大于 R_w。我们通过孔隙度 ϕ 计算 F，通过 Archie 第一定律公式得到 a 和 m。这种方法有明确的使用范围，且 R_{wa} 的最小值就是 R_w 的可能估值。需要指出的是，由于 R_{wa} 方法是基于 Archie 公式，这也需要地层水具备足够的矿化度以满足 Archie 环境的一致性。在假定符合的情况下，我们可以使用 R_{wa} 方法判断 R_w 在深度上的变化，并可能为 Pickett 方法的应用提前选定适当的层段。它也可以用于快速的岩石物理解释。

6.9.3.6　烃类饱和度的计算

在适当地输入各种数据以后，能够利用式（6.35）计算烃类饱和度。这一过程可以用于含水区（管理目的）和含烃类区。基于中子测井和密度测井对烃类流体的区分，烃类饱和度可以划分为油或者气的饱和度（图 6.39）。

我们也可利用 n 值计算测井导出的冲洗带电阻率，以及在预测区域内的冲洗带含水饱和度 S_{xo}，且水中没有混入钻井液滤液：

$$S_{xo} = \left[aR_{mf} / (R_{xo}\phi^m) \right]^{1/n} \qquad (6.40)$$

其中：
$$S_{xo} = 1 - S_{ro} \qquad (6.41)$$

这一过程可以用于含水区域和含烃类区。如果没有测量微电阻率的设备或工具，则不能使用式（6.40），但是如果有非常低敏感度和高频的介电测井仪，则仍然有可能求出 S_{xo}。在含水区域对冲洗带的含水饱和度的计算可以指示真实的（最初的）残余油饱和度（S_{ro}），且在 $S_{xo}=1$ 的情况下借助这一计算可以进行冲洗带的质量控制。在水基钻井液中，我们对比未侵入带和冲洗带的含水饱和度值，可以识别出残余油的存在是原始的还是人为的。当 $S_{xo} \approx S_w$ 时，残余油是原始的，否则它们就不是。

在对含油气区域的淡水钻井液钻井中，所有范围的不同含油饱和度都可以通过以下公式求取：

$$S_{mo} = S_{xo} - S_w \qquad (6.42)$$

式（6.42）中假定所有可流动烃类都已经被流体驱替。如果不是这样的话，S_{mo} 将是一个估计值。

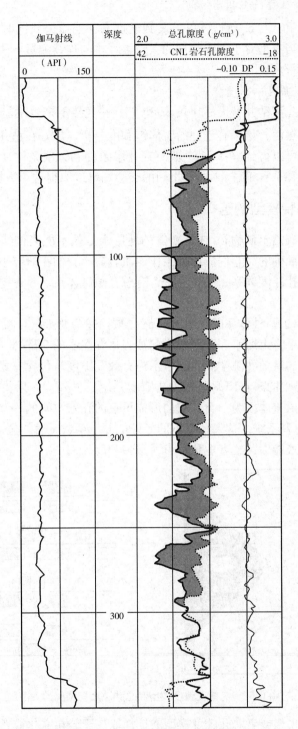

图 6.39 根据北海盆地南部赤底组内中子与密度测井
交叉识别气藏的实例（据斯伦贝谢公司）

6.9.3.7 烃类饱和度估算的通用方法

利用式（6.30）和式（6.33）可以扩展到通过测井响应公式同时求取孔隙度和含水饱和度。这种方法可以当成是对于测井数据的大致解释。与连续测量方法不同的是，在质量控制过程中不能同时进行分析。

6.9.3.8 烃类饱和度解释的质量保证

如果使用油基钻井液钻井就无法比较 S_{xo} 和 S_w，并且接下来也不能运用式（6.42）计算变化的含油饱和度。然而，如果有岩心的流体饱和度分析，最好在钻井液体系中附带有环境兼容的示踪剂，则也可以得到解释的 S_w 值。在井眼条件和分层条件良好的基础上，利用测井获得的含水饱和度和来自于岩心的 S_w 之间的交会图可以取得这个数据。

6.10 泥岩地层解释模型的选择

如果目的地层含有黏土矿物和/或者新鲜的地层水，就不能当作纯砂岩处理，因为其岩石物理解释结果是不准确的。它们应该被当作泥质砂岩。我们在研究中一般使用两种解释模型：一种是含有有效孔隙度体系；另一种是含有总孔隙度体系。首先需要决定的是选用哪种模型。

图 6.40 简要介绍了两种体系间的关系，储层被描述为骨架、干黏土、电化学束缚水和自由水 4 种成分。如果将束缚水和干泥岩一起被当作湿泥岩的一部分（V_{sh}），保留的电化学自由流体会占据一定的有效孔隙空间，且表示为有效孔隙度。包含有式（6.21）中的系数 x 所表示 V_{sh} 的额外传导率的解释模型是有效孔隙度系统。另外，如果将干泥岩中的束缚水单独考虑并与电化学自由流体视为一类，它们形成了总的孔隙空间的一部分，我们就需要使用针对总孔隙度 ϕ_t 的解释系统。这种情况下的额外电导率系数 x 通常包括单位孔隙空间 Q_v 中黏土矿物正离子的交换能力，或者电化学束缚水饱和度 S_{wb}。

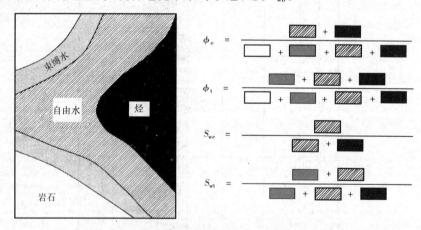

图 6.40 有效孔隙度模型和总孔隙度模型间的关系

对于有效孔隙度模型或者总孔隙度模型的选择取决于公司文化或者软件的限制。然而我们能够根据岩石物理属性这一技术性的基础做出抉择。在已知目的储层区域骨架属性的情况下，我们在对泥页岩层段的研究中使用 Archie 有效孔隙度模型。当储层区域骨架属性被当作常数时，就能够使用非 Archie 的总孔隙度模型。

由于两种模型所需要输入的数据不同，因此在解释工作开始之前就应该在非 Archie 有效孔隙度模型和非 Archie 总孔隙度模型中作出选择。

6.11　使用有效孔隙度模型预测泥岩地层岩石物理属性

使用有效孔隙度模型预测岩石物理属性遵循如图 6.41 所示的结构流程。有效孔隙度模型在运作过程中需要预测湿泥岩体积 V_{sh} 以及它带来的影响。V_{sh} 的使用可以对通过测井响应求取孔隙度的过程予以校正；将 V_{sh} 应用于泥质砂岩公式中，可以得到含水饱和度，进一步可以得到烃类饱和度。

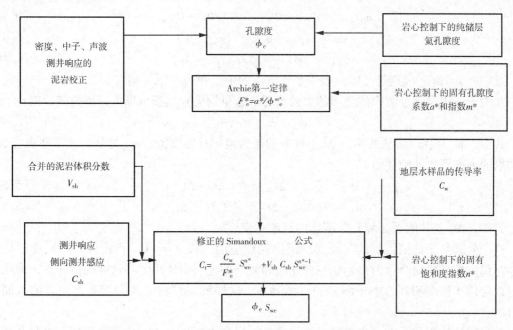

图 6.41　使用有效孔隙度模型解释泥岩储层岩石物理属性的结构图（电性以传导率的方式表示）

6.11.1　使用有效孔隙度预测泥质岩层的岩石物性（V_{sh}）

有多种方法求取 V_{sh} 并且针对自己的目的选择一种适当的方法是十分重要的。V_{sh} 值依赖于泥岩地层层间属性。

求取 V_{sh} 最为常用的方法是伽马射线测井。它通常针对线性模型。模型假定最纯储层岩石中的 $V_{sh}=0$，伽马射线响应 GR 是最小值 GR_{min}，且泥岩储层中的 $V_{sh}=1$，地层不富集铀或者是不受它的影响，伽马射线响应达到最大 GR_{sh}。

$$V_{sh} = (GR - GR_{min}) / (GR_{sh} - GR_{min}) \tag{6.43}$$

这个过程中也存在问题，即泥岩并不仅仅是黏土矿物的集合。总的说来，泥岩只是泥岩层中的一部分。利用式（6.43）计算 V_{sh}，就会估值过高。另外，基于物理基础的孔隙度工具测量得到的自然伽马并不精确，对这些响应需要进行泥岩校正。当我们将测井解释得到的孔隙度与相对精确的岩心试验得到的孔隙度值对照以后，就会部分解决上述问题。然而更好的技术手段是寻求一种让 V_{sh} 与孔隙度测井响应更为兼容的计算方法，这样会得到更为精确的结果。它们是中子测井、密度测井和声波测井。

对于中子测井和密度测井，我们采用中子—密度联合测井技术计算泥岩属性：

$$V_{shND} = (\phi_N - \phi_D) / (\phi_{Nsh} - \phi_{Dsh}) \tag{6.44}$$

式中，V_{shND} 为利用专门联合测井计算得到的泥岩部分体积；ϕ_N 和 ϕ_D 分别是根据中子测井和密度测井响应读取的泥岩地层孔隙度；ϕ_{Nsh} 和 ϕ_{Dsh} 分别是根据中子测井和密度测井响应读取的特定泥岩孔隙度。

在得到大致刻画的骨架单位（比如，在砂质储层的砂岩单位）或者通过简单的测井响应计算公式，我们能通过测井手段读取孔隙度：

$$\phi_N = (\Phi_N - \Phi_{Nma}) / (\Phi_{Nf} - \Phi_{Nma}) \tag{6.45}$$

$$\phi_{Nsh} = (\Phi_{Nsh} - \Phi_{Nma}) / (\Phi_{Nf} - \Phi_{Nma}) \tag{6.46}$$

$$\phi_D = (\rho_{ma} - \rho_b) / (\rho_{ma} - \rho_f) \tag{6.47}$$

$$\phi_{Dsh} = (\rho_{ma} - \rho_{sh}) / (\rho_{ma} - \rho_f) \tag{6.48}$$

式中，Φ_{Nf} 和 ρ_f 分别是井附近地带孔隙流体的中子和密度测井响应。

在中子—声波交会图中能使用相似的流程。这里的泥岩体积可以由以下公式给出：

$$V_{shNS} = (\phi_N - \phi_S) / (\phi_{Nsh} - \phi_{Ssh}) \tag{6.49}$$

式中，ϕ_S 是从声波测井响应 Δt 上读取的泥岩地层孔隙度值；ϕ_{Ssh} 是从声波测井响应 Δt_{sh} 上读取的内部泥岩孔隙度值。

$$\phi_S = (\Delta t - \Delta t_{ma}) / (\Delta t_f - \Delta t_{ma}) \tag{6.50}$$

$$\phi_{Ssh} = (\Delta t_{sh} - \Delta t_{ma}) / (\Delta t_f - \Delta t_{ma}) \tag{6.51}$$

式中，Δt_f 是井附近区域孔隙流体的声波响应。

这个公式对于前面提到的欠压实地层也同样适用。式（6.44）和式（6.49）能够应用于相对稳定的矿物组合，但是不能在变化快和复杂的地层中使用。在这样的情况下，通用方法可以应用于密度测井、中子测井和声波测井。这样就需要将公式扩展到将泥岩纳入储层成分。

湿泥岩的体积和孔隙度也能通过以骨架、泥岩和水为顶点的三角图解得到。这与利用基本的响应公式的效果相同。

6.11.2 孔隙度的估算

首先需要做的是修正泥质含量给孔隙度测井带来的影响。孔隙度测井最好使用体积变量 V_{shND} 和 V_{shNS} 来予以修正。中子测井和密度测井使用以下公式来进行修正：

$$\Phi_{Ncorr} = \Phi_N - V_{shND} (\Phi_{Nsh} - \Phi_{Nma}) \tag{6.52}$$

$$\Phi_{bcorr} = \Phi_b - V_{shND} (\Phi_{sh} - \Phi_{na}) \tag{6.53}$$

式中，Φ_N 和 Φ_b 分别是经过适当的轻烃影响修正后的中子和密度测井响应，且 Φ_{Ncorr} 和 Φ_{bcorr} 是经过泥岩效应校正后的相同测井响应。

声波测井校正使用下面的公式：

$$\Delta t_{corr} = \Delta t - V_{shNS} (\Delta t_{sh} - \Delta t_{ma}) \tag{6.54}$$

式中，Δt_{corr} 是经过泥岩效应校正后的声波测井响应。从理论上通过骨架几何识别泥岩校正取代了湿泥岩部分。

经过校正后的测井响应相当于纯的储层岩石响应。对于孔隙度的计算，现在可以遵循纯砂岩的模式，且能确保相同的质量。

6.11.3　烃类饱和度的预测

当我们对目的层段估计了不同精度的孔隙度以后，接下来需要做的工作就是估算本身的 Archie 孔隙度系数、孔隙度指数和饱和度指数，并将它们输入泥质砂岩公式去计算含水饱和度和烃类饱和度。

6.11.3.1　求取固有的 Archie 系数和指数

在通过式（6.21）求取地层系数 F^* 之后，通过固有（泥岩校正）的电学属性可以分别得到参数 a^*，m^* 和 n^*。

a^* 和 m^* 的取得是基于对 F^* 的回归分析和孔隙度数据，这里的 F^* 可以通过两种方法获得。首先 F^* 能够通过对岩心的多矿化度传导率测量获得。当岩心充满不同传导率 C_w 的电解质溶液时对它进行多次测量，这样就能获得式（6.21）中的 F^* 与 x 的回归分析。这种方法可靠，但是很昂贵。另外一种方法是通过 C_w/C_o 或者 R_o/R_w 对岩心栓的 F^* 直接测量，这里的 R_o 是指饱含电阻率为 R_w 的电解质溶液时岩石的电阻率，并且拥有足够高的矿化度使得泥岩效应可以忽略不计。这种方法事先需要多矿化度的传导率数据，以使图 6.31 变得有意义。一旦获得 F^* 值，就可以进行孔隙度双对数回归求取 a^* 和 m^*，或者在边界条件允许的情况下只计算 m^*。

我们是基于 I_R^* 和含水饱和度的关系计算 n^*，这里的 I_R^* 是固有的电阻率系数（即经过泥岩效应校正后的 I_R）。I_R^* 值可通过两种方法获得。首先是利用与 Simandoux 形式一致的泥质砂岩公式，它运用以下公式输入，利用在部分充满传导率为 C_w 的模拟地层水的岩心栓上测量的 I_R 和 S_w：

$$I_R^* = I_R \left[C_w + (x/S_w) \right] / (C_w + x) \tag{6.55}$$

这里的 x 是在饱含电解质溶液状态下预先从相同岩心栓上利用多矿化度传导率测量的值。否则就使用另一种方法依靠岩心栓的比率 R_t/R_o 或者 C_o/C_t 去直接测量 I_R^*，这里的 R_t 是部分饱和高矿化度的电解质溶液使得泥岩效应可以忽略不计情况下的岩石电阻率。同样，这样的情况需要预先得到多矿化度传导率数据，以使图 6.31 变得有意义，尽管使用部分不饱和降低了数据的精确性。一旦获得了 I_R^* 值，我们就可以使用它与含水饱和度的双对数图求取 n^*，这一方法在油田范围或者储层区域范围内都能使用。

6.11.3.2　泥质砂岩公式的应用

有几个公式可以计算含水饱和度和相应的烃类饱和度。这里需要输入 R_t，R_w，a^*，m^*，n^*，V_{sh} 和 R_{sh}，这里的 R_{sh} 来自于对厚层泥岩深部电阻率测井响应的解释。下面两个公式分别是最为常用的、改进的 Simandoux 公式和 Indonesia 公式：

$$1/R_t = \phi_e^{m^*} S_w^{n^*} / (a^* R_w) + V_{sh} S_w^{n^*-1} / R_{sh} \tag{6.56}$$

$$(1/R_t)^{0.5} = \left[\phi_e^{m^*} S_w^n / (a^* R_w) \right]^{0.5} + (V_{sh}^{2-V_{sh}} S_w^n / R_{sh})^{0.5} \tag{6.57}$$

输入饱和度指数作为未校正的 n。利用这种方法计算 S_w 比 Archie 公式更为复杂，有时需要反复迭代。这些公式都能像式（6.42）一样计算冲洗区域的冲洗带含水饱和度以及可动烃的量。尽管 Indonesia 公式被认为更适合计算包含新鲜水的泥岩储层的 S_w，但目前还没有明确的标准用于对上述公式的选择。Indonesia 公式利用更为简捷的数学关系解决问题，但是会产生几个不太精确的 S_w 结果。两个公式的计算结果都应该得到像 Archie 公式一样的质量保证（图 6.42）。

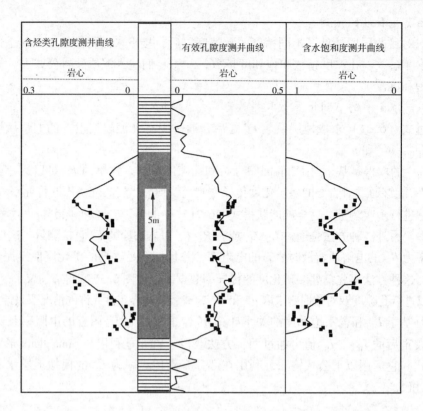

图6.42 在泥岩储层中测井获取的孔隙度与通过岩心孔隙过滤分析得到的含水饱和度数据比较

6.11.3.3 通用方法

通用方法利用有效孔隙度体系计算 V_{sh}、孔隙度和含水饱和度。在这种情况下，孔隙度测井应该事先经过轻烃效应校正，而不是泥岩效应校正。

6.12 使用总孔隙度模型预测泥岩地层岩石物理属性

图6.43显示了使用非 Archie 总孔隙度模型解释岩石物理属性的示意图。非 Archie 总孔隙度模型将黏土矿物中的电化学束缚水和大孔隙中的水分为一类。干的黏土矿物属于（纯）岩石骨架的一部分。骨架属性就包括了纯骨架和干泥岩的任意组合。假定岩石骨架和干泥岩拥有相同的物理属性，这一假设除了密度以外，其他属性大体上满足。需要指出的是，如果骨架密度随深度变化，则需要干泥岩密度遵循这一变化规律。

6.12.1 孔隙度计算

这一方法将密度测井作为唯一求取孔隙度的工具。通过估算冲洗带的含水饱和度进行轻烃效应校正。随后通过基于岩心颗粒密度的准骨架密度，用准纯砂岩模型对密度测井响应予以解释。

6.12.2 烃类饱和度的计算

对于含水饱和度和烃类饱和度的计算都需要考虑到式（6.21）中提到的非 Archie 效应。在这种情况下不是针对 V_{sh} 考虑泥岩效应，而是针对单位岩石孔隙空间中阳离子的交换能力 Q_v。对烃类饱和度的计算分为三步。第一步，使用实验室得到的 Q_v 校正从岩心分析得到的

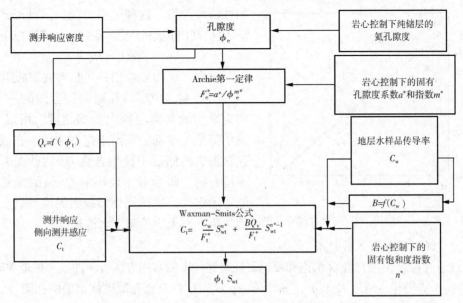

图 6.43　在泥岩储层中使用总孔隙度模型进行岩石物理解释的结构图
电性以传导率的形式表示

F 和 I_R，并计算出固有的 Archie 系数 a^*、指数 m^* 和 n^*。第二步，建立一个预测工具从井下测量数据中预测 Q_v，通常是通过孔隙度。第三步，通过一个专门的泥质砂岩公式计算含水饱和度，然后得到烃类饱和度。

6.12.2.1　求取固有的 Archie 系数和指数

我们的准备工作是通过实验室测量获取 F^* 和 I_R^*。就像在非 Archie 有效孔隙度模型中的情形一样，这里的 F^* 和 I_R^* 可以通过多矿化度传导率测量或者极高矿化度的一次性传导率测量得到。

然而在这里还有第三种选择，并且经常被用到。在总孔隙度模型中设置复合泥岩参数 $x = BQ_v$，这里的 B 是刻画单位孔隙空间的单位泥岩交换阳离子传导能力大小的一个参数。由于 Q_v 的量可以由实验室测得，且通过 R_w 与温度的函数可以计算出 B，根据公式 $x = BQ_v$，F^* 和 I_R^* 的值可以分别由式（6.21）和式（6.55）求得。在这一操作过程中，使用湿化学的方法测量阳离子的交换能力存在困难，这也是计算 Q_v 的基础，由于样品需要物理风化，这一点实际上很难重现。因此，这一数据有很强的主观性。在过去 30 年的文献中也出现了很多有关 B 和 R_w 的关系式。在工业应用上倾向于使用 Juhasz 公式，然而对于演算步骤还存在很多争议。

$$B = \frac{-1.28 + 0.225T - 0.0004059T^2}{1.0 + R_w^{1.23}\,(0.045T - 0.27)} \tag{6.58}$$

式中，T 是温度，℃。

现在 a^*，m^* 和 n^* 的值可以通过 F^* 与孔隙度的关系式以及 I_R^* 与 S_w 的关系式求得。

6.12.2.2　依靠井下测量预测 Q_v

总孔隙度模型的主要弱点就是需要对于井下 Q_v 进行不同精度的预测。目前还没有直接的方法对它进行计算，因此在实际操作中是建立 Q_v 与可以从井下测量得到的一些参数的预

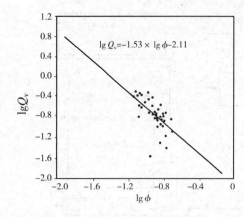

图 6.44 北海一个油田的 Q_v 与孔隙度交会图

测性演算关系。这种关系表现为多种形式。如果 Q_v 值呈现出正态分布，我们就会使用以下关系：

$$\lg Q_v = D\phi + E \qquad (6.59)$$

式中，D 和 E 分别是回归系数和截距。

图 6.44 为 Q_v 与孔隙度交会图的一个例子。因为采用的是典型的大数据刻度，所以对于 Q_v 的估值是不精确的。由于这个原因，在或多或少包含泥岩的储层中使用含有 Q_v 的砂泥岩公式是不适合的，因为对于较小的 Q_v 值的预测有很大的不确定性，这样就会影响到泥质砂岩公式的使用效果，而无法预测含水饱和度。

6.12.2.3 泥质砂岩公式的应用

通过总孔隙度模型计算含水饱和度以及烃类饱和度的常用方法有两种。一种是 Maxman-Smits 公式，需要输入 R_t，R_w，a^*，m^*，n^*，B，Q_v 以及总孔隙度体系中的孔隙度 ϕ_t：

$$1/R_t = \phi_t^{m^*} S_w^{n^*} / \left(a^* R_w\right) + BQ_v \phi_t^{m^*} S_w^{n^*}/a^* \qquad (6.60)$$

另一种是 Clavier 等人的双水模型测井解释，它需要分别输入 R_t，R_w 和 ϕ_t，以及电化学束缚水电阻率 R_{wb}、电化学束缚水饱和度 S_{wb}，n^*，a^* 和 m^* 的专门形式、记录的 a_o^* 和 m_o^*，并建立 F_o^* 与孔隙度间的回归。这里的 F_o^* 是对于地层固有因素的几何修正，可以表示为：

$$F_o^* = F^* \left(1 - S_{wb}\right) \qquad (6.61)$$

双水测井解释模型可以表示为：

$$1/R_t = \phi_t^{m_o^*} S_w^{n^*} / \left(a_o^* R_w\right) + S_{wb} \left(R_w - R_{wb}\right)$$
$$\phi_t^{m_o^*} S_w^{n^*-1} / \left(a_o^* R_w R_{wb}\right) \qquad (6.62)$$

就像式（6.42）一样，式（6.60）和式（6.62）能够应用于冲洗带区域计算冲洗带含水饱和度 S_{xo} 以及可动烃的量。对于这两个公式的选择，目前还没有定论。在求取 Q_v 中遇到的问题在计算 S_{wb} 时也会遇到。

在计算参数 Q_v 和 S_{wb} 时遇到的问题能够使用式（6.60）和式（6.62）的变形公式解决。Juhasz 引入了 Maxman-Smits 公式的标准化形式，使用 V_{sh} 表示泥岩因素：

$$1/R_t = \phi_t^{m^*} \phi_w^{n^*} / \left(a^* R_w\right) + V_{sh} \left(a^* R_w - R_{sh} \phi_{tsh}^{m^*}\right)$$
$$\phi_t^{m^*-1} S_w^{n^*-1}/a^* \phi_{tsh}^{m^*-1} R_w R_{sh} \qquad (6.63)$$

式中，ϕ_{tsh} 是从泥岩地层的密度测井响应中读取的湿泥岩孔隙度。

$$\phi_{tsh} = \left(\rho_{cl} - \rho_{sh}\right) / \left(\rho_{cl} - \rho_{wb}\right) \qquad (6.64)$$

式中，ρ_{cl} 是干黏土密度，它在总孔隙度模型中与骨架密度相同；ρ_{wb} 是束缚水密度，它通常是统一的常数。

双水测井公式在响应形式上与式（6.63）是相同的。这里的 a^* 和 m^* 分别被 a_o^* 和 m_o^* 所取代。这个公式是有效孔隙度和总孔隙度的结合。泥质砂岩公式的使用应该拥有像 Archie 情况下一样的质量保证。

在总孔隙度系统中，程序化岩石物理解释就像图6.4所示的那样，所不同的是无法得到 V_{sh}，且孔隙度和含水饱和度都与总孔隙度有关。

6.12.2.4　通用方法

通用方法不适合在总孔隙度系统中使用。其使用的前提是干黏土与岩石骨架拥有相同的物理属性。尽管大致上除了密度以外的属性都满足条件，但还是有其他的属性不满足条件，比如声波传输时间。

6.13　渗透率的预测

目前还没有标准的方法依靠井下物理测量来预测粒间渗透率，并且这些方法都是基于经验的岩心校正。我们有3种形式通过静态测量定量预测渗透率。

从最基本的形式上看，我们需要应用岩心孔隙度来校正岩心渗透率，这两者都是通过传统的岩心测量获得。既然渗透率取决于连续的孔隙空间，那么孔隙度与渗透率之间就没有特定的关系。在未固结岩石中，我们有可能建立孔隙度、渗透率，以及一些测量到的孔隙直径（孔隙尺寸分布）和特殊的表面（比如，Kozeny - Carmen模型）之间的关系。由于相似的沉积环境形成岩性相似，这就有可能建立孔隙度和渗透率之间的大致关系，但作用有限。这种关系随地层和岩石类型的变化而改变，且它能反映孔隙几何特征的变化。图6.45展示了不同岩石类型孔隙度与渗透率的变化趋势。全油田范围的 K 和 ϕ 的交会图能够给出散点分布，当输入特定的地层区域、岩性单元或者沉积相类型时能见到散点明显的收敛。通过对数回归分析方

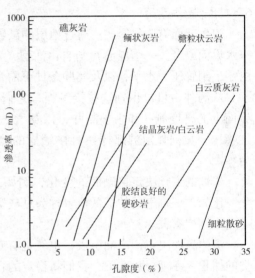

图6.45　不同岩石类型的孔隙度与渗透率的变化趋势（据岩心实验室）

法，利用从测井手段直接得到的孔隙度可以预测渗透率。这一过程拥有重大的意义，因为这里的岩心数据既没有在有效储层压力环境测量，也没有去校正。

更为复杂的方法是通过反映孔隙几何形态（例如，骨架表面积）和孔隙喉道大小（例如，毛细管压力和含水饱和度）的附加参数来校正岩心渗透率。我们还有更多的手段得到更好的预测效果，但是如果这些技术仅限于实验室的话，这些关系的价值就会大打折扣。调查人员还引进了一些大概的方法，比如通过特殊的伽马射线测井技术推测骨架表面积。

第三种方法是通过多种测井响应，比如密度测井、中子测井和伽马测井建立多重变化关系，结合岩心分析预测粒间渗透率。

上述过程并不能提供油田范围内的渗透率。受到测井工具空间分辨率的限制，它们只能得到粒间孔隙度的预测，尤其是在薄层状储层中因为次生（裂隙性）流体明显而无法有效预测。由于这个原因，工业应用上采用了多种方法解决渗透率的问题。最新的方法是使用更为复杂的井下测量。

当流体进出地层时，就会部分影响到沿井眼传播的斯通利波能量的衰减。当电子声波工具产生的波沿着井眼传播时，井下流体受到压差的作用会向地层中移动。文献中已经出现了无论是石灰岩还是碎屑岩的几种波与渗透率之间的关系。影响斯通利波对渗透率预测的因素有侵入带的气体、水平井的敏感度下降和厚滤饼的负面效应。

结合其他手段，磁共振成像技术记录孔隙流体氢原子核的磁化作用和横弛豫时间（T_2）。通过磁化作用可以预测磁共振孔隙度 ϕ_{MR}。通过 ϕ_{MR} 和 T_2 的功效函数可以预测粒间渗透率。后者有个优点，就是消除了第二孔隙度效应。由于功效函数反映的是孔隙大小，而不是孔喉的尺寸，磁共振手段在预测渗透率方面带有经验主义的成分。

6.14 综合储层模型的输入

6.14.1 流体界面

流体界面有3种形式。通过地层测试数据，我们能够将这些压力界面分为自由水型（油—水界面或者气—水界面）与自由油型（气—油界面）。这些自由流体表面分别对应于实际的零毛细管压力水平，以及实验条件下的亲水岩石和亲油岩石的毛细管压力数据。

从测井中可以识别这些接触面，它们代表测量物理属性的不连续性，例如，在气—油界面上的密度测井和中子测井，以及气—水或者油—水界面上的电阻率测井。就像岩心毛细管压力数据显示的那样，对接触面的测量等同于自由流体在极端情况下进入门槛压力为零。

岩性的变化决定接触面的变化，例如，在一定的泥岩深度范围内可以预见到界面的变化。比如，识别气层的最低位置称为见气下界，识别油的最高位置称为见油上界。这些位置与储层结构有关。

流体界面决定了产油层段，也就是有效产层。油水界面的位置从根本上决定了可采出烃类的体积。在理想状况下，我们将稳定的自由水平面当作油水接触面，而不是从测井中读取的油水界面，但是在实际操作中还需要综合多种因素。

6.14.2 有效产层

有效产层是从产油区域地层的角度来定义的。因此，有效产层是指拥有潜在商业价值的产油层段，而不是油藏，这是一个计算油气采收率的术语。我们将所得到的有效砂岩层和有效储层的数据分类，最后得到有效产层。

有效砂岩需要有良好的储层质量，即不含有能降低储层物性的黏土矿物。我们通过伽马测井或者是 SP 测井响应来筛选出有效砂岩。一种识别砂岩边界的方法就是建立一个门槛值，在这个范围以外的数据对于烃类相关计算影响不大。对于有效孔隙度模型来说，有效砂岩的判别往往是基于湿泥岩部分体积 V_{sh} 的关键值，且可以通过一般的预测手段获得。对于总孔隙度模型来说，首先就要确定有效砂岩，因为平均骨架密度就是针对这个划定的范围。

有效储层特别强调良好的孔隙度属性。它通常是通过有效砂岩范围内的孔隙度测井响应来判别。我们能够通过有效砂岩来判别储层边界，但考虑到流动流体对于边界孔隙度的影响，有时是基于孔隙度和渗透率的交会图。

有效产层需要良好的烃类饱和度，通过有效储层区域的烃类饱和度测井手段识别。

大多数的商业测井分析工具包中包含有计算边界的子程序。一旦确定了边界，也就是得到了有效产层的边界。对于圈定的储层属性取平均值。有时有效产层还需要设定最小厚度，比如每层不小于 0.25m。

6.14.3 平均值分区

对于平均值分区的计算，需要使用到地层单元与储层属性相关的所有解释数据。以地层预测为目的，根据不同的储层划分方案利用岩石物理解释，予以分区。这里的解释过程针对每个小的岩石物理单元，然而这一阶段解释的储层属性是地层单元中有效产层的平均值。下面的公式就是用于计算给定区域满足边界条件范围内的平均值。

6.14.3.1 孔隙度

平均孔隙度 ϕ_{av} 可通过下式计算：

$$\phi_{av} = \frac{1}{n}\sum_{j=1}^{j=n}\phi_j \tag{6.65}$$

式中，ϕ_j 是给定储层有效产层第 j 次解释得到的孔隙度。

6.14.3.2 含水饱和度

平均（加权孔隙度）含水饱和度 S_{wav} 可通过下式计算：

$$S_{wav} = \frac{\sum_{j=1}^{j=n}\phi_j S_{wj}}{\sum_{j=1}^{j=n}\phi_j} \tag{6.66}$$

式中，S_{wj} 是给定储层有效产层第 j 次解释得到的含水饱和度。

由于式（6.66）是线性的，它可以表示为烃类饱和度以替代含水饱和度。

6.14.3.3 可动油

可以使用与式（6.66）的相同形式来计算式（6.42）涉及的可动油平均值，只是需要用 S_w 替代 S_{mo}。

6.14.4 饱和度与厚度的函数关系

饱和度与厚度的函数关系可用于计算含水饱和度，以及进一步得到烃类饱和度，且可得到网格化制图中的节点数据。运算基于厚度且在亲水体系中，使用高于自由水平面的厚度与含水饱和度间的经验关系式。

测井手段获取的饱和度随厚度变化数据的校正标准是实验室测得的毛细管压力。毛细管压力的变化反映的是孔喉大小，而不是孔隙尺寸，特别重要的一点是，尽可能地保证在有效储层压力环境下进行实验室测量。这一测量所需的高额费用往往使得这一条件无法满足。由于实验室测得的毛细管压力数据对于围岩环境的高度依赖，对于依靠这些数据来校正测井或者岩心分析得到的饱和度不要抱太大希望。

可以利用的模型有 3 种类型。式（6.13）的 J 函数利用毛细管压力、孔隙度和渗透率来规范毛细管压力的作用。它采用式（6.15）的形式可以求取含水饱和度。函数关系在油田实际应用中需要知道孔隙度和渗透率，并且是网格化的形式。在 J 函数中经常使用渗透率预测值替代孔隙度。替代的渗透率值的不精确性会降低公式本身的使用效果。另外，毛细管压力值必须重新表示为自由水平面以上的厚度（对于亲水体系），这样 J 函数才能对给定区域的值进行计算，且接下来使用式（6.15）的算法预测 S_w 值。

第二类函数简单且没有上述不利因素，它使用饱含水的孔隙度作为预测的随机变量，而且结合厚度作为预测元素。这一过程中没有使用到渗透率。这一函数适用于含有大量地层水区域，且能预测出高于自由水平面的厚度。

第三种函数更加灵活，但是更为复杂，需要根据 S_w 和厚度数据一步一步去作曲线图。Skelt 和 Harrison 曾经尝试过这种方法。

6.14.5　尺度上推渗透率方法

和流体饱和度一样，渗透率是油藏工程函数中重要的岩石物理属性。在岩心栓尺度上对渗透率的测量并不能满足测试或者储层等值线尺度的要求，通常需要偏向大的刻度。图6.46 显示了渗透率分布的一些例子。

当流体流动方向平行于成层砂岩层面时 ［图6.46（a）］，每层渗透率的厚度加权算术平均能够精确地表示出该方向流体的平均渗透率。如果流动方向垂直于层面 ［图6.46（b）］，就可以使用调和平均的方法求取渗透率。

对于渗透率场任意分布的情形 ［图6.46（c）］，使用几何平均的方法计算大致的平均渗透率。然而对于大尺度渗透率的任意场的计算，有一种更为适当的方法就是使用小网格的数学公式法。我们重要的目标就是核对通过岩石物理预测的渗透率与试井的动态结果。

我们通过测量环境（压力、温度、流体成分）、非均质性和测量尺度、数据量来比较通过岩心与试井分析得到的渗透率，通过平均的或者高标度端的方法从岩心中获取渗透率以及试井数据。岩心分析的平均渗透率变化取决于取样频率和使用的平均技术。平均技术所选用的应该是最符合近井眼实际流体的模型。

由于许多地层都是层状的，试井数据分析得到的渗透率与逐层渗透率算术平均得到的结果最为吻合，而对逐层岩心数据的调和平均法得到的是垂向上的平均渗透率。然而，文献上比较了岩心平均渗透率和通过压力恢复计算出来的现场渗透率结果表明，几何方法更好地描述了一些储层的饱和度，而算术平均法则在另外一些储层的水平渗透率的描述上占有优势（图6.47）。

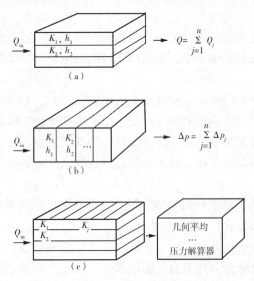

图6.46　渗透率分布的例子

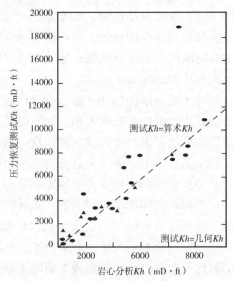

图6.47　从岩心分析和压力恢复测试中得到的 Kh 数据的比较

使用渗透率探针可以提高渗透率测量的分辨率，去捕获小规模地质特征带来的影响，比如层理和裂缝。对于探针获取的渗透率数据的平均，理想的方法是基于小骨架流体模型，而不是简单地采取几何或者算术的方法去平均。

通常岩心平均和试井得到的渗透率会出现矛盾。在好的储层预测过程中，需要综合这两方面的数据。通常使用交会图的方法来协调这两种渗透率间的关系。总的说来，在流体单元尺度上的计算所输入的是试井分析得到的渗透率结果。岩心分析得到的结果更好地反映了渗透率变化的细节信息，这对于精细储层描述是十分重要的。测井分析扮演了一个重要的中间尺度测量的角色。

6.15 岩石物理学的未来

在该学科过去 20 年的发展历程中，主要的进步是数据获取技术上的突飞猛进。除了 NMR 测井分析以外的基础岩石物理解释方面没有得到相应的发展。在测量数据得到解释之前首先要获取到数据，这一点是无法改变的。人们已经将注意力从原先的问题转向大量出现的新的和先进的测井工具，比如，基础的电阻率测井解释。我们仍然无法回避这些问题，且并没有因为数据获取技术的进步而消失。目前的情况是我们的测量技术超前于我们的解释技术。

岩石物理学涉及地下石油技术和工程的所有方面，从勘探和评价、油田开发到油藏的管理以及老油田采收率的提升。许多的油气突破来源于薄层、超深和复杂的地质情况。水平井和小井眼技术的普及给地层数据的获取和预测带来了技术挑战。为了得到定量的地层参数和减小技术的不确定性，我们需要经济可行的并且能取得有效的岩石物理数据的程序和预测技术。放眼未来，岩石物理技术有望在以下方面取得进步：

（1）三维（3D）岩石物理技术。综合岩石物理和地质的知识，通过井和延伸到井内空间的地震勘探技术有望得到岩性、孔隙度和流体类型的信息。通过建立静态地质和动态流体的模拟模型，岩石物理学家们有望在 3D 空间上识别岩相、静态流体单元、收集和预测岩石物理属性等方面发挥更大的作用。

（2）提高成像测井和 NMR 测井的解释技术和算法，使得这些测量技术发挥最大的潜能。成像测井提供了大量的数据（例如，薄层分析），但是分析速度或者分析手段的缺乏使得它在岩石物理领域的使用受到很大的限制。NMR 测井技术提供了独立于岩性的孔隙度、可流动流体的体积和对地层渗透率的预测。然而，对于岩石物理的经验模型还需要改进，尤其是在新区。

（3）数据开发这种新的或者是正在使用的数据分析技术以后将会在岩石物理领域大放异彩。数据开发包含有旨在从数据中提取可控信息的一系列技术（例如，神经网络和模糊逻辑）。这一过程包括分类、关联、集成、误差校正以及趋势分析。

6.16 致谢

感谢 Dick Woodhouse 在手稿的严格校验和输入方面提供的帮助。感谢 Baker Atlas 公司、哈里伯顿公司、斯伦贝谢公司、岩心实验室、Enterprise Oil 公司和 Sperry Sun 公司提供的大力帮助。

参 考 文 献

[1] G. E. Archie 1950. Introduction to petrophysics of reservoir rocks. AAPG Bulletin 34 (5), 943 – 961.

[2] J. T. Dewan 1983 Essentials of Modern Open-hole log Interpretation. Tulsa, Oklahoma: PennWell, 361 pp.

[3] R. Desbrandes 1985 Encyclopedia of Well Logging. London'Graham and Trotman, 584 pp.

[4] J. R. Hearst and P. H. Nelson 1985 Well Logging for Physical Properties. New York'McGraw-Hill, 576 pp.

[5] M. H. Rider 1986 The Geological Interpretation of Well Logs. New York: John Wiley, 175 pp.

[6] Schlumberger 1989 Log Interpretation Principles/Applications. Houston, Texas: Schlumberger Educational Services.

[7] P. Theys 1991 Log Data Acquisition and Quality Control. Paris'Editions Technip, 330 pp.

[8] D. Tiab and E. C. Donaldson 1996 Petrophysics: Theory and Practice of Measuring Reservoir Rock and Fluid Transport Properties. Houston'Gulf Publishing, 706 pp.

[9] P. F. Worthington 1995 Application of investigative engineering to formation evaluation. 1'Systemics of petrophysical interpretation. Scientific Drilling 5, 177 – 189.

[10] X. D. Jing, J. S. Archer and T. S. Daltaban 1992 Laboratory study of the electrical and hydraulic properties of rocks under simulated reservoir conditions. Marine and Petroleum Geology 9 (2), 115 – 127.

[11] P. van Ditzhuijzen 1994. Petrophysics in touch with the reservoir, Shell selected paper, Group Public Affairs, Shell International Petroleum Com pany Ltd, Shell Centre, London.

[12] J. S. Archer and C. G. Wall 1986 Petroleum Engi neering Principles and Practice. London: Graham and Trotman, 362 pp.

[13] Core Laboratories 1982 Special Core Analysis. Dallas, Texas.

[14] American Petroleum Institute 1998 Recommended Practices for Core Analysis. APl RP76, 2nd edn (1st edn, APl RP40, 1960).

[15] E. Eslinger and D. Pevear 1988 Clay Minerals for Petroleum Geologists and Engineers. Tulsa, Okla homa: Society of Economic Paleontologists and Mineralogists.

[16] E. D. Pittman 1979 Porosity, diagenesis, and productive capability of sandstone reservoirs. In: Aspects of Dlagenesis SEPM Special Publication No. 26, P. A. Scholle and P. R. Schluger (eds). Tulsa, Oklahoma: Society of Economic Paleontologists and Mineralogists, p. 443.

[17] P. W. Choquette and L. C. Pray 1970 Geologic nomenclature and classification of porosity in sedimentary carbonates. AAPG Bulletin, 54 (2), 207 – 250.

[18] D. Teeuw 1971 Prediction of formation compaction from laboratory compressibility data. Society of Petroleum Engineers Journal. 11, 263 – 271.

[19] R. Woodhouse 1998 Accurate reservoir water saturations from oil-mud cores: questions and answers from Prudhoe Bay and beyond. The Log Analyst 39, 23 – 47.

[20] S. H Raza, L. E. Treiber and D. L. Archer 1968 Wett ability of reservoir rocks and its evaluation. Producers Monthly 32 (4), 2 – 7.

[21] W. G. Anderson 1986—1987 Wettability literature survey-Parts 1 – 6. Journal of Petroleum Tech nology 38 – 39.

[22] M. C. Leverett 1941 Capillary behavior in porous solids. Transactions of the American Institute of Mining and Metallurgical Engineers 142, 152 – 169.

[23] J. Hagoort 1980 Oil recovery by gravity drainage, Society of Petroleum Engineers Journal 20, (June) 139 – 150.

[24] G. E. Archie 1942 The electrical resistivity log as an aid in determining some reservoir characteristics. Transactions of the American Institute of Mining and Metallurgical Engineers 144, 4 – 13.

[25] P. F. Worthington 1985 The evolution of shaly-sand concepts in reservoir evaluation. The Log Analyst, 26 (1), 23 – 40.

[26] P. F. Worthington 1991 Reservoir characterization at the mesoscopic scale. In: Reservoir Characterization II, L. W. Lake, H. B. Carroll and T. C. Wesson (eds). San Diego: Academic Press, pp. 123 – 165.

[27] M. R. J. Wyllie, A. R. Gregory and L. W. Gardner 1956 Elastic wave velocities in heterogeneous and porous media. Geophysics 21, 41 – 70.

[28] L. L. Raymer, E. R. Hunt and J. S. Gardner 1980 An improved sonic transit time to porosity transform. Transactions of the SPWLA 21st Annual Logging Symposium, pp. 1 – 13.

[29] C. Mayer and A. Sibbit 1980 GLOBAL, a new approach to computer-processed log interpretation. SPE No. 9341. Richardson, Texas: Society of Petroleum Engineers.

[30] A. E. Worthington, J. H. Hedges and N. Pallatt 1990 SCA guidelines for sample preparation and porosity measurement of electrical resistivity samples. Part I Guidelines for preparation of brine and determination of brine resistivity for use in electrical resistivity measurements. The Log Analyst 31 (3), 23 – 47.

[31] C. Bardon and B. Pied 1969 Formation water saturation in shaly sands. Transactions of the SPWLA 10th Annual Logging Symposium, Z 1 – 19.

[32] A. Poupon and J. Leveaux 1971. Evaluation of water saturation in shaly sands. The Log Analyst 12 (4), 3 – 8 (reprinted in SPWLA, Houston, Texas, Shaly Sand Reprint Volume, pp. IV 81 – 95).

[33] B. A. Dawe and D. M. Murdock 1990 Laminated sands′an assessment of log interpretation ac, accuracy by an oil-base mud coring program. SPE No. 20542 Richardson, Texas: Society of Petroleum Engineers.

[34] I. Juhasz 1981 Normalised Q – the key to shaly sand evaluation using the Waxman-Smits equation in the absence of core data. Transaction. of the SPWLA 22nd Annual Logging Symposium. Z1 – 36.

[35] S. P. Austin and S. M. Ganley 1991 The measure ment of cation exchange capacity of core plugs by a non-destructive ′wet′chemical method. In: Advances in Core Evaluation II, P. F. Worthington and D. Longeron (eds). Reading: Gordon and Breach, pp. 293 – 308.

[36] M. H. Waxman and L. J. M. Smits 1968 Electrical conductivities in oil-bearing shaly sands. Society of Petroleum Engineers Journal. 8, 213 – 225.

[37] C. Clavier, G. Coates and J. Dumanoir 1984 Theo retical and experimental bases for the dual. water model for interpretation of shaly sands. Society of Petroleum Engineers Journal 24, 153 – 167

[38] S. Cuddy, G. Allinson and R. Steele 1993 Asimple, convincing model for calculating water saturations in southern North Sea gas fields. Transactions of the SPWLA 34th Annual Logging Symposium. H1 – 17.

[39] C. Skelt and B. Harrison 1995 An integrated approach to saturation height analysis. Transactions of the SPWLA 36th Annual Logging Symposium, NNN 1 – 10.

[40] E. P. Langston 1976 Field application of pressure buildup tests, Jay-Little Escambia Creek Fields. SPE No. 6199, Richardson, Texas; Society of Petroleum Engineers.

7　油藏工程

7.1　引言

　　油藏工程与油藏及其产油单元的经济开发有关（表 7.1）。如今，大部分油藏由资产工作队进行管理。在资产工作队中，由具有不同技能的地质学家和工程师组成多学科小组，以便保证以最佳潜力开发油藏（资产）。这一综合方法保证在地质模型（地球模型）和模拟模型中使用相同数据，它们是用最佳技术能力解释的。本章介绍了石油工程专题和在油藏评价中使用的方法，并且详细研究了以激动人心的步伐发展的油藏模拟。但是，由于这些题目很大，并且需要大量的数学推导，所以本章仅概述基本原理和最新进展。在本章末列出的专用教科书中给出了全部的详细情况，且常常提供研究实例。

表 7.1　油藏工程的目标及相关问题

油藏工程的目标	(1) 发现油气储量。 (2) 确定地质储量和最小风险。 (3) 制定适合于最佳采收率的生产方针。 (4) 制订井距和开发方案。 (5) 实施开采方案。 (6) 动态监测和优化开采；技术复查。 (7) 确定未来的生产动态和剩余储量。 (8) 检查和排除故障，设备去瓶颈，保证健康、安全和环境，再次投产。 (9) 制定销售、建造储罐和管线规划。 (10) 经济预测、计划纳税。 (11) 帮助实施新项目
优秀的油藏工程师一定要考虑的问题	(1) 有多少原油？ (2) 开采难度有多大？ (3) 能够采出多少原油？ (4) 如何开采？ (5) 开采速度有多快？这与资本、油藏伤害、设备技术条件、设备损坏、废弃因素有关
更深入的问题	(1) 这些估计的不确定性有多大？ (2) 能够使这些估计更确定吗？ (3) 将出现什么问题？ (4) 如何解决问题
评价和开发油藏或气藏需要的信息	(1) 油气聚集的形状和规模（几何形状、厚度、断层的位置等）。 (2) 岩石的孔隙度和渗透率（产能）及构造、连续性的变化等。 (3) 充满油气的孔隙空间的百分数及饱和度变化。 (4) 油气性质、油藏能量性质、驱替特性。 (5) 井成本、管线、油气价格等

续表

油藏工程师可得到的数据	（1）油藏的地下几何形状。 （2）岩心和测井数据。 （3）油藏流体的压力—体积—温度关系。 （4）测量压力，确定气—油界面或油—水界面。 （5）油、气和水的开采动态。 （6）产气和产水量/吸水以及吸气层段测量
预测油藏未来动态的方法	（1）油、水和气的产量外推。 （2）物质平衡研究，水侵量计算。 （3）压力外推，包括气—油界面或油—水界面移动趋势的外推。 （4）使用实验室数据，包括模拟研究的数据。 （5）油藏驱动机理分析，把相似油藏的已知过去动态应用于正在研究的油藏。 （6）根据数学模型用计算机预测油藏动态。 （7）利用一般常识

地质学家和地球物理学家通过确定井位勘探了一个地区之后，石油工程小组和多学科地质学家（地质学家、岩石物理学家等）工作队将进一步勘探，希望发现油气田，经过评价、开发和开采，把油气输送到炼厂，在炼厂化学和处理工程师把油气转变成可销售的有用产品。一个油藏的开采期限如图7.1（a）所示。有许多阶段，从发现开始，然后是评价、开发（随着更多的井投产，产量增加）、高产稳产（一些油田1~10年，气田也许长些）、产量下降（地层和井脱气或水淹），以废弃告终。开采曲线对于分析项目的经济状况是很重要的［图7.1（b）］。显然，项目的商业性取决于现行税收制度以及油气销售价格，因此开采曲线和经济曲线是两种不同的曲线。

评价的目的是估算油藏的大约体积（最大和最小尺寸），以便评价油气藏的商业寿命和如果进行开发可能存在的风险。在评价结束时，准备好油田开发规划，提出减小商业、安全和环境风险的管理建议。

开发阶段初期需要大量投资基础设施，并且达到油气高产稳产。油藏特性和资金流动的需要决定了高产稳产，但是生产最高限额和特许生产限额的限制约束了高产稳产，例如，欧佩克限额、政府规定、废气燃烧限制、政府收益需要、销售合同等。开采曲线变化表明，产量上升缓慢，高产稳产期长，或钻井初期产量上升很快（图7.2）。

油藏一次采油采收率没有超过原始石油地质储量（OOIP）的50%（气藏可能超过80%）。常常把二次采油应用于油藏，二次采油通常以注水或注气开始，有时在油藏开采初期就开始注水或注气。可以在注水后注某种类型的混相流体（化学或生物注入剂），或进行热采，这称为提高采收率（EOR）。虽然因为与油藏构造的复杂性有关的成本和处理失败，迄今为止还没有认识到采用EOR技术的开采潜力，但是这一潜力是巨大的。在产量下降阶段，会尝试采取停止或减缓采油量下降和保持作业经济的任何措施，以至于会考虑钻更多的井和扩边井，采取增产增注措施，修井和重新完井。当油气收益低于操作成本，或对处理采出水或采出气设备的处理能力估计不准，并且纠正这些错误的成本超过了采出油的价值时，选择废弃油藏。重新投产需要找到重新使用或处理掉所有设备的最切实可行的解决办法，使该地区安全和环境不受污染。这种做法的成本是很高的，并且必须将预算作为资本支出的一部分。

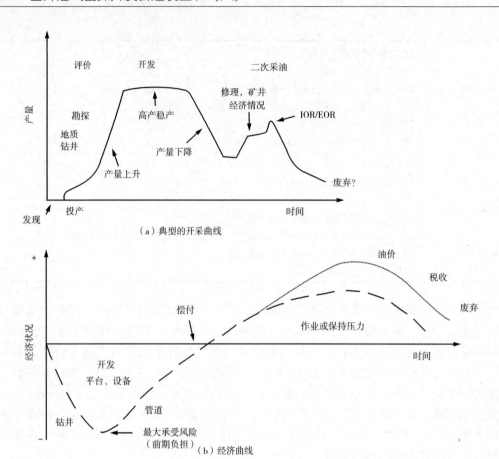

（a）典型的开采曲线

（b）经济曲线

图 7.1　典型的开采曲线与经济曲线

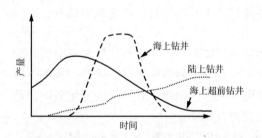

图 7.2　陆上、海上和海上超前钻井的开采曲线变化

陆上钻井产量上升缓慢，高产稳产期长；海上钻井
产量逐渐上升到高产稳产期；海上超前钻井产量
上升期短，高产稳产期短

7.1.1　油藏工程的目标

油藏工程师试图经济地优化油气藏的开发（表 7.1）。遗憾的是，不得不在数据最少的情况下做出影响这种优化的重要决策，必须用后来在开采井中进行的观测（压力、流量、流体压缩分析等）解释、复查油藏动态。通过这些解释能够对开发方案进行调整。因此，借助于全面和准确的记录了解单井和井组动态。一旦有任何发现，就要进行产量和经济预测。这需要回答以下问题：

（1）地下有多少油气？

（2）能够采出多少储量？这些储量具有工业价值吗？

（3）开采速度有多快？最佳产量是多少？

答案分别给出了油气原始地质储量、储量和产量。许多工业性开发决策是以这 3 个参数为基础的。例如：

（1）确定开发一个特定远景区是否经济。

（2）估计井数及其"最佳"位置，如果在海上，需要生产平台。

（3）设计生产规模和阶段，处理、储存、泵送管道设备，压缩设备，装油中转站等。

（4）估算用于这些设备的资本需要量。

（5）复查或启用用于油藏的可供选择开发概念或非常规开发策略。

（6）开发后，监测油藏动态并且通过加密钻井方案、重新完井、二次开采和先进开采方法增大经济开采力度，强调环境和安全因素，并且考虑对油藏废弃做出的结论。

（7）确定可接受的租借期限和特许条款（拍卖投标条款、购买条款）、售价或补偿价，或无论如何应该寻求租借权、许可证和特许权。这包括对可接受条件或所包括的投标等级进行评价。

（8）在多所有权或包销合同的情况下，确定公平的利益。

7.1.2　油藏工程基本知识

（1）油藏工程推行其自身的词汇，大部分词汇将在教科书中定义。油藏工程也使用一组不一致的单位，例如，bbl，ft³，m³，t等。各单位之间的换算系数见表1.5。

（2）全世界工程师使用许多标准条件，例如，1atm，60℉，1bar和15℃。所有报告将说明在其特定研究中使用的具体条件。

（3）几乎不能直接了解到油藏的情况。许多油藏位于地下 2～4km，面积大于一个大城市，仅钻几口（＜100）直径9in的井眼"观察"油藏。

（4）经济因素常常决定着好的工程规划。商业性取决于油价。

（5）必须经常进行大量的投资。特别是在海上，因为在这些地方能够得到用于做出最重要决策的数据点最少［图7.1（b）］。

（6）成本：普遍用于检验开发油田成本的标准是用初始日产量除以开发成本得到的美元/日桶油。这只是一个近似指标，因为该指标不能说明有关产量将保持多长时间的任何情况。

（7）许可证：只有在东道国政府允许的情况下才能勘探和开采油气。授予许可证后，将承担义务，包括在规定的时间内进行地震勘探测量和钻探井，或产量限额。根据以前的经历、技术能力、提出的工作方案和财务实力，东道国政府把许可证授予经营者（油藏位于东道国政府的土地之下）。许可证授权政府收缴矿区生产使用费，政府可以决定接受全部或部分以货代替现金的做法。

（8）经营者：许可证的申请人常常组成小组或财团。这些小组或财团常常由有经验的石油公司领导，把这种石油公司推荐为经营者，并且如果授予了许可证，即可在商业、法律、技术、安全和环境责任的许可下进行作业。作业协议将规定每个参与者的股份百分比，并且确定如何做出决策。因为公司和员工作业很有声望，并且对所做的事情有重要控制能力，经营者的选择有时是十分激烈的。不把经营者放在比其他参与者有利的财务位置上，但是却获得了对其经营有益的经验。如果任何参与者不支付其成本份额，作业协议通常向有法律责任的参与者按比例提供其股份百分比。其他参与者必须支付在议定成本分担比例中规定的部分，但是可能觉得他们会做得更好。因为每个公司都有其自己（并且不同）的会计制度，成本分担（特别是间接费用）会变成隐性的。

（9）一体化：当一个油藏由一个以上特许领有许可证者作业时，把油藏开发规划成一个单位是一个可接受的原则。这需要在特许权持有者之间有单位作业协议。有许多单位作业形式，从简单的开发规划协议（每个经营者连续开发他自己那部分油藏）到全部成本分担和股份合并，也许由一个经营者代替几个经营者。

（10）资源保护：虽然在稍微不同的情况下，资源保护指的是在不浪费油气或油藏能量的情况下开采油气，但是在石油工业中，资源保护一般指的是提出减少采油量的建议，以便使原油储量开采持续较长时间。

（11）油气只有采出后才能实现其价值。

（12）油价是一个不可控制的影响因素。

7.1.3　了解油藏

油藏工程的概念要求很好地了解、控制油藏动态的物理性质，油藏是一个巨大的非均质孔隙渗透体。但是必须记住：

（1）每个油藏都是独特的，并且在对其进行分析和开发的过程中也要如此对待。

（2）在油藏中，油、水和气紧密共存，油藏流体是油气和地层水的复杂混合物。

（3）大小比例超过 10^{11} 范围，从微观孔隙大小（$1 \sim 100\mu m$），直到宏观岩心大小（$1 \sim 100cm$）、大网格块（$1 \sim 1000m$）和特大型油藏（$1 \sim 100km$）。油藏工程与以这些比例把流体输送到地下油藏、从地下油藏中输送出流体和在地下油藏中输送流体打交道。

（4）尽管工程师建立了用于自己研究油藏的相互关系，但是孔隙度（标量）与渗透率（流过岩石的容易程度）没有关系，也没有通用的相互关系。

（5）压力（或更准确地称为流体位能）是一个重要的油藏参数，但是必须将其校正到基准面深度（通常为油藏的体积中心点）以便能够在不同深度比较测量结果。这根据深度与累积孔隙体积曲线进行确定。由 $p_{adj} = p + z\rho g$ 把压力调整到基准面，式中 p 是任意高度的压力，ρ 是流体密度，z 是到基准面的垂直距离（图7.3）。对于与油藏有关的含水层来说，需要烃—水界面（或尽可能接近该界面）的压力动态（是时间的函数）进行水侵量计算。如果得不到这一压力动态，就把平均油藏压力校正到烃—水界面深度。

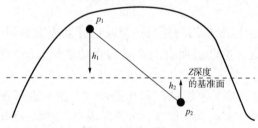

图7.3　基准面校正

1号点的校正基准面压力，$p_{c1} = p_1 + (Z - h_1)\rho g$；2号点的校正基准面压力，$p_{c2} = p_2 + (Z + h_2)\rho g$。如果 $p_{c1} > p_{c2}$，那么流动从1号点到2号点；如果 $p_{c1} < p_{c2}$，那么流动从2号点到1号点；如果 $p_{c1} = p_{c2}$，那么没有流动，因为该系统处于静液压平衡状态

（6）流体和孔隙空间都是可压缩的。虽然不可压缩性的假设常常是有效的，但是通常必须对此进行证实。

（7）储集岩和油藏流体的地下天然物理状态与把它们从油藏中取出的物理状态是不同的（即使在实验室内把它们放回到相同的温度和压力下）。

（8）石油开采需要驱替能量，例如侵入水、膨胀气或注入水。在油藏内，岩石、流体和驱替能量是非均质的。

（9）通过把流体输送到油藏，从油藏中输送出流体和在油藏内输送流体，达到对油藏的所有控制。井系统是油藏的一部分，控制油藏和井影响着石油开采，以至于必须同时考虑油藏和井。

（10）检验井开采原油能力普遍使用的标准是采油指数［$\Delta Q/\Delta p$，用单位 bbl/（d·psi）表示］。当井自喷时，采油指数是被油藏压力和井筒压力之间的差除以的采油量（采油指数值为 0.1 表示差，而 50 表示好）。

油藏工程计算需要根据地质模型推导的用于油藏的数学模型。在开采期限内，能够得到计算各种衰竭情况下采收率的不同模型。这些模型分成解析模型（7.5 和 7.6 节）和数值模型（7.7 节）两类。油藏的数学表达式可以采用非常简单的模型或一组相当复杂的方程，需要用数值方法和计算机解这些方程。由于油藏非均质性严重，所以其数学表达式的复杂性也增大，并且需要进行油藏模拟建模。

7.1.4 油藏工程工具和数据源

需要几种类型的数据进行油藏工程计算（表 7.2），最重要的数据是：

（1）与储集岩及其范围有关的数据（详见第 6 章）。

（2）与油藏流体性质有关的数据（详见 1.6 至 1.16 节）。

（3）与岩石流体系统动态有关的数据（详见第 6 章）。

（4）开采数据（详见第 8 章）。

表 7.2　用于油藏研究的油田评价数据

原始石油地质储量面积、厚度（h）、有效厚度/总厚度、孔隙度（ϕ）、原生水（S_w）、地层体积系数（B_o）	（1）地震和层位图，区域地质走向；等值线和其他地质等厚图，区域走向，横剖面。地质描述，构造形状，厚度，岩相变化，翼部倾角，断层，流体界面，等值线，相互关系，连续性和均质性，闭合，储集岩体积，可能的含油气面积，有效产层厚度，气—油界面，水—油界面。
	（2）机械—钻井速度，钻井困难。 岩性走向，相互关系。
	（3）随钻测量、随钻测井、钻井录井、电测井和放射性测井，钻屑，井壁取心。 深度，岩性走向，沉积环境的相互关系，成岩作用，构造，倾角，岩石体积，油气体积，有无断层，油显示，气—油界面，水—油界面，孔隙度、渗透率、原生水饱和度的平面变化和趋势，气顶体积，含水层显示。
	（4）RFT 数据和流体样品。 连续性和均质性，闭合流体界面，压力梯度；油、气和水样品（设备设计所需），地层体积系数、压缩系数、密度、黏度和流体类型。
	（5）岩心分析 孔隙度、渗透率、油藏走向、毛细管压力、相对渗透率、流体类型和饱和度。
	（6）PVT 样品、数据和相互关系。 油藏流体类型，油藏和储罐原油，气体性质——密度、溶解和生产气油比、压缩系数、黏度、组成、地层体积系数、气膨胀系数和气体偏差系数；PVT 和油藏数据的平面变化（泡点压力，油藏流体的压缩系数，油藏流体从油藏条件到地面条件的收缩，Y 曲线的公式）——用于计算在泡点压力下原油原始溶解气的体积，气—油界面（如果存在），相互关系，采收率
储量/采收率、开采机理、二次采油水驱	（1）试井，压力恢复曲线。 渗透率分布数据，原始油藏压力，油藏大小和可能的断裂。
	（2）含水层性质：K_w、K_o。 水矿化度、温度、含水层大小和几何形状，油气藏规模和几何形状，压缩系数（水、地层、油气）。

续表

井流量 油、气和水产量预测，油藏开采机理，油藏开发方案调整	井产能和产能系数，月和累积产量（和注入量），油藏动态曲线。 油、气和水的流量，采油指数，开采趋势（应该把以下数据与累积采油量绘成曲线—选择的基准面处的井底压力，油和水的产量（或含水），平均气油比、累积气油比、生产井数、时间），增产增注的可能性（例如，压裂、酸化），Kh/μ，井距，管子尺寸，油气田特征，连续性，断层，非均质性（Kh变化）
临界流量 低于估计的产量，锥进（气和水），重力泄油	倾角、油藏几何形状、流量：密度和黏度（油、水、气）
油藏模拟	（1）油藏和流体性质：测井曲线，岩心和流体样品，密度、黏度、毛细管压力、相对渗透率和流体饱和度，油藏几何形状，开采历史。 （2）压力数据：原始油藏压力，井筒和油藏中的压力梯度，不同生产层段的等产量图和平均油藏压力，油藏连通性，油藏压力，RFT
经济情况，现金流产量预测，支出额，收益剖面图	油气价格：设备费用，开发井（套管，井眼尺寸，修井，人工举升等），生产和输送设备费用，作业费用，地方财政状况，税款，矿区使用费，销售价值（炼油厂市场潜力评价）
特殊问题	钻井困难，井筒泄漏问题，温度与深度，梯度，产层，低产能，防砂，结蜡，腐蚀，硫，硫化氢，设备大小，去瓶颈，环境，安全

岩石—流体系统的动态取决于石油开采的作业情况和衰竭（例如，压力衰竭、压力保持等）过程中油藏控制的变化。因此，在改变作业变量以及在较容易变化的地面压力和温度下，必须研究在油藏系统条件下的储集岩、流体和岩石—流体系统的性质。

7.1.4.1　油田评价（详见第6章）

地质和地震勘探数据解释提供了有关油藏的几何形状和构造信息，包括：

（1）油藏范围及其闭合度（完全封闭油藏的最低等值线以上高点的高度）。

（2）流体界面，即油—水界面、油—气界面和气—水界面。

（3）流动遮挡，例如，断层或页岩遮挡。

（4）含水层大小和对压力变化的响应。

（5）油藏平面和垂向连续性。

目前用现代计算机制图技术能够容易地表示油藏的3D详细情况（附图10）。

通常，根据油藏流体样品经实验室分析确定油藏流体数据。在第1章中讨论了油藏流体取样和分析的技术及步骤。在不能取样的地方，能够得到经验关系以便估计油、气和水性质。在许多油藏工程计算中，需要油藏流体性质及其随着压力和温度的变化情况。以地面体积表示原始油气地质储量和定量计算可采储量，需要估算或在实验室确定地层体积系数、气油比以及油和气的压缩系数，所有这些参数都是压力的函数。确定油气产量需要了解在油藏条件下其各自的黏度。评价任何EOR方法的实用性，需要了解原油在油藏状态下采用特定方法的效果（例如，在蒸汽驱中原油黏度降低，或在混相气驱中注入流体的混相能力）。

试井：对勘探/野猫井进行初始测试（估计井可能如何生产）能够提供油气产量的信息，因此提供了油藏中流体性质和状态的概念。假定探井提供了足以鼓舞人心的信息（即可能有一个工业性油田或气田），将制订进一步钻评价井的计划，以便提供有关储集岩特性和油藏中油和/或气总量的信息。像在第 6 章中讨论的那样，通过取心、测井和进一步试油会得到这一信息，并且这些工作是在关键位置上确定的井中进行的。检查岩屑（来自钻屑）也能够提供有用的信息，但是受到岩屑数量少的限制。钻时记录是最容易得到的油藏信息，并且能够有助于确定取心层段和含油气层的厚度。泥浆录井提供了有关岩性、孔隙度和渗透率的数据，有助于确定流体饱和度和油气类型。

取心和岩心分析（第 6 章）为油藏工程提供了基本岩心数据。根据基本岩心数据（例如，渗透率、孔隙度和流体饱和度）能够决定是否完井和确定完井层位。通过特殊岩心分析（SCAL）评价油藏动态，估算地下油气储量，评价 EOR 项目的可行性，并且提供用于油藏模拟研究的输入数据。

测井提供了有关含油气地层厚度、含水（原生水）孔隙空间百分数和（因此间接提供了）含油气孔隙空间百分数的信息。通过测井还不能可靠地确定地层渗透率。通常会分别识别油和气。现在随钻测井（LWD）正在发展成为一种提供有关近井区域可靠信息的强有力的方法，有时在钻井前，流体侵入和毛细管自吸改变了井筒的初始井筒状态。用电缆操作的其他装置能够取地层样品（井壁取样）。虽然现在这些工具及其改进主要用于测量井筒面的压力（该压力是深度的函数），用地层测试工具（RFTI/MDT，模块式地层动态测试仪，斯伦贝谢公司商标）可以获得油藏流体样品。MDT 是电缆式地层测试器，在一次下电缆过程中，利用石英压力计和通过多次取样，该测试器能够进行快速压力测量。根据这些信息能够估计流体界面的位置。在新井中下这种工具，压力梯度的变化和原始压力剖面的变化能够提供有关油藏连续性、垂向连通和递减速度的信息。

常常进行一系列中途测试，以便评价地层的不同区域。在油藏压力下用井下取样器获得油藏流体样品，或在实验室内通过以正确比例重新混合在地面取的液体和气体制备样品。对井下样品或重新混合样品必须进行实验室测量，以便确定油藏流体压力、体积和温度（PVT）特性（1.6 节）。

试油包括用井下压力计测量井自喷时的井筒压力和自喷井试井（压力恢复试井）后关井时的压力恢复。这些测量给出了短流动期井的压力响应和关井后的压力恢复动态。能够用各种数学模型确定造成特殊压力—流量动态的油藏性质。特别是，根据试井数据的分析，可以确定渗透率、原始油藏压力、井产能、附近断层边界的出现、油藏不连续性或流体界面。地层渗透率以及流体黏度是影响井产量的主要因素。现在通常用专门服务公司的计算机软件评价和解释试井数据。

开采数据是油、气、水的采出量和压力（是时间的函数）的记录，并且在油藏工程计算中使用这些开采数据。这些数据必须准确，在预测技术（例如，油或气藏物质平衡方程和递减曲线分析）中才具有使用价值。但是，准确的产量计算可能是困难的，特别是在海上大规模开发中更是如此，因为来自分离井和"卫星"平台的采出流体的混合，不能按常规分别测量井产量。在这种情况下，以月试井资料为基础，根据油田总产量分配单井产量。

在高产水地区，含水测量的准确性也很重要。估计数据的可靠性是最重要的。

用转子流量计和密度计对生产井进行温度和流量生产测井，能够确定产油气的层段和产量，并且准确确定潜在问题，例如，套管泄漏、气和水突破或射孔孔眼堵塞。能够以年为时间间隔进行热中子衰减时间（TDT，中子脉冲入地层）测井观察油气—水界面。

7.1.4.2　油藏压力

油藏压力是油藏分析的最重要参数之一。一旦油藏投产，除了分析采出流体外，压力测量以及产量是唯一能够得到的信息。需要准确的压力值进行解析物质平衡方程（MBE）计算和油藏模拟。但是，这两种方法的技术要求有重要区别：

（1）MBE 计算需要整个油藏的平均压力，该压力是时间和/或产量的函数。由于许多流体热力学参数是压力的函数，所以需要远离井筒的压力（在井筒中确定大部分油藏流体的位置）。在许多油藏工程计算中也需要平均油藏压力，如在混相应用 EOR 技术的场合，例如，当注入烃气、CO_2 或其他气体时，油藏压力决定是否出现混相。这依次影响总采收率和项目的经济可行性。

（2）对于油藏模拟研究（7.7 节），需要单井压力（该压力是时间的函数）变化（例如，压力恢复值）。这些值表示井泄油体积的压力（该压力是时间的函数），把这些值用于模拟研究中的历史拟合，并且用这些值证实和校准油藏模拟程序的油藏表达式。

由于不能测量平均油藏压力，所以它特别难以确定。可以通过以下方式获得油藏压力：关井，或记录已停产井的压力。如果有这种井，并且距生产井或注水井不是很近时，可以连续使用压力测量装置记录压力，而不停止开采或注水作业。对于油气田，当它不生产时，出于经济方面的考虑，获得关井压力可能是困难的。如果关闭井或油气田，仍然能够提出一些问题，例如，达到平衡将等待多长时间？不同层的动态也不同吗？如果油气田的井数超过一口，确定不需要关闭该油气田吗？达到平衡压力的速度取决于水力扩散常数的大小 $K/(\phi\mu c)$，以至于时间 $t_{shutin} > t_{stabilize} \approx 0.04\phi\mu c r_e^2/K$，式中，$\phi$ 是孔隙度，μ 是黏度（mPa·s），c 是地层压缩系数（psi^{-1}），K 是渗透率（D），r_e 是有效外边界（ft）。常常进行体积平均，给出平均油藏压力，$p_{av} = \Sigma p_i V_i/\Sigma V_i$ 式中 p_i 是具有 V_i 泄油体积的 i 井的平均井压力。由于难以估算泄油体积，有时常常使用较实际的压力，$p_{av} = \Sigma p_i q_i/\Sigma q_i$，$q_i$ 是井的流量。如果绘制几口井的平均压力与总油藏采油量的曲线，这些曲线将相互靠近（如果这些井相互连通）。如果一口特定井的压力曲线始终比其他井的曲线高或低，表明这口井可能连通不好，甚至表明，这口井位于一个独立的油层内。根据物质平衡的观点，不应该把隔离井的数据与其他井的数据混在一起。从压力异常中可以得到一些提示，即需要更多的井以便有效地对油藏隔离的部分进行泄油。

7.2　油气储量

制定任何规划的关键因素是储量的大小及其价值。这些储量是公司的资产。证实储量表示用具有合理确定性地质和工程数据证实的，以目前经济价值用目前方法从已知油藏中将来经济可采的原油和天然气数量。证实储量应该是一种严格的技术评价，这种评价不应该受到自然资源保护或乐观主义态度的影响。无疑，如果获得的新技术方法能够提高采收率，那么储量将增加。例如，自从 1990 年以来，利用水平井增加了许多油气藏的储量，因为在目前的油价下，现在用目前的技术能够从油藏中采出更多的原油。似乎可以标准的储罐条件（常常为 60℉，14.7psi）表示储量值，这些储量值是从油藏条件校正到储罐条件（收缩）的体积，因为温度和压力较低，并且对于原油来说，伴生气从溶液中释放出来。油藏中地下油气的原始总体积（也是在地面条件下计算的）称为储罐原油（或天然气）原始地质储量（*STOIIP* 或 *GIIP*）。采收率是储量与原始地质储量的比值。

不应该把术语 *STOIIP* 和 *GIIP* 与储量相混淆，因为 *STOIIP* 和 *GIIP* 表示对出现的总油气的估算，这一估算与不同的工程和经济标准一起提供了储量估算的基础。储量意味着可能进行物理开采。储量通常指的是未来的产量。开采之前计算的储量称为估计最终采收率（EUR）。累积产量指的是过去的总产量。因此，油藏投产后：

$$储量 = 预计最终采油量（EUR）- 累积产量$$

因为许可证申请、方案和买或卖土地投标的经济关系，甚至在钻井前通常需要估算储量。勘探阶段的储量值是非常不确定的，并且是以地震勘探数据解释和对区域地质的了解为基础的。通过钻井了解到油气存在（或不存在）后进行估算，获得了孔隙度和含水饱和度的推测值，并且可能知道了根据压力梯度推导的流体界面。根据这些数据能够给出最大或最小储量值。更多的井能够证实这些最初发现，能够获得更多确定性。因为井间相互关系差，油藏砂层厚度的变化大（常常因为断层作用），在油藏整个开采期限内，油藏参数的不确定性可能持续存在。显然，准确和详细的油藏资料是最重要的，但是这些资料是得不到的，除了在几口井，特别是需要这些资料的时候外。与 *STOIIP* 比较起来，储量是不变的。储量受油藏开采方法的影响。经济情况是决定开采方法的最重要因素，对于储量也如此。原油的价值、投资资本的时间价值和税收环境决定能够经济地采出原油的量。影响储量的其他因素是油藏的驱动机理、井位和井距，可能还有产量（图 7.4）。

常常计算一个油田或一组油田的证实储量除以年产量或设计的年产量，这称为储采比。比如，储采比为 20，将意味着如果以稳定产量开采，一个油田的储量会在 20 年后采完。油田的开采特点 [图 7.1（a）] 是达到最高产量或高产稳产阶段，随后是产量下降阶段，产量下降阶段表示在经济极限下油田接近采完时的产量稳定下降阶段。把开采末期阶段考虑进去，具有储采比为 20 的油田大概能够保持高产稳产期 5～14 年。虽然不能确定，产量常常对储量没有重大影响（也许除了带有活跃含水层的气藏外），但是显然产量越高，油田的总开采期限肯定越短，因为产量和时间的积分肯定是不变的。

7.2.1　油气地质储量和储量的计算

油气地质储量是在油藏中通过地质时间聚集的固定油气量，可以用体积或物质平衡方法确定。油气地质储量的体积计算需要了解油藏面积、平均厚度和孔隙度、油气饱和度和地层体积系数（图 7.4）。图 7.4 显示了一种静态方法。后面将讨论的物质平衡方法取决于油藏动态。该方法需要开采过程的压力响应，包括准确的开采数据和流体性质数据。但是，正如已经论述过的那样，最初估算储量时，几乎得不到数据，以至于管理实际所需的是油气地质储量值的范围和如何有把握地估算那个数字。因此，一些（但不是所有）公司选择了这个数字的确定数值，即 50%，90% 等。实际上，这些数字至多是估算，但是猜测也许不总是正确的估价。

体积估算通常是储量的首次估算。为了计算储量，我们采用：

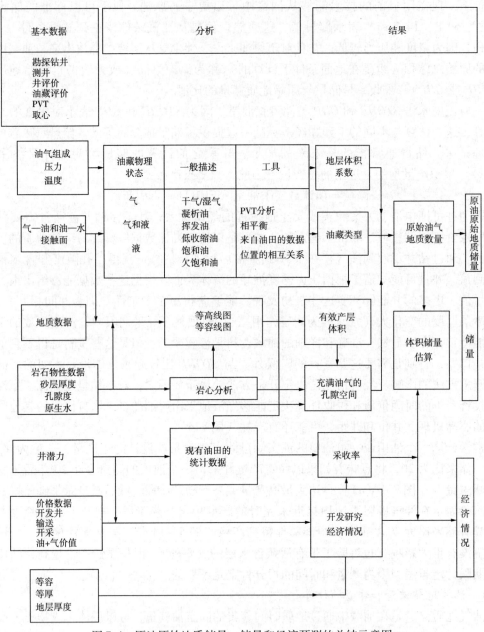

图 7.4 原油原始地质储量、储量和经济预测的总结示意图

$$储量 = Ah\ (N/G)\ \phi\ (1 - S_w)\ RF/B_0$$

可以把该方程分成以下几部分：

（1）油藏的岩石体积 $[Ah\ (N/G)]$，式中，A 是油藏面积，h 是厚度。有效厚度与总厚度的比 N/G 把这一有效产层的等级降低到了这一体积的实际含油气部分。如果原油不能流动，就不予以考虑。N/G 值依赖于该地区的地质情况（图 7.5）。A 和 h 值也依赖于地质输入数据，并且是从等值线和厚度图中获得的［等厚线是特定产层厚度点的轨迹，垂直于油藏平面的实际层厚度，与视等厚线（垂直厚度）可能出现混淆（图 7.6）］。虽然零等厚线

的深度很可能不同，但是它表示油藏外边界的平面图。用地震、钻井和测井数据绘制这种图。一般通过了解该地区的地层和地质情况能够搞清油藏的总结构，至少直到通过钻井能够确定。油—水界面和气—油界面的位置特别重要。可以把油藏分成不同的区域，然后通过适当地整合等值线图（现在用计算机制图软件）得到总体积。可能需要钻更多的评价井，以便减小岩石体积（特别是流体界面）、构造形状（特别是翼部倾角）和断层位置的不确定性。图 7.7 给出了极端的例子。

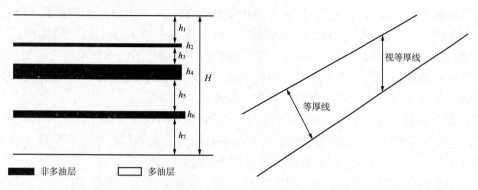

图 7.5 有效厚度与总厚度说明

$N/G = (h_1 + h_3 + h_5 + h_7)/H$

图 7.6 视等厚线和等厚线定义

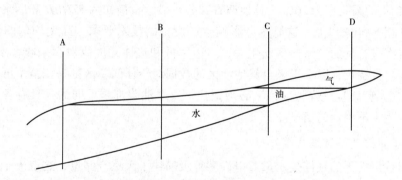

图 7.7 通过钻更多的井得到油藏参数（油藏体积和流体界面）的极端例子

A 井钻遇了水，B 井钻遇了油和水，C 井钻遇了油和气，D 井钻遇了气。每口井仅给出了一种资料，假如仅采用每口井的资料，就会得出极其错误的油藏预测。常常需要钻更多的井以减小不确定性，特别是岩石体积、构造形状、流体界面、断层和油藏连续性

（2）孔隙空间体积 $PV = Ah(N/G)\phi$，式中 ϕ 是孔隙度，原油位于储集岩孔隙空间中，以至于需要估算整个油田的平均孔隙度。像在第 6 章中已经表明的那样，由于只能在井眼中得到孔隙度，所以不容易估算平均孔隙度。了解油藏区域地质情况，通过进行岩石物性估算确定体积加权平均值，也许需要把油藏分成许多层。利用与孔隙度变化建立相互关系的不同地震属性（振幅频率、阻抗等，见第 4 章第 8 节）的最新进展有助于绘制整个油藏区域的平均孔隙度图。

（3）烃类占据的孔隙体积 $HCPV = Ah(N/G)\phi(1-S_w)$，式中 S_w 是孔隙空间中的平均含水饱和度，以至于能够估算沿着井筒各点的烃类占据的孔隙体积 $(1-S_w)$，然后适当

假定油田范围饱和度后，对油藏厚度进行平均。如果必须包括过渡带，就会出现困难。毛细管力控制的过渡带，在一些情况下是很厚的（几十米）。

在油藏工程计算中常常使用两个体积——孔隙体积 *PV* 和烃类占据的孔隙体积 *HCPV*。按照惯例，*PV* 往往用于试井，而 *HCPV* 往往最好用于物质平衡方程计算。

（4）石油原始地质储量 $STOIIP = Ah（N/G）\phi（1-S_w）/B_o$，式中 B_o 是地层体积系数，*STOIIP* 是在地面条件下油气的体积，小于 *HCPV*（因为在地面条件下，较低的温度和压力意味着原油体积收缩了，并且气体从溶液中释放出来）并且用地层体积系数 *FVF* 进行了校正。把 *FVF* 定义为比值（油藏体积/储罐体积）。正如在第 1 章中讨论的那样，原油的 *FVF* 取决于其到地面采用的热力学路线。在实验室内用原油样品能够严格定义路线，该路线近似于原油从油藏到储罐采用的路线。如果油藏范围内的压力变化大，就要确定每个层的平均值，进一步的平均要考虑到走向和热力学一致性。

（5）储量是这一 *STOIIP* 的能够采出的量，即储量 = *STOIIP* × *RF*，式中 *RF* 是采收率。估算 *RF* 是非常困难的，因为估算 *RF* 需要了解油藏结构、油和气的热力学性质、开采机理以及驱替方法。用于确定 *RF* 值的方法是本章其余部分的主题。

采收率是预计采出的原油原始地质储量的分数，它通常不是一个能够高度准确估算的数字。油田模拟能够帮助确定采收率的可能范围，这取决于油藏的类型和特性。常常能够得到政府出版的统计资料。例如，在北海，许多油田的开采曲线显示，其高产年的采收率为 9%，其高产 3 年的采收率为 26%。其他调查和分析显示，最初的 *STOIIP* 和后来的估算有很大差别，高低相差 50% 以上，这显然会影响生产设备的技术要求。高度均匀的渗透率和孔隙度对高采收率是有利的。渗透率变化大、渗透率低和流体黏度高对高采收率不利。显然，任何地区都有自身特点，以至于来自其他油区的数据对于任何新区都是完全不可靠的。这些数据至多是"猜测"，应该谨慎对待。必须记住，每个油藏都是不同的且具有各自特点，必须考虑全部以减少不确定的信息。

7.2.2 天然气储量（参见第 9 章）

没有普遍认可的天然气储量定义。以许多等级描述了天然气储量，这取决于天然气是否与原油从油藏中一起采出，从气藏中采出或从凝析气藏中采出。最初溶解在原油中的天然气（溶解气）称为伴生气。几乎一直到原油全部采出时，才开采油藏气顶中的气体，以便保持油藏高压。气田产的气称为非伴生气。这些气田只产气，而伴生气的开采将依赖于原油的开采，并且是次要的。一般把不进行回注开采的凝析气田分类为非伴生气田。非伴生气的开采一般受长期天然气销售合同的支配。对于采油来说，这种合同是不正常的。天然气原始地质储量的计算与原油的计算相似，把计算值用于商业决策。

7.2.3 储量术语和不确定性

当用每个参数的单一（最佳）值也许是平均值计算 *STOIIP* 或储量时，得到了确定性估算。但是，因为每个参数受总不确定性的支配，所以统计方法试图对不确定性进行一些量化。可以采用把高、中和低值结合的手工计算方法，但是蒙特卡洛分析是最普遍的。在这里评价了一些用于 *Ah*、ϕ 和 S_w 等的频率分布形式（例如，三角形分布、高斯分布或矩形分布，即在该范围内没有优选，图 7.8）。

把这些分布转换成概率累积曲线，然后随机选择单个参数值并且把它们相乘。也许会重复这一步骤数千次，以便确定 HCPV，STOIIP 和储量或经济估算的概率分布。根据这一步骤计算了累积概率，并且附有不确定性范围（图 7.9）。可以得到标准商业计算机程序。随着从新井采集到数

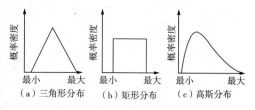

图 7.8　典型频率分布

据，加深了对油藏的认识，以至于可以减小不确定性，因此也减小了分布曲线的展开范围。可以证明，蒙特卡洛方法基本上以常态概率分布理论为基础，因此蒙特卡洛方法像在有一个和两个标准偏差时读取平均值和点一样准确（这些标准偏差来自概率或对数正态概率纸上的参数曲线），需要参数的平均值、方差和相互系数。加、减和乘分布的证明以中心极限定理为基础。通常遵守该方法的基础——数学统计原理，但是因为缺少数据，这些原理偶尔会超出不确定性的极限。结果通常与用蒙特卡洛程序生成的结果相似。

根据统计分析，能够获得一些指导，即参数不确定性的大小和需要进一步收集的参数。通常必须谨慎地保证参数是独立的，例如，在许多油藏中，较低孔隙度可能与较高含水饱和度有关，因此这两个参数不是相互独立的。在这种情况下，应该把这两个参数合并为一个参数，并且建立这一对参数的新分布，然后把这一新分布放入蒙特卡洛模拟中。从统计上讲，用参数之间的协方差能够检验相关性。如果已知油藏的可变性质，例如，随着平面位置或深度的变化，可以独立地考虑油藏体积，并且在另一个蒙特卡洛步骤中合并独立的概率分布。应用统计方法完全适合于 HCPV。但是，可以证明，实际上不应该把相同方法应用于 STOI-IP，因为 FVF 参数是"工程数字"，对其值应该了解得相当清楚，并且要在严格的工程控制之下。虽然如此，油田范围的流体性质在一定程度上发生变化，而且在蒙特卡洛分析中常常包括 FVF。

蒙特卡洛法允许储量的似然率量化小于确定的量，并且给管理人员一个考虑的值范围，而不是使人非常误解的单一值，特别是在估计设备大小方面更是如此。例如，英国的通用术语如下：

（1）证实储量。地球物理、地质和工程数据表明在地下或用目前技术在工业上可采的石油量，达到高确定性。如果进行了实际的试油或地层测试，可以认为这些储量是证实的。对于证实储量来说，许多公司认为，90% 的实际储量可能高于估算的证实储量，10% 的可能低于估算的证实储量（但是一些公司使用了不同的数字，例如 95%，甚至 80%）。

（2）概算储量。地球物理、地质和工程数据表明在地下或可采的油气量，但是比证实情况下的风险大。常常采用 50% 的可能级别，以至于 50% 的实际储量可能高于估算的证实储量＋概算储量，50% 的可能低于证实储量＋概算储量。通常把这种储量划归到目前还未钻井或完全评价的油田或油藏的推测部分。

（3）可能储量。地球物理、地质和工程数据表明可能在地下或可采的油气量，但是对于这些油气肯定有相当大的风险。常常采用 10% 的可能值，以至于实际储量有 10% 的可能高于估算的证实储量＋概算储量＋可能储量，有 90% 的可能低于证实储量＋概算储量＋可能储量。通常把这类储量划归到现有油田的延伸部分，这部分虽然地质数据可能是有利的，但是关于产层特性和/或流体含量的不确定性的概率不可能超过 10%。

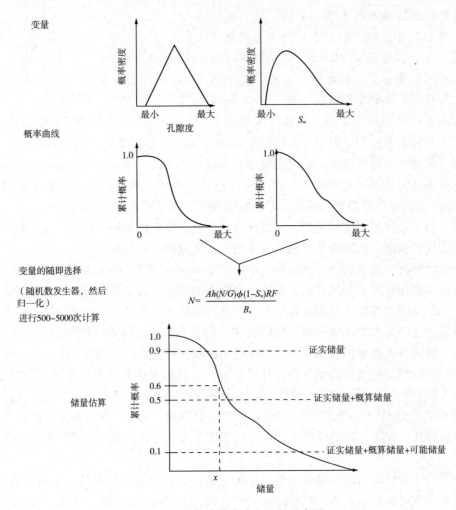

图 7.9　基本蒙特卡洛方法的示意图

底图为典型储量概率曲线。表明的点为 90% 证实储量，50% 证实储量 + 概算储量，10% 证实储量 + 概算储量 + 可能储量。$x$bbl 储量具有 60% 可能性。因此，对于实施的项目而言，储量必须有 60% 的确定性，那么这一储量就为 $x$bbl。投资前需要 $x$bbl 储量。这里，用这种方法对该油藏进行计算得到的概率仅为 60%

　　在油田开采初期，只能得到几次测试的平均值，储量估算对数据变化的敏感性和这一变化性对风险的经济效果的影响是极其重要的。用可采储量直方图求出实施决策的风险系数。常常在假定储量概率级别为 60% ~ 70% 时实施开发决策。银行家的财务决策要严格得多，储量概率级别甚至为 95%。更多的井和合适的测试（例如，为了了解油藏范围内的连通情况）能够减小不确定性，即更准确地确定流体界面，可以在更多的探井中进行更多的测井和取心。随着钻更多的井和开始开采，将用新数据检验和修改储量值，有时效果非常显著，得到较高的储量值。但是遗憾的是，有时会得到较低的储量值（图 7.10）。

　　一个公司的储量列表中将仅包括几乎可以确定是经济可采的那些储量。可能有其他油田，值得研究的可能延伸到油田或构造的部分，但是根据目前的了解还不能把它们分类为证实储量。可以对这些未证实储量（未开发）（认为是概算/可能的储量）区域或未通过钻井

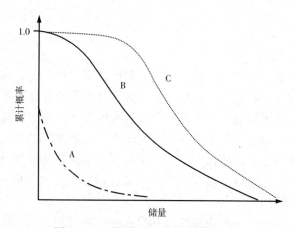

图 7.10　项目实施时的储量概率检验

A—钻井前；B—钻第一口井后；C—产量下降期间（但是还是发现了更多的证实储量）

检验的构造进行储量估算，如果经济条件或技术开发环境得到了改善，这些储量会变成经济可采的。最重要的是，在制定规划中使用总储量数字时，任何人都必须保持头脑清醒，分清证实储量和推测储量。

7.2.4　一体化和 STOIIP

　　如前所述，东道国政府通常要求，把一个以上公司（或国家）拥有的特许权提供的油藏作为单一成本分担单位进行作业，以便最大限度地达到最经济和有效的开采。制订油藏的总体开采和开发方案，而不是按照每个参与者持有的油藏股份分别制订开采和开发方案。

　　虽然一体化和成本分担在原则上是简单的，但是实际上常常难以达到。有各种同意股权的方式。能够用许多体积［例如，烃类孔隙体积、STOIIP（需要地层体积系数）、可采储量（需要采收率）和可动原油（需要了解油藏中原油的运动情况）］进行一体化。最普遍的做法是把股份建立在每个参与者特许权下的 STOIIP 的基础上。那么这是一个技术问题，组成一个或几个委员会（由每个参与者的成员组成）以便商定 STOIIP 中的每个参数，即总岩石体积、有效产层、流体边界、过渡带、平均孔隙度、平均含水饱和度和地层体积系数等。如果一个参与者试图宣称，因为岩石、原油质量较好或在构造上的位置较有利（图 7.7 所示油藏）而夸大了股份，以开采开始时有限数据为基础的谈判会变得困难；甚至可能需要钻更多的井，以便分辨任何一个主要不确定性；甚至已经开始开发油田，还没有确切地了解地质构造，以至于还存在开发井是无开采价值的，或还存在比预计产量低的风险，并且开发成本常常过高。这些不确定性可能导致对储量和产量预测进行向上或向下的调整，并且这些不确定性在开发初期可能是显著的。在开始开发后的一段时间（当能够得到更多信息时），进行权益比例的复查和（通常是）再次谈判。根据生产经验，一致同意重新确定每个参与者的股份百分比，并且适当调整新地质信息、开采权力以及过去和将来的费用。Dake 明确指出，权益确实是一项不产生财富的非常费时的工作（这项工作可以证明对一个合伙人有益，尽管以另一个合伙人为代价），也许把这一精力集中到油田开发研究中会更有益，这可能长期对大家更有益。另外，能够证明，一体化和权益确实是一般非常成功的政府竞争特许方针的组成部分。

7.3 定性油藏动态

7.3.1 采油驱动和生产管理

油藏孔隙空间中的油、气和水能够流动到井筒的速率取决于油藏与井之间的压差、渗透率、油藏厚度和原油黏度。但是，如果以某种方式驱替占据孔隙体积中的一些油，只能从储集岩中采出油。原始油藏压力通常小于油藏深度处水的流体静压头或接近流体静压头，通常这一流体静压头高得足以把生产井中的油举升到地面。随着油气的采出，油藏压力下降，并且不太容易把油和气推到地面，所以产量开始下降。如果流量降低到经济界限以下，就需要进行人工举升提高流量。在这种情况下，用井下泵或通过气注入井筒使油变得较轻（气举）（像在8.3节中讨论的那样）。

一般认为，采油可以分为一次采油阶段和提高采收率（IOR）阶段（常常称为二次采油和提高采收率，EOR；图7.11）。在一次采油阶段，油藏天然能量以压力的形式存储在油藏流体中，利用下伏含水层通过孔隙网络把油气驱动到生产井。能够起作用的主要驱动机理有（油、水和孔隙空间的）膨胀驱动、溶偷气驱动、气顶驱动、天然水驱动和重力泄油。

在IOR阶段，通过向油藏注入更多能量来补充油藏能量。这一新能源可以是水或气，或水和气。这一新能源可能更复杂，例如，用蒸汽或燃烧前缘（火烧油层）注热，或者这一新能源可以是各种化学剂。在某些情况下使用一种以上能源。

在一次采油中，一般认为，超过流体泡点（参见第1章的定义）压力的油藏是欠饱和的，并且在油藏中没有游离气，即所有的气都溶解在溶液中。在特定温度和压力下，欠饱和流体能够溶解更多的气。

随着压力下降，油、水和岩石膨胀并且推出一些油（膨胀驱动）。压力下降的速度取决于油气的PVT特性，尤其取决于油藏流体的压缩系数。油、岩石和原生水的压缩系数如此小以至于欠饱和油藏的压力迅速下降到泡点，除非有含水层提供压力保持。例外情况（如后面所述）出现在岩石基质坍塌和出现压实驱动的地方。对于膨胀驱动油藏，压降的速度相当快，1000psi压降只能采出原油原始地质储量的1%或2%。

随着压力下降，气从溶液中释放出来并且堵塞孔隙。油密度变得较大，也变得较黏，因此阻碍了油流向井筒。一般认为油藏在泡点处和泡点以下是饱和的，即气相和液相处于热力学平衡状态，以至于当压力下降到泡点以下时，气开始从液相中分离出来，并且一些较易挥发的组分（如甲烷）从溶液中释放出来，形成小气泡。最初毛细管压力把气泡捕集在孔隙中，当膨胀时，这些气泡驱油。这就是溶解气驱动［有时也称为溶气驱动，图7.12（a）］。

随着压力进一步下降，气泡变大，连在一起（聚合），一直到气能够流动。在许多情况下，可动气向生产井流动。但是，这取决于垂向渗透率，一些气可能运移到油藏顶部（重力泄油）形成（或如果已经存在，那么就合并）气顶。压力进一步下降时，这一气顶膨胀，在这一过程中驱替更多的原油。这就是气顶驱动［图7.12（b）］。

一些油气藏与大的含水层连通，当油藏压力下降时，因为水和含水层岩石膨胀，含水层中的水流动，水进入油藏驱油。随着油气采出，水从含水层侵入油气藏（这取决于含水层大小）可以保持油藏压力。这就是水驱动［图7.12（c）］。含水层常常较大，所以油藏能够得到大量的能量。

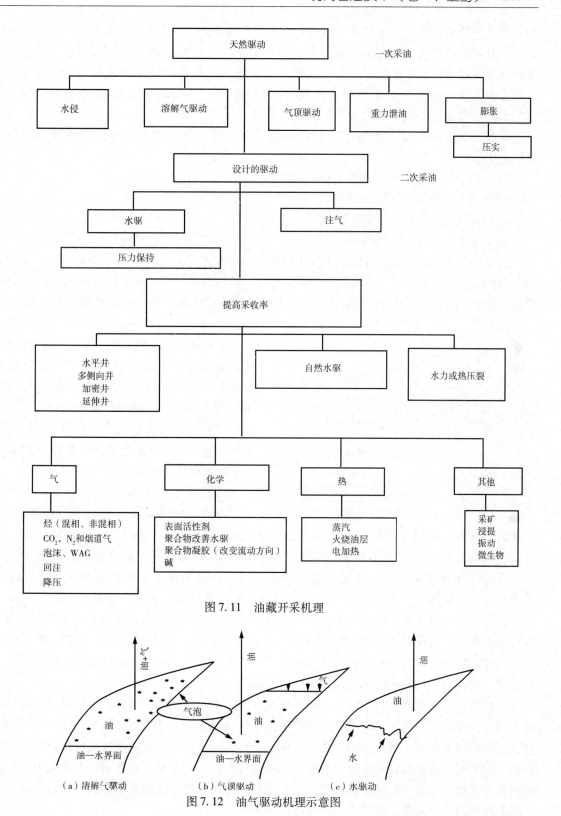

图 7.11　油藏开采机理

图 7.12　油气驱动机理示意图

虽然气顶或含水层大并且是可渗透的，压降可能小，以至于在有利的情况下压力可能稳定，但是所有这些交替过程都涉及原始油层压力下降。能够区别衰竭油藏（可以把这种油藏看作密闭储罐，随着油气采出，该储罐压力一般稳定下降）和水驱油藏（天然水侵部分或完全保持该油藏压力）。在大部分油藏的开采期限内，一些或所有这些驱动机理（复合驱动）起重要作用，相对贡献取决于如何管理油田。

这些一次采油机理只能使产量保持一段时间，以下为用这些机理采出的原油百分比（采收率）：

（1）油、岩石和原生水膨胀，1%～5%。

（2）溶解气驱动，10%～25%。

（3）气顶驱动，10%～35%。

（4）水驱动，20%～50%。

这些采收率取决于原油组成、油藏性质和井位。世界采油主要采用一次采油和水驱方式（以下讨论）。目前世界平均采收率为25%～35%。换句话说，约有70%以上的 *STOIIP* 残余油留在油藏中。因此，虽然目前没有达到采用 EOR 技术的潜在采收率，但是其潜力是巨大的。

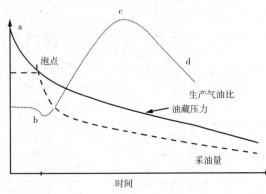

图7.13　溶解气驱动特征

7.3.2　溶解气驱动油藏

在开采期限过程中，溶解气驱动油藏具有动态特征曲线。这一特征曲线包括油藏开采期限内的采油量、压力和气油比变化（图7.13）。出现两个开采阶段：

（1）当压力在泡点值以上和出现膨胀驱动时，油藏中不存在游离气，但是在井口将以原始溶解气油比采出气。

（2）当压力下降到泡点以下时，开始出现溶解气驱动。气将从溶液中释放出来，形成游离气相，减慢了压降速度。最初，这种气体是分散、不连续相，由孔隙通道中的毛细管压力维持，以至于井口生产气油比低于原始溶解气油比。在该阶段，气油比稍微有所降低。随着继续采油，油藏压力进一步下降，并且形成了更多的游离气，直至在某一饱和度——临界含气饱和度下，气泡连接起来形成连续相，并且气开始在油藏中流动。

因为气流动对开采有很大影响，所以临界饱和度值是很重要的。油藏中的平均含气饱和度可能非常低，为孔隙体积的1%～2%，但是这可能给出一种假象，因为这种气在孔隙空间内是连续线状聚集的（也许在页岩层下），一直到流动。一旦气变成可动的，可能向生产井流动，或者如果垂向渗透率允许，可能向上流动。

气将堵塞一些孔隙空间，以至于油相地层渗透率比原始条件下的低，气相渗透率是有限的。另外，井口生产气油比将上升。随着更多的气体从溶液中释放出来，含气饱和度升高，并且气相渗透率提高，但是油相渗透率降低。一旦气开始流动，就发生链式反应；压力下降较快，以至于从液相的轻烃中形成大量气。因为气较轻，不太黏，存在于岩石孔隙中，气比油更容易流动，而油流动越来越困难。这一生产气油比升高，压降速度加快，直到最终压力下降到这样的一个低点，以至于油和气流动停止。

　　由于压力下降和原油黏度增加，能够得到的油藏能量仅能把原油推到井筒，不足以将其举升到地面，以至于在开采最后阶段，大部分原油必须通过人工举升（气率、电动潜油泵等，见8.3节）以保持产量。因为在油藏的整个开采期限内原油组成在变化，所以地面条件下的生产气油比也在变化。常常没有强含水层，所以从大部分溶解气驱动油藏中采出的水很少，或不产水。但是，随着压力下降，岩石和水膨胀，可能采出一些水。

　　靠其自身能量从溶解气驱动油藏中获得的原油采收率几乎总是低的（为原油原始地质储量的5%～25%）。这一低采收率意味着，油藏废弃后，在储集岩中仍然含有大量原油。表7.3总结了这些特征。为了从这类油藏中获得较高采收率，必须用后面描述的二次采油方法施加能量，或者必须在油藏中保存气，或者进行回注。遗憾的是，因为气黏度低，在油藏中保存气有时会很困难；如果在形成气顶的情况下能够出现重力分离，则这是有益的，但是，需要高构造性起伏和有利的垂向渗透率，且不受任何薄页岩夹层的阻碍。

表7.3　溶解气驱动特征

特征	趋势
油藏压力	连续下降并且速度快
地面气油比	首先是溶解气油比，然后在上升到最大后下降，产水量通常低
产水	通常较低
井特点	在初期阶段需要泵送
预计采收率	原油原始地质储量的5%～25%；IOR 的候选对象

　　如果保持油藏压力接近泡点，这也有益于采收率。这可以通过水驱做到，但是，应该在压力未下降到泡点以下时开始实施这种压力保持；否则将要注更多的水来补充采出气，而不仅仅是补充采出油。在接近泡点压力和重要气相形成之前，开始注水的其他优点包括这样一件事实，即当不存在气相时，油和气相对渗透率将较高，以至于对于相同压降来说，采油量将较高。世界采油量大约25%是靠溶解气驱动获得的。

7.3.3　气顶膨胀驱动油藏

　　如果油藏压力不足以保持所有轻物质处于溶解状态，较轻组分就形成了游离气相，该游离气相能够运移到圈闭顶部，在那里聚集并且在油上面形成气顶。采油使油藏压力下降，导致气顶膨胀和油相中溶解气（因为释放）膨胀。这可以是使原油流动到井筒，并且将其举升到地面的能源。在气—油界面处，气和油处于热力学平衡状态，以至于油在其泡点附近，气在其露点附近。常常根据等厚线图，以体积估算气顶（与油部分相比）的大小，等厚图是根据测井曲线、岩心数据、完井数据和试井资料加上地质知识，特别是地震数据得到的。显然，范围可以从零（没有气顶）到无限大（没有油带）。

　　除了出现游离气减慢了压降速度外，气顶驱动油藏的一般特性与溶解气驱动油藏的特性相似。因为油在气—油界面处是饱和的，所以任何压降都将使气从溶液中释放出来，但是与溶解气驱动油藏特性相比，气释放速度以及含气饱和度和气相渗透率的恢复将减慢。与溶解气驱动油藏相比，当从气顶下面采出油时，气顶体积越大，压力下降的幅度越小。另外，压力较高时，原油黏度和密度较低，如果能够控制游离气相并且不直接从生产井中采出，就能够保持较高的井产能和较低的生产气油比。

油藏物理显示，保持油藏压力接近其原始压力比在较低废弃压力下采出的原油多，因为最终采收率 $\left[RF = \left(S_{oi}/B_{oi} - S_{or}/B_o\right) / \left(S_{oi}/B_{oi}\right)\right]$ 取决于 B_o 值（废弃时的地层体积系数）。S_{oi} 和 S_{or} 分别是原始和最终条件下的含油饱和度。对于最高采收率来说，人们期望 B_o 最大和 S_{or} 最小。因为 B_o 是压力的函数，所以显然废弃压力越高，B_o 值越大，因此 RF 越高。当压力较低时，实际残余油饱和度 S_{or} 可能仍然相同，但是含有较多的油（在储罐条件下测量的，该原油的 B_o 较小），所以采收率较低。

当与溶解气驱动相比时，一般气顶驱动下的油藏采收率较高，最多高10%。采收率最高的油藏应该具备以下条件：气顶大，油藏地层倾角陡，非均质性程度低。在图7.14和表7.4中总结了在气顶驱动油藏开采期限内出现的特征趋势。

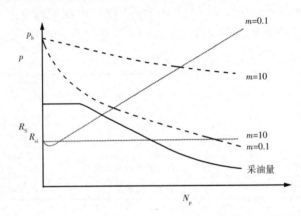

图 7.14　气顶驱动特征（m 是气顶体积与原油体积的比）

表 7.4　气顶驱动特征

特征	趋势
油藏压力	连续下降，但是缓慢
地面气油比	在沿构造向上井中连续上升
产水	不产水或少量产水
井特点	自喷开采期限长，取决于气顶大小
预计采收集	原油原始地质储量的 20%～40%

开始采油时，气顶向下膨胀进入最初原油部分驱油。至少在开采初期，应该在油藏中保持来自气顶的气体。如果采出气，气顶将收缩，并且油将向上运移进入气顶空间，这可能使一些原油被圈闭，可能永远采不出这些油，因此降低了总采收率。另外，现在采出气在油藏内不再有效并且不能保持压力，以至于使原油黏度较高，地层体积系数较小。因此，井位对采收率有明显影响。气油比可能在被移动气顶前缘超过的井中上升，例如在薄油柱中。因此，应该把这些井的理想位置定在下倾部位，或如果开始采气，就要进行选择性重新完井或关井。油田废弃条件是气油比变得太高，以至于气处理设备不能应付，或者作业费用比原油销售的收益高。通过清除较重组分后回注采出气或许能够延长一些油田开采期限。气顶驱动油藏常常得不到来自含水层的压力保持，因此产水不是该油藏的特征。

7.3.4　水驱油藏

在沉积盆地中，水占据了大部分孔隙空间（大概99.98%以上），油在相对小的构造形迹中占较小体积。有60%以上的油藏与含水层连通（边水或底水），这取决于油藏几何形状（图7.15）。边水出现在构造翼部以外，底水出现在油的正下方。含水层的几何形状，常常可能近似于线性、径向或扇形。虽然常认为水是不可压缩的，但是含水层的总压缩体积（水加岩石）大，以至于包括了大量总水体积。随着不断从油藏中采油，井中压力下降，含水层中水和岩石膨胀，推动水替换油。以这种方式开发的油藏称为含水层水驱油藏。世界上大概有30%的油藏靠天然水驱动提供的能量采油。

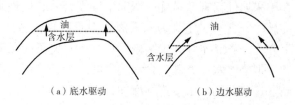

（a）底水驱动　　（b）边水驱动

图7.15　底水驱动与边水驱动示意图
对于底水驱动，如果垂向渗透率高，那么也许会出现锥进（图7.42）；对于边水驱动，水平渗透率是很重要的

如果含水层比较小并且与油藏连通好，压降很可能在整个含水层瞬间传递，由以下方程给出累计水侵量：

$$\begin{cases} c_t = c_w + c_f \\ W_e = V_w c_t \Delta p \end{cases} \tag{7.1}$$

其中：

$$\Delta p = p_i - p$$

式中，W_e 是进入油藏的总水侵量；V_w 是含水层内的水体积；c_t 是含水层的总压缩系数；c_w 是水压缩系数；c_f 是孔隙体积压缩系数；Δp 是压降；p_i 是油—水界面的初始压力；p 是时间 t 时的压力，在这一时刻计算了 W_e。

岩石和水的压缩系数数量级都是 $5 \times 10^{-6} psi^{-1}$，以至于对于 $10^9 m^3$ 的含水层和 $1000 psi$ 的压降来说，$W_e = (10^9 \times 10 \times 10^{-6} \times 1000) m^3 = 10^7 m^3$。因此，如果油藏的体积大约与含水层的体积相同，总水侵量大约相当于原始原油体积的1%，水侵对采油的影响不大。

另外，如果含水层比原油体积大，比方说大10倍，那么即使在有效压降小的情况下，大量的水也能流动。但是，含水层的响应速度常常存在不确定性，以至于压降在整个油藏中瞬时传递的假设通常是不正确的。例如，如果含水层渗透率变差（也许因为成岩作用，或可能油与水层之间出现稠油垫），油—水界面的压力变化和在整个含水层感到这一压力变化的瞬时之间将有一个时间延迟。这意味着 W_e 现在是时间以及 Δp 的函数，并且根据式（7.1）不足以计算 W_e。因为压力变化（衰竭下降，但是注入可能上升）和含水层响应之间的这一时间延迟，需要不稳定状态方法。能够得到计算含水层侵入的模型（需要了解含水层几何形状），对此在后面要进行论述。

当采出量非常高时，水驱油藏动态可能几乎像溶解气驱油藏一样；但是如果采出量低，并且油藏压力仍然高时，其动态几乎像完全保持压力油藏一样。油藏压力保持的程度取决于采油量、采气量和产水量以及水通过含水层推进到油藏的速率之间的关系。如果压力仍然高，气油比将稳定保持在原始溶解气值附近；如果压力在泡点以上，将没有游离气流动。如同气顶驱动油藏一样，与溶解气驱相比，在任何给定饱和度下，较高压力导致较低的黏度和 B_o 值。如果完全保持油藏压力，波及区域的采收率将为 $(S_{oi} - S_{or} = 1 - S_{wc} - S_{or})$ 孔隙体积。对于正常深度的轻油来说，因为油和气黏度相似，水驱油常常相当有效。假如不出现局部窜流、指进或水锥（像后面讨论的那样），则水驱通常是油藏最有效的天然开采机理。

地面水处理问题常常决定水驱油藏采收率，因为这些问题控制着经济界限。如果油藏渗透率相当均匀，由于油与水之间的重力和密度差，水将在完井层段底部突破；否则将在大部分可渗透层见水。通常，首先在构造低部位完成的井中产水，因为水首先到达这些井。如果在不采取任何补救措施的情况下继续开采，处理采出水体积可能很快成问题。当水在每个层突破时，含水 \{定义为总采液量中水的百分数 $[Q_w/(Q_o+Q_w)$，参见 7.6.2 节]\} 将逐渐上升。一直到水在井中突破为止，含水将可能很低。

但是，水一突破，含水就大幅度上升。含水以相同的水平上升，一直到水在另一个层突破。这些井的产水量连续增加，一直到这些井必须废弃，因为从经济角度来看，采油不足以证明连续作业是合算的，或油加水柱的质量超过了油的质量，并且会产生举升问题，最后把井压住。单井水淹速度主要取决于油藏非均质性。

最初通过对水淹层段挤水泥或对不同层重新完井（很可能较靠近地层顶部）控制产水，以便利用重力分离和能够较长时间开采无水原油。显然，对于底水驱动或边水驱动来说，特别是存在底水驱动时为了防止水锥（参见 7.6.12 节），必须采用不同的布井方式。

假如能够合理管理水，预计采收率能够达到 30%～40%，在有利条件下，采收率可达到原油原始地质储量的 50%～60%。图 7.16 和表 7.5 总结了在具有大含水层的水驱油藏开采期限内出现的特征趋势。

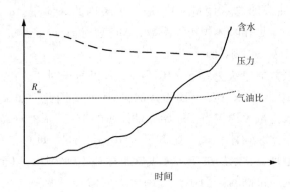

图 7.16　具有大含水层油藏的水驱特征（油藏水淹时含水上升）

表 7.5　水驱油藏特征

特征	趋势
油藏压力	仍然高
地面气油比	仍然接近溶解气油比
产水	早期开始产水并且上升到高含水（有时大于 98%）
井特点	过量产水
预计采收率	原油原始地质储量的 30%～60%

主要驱动的油藏压力、气油比和采收率的比较如图 7.17 所示。

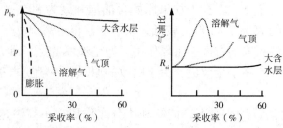

图 7.17 主要驱动的油藏压力、气油比和采收率的比较

7.3.5 压实驱动

任何深度的岩石都施加一种压力——上覆岩层压力，该压力大约具有 1psi/ft 梯度且由 $p_0 = h\rho_r g$ 给出，式中 h 是深度，ρ_r 是岩石密度。岩石孔隙内的流体压力 p_p 和在颗粒之间起作用的颗粒（基质）压力 p_M 之和（因此 $p_0 = p_p + p_M$）平衡这一压力。在任何深度，就本性而言，p_0 是不变的，以至于随着油藏压力 p_p 下降，基质压力 p_M 肯定上升。有时 p_M 达到这样一个值，以至于颗粒破碎。如果出现这种情况，那么孔隙空间大幅度减小，然后岩石孔隙压缩系数变大，排出大量原油，大概高达 20%。这一驱动机理是压实驱动。它是一种非常有效的驱动方式。

估算实际作用时需要详细了解特定储集岩的复杂岩石力学，对此 Dake 做了很好的介绍。有许多引人注目的例子。如果覆盖层岩石不够坚硬，油藏压实能够导致沉降。如果在油藏上面有城镇或湖泊（例如，委内瑞拉的马拉开波湖，或者美国的洛杉矶），或当海上生产设备下沉到适当安全水平以下（例如，北海挪威区域的埃科菲斯克油气田）时，出现沉降，这种沉降能够产生很多问题。

7.3.6 复合驱动

当油藏在一种以上驱动机理的影响下开采时（通常就是这样），该油藏在复合驱动下开采（7.5.5 节）。每种驱动机理的相对贡献可能随时间变化。如果一种驱动机理占优势，油藏特性将接近那种特定的驱动机理。如后面讨论的那样，物质平衡方程能够表明在任意开采阶段哪种驱动机理占优势。通过油藏模拟能够仔细研究驱动机理之间的相互作用，并且根据油藏动态预测产量。通过对这方面的了解，能够提出最佳布井和递减速度的建议。

7.3.7 重力分离

重力会对采油有利或有害。由于密度不同，在重力影响下水、油和气分离。由于水的密度高于油或气的密度，所以水将运移到油藏底部，气运移到顶部。对于有代表性的油藏流量来说，重力压力梯度（$\Delta p/h = \Delta \rho g$）大于由远离井筒的流动（由达西定律计算的）产生的黏性压力梯度，特别是在产层厚、垂直连通和连续性好的油藏中以及倾角明显（至少 15°）的薄油藏中。条件有利时，重力泄油是最有效的开采机理之一。

有利于重力分离的其他因素是高密度差 Δp（造成较快的分离）、高垂向有效渗透率、被驱替流体低黏底和大倾角，大横截面积适合于分离。

如果 $K_{eo} \Delta \rho g \sin\theta/\mu_o > 10$ [式中，Δp 是密度差，g/cm^3；K_{eo} 的单位为 mD；μ_o 的单位为 mPa·s。根据 Dietz 驱替方程得到了估算重力泄油所需的条件和参数（参见 7.6.10 节）]，重力效应可能大。如果有全面分离（即全面重力泄油），采油效果可能接近驱扫全部孔隙体

积 $(1-S_{wc}-S_{or})$ / $(1-S_{wc})$，以至于如果原始含油饱和度为80%、S_{or} 为20%时，采收率将是原油原始地质储量的75%。如果 S_{or} 较低，采收率甚至更高。

因此，重力泄油在油藏采油方面起重要作用，但是遗憾的是，重力泄油是一个缓慢的过程。很少把重力泄油的优点用于全效应，由于财政的原因，一般要求采油量比重力分离流量高得多。

特别是在层状倾斜油藏的情况下，能够利用分离作用减小高渗透层中的水窜流以便获得益处，因为当水上倾运移时，重力往往会保持任何水前缘均匀。如果在地层的顶部有高渗透层，那么水将优先沿着该层流动，重力将把水往下拉，所以把油藏驱扫得更全面。从另一方面来说，如果产气，气将停留在油藏顶部（图 7.18）。相反，如果高渗透层位于底部，那么水将通过这一薄夹层窜流，导致较差的波及效果，而气将上升，并且将获得好的波及效果。

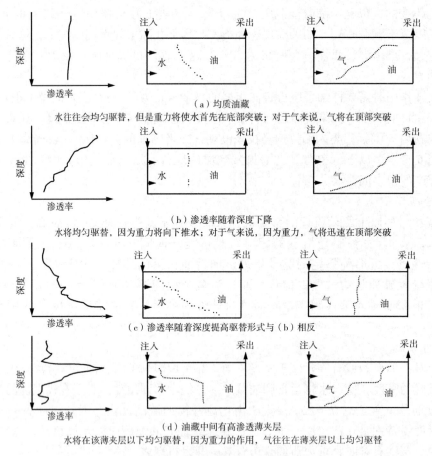

图 7.18　重力分离对不同非均质油藏的影响

在溶解气驱动中，如果气垂向渗透，在重力作用的影响下，气和油的运动可能是相互对流，以至于气可以运移到构造高位置，油向下流动。因此，油藏较低部分的含油饱和度将保持较高值，以至于油仍然能够很容易地流动，气流动将多少受到限制。在气顶驱动机理的帮助下，分离气可能形成次生气顶。油藏模拟程序是研究以上变量综合效应的最好工具。

重力泄油在裂缝性油藏中起重要作用，在这些油藏的裂缝中能够发生更多的分离。虽然如果润湿性条件有利，自吸力可能也是有效的，但是需要重力泄油把油从基质中排驱到裂缝通道中。在许多礁油藏中（这些油藏垂向连通好，原油黏度低），通过重力分离获得的采收率范围为 60% 是不常见的，除非油藏含有页岩脉理或纹层。

7.3.8 挥发性油藏

挥发性油藏（图 7.19）地层体积系数（1.5~2.5）和气油比高（600~5000ft³/bbl），原油黏度低（小于 1mPa·s）（参见第 1 章）。原油常常呈绿色，含有大量 C_3—C_5 组分。在泡点压力以上，可以把挥发性油藏看作黑油系统。在泡点压力以下，在油藏中将释放出大量气，油和气流度及油藏非均质性控制着动态。油藏计算需要考虑相之间的传质，采用组分方法和用状态方程能够高质量地进行这项工作，状态方程含有用 PVT 数据调节成流体组成的参数。油藏管理将试图保持油藏压力在流体泡点压力以上，或保持气在油藏内。因此，在地面需要估计气处理设备以及油气分离器设备的大小。如果在泡点以下注水开采，那么将注大量水充填由气造成的孔隙。

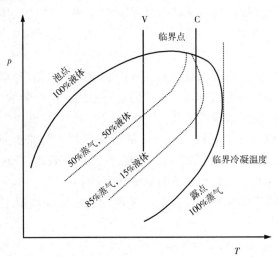

图 7.19　挥发性油（V）和天然气凝析油（C）PVT 图

7.3.9 凝析气藏

凝析液显示等温反转特性，所以气藏温度在临界温度和临界冷凝温度之间（图 7.19，参见 1.9 节）。凝析气系统的压力等温降低将导致露点线交叉和液相冷凝。凝析气藏的气藏管理需要很好地了解 PVT 性质，特别是这一凝析液排出。通过降压使气藏压力衰竭到废弃压力，一般将采出气藏中的相对少量凝析液（饱和度 <20%），正常废弃压力通常在相包络线内。在这些饱和度下，液相基本上是不可动的，并且会损失大量凝析液。

最大限度开采可液化部分需要进行压力保持（参见 7.4.4 节），这通过回注能够有效地做到，回注包括从气藏中采出富气，对该气进行处理以便除去所有液相部分，把干气回注入气藏。气体回注将减慢压力下降速度，通过与干气流接触可以再次汽化一些液相。实际上，出现这一情况的程度是不清楚的。确定凝析气藏液相含量需要仔细取样，因为在地下取样器中液相很可能冷凝，并且可能含有少量液体，难以保证圆满地输送。

混合取样通常易遭受不确定性的影响，但是能够得到有代表性的流体和气体样品。色谱分析将给出总成分，以至于能够计算出气体密度。通过平衡比计算或更可能用状态方程（状态方程含有调节实验数据的常数）掌握油藏体积衰竭动态，以便确定任何压力下共存相的体积和组成。

在世界气体供给方面，凝析气藏变得更重要。像已经强调过的那样，考虑气藏开发时，液相排出量是特别重要的。

7.4 提高采收率——二次采油和强化采油

提高采收率是在一次采油基础上提高采收率的任何活动，包括钻加密井和水平井，水平井能够钻遇已经漏掉的油藏区域。自从 1990 年以来的水平钻井技术及其扩展以及 1995 年以来的多侧向和多分支钻井技术（从一口井钻多个泄流井眼）发展到了这样的程度，以至于减小的技术风险和降低的钻井费用大大地改变了油气开采的管理效益。这些钻井进展提高了油藏暴露程度，并且改善了井动态。

换句话说，通过给油藏提供能量能够提高采收率（图 7.11）。用以下方法能够做到：

（1）二次采油（如今在开始开采时或开采前后进行）包括增加外部能量，但是基本上不改变流体的物理性质。通过注水或者注气增加这一能量。在二次采油中，在储集岩孔隙内毛细管力仍然能捕集或在驱替流体未波及的区域仍然能够圈闭相当数量的原油。反映出渗透率变化的油藏非均质性是毛细管捕集和未波及的主要原因，因为驱替流体没有均匀地通过渗透率不同的区域，导致一些区域没有波及。

（2）提高采收率，EOR（有时称为三次采油）包括增加外部能量和使系统的物理化学性质发生根本变化；例如，向油藏中添加化学剂或热以便有效改变流体密度、流体黏度和界面力，或改变影响孔隙内油、气和水分布的油藏润湿性。

因为增加原油温度降低了其黏度，在高黏重油的二次采油情况下采用热方法（在第 11 章中将更全面地进行讨论）。

7.4.1 驱替过程的物理意义：孔隙和岩心规模

实际驱替过程以多种规模出现——孔隙规模（几微米）、岩心规模（几米）和储层断块（几千米）。当在扫描电镜下检验时，孔隙结构是极其复杂的，孔隙空间及其连通以及孔壁的粗糙度和不规则性的布局是错综复杂的。油、水（有时和气）分布在这种孔隙空间中（图 7.20）。润湿性（一种流体附着于孔隙表面的特性）和毛细管压力控制着流体分布和流体流动特性。当油藏内存在流体势梯度时，一些或所有这些流体能够流动。但是，在把所有原油从孔隙空间中驱替出来前，原油可能停止流动。毛细管数［黏滞力与界面力的比，常常定义了 $v\mu/(r\cos\theta)$，式中 v 是速度，μ 是黏度，r 是界面张力（IFT），θ 是接触角］是在残余油和 EOR 过程计算中使用的一个重要参数（参见 7.4.5 节）。降低残余油和水相之间的界面张力是混相和化学 EOR 中的关键步骤。需要孔隙规模知识评价在油藏孔隙系统中发生的变化，以至于将来更有利地管理原油流动。因此需要了解：

（1）每个相的流动。

（2）每个相内每种化学物质的传递。

（3）相间传质。

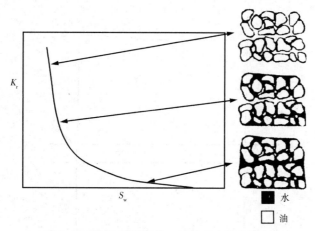

图 7.20　孔隙规模驱替，示出了流体的位置

　　孔隙规模驱替过程是极有趣的，并且能够以微观规模深入了解发生的变化。但是在实际岩石系统中发现的孔隙几何形状的复杂性，使把在一个孔隙中观测到的情况按比例放大很困难。人们常常通过统计在相对于单个孔隙大的连续体积范围内进行平均，最后，为了包括在油藏模拟所需的方程中，必须对这些驱替过程进行粗化。目前还不知道采用什么方法，但是最新进展是有希望的。常常在实验室内研究岩心规模驱替过程（像在第 6 章中讨论的那样），常常认为岩心是含有输入数据和输出数据的均质黑盒子。但是，岩心物质是非均质的，正如任何偶然检验证明和驱替的 X 射线层析成像显示的那样，通过岩心的流动是复杂的。有许多用注水前缘追踪和流线流动方法仿效驱替的试验。这些试验显示，因为毛细管压力在非混相驱替中的影响，混相和非混相驱替过程之间有很大差异。

7.4.2　二次采油——注水

　　二次采油需要通过一组井（注入井）进行注入并且从其他井（生产井）采油。试图用注入的量保持高油藏压力（压力保持）并且维持经济产量。在残余条件下，留在地下的储罐油为 S_{or}/B_o，这一系数越小，采收率将越高，即 B_o 尽可能大（接近泡点），残余油饱和度小。油气热力学限定，在泡点处，原油黏度最低，地层体积系数最大，以至于在油藏中留下的原油最少（换算成储罐条件），在最小的压力梯度下驱替大部分原油。另外，保持油藏压力在泡点压力附近，确保气不堵塞孔隙。

　　过去，当依靠自然衰竭的一次采油结束时，常常在油田开采后期采用二次采油。如今，在油田开采初期很早就开始注水，这称为"辅助采油"更合适。补充能量的水驱很普遍。例如，大部分北海油田在采油平台上都有合适的水驱设备，并且目前美国约 50% 的年产量是通过水驱得到的，特别是在由 Dake[3,4] 撰写的专著中非常全面地讨论了这一常规做法。

　　油藏压力下降时，注水保持油藏压力能够避免与溶解气驱动有关的问题，即井产量下降和气油比上升。从地面用泵可以把经过除氧（添加杀虫剂并且含有很少固相颗粒）的合适的水（这种水必须与地层配伍，黏土不敏感，不溶解盐不沉淀，例如硫酸钡和碳酸钙）注入油藏。在一些油田，油层压力部分衰竭后，可以射开含水层使水直接流入油层。这一驱替过程称为自流注水驱替（图 7.21），特别是中东在实施这一驱替工艺。与二次采油作业有关的问题与一次采油相似，特别是控制水突破、防止过度指进或注入流体窜流问题。

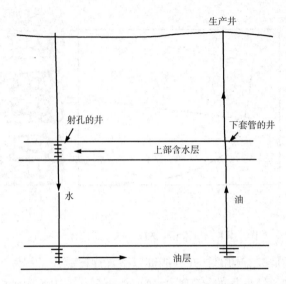

图 7.21 来自较高水层的水能够通过注入井流入油层

　　除了供给合适的水外，二次采油通常需要处理注入水的设备以及泵送和分配水（或气）的装置，还有分离油和水、处理采出水（例如，使采出水破乳）以及在不造成环境损害的情况下把采出水清除掉的设备。因此，二次采油水驱费用可能很高，石油经济学家要求，预计增加的原油必须证明支出这些费用是合算的。

　　虽然在理论上二次采油听起来很吸引人，但是并不是所有油藏都适合进行水驱，例如油藏具有不连续性，如封闭断层或不能控制的高渗透漏失层。选择注水的位置会成为问题（图 7.22）。油田投产几年后，井产水（或气）量将越来越高，含水大概高达 99%。当举升和处理采出流体变得不经济时，将油田废弃。在这一阶段，不得不处理大量水（图 7.23），例如，水量增加 24 倍以上，含水从 80% 上升到 99%，采油量稳定。在该阶段，仍然会有大量残余油留在油藏中，大概为原油原始地质储量的 50% 以上。

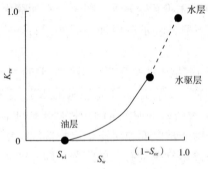

图 7.22 在什么地方注水？

水层，$K_{rw} = 1.0$，但是，含水层的 $K_{absolute}$ 可能非常小（$K_w = K_{rw} K_{absolute}$）；水驱层，$S_{or}$ 时的 K_{rw}，$K_{absolute}$ 值不清楚；油层，S_{or} 时的 K_{rw} 大概为 0（所以最初水不流动）

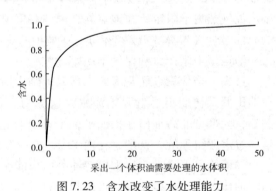

图 7.23 含水改变了水处理能力

7.4.3 处理能力控制条件和瓶颈问题随时间的变化

在水驱中，假如没有边水侵入，保持地面压力稳定的流量是注水体积 Q_{in}、采油体积 Q_o 和假如没有水侵量 Q_{wp}（图7.24）：

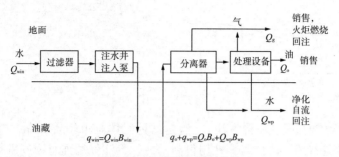

图 7.24 水驱设备限制条件

（1）Q_{in} 控制着水注入泵送设备的大小。

（2）Q_{total}（$Q_o + Q_m$）控制着分离器的大小。

（3）Q_w 控制着必须清除掉的水体积，因此控制着沉淀和水处理设备的大小。

（4）Q_o 控制着收益。

在油藏中，$Q_i B_{win} = Q_o B_o + Q_{wp} B_{wp}$，式中 B 是地层体积系数（参见 7.1.10 节），并且常常 B_{win} 为油藏体积/标准体积，因为注入水不含气。Dake 强调，这是水驱的重要方程，因为该方程控制着地面设备能力的需要。最初采出流体只是油，但是最终水突破，将需要分离设备，最后水处理装置列能力要比油大。因此，如果最初没有正确计算这些能力，通过注入、分离、水处理或甚至气处理设备的流量可能在某些时间大于设计能力，并且可能产生瓶颈问题。例如，也许为了使原油经济地自喷，必须提高含水，需要大量增加水处理设备（图7.23）。

为了克服这些问题，有时能够增加更多的地面设备，但是对于其他情况（例如海上采油平台）来说，可能没有增加额外设备的空间，因为油田高产稳产期将过去，或在短期内将不需要额外的设备，可能认为这么做不经济，然后把流量限制到设备能够处理的范围内。在油田开采期限内，可能改变主要瓶颈问题，比如从原油处理设备到流体分离器，到注入泵，到水处理或气处理设备。Dake 用确实的例子进行了讨论，经营者因为早期水突破问题，在设计中没有准确估计顶部设备大小，他们自己制造了困难。他还指出，Q_{in} 是工程师控制下的唯一参数，该参数是水驱产生的原因。

7.4.4 二次采油——注气

注水采油会非常有效，但是在理论上和根据实验室观测，非混相或混相注气（单独注气或与水相结合）可以达到高得多的采收率。这是通过降低微观残余油饱和度和/或稳定重力驱替达到的。目前通常仅把注气应用于有气顶或有大倾角的油藏，在这些油藏中，气驱能够利用重力效应（气和油之间的密度差；图7.25）。Dake 全面详细地论述了注气的许多情况。由于气驱替对油藏非均质性的高度敏感性和重力分离的重要性（因为气黏度和密度低），必须适当考虑油藏结构。

需要进行组分模拟来设计油田规模的驱替过程。注入气可以来自分离后的采出气（原

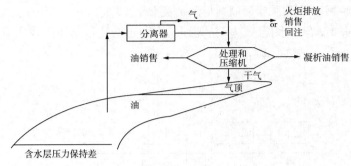

图 7.25　回注

文是 producedoil，可能有误——译者注）。但是这种气体是可销售产品，并且根据递延营业收入以及所需的设备费用，注气可能费用很高。另外，注气的强有力刺激是，如果有因为没有出口途径而无法在市场上销售的气，或现有管道已经达到总容量，或如果不允许进行气体火炬燃烧。那么，为了将来开采和销售极有可能提高采收率将气保存起来，同时，注气是处理采出气的有效方法。这对于海上注气或在偏远地区尤其如此。有些人把注气看作处理不希望有的温室气体（CO_2）或采出的含硫量过高的气的方法。

　　然而，有许多技术要求和不确定性。特别是在长油田开采期限内，井割缝的数量和现有井距提出了挑战，设备成本（特别是需要高压气处理设备）提出了更多的挑战。目前在石油工业中发明了许多创新注气的应用方法，例如，下倾注气、改变气组成和单井作业以及用于处理和回注的新设备（例如，部分处理、新分离器、井下分离和回注）。这些选择的全部潜力仍然有待于实现。通过计算机计算，适当表示在油藏和地面处理中驱替和相间传质是复杂的。数据测量的技术要求以及相对渗透率（是界面张力、毛细管压力效应的函数）和三相相对渗透率在模拟中的表示是很重要的。为了进行油藏模拟和设备设计，需要严格地确定和模拟用原始流体和候选气体得到的组分 PVT 数据（在 7.7.8 节中讨论的）。

7.4.5　提高采收率（EOR）

　　二次采油注气或注水分别模仿天然出现的溶解气/气顶驱动和含水层驱动的过程。在EOR 工艺中把能量注入油藏，驱替或被驱替流体，特别是油藏流体系统的化学性质（密度、混相能力、界面张力和黏度）或热性质出现了根本变化。

　　IOR 目标能够达到原油原始地质储量的 20% ~ 60%。这一目标是在波及区内作为毛细管捕集（微观）的微滴和在（宏观）未波及带（驱替流体未波及的油藏区域，见 7.6.4 节）内作为未开采原油能够发现的残余油。特别是油藏结构、注水井和生产井的位置以及流体性质（特别是黏度和密度）控制着宏观流动。一些驱替过程的目标是微观原油（例如，混相和表面活性剂驱替过程）而其他驱替过程的目标是未波及的原油（表 7.6）。

表 7.6　主要 EOR 方法

目标	机理	驱替过程	方法
对在孔隙中捕集的原油微滴的作用	驱替—传质/多次接触/混相	气态烃、CO_2、N_2、烟道气	混相/多次接触/非混相/驱动
	降低 IFT	表面活性剂	化学

续表

目标	机理	驱替过程	方法
对未波及区域内圈闭的原油的作用	提高水黏度	聚合物	化学
	波及调整	泡沫 聚合物	化学
	降低原油黏度	CO_2 蒸汽 火烧油层	化学 热

图 7.11 下部示出了 EOR 的基本分类：混相驱、化学驱、热驱和其他方法，包括泡沫、微生物，甚至采矿。但是，注化学剂需要能量，以便制备化学剂和把化学剂注入油藏。主要控制参数如下：

（1）地下条件。压力、混度和边界条件。

（2）油藏描述。孔隙几何形状、渗透率、孔隙度和非均质性。

（3）流体—固体相互作用。矿物、表面吸附、相对渗透率和润湿性。

（4）流体—流体相互作用。界面张力、弥散、黏性指进、膨胀、相态、混相能力和形成油膜。

（5）黏滞力。压力梯度和黏度。

（6）重力。密度差。

（7）力之间的平衡。毛细管数 $= v\mu / (\gamma cos\theta)$（图 7.26）和 Bond 数 $= gK\Delta\rho / (\phi\gamma cos\theta)$。

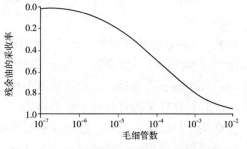

图 7.26　残余油的采收率和毛细管数

根据世界油气资源和大量未采出原油（已知地球表面未采出原油的数量和位置）的巨大潜力，提高采收率具有非常大的战略价值。遗憾的是，油价不确定性和廉价原油的可得到性是反作用的，作业费用高，能源需求和经济情况，特别是目前油价使该主题在科学上是有意义的，但是在很大程度上常常认为对于目前从事实际业务的工程来说是不适当的，虽然肯定不应该是这样的。

因此，虽然在理论上有吸引力，但是在目前的气候下 EOR 一般是不经济的，所以还没有广泛应用 EOR。但是，如果油价上涨，或增加法规，例如限制气体火炬燃烧，那么 EOR 可能会变得更有吸引力。

因为涉及了吸引人的理论知识，所以写出了许多有关 EOR 的论著。在这里将概述这些论题，全部细节见专用教科书。

7.4.6　混相驱替过程

混相驱替的原理是降低或消除驱替和被驱替流体之间的界面张力，以至于可以把波及带内的残余油饱和度（目的层的原油）降低到接近零。如果两种物质混合并且形成单一均匀相，出现混相。油和气一次接触不会立即混相，通常通过多次接触混相（MCM）过程达到注气混相，混相是通过汽化或冷凝驱动达到的（图 7.27）。

在汽化中，相对贫烃在高压时连续接触地层油。在冷凝机理中，富气在连续接触过程中失

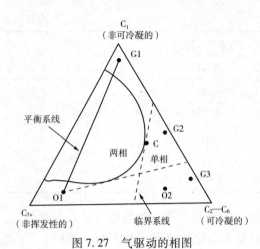

图 7.27 气驱动的相图
G—气；O—油；C—临界点
G1 和 O1 是非混相的；通过多次接触汽化效应，
G1 和 O2 将变成混相；通过多次接触冷凝效应，
G2 和 O1 将变成混相；G2 和 O2 以及 G3 和
O1 或 O2 是一次接触混相的

去中间组分并且把这些组分传送给油，一直到足以使气带的后面区域中的油相变化，以便能够与注入气混相。驱替流体可以是气态烃、二氧化碳、氮气、烟道气（废气）和 LPG，甚至某些乙醇。在富化气驱替过程中（在该过程中，气所含的烃（乙烷一直到乙烷）百分比相当高），立即混相，气中的 C_3—C_6 从气中传送到油中。

在干气驱替过程中，不是立即混相，而是在汽化过程中通过组分从油中传送到气中完成的，这意味着干气法是与含 C_2—C_6 很多的那些油一起使用的最佳方法。这些驱替过程的热力学变得复杂了。一次采油或气驱后，以高压向（轻油）油藏回注干气或 CO_2 可能导致将残余油部分汽化进入回注气中将其富化。通过地面处理回收气和液，然后将气再次回注。因为流体不稳定并且波及不到油，特别是溢流（重力上窜），气的黏度低（流度高）以及气和油之间的密度差大，会导致油藏波及效率低。溢流导致气在生产井中早期突破，以至于总采收率可能低，除非高渗透薄夹层在油藏底部。

在陡斜、高渗透、含轻油油藏中应用这些驱替过程最有效，在这些油藏中重力使驱替稳定，并且这些驱替过程对于能够得到气，但是不能销售的高压油藏有吸引力。气在很大程度上取决于高压完成混相。这些驱替过程在浅油藏中的应用是有限的，因为需要高压完成多次接触混相。像以上讨论的那样，在注气中有许多要克服的技术挑战，虽然如此，但对于在今后 10 年气驱 EOR 仍然有信心。

7.4.7 化学驱替过程

化学驱替过程在技术上是最复杂的 EOR 方法。在这些驱替过程中把化学剂添加到驱替水中，这改变了其物理化学性质，并且常常也改变了接触原油的物理化学性质，以便使驱替过程更有效。因为在实验室试验获得成功，声称化学驱替过程具有很大潜力，但是到目前为止，矿场试验的结果令人失望。

7.4.7.1 表面活性剂驱

表面活性剂驱的目的是用表面活性剂通过降低油—水界面张力开采波及区内的残余油（即微观油微滴），以至于油不受毛细管压力的限制。需要非常低的值（小于 0.1mN/m）以便把毛细管数增加到所需的 3 个数量级（图 7.26）。需要昂贵的化学剂，这些化学剂常常是活性盐且具有复杂的相图。表面活性剂容易吸附，特别是储集岩表面和黏土上更是如此。

7.4.7.2 聚合物驱

在两种完全不同的 EOR 方案中使用聚合物：

（1）第一种方案是用聚合物稠化注入水。在水驱中被驱替的油比水黏，并且与黏度较相等时比，在驱替过程效率较低（宏观波及效率低）的地方，这可能有效益。聚合物驱只影响流体力学，因此只影响波及带面积。聚合物可以降低流度比，以至于与只注未稠化水相比，聚合物驱能够获得较高的波及效率。但是，作者认为水驱油这样的过程，一旦水在生产井中突破，任何水（稠化或未稠化）将都通过相同的路线流动。在聚合物驱过程中，因为吸附、聚合物段塞破坏和由于温度、自由基、pH 值、剪切（特别是拉伸剪切，拉伸黏度是重要的）或矿化度造成的聚合物降解，在油藏内会出现问题。这些问题对聚合物（例如，聚丙烯酰胺、多糖和黄胞胶）会特别严重。在油藏外面的储存、混合、计算和脱氧（防止细菌活动）也有问题。

（2）第二种方案是在波及调整方面，在这些方案中，用聚合物降低所选择油藏体积的渗透率。在这里目标是未波及带中留下的原油。因为注入流体将优先通过这种层流动并且出现早期突破，有效采油的主要危害是油藏非均质性（特别是高渗透薄夹层）。波及调整是封堵这种层或降低其渗透率，以便迫使驱替水进入含油较多的区域。通过水泥堵水证明不完全可靠。能够使用通过交联形成的稠化聚合物。实际上，必须封堵整个高渗透区域，否则流体容易绕过封堵的区域，并且直接返回到未封堵的高渗透区域。对于近井地带处理，常常可以使用少量强凝胶化学剂防止产水，而对于较深层处理，使用弱凝胶封堵高渗透层。正在开发新的聚合物体系，特别是这些体系具有控制时间温度催化效应。

7.4.7.3　泡沫驱替过程

气（或蒸汽）的黏度低，因此流度高。如果将表面活性剂与气一起注入，将产生泡沫。在含有水、气、油和泡沫剂的系统中，流动过程是复杂的。实际上，人们会怀疑泡沫在孔隙介质中的意义，在孔隙介质中，孔隙为 $1 \sim 100 \mu m$。也许把气描述为在由液体薄层组成的液体连续介质中弥散的不连续相更合适。当气的高流度不利时，提议把泡沫作为试剂用于注气和蒸汽驱。

泡沫的可动性比气或蒸汽差得多，所以预计能够提高垂向和水平波及效率，并且减缓黏性指进和重力上窜。泡沫已经被用于克服局部开采问题（例如，由锥进造成的过早产水）。泡沫值（气/水分数）、结构（泡大小）和泡大小分布 3 个因素是重要的，每个因素都影响着流度。如果泡沫稳定性高，就会出现高渗透区域的封堵，即波及调整。

遗憾的是，在出现油的情况下，大部分泡沫存在的时间不是很长，并且泡沫剂（表面活性剂）被吸附到黏土和岩石表面上。当然需要更全面地了解这些界面的形成、合并和破坏。表面活性剂的特性和界面张力如何受到影响是特别重要的。

7.4.7.4　水气交替注入（WAG）驱替过程

常常根据占孔隙体积 5%～20% 的驱动流体段塞制订混相驱动计划，随后注干气，然后注水，以便减少费用。这些过程具有与泡沫相同的进行流度控制的目的，但是仅注气和水，通常在段塞中，注气和注水周期大约都为两星期。机械流动过程现在是推测的情况，但是显然润湿性和三相（水、气和油）的岩石渗透率及其相互作用是复杂的，并且在模拟中难以建模。通过重复由第二个段塞跟随在水后面的周期等，可以部分解决因为指进和窜流造成段塞破坏问题。当然，缺点是在地面需要两套注入设备。虽然如此，但仍进行了许多矿场试验，已有一些成功的报道。

7.4.7.5　微生物驱动过程

在此指的是把合适的细菌和营养物注入油藏。合适细菌是在厌氧油藏条件下能够在地下生成表面活性剂或 CO_2，以便与残余油反应的细菌。遗憾的是，虽然已经找到了微生物驱油原理，但是没有发现合适的高温细菌物种。微生物主要应用看来似乎是在"焦油"井的便宜井筒清洗方面，也许是在高渗透薄夹层的深部封堵波及调整方面，在高渗透层中，通过水驱添加细菌和营养物，并且细菌和营养物能够自然进入高渗透区域，细菌生长堵塞了这些区域的孔隙。虽然进行了一些试验，但是到目前为止，成功是有限的。

7.4.7.6 降压

最近研究并且应用了水驱油藏的降压（即晚期溶解气释放）。在这里，通过泵出注入水把油藏压力降低到大大低于泡点，以至于能够从残余油中采出溶解。原油需要具有足够的溶解气（大于600ft³/bbl）和高残余油饱和度（50%孔隙体积）。临界含气饱和度值是特别重要的经济参数，但是难以确定。临界含气饱和度是气变成可动和可采的点。必须注意，采出任何量的水都不会对也与下伏含水层连通的任何其他油藏有重大影响。另外，必须对采出水进行处理，以免违反环境法规。

7.4.8 热驱替过程

热采法是最成功的EOR技术，用该方法得到的产量占EOR产量的70%，在加拿大、委内瑞拉和美国更是如此。在第11章中详细地讨论了重油开采技术。热驱替过程把能量提供给油藏，这能够提高原油温度和降低黏度，以至于能够把原油更有效地驱到生产井。在重油油藏中，原油流度常常如此地低以至于一次采油采收率非常低，并且通过热驱替过程可以大大提高波及效率。温度提高100℃，原油黏度能够降低99%或更多。

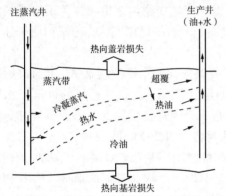

图7.28 注蒸汽热采中的问题——蒸汽突进

注蒸汽（连续注入或者以蒸汽浸泡的形式）和火烧油层是较广泛采用的热采技术。把临界蒸汽压力（221bar，3208psi）规定为约5000ft（1500m）的深度极限。通过岩石的热传导既有优点也有缺点。优点是在地层中，热传导的距离可以比推进前缘远得多，甚至导致了在没有被注入蒸汽直接接触的油带中的原油黏度降低。缺点是向基岩和盖岩损失热，后面的考虑意味着，如果产层厚度小于约10ft（3m），虽然注蒸汽成功，但通常也是不经济的（图7.28）。

大部分注蒸汽设备对锅炉给水的质量都要求很高，否则可能在设备中出现严重的腐蚀问题。平均把4倍或5倍体积的水转变成用于每采出1倍体积油的蒸汽。显然，在淡水供给不足的地区，该技术的使用受到限制。另一个与注蒸汽有关的实际问题是有时形成极其稳定的油/水乳化液，这可能意味着需要特殊的破乳设备处理这种油/水乳化液。

常常把蒸汽浸泡（吞吐、周期注蒸汽或注蒸汽增产）作为蒸汽驱的前驱物。该方法是通过井把蒸汽注入地层，少则需要几天，多则几个星期，然后关井一段时间（大概一个星期或更长），以便使蒸汽的热量扩散并且降低附近地区原油的黏度。然后，只要采油量合算，将井尽可能长时间投产，通常为几个月。只要该方法经济，尽可能长时间重复采用这一方法。在轻油中，汽化效应会是这种的，以至于产生混相和流度效应。

在火烧油层的情况下，注入空气或氧并且将原油点燃。把一些原油作为燃料产生热。该方法能够完全不污染环境，特别是，如果适当控制燃烧前缘并且把废气保留在油藏中就更是如此。可以用井下燃烧器开始燃烧，但是常常出现自燃。连续注入空气，如果那种空气（和燃烧气）的有效渗透率足够高，燃烧前缘通过油藏向前移动。另外，在高温（对于蒸汽来说，325℃；对于火烧油层来说，600℃）时，原油可能汽化或蒸馏，因此进一步降低了其残余油饱和度。

重油和焦油砂的已知储量巨大，大概总计超过常规原油的储量，所以这些储量在未来将变得更重要。奥里乳油（把委内瑞拉重油产品与表面活性剂混合，以便得到具有与燃料油相似性质的乳化液）的开发前景很好。但是，记住总能量平衡通常是重要的：如果需要大于1bbl原油的能当量产生足以举升1bbl总产油量的热量，显然是不利的。

7.4.9 加密钻井和水平/分支水平井

许多有实际经验的石油工程师认为，提高采收率的最有效方法就是钻更多的井！只要采出的额外原油量能够支付额外钻的井和相关的管道系统的费用，就可以说，加密钻井是成功的。检查油藏井显示，裂缝比以前想象得多。裂缝（封闭的和基本上起排泄作用的）把油藏基质切割成了许多区域。因此加密钻井具有这样一个优点，即新井能够钻遇具有密封断裂边界的区域以及目前未波及的区域。

从一个井筒钻多个水平泄流井眼的最新进展创造了开发认为是不经济的油藏的机遇，特别是原油被圈闭在井间隔离断块中的油藏，对于有效平面波及来说，这些井离得太远。可以注蒸汽或化学剂以便增加与油藏（原油）的接触。另外，测井提供了更多油藏数据以便改进油藏描述，增加对压力状态（因此对连通情况）的了解，并且获得了波及层和未波及层的更详细情况。越来越多地在老油田的层段重复进行3D地震勘探测量，以便确定流体界面的移动情况和未波及原油的区域，例如，产层以上或以下的区域（所谓"阁楼"油和"地窖"油），这就是所谓的4D地震（时间）勘探测量。

挖掘油藏对于浅的重油或焦油藏是可能的，并且能够采出很大一部分地下原油。否则，用于常规采油的采矿辅助技术能够通过重力将原油排驱入从隧道钻的水平井中。

7.4.10 油藏筛选

每种开采方法将仅对有限范围的油藏条件和原油类型有效，但是对于几乎任何油藏来说，都有能够开采更多原油的方法。通过把油藏流体的物理化学性质与油藏表征相结合，才能够制订出用于特定油藏的最佳IOR方案，得到冗长的油藏筛选清单。油藏和流体参数的初步筛选是设计一个油藏的EOR方法的第一步，随后是油藏研究、计算机模拟、在经济方面考虑的因素和先导性试验。虽然能够并且常常应该在开采初期应用EOR，但是目前仅在油气产量下降到无利可图的油田的试验阶段应用，试图开采用常规方法剩下的原油。所以这些EOR方法的费用是很高的，并且该技术包括大量的财政和能源风险。在许多矿场试验中，这些方法完全失败了。

大部分IOR方法需要更多的资本投资，并且一些方法的操作和维修费用很高。传统EOR方法可能需要通过矿场设备（可能需要改进）处理大量化学剂，特别是水和含油乳化液。因此需要进行精心的技术和经济评价。减小项目风险是很重要的。在一次采油中，差的油藏描述常常不会造成重要的规划错误；在二次采油阶段，差的油藏描述常常可以弥补；但是在三次采油阶段，差的油藏描述可能是灾难性的。先导性试验是有帮助的，但是即使成功的试验也不能保证在全油田实施成功，因为先导性试验区的油藏表征不可能代表整个油田。

在 EOR 设计中，油藏非均质性是最大的问题。

虽然水变成汽意味着驱扫油藏中的新区域，并且因此采出更多的原油，但是一旦水波及不到一个区域，很可能任何其他以水为基础的方法也将采用相同的路线，并且继续波及不到这些特别区域。有许多消极特性，例如，证明获得更多的原油是因为采用了一些方法，不只是经营者给予了更多的关注。如果在油田开采初期采用 EOR 技术，根据采油量（这一采油量超过了用传统方法可能获得的采油量）难以确定该方法是否成功。

如果在水驱后实施 EOR 技术，因为那时可以把任何提高的采收率都归于新项目，就能够对该技术进行矿场评价。因为把原油驱动到生产井（其间这些生产井的含水高）的滞后，获得任何采油量之间，可能是一段相当长的时间。采出油的水油比可能很高，以微滴的形式出现，也许是与表面活性剂混合的乳化液，以至于投资回收时间很可能推迟并且缓慢。这些方法必须经受住油藏和井筒的恶劣环境，包括温度、压力和高矿化度。提供后勤保证（特别是对于海上或对于偏远地区来说）是重要的。最后，在所有阶段都必须注意考虑环境和规章制度方面的因素，这方面因素正在年复一年地变得更迫切。

7.5　定量油藏特性

7.5.1　预测——制定油田开发规划

在油田投产前需要开采曲线。典型的开采曲线可能看起来像图 7.1（a）或属于图 7.2 中的范围之列，这取决于油田在陆上还是在海上。在制定规划阶段，用开采曲线信息设计开采策略，以便确定井数和井位、处理设备大小，特别是用于经济预测。该开采曲线取决于许多因素，包括：

（1）油藏机理和油藏非均质性及其他地质特性如何影响流动。

（2）流体的油藏和地面性质。

（3）油藏内的井位和产量，例如，当特定井水淹时。

（4）随着投产时油藏压力下降，井产量和采出流体性质将如何变化。

（5）所需收益和由规章制度施加的生产限制。

对于各种开发方案和成本情况来说，需要计算产量随时间变化的方法，必须最大限度地利用所有数据。能够提高预测质量的任何信息和/或知识都是无价的，但是如果不利用任何数据，那么管理部门会认为这些数据是浪费金钱。早期识别油藏基本性质的变化趋势是非常重要的。在估计产量、井数和井位、每口井的流动潜力和地面设备能力过程中，必须考虑油藏类型和油藏流体挥发性、井数和井位、地面设备能力、海上平台位置（如果需要的话）、采用 IOR 方法的可行性以及市场需求（表 7.1）。

一口井的生产潜力是储集岩渗透率、厚度、压力和均质性的函数。渗透率越高，厚度越大，均质性程度越高，井潜力越大。在 8.2 节中进一步讨论井产能。虽然井位和井数以及射孔孔眼数能够影响泄油形式的均匀性和改变最终采收率，但是较多的井可能意味着油藏泄油较快，并且较快达到最终采收率。

为了进行远景评价和制定投标策略，无论是在陆上还是在海上，越来越多地要求石油工程师在首次发现后立即进行全面评价，并且制定开发规划。对于需要得到允许的计划部门，在历史上采用的连续开发是不可接受的。一个油田的初期开发规划很可能是以完全不充足的信息为基础的。可能没有油气聚集的任何直接证据，所以评价队必须用概率方法评价潜在油藏，然后勘探数据的质量和判断是关键。在这些情况下，必须制定出对油藏经济开发没有不利影响的评价和开发规划，否则得到的数据将证明是没有代表性的。因为油藏工程师关心这些条件的偏差，准确确定原始条件是极其重要的。

7.5.2 预测方法

预测油藏特性是油藏工程的最重要任务之一。在高级教科书中非常详细地描述了方法和步骤，并常常提供研究实例。通过简单分析（图7.29）或通过模拟（7.7节）能够进行预测。分析工具相对简单，并且在一些情况下，在给出"近似"估计方面是非常有用的，但是在其他情况下，该方法过于简单，需要进行模拟。来自任何模拟的信息的价值必须证明所花费的时间、努力和费用是合算的。

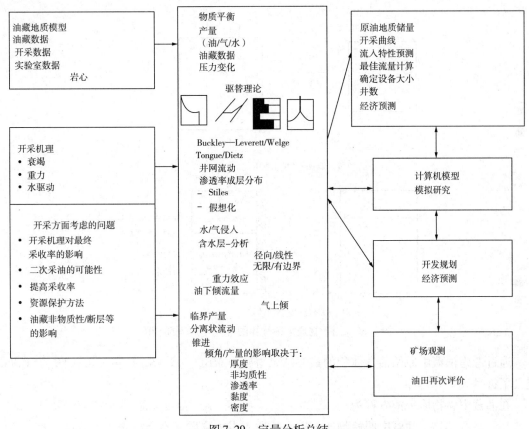

图7.29　定量分析总结

一种重要的分析工具是物质平衡方程（MBE）。如果油藏正在通过水驱驱替（通过含水层或者补充能量的水驱）采油，Buckley – Leverett，Dietz 或 Stiles 分析方法对于预测突破时间和含水是有用的。当油藏经过了高产稳产期时，产量开始下降。常常用递减分析预测高产稳产结束后的油藏动态。现在油藏模拟是主要工具，连续评价大部分油藏的动态，并且更新动态预测。有许多开发和维护高级油藏模拟程序的服务公司。然而，只有在具有足够数据的情况下，才采用油藏模拟。

7.5.3 物质平衡方程（MBE）

物质平衡是指油藏中油、气和水的质量守恒，物质平衡方程用于：

（1）确定原油储量。

（2）确定水侵入量。

（3）提供有关油藏特性的指导。

（4）有时预测压力。

物质平衡基本上是对初始时刻和以后油藏所含物质的检查（图7.30）。但是，在基本方程中，MBE 确实没有时间因素。这是通过介绍某些体积流量函数引入的。在这里介绍了使用良好的方法，对于水侵（Hurst 和 van Everdingen）和溶解气（Tarner – Tracey）来说，或当能够外推时，通过把 MBE 适当处理成直线方程；例如 Havlena 和 Odeh 方法。

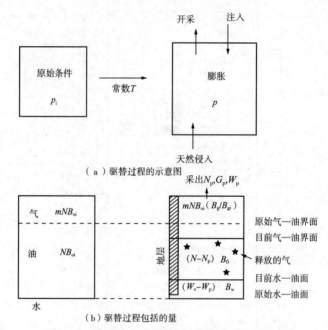

（a）驱替过程的示意图

（b）驱替过程包括的量

图7.30 用于物质平衡计算的溶解气驱动的图解

通过考虑油藏中原始油气体积的最终结果得到了 MBE，即 $NB_{oi} + GB_{gi}$（或 NB_{oi}）（以下定义了符号）。

在油藏中，物质平衡方程为：

油藏中原始物质 = 进入物质 + 出去物质 + 剩余物质

这需要许多假设，包括油藏相当于一个搅拌均匀的储罐，以至于在整个油藏中是完全平衡的，并且有一个能够估算流体 PVT 数据的平均压力。完整的 MBE 看起来是复杂的，但是像在许多例子中示出的那样，常常能够将其简化：

$$N_p \left[B_o + (R_p - R_s) B_g \right] = N \left[(B_o - B_{oi}) + (R_{si} - R_s) B_g \right] \times \frac{N_m B_{oi}}{B_{gi}} (B_g - B_{gi}) +$$

$$\frac{(1+m) NB_{oi}}{1 - S_{wi}} \times (c_f + S_{wi}c_w) \Delta p + (W_e - W_p) B_w \qquad (7.2)$$

然而，除了每个作者找到了较容易处理的特殊形式外，这些方程都相同。

MBE 的左面项是以油藏体积表示的烃流体产量。右面的前 3 项分别是油层中烃（油和气）的总膨胀、气顶中气的总膨胀和岩石及其伴生水的总膨胀。最后一项是注水量和产水量。岩石孔隙和水是弱可压缩的。岩石孔隙压缩系数是其孔隙度和压实的函数，虽然在压实驱动中，岩石孔隙压缩系数有时在 $20 \times 10^{-6} psi^{-1}$ 以上，但是其范围一般为 $(3 \sim 10) \times 10^{-6} psi^{-1}$。水压缩系数范围一般为 $(3 \sim 6) \times 10^{-6} psi^{-1}$。如果有气和/或水注入油藏，累计地面体积 W_{inj} 和 G_i 将表示为在 $W_{inj} G_w$（油藏单位）和 $G_i B_{gi}$（油藏单位）的压力 p 下的等效油藏体积，其中 B_{gi} 是注入贫气的原始气地层体积系数。注入水通常不含气，并且 $B_w = 1$。

在它的最简单形式中，在整个油藏中，MBE 使用了相同的值，含义是在油藏范围内压力变化小，也许油柱变化幅度小。如果压力以垂向分布为主，那么就会把油藏分成多个水平层。这是较复杂的，并且需要计算机进行处理。幸运的是，许多油藏情况允许将 MBE 简化，正如以下讨论的那样，得到了较简单的方程式。

通过代入以下方程能够把 MBE 变成较容易使用的形式：

$$F = N_p \left[B_o + (R_p - p_s) B_g \right] + W_p B_w$$

该方程是在油藏条件下从油藏中采出的油、气和水。

$$E_o = \left[(B_o - B_{oi}) + (R_{si} - R_s) B_g \right]$$

该方程是其原始溶解气的膨胀。

$$E_g = \frac{B_{oi}}{B_{gi}} (B_g - B_{gi})$$

该方程是气顶气的膨胀。

$$E_{fw} = \frac{(1 + m) B_{oi}}{1 - S_{wi}} (c_f + S_{wi} c_w) \Delta p$$

该方程是充满孔隙体积的烃减小和原生水的膨胀。

因此：

$$F = N (E_o + E_g + E_{fw}) + W_e B_w$$

该方程为 MBE 的 Havlena 和 Odeh 形式。

F 值取决于产量测量结果（N_p, R_p, W_p）和 PVT 值，PVT 值是压力的函数；E_o，E_g 和 E_{fw} 仅取决于 PVT 数据。未知数是 *STOIIP*，N，m 和 W_e。通过进行合适的处理和使用可得到 PVT 和产量数据，能够把该方程绘成曲线，根据曲线的形状、斜率和截距能够推断水侵量、N 和开采机理。例如，对于泡点以下、没有气顶，但是有水侵的欠饱和油藏来说，最好可以把该方程绘制成为 $F/E_o = N + W_e/E_o$ 的曲线，如果该曲线是 45°的直线，那么就正确地确定了水侵量 W_e，并且截距将给出 N（图 7.31）。当 W_e 为零时，容易确定 N 和 m 值，如果 $N = 0$（气田）或 $m = 0$（欠饱和油或没有气顶），通过分析开采数据通常给出气或原油原始地质储量的体积，并且给出一些水驱动强度的指标。

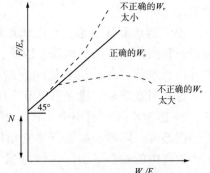

图 7.31　欠饱和油藏水侵的 Havlena 和 Odeh 分析，水侵量有误差

MBE 包括以下数据。

（1）矿场开采数据：N_p，W_p 和 R_p。虽然 N_p（累计采油量）常常只是测量的总油田体积（因为不同井合采），但是由于严格的商业原因，对该数据掌握得非常清楚。但是由于不测量这两个数据，不得不估算 W_p（累计产水量）和 R_p（累计或平均气油比 + G_p/N_p）（特别是在许多老油田或偏远地区的油田，在这些油田不能利用采出气）。

（2）岩石物性数据：S_{wi} 和 PVT 数据，B_o，B_t，R_s，C_f 和 C_w。必须在实验室内，在有代表性的岩样上采用热力学过程获得 PVT 数据。当试运行实验室以便承担这项工作时，对这一过程了解得不太清楚，因此这些值可能有些系统误差。取样是困难的，并且很可能需要根据矿场操作条件对实验室数据进行校正。认为气顶大小值 m 也可能是一个岩石物性量，但是一个未知数。

（3）油藏数据：N，STOIIP，m 和所有这些数据中的最大未知数 W_e（累计水侵量）。

有没有水侵？如果有底水驱动，在选择的井中通过时移测井能够直接监测水侵推进，但是如果来自油气藏边缘的水侵量大，可能一直到单井开始水淹才能观测到水侵。从油田的评价阶段初期就进行 STOIIP 的体积估算，一旦得到一些产量/压力历史数据，就必须把这一估算值与 MBE 值进行比较。因为未泄油的断层封闭区或油藏的低渗透区，MBE 值常常低于体积估算值，接下来必须与地质学家进行适当的讨论。

（4）压力数据：需要 $(p_i - p_t)$ 和 p_{av}。在前面讨论了确定产油油藏内压力的困难。因为方程需要使用值之间的差，例如，$B_{oi} - B_o$（这产生了非常小的数，因此结果中存在不确定性和不可靠性），所以会出现误差，除非特别注意。开采一段时间后才能够应用 MBE，以至于 Δp 是重要的。在专用教科书中详细讨论了 MBE，并且包括一些实例和经验丰富的建议。

7.5.4 MBE 的能力和限制

MBE 提供了对油藏动态的深入了解和各种驱动机理对开采作出的贡献。对于适当的油藏范围内流体连通的油藏而言，通过使用产量和压力数据，MBE 提供了计算油气原始地质储量和预计含水层影响的方法。MBE 计算了油藏中的流体体积，该油藏受产量和压力变化的影响并且与井连通。相反，估算地下流体的体积方法是一种静态方法。该方法不能区分连通和隔离区域。由于这个原因，由 MBE 计算的地下流体不会多于通过体积计算的流体，假定体积估算是准确的。因此，必须比较这两种方法，以便发现整个油藏是否见到了开采效果。

MBE 的主要优点是，它以储罐模型为基础（即零维模型），从而涉及油藏或其部分区域岩石和流体性质的平均值。因此，不能用 MBE 计算流体或压力分布，也不能用 MBE 确定井位和产量对开采或其他问题的影响，水或气窜流或因为油藏非均质性造成的影响。如果这些因素重要，像在第 7 节中讨论的那样，必须进行油藏模拟以便预测油藏动态。显然，Δp 值越小（衰竭小于 5%），估算结果越不准确。PVT 值差和 Δp 项将非常小，且产生的误差大。同样，如果有非常活跃的含水层，那么压降会小并且出现不准确性。MBE 用于油藏中的物质平衡。在该方程中没有时间因素。已经在溶解气和水驱计算部分讨论了这些问题。

一般来说，水侵 W_e（常常与时间有关）是最难以确定的，如果水侵严重，直到采出高百分比的油，才可能证明能够给出地下原始油和气体积的可靠估算。除了在有很少水侵或没有水侵油藏在泡点以上开采的情况下以外，地层和水压缩系数项通常很小且常常可以忽略。另外，对于水侵来说，至少局部地保持油藏压力，以至于 $(p_t - p)$ 项小，因此 E_{fw} 小。如果出现游离气，在大多数情况下，其压缩系数比基质或原生水的压缩系数高几个数量级，以至于可以再一次忽略 E_{fw}，除非出现压实驱动时才不能将其忽略。

7.5.5　复合驱动

油藏常常在一种以上机理的影响下进行开采，即复合驱动。无论在什么时间，根据重排的 MBE 都能够估计相对影响：

$$1 = \frac{N}{N_p} \times \frac{(B_t - B_{oi}) + B_{ti}(1+m) c_e \Delta p / (1 - S_w)}{B_t + (R_p - R_{si}) B_g} +$$

$$\frac{N}{N_p} \times \frac{B_{oi} m (B_g - B_{gi}) / B_{gi}}{B_t + (R_p - R_{si}) B_g} + \frac{1}{N_p} \times \frac{W_e + W_{inj} B_{inj} - W_p B_{prod}}{B_t + (R_p - R_{si}) B_g}$$

方程右面项，溶解气和油、岩石及其伴生水膨胀、气顶气膨胀和水侵分别表明驱动机理对开采（油、气和水）的相对贡献，称为驱动指数。如果一个驱动指数控制着动态，油藏特性将接近于特定驱动机理的特性。上述方程右面第一项为溶解气和膨胀项指数（在泡点以下，这一项通常非常小，可以忽略），第二项为气顶驱动指数，第三项为水驱动指数。

虽然不同驱动机理对开采的相对贡献可能随时间（产量）变化，但是一般在泡点压力以下，水驱动 > 气顶驱动 > 溶解气驱动 > 膨胀。对于进一步分析来说，需要进行油藏模拟，以便表明不同驱动机理和它们之间相互作用的影响、井位和完井层段的影响以及产量的影响。

7.5.5.1　泡点以上的欠饱和油藏

如前所述，通过油、原生水膨胀和（当压力降低时以及如果有水侵或进行注水导致）孔隙体积减小，从这些油藏中采油。在油藏中没有游离气（压力在泡点以上），以至于在地面采出的所有气都溶解在油中，并且 $R_s = R_{si} = R_{pt}$，另外 $m = 0$。如果可以忽略任何水侵或采出，则 MBE 可以简化成：

$$N_p B_o = N (B_o - B_{oi}) + \frac{N B_{oi}}{1 - S_{wi}} \times (c_f + S_{wi} c_w) \Delta p$$

由于泡点以上的 c_o（压缩系数）为 $(B_o - B_{oi}) / (B_{oi} \Delta p)$ 和 $S_o = 1 - S_{wi}$，并且如果我们把 c_t（总压缩系数）定义为 $c_t = c_o S_o + c_f + S_{wi} c_w$，并且把 c_e（有效压缩系数）定义为 $c_e = c_t / (1 - S_{wi}) = (c_o S_o + c_f + S_{wi} c_w) / (1 - S_{wi})$，那么 $N_p B_o = N B_{oi} c_e \Delta p$。如果 c_o，c_f 和 c_w 值分别为 $10 \times 10^{-6} psi^{-1}$，$7 \times 10^{-6} psi^{-1}$ 和 $4 \times 10^{-6} psi^{-1}$，$B_{oi}$ 和 B_o 分别为 1.30 和 1.34（体积比），并且原始含水饱和度为 0.25 孔隙体积，那么对于 1000psi 压降来说，采收率 N_p / N 为 $[(0.75 \times 10 + 7 + 0.25 \times 4) / 0.75] \times 10^6 \times 1.30 \times 1000 / 1.34 = 2.0\%$。因此，一般泡点以上膨胀的采收率是非常低的，除非有压实（即 c_f 大），或如果有水侵或进行注水。c_f 中水膨胀和孔隙体积收缩项的大小可以与油的相比，并且在计算中必须进行计算。如果在这里将其忽略，采收率会仅为 1%——过失误差。

对于在泡点以上的欠饱和油藏来说，如果绘制 $N_p B_o$ 与平均油藏压力的曲线，应该得到一条直线，斜率为 $-1/(N c_e B_{oi})$，根据该斜率能够确定 N 值。虽然在衰竭的初始阶段难以确定趋势，但是偏离这条直线的点的任何趋势都将表明会有水侵，除非正在向油藏注水。

7.5.5.2　泡点以下的饱和油藏

在泡点附近的地面生产气油比将是 R_{si}，但是当压力下降到泡点以下时，生产气油比 R_p 将意味着采出游离气和溶解气，以至于 R_p 将大于 R_{si}（除了在接近泡点的压力以外）。通过使气不离开油藏或者通过把气回注入油藏，能够降低 R_p。MBE 示出了开采和压力下降之间的相互关系。为了简便起见，如果发现时没有气顶，可以忽略水侵，如果出现游离气，可以忽略孔隙体积和水的膨胀（计算实例能够容易地显示，可能引进了什么误差），根据 B_t 和两相地层体积系数（并且带有简化的假设），采收率变成了：

$$N_p/N = (B_t - B_{ti}) / [B_t + (R_p - R_{si}) R_g]$$

因此，在任何压力下，采收率是 R_p 的反函数，因为在稳定压力下，所有其他项不变，并且 $N_p/N = a/(R_p + b)$。这表明，为了从溶解气驱动油藏中得到较高的采收率，必须把采气量降到最小。最大采收率将是不采出游离气的时候，切记，这是因为任何采出油都将含有溶解气（R_s），肯定采出一些气。

预测溶解气类型油藏引进时间常常使用 3 种方法，这 3 种方法是由 Tarner、Tarner 和 Tracy 以及 Muskat 研究出来的。在高级教科书中用实例全面讨论了这些方法。实质上，他们用含有生产气油比的假设值和相对渗透率饱和度函数的 MBE 迭代计算油藏饱和度函数的采出油和气的值。用计算机很容易进行迭代。

（1）气顶油藏。用于气顶驱动油藏的 MBE 比溶解气方程复杂，因为 MBE 包括 m 项，该项是气顶与油藏孔隙体积的比。气顶驱动的采收率受气顶大小、采油地层非均质性和井位的影响。主要限制是所需原始数据的准确性和对 m 值影响的敏感性。如果对水侵有疑问，那么分析变得更不确定。但是因为这是能够得到的所有分析，所以必须努力去做。在高级教科书也全面讨论了这些方程的使用及其限制条件。

（2）水驱油藏。对于泡点以上的天然水驱动（没有气顶）来说，当能够忽略孔隙体积和水压缩系数项（部分原因是因为这些值小，但是也因为 Δp 小），并且不产水时，则 MBE 就变成了：

$$N_p [B_o + (R_p - R_s) B_g] = N [B_o - B_{oi} + (R_{si} - R_s) R_g] + W_e B_w$$

确定水侵 W_e 是困难的。水侵是时间、压降和含水层的物理性质（例如，几何形状、大小、渗透率、压缩系数、孔隙度和黏度）的函数。如果用含水层模型计算 W_e，那么如果该模型不正确，Havlena 和 Odeh 曲线 $[F = NE_o + W_e B_w R_{vol}$（油藏体积），也可以把该曲线绘制成 $F/E_o = N + W_e B_w/E_o]$ 将不会在带有适当斜率和截距的所需直线上（图 7.31）。如果有气顶，那么 MBE 采取较完整的形式，但是分析基本上相似。有许多估算累计水侵 W_e 的含水层模型分析。使用最多的是由 Van Everdingen 和 Hurst、Carter 和 Tracy 以及 Fetkovich 进行的分析。他们一般使用函数 $W_e = c_f (t_D, \Delta p)$，式中 c_f 是依赖于含水层几何形状的常数，t_D 是包括实时和含水层物理性质 $[t_o = Kt/(\phi \mu c_o A_o)$，式中 K，ϕ，μ，c_o 和 A_o 是含水层性质] 的无量纲时间。用计算机很容易解最后得到的方程。在专用教科书中给出了这些模型的理论，并且提供了实例。

7.6　流体驱替理论和二次采油

现在广泛实施意向性注水以便把压力保持在泡点附近，并且把油推向生产井以获得最大采收率。当含水层驱动弱的或不存在含水层驱动（例如，如果出现稠油垫或成岩胶结）并且预测消耗式驱动的采收率低时，采用这种补充能量水驱。

在产量下降阶段，得到更多原油的唯一方法常常是，在含水超过 90% 的情况下循环更多的水。这意味着，对于 100 倍体积来说，仅 10 倍体积或更少是油，其余的是水，并且在泵入海洋或河流，或越来越多地泵入井下进入一些附近含水层之前，必须对这种水进行处理以达到越来越高的纯度环境标准。

由于理想的驱油流体是另一种烃，所以注气实际更有吸引力。注气具有通过降压以后开采的另一个优点。但是，因为气将按照自己的路线流动，不驱油，所以预测注气效率不太高。

7.6.1 注水和注气总结

对于预测来说，需要预测不同油藏情况下完整水驱的采收率。我们需要以下数据：

（1）累计采油量。

（2）出口流量中采油和产水量的分数。

（3）在整个水驱过程中，累计水流入量和流出量（是时间的函数）。

分析方法是油藏模拟的前驱，并且给出了检查计算机输出和决定在模拟中研究哪些因素的指导。这些方法的基础是分流量方程，该方程是相对渗透率和流体黏度的结合。在本节中，我们考虑水平流动中的驱替、倾斜层中的流动以及有或没有垂向连通的多层中的流动（图 7.29）。

7.6.2 分流量方程

当把水注入油藏或有来自含水层的天然水侵时，油和水能够同时流动。预计在生产井中最初采出的是纯油，除非射开了井中的过渡带。油藏中的水油比 WOR 为 q_w/q_o，式中 q_o 和 q_w 是油和水在地层中的流动量。WOR 的范围从零到无限大。在地面，WOR 将为 $Q_w/Q_o = B_o q_w / (B_w q_o)$，式中 Q_w 和 Q_o 是地面流量。引入达西定律以及 q_o 和 q_w 的相对渗透率［例如，$q_o = -K_a K_{ro} A / (\mu_o \mathrm{d}p/\mathrm{d}L)$］，井下 WOR 变成了 $K_{rw}\mu_o / (K_{ro}\mu_w)$，地面 WOR 变成了 $B_o K_{rw}\mu_o / (B_w K_{rw}\mu_w)$。

油藏中的分流量是一种流体的流量与总流量的比。分流量通常是一个比 WOR 引用方便的量，因为其范围仅为 0～1，以至于对于油 $f_o = q_o / (q_o + q_w) = q_o/q_{total}$ 和水 $f_w = q_w / (q_o + q_w)$ 来说，$f_o + f_w = 1$。在地面，通常把分流量 f_{ws} 称为含水，$f_{ws} = Q_w / (Q_w + Q_o) = (q_w/B_w) / [(q_o/B_o) + (q_w/B_w)]$。

在达西定律的项中，能够把井下分流量表示为：

$$f_w = \left(1 + \frac{\mu_w K_{ro}}{\mu_o K_{rw}}\right)^{-1} \left(1 + \frac{K_a K_{ro} A}{\mu_o q_t}\frac{\mathrm{d}p_c}{\mathrm{d}x} - \frac{K_a K_{ro}}{\mu_o q_t}g\Delta\rho\sin\theta\right)$$

黏性的　毛细管总压力　重力

但是，如果可以忽略重力项（例如，接近水平流动），并且也可以忽略毛细管项，那么：

$$f_w = \frac{1}{1 + \left(\dfrac{\mu_w K_{ro}}{\mu_o K_{rw}}\right)}$$

这一方程是驱替理论中的基础方程。因为相对渗透率是饱和度的函数，所以分流量 f_w

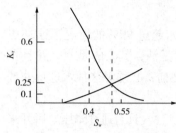

图 7.32 用于分流量计算的
相对渗透率数据

将是饱和度的函数。因此，根据图 7.32，当 $S_w = 0.4$，$K_o = 0.6$ 和 $K_w = 0.1$ 时，而且 $\mu_w = 0.5c_p$ 和 $\mu_o = 1.5c_p$ 时，那么根据这一方程，$f_w = 0.33$，如果当 $S_w = 0.55$，$K_o = 0.25$ 和 $K_w = 0.25$ 时，那么 $f_w = 0.75$。这意味着，对于在这些饱和度下的岩石来说，分流量将为这些值。这就是这些方程的实际意义。实际上，这意味着，为了保证在水驱中出现最大含油（或最小含水），对于可接受的尽可能长时间来说，f_w（1 − f_o）应该尽可能低。显然，黏度比是非常重要的。如果在我们样品中的黏度不同，比方说 $\mu_w = 1.5c_p$，$\mu_o = 0.5c_p$，那么 f_w 分别为 0.05 和 0.25，这是较好的油流量。驱替也是稳定的（参见 7.6.3 节）。分流量曲线是黏度比和饱和度的函数（图 7.33）。分流量曲线取决于油/水相对渗透率曲线，因为相对渗透率取决于岩石性质、润湿性和孔隙几何形状，所以 f_w 也将取决于岩石性质、润湿性和孔隙几何形状。

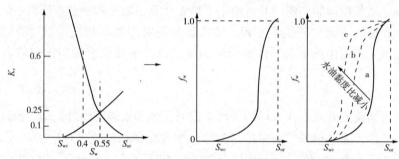

图 7.33 分流量是饱和度和黏度比的函数
a—黏度比为 10；b—黏度比为 1；c—黏度比为 0.1

对于倾斜油藏，在以前的方程中也必须包括重力项。对于许多情况来说，可以忽略该项，但不总是这样，特别是对于气藏更是如此。现在方程将包括驱替速度以及倾角、流体密度差和有效渗透率，所以现在 f_w 也将与产量有关。对于这两种情况来说，根据水平值，重力项都能够改变分流量值，这取决于流动方向。对于气来说，如果有交互渗流，重力项甚至能够是负的。

毛细管压力项难以计算。已经证明，由于毛细管压力项（$\partial p_c / \partial x$）通常是正的，该项将稍微增加水的分流量。一般忽略该项，由于除了在驱替前缘处之外，该项可能很小。

7.6.3 流度比

当讨论驱替前缘稳定性时，流度比也是一个重要项。

$$M = \frac{\text{驱替流体的流度}}{\text{被驱替流体的流度}} = \frac{K_{ew}/\mu_w}{K_{eo}/\mu_o} = \frac{K_{rw}/\mu_w}{K_{ro}/\mu_o}$$

现在可以写分流量方程 $f_w = 1/(1 + 1/M)$。

（1）虽然如何使该流度比等于 1，不管两种相对渗透率不同并且黏度是倒数，还是一切都匹配，都没关系，如果 $M = 1$，那么驱替是这样的，以至于相同流体在驱替相同流体。前缘速度将是稳定的。

（2）如果 $M \leqslant 1$，那么驱替相的流度小于被驱替相，以至于驱替流体将比被驱替流体移动得慢，这意味着驱替无效。在许多水驱情况下，情况是这样。任何水指进将往往导致弥

散，因为后面的水不能足够快地移动以便进行
补给。

（3）如果 $M>1$，那么驱替相流度大于被驱
替相，出现无效驱替，指进严重（图7.34），例
如水驱替重油无效。

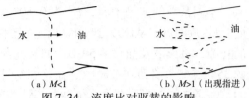

图7.34　流度比对驱替的影响

在 $M<1$ 的情况下，因为注入流体提高了饱和度且具有较低的流度，注入将逐渐变得较
强烈时，流度也影响注入。显然，对于水驱，流度不应该大于有效驱替的1太多。表7.7给
出了一些实例，包括前面的分流量实例。

表7.7　典型的流度比

被驱替流体	驱替流体	K_{ro}	K_{rw}	K_{rg}	μ_o	μ_w	μ_g	M
轻油	水	0.6	0.1	—	1.5	0.5	—	0.5
轻油	水	0.6	0.1	—	0.5	1.5	—	0.05
轻油	水	0.25	0.25	—	1.5	0.5	—	3.0
轻油	水	0.25	0.25	—	0.5	1.5	—	0.3
轻油	水	0.8	0.3	—	1.6	0.6	—	1.0
中质原油	水	0.8	0.3	—	10.0	0.4	—	9.3
轻油	气	0.8	—	0.5	0.5	—	0.02	15.6
中质原油	气	0.8	—	0.5	5.0	—	0.02	156.0
气	水	—	0.3	0.5	—	0.4	0.02	0.03
水	气	—	0.3	0.5	—	0.4	0.02	33.3
气	轻油	0.8	—	0.5	0.5	—	0.02	0.06

从表7.7中我们看到，对于相同黏度比来说，M 随着相对渗透率比（即饱和度）变化；
对于相同渗透率比来说，M 随着黏度比变化很大。因此在任何驱替中，必须考虑相对渗透
率和黏度比。许多实验显示，驱替中波及的面积同样受 M 的影响。当气驱油或水时，流度
比通常大于等于1，因为气黏度低，这是不利的。因此驱替不稳定，平面波及效率低，很可
能出现锥进和指进。

7.6.4　总采收率

通过其他流体置换开采原油。驱替流体必须尽可能多地通过和接触含油孔隙（即必须
尽可能多地波及油藏），并从每个孔隙中驱替最大量的原油。因此，总采收率 E_R 由下式
给出：

$$E_R = E_a E_v E_d$$

式中，E_a 是平面波及效率；E_v 是垂向波及效率；E_d 是孔隙波及效率。

平面波及效率和垂向波及效率的乘积为体积波及效率，与总油藏原油地质储量相比，该
乘积是接触的油藏原油体积。孔隙驱替效率是从被接触孔隙体积除以接触孔隙中采出的最大
油量，即 $(1-S_{wc}-S_{or})/(1-S_{wc})$，式中 S_{wc} 和 S_{or} 分别是原始含水和残余油饱和度。当流
度比提高到1以上时，采出油的体积少，这时驱替流体的流度是这种情况，以至于该驱替流
体能够通过被驱替流体窜流且把油留在后面。像在前面重力泄油部分（7.3.7节）讨论的那
样，重力可以提高或降低该值。

不同系数的典型值是，E_a 为 0.50 ~ 0.95，E_v 为 0.50 ~ 0.09 和 E_d 为 0.50 ~ 0.95。因此，E_R 范围可能从 10% 到 50% 以上。例如，如果接触了油藏平面范围 70% 和其深度 70% 的孔隙，将仅波及油藏的 50%。如果孔隙驱替效率也是 70%，将仅采出原油原始地质储量的 35%，65% 将留在油藏中。在这 65% 中，约 15% 原油原始地质储量将在波及带内，剩余的 50% 将在未波及带内，在（$1 - S_{wc}$）饱和度下仍未接触到，因此是 EOR 的实际目标（图 7.35）。35% 的采收率实际上是相当有效的！采收率超过 55% 的油藏是极其有效的。提高宏观波及效率具有相当大的 IOR 潜力。正如已经讨论过的那样，这种 IOR 技术集中在改进的水驱技术、改变流动方向和提高油藏管理上（例如，加密钻井/分支水平井技术和油藏后期降压）。如果那里圈闭了足够的残余油，提高宏观波及效率可能具有一些潜力。

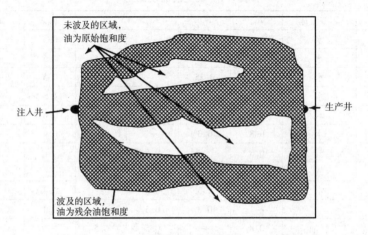

图 7.35　波及带

平面波及效率和垂向波及效率取决于井网和井距、油藏特性（例如，非均质性、饱和度和地层倾角）、流体和油藏相互作用因素（例如，流度比）以及流体性质（包括黏度、密度和界面张力）。以前常常在油藏范围内以某种井网钻井，例如五点井网（4 口注水井围绕 1 口采油井），但是现在考虑到地质因素在进行数值模拟后布注水井和生产井。

用水平井和分支井找到的加密区是良好（高孔隙度、高渗透率）位置，预计在这些地方获得高采油量。此外，所考虑的经济方面的问题（例如，可接受最小采油量和可接受最大水油比或气油比）也影响着 E_a 和 E_v。油藏波及形式通常是完全不规则的（每口井周围的三维形状复杂化）实际上也降低了平面波及效率。另一个主要问题是，常常有一个高渗透层，该层基本上起保证水在生产井早期突破的管道和使在油藏其他区域的驱替困难的作用，在高渗透层采出原油的含水都高。可以利用油藏模拟对油藏工程师进行指导。

7.6.5　过渡带中的驱替

油藏中的含油气饱和度通常不是固定的，而是在油—水和油—气柱之间过渡。像在第 6 章中解释的那样，毛细管压力控制着这些过渡带，毛细管压力取决于储集岩的孔隙大小 r、流体之间的密度差 $\Delta\rho$ 和流体的界面性质 $\gamma\cos\theta$；通常，过渡带的高度为 $h = \gamma\cos\theta/(\Delta\rho g)$。

不同的人对描述油—水界面的实际位置会有不同的理解，例如，零毛细管压力（自由水位）、压汞的阈压仍然在 100% 含水饱和度（常常称为油—水界面），或达到 S_{or} 的点，以至于油刚好能够开始流动。过渡带顶部是水停止流动（S_{wc}）的地方。在这点以上，无水原油将流动（图 7.36）。如果在油藏的过渡带内采油，将一起采出水和油，水油比将取决于孔隙空间中的含水饱和度，因此也取决于分流量相互关系。在一些油藏中，过渡带可能小，而在其他一些油藏中，过渡带将覆盖大部分油藏厚度。

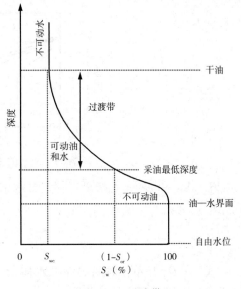

图 7.36 过渡带

7.6.6 水驱理论

用驱替理论预测通过油藏的驱替流体（水或气）推进。在混相流动中，渗透率变化和黏度对比度影响驱替，而在非混相流动中，毛细管压力和与饱和度有关的流动性质（例如，有效渗透率以及润湿性的作用，不但形成了完全不同的原始饱和度形式，还形成了完全不同的驱替）带来了更多的困难。虽然有时包括影响分流量曲线形状的这些差异，但是在驱替理论中未包括这些差异。

在随后的驱替分析中，我们必须区别扩散流动和分离状流动（也称为垂向平衡）：

（1）扩散条件是在油藏垂向切片中的饱和度是不变的——垂向平衡。这符合薄层或在实验室内岩心柱上的试验。

（2）分离状流动是在有可忽略的毛细管过渡带且有一个明显界面（上边是 S_{wc}，下边是 S_{or}）的地方。在水驱条件下是这样。如果有过渡带，那么需要进行数值模拟。

7.6.7 前缘推进速度公式

大部分分析理论考虑了在原生水饱和度下长方形油藏中的驱替。虽然在水驱中，油藏原生水被驱替水驱替和置换，但是认为原生水是岩石的一部分。因此，原生水是在生产井见到的第一种水。虽然通常不是定期进行，但是必须对原始水进行取样和分析，并且应该定期分析采出水。驱替理论考虑了在油藏的一端注水（或气）发生的情况，且计算流出流体（是时间的函数）的性质。通常设定流动是非混相的和不可压缩的（如果压降小于平均压力的 10%，对于气也大概是这种情况）。如果驱替是混相的，常常采用水文或化学工程文献中的不同理论进行分析。

如果总注水量是 q_t，那么最初原油流出量是 q_o，并且最初等于 q_t。当注水时，孔隙体内的含水饱和度发生了变化。一段时间后，水（注入流体）将出现在出口，首先缩短了突破时间。突破后，有一段时间可能短也可能长，在这段时间内将采出油和水混合物，但是最终，如果连续驱替足够长的时间，采出流体将只是水，出口处的含水（水的分流量）将为 1，并且停止产油。突破时的含水变化 f_{wbt} 突然从零变化到一个大值，也许超过 60%。发生的情况是，以饱和度迅速变化的形式水把油推向生产井（图 7.37）。因为水占据了由油占据的空间，并且认为该系统是不可压缩的，所以在任何时候孔隙内的平均含水饱和度的变化肯定等于累计采油量。对于线性几何形状的理想条件来说，利用 Buckley – Leverett 和 Welge 分析方法通过分析能够计算突破前后的水带饱和度（组成）、采收率和分流量。在专用教科书中介绍了该方法及其推导过程，在此仅给出最简短的概要。

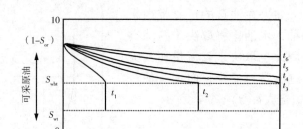

图 7.37　驱替前缘的饱和度剖面是时间的函数

Buckley 和 Leverett 指出，特定含水饱和度的速度 v_{S_w}（在扩散流动条件下流过相对薄的孔隙体）为：

$$v_{S_w} = \frac{Q_{inj}}{A\phi}\left(\frac{\mathrm{d}f_w}{\mathrm{d}S_w}\right)_{S_w}$$

式中，Q_{inj} 是单位时间的注入水体积；$A\phi$ 是水流过的剖面孔隙面积；S_w 是岩心内某个位置的含水饱和度；f_w 是分流量。

因此，选择的含水饱和度的速度与在特定含水饱和度下的分流量的导数成正比。如果必要的话，分流量方程可以包括重力项。该理论说明了该饱和度如何必须大于水带的饱和度。专用教科书非常详细地讨论了这一点。特定含水饱和度将最终到达孔隙滤板的末端 L 并且水将突破。突破时间为 t_{bt}，注入水总体积 W_{cum} 是 $Q_{inj}t_{bt}$ 或 $W_{cum}/(LA\phi)$，式中 S_{wav} 是突破时岩心的平均含水饱和度，S_{wc} 是原生水饱和度。这也是采出油的体积。它说明 $1/(\mathrm{d}f_w/\mathrm{d}S_w)\,S_{wbt} = W_{cum}/(LA\phi)$。

Welge 说明，通过用简单绘图工具在分流量与饱和度曲线上画切线（图 7.38），能够从图上读取突破饱和度值 S_{wbt} 和突破时孔隙体内的平均饱和度值 S_{wav}。切线从 $f_w = 0$ 到 f_{wbt} 时的 f_w 并且给出了 $S_w = S_{wav}$ 的值。外推这一切线到 $f_w = 1$ 给出了 S_{wav}。在地面采出的油将是 $W_{cum}B_o$，式中 B_o 是原油地层体积系数。突破时间是：

$$t_{bt} = \frac{W_{inj}}{Q_{inj}} = \frac{LA\phi}{W_{cum}}\frac{1}{(\mathrm{d}f_w/\mathrm{d}S_w)\,S_{wbt}}$$

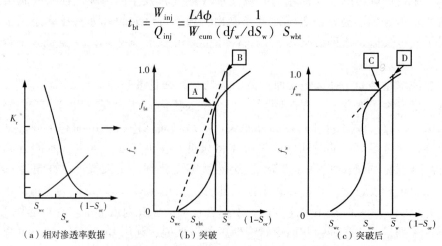

图 7.38　用于计算饱和度的 Boeldey – Leverett 绘图法

A—突破；B—平均饱和度；C—突破后；D—切线

突破后，由 $N_p = S_{we} + qf_o$ 给出采出的总油量 N_p，该方程建立了这一累计采油量、出口处的含水饱和度 S_{we}、累计注入水体积 Q_{inj} 和出口处的含油 f_o（也等于 $1 - f_w$）的关系。

再一次能够用绘制切线方法计算出口处饱和度，注入水和水通过油藏流动后的体积的分流量，油藏中的平均饱和度和采出油体积（是注入水体积函数）。当含水饱和度范围大于突破值时需要出口处分流量曲线的梯度 $(df_w/dS_w)_{S_{wo}}$。最后，当 $f_w = 1$ 时，油藏中的平均含水饱和度将是 $1 - S_{or}$——残余油饱和度 [图 7.38（c）]。虽然这看起来复杂，但是绘图法是估算突破采收率、平均饱和度和采收率的快速而简单的方法。能够预测完整的开采历史——累计产量、累计注入量、分流量和含水、孔隙体中的平均饱和度和采收率。能够证明，M 值越大，选择的含水饱和度值通过地层流动得越慢，突破时的采收率越低，突破后给定采收率百分数的生产水油比越高。

7.6.8　垂向渗透率变化对驱替的影响

垂向渗透率变化将导致驱替流体前缘不均匀推进，并且可能形成异常高的分流量（在地面的含水），在所有油藏完全波及之前因为不经济，可能废弃项目。垂向渗透率变化还能够导致边水在倾斜地层中在下面通过，或在注气项目中气突进。

通过根据渗透率把油藏分成多个层，评价了垂向非均质性的影响（图 7.39）。每个层都有厚度 h_i、孔隙度和渗透率、端点饱和度、相对渗透率和毛细管压力曲线。考虑的最重要因素是这些层是否连通。如果不连通，那么正如以下讨论的那样，可以独立考虑每个层，并且用 Stiles 方法或根据其变化估计其特性。

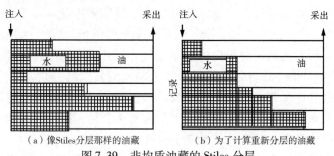

（a）像Stiles分层那样的油藏　　　　（b）为了计算重新分层的油藏

图 7.39　非均质油藏的 Stiles 分层

如果垂向连通，那么每个层的位置和驱替流体密度是重要的。切记，与水平渗透率相比，垂向渗透率不一定那么高，因为水流过的面积大，以至于达西定律中的 Kh 项在垂直方向高。因此，当对顶部有高渗透层的油藏进行水驱时，由于密度差，重力能够使水垂直向油藏下面流动并且出现有效波及（图 7.18）。如果高渗透薄夹层在底部，那么水将优先通过该层流动，导致早期水突破。对于气驱来说，相反的理论是正确的（图 7.18）。油藏模拟是研究这种油藏水或气驱效率的最令人满意的方法，但是描述油藏特性（特别是垂向渗透率及其变化）是困难的。

7.6.9　层间没有压力连通对分层的影响（Stiles 法）

Stiles 分析方法是分析有地层分层但没有垂向层间连通情况的简单方法。在层间有不渗透页岩阻挡层时，能够发生这种情况。大部分渗透层突破后，被驱替的垂向产层的百分比不断增加，随着时间的推移，水分流量达到全部水淹的程度，或采油最有可能变得不经济。实际上，很可能关闭水淹层或放弃水驱。

Stiles 分析的目的是预测每个层的突破时间、采收率和系统的水油比（分流量）动态。因为没有窜流，所以为了方便起见，能够按照其渗透率（更准确地说是按照沿着该层的流动速度；图 7.39）重新安排这些层。在最简单的分析中，假定流体是不可压缩的，流度比为 1，以至于出现活塞驱替。在驱替前缘前面，油为 S_{wc}；在驱替前缘后面，油为 $1 - S_{or}$。驱替流体与 Kh 成比例进入每个层，驱替速度与 $K/\left[\phi\left(1 - S_{wc}\right)\right]$ 成正比。能够进行以下计算：每个层的突破时间、任何时候的水油比、采收率、油藏平均含水饱和度和注水量。然后能够把这些计算换算成代表整个系统的分流量和油藏饱和度表，根据该表，我们能够估算整个油藏的计算拟相对渗透率曲线和分流量曲线，但是基本上是无量纲的，而不是实际的（即 2D）。如果有高渗透薄夹层，根据现在获得的含水（分流量）饱和度数据，能够计算整个油藏的分流量曲线。像在图 7.40 中见到的那样，在地层中出现高渗透薄夹层使其分流量曲线剖面与均质系统的分流量曲线剖面有很大不同。

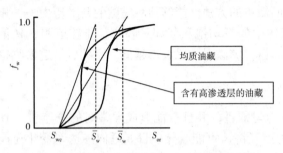

图 7.40　高渗透非均质薄夹层对分流量的影响
因为突破时平均含水饱和度和饱和度前缘值较低，
高渗透薄夹层降低了采油量

当因为有更多驱替液体进入地层（并出现指进），驱替不太有效且驱替前缘速度提高时，对该方法进行了修改以便考虑大于 1 的流度比。对于 $M < 1$ 来说，虽然当可动性差的相渗流过油藏时，注入能力变得较小，流量变得较低，但是驱替将是活塞式的。最闻名的修改是 Dykst - Parsons 的修改。该修改较复杂，但是基本上采用 Stiles 法，结果没有很大的不同。在相关文献中给出了研究实例。对于许多水驱或气体回注（气驱气）应用来说，$M \approx 1$，在规定的近似值范围内，Stiles 法将是有效的。如果需要更复杂的分析，因为油藏压力分布不太可能是均匀的，并且许多假设可能不再有效，那么将采用剖面数值模拟建模。此外，实际情况是，如果隔离层水淹了，采油工程师将可能封塞那个层，再次使模型假设无效。

7.6.10　倾斜油藏中的驱替不稳定性、水在下面通过（舌进）、气突进

如果油藏不是水平的，重力影响变得重要。在 Buckley - Leverett 模型中，在分流量方程中将包括更多项（7.6.2 节）。如果预计水在下面通过，那么使用由 Dietz 建立的模型。

考虑油—水系统在倾斜地层中的流动，水驱动锥进也许是由于边水膨胀（自然）产生的，或由于把水注入水体而增强（图 7.41）。在主要前缘的前面，水驱动的重力分离可能导致水沿着地层底部通过形成舌进。同样，注气或气顶膨胀可能导致气突进。如果假定出现分离状流动（即在流过油藏时，水和油立即分离且在驱替水和油之间出现明显界面——没有毛细管过渡带），那么水相相对渗透率将在水的端点（残余油饱和度值 K_{rw}^{*}），油相相对渗透率将在原始原生水处 K_{wco}^{*}。

需要驱替的稳定性［特别是出现舌进（不稳定性）时的油—水界面的临界速度］和对在生产井突破瞬间的预测，在 Dake 的论文中完整地介绍了该分析，并且进行了很好的解释。作为水在下面通过标准的无量纲重力数 $G = KK_{rw}^{*}A\Delta\rho g\sin\alpha/\left(q_{t}\mu_{w}\right)$ 是重要的。此外，可以把驱替流体以窄舌进突破（绕过原油）之前的临界产量计算为 $q_{crit} = KK_{rw}^{*}A\Delta\rho\sin\alpha/\left[\mu_{w}\right.$ $\left.(M^{*} - 1)\right]$，式中 M^{*} 是端点流度比［$M^{*} = \left(K_{w}^{*}/\mu_{w}\right)/\left(K_{o}^{*}/\mu_{o}\right)$］。

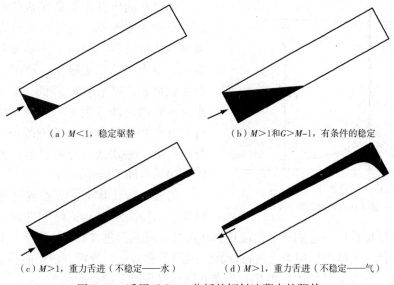

（a）$M<1$，稳定驱替　　　　　　（b）$M>1$和$G>M-1$，有条件的稳定

（c）$M>1$，重力舌进（不稳定——水）　　（d）$M>1$，重力舌进（不稳定——气）

图 7.41　适用于 Dietz 分析的倾斜油藏中的驱替

（1）如果 $M^*\leqslant 1$，则驱替通常是稳定的。

（2）如果 $M^*>1$，则驱替是可能的，但是不一定不稳定。如果 $G>M-1$，则驱替稳定，如果 $G<M-1$，则驱替不稳定。

可以把 q_{crit} 应用于上倾方向水驱，或下倾方向的气驱。在 q_{crit} 以下，界面与地层产生了一个倾角，该倾角能够估算，在计算整个系统的有效渗透率中要使用该倾角。显然，对于重稠油来说，当 μ 和 M^* 大，$\Delta\rho$ 小时，甚至在产量低时也能够出现水绕过油。

7.6.11　用于 Buckley – Leverett 以及 Dietz 和 stiles 分析的流度比定义

在以上的讨论中，以两种不同方法定义了流度比项。在每种方法中，流度比是驱替流体的流度（K/μ）除以被驱替流体的流度，以至于：

$$M = \frac{驱替流体的流度}{被驱替流体的流度} = \frac{K_{ew}/\mu_w}{K_{eo}/\mu_o}$$

但是有差别，这些差别是由确定流体有效渗透率的流体饱和度的技术条件造成的：

（1）在分流量和 Buckley – Leverett 理论中，使用了两种流体相互混合且一起通过孔隙网络移动的概念，所以计算了某一含水饱和度下的流度比。因此，从在给定 S_w 下的相对渗透率曲线中获取了相对渗透率。

（2）在驱替中（例如，层状地层水驱的 Stiles 分析）和 Dietz 分离状流动中，假定流动也在端点处，即每个层中驱替前缘前面的含水饱和度为 S_{wc}，后面的含水饱和度为 $1 - S_{or}$。在这里使用的流度比是两个端点的流度比。所以这些渗透率值是从相对渗透率曲线上读取的，并且包括适当的黏度。实际上，对于 Stiles 分析来说，取流度为 1。

7.6.12　锥进和指进

因为锥进（垂向流动）或指进（水平流动）常常出现过早水突破，这时在油—水界面以上把水（或气）吸入井筒（图7.42）。这是由于压降足够大以至于克服了重力且把水吸入井内造成的。随着流量增大，锥高度增加，直到临界流量时，水（或气）突破。

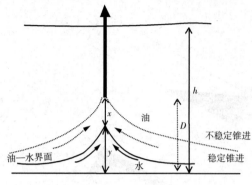

图 7.42 稳定和不稳定锥进

y—锥高度；x—距井筒底部的距离；$D = x + y$

如果在油田开采初期出现这种情况，那么因为早期采出湿油，能够出现许多生产问题且减弱经济可行性。进行了许多预测锥进现象的尝试，因为一旦水突破了，那个区域的含水饱和度就增加，以至于 K_{ro} 降低，K_{rw} 提高，这加剧水流入井内。即使关井，锥进也会用相当长的时间（如果有过的话）才能减小。尝试了注聚合物封堵一些水道，经验显示，大部分锥进缓解方法长时间不会很成功。

需要进行计算来估算临界产量和锥进到达时间，以便决定射孔策略和井距。例如，适当地布水平井可以保持以满意的产量采油且仍然保持锥进或指进在临界点以下，即锥高度 y 小于 D。常常在径向流动模拟模型上进行计算，但是虽然如此，分析方法仍能够给出一些模拟适用的置信度。基本上任何锥进相互关系或方程都将是以下形式的函数：

$$q_{crit} = fn\left\{\frac{\Delta\rho K fn\left[h\ (h - D^m)^n\right]}{\mu_o \ln\ (r_e/r_w)}\right\}$$

式中，$\Delta\rho$ 是油和水之间的密度差；K 是垂向渗透率；μ_o 是黏度；r_e 和 r_w 是油藏边界；D 是油—水界面距底部射孔孔眼的距离；h 是层段厚度；m 和 n 是适合的幂。

显然，主要因素是液体密度差、井筒的穿透深度 D 和层段厚度 h。这些因素越小，越可能出现锥进。

7.6.13 高产稳产期后动态潜力的预测——递减曲线分析

需要连续估算最终产量，特别是当产量已经过了高产稳产期时更是如此。把简单的分析方法用于过了高产稳产期（产量下降）的衰竭不严重的油田。最简单的方法是把动态外推到预定极限，例如，外推到某一产量、油藏压力、含水或气油比。然后把这一产量对时间积分以便确定剩余可动油（储量），以及用于修井、钻加密井、补救性井处理和人工举升设备安装的投资潜力。这种变化可能增加产量，但是一般不增加储量。

如果不是为了油藏工程的目的，而是为了财政的原因，也要保留所有油田的油藏动态记录。这些动态曲线是油藏工程师的原始数据，根据这些数据，对现在油藏动态提出建议并且作出油藏管理决策。当然对于最近的开发来说，应该以天、星期和年为基础，收集油藏、某些地层可能的单井的产量和井压力。把这些数据随着时间变化绘成曲线，并且能够以不同的方式显示，例如，累计采油量、累计产水量、累计产气量、气油比、水油比和含水（图 7.43）。虽然测井含油与累计采油量常常给出一条直线，但是这些曲线大部分是非线性的。通过递减曲线分析，用这些曲线预测未来油田动态。如果打算改变开采技术

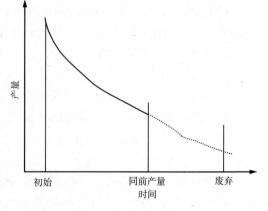

图 7.43 递减曲线图

（例如，采用不同的举升技术），这些曲线还能够在动态方面给予指导。

动态或递减曲线分析是以采油量随时间下降的方式为基础的经验产量预测工具。假定了一个连续随着初始产量下降的趋势。不应该有太多的产量暂时下降和停止—开始、开采机理的变化和井筒特征的变化（例如，封堵），一定是油藏驱动力在下降，而不是设备阻碍流动。通过绘制不同开采变量（例如，一口井或一个油田的产量或累计采油量）与时间的曲线，外推能够提供产量值的端点或极限。通常以给出一条直线的方式将变量绘成曲线。几种教科书中有递减曲线的使用和意义的全面详细说明。本章节的目的是给出简单介绍。

指数（常数百分数）递减分析是最简单的且作为这种方法的例子。如果单位时间的产量下降是产量的常分数，那么 $dq/dt = -Dq$。式中，q 是产量，D 是产量的单位时间（年、月）的百分递减率和假定的常数，并且 $d(\ln q) = -D dt$。积分时，$q_t = q_i \exp(-Dt)$ 和 $Q_t = (q_i - q_t)/D$，式中，q_i 是 $t = 0$ 时的产量，q_t 是 t 时的产量，Q_t 是零到 t 期间的累计产量。因此，在半对数纸上的产量与时间曲线将是一条直线，或在线性纸上的产量与累计产量曲线应该是一条直线，斜率为 $-1/D$。根据这些曲线，我们能够预测给定未来时间 t 的累计产量和产量，或产量下降到某一值的时间，该值仅给出的某一时段范围内的两种产量。

使用了其他函数，例如，双曲线递减 $(1/q)(dq/dt) = -D^n q$，式中单位时间的产量递减与产量的分数幂 n 成正比。当 $n = 0$ 时，该函数简化为以上讨论的指数形式，对于 $b = 1$ 来说，递减是调和递减。实际上，对于溶解气和含水层驱动来说，常常发现 n 在 0.2 和 0.6 之间。合适的曲线图能够给出所需的直线。但是，实际上，仍然常常出现一些曲率。如今，常常使用曲线拟合程序，并且该程序能够在长时间范围内进行拟合。适当的积分将给出储量或未来产量的所需值。实际上，产量不应该不自然地变化（例如，通过修井），所以应用可能是值得怀疑的。

已经把递减曲线大量用于长期（5～10 年）预测。必须慎重处理具有一个产层以上的油藏，因为每个层有其本身的 D 值，不能够简单地平均或合并这些 D 值。

递减曲线分析仅使用地面产量和数学曲线。对于这些曲线来说，没有物理基础，因为该分析不考虑井动态和井筒压力之间的相互作用、在井中采用的举升技术和地面控制工艺。油藏或井的一些特性关系（不仅仅是一个方程）能够给出强有力的（涉及更多的）估算技术。根据入流特性关系（参见 8.2 节）建立了井底流量 q 和井底流动压力 p_w（压降 $= p_s - p_w$，式中 p_s 是静压，基本上是油藏平均压力）与采油指数 $PI = J = q(p_s - p_w)$ 的关系。然而，该关系不是简单的相互关系。对于压力和流量的宽范围来说，常常假定 PI 是常数，但是实际上，PI 在逐渐变化。用 PI 计算给出特殊压降的流量，记住，当 $p_w = 0$ 时，井以其最大流量 q_{max} 生产。随着油藏衰竭，该压差（$p_s - p_w$）减小，因为油相渗透率降低使含气饱和度和含水饱和度增加，且倾斜油藏压力对原油黏度和地层体积系数的影响，井的 PI 也将减小。仅在很少的情况下，PI 将接近常数值，例如，突破前在活跃水驱的油藏。Fetkoviehl 等人研究出了用 PI 预测溶解气驱动油藏未来产量的分析方法，该方法相当成功。

7.7　油藏模拟

设计成模拟油藏动态的计算机程序称为油藏模拟器。油藏工程的经典量化工具方面的固有近似法（例如，MBE 和驱替模型）是这样的，以至于这些近似法不能提供真实动态的模型。但是，能够把物质平衡、孔隙介质流动方程和毛细管压力用公式表示成数学非线性偏微分方程，用计算机能够以适当的准确性解这些方程，甚至适用于具有随压力变化的可变岩石参数和流体性质的油气藏。在这一章节，概述油藏摸拟的方法和使用。因为在专用教科书中给出了详细细节，在此只进行简单描述。

油藏模拟用于：

（1）评价剩余油、在不同开采方式下的采收率（例如，自然衰竭）、注水和/或注气及产量。

（2）比较所需的开采、压力保持等开发方案。

（3）评价含水层（大小、几何形状、连续性和强度）对天然水驱的影响。

（4）复杂油藏的不确定性对开发规划的影响。

（5）小规模和大规模非均质性的敏感试验以及采油平台和井距的影响。

（6）特别是在水平井的情况下，孔隙空间连续性和流体的影响。

因此油藏模拟是有价值的，因为：

（1）对于简单实例仅存在解析解，现在计算机技术已变得相当先进以至于能够给出实际分析结果。

（2）油藏只能够开采一次，但是模拟器能够运算许多次，以便比较开采策略。

（3）油藏模拟试图回答"如果……那怎么办？"类型问题（图7.44）：

①水驱或气驱的采收率高些吗？

②需要注水还是注气？什么时候注？

③需要实施提高采收率工艺吗？什么时候实施？

④哪些数据对采收率影响最大？在实验室内进行研究吗？

（4）能够为一个范围的情况迅速准备好管理所需的开采曲线。

7.7.1 油藏模拟过程

油藏模拟需要油藏地质模型（参见第6章），然后把该模型划分成单元（网格块）且给出指定的位置和离散性质（图7.45）。油藏模拟模型是由许多这种网格块组成的（从1000到1×10^6个以上），因为现在必须进行流动计算，所以网格不像地质模型那么多。流体可以从相邻单元流入和流出一个单元。每个单元都具有流动特性，根据不同的方程组用公式表示。在油藏模拟中，也使用一个储罐单位（单元）［即达西定律、流体性质（特别是黏度和密度）和施加的压力梯度］表示时的基本油藏工程方程。对于其解来说，多组方程组需要复杂的数值技术和大的计算能力。每个单元都需要岩石和流体数据，假定每个单元具有均匀性质，但是每个单元可以与其相邻单元不同。

能够从计算中消除无效网格块，并且能够进行修改以便考虑封闭断层、不密封断层和开启裂缝。在网格中可以包括含水层，一般是大的模拟网格块。能够以像在油藏本身断块之间的流动一样的方式模拟水流出含水层和流入油藏，但是，只能够用大量网格块真实地表示含水层地质上的横向变化。另外，能够使用分析的含水层，在该含水层中把水源附于网格块，所以避免了增加表示含水层的网格块数量。通常用最外面网格块中的压力和含水层方程通过分析计算水侵量。

在模拟研究中，在每个单元中的流体的盘存或数据库是一个大的程序加工运算，特别适

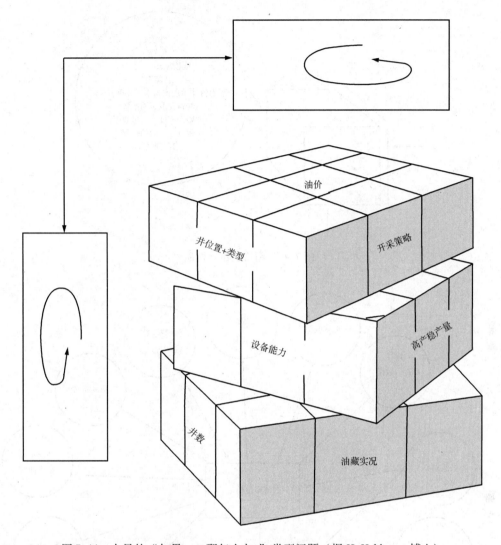

图 7.44　大量的"如果……那怎么办？"类型问题（据 H. Haldorsen 博士）

合于计算机。准备这种数据并且将其输入模拟器的工作需要大量费用，这一费用可以从几万到几十万美元，具体费用取决于模型的大小、复杂性和目的。

模拟模型应该以地质/物理模型为基础，地质/物理模型是根据地质、地球物理、岩石物性和测井信息建立的。但是，仅在井的位置能够高度准确地了解油藏物理性质。在得不到地下数据的井间或油藏的部分区域，只能根据地球物理和内插的地质数据推断物理描述。因此，在大部分油藏中，复杂性如此地大以至于期望精确的数学描述是不切实际的，并且不可能得到完全准确的油藏物理描述。建立模型是一个费时的过程。钻的井越多，对油藏了解得越清楚，但是会增加开发费用。显然，管理必须决定，证明通过增加钻井费用获得更多的知识是否合算。

图 7.46 表明了输入模拟器的信息，表 7.8 总结了油藏模拟中的主要步骤。表 7.9 总结了油藏模拟器的基本特性。附图 12 显示了一些典型的彩图输出。

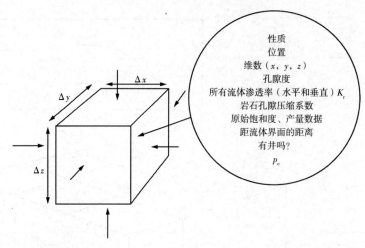

图 7.45　网格块单元性质

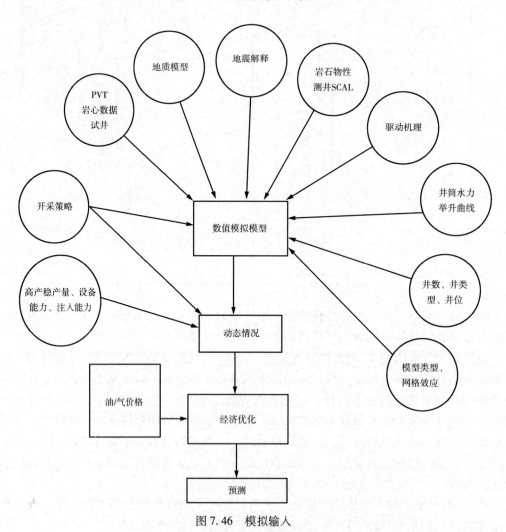

图 7.46　模拟输入

表7.8　油藏模拟过程的总结

（1）地球物理和地质提供了划分网格的数据；3D→2D→1D 平均值的油藏图、有效厚度与总厚度图、等厚线图（假想化）。

（2）读入用于初始化的输入数据，即孔隙度、渗透率、饱和度分布图、流体分布（原始水等）、水—油界面和气—油界面。

（3）确定油藏区域和含水层大小，特别是用于水侵计算；连续性、断层、分区、分层——粗/细网格；在顶面图上布置 x—y 网格；确定 Δx 和 Δy 维数并且分配层和 Δz 值；顶层中每个网格块的顶部深度；网格应该与主要流动方向排成一行。

（4）检查初始化数据错误。

（5）计算总岩石体积，分配有效厚度/总厚度、孔隙度值，计算孔隙体积并且进行调整以便拟合已知数据。

（6）计算油藏原始压力和饱和度分布；当把数据输入模型时，将模型初始化以便计算模型的饱和度及压力；对以前 MBE 计算的原油储量、气储量、游离气储量、水储量和压力进行检查。如果静态计算结果一致，模型有效；如果不一致，那么必须重新检查输入和计算。

（7）读入井数据以便进行模拟（几个网格块含有井，通常一个网格块含有一口井）。对于模拟器网格系统的每个单元块来说，必须有以下参数值：单元和网格块维数（结构取自地震构造图）、厚度、距流体界面的高度、孔隙度、绝对/有效渗透率（每个方向的）、岩石压缩系数、毛细管和渗透率数据、与压力有关的数据（表或是压力函数的方程）、热力学数据（密度、地层体积系数）、黏度、气油比、与饱和度有关的数据（表或是饱和度函数的方程）、每相的相对渗透率函数、油/水毛细管压力函数、气/油毛细管压力函数。

（8）原始油藏压力、原始相饱和度。

（9）单元有井吗？产自井的流体流量——检查井数据和产量数据错误；井和油藏动态数据；观测的油、气和水产量与时间曲线；在几个时段校正到基准面的井底压力；根据网格块的平面位置和产层。

（10）计算下一个时间步长的大小。

（1I）调整所需要的计算机计算的传输率。

（12）计算下一个时间步长的压力和饱和度分布；求解方法和求解程序是重要的。

（13）用彩色编码表明流体运动的（3D）彩图输出、饱和度压力等。

（14）把结果与合理预计的可能结果进行比较

表7.9　油藏模拟器的基本特性总结

模型类型	黑油/组分/热
要求	预报、历史拟合、预测、经济最佳化
模拟的流体；驱动机理	干气/湿气/凝析气/混相气/黑油/挥发性油/重油/水/示踪剂
解法	IMPES/隐式/AIM
把初始化/模拟程序块分开吗？	是/不是
网格划分	笛卡儿/径向/角—点几何形状/局部网格加密/不规则
含水层模型	Hurst 和 van Everdingen/Carter – Tracy/边缘/底部驱动/数值
平衡	平衡/非平衡初始化
其他选择	双孔隙度/双渗透率/Todd 和 Longstaff/垂直平衡
模拟的井和井设备	垂直/倾斜/水平/分支水平井
井控制和地面设备	备产量/BHP/THP/最大气油比/最大含水

7.7.2 模型类型

有许多类型的油藏模拟模型（图 7.47）。在油藏开发的不同阶段采用的模拟复杂性不同。例如，在远景评价中（在该阶段数据很少或没有数据），只能进行用于范围研究的粗略计算；在评估阶段，粗略地进行早期建模。在制定规划过程中，需要进行储量计算，所以推断驱替机理和详细情况，例如，开发进程表、井位和井数、含水层强度、层/层带概念。当进行开发评述时，对早期历史进行建模，并且为了预测、修井/井规划开采曲线调整和 EOR 潜力/加密井，调节油藏动态，还需要井产能和油价情况。

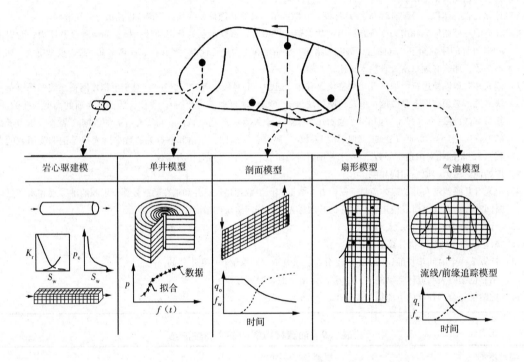

图 7.47　不同应用的模拟模型的类型（据 H. Haldorsen 博士）

能够在 1D，2D 和 3D 空间进行模拟，并且可以包括单相、双相和三相——气、油和水或更多，在相之间有或没有组分传递（组分模拟）。在这里达西定律补充有热力学方程，这些方程描述了温度、压力、密度、黏度和单相的化学组成的控制因素之间的相互作用。

通常选择使用坐标系拟合研究的问题。一些普通的坐标类型是线性、矩形、径向的和径向—柱状的。大部分模拟研究是 2D 或 3D 的，但是有些问题能够通过 1D 分析进行处理。实例包括单井锥进预测（包括井临界产量以及水和/或游离气在生产井中突破时间的计算），或试井分析，特别是用于分析包括不同产量和关井序列的较复杂试井，在这当中使用径向—柱状模型。

对于整个油藏研究来说，通常使用 2D 或 3D 矩形网格。3D 模拟的费用很高，所以只要可能，就以 2D 而不是 3D 进行模拟，以便节省费用和时间。用 2D 足以处理的情况包括：

（1）油藏中的平面流动，成层现象不严重，在垂直方向饱和度变化很小。

（2）在单井锥进模型中考虑的垂向—径向流动。

（3）水驱油的平面驱替。

尽管如此，有许多油藏只能通过 3D 模拟进行精确的研究——全油田研究。

单相模型能够使一相在油藏内运动，例如，干气油藏模拟器。在这里，假定水是不可动的。在黑油模型中使用 2 个（水/油或气/油）或 3 个（油/气/水）流动相。在黑油模型中，假定在开采过程中，油和气的组成变化不大。组分模型（后面讨论）相间传质，因此油和气组成随时间变化，例如，由于油藏条件变化，甲烷能够在气和油（和水）之间传递。一般用状态方程进行气—液平衡计算。把这类建模用于汽化油藏和反凝析气藏，以及某些类型的注气和/或提高采收率（EOR）工艺。

EOR 化学模拟器需要更多组分，对于表面活性剂来说，也许需要更多的相。因为传质的相互作用项较多，这些模拟器变得非常复杂。这种模型承受一种损失，只能为非常简单的地质模型进行模拟，这种模型可能与打算实施 EOR 工艺的实际油田几乎不相似。如果需要热模型，会出现更多的复杂问题，例如，对于模拟热 EOR 过程来说，注蒸汽或火烧油层。然后需要加入能量平衡，这自然需要大量计算机时间。

7.7.3 从地质模型到油藏流动模型

如今能够在相当短的时间内运算具有 1×10^6 以上网格块的 3 相模拟模型。附图 11 说明了模拟大型油藏所需的大量网格块。然而，在 $10km \times 4km \times 100m$ 大小的油藏中，把 1×10^6 网格块分成 $500 \times 100 \times 20$ 部分意味着，每个网格块的大小仍将是 $20m \times 40m \times 5m$。假定这些网格块是均匀的，仍然很大，油藏大部分天然特性将在这类维数范围内变化，这些变化会对油藏特性有很大影响。该模型必须捕捉到油藏几何形状、内部结构、岩石性质及其变化、流体含量、性质和分布。因此，有必要求平均值、大网格化和粗化。随着计算机运算速度的加快，能够增加处理的网格块数量，但是仍然需要改进，特别是在渗透率非均质性的描述方面更是如此。

地质模型通常比流动计算模型详细得多，因为流动计算需要更多的时间，因此使用较少的网格单元。减少网格单元数量的方法称为大网格化。大网格化使用密网格数据表征粗得多的网格。例如，油藏模拟可以地质模型为基础，地质模型网格为 $10m \times 10m$，层厚度为 $1m$。另外，模拟模型可能需要使用 $10m \times 10m$ 和 $10m$ 厚的单元，以满足计算能力的需要。因为它最简单，所以能够以简单分析确定的方式合并层（例如，通过使每个粗层的厚度大致相同），但是这不可能适当地表示通过岩石体流动的物理过程，需要更谨慎地求渗透率平均值，并且可能需要达西定律的张量形式。

显然，因为只有在井的位置了解油藏物理性质，并且任何油藏都非常复杂，所以期望得到可靠而准确的油藏特性描述是不切实际的。例如，在油藏上，比网格块薄的高渗透薄夹层能够引起气和水过早突破，但是现在仍然难以在油藏模型中包括这种情况。在得不到地下数据的井间或油藏部分区域，只能够推断物理描述，以至于井数量越多，对油藏了解得越清楚。在这里，水平井和分支水平井更有用。用油藏的少量数据点得到所有网格块值称为粗化。因此，粗化用少量数据确定粗得多的模型网格块的有效性质，该模型模拟了密网格模型的特性。

对于静态性质来说，这不太困难。例如，平均孔隙度是相当有代表性的，平均孔隙度是用以下方式计算的：取层段（孔隙度与这些层段有关）厚度乘以孔隙度的平均值，然后除以总层厚度。在三维中，人们将取体积（每个值与该体积有关）乘以孔隙度的平均值，然后除以总网格块体积。这是体积加权并且是最普遍用于静态性质的技术。

对于动态性质来说，问题困难得多。Dake 给出了一些易懂的实例，Archer 和 Wall 很好地总结了模拟中的油藏描述。

7.7.4 模拟器的数学应用

每个网格块内的流动方程基本上具有以下形式：

质量流量流入 – 质量流量流出 = 累计的质量流量

对于油来说，在 1D 水平流动的极限情况下，我们得到：

$$\frac{\partial}{\partial x}\left(\frac{K_o}{\mu_o B_o}\frac{\partial p_o}{\partial x}\right) = \frac{\partial}{\partial t}\left(\frac{\phi S_o}{B_o}\right)$$

除了把下标 o 替换成 w 外，水方程相似。气方程较复杂，因为该方程必须包括油中的溶解气和游离气（忽略溶解在水中的气）。

$$\frac{\partial}{\partial x}\left(\frac{K_g}{\mu_g B_g}\frac{\partial p_g}{\partial x}\right) + \frac{\partial}{\partial x}\left(\frac{R_g K_o}{\mu_o B_o}\frac{\partial p_o}{\partial x}\right) = \frac{\partial}{\partial t}\left(\frac{\phi S_g}{B_g}\right) + \frac{\partial}{\partial t}\left(\frac{\phi R_s S_o}{B_g}\right)$$

在解这些方程时，这些额外项导致了大量问题。

偏微分方程常常没有解析解，因此通常用有限差分公式近似原始方程。尝试了其他解法（例如，有限元法），但是发现，在大的油藏问题中使用得不广泛。

对于有限差分法来说，认为空间和时间维数是不连续的，并且把它们分成了离散点的有限数，即被离散的。例如，如果使用 10 天时间步长，那么对于每个网格块的每 10 天来说，将计算新压力和饱和度，即在 10 天、20 天、30 天等，以至于对 10 年来说，需要 360 次迭代，这将是大量的计算。使用了不同的有限差分法——中心、前向和后向。每种方法都有自身的优缺点。所有这方法都有误差（舍位误差），误差取决于使用的网格块数。在 Mattax 和 Dalton 的论文以及有关数值分析的书中全面讨论了这些情况。

每个网格块的中心点变成了有限差分公式中的点，点 x_{i-1}，x_i 和 x_{i+1} 是在特殊计算中使用的 1D 中的 3 个网格块，i 是中心网格块，$i \pm 1$ 是中心网格块两边的网格块。这些网格块含有适合这一网格单元的油相的当前压力和饱和度。然后，在每个新时间级，对于油藏网格中的单个网格块来说，必须同时解方程组，并且在这一未来时间必须预测该网格块内及其相邻网格块的压力和饱和度。

在 3D 中，也包括 x—y 平面和 x—z 平面，因此增加了计算量，但是原理相同，并且方程是可解的。对于 3 相模拟来说，有 6 个必须满足的方程 [3 个压力方程、1 个饱和度方程 $(S_o + S_w + S_g = 1)$ 和 2 个毛细管压力关系方程]，有 6 个未知数，即 p_o，p_w，p_g，S_o，S_w 和 S_g。对于双相模型来说，有 4 个方程：2 个压力方程、1 个饱和度方程和 1 个毛细管压力关系方程。但是，由于毛细管压力是油水和气油系统的饱和度的函数，所以能够从方程 $p_{cg} = p_g - p_o$ 和 $p_{cw} = p_o - p_w$ 中消除这些相中 1 个相的压力，这足以得到相关的 6/4 个因变量。

7.7.5 解法

计算包括解方程（这些方程控制着单元内和单元之间的流体质量和压力），并且依靠流体物理学、代数和数值近似法。通过找到同时满足所有方程的变量值得到解。因为对于油藏的每个网格块来说，必须同时解这些方程，所以问题变成了需要在每个新时间步长解的联立方程组。由于要解的方程总数大，所以一般把这些方程分解为矩阵方程或矩阵方程集，这些方程组的解法导致了大的稀疏矩阵，这些矩阵难解并且是费时的。求解程序（高级数值算法）承担了这项工作。

　　对于小模型来说，可以直接解方程。但是，对于大部分实际问题来说，必须用数值技术通过迭代解方程。这些迭代求解程序解方程的难易程度决定了模拟运算的速度。求解程序进行模拟过程中的数值迭代计算，每个网格块的求解，整个系统的求解，然后进行另一个时间步长的求解。虽然通过研究在继续开发更有效而可靠的计算机程序，但是在给定处理时间内计算机能够处理的计算数量是有限的。现在用有效的数值方法，在通过向量化或并行处理机能够得到的最快和最大计算机上解方程。这再次与在所需的时间步长（天、月等）大小内能够处理的网格块数量有关。较快的求解程序可以包括更多的网格块。

　　用在时间步长开始时（显式）的压力和/或饱和度的已知值，或到时间步长结束时（隐式）通过计算的压力和/或饱和度的唯一已知值，研究出了许多解这些巨大矩阵的方法。一个流行的方法是 IMPES（隐式压力—显式饱和度）法。把饱和度作为时间步长开始时的饱和度，然后计算压力，修改饱和度。用时间步长开始时的饱和度计算毛细管压力和评价的压力。当在单个时间步长期间出现大的流动通过网格块时，IMPSE 法变得不稳定。因此，对于某些类型的问题来说（例如，锥进模拟），使用 IMPES 法需要非常小的时间步长，因此变得很慢。一些求解程序是全隐式的，以至于在目前的时间步长内进行所有的计算，但是矩阵维数大得多，因此需要储存的量较大，每个时间步长花费的计算机时多得多。但是，在一些情况下，这些求解程序会是可靠的（例如，模拟井中的径向流动），但是数值弥散（以下进行解释）较大。

　　正在开发新的矩阵求解程序以便减少计算机时间，特别是自适应隐式法（AIM），在该方法中，求解技术使用不同的解法，这些解法在井附近是显式的，在深层油藏中的远处是隐式的。随着不同网格块改变其隐式或显式状况，矩阵的饱和度在变化。在高级教科书和原文中给出了详细情况。

7.7.6　通过假想化减小维数

　　驱替前缘通过油藏地层的运动方式是一个 3D 问题，但是通过平均油藏地层厚度范围内的饱和度和与饱和度有关的相对渗透率，能够以 2D（有时用 1D）表示。这种平均值被称为假想化，在油藏中大量使用以便减小问题的维数（特别是从 3D 到 2D），从密网格降低到较粗网格——粗化。还用这种平均值产生在其平均条件中考虑了"新"公式的新分流量曲线，然后用 Buckley - Lerett 或 Welge 技术分析这些曲线。这变成了需要有经验判断的复杂过程。Dake 和其他人撰写了大量论文描述这些过程，基本上能够计算整个水驱和气驱及分流量曲线的油和水以及油藏饱和度的开采曲线。然后在 Welge 计算中用这一开采曲线得到以分数表示的采收率和含水，这两个参数可以在作为采用低维数进一步进行油藏分析时输入。Dake 再一次用油藏实例讨论了这些方法。另外，他使用了能够用初始突破后的观测含水大体上确定地层的平均相对渗透率的逆向论据，然后可以在模拟模型中用这种平均渗透率预测未来油藏动态。

7.7.7　历史拟合、敏感性分析和模拟器校正

　　用油藏模拟器预测未来油藏动态。但是，标定模型是困难的。如果有足够的开采数据，

常常通过仅取数据的一半，并且看模型是否能够预测另一半，标定模型。如果模型能够预测另一半数据，那么认为校正是成功的，然后假定进一步外推将是有效的。这一方法称为历史拟合。显然，直到油藏开采一段时间，才能够证实特定油藏摸型的历史拟合。通用的经验方法是，预测的时间范围大约是历史拟合模型时间的两倍，除非开采机理或生产工艺变化，这时历史拟合将不太可靠。传统上，模型研究的历史拟合阶段是使用试井分析数据、所有流体的产量和测量的压力进行试差的过程。常常不容易达到一致，通常有必要调整一些输入数据（例如，穿过选择的网格块界面的相对渗透率或渗透系数），或许一些地质信息（例如，油藏边界、断层位置或孔隙体积），直到计算的和观测的压力和开采数据比较接近。然而，Dake 给出了一些有关调整输入数据的实际忠告，由于能够得到表征油藏的有限数据量，这意味着在变量多的情况下，不确定性程度高。确定哪些变量对拟合影响大，应该改变到什么程度，哪个方向是主要的挑战。一般改变单个变量或变量的单个值或多个值，并且进行另一次模拟运算。来自一口新井进行的压力测量对于给出历史拟合朝着正确方向进行的可靠程度是特别有价值的。

敏感性分析是历史拟合过程必不可少的组成部分。用户确定打算进行敏感性计算的参数和以可接受的初始估算为基础的值的范围，然后调整选择的数据以提高拟合质量。例如，根据初始值，可以允许渗透系数变化 ±25%，而仅允许孔隙体积变化 ±10%。检查结果，以便确定拟合质量是否有很大提高。如果效果提高了，则可以进行更多的相似改变。如果没有提高，则将改变其他变量值。只需要改变一个或两个变量，然后进行模拟运算以便确定改变变量的效果，这是一个非常费时的过程。调整的任何常识和实际观点都是最重要的。

另一个历史拟合方法是"反演问题"。已知输出、输入数据应该是什么样的？目前正在对该方法进行更多的研究。但是，解是无限的，即问题不是唯一的，以至于一组以上的输入数据能够产生相同的模型响应。把所有能够得到的地质、地球物理和油藏信息用到许多参数上能够给出敏感性范围，以至于能够把求解的次数减少到某一可能合理的范围。然后每当可能时，进一步运算以便精选解。这是计算机辅助历史拟合，而不是自动历史拟合。计算机辅助历史拟合与工程师确定能够合理变化的那些参数，其值所处的范围不相上下。另外，如果模型的基础（例如，地质解释）不正确，将得不到敏感历史拟合。与过去的情况相比，该方法允许快而有效地仔细研究模拟的可行解空间。

7.7.8 组分模拟

黑油模拟以下概念为基础，即油藏含有两个组分（不变组成的油和气），但是通常有三相（油、气和水）。气能够从溶液中释放出来或再溶解到油中。对于反凝析、汽化油田或回注气来说，油和气可能随时间变化。在反凝析的情况中，当压力下降到某一中间值时，液体析出，留下相对分子质量不断增加的残留物。如果把气注入油藏，析出液体的一些较轻组分可能再次汽化，还会进一步增加残留物的相对分子质量。

黑油表达式不能满意地模拟这类情况，必须根据其组成模拟油藏流体。原油的多组分性质如此地大，以至于聚集成有代表性的组。相态相互关系（一般指状态方程）计算在规定压力和温度下的液相和气相的比例，所以使液体和气体的组成能够随时间和条件变化。状态方程凭自身能力是强有力的，但是可能不准确，因为正如已经阐述的那样，原油是非常难表征的，以至于设计包括原油的多组分混合物的可接受常数和混合规则有很多困难。

与黑油模拟相比，组分模拟是困难的：

（1）常常很难得到有效的液体样品，特别是当油藏液体接近泡点压力时更是如此。如果流体样品无效，那么就不能适当表示油藏流体。

（2）需要把流体的组分合并在一起，这产生了问题。为了缩短运算时间，尽可能把组分合并成几组。但是，这使流体的表示只是实际组成的粗略近似，因此限制了模拟的准确性。

（3）状态方程不是总能可靠地预测相特性，它带来了更多的误差和不稳定性来源。

（4）组分模拟施加给计算机硬件和软件的较大内在需求使模型较慢且不太稳定。

尽管如此，但在市场上仍能够买到组分模拟模型。

7.7.9 模拟 EOR 工艺

已经讨论过了 EOR 工艺（提高采收率）（7.4 节）。在确定可能方案或特别问题方面以及为了研究改变参数对油藏 EOR 动态的影响，计算机模拟是有用的工具。正如已经阐述的那样，复杂的 EOR 工艺也需要传质和平衡计算。显然，如果精心调整方程的参数以拟合能够得到（有限）的数据，进行简化缩短计算时间，方程能给出极其准确的预测。虽然如此，一些有实际经验的工程师仍认为，油藏模拟把油藏描述和油藏力学简化到了完全不切实际的程度，因此任何计算机预测都是不切实际的，在某些情况下会使人误解。但是，在应用常识的情况下，在决定油藏的 EOR 工艺方面，模拟是有用的和基本的工具。Mattax 和 Dalton 给出了现有技术水平的细节和大量参考文献。

7.7.10 地面管网

大型油田和气田需要进行流体的中央处理，即把在井口采出的流体通过地面管网输送到处理设备。在海上，把产自许多不同管汇、平台，甚至油田的流体集中起来输送到岸上，进入普通管道。在陆上，在混合出口之前，一般用单一管道把产自许多井的流体集中到集输站。组成地面管网的管道中的流动对总开采情况有很大影响。从历史上看，分别研究管道中的流动模拟和油藏模拟。油藏模拟器模拟油藏内和从井到井口或分离器出口的流动。管道模拟器趋向于表示从管道入口到管道出口的流动。现在，在专门的文献中报道了把这两种流动适当结合的情况。这些情况提供了一种可能，即优化从油藏井下通过管子到地面设备的完整油田开发。

7.7.11 模拟器的问题和误差

由于油藏描述不适当和网格块数量不够，会出现误差。像前面表明的那样，与油藏非均质性相比，在大部分模拟研究中使用的网格块的尺寸大。原始数学模型包括了一些假设；例如，在油藏流量下遵守达西定律。在有限差分模拟中引入了舍位误差。当使用有限差分时，有时得不到用于特定时间步长的所有数据。在这里，不得不使用一些"技巧"（例如，上游加权）以便防止过早流入或流出那个网格块（使用特定网格块的相对渗透率值，该特定网格块实际属于那个网格块的上游或下游），以及相对渗透率关系（调整相对渗透率曲线）以便得到实际的物理结果。这能够防止水驱中的水过早向下游流动。在高级教科书中介绍了这些方法的详细情况。这些假想的产生/选择的主观性很强，需要大量的经验，并且对结果有很大影响。

计算机解的舍入误差和数据误差会很大，并且可能提供与实际情况不可比的结果。能够出现不稳定性（当流体饱和度在空间上波动或井产量随时间波动时能够见到这一不稳定性），并且这一不稳定性通常是由太大的时间步长或模拟器中的一些数值误差造成的。如果时间步长或网格块太大，那么对于使用高度隐式公式的模拟器来说，驱替前缘在数值上会扩散（模糊的）——有时称为弥散，水或气早期突破，并且出现乐观的采收率预测。如果把网格旋转45°，网格方位误差能够产生不同的采收率，这些采收率是由这样的事实造成的，即在传统有限差分程序的 Cartesian 网格中流体不能对角流动。

影响网格化的因素：油藏模拟模型的不同区域需要不同水平的细节，以便进行实际表示。可以用大网格块模拟井数少和流体流动小的偏远区域，而应该详细地表示井密度大的区域。在理论上，模型中井附近的网格块密度大，离井远地方的网格块密度小。但是，直角坐标和角点几何形状的限制条件难以详细提供这一变化。矩形（直角坐标）几何形状单元建立和处理起来简单，适合于由油藏模拟器中的求解程序求解，但并非总表示实际油藏构造，例如，处理倾斜断层的不稳定性对网格方位有严重影响。

角点几何形状相对容易建立和处理。角点几何形状能够近似复杂地质构造，求解程序能够处理这些复杂地质构造，但是对网格方位有些影响。因此，采用了局部网格加密，因为局部网格加密能够包括网格密度变化区域，这些区域需要在不大量增加网格块数量的情况下更详细地进行模拟。局部网格加密能够简化对复杂井的处理，但是因为引入了非邻近连接，可能增加运算时间。

非结构网格化是相对新的技术。在这里，网格具有各种不同的形状并且能够在大小上连续变化。非结构网格化的最普遍形式是 PEBI（垂直平分）网格化。这种网格化能够准确模拟复杂几何形状且能够避免网格方位的影响，但是难以理解和处理。由于减弱了矩阵的结构性，这可能使模拟运算减慢，难以在软件方面实现并且不可能手工管理。最新方法——自适应网格化还不能完全在商业模拟器中使用。这一方法具有在不使用大量网格块的情况下准确模拟前缘的能力，但是难以在软件方面成功实现。公司模拟器说明书能够帮助解决所有这些问题。

7.7.12　开发

在模拟器的预测能力和显示数据方法方面有了新的进展。例如，能够买到流线模拟器以便提高模拟速度；正在开发耦合流动和应力模拟器，以便根据开采引起的孔隙压力和油藏应力变化调整油藏参数。3D 显示软件可以多色显示，采用以 Windows 操作系统为基础的交互式软件通过任何角度的切片实现了虚拟现实可视化的模拟。模拟中的网格数量和地质真实性在不断提高。

7.7.13　油藏模拟模型的误用

油藏模拟模型是极其强有力的工具，但是不过是物质平衡和流动方程的大型耦合。模型能够提供油藏管理的有价值答案，并且可以考虑不同的开发方法，而实际油藏只能开发一次。但是，当油藏模拟器首次变得到处都能够得到时有这样的趋势，即甚至在用物质平衡模型进行初步研究之前，对于任何一个需要研究的油藏直接使用3D、三相模型。

遗憾的是，油藏模拟模型还能够提供非常昂贵的无价值结果；如果油藏描述或油藏数据不适当，计算机模拟将不会补偿。随着计算速度的加快，能够得到的网格块数量在增加，但是油藏地质的表示仍然不适当。与岩心尺寸相比，网格块尺寸仍然较大。在模拟中，不得不使用一些"技巧"（例如，上游加权和拟相对渗透率相互关系）以便获得真实的物理结果。这些假想的产生和选择具有高度主观性，并且大大地影响结果。Dake 撰写了许多论文对此加以讨论。

7.8　结束语

总是在油藏研究开始时使用经典油藏工程的基本工具——达西定律、物质平衡、Buckley-Leverett 等。这些油藏工程技术表明了特定油藏的重要机理，这些机理能够指导选择模拟器。如果系统如此复杂，以至于用这些工具不能充分地进行研究，那么可以采用更复杂的工具。模拟能够提供建议，但是不能多采油；多采油是矿场人员用这些技术应该做的工作。油藏模拟模型已经变成了用于预测未来开采动态，达到最佳选择和确定不确定性的石油工业主要的工具。好的建模需要好的地质输入和准确的油藏模型，该油藏模型包括孔隙度趋势、渗透率趋势、分层和页岩分布等；好的建模还需要好的地球物理输入、准确的断层位置/范围和其他阻挡层的确定（尖灭等），并且全面地了解油藏工程原理。因此，对于任何好的模拟来说，包括地质学家、地球物理学家和石油工程师的多学科工作队（现在常称为资产工作队）是必不可少的。

随着更多的油气和海上油气田的开发，在过去的 30 年间，石油工业内的职责发生了显著变化。陆上作业一般可以逐步进行，随着工程以及可得到的地质数据的质量和数量的提高，安装设备或扩大生产规模。现代海上勘探不采用这种方法，特别是在用地的竞争投标的情况下更是如此，在这些情况下，根据存在油气的假设做出技术和财政工作计划的承诺。同样，成功地钻成 1 口或 2 口探井后，在能够得到最少的油藏数据和信息的基础上，必须做出根据油田开发资本投资（设备工程）的承诺的主要财政决策，这一财政决策可能达到几亿英镑。当井数最少时必须做出最重要的决策，以至于制订早期发现井和评价井的数据收集、数据评价以及所有测试和评价方案。因此，现在油藏工程师肯定与作为勘探工作队一部分的勘探地球物理学家和勘探地质学家关系密切。如果必要，要适当观测和解释数据，这同样与油藏工程师和开采工程师密切相关。

正如在本章中强调的那样，对油藏工程师的主要限制是难以在足够的位置上获得重要的物理测量结果以便确定系统的特性（常常不可能）。此外，一旦投产，油藏就不能恢复到原始条件，甚至不能恢复到一个新的静态平衡条件，必须在动态系统上进行测量，并且必须根据必要瞬变数据推断平衡条件。现代油藏工程师用计算机进行数据存储、数据处理和油藏模拟。如今，在许多情况下，可得到的计算能力大于能够有效利用的计算能力——油藏模拟的限制常常是根据砂层和页岩层的相互关系及连续性进行油藏物理描述。应该用分析方法评价油藏特性和数值的数量级，以便保证模拟器给出敏感结果。但是，不能过分强调判断在任何计算中使用数据的可靠性、一致性、不确定性和误差的重要性。

7.9　致谢

感谢许多人帮助提供信息，对图提出建议或对本章提出意见。

参　考　文　献

[1] N. Colley, et al, 1992 The MDTtool: a wireline testing breakthrough. *Oilfield Review*, *Schlumberger* 4 (Apri), 58–64.

[2] C. Coll, X. D. Jing, and A. H. Muggeridge, 1999 Lmproved modelling of small/medium scale heterogeneities

using electrofacis analysis. DiaLog 7, 4 – 5.

[3] L. P. Dake, 1994 *The Practice of Reservoir Engineering.* 1987 *Fundamentals of Reservoir Engineering.* Amsteram: Elsevier.

[4] L. P. Dake, 1978 *Fundamentals of Reservoir Engineering.* Amsterdam: Elsevier.

[5] R. A. Dawe, and C. A. Grattoni, 1998 Thevisualisation of the pore scale physics of hydrocarbon sation of the pore scale physics of hydrocarbon recovery from reservoirs. First Break 16 (November) 371 – 386.

[6] H. B. Bradley, (ed.) 1987 *Peroleum Egineering Handbook.* Richardson, Tesas: Society of Petroleum Engineers.

[7] M. J. Fetkovich, E. J. Fetkovich and M. D. Fetkovich, 1996 Useful concepts for decline – curve forecasting, reserve estimation and analysis. *Society of Petroleum Engineers Reservoir Engineering* 11 (February), 13 – 22.

[8] J. S. Archer and C. G. Wall, 1986 *Petroleum Engineering_ Principles and Practice.* London: Graham and Trotman.

[9] C. C. Mattax and R. L. Dalton, 1990 Reservoir Simulation. SPE Monograph Volume 13.

[10] A. Satter and G. C. Thakur, 1994 *Lntegrated Petroleum Reservoir Mnagement – a Team Approach.* Tulsa, Oklahama: Penwell Books.

[11] G. CThakur and A. Satter, 1998 *Integrated Waterflood Asset Management.* Tulsa, Oklahoma: Penwell Books.

[12] J. M. Amyx, D. M. Bass and R. L. Whiting 1960 *Petroleum Reservoir Engineering Physical Properties.* New York: McGraw – Hill.

[13] J. S. Archer and C. G. Wall 1986 *Petroleum Engineering Principles and Practice.* London: Graham and Trotman.

[14] B. C. Craft and M. F. Hawkins 1991 *Applied Petro leum Reservoir Engineering. Englewood* Cliffs, NJ: Prentice – Hall.

[15] L. P. Dake 1978 *Fundamentals of Reservoir Engineering.* Amsterdam: Elsevier.

[16] L. P. Dake 1994 *The Practice of Reservoir Engineering.* Amsterdam: Elsevier.

[17] F. Jahn, M. Cook and M. Graham 1998 *Hydrocarbon Exploration and Production.* Amsterdam: Elsevier.

[18] W. D. McCain 1990 *Properties of Petroleum Fluids.* Tulsa, Oklahoma: Penn well.

[19] A. Satter and G. C. Thakur 1994 *Integrated Petroleum Reservoir Management – a Team Approach.* Tulsa, Oklahoma: Penwell.

[20] G. C. Thakur and A. Satter 1998 *Integrated Waterflood Asset Management.* Tulsa, Oklahoma: Penwell.

[21] M. Muskat 1949 *Physical Principles of Oil Production.* New York: McGraw – Hill (re – published by IHRDC, Boston, Mass., 1981).

[22] H. C. Slider 1983 *Practical Petroleum Reservoir Engineering Methods.* Tulsa, Oklahoma: Petroleum Publishing Company.

[23] R. Cosse' 1993 *Basics of Reservoir Engineering.* Paris: Editions Technip.

[24] G. L. Chierci 1994 *Principles of Petroleum Reservoir Engineering.* Berlin: Springer – Verlag, 2 vols.

[25] H. B. Bradley (ed.) 1987 *Petroleum Engineering Handbook.* Society of Petroleum Engineers.

[26] A. M. Saidi 1987 *Reservoir Engineering of Fractured Reservoirs.* Paris: Total Editions Presse.

[27] T. D. van Golf – Racht 1982 *Fundamentals of Fractured Reservoir Engineering.* Amsterdam: Elsevier.

[28] C. C. Mattax and R. L. Dalton 1990 *Reservoir Simulation.* SPE Monographs vol. 13. Richardson, Texas: Society of Petroleum Engineers.

[29] K. Aziz and A. Settari 1979 *Petroleum Reservoir Simulation.* London: Applied Science Publishers.

[30] D. W. Peaceman 1977 *Fundamentals of Numerical Reservoir Simulation.* Amsterdam: Elsevier.

[31] F. F. Craig 1971 *Reservoir Engineering Aspects of Water Flooding.* SPE Monograph, vol. 3. Richard son, Texas: Society of Petroleum Engineers.

[32] G. P. Willhite 1986 *Waterflooding.* Richardson, Texas' Society of Petroleum Engineers.

[33] D. W. Green and G. P. Willhite 1998 *Enhanced Oil Recovery.* Richardson, Texas: Society of Petroleum Engineers.

[34] M. Baviere (ed.) 1991 *Basic Concepts in Enhanced Oil Recove. ry Processes.* London: Elsevier Applied Science, for the SCI.

[35] E. C. Donaldson, G. V. Chilingarin and T. F. Yen (eds.) 1989 *Enhanced Oil Recovery*, , vols I and Il. Amsterdam: Elsevier.

[36] L. W. Lake 1989 *Enhanced Oil Recove. ry.* Engle wood Cliffs, NJ: Prentice – Hall.

[37] C. R. Smith 1975 *Mechanics of Secondary, Oil Re covery.* New York: Reinhold.

[38] N. K. Baibakov, A. R. Garusheo and W. J. Cieslewicz 1989 *Thermal Methods of Petroleum Production.* Amsterdam: Elsevier.

[39] T. C. Boberg 1988 *Thermal Methods of Oil Recover)*, . New York: John Wiley.

[40] M. Pratts 1986 *Thermal Recovery.* Monograph 7. Richardson, Texas: Society of Petroleum Engineers.

[41] F. I. Stalkup 1983 *Miscible Displacement.* Monograph 8. Richardson, Texas: Society of Petroleum Engineers.

[42] C. R. Smith, G. W. Tracy, and R. L. Farrar. 1992. *Applied Reservoir Engineering Vol.* 1 & 2. OGCITulsa, Ok, US.

There is also a Reprint Series from the Society of Petroleum Engineers, which is a compilation oftechnical papers that are considered to be the most influential. For EOR, these are as follows:

No. 7 Thermal recovery processes (1985) .

No. 8 Miscible processes (1965) [contains early papers] .

No. 15 Phase behaviour (1981) .

No. 18 Miscible processes II (1985) .

No. 20 Numerical simulation (1986) .

No. 23 EOR field case histories (1987) .

No. 24 Surfactant/polymer chemical flooding. vols I and II (1988) .

8　采油工程

8.1　引言

前面的章节涉及在勘探、地层评价和开采过程中油藏内油气流体模拟使用的石油工业技术以及发掘和评价油气聚集开发的风险和商业性的最有效方法。确定了开发的可行性后，采油工程师的职责就是以最安全和最有效的控制方式设计和操作石油开采井。除了与生产系统有关的技术问题以外，还需要全面了解健康、安全和环境（HSE）问题和一般经营问题。采油速度决定了设备的大小和类型，这些设备本身与在第 7 章，特别是与图 7.1（a）中讨论的开采曲线有关。

本章将描述与采油工程方面（修井、顶部设施、水下设施、输出管道、管道中转站）有关的技术以及有关法律和合同问题。从井底开始，向上到地面设施，包括计量阶段。在本章结束时简要讨论油藏结束阶段——停产。以前在有关钻井和油藏工程内容的第 5 章和第 7 章中定义了大部分与井和设备有关的术语。

8.2　综述

采出油气的典型途径是从油藏深处经过近井地带，通过射孔孔眼和/或沿着完井层段向上到井口（图 1.1、图 8.1 和图 8.2）。把采油树（图 8.3）的一系列控制阀安装在井口上，采出油气沿着出油管流到顶部设施，在顶部设施可能有分离和处理的几个阶段。然后，分离的油气相沿着外输管线离开这些设施到达卸油点或中转站。这些中转站采用油罐区或一些其他储存设施的形式，例如，浮式生产、储卸油装置（FPSO）。通常用管道直接把天然气输送到分配系统，以便输送给本地和工业用户（参见第 10 章）。

8.2.1　油藏压力

油藏压力提供物理能量驱动系统，并且通过套管沿着井筒向上把流体从油藏中排出（图 8.4）。一旦开始采油，油藏压力就下降，除非通过含水层或者注流体补充能量（见第 7 章第 3 节和第 4 节）。

8.2.2　入流特征关系

入流特征关系描述了从泄油区到井筒内的压力曲线图。因此，入流特征关系是采出流体性质（例如，黏度）、油藏地层渗透率和完井（例如，表皮系数、射孔孔眼密度和穿透深度）的函数（第 5 章）。虽然该关系常常是复杂的，但是对于在其泡点压力以上开采的无水油井来说，可以认为该关系是不变的。如果是这样，该关系称为采油指数（*PI*），对于垂直井来说，定义如下：

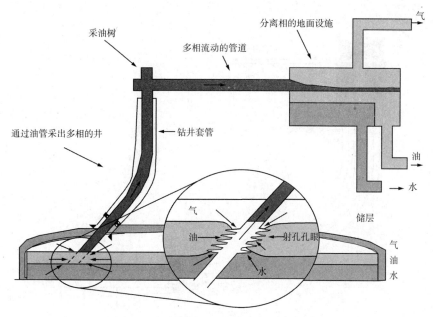

图 8.1　从油藏到地面设施的采出油气路线

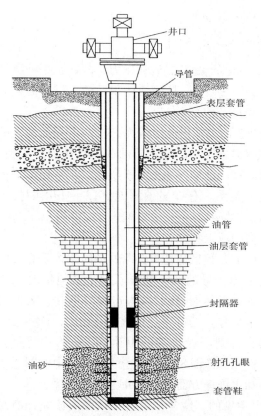

图 8.2　射孔套管完井（据《油井钻井入门》，
1975 年：石油扩展服务，得克萨斯大学）

图 8.3　采油树（垂直），背景中有一个顶部储罐
（据《油井钻井入门》，1975 年：石油扩展服务，
得克萨斯大学）

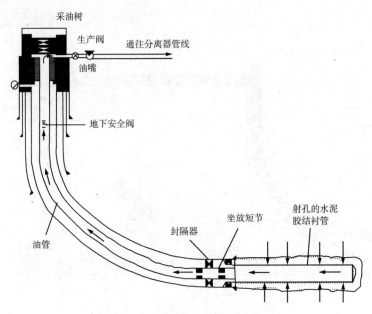

图 8.4　对压降产生影响的完井组件

$$PI = \frac{Q_0}{p_r - p_{wf}} = \frac{7.08 \times 10^3 Kh}{\mu_0 B_0 \left(\mathrm{In} r_e / r_w - \dfrac{3}{4} + S \right)}$$

式中，Q_0 是产油量，bbl/d；p_r 是油藏压力，psi；p_{wf} 是井底流动压力，psi；K 是油藏渗透率，mD；h 是油层厚度，ft；μ_0 是原油黏度，mPa·s；B_0 是原油体积系数；r_e 是油藏有效泄油半径，ft；r_w 是所钻井筒的半径，ft；S 是表皮系数。

在许多教科书中把采油指数表示为 J，但是许多工程师仍使用俗称 PI。对于任何假定的油藏压力来说，产油量是油井流动压力的函数，能够计算产油量。如图 8.5 所示，常常用图形描述这一关系。有许多预测泡点以下 IPR 的技术（例如，Vogel 法），在文献 [1] 中给出了与气井相似的流入特征。

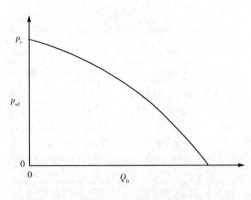

图 8.5　入流特性关系

p_{wf}—自喷井的压力；Q_0—油流量（用合适的单位）

以上方程最初是根据原油径向流入垂直井的达西定律推导的，还推导了用于其他情况（例如，含有天然裂缝和/或人造裂缝的井、大斜度井和水平井）的方程。与常规井相比，这种井往往具有得到明显改善的 IPR，但是钻井费用较高。在控制像图 8.1 中描述的薄油层中的不想要的气和水锥进方面，水平井也是有效益的。

井受到井筒表皮损害（一般称为表皮）是很常见的。这常常是由于钻井液或完井液漏失进入地层造成的，并且认为这降低了井筒附近区域的渗透率。在本章后面的增产增注章节中涉及这一主题。

8.2.3　单一井眼完井

单一井眼是用于设计具有相同内径［从完井衬管一直到采油树（图8.6）］的完井系统的术语。这种完井系统的优点是，能够把全井眼工具下入井中，而不需要考虑在使用传统完井装置的情况下预计的变径井眼。这大大地增加了在井的下衬管层段中能够容易达到的作业范围，例如，产层的封堵。因为完井的功能技术要求（例如，油管可回收式安全阀（TRSV，图8.16）和有关井眼变径短节），安装真正的单井眼系统是很罕见的。较普遍的做法是安装无封隔器完井系统，该完井系统尽可能切实可行地接近单井眼（无封隔器完井没有生产封隔器，从在衬管顶部安装的密封组件上回接完井系统。图8.6中显示了典型的系统）。无封隔器系统具有许多想要的单一井眼系统的特点。

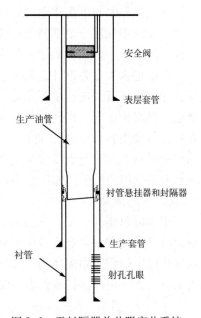

图8.6　无封隔器单井眼完井系统

8.2.4　常规采油树和水平采油树

采油树是安装在井顶部的一个装置，并且有打开或关闭以便控制井中流体流动的一系列阀门（图8.3）。该采油树把井与地面环境有效地隔离，并且是与地面管道的第一个连接。现有的采油树主要有常规类型采油树和水平采油树两类。具体分类取决于操作技术要求和采油树是位于地面（陆上），还是安装在水下（海上），这两类还是有一些差别的。

对于常规类型的采油树来说，所有操作阀都沿着主孔径定位，就像管道上的阀门。当阀门关闭时，没有通过该孔径的进出通道。对于水平设计来说，这些操作阀的位置离开了采油树主孔径，并且位于采油树主孔径的合适角度。当这些阀门关闭时，保留了通过主孔径起下的能力。

水平采油树的优点是，能够通过采油树起下完井管柱。通过水平采油树的确能够完成某些钻井作业，这大大地简化了修井作业，并且减少了水下修井所需的设备。对于采用常规采油树的修井作业来说，在完井作业完成前必须移动采油树。这增加了井作业量，还增加了水下修井所需的复杂而昂贵的设备。水平采油树的主要缺点是当需要更换采油树时，由于完井系统悬挂在水平采油树的顶部，也必须起出完井系统。但是，这类采油树的最初概念是以这样一种假设为基础的，即与仅移动采油树相比，很可能更需要起出完井管柱。

8.2.5　陆上和海上作业

与油气藏有关的井位在某种程度上决定了井作业的复杂性。此外，用于作业的设备类型能够限制完成的方案范围。陆上作业或海上平台作业的主要好处是可以立即接近井采油树，因此简化了井作业。在水下井中进行各种采油修理工作要困难得多，因为采油树位于海底，常位于几百英尺深的水中。在水下采油树上进行连接是较费时的，并且需要额外的专门设备。

常常把潜水给养船（DSV）作为完成水下井中一些采油修理工作（包括后面讨论的挠性管作业）的方便设备。通过把简化得多的系统连接在水下采油树上，用这种潜水给养船能够完成钢丝绳和电缆作业（第6章）。从传统上来讲，这些船不具有收回整个完井管柱的能力，所以不能用于全部修井作业（保证有效开采的补救措施）。陆上钻井设备、安装有钻井设备的海上平台和活动钻机常常都具有进行全部修井作业的能力。

偶尔把水下设备设计成从主设备到水下井安装一条公用管线。像该管线的名称表明的那样，能够用该管线进行主要作业（包括水下井中的各种远程采油修井作业）以便完成化学处理。典型作业包括把化学剂置入井中，以便防止或补救井下沉淀问题，例如，垢、蜡和沥青质。与动用各种暂时采油修井作业设备完成这项工作（例如，DSV或活动钻机）相比，这些远程修井作业节省了大量费用。但是，必须一起考虑油藏开采期限内的操作节省费用与油藏开采期限内的公用管线总费用（例如，公用管线的安装、检查与保养）。

8.2.6　多相流动

很少以单相（例如，气或液）的形式从井中采出油气。常常出现多相，并且采出流体中含有油、气和水以及少量固相物质（例如，砂）的混合物（图8.7）。随着时间的推移，水量可能增加到井中流体的静水压力将"压"井的程度，即这一压力超过油藏压力。借助人工举升方法可以保持或提高产量，在下一章节将涉及有关人工举升的论题。

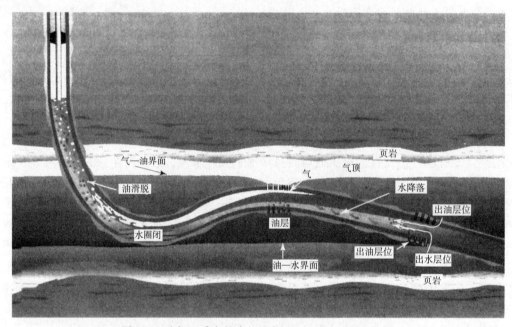

图8.7　油气开采中的多相（据Baker Hughes INTEQ）

为了了解井的特性，工程师必须能够预测和分析多相流动。在井或出油管中出现两相或多相，导致了复杂的流动特性。图8.8和图8.9显示了在水平和垂直管子中发现的典型流态。流动压降计算的相互关系包括预测流态的类型，这流态的一些例子是泡状流、雾状流和分离状流。流动状态在很大程度上是以下参数的函数：采出流体中的油、气、水的相对体积，井或出油管的斜度和采出流体中各相的速度。最重相的速度最低，在倾斜或垂直井和出油管中产生滞留量。在某些情况下，这种情况变得相当严重，以至于井中充满液体停止流动。这种情况在产水或凝析液的气井中是很常见的。进行了许多有关这一论题的研究，得到了许多相互关系，根据这些相互关系建立了任何给定一组管道和/或井筒大小压降与流量的关系。借助于现代计算机系统，可以轻松地模拟几百口井和有关管道的网络。美国俄克拉荷马州塔尔萨（Tulsa）大学的教授们进行了有关这一论题的许多先行研究工作。

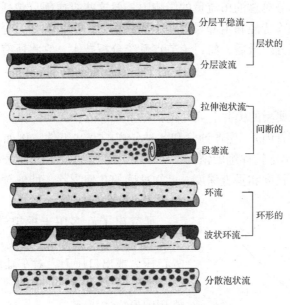

图 8.8　水平油管柱中的典型流态

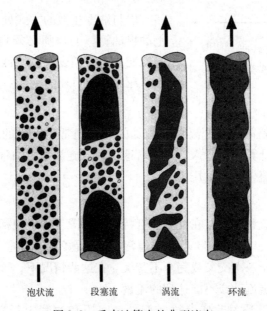

图 8.9　垂直油管中的典型流态

如果打算以最看效的方式开发油田或气田，则这种流体混合物给工程师带来了许多挑战。一般由管汇把许多井连接在一起，以混合的方式油气沿着管道流动到开采设施的分离器。在水下开发的情况下，这种管线可能长达几英里，在海上生产平台上则仅有几十米。陆上开发井可能有长度不同的单独管线，这取决于与开采设施有关的位置或者以与水下开发相同的方式混合输送油气。

最优化采油过程是最大限度地从油田经济开采油和/或气的一种尝试。工程师必须考虑开采系统的每个组成部分对总油田流量的影响。一般这些组成部分包括油藏压力、入流特性关系、油管特性、出油管特性和由开采设备施加的任何回压，例如，分离器压力。以下将较详细地讨论每个组成部分。最后，将讨论节点系统分析技术，它将所有组成部分的特性构成一个独立单元。

8.2.6.1　油管特性

在图8.4中示出了典型的完井。完井包括以下几部分：30ft长"鼠洞"的大井眼（在用于支撑地层的套管或衬管内）、生产油管和各种各样的完井组件，例如，控制装置（包括安全阀），在第5章中给出了较详细的情况。对于流体经过的每个组件来说，工程师必须知道其内径、粗糙度、测量长度和垂直深度。已知准确的几何形状，能够预测沿着给定入口或出口的每个组件的压降。

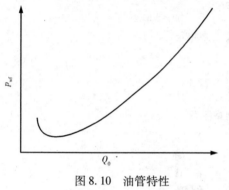

图 8.10　油管特性
在图 8.5 中定义的变量

研究出了许多用于模拟模型的相互关系（例如，Hagedom 和 Brown）以便加速计算过程。已知入口压力或出口压力，对于油流量的每个值来说能够计算沿着完井组件的压降。如图8.10所示，常常用图形描述压降。

8.2.6.2　出油管特性

以与油管相似的方式处理把井连接到处理设备上的出油管。工程师必须再一次知道内径、长度、高度变化和粗糙度，以便计算给定油流量的压降和入口压力或出口压力。

8.2.6.3　设备回压

由处理设备（一般是第一级分离器）施加的回压通常是稳定的。分离器压力又决定了出油管出口压力，能够计算出油管入口压力。这把回压施加到了油管上，因此施加到了井筒上。这是从油藏中采出流体克服的压力。

8.2.6.4　最优化采油

对于工程师预测油流量来说，在计算油管特性的情况下通常包括顶部设施影响。如果把图8.5和图8.10相结合，如图8.11所示，通常有该问题的唯一解。这取决于两条曲线的相对位置，这两条曲线不止一次交叉或完全不交叉。在这些情况下，该技术表明了工程师不想要的情况，例如，不稳定流动或不能达到的流量。

用计算机模拟模型，通过改变参数（例如，回压和油管内径）可以生成许多入流关系和油管特性曲线，能够使工程师通过该系统优化（提高）油流量（图8.12），这就是节点分析。可以把井和出油管网络组合在一起，以便模拟整个油藏。虽然描述方法是用于油的，但是也可以用相同的方式处理气井。在评价人工举升选择方案时可以应用这一技术。

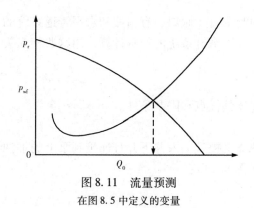

图 8.11　流量预测

在图 8.5 中定义的变量

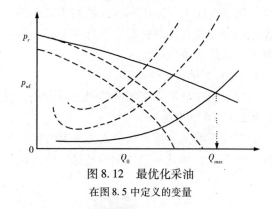

图 8.12　最优化采油

在图 8.5 中定义的变量

8.3　人工举升的技术要求

当首次投产时，许多井以可接受的流量自喷。但是，当出现油藏压力衰竭、含水上升和/或气液比减小增加了流动流体密度时，在油田开采后期需要进行人工举升。

人工举升是降低井底流动压力以便增加井产量的方法。当井不能以预期的产量自喷时（相对于系统回压），考虑进行人工举升。通过安装井下泵系统或者注入气以便减小流动流体密度，进行人工举升。为了增加产量，在油田开采初期也可以进行人工举升。

8.3.1　选择人工举升时应考虑的问题

选择和设计人工举升系统，需要预测整个井开采期限内的操作条件。这种预测包括估计动态的敏感范围。虽然也能够使次优方法起作用，但是对于给定应用来说，有一个人工举升的最佳方法。选择举升方法时应该考虑以下问题（这些问题影响确定系统的大小和举升采出流体所需的能量）：

（1）井口流动压力或集输系统回压。

（2）井采油指数和井生产技术要求。

（3）含水变化和生产气液比。

（4）混合物黏度——将影响系统中的摩擦损失。

（5）油藏压力衰竭。

（6）套管和油管大小限制。

（7）地面系统和能量输入的环境影响。

井下环境和流体特性在选择举升系统时也起重要作用。以下因素将影响举升系统的动态和整体可靠性（取决于选择的举升方法）：

（1）原油密度和泡点压力。

（2）原油黏度和乳化作用趋势。

（3）溶解气油比。

（4）流体腐蚀性。

（5）结垢趋势。

（6）采出固相含量和磨蚀性质。

为了评价举升系统动态，用多相流动相互关系预测流动条件。已经研究出了一些相互关系，以便在压力、温度和混合物的不同条件下，预测垂直、倾斜、有斜坡和水平管道系统的摩擦压降。现代计算机程序把这些相互关系引入了人工举升系统的特殊计算，用这些相互关系选择系统和确定系统大小。

8.3.2　人工举升方法综述

以下简单介绍人工举升的最普通方法，并且评述其优点和限制条件。

8.3.2.1　有杆泵抽油

有杆泵抽油是最普通的人工举升方法。地面抽油机提升下入井下并且连接到泵上的抽油杆。每次冲程举升一定体积的流体。该系统包括（图8.13）：

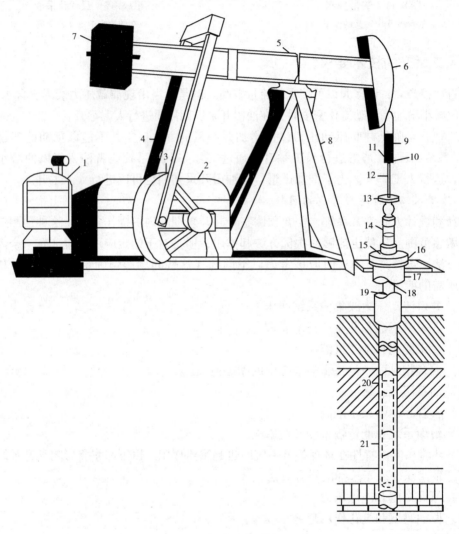

图8.13　游梁平衡抽油机

（据 R. D. Langendamp，1994，《图解石油参考词典》，第4版。Tulsa，Penn Well 修改）

1—原动机或动力设备；2—齿轮减速器；3—曲柄和平衡块；4—连杆臂；5—游梁；6—"驴头"；7—配重；
8—游梁支柱；9—抽油杆悬挂器；10—承载环；11—光杆卡子；12—光杆；13—填料盒；14—三通管；
15—油管卡套；16—套管头；17—套管柱；18—油管柱；19—抽油杆；20—液面；21—杆式泵

（1）地下泵——包括一个固定阀和一个游动阀（球座型单向阀）。

（2）抽油杆柱——连接井下泵和地面抽油机。

（3）生产油管和防喷盒——提供流动通道和抽油杆周围的密封，以便防止渗漏。

（4）抽油机——通过变速箱转换马达电力，以便提供举升。

（5）马达和皮带轮——提供电力并且确定泵速（每分钟的冲程）。

最好在深度浅、产量低、产气量低和腐蚀不严重的条件下应用该系统。该系统对入口气敏感。如果举升能力超过井流入量（抽空），则系统会出现机械损坏问题。最好把该系统设计成保持抽油杆拉力。用于优化动态的系统包括：

（1）测力计——评价抽油机的扭矩与旋转位置。

（2）抽油杆导向器或滚轮——减小油管磨损。

（3）加重杆——保持抽油杆能够承受拉力。

（4）抽空控制器——关闭抽油机一段时间。

（5）出油管监控器——检测抽油杆部件。

（6）注化学剂（防垢剂和防蚀剂）。

最普遍的问题包括抽油杆断裂、油管渗漏、泵磨损和气锁。

8.3.2.2　气举

气举是把高压气注入套管，通过套管到达油管（经过孔板或机械阀）的方法，该方法减轻了地层以上的静水柱质量致使自喷。有两种类型的设计：在预定深度连续把气注入油管和短时间以瞬间高注入量间歇注气。该系统包括：

（1）基本封隔器和油管柱。

（2）偏心工作筒——在油管中间隔一定距离放置，油管带有可回收压力控制气阀。

（3）气压缩和分配系统。

气举是人工举升的灵活方法，但是这些系统对流动回压、流体黏度和井采油指数敏感。有一个达到举升的最佳注气量，对系统减轻流体柱的能力也有限制。气通常是经处理清除较重组分的溶解气。有时需要一些加注到顶部的气，必须输入，因此增加了费用。在现有的注入压力的情况下，设计一个在最大深度通过单个阀门注气优化连续气举。通过选择机械阀和控制到达带有流动控制器的油管、套管环形空间的气压和体积，优化间歇气举。用套管和油管压力数据、注气和流体产量测量结果进行优化。这些系统适用于低密度轻油和产气量较高的情况。由于能够改善安装和气体压缩操作的经济情况，这些系统更适用于井数多的情况。

8.3.2.3　电动潜油泵

电动潜油泵（ESP）使用井下电动机驱动的多级离心泵，特别适于产量高、含水高的举升应用。该系统包括：

（1）多级离心泵——级数限定了产生的压头，外径限定了能力。

（2）密封室——防止井下流体沿着系统轴流入电动机。

（3）电动机——通过密封装置与泵结合。

（4）电缆——把电流输送给电动机和井口电动穿孔机。

（5）地面变压器、电动机启动器/控制器、接线盒和配电系统。

（6）生产油管和地面生产油嘴。

在英国北海 Captain 油田使用的电动潜油泵如图 8.14 所示。

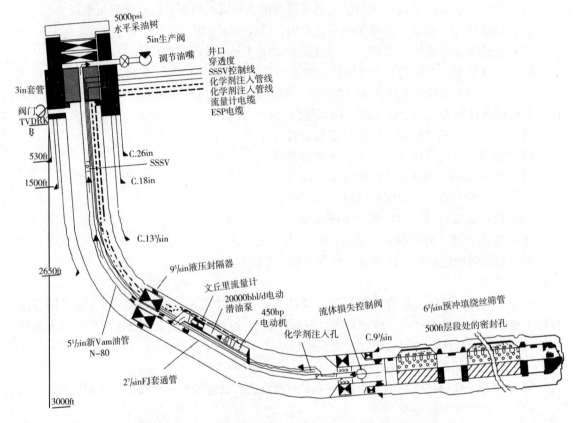

图 8.14　Captain 油田（北海开发井）电动潜油泵示意图

这些系统是有效的，并且最好在低温、高产量情况下应用。这些系统对磨蚀、化学结垢和腐蚀敏感，并且在其能够泵送的游离气量方面受到限制。该泵将形成压头和能力曲线，该曲线限定在给定冲数下的动态。通过使用调速控制器可以优化 ESP（调速控制器能够使泵运转速度为 2100 ~ 4200r/min），并且通过使用生产油嘴影响系统回压。可以把井下监测系统用于泵和电的保护。最重要的监测是泵排量、泵入口压力和井下温度。

通过评价与以前测试的压头与能力和功率与能力的泵动态曲线的动态，进行优化。最普遍的问题是与电动机和电力传输系统故障有关，必须在建议的电压、电流量和温度范围内操作电动机和电力传输系统。

8.3.2.4　水力活塞泵

水力潜油泵（HSP）系统使用泵送的动力液驱动井下泵。这些系统往往比 ESP 系统效率低，但是具有在某些方面应用的优点。这些系统包括井下泵、油管和封隔器装置（把动力液输送给泵）、油管装置（把采出液体和动力液输送到地面）以及地面动力液处理和高压泵系统。

动力液往往是过滤的采出水，也可以是海水、油或其他任何清洁、不腐蚀和不结垢的液体。在一些系统中，可以让动力液与采出流体分开，使其在闭环系统中循环。如果把动液与采出流体混合，这称为开环。开环具有一些优点，通过改善混合流体特性（例如，黏度或气体百分数），改善了管道输送状况，往往以 2000 ~ 4000psi 的高压供给动力液。

（1）射流泵。射流泵有一个动液通过的喷嘴，把压力转换成速度。采出流体与"喷射"动力液一起输送，并且把速度转换成压头。射流泵对空化作用和游离气敏感。

（2）活塞泵。这一系统有一个与动力往复活塞泵连接的往复活塞泵，动力往复活塞泵由动力液驱动，可以把该系统布置在开环或闭环中。活塞泵对磨蚀敏感。

（3）水力潜油泵。这些系统使用井下多级离心泵，该泵由井下多级涡轮驱动。这些系统的设计运转速度一般为 600r/min，所以与 ESP 系统相比，该系统的运转时间会短得多。

在英国北海 Captain 油田使用的 HSP 如图 8.15 所示。

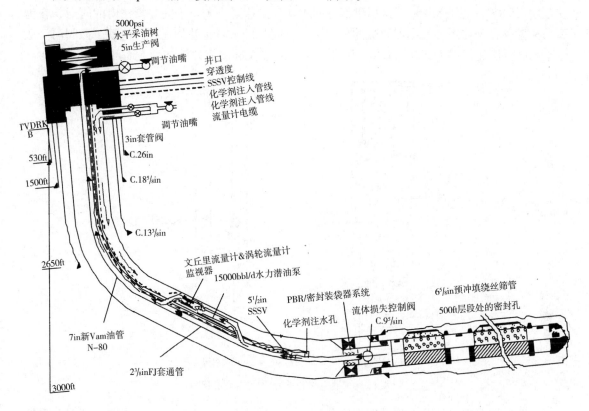

图 8.15　Captain 油田（北海开发井）水力潜油泵示意图

8.3.2.5　螺杆泵

螺杆泵是新型泵。单螺旋转子产生渐进空穴，这在双线螺纹螺旋合成橡胶定子内变得反常，并且促使流体移动。密封线的数量决定了压头增加能力和泵中滑脱量。流体黏度和施加到接头上的压缩量也影响系统效率。这些系统特别适用于高黏流体，并且能够处理中等量出砂。这些系统一般用于产能低、深度浅的情况。

能够在两种不同的驱动机理的情况下布置该系统。较早和较多使用的方法是由抽油杆连接到井下泵上的地面直角驱动马达。这些系统的运转速度为 25 ~ 500r/min。这能够导致在斜井应用中损坏油管和抽油杆。用高速齿轮减速器把两极电动机（从 ESP 系统发展而来的，运转速度为1700r/min）与井下泵相结合，以便达到约400r/min的转子旋转速度。以与ESP系统相同的方式密封系统，保护电动机免受井筒流体损害。

8.4 修井

修井是在现有生产井中进行的工作程序的术语。有许多在井中进行各项采油修理作业或修井的原因。这些作业包括从简单的数据采集方案到与井下机械损坏有关的主要采油修理作业，或提高油藏产能的增产措施。各种采油修理作业包括井中的其他作业。典型完井示意图有助于说明列出的概念。

修井可以包括从井中部分或全部起出完井管柱的情况。起出完井管柱更换油藏可回收式安全阀（TRSV）（图8.16），这属于部分回收情况。这是一个位于完井管柱内的阀门，在地面采油树或有关控制装置出现故障的情况下，该阀门用于防止井的无控制流动。该阀门一般位于海底可淤泥线以下200~300ft。因此，可以通过仅起出完井管柱的上面部分进行更换。

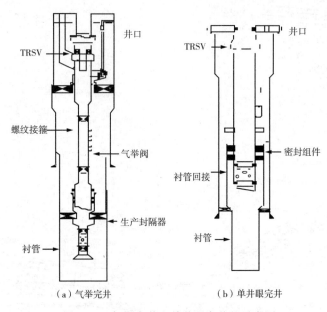

（a）气举完井　　　　　　（b）单井眼完井

图8.16　气举完井和单井眼完井的示意图

有几种情况需要从井中收回所有完井管柱。这种情况的一个例子是，在整个油藏开采期限内，原来的完井管柱不足以应对采出流体的腐蚀性。这会是材料选择中最初错误的结果，或在谨慎做出决策采用非最佳完井材料的地方，例如，在延长了油藏开采期限的地方和在原来预计的油藏开采期限内腐蚀速度可接受的地方。当在井的开采期限内，腐蚀流体量意想不到地增加时，还有其他的例子，例如，因为没有彻底/有效地从注水系统中清除硫酸盐还原菌，注入水在生产井突破后，观测到硫化氢采出量偶尔增加。

当油藏没有足够的能量使原油从井中自喷到地面时，油藏压力下降也会导致修井。在这些情况下，采用安装气举系统、井下泵或前面描述的低"速度"管柱的技术，能够恢复井的产量。有时安装低"速度"管柱，以克服由于井产量下降导致的气相和液相之间过度滑脱的情况。滑脱是说明流动气相和液相的速度差的术语。在产量低的井中，流动相之间的密度差能够导致气相以高得多的速度通过液相。因此，液相（增加的滞留液）占据了整个横断面的较大面积。在这些情况下，由于静水压力增高，井会被压死。这称为加压或液面上升。这可以通过安装较小内径完井管柱（或减小流动的横断面面积）加以克服。速度管柱增加了流动液相的速度（对于相同体积流量来说），所以减少了滑脱。

以上只是可能需要进行修井作业的几个例子。还有许多其他例子，包括主要的机械故障（油管破裂/断裂）、整个流动面积封塞、封隔器故障、对不同层进行重新完井等。

8.4.1　井的各项采油修理工作

井的各项采油修理工作涉及大量具有多种目的的井作业，包括但不限于数据采集、井动态或安全问题。最简单的各项采油修理作业之一包括把钢丝下入井中采集压力数据。对于这种作业来说，用细钢丝（与栅栏钢丝相似）把压力传感器下入井中。当需要测量井下流量和/或采出流体特性时，这些数据采集增加了各项采油修理工作的复杂性。在这些情况下，需要用网状电力线把复杂的电子装置下入井中。

另外，有些情况想要从井中获得与各种作业有关的动态情况。更换气举阀是改善井动态的典型作业。这可能是由于阀门损坏，或改变阀门大小或改变气举注入深度。气举阀位于完井管柱的气举阀工作筒内，用该阀控制井的最佳注气量和深度。

不需要起出完井管柱更换 TRSV，可供选择的方法是下入锁定衬套以便保持 TRSV 处于打开的位置，可以把插入安全阀（具有与原来的阀门相同的功能）下入井中并且固定在锁定打开的 TRSV 内。一般用钢丝完成这一与安全有关的作业。安装插入安全阀的缺点是其孔眼比原来阀门的小，可能限制了井流量。

另一个与安全有关的作业包括向井中下入隔离塞。这些隔离塞固定在完井管柱螺纹接箍内，以便在完成其他各项采油修理工作（例如，更换采油树）时隔离井。用这些螺纹接箍下入和锁定压力保持塞和完井井眼内的其他类型设备。

8.4.2　井的增产增注措施

井的增产增注措施是一个广义术语，涉及想要提高井的产能和注入能力的任何作业。以几种方式能够提高井的产能，包括采用人工举升方法（例如，已经讨论过的气举或井下泵），但是，从传统意义上来讲，井的增产增注措施与以下方式有助于提高井产能的任何作业有关，即通过降低地层伤害或井筒沉积，或通过从物理上改变了近井地层以提高其产能。

8.4.2.1　酸化

通过以下方式，常常和酸化结合以提高井的产能，即通过清除完井管柱内或射孔孔眼周围的无机垢沉积，或通过消除在井作业过程中对地层造成的伤害。发现的典型垢包括碳酸钙、硫酸钙、硫酸钡和硫酸锶。钻井、完井或其他井筒作业能够造成地层伤害。观测到的伤害类型是不同的，包括来自引入地层基质的外来物的伤害，例如，包括重晶石、膨润土和羧甲基纤维素（CMC）等的钻井液和完井液成分。这些化学剂都能够通过堵塞近井区域对地层造成伤害。另外，一些流体仅仅是因为与地层物质不配伍，也会造成伤害。黏土膨胀、细粒扩散和运移以及相对渗透率伤害都是潜在的不利结果。

使用的酸类型取决于补救的伤害性质。典型酸包括盐酸、氢氟酸、乙酸和甲酸，也使用不同形式的 EDTA（乙二胺四乙酸）。谨慎选择酸类型是成功增产增注处理的关键。常常用氢氟酸消除砂岩地层中的地层伤害。一般以 12%（质量分数）盐酸与 3%（质量分数）氢氟酸的比例，把氢氟酸与盐酸混合。该混合物称为土酸，它是一种侵蚀性很强的流体，该流体能够溶解黏土颗粒、部分砂岩基质和俘获在基质中的其他物质。该流体也是一种非常危险的物质，必须非常小心地处理。用盐酸消除碳酸盐岩地层（石灰岩和白云岩）中的地层伤害。盐酸容易溶解碳酸盐岩基质，而不是专门对付伤害物质。

盐酸、乙酸、甲酸和 EDTA 都用于清除垢，特别是用于清除碳酸盐垢。在这些酸中，盐酸是最有效的试剂，其浓度为 15%（体积分数）。但是，应该考虑选择酸与完井管柱材料的配伍性，例如，用盐酸能够清除镀铬管子中的钝化保护腐蚀膜，并且在不锈钢的情况下，能够导致氯化物腐蚀应力破坏。在这些情况下，应该使用乙酸、甲酸或 EDTA（一般利用腐蚀抑制剂保护完井管柱的材料，但是在井中存在活性未抑制酸）。硫酸锶和硫酸钡垢具有极低的溶解度。虽然通过利用试剂（例如，EDTA 的衍化物）获得了某些成功，但是清除这些垢是非常困难的。

8.4.2.2　压裂

压裂是地层增产增注的独特方法，在使用该方法过程中，将井筒压力提高到地层破裂点，并且使裂缝扩展进入油层。这是通过以下方式获得的，即以高注入量把流体泵入地层直到地层不再吸收流体。在该阶段，提高井筒压力直至地层破裂。地层机械性质决定了需要使地层破裂的压力。

一般把该技术应用于低渗透地层，目的是产生比地层渗透率高得多的裂缝。然后低渗透地层向裂缝输送油气，裂缝变成了从油藏进入井筒的主要流动通道。已成功地把该技术应用于砂岩和碳酸盐岩油藏，以及垂直井、斜井和水平井。

对于砂岩地层来说，当裂缝扩展时，通过把砂或玻璃珠泵送入油藏，一般能使裂缝保持张开。这种物质称为支撑剂。当井筒压力下降时，裂缝闭合，但是裂缝只能闭合到支撑剂物质限定的程度。在碳酸盐岩油藏中，一般在（惰性）压裂液后面注盐酸溶液。目的是沿着裂缝长度产生侵蚀壁，以至于当裂缝闭合时，有一个得到改善的油藏流体流动通道。在碳酸盐岩油藏中也能够形成支撑裂缝。

在压裂处理的实际设计和实施过程中，特别要包括并且需要精心考虑地层特性。选择压裂液也是成功压裂作业的关键要素。最终处理设计一般是以对小部分地层岩心进行的分析为基础的，以便测量机械强度、孔隙度和渗透率。这一陆上工作通常是在井场通过完成小型压裂进行的。像该名称表明的那样，小型压裂是主要处理的小规模形式（不泵送支撑剂），目的是检验信息，例如，地层破裂和裂缝闭合压力。已经发现，在约 1000ft 以下，裂缝一般定位在垂直平面内，单个裂缝扩展，两个对称翼从井筒向外延伸。但是，在浅地层压裂会产生水平裂缝。

注水井的压裂常常是无意中进行的。如果注水压力超过破裂梯度，那么地层将破裂。有时这是有益的，并且不需要用支撑剂充填裂缝，因为水压力将使裂缝保持张开。不想要的裂缝将导致生产井过早见水，并且降低原油采收率。即使把水压力保持在破裂梯度以下，由于通过把冷水注入相对热地层造成的热诱发应力，地层也可以破裂。

8.4.3　出砂问题

出砂是一个重要问题，因为出砂对井产能、地下和地面设备以及作业会产生不利的影响。当地层砂粒上的应力超过地层强度时，会出砂。防砂处理的主要目的是，在井的开采期限内减少出砂，保持井的最大原油产能和最高采收率。

根据把颗粒黏合在一起的胶结物质和与砂润湿流体有关的毛细管力推导储集岩强度。砂岩胶结是成岩过程，一般较老的沉积物比较年轻的沉积物胶结得好。挤压强度是岩石性质，把具有小于6800kPa（1000psi）挤压强度的地层分为胶结差的或非胶结的，这是含有极少胶结物质的年轻地层（古近系—新近系）的普通特性。

地层砂粒上的应力是几个因素的综合结果，包括上覆岩层压力、孔隙压力、与流体开采有关的摩擦拖曳力，以及构造作用和井作业（例如，钻井）引发的应力。如果地层应力超过地层强度，则这些因素中的任何一个变化都可能引起出砂。在非胶结地层中，地层强度太低且不能轻受住由开采和摩擦拖曳力引发的地层应力增加。在完井初期就可能出砂。在较坚硬的地层中，如果油藏压力下降，上覆岩层压力和粒间应力将增大，可能导致胶结物质最终破坏和出砂。

目前，预测胶结或胶结差地层出砂趋势的方法普遍是不可靠的。用不防砂设备进行的高产率试验和观测是否出砂，给出了较现实的结果。为了预测出砂趋势，还应该检查在相同地层和在相似条件下开采的其他井的资料。

可以把控制出砂的方法分类为被动、化学和机械方法。防砂被动方法允许出砂并且有效地进行处理。这种方法可能需要从井和地面设备中清除砂，并且更换因为冲蚀和磨蚀损坏的设备，以便继续开采。这种方法的缺点是需要经常进行各种采油修理工作、关井并且影响生产。

另一种方法是限制井产量以便减小压降和摩擦拖曳力，目的是避免出砂。矿场数据表明，通过把压降限制到小于地层挤压强度的1.7倍时，能够避免岩石损坏和出砂。这种方法也有缺点，因为该方法没有利用井的全部生产能力并且依赖由砂拱搭桥，然后砂拱仍然保持稳定。

用于防砂的化学方法包括注塑性树脂，把塑性树脂设计成给砂粒涂层，把砂粒黏合在一起并且提高地层挤压强度。化学处理的成功率有限，因为难以均匀地把树脂置入出现渗透率差异的整个层段，并且还降低了井产能（与树脂减小了孔隙空间有关）。用于防砂的化学方法不适用于长产层或渗透率低和油藏温度超过225℉的条件。

用于防砂的机械方法最普遍，包括使用筛管（图8.17）和在进行或不进行砾石充填情况下使用割缝衬管。这些方法的主要问题是，虽然能够获得最大产能，但是因为筛管堵塞或地层伤害能够降低产能。

筛管和割缝衬管的设计依赖于地层砂在割缝或筛管中的孔上的机械搭桥。把割缝宽度或筛管孔大小确定为地层的最大油藏砂粒度曲线10%处的砂粒大小。该概念包括由割缝或筛管孔阻挡的较大10%砂粒和由这些较大砂粒阻挡的剩余90%砂粒。形成的砂桥是不稳定的，当条件变化时，

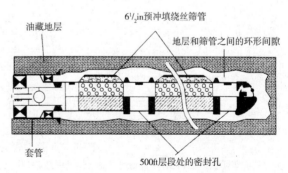

图8.17 Captain油田（北海）预充填金属绕丝筛管

砂桥可能坍塌，导致地层砂重新分选，并且堵塞割缝衬管或筛管，最终将出现筛管封塞，导致井产能降低。在能够形成砂桥前，另一个担忧的问题是筛管或割缝衬管的冲蚀。预充填筛管包括用砾石充填的同心筛管（砾石是用塑性树脂胶结的），并且常常用在长水平井中（但是砾石充填经验目前很有限）。当实际下入井中时，预充填筛管易受物理伤害。另外，预充填筛管会被残余钻屑或滤饼（已经与破坏的地层细粒混合）堵塞。

砾石充填依靠砾石防止地层砂移动，筛管或割缝衬管保持砾石不动。使用筛管或者割缝衬管与砾石充填相结合是获得有效防砂和最大长期井产能的成功方法。提供的这一方法是成功的，在该方法中将砾石紧密充填，这适用于宽范围的井条件，包括高压降。确定砾石大小的标准是以试验为基础的，试验表明，砾石粒度中值应该小于地层砂粒中值的6倍，以防止出砂和避免降低砾石充填渗透率。目前的做法是使用高渗透率（约100D）砾石的混合物，把砾石的大小确定为地层砂粒度中值的4～8倍，显然减小了表皮损害。

防砂管理以考虑开采策略、井开采目标、操作历史、设备技术要求和采出流体的技术要求等问题为基础。与在水下井或高产井（在这些井中存在设备冲蚀损坏的风险和安全问题）的情况下一样，可能最好是在完井时控制所有的出砂问题。另外，接受有限的出砂和采用以较经济的操作实践为基础的不同方法可能是比较合适的。

8.5 挠性管

在下入井中前，把常规管材加工成30ft或40ft长，然后在钻台上用螺纹连接在一起。像在稍后讨论的那样，挠性管被缠绕在滚筒上，其长度达 2×10^4 ft，其直径目前达3in，是用特殊钢制造的（图8.18）。这能够使挠性管比常规油管下入井中快得多。用特殊压力控制装置能够把挠性管下入压力大的井中。在进行可能的补救性作业前，不需要压井，节省了大量的时间和费用，并且比较安全。

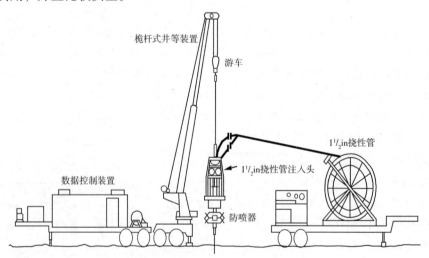

图 8.18　挠性管的基本组成部分

实际需要很少的井场设备进行挠性管测井和完井作业。因为不用钻杆输送装置，所以节省了钻机时间，并且能够获得最佳测井速度（据 W. H. Fertl 和 R. F. Hotz，《用挠性管有效地测井和对60°的井射孔》：《世界石油》1987年12月32～35页修改）

自从 1963 年把挠性管引入石油工业以来，由于挠性管成为了用于某种类型井作业的较佳或唯一的解决办法，挠性管得到了广泛认可。就速度、泵送作业、准确的流体置入和减小地层伤害而言，与常规连接的油管相比，挠性管具备许多优点。挠性管还能够简化水平井的许多作业，这些作业超出了常规绳索起下作业的范围。

8.5.1 挠性管基本组成部分

典型挠性管系统的基本组成部分（图 8.19）包括挠性管注入头组件、缠绕连续挠性管柱的挠性管滚筒、位于操作人员区域内的控制台、柴油驱动液压动力装置组件和井口防喷器（BOP）系统。

液压动力装置为系统提供液压动力，以便用包括有反向旋转夹紧链条的牵引类系统把挠性管注入井中。为了保证挠性管周围的高压密封，使用了防喷管系统。还用液压动力驱动挠性管滚筒组件上的双向液压马达，以便使挠性管能够缠绕在滚筒上或从滚筒上放挠性管，具体操作取决于从井中回收挠性管还是向井中下入挠性管。

8.5.2 挠性管的发展

多年以来，挠性管系统的基本组成部分基本保持不变，但是，大大地提高了挠性管的屈服强度，并且由于减少了每个挠性管系统的焊接数量，提高了可靠性。另外，部分原因是设备制造商之间的竞争，注入头的设计从大量的研究中获益。

设备设计的改进使得能够采用较重和较长的挠性管柱，能够扩大服务范围。到 20 世纪 90 年代，挠性管的直径从 1in 增加到了 $3\frac{1}{2}$in，10×10^4psi 的屈服强度能够满足常规修井机的大部分工作需要。现在挠性管的使用包括酸化、清蜡、打捞、轻型钻井（例如，用挠性管从现有井中侧钻）、防砂、挠性管输送（裸眼井或下套筒井）测井作业、射孔、氮喷注、挤水泥、除垢、挤除垢剂、挠性管完井和钻大位移井。

改进挠性管技术通过使用计算机程序实现许多功能，包括：

（1）模拟器。根据其历史使用情况，模拟器能够计算由于挠性管运动产生的疲劳量，或根据预计的使用情况，计算剩余使用期限；模拟器还能够进行水力模拟以预测泵送压力。

（2）计算器。能够预测所需的挠性管注入力、锁定深度（摩擦将就防止进一步运动前挠性管能够下入的最大深度），还能够计算达到损坏的起下次数。

（3）报告和数据库。存储每个挠性管柱的历史信息。

这些系统对制定和实施挠性管作业有很大帮助，并且通过避免与疲劳有关的损坏，对减少损坏作出了贡献。

8.5.3 大斜度井和水平井的挠性管作业

8.5.3.1 作为钢丝绳和钻杆的替换物

挠性管以下列方式在水平井的发展中起到重要作用，即简化了把工具输送到水平井筒和沿着水平井筒输送，这超出了钢丝绳的能力，钢丝绳在 70°以上的井斜中失效。

在水下井或中途测试中，用挠性管输送射孔枪，并且通过泵送氮驱替流体，在射孔前使井欠平衡。因为挠性管能够通过生产油管，所以射孔后，井可以立即自喷以提高洗井效果。因此，能够避免可能与钻杆输送射孔作业后必须压井有关的表皮损害。但是，对于非常长的射孔层段来说，必须使用挠性管减小表皮损害，权衡多次起下的额外费用。

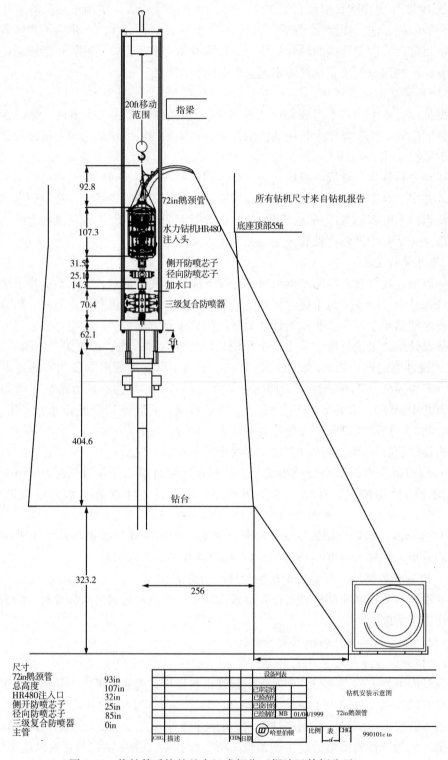

图 8.19 挠性管系统的基本组成部分（据哈里伯顿公司）

8.5.3.2 生产测井

挠性管的最普遍应用之一是在大斜度井或水平井中输送生产测井仪（PLT）方面。一般在水平井中进行生产测井作业，以便确定水平井段内每个层的油、水和气的贡献，测量静压力和流压，测定在关井条件下任何窜流的程度。PLT 柱一般包括测量流量的转子流量计，并且测量压力、温度、密度、伽马射线和持水率。另外，近几年来，可以买到能够测量套管后面地层流体饱和度的测井仪。

遗憾的是，油、水和气相的重力分离会降低常规转子流量计确定流量的效果，尤其是在水平井中更是如此，因此在最近几年中研制了许多测井仪以提高在这些条件下的测量效果。这些测井仪可以利用多探头装置测绘井筒中油/水/气持率（每个相在任何给定位置所占据井筒的百分比），还研制出了通过注放射性示踪剂和检测进入液流中的放射性示踪剂测定相速度的测井仪。虽然增强了测量能力，但是这些测井仪大大地增加了整个测井仪器串的长度，可能限制了与其他仪器一起下井的灵活性。附图 13 显示了典型的生产测井仪，在该图中，出气层位、出水层位和出油层位明显可见。

附图 13 也显示了 Yibal 油田裂缝性碳酸盐岩油藏的测量和解释数据。用直径 4.5in 注水泥胶结的衬管进行了完井，并且在 940m 厚层段内的 7 个层中进行了射孔。该井产 65% 的水，这些水在射孔区域内通过裂缝直接进入井筒，或者运移到套管后面，通过套管水泥环中的孔道进入射孔孔眼。测井的目的是确定入流剖面并且识别出水层位，以便采取可能的补救措施来减少或消除产水。用 MCFM（多容量流量计）装置确定井筒持率和入流剖面，用 PN-HI（脉冲中子持率成像仪）帮助检测衬管外的水运动情况。

附图 13 在记录道 4 出现了完井图，井斜从垂直到 87°～89°的范围。在记录道 5 显示了由 MCFM 装置测量的水、油和气的连接流量。记录道 6 显示了持率。在记录道 7 的相分布剖面中显示了油、气和水的 8 个单个传感器响应。持率和流量曲线的分散不是由于测量统计造成的，而是以段塞流形式的气相和液相的时间变量特性造成的。通过研究持率（记录道 6）和相分布剖面（记录道 7）可知，当沿着井通道的持率保持稳定时，单个传感器响应显示了油、水和气分布的详细变化。这些变化是由于以下变化在井眼中产生的综合结果：流态、流量、倾斜、紊流以及出液或出气层位以及有关入流的产率信息。建议采取合适的补救措施，如封堵选择的区域。

8.5.3.3 输送堵水装置：化学处理

在单井眼类型完井中（在单井眼中，油管和套管内径相似），能够用挠性管启动机械隔离装置（例如，桥塞和跨式双封隔器）以便封堵产水层，还能够用挠性管泵送水泥或黏性凝胶以便获得相似的效果。挠性管有这样一个优点，即能够准确地把化学剂置入特定层，并且在到达其置入位置前减小任何化学剂的污染。

通过使用膨胀式可回收封隔器能够进一步提高化学处理效果，以便提供使化学剂改变方向进入目的层的方法。在一些水平井中使用了这一方法，以保证置入足够的防垢化学剂。在没有改变方向的情况下，会出现泵送流体只进入高渗透层的趋势。

8.5.4 挠性管的未来发展和可选择方法

8.5.4.1 复合挠性管（CCT）

常规钢挠性管的缺点之一是疲劳寿命有限且质量大。因此，人们对 CCT 产生了研究兴趣，在环氧基质中，CCT 使用了网状碳、凯夫拉尔和玻璃纤维的构成。就挠性管柱寿命/抗疲劳而论，CCT 有许多优点。由于质量小，能够输送较长和较大的挠性管柱。CCT 还有嵌入光导纤维和电缆的潜力。

目前复合挠性管的造价比常规挠性管贵得多，但是当在某些应用（特别是在酸化增产作业时）中需要更换挠性管时，其较长的寿命和极好的化学配伍性预示出良好的前景。

8.5.4.2　索引系统

在某些应用中挠性管的可能替代物是电缆井索引器（图 8.20）。这提供了电缆的低费用和简化的优点，增加了把测井仪下入大斜度井或水平井中的能力。牵引系统利用电缆给通过液压传动装置驱动一组滑轮的马达提供动力，以便沿着水平井筒牵引测井仪器组合。一旦测井仪器柱到达预定深度，与正常生产测井一样，能够以任何所需的速度把牵引系统起出井筒。遗憾的是，由于电力传动装置的限制，下井速度可能太低，不能准确地测井。

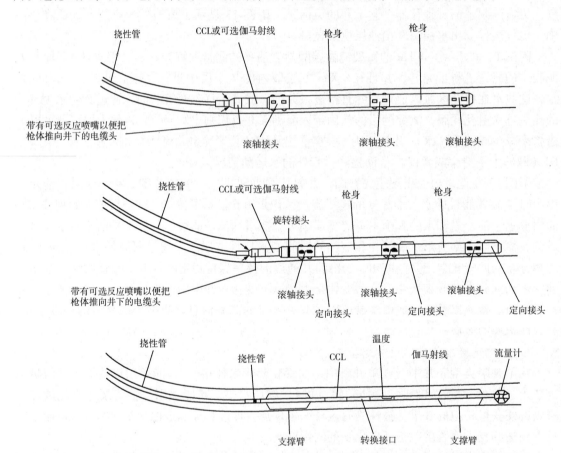

图 8.20　用于水平井筒的射孔系统、定位射孔系统和生产测井系统（据 W. H. Fertl 和 S. B. Nice, 1998，《大位移井和水平井筒中的测井》，第 20 届海上技术年会，AAPG 修改）

由于牵引系统具有费用优势，牵引系统开始在北海（特别是在挪威区域）得到了广泛的承认。由于操作费用增加且测井仪将进一步改进，可以预计，在一些应用中（例如，生产测井、射孔、坐放塞子，在这些作业中不需要高抗拉强度挠性管），牵引系统将逐渐代替挠性管。

8.6　智能井

常规井包括一个井筒并且从与井筒相通的任何地层采油。随着稳健的电子和机械系统的出现以及定向钻井的发展，现在可以在一口井中建立多个井筒的网络，并且控制来自单个井筒和地层的流体流动。这些井常被称为智能井或聪明井。

智能井和完井系统具有优化油藏管理的能力，并且在最初建井后减少或（在某些情况下）完全不需要进行井的各项采油修理工作。对于水下井、大位移井和多侧向井（在这些井中进行各项采油修理工作，可能费用很高并且操作很复杂）来说，智能井特别具有重要意义。因此，虽然增加了井的初始基本建设成本和复杂性，但是通过减少各项采油修理工作能够降低井的作业费用。此外，通过提高井下控制水平，智能井提供了优化最终采收率的能力。

实质上，智能井提供了井下参数（包括压力、温度和流动）的实时综合监测，并且借助于远程驱动井下流动控制装置能够调节分层流动。万一水和/或气侵入以及在多层注水完井中，分层控制和隔离具有特别的吸引力，还能够应用于关闭想不到的出砂层。在计划进行多层合采完井的地方，主要采用智能井，特别是层状油藏性质和压力状态区别很大时更是如此。

智能井最初是通过以下方式建井的，即对完井层段下套管和注水泥以便提供层间隔离，然后对套管进行射孔以便提供所需的分层与油藏连通的方式，用层间隔离封隔器提供完井的油藏单元之间的内部水力隔离。一般用油管输送封隔器并且通过液压坐封，以便密封油管与套管。封隔器和其他完井系统组件必须能够使监测井下数据传感器和操作井下流动控制装置的液压传送装置或电缆进入井筒。

能够利用井下数据采集传感器监测内部（油藏）和外部（环形空间）压力和温度，还能够利用文丘里装置，根据通过文丘里喉径的压降，估算单相流体的质量流量，可以用更多的传感器监测井筒周围的电阻率，通过这些电阻率能够监测油藏内的水侵。

流动控制装置位于层间隔离封隔器之间，这些封隔器提供与油管连通的环形空间。实质上，这些流动控制装置起地面控制井下节流器的作用，并且是完全可调的或较简单的开/关装置。这些装置是用耐冲蚀材料制成的，以便保证在完井系统的使用寿命期间的完整性。

用永久安装的电缆提供动力，与每个井下传感器和控制装置连通。用电或电子液压管路操作井下工具。在可能的地方，将在系统内过多地布线，因此有机会绕过在初始完井后损坏的液压或电管路。地面控制软件监测连通情况，表明目前数据采集参数和阀门位置。对于水下系统来说，在水下控制箱内安装接口插件以便通过现有控制系统操作。在这个例子中，可以把控制软件整合到现有的地面主控制系统内。

8.7　地面设备

到现在为止，本章节的大部分集中讨论井的开采情况。现在适当地考虑采出流体在井的下游出现的情况。以下将集中讨论处理设备（常常称为顶部设施）、输出管道和管道中转站以及储存（图 8.21 总结了主要的运行情况）。

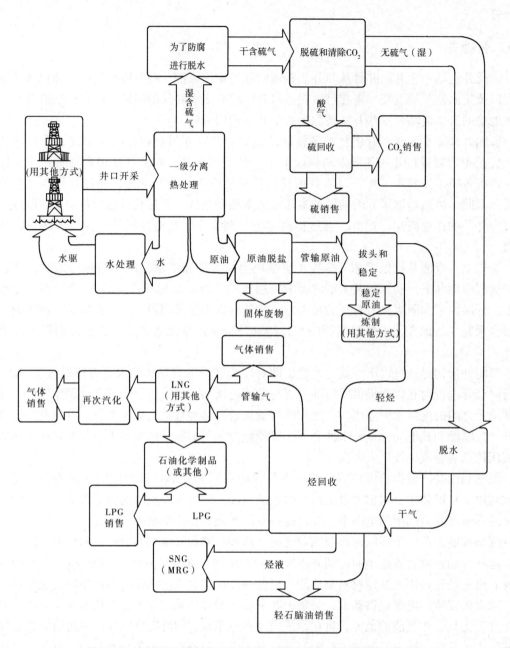

图 8.21 主要地面设备的运行情况（据《BS&B 处理系统》修改）

8.7.1 油气集输和处理

采出流体（油、水和气）通过管道从井口流到流体处理中心。通过管汇可以连接单井出油管，以便在一条较大管道中混合来自几口井的流体，或者出油管可以单独输送流体。在陆上油田（井遍布在大区域内），这些集输管线可能长几千米。在海上或城镇陆上位置（从中心井口位置钻水平井或大位移井），处理设备常常位于管汇旁边的井口附近，因此集输管线相当短。

必须把处理设备设计成能够把井流体中的各组分分离，以便销售或进行其他处理。必须清除原油中的水、盐和其他污染物，以至于其适合销售到炼厂。必须对气进行脱水并且常常进行脱硫（除掉 H_2S 和 CO_2），以便安全输送和使用或销售。必须对水进行净化处理，可以排放到外部环境中或回注到油藏中。所有这些必须在高度注意人身安全和环境保护的情况下进行。图 8.22 显示了典型处理系统的主要组成部分。

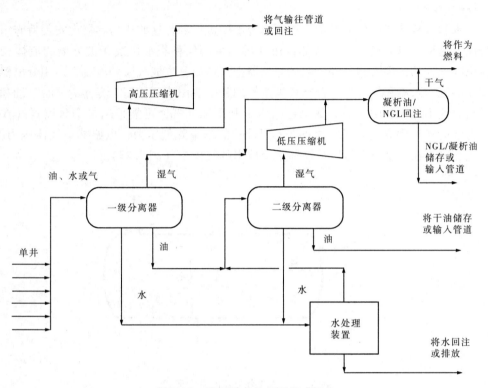

图 8.22　处理设备的主要组成部分

8.7.2　确定管道和设备的大小

确定油气管道和处理设备的大小一般比确定标准输送或化学处理应用中管道和设备的大小复杂。并且由于油田投产前常常不能准确地确定形成设计基础的预计产量，流体量和组成将随着时间变化。一般说来，在油田开采期限内，产油量和产气量将减少，产水量将增加。因为将来调整油气管道和设备的机会是有限的，所以初始设备设计必须足够灵活，以便适应产量和预计组成的宽范围。

确定管道大小所考虑的问题不应该仅限于摩擦压力损失和侵蚀速度，必须包括在油藏开采期限内流体体积和组成变化时的多相流动的流态。同样，油气处理设备的设计也应该尽可能地考虑将来的调整和扩展，以便适应变化的流动条件。由于空间、质量和一般接近性的考虑不像在海上设备位置中那么关键，并且由于工程造价低得多，这在陆上设备方面常常比较容易实现。

由于不同设备组件是离线进行维修的，加工装置列的数量和保证工艺连续性的设备备件（净化）以及多余部分的容放量也可能影响整个设备的大小。例如，如果泵量是

$10m^3/h$ 并且当泵停运时，安装了一台额定流量为 $10m^3/h$ 的泵，整个流程就关闭了。如果安装了两台 $5m^3/h$ 的泵，当其中一台泵停运时，该流程的泵量可能被限制到一半，但是整个流程将不会关闭。如果安装 3 台 $5m^3/h$ 的泵（2 台运行，1 台备用），任何 1 台停运，剩余 2 台泵可以全泵量使该流程运转。但是，以增加资本投资为代价得到了增加的设备可用性或多余能力。

8.7.3　一级分离

油、水和气从井流中分离通常是在压力容器中进行的，这些压力容器内安装特殊组件以助于分离。这种分离器可以是立式的或卧式的，采用何种类型取决于被分离的流体相的比例，或取决于外部物理限制条件。两相分离器把流体流分离成气流和液流，三相分离器把流体分离成油流、水流和气流。在含有很少量气的陆上油田或两相压力容器的下游，油和水分离常常在大的不加压罐中完成。如果在高压下开采油和气，可能采用多个分离器（在连续降低压力下运转）串联的方式。这将以专门计算的增量降低压力，以便减小气体压力损失，并且优化和平衡在每个压力阶段从原油中释放出的气体积（图 8.23）。

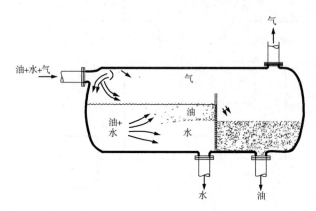

图 8.23　多相分离器的基本形式

与设备配置或分离压力无关，Stoke 的微滴沉降定律给出了流体分离的控制原理，把这一原理的简化形式表示为：

$$u_s = \frac{d^2 g \Delta \rho}{18\mu}$$

式中，u_s 是微滴沉降（上升或下降）速度；d 是微滴直径；g 是重力加速度；$\Delta\rho$ 是微滴和连续相之间的密度差；μ 是连续相的动态黏度。

通过简单观测容易看到，有许多独立因素影响分离过程，并且间接地影响设备选择和确定设备的大小。为了提高分离效率（微滴沉降速度），人们可以增大微滴尺寸（例如，通过促进聚结）、提高重力加速度（例如，通过利用离心力）、增大流体密度差（例如，通过引入稀释剂），或降低连续相黏度（例如，通过提高流体温度）。一般综合利用这几种效应。

分离器的设计和配置种类繁多，一些分离器具有相当奇特的有专利权的内部装置（图8.24）。在考虑到其他有关因素（例如，外部环境、油田开采期限变化、潜在的污染物、操作限制条件等）时，通过把 Stoke 定律应用于被分离的原始流体流，努力优化分离。聚结介质提供了一个冲击面，在该冲击面上，微滴聚集并且与相邻微滴融合。聚结介质包括波纹板填料、平行斜板、人字形或金属丝网除雾器。无论所讨论的聚结是气相中的液滴、油相中的气或水滴，还是水相内的油滴，机理都相似，并且应用 Stoke 定律同样有效（虽然密度和黏度变化很大）。

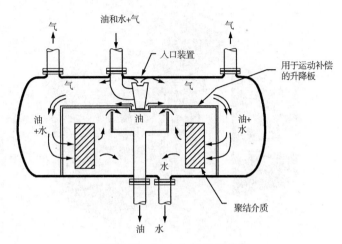

图 8.24　Caotaub 油田分离器

对于含有非常少量水的油连续相来说，可以用静电聚结器增强分离。这些静电聚结器把液流置于扰动水滴的电场的影响下，使水滴碰撞并且聚结成较大水滴，然后这些水滴从油相中沉降出来。油中的残余水浓度一般小于 0.5%。

8.7.3.1　离心分离

离心机是旋转设备，能够产生 5000g 或更大的离心力。油田生产设备一般不需要这样高的离心力，因此，通常证明需要成本高和操作费用高对于一级分离工作来说是不合算的。除了主要工艺外，可以把离心机用于少量难以处理的杂油、乳化液或废水流。

虽然在其他行业中采用离心增强分离已有几年，但是仅在最近才开始在石油开采工艺中较广泛采用离心增强分离。立式压力容器具有切线进口，以便把一些离心旋流传给进入的流体，但是一般设定只有 1g 加速度。有一些在市场上能买得到的离心进口装置，设计时把它们装配在立式或卧式压力容器内。这些装置帮助流体流中脱气，并且可以抑制在分离器内形成泡沫。

能够用水力旋流器从水连续相中分离油。这些水力旋流器利用切线进口和出口装置形成内部顶点流态。在 800g~1000g 的情况下，较重的水相落到水力旋流器的外壁上，较轻的油相在顶点中央聚集，溢流出口管从顶点中央撤去油相。因为大幅度提高了加速度，与在 1g 容器中的分离所需的几分钟相比，在水力旋流器内的滞留时间仅为几秒。虽然能够得到较大能力的系统，但是仍需要在一个压力容器内装置几百个水力旋流器，以便提供所需的能力（图 8.25）。

还可以用水力旋流器和离心机从液流中分离采出砂和其他固体污染物。水力旋流器和离心机基本上都是液—液或固—液分离装置，因此这些装置能够在液流中含有有限量游离气的情况下运转。所以需要上游除气设备，或者是 1g 的分离器，或者是离心增强装置。

图 8.25　离心分离器的原理

当较重的水向下移动时，离心力使其运动到外面，把较轻的油驱替到低压中心部分，

在中心部分油向上运动，与水的方向相反

8.7.3.2　破乳

从油流中分离出气和游离水后，因为乳化和分散相对稳定，所以在油中可能仍然含有大量的水。一般来说，生产化学剂、热和沉降时间相结合足以使乳化液破乳，因此可以根据油和水的组分，按照各自的目的进一步处理。在极端情况下，可能需要离心机。目前技术开发集中在使用分离这些乳化液的水力旋流器或其他小型设备上，见到的效益是减少了空间、质量和流体库存技术要求，降低了费用和偶然事件风险。但是，目前这些开发尝试还没有获得成功。

夹带的粉砂（例如，采出砂或钻井液固相物质）往往使乳化液稳定，使分离困难。某些 EOR 技术和开采方法（例如，蒸汽驱、聚合物驱或气举）也可能产生稳定的乳化液，并且加剧分离问题。如果打算在油田开发中采用这些技术，则在设备设计中就应该包括某些适应性调节。

可以把乳化液表征为油连续的（水滴分散在油中）或水连续的（油滴分散在水中）。随着含水量在油连续乳化液中增加，乳化液黏度增加到峰值，这时油不再含有水，并且乳化液转变成水连续状态。随着含水量继续增加，黏度迅速降低。黏度达到峰值和乳化液转变成水连续状态的点称为倒转点或转变点。既然水连续乳化液分离比油连续乳化液容易得多（考虑 Stoke 定律中的黏度项 μ），把水添加到难以处理的乳化液中以便将其提高到倒转点以上，有时是有益的。

8.7.4　天然气处理

从流体中分离出天然气后，必须按照所需的技术要求进行处理，采用何种处理方式取决于其最终处理。在第 9 章讨论了这些工艺。在天然气很少并且没有经济的输出方式，或不能通过回注入油藏进行处理的地方，可以用火炬燃烧气。但是，因为担心损失天然资源和向空气中过量排放 CO_2，通过火炬燃烧越来越不受欢迎。

如果将天然气回注、使用或销售，常常需要进行某种程度的处理。通常采出气几乎是被水蒸气饱和的，必须清除水蒸气，以防止固态天然气水合物在管道和处理系统中沉淀。污染物（例如，CO_2 的 H_2S）是腐蚀和有害的，如果发现浓度很大，必须清除。把含有高浓度 H_2S 或 CO_2 的流体描述为酸性的。

可以把脱水天然气通过管道集输到天然气中央处理设备，以便提取天然气液（NGL）。使富气供给流通过吸附装置，该装置脱除所有比甲烷重的烃，剩下贫气或干气流，然后在一系列蒸馏塔中分馏来自吸附装置的液体——原 NGL。第一个吸附装置是脱乙烷塔或稳定塔，该吸附装置稳定 NGL 流并且使乙烷气返回到甲烷流中。甲烷、乙烷混合物能够以商品质量气销售。剩余的 NGL 通过脱丙烷塔和脱丁烷塔生产符合技术要求的丙烷和丁烷，可以把剩余液体（戊烷和戊烷以上馏分）作为轻汽油销售或者与原油流再混合。在第 9 章中将进一步讨论。

8.7.5　采出水处理

采出水处理的范围［包括脱油、除砂、化学和 pH 值平衡、清除放射性垢——天然产放射物质（NORM）和/或软化］取决于采出水的最终处理。在这些处理过程中，脱油是最普遍的，因为无论打算将水排放到环境中还是回注到油藏中（进行简单处理或进行 EOR 水驱）。一般都需要脱油（图 8.26）。

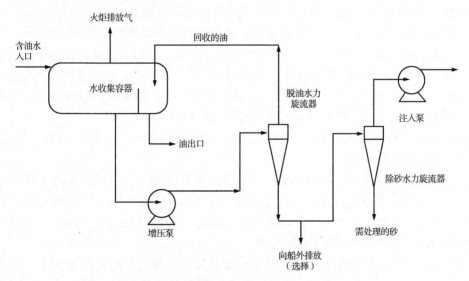

图 8.26　采出水处理

在陆上（空间一般不会受到很大限制），脱油可以在大沉降室内完成，有时沉降室安装一组平行片帮助聚结和收集小残余油滴。普遍使用浮选装置，将气引入该装置的底部，当气泡上升时，这些气泡从水中驱扫油滴并且将油滴举升到顶部，在顶部这些油滴被撇去。也可以使用生物处理塔，在该塔中，亲油细菌消耗水中的残余油。在海上（空间非常有限，并且外部运动特性对 $1g$ 分离器有不利影响），广泛采用水力旋流器进行采出水脱油。

可以用任意数量的同类型工业过滤器或用除砂水力旋流器进行除砂。除砂水力旋流器与脱油水力旋流器相似，但是，油不是较重水相中的轻相，在这些相中，水是从内中心部分收集的轻相，而把较重的砂涡旋到外壁上。

在油田上，如果采用 EOR 热采技术，常常把采出水作为蒸汽发生器的给水。虽然不需要高纯度水，但是就常规锅炉而言，必须对给水进行软化，以防止形成硬水垢。

8.7.6 生产化学剂

生产化学剂是大部分油、气和/或水处理作业中的关键要素。化学处理方案一般包括用于原油处理的破乳剂和泡沫抑制剂、絮凝剂、反破乳剂、除氧剂和用于采出水处理的杀虫剂，气流中水化物形成抑制剂以及通过所有系统的防垢剂和缓蚀剂。化学方案的协调和平衡作用是必要的，以至于化学剂之间不能相互干扰。生产化学剂费用占据了大部分生产操作成本，所以必须连续监测以保证最佳效率。

8.8 水处理和油气问题

对于采出水流和用海水处理成的工业用水来说，需要用海上生产设备进行水处理。工业用水可用于冲洗或作为边冲边下的一般工业用水、冷却循环水、注入水、饮用水和消防水。用途不同，预处理形式一般也不同。下面简要讨论这些情况以及与处理有关的典型问题。

海水处理的第一步一般是配化学剂量，以便控制海洋生物。用氯处理海水举升泵和消防水泵入口，一般添加次氯酸钾或把电解应用于海水侧流。若不能控制海洋生物，就会增加设备维修次数，缩短设备正常运转时间，并且出现其他污垢问题。

一般需要对海水过滤是下一个处理步骤。在粗滤器中清除 $80 \sim 250\mu m$ 的颗粒，在细滤器中可以清除小到 $5\mu m$ 的颗粒。用自动过滤器进行过滤，定期反洗自动过滤器以便清洗滤网，或者通过固定的时间间隔或者根据高压差信号控制反洗频率。通过使用专利聚合电解质溶液以及凝聚剂（如硫酸铁）能够提高固体清除效率。若不能有效地过滤颗粒，就会导致下游设备堵塞以及出现有关可靠性和正常运转时间问题。

过滤海水可以提供给冷却水系统、注水系统和饮用水（淡水）系统。消防（包括集水）一般由分开的专用系统控制。

以合适的压力把过滤水泵送到冷却循环系统，该系统的设计返回温度低于30℃，以避免结垢。冷却返回水（温度比海水高）是用于注水系统的理想给水流，因为在这一较高温度下，除气设备更有效。一般独立处理来自顶部设施的冷却返回水，以防止万一在气冷却时管子损坏造成的工业用水系统污染的可能性。

注水服务公司需要按照除氧技术要求把海水或采出水脱气，浓度低至 50nL/L。这项工作在多级真空脱气塔或甲烷汽提塔中完成。真空脱气在多级板式塔中进行，板式塔使海水经受逐渐较高真空处理（一般经过三级处理，最后一级低至 15Torr❶）。这起到脱除所有溶解气的作用，并且通过添加化学脱氧剂以便从脱气水中清除最后的氧来完成。可供选择的方法是通过与甲烷对流接触从海水中脱除溶解气。用消泡剂处理海水给水，以减小在接触阶段形成泡沫的趋势。

---

❶ 1Torr = 133.322Pa。

通过回注采出地层水（采出地层水与地下地层配伍并且将不含氧），能够避免水与细菌不配伍问题和需要对注入水进行脱气。不能把脱氧水供给注水系统，它能够在水层产生有氧条件，并且随后产生与油藏中好氧菌有关的潜在问题。另外，碳钢管网络的采用会视无氧水的技术要求而定。

通过输入或海水脱盐（用逆渗流或蒸发系统完成）能够达到饮用水要求。每人每天饮用、洗漱、冲洗等所需水量可能为 250～300L。脱盐装置运转不正常会产生不适合饮用的水。

从物理和化学上来讲，从油藏中采出的油气是复杂的混合物。这些混合物可能包括多相[气、油（或凝析油）和采出水]，并且含有有机脂肪链、有机芳香环以及无机元素和化合物。虽然一些物质出现的量可能相对很小，但是也应该考虑这些物质，它们常常能够引起严重的操作问题。

可能出现的问题可以是一种类型的，也可能是如下综合类型的：

（1）水合物。

（2）蜡。

（3）沥青质。

（4）树脂。

（5）砂。

（6）乳化液。

（7）泡沫。

（8）段塞。

（9）重元素。

（10）CO_2。

（11）H_2S。

还应该注意，大部分潜在问题不局限在开采过程中的某一个阶段，例如，仅出现在井筒中。在油藏下游的任何地方，许多问题都能够引起操作问题。

在大多数情况下，如果人们能够确定，问题是否很可能出现及问题的可能程度，就能够采取措施限制造成操作困难的可能性。在设计阶段，可以包括缓和策略，以便能够控制这些问题，甚至在某些情况下完全可以避免。但是，如果不早些考虑这些问题，引进有效的控制方法会困难得多。在最坏的情况下，由于不能清除管线堵塞，整个油田会提早废弃。因此，主要石油工业资源公司在致力于搞清楚这些问题，并且研究控制这些问题的方法。

8.8.1　水合物

水合物（也称为笼形化合物）是冻结水分子的晶格，在该晶格内可能圈闭低相对分子质量烃。除了第三种结构外，结构Ⅰ和结构Ⅱ是在自然界中普遍出现的结构。在实验室内也制造出了结构H（图8.27）。

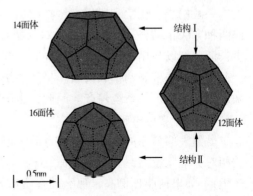

图 8.27　水合物的结构Ⅰ和结构Ⅱ的孔洞

因为圈闭的烃使晶格比纯冰稳定得多（特别是在高压下），所以出现了困难。例如，在大于 200bar 压力下，水合物能够在 20℃ 下存在。因此，在水下出油管中可以形成水合物，这时冷海水包围着出油管。

通过保持管道温暖、降低操作压力，或当这些做法不经济也不实际时，通过注抑制剂，能够控制水合物形成。从历史上来看，使用的抑制剂一直是甲醇或者乙二醇，通过抑制混合物的冰点，这两种醇以与防冻剂相似的方式起作用（参见 9.8.3.2 节）。但是，由于用量大（在某些情况下要求的），因此费用高，所以新一代小用量抑制剂开始出现。这些抑制剂分为如下 3 类：

（1）动力添加剂——防止水合物晶体成核。

（2）生长调节剂——影响晶体生长速度。

（3）水泥浆添加剂——限制水滴大小。

水合物只能在有气和游离水时形成。因此，水合物引起的问题往往出现在油藏和生产设备之间。但是，应该注意，最近证明，没有事实根据的旧观点（即水合物在液体占优势的系统中不会产生问题）是不正确的。

8.8.2　蜡

蜡不是单一化合物。这一术语包括不同化合物，这些化合物一般是较高相对分子质量的石蜡，其碳链长度范围从 C_{15} 到 C_{70+}（图 8.28）。这些化合物在典型烃液（油或凝析油）中出现的较轻石蜡和芳香端基中是可溶的，高相对分子质量化合物溶解得最少。

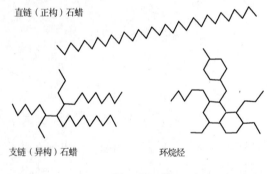

图 8.28　蜡

与水合物（形成和沉淀是温度和压力的函数）不同，温度控制蜡溶解度，水的出现影响很小。随着烃混合物冷却，石蜡化合物变得不可溶，直到温度达到最小相对分子质量化合物沉淀的温度（常常在 25℃ 以上）。过去，这一温度称为雾点，目前称为蜡出现温度。

能够出现两种不同类型的蜡沉积。可以容易地从管壁上剪切软蜡，并且在流动流体中将其带走，在正常作业期间不会产生重大问题。但是，硬蜡可能需要较强的清除技术。

一般用热、化学和机械方法控制蜡沉积。热方法（就水合物而言）利用保温层或加热，或两种方法相结合。化学方法（对软蜡最有效）包括注小用量晶体生长调节剂，这种晶体生长调节剂以与用于水合物的相同方式起作用。

机械方法就是刮蜡和清蜡。虽然系统运转时可以采用这种方法，但是对于清除严重结蜡来说，可能必须使系统停产。因此，由于损失产量而造成的成本影响是很大的。

8.8.3　沥青质和树脂

虽然大部分原油含有一些沥青质，但是这并非意味着，沥青质沉积将是一个问题。沥青质相对分子质量高，具有平板式结构（图 8.29）。是否沉积取决于沥青质与树脂的比（图 8.30）。如果树脂比例高，那么沥青质不太可能沉积。因为树脂稳定了沥青质，这使沥青质保持溶液状态。这是由于在树脂分子的一端有一个极性基团，在另一端有一个脂肪族侧链。

对比起来，沥青质分子有极性点和短脂肪族侧链。随着沥青质分子结块，极性点数量增加提供了黏结树脂的位置。在其脂肪侧链较长的情况下，通过使生成物保持溶液状态，沥青质的稳定性提高（图8.31）。

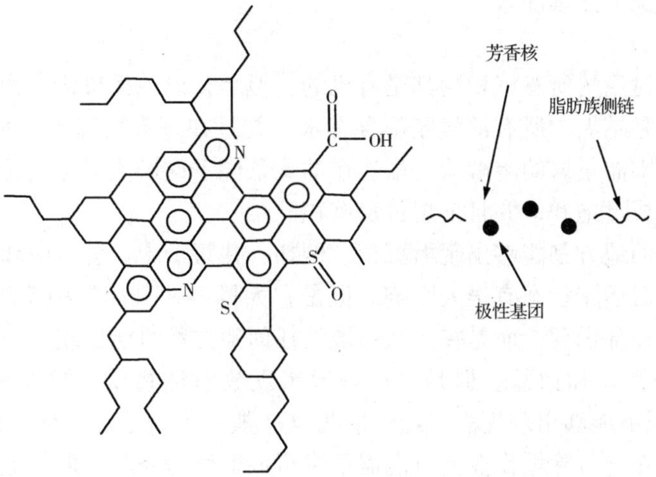

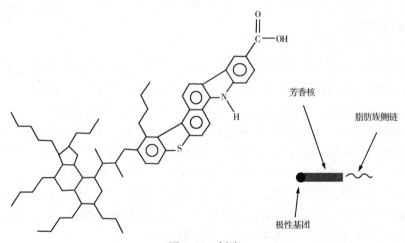

图 8.29 沥青质

图 8.30 树脂

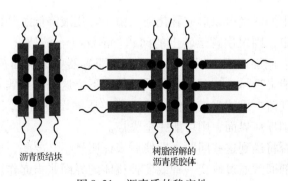

图 8.31 沥青质的稳定性

沥青质沉积往往发生在井筒中。这种沉积物往往非常坚硬并且难以清除。溶剂冲洗可能有效，但是在某些情况下，甚至酸处理无效。因此确定沥青质是否沉积是非常重要的，因为这影响到完井设计。在某些情况下，唯一有效的控制方法是在井下注树脂溶剂，或者批量注入或者在最坏的情况下连续注入。

8.8.4 化学垢

到目前为止，讨论的所有沉积物都是有机的。但是，出现无机化合物也能够引起生产问题。最普遍的问题是结垢。所有油气藏都含有水，并且在许多情况下，水与油气一起采出。水中饱和了来自周围储集岩的溶解盐。虽然在油藏条件下这可能不是问题，但是在开采过程中水冷却，溶液变成过饱和，并且出现过量沉积。

在任何温差大的地方都能够出现垢沉积，例如，井管子中、管道中和热交换器中。在热交换器中，垢沉积对运转状态有很大影响。但是，大量垢在分离器中聚集也能够产生问题。因此，垢沉积不是局部出现，而是在生产系统的任何地方都可能出现。

最典型的垢是钙盐和钡盐。但是，在一般出现放射性物质［这些物质称为低放射性（LSA）盐］的情况下能够出现更多问题。因为这些盐放射粒子放射线，所以处理这些物质时必须注意。因此在进行除垢作业前可能需要进行放射性检查和采取其他保证健康的措施。

一般说来，根据油藏水样能够相当容易地评价潜在的结垢。通过注化学剂可以进行控制。由于很难保证在远离地下安全阀以下注化学剂的效果，如果开始在靠近油藏部位出现垢沉淀，会出现很大困难。

8.8.5 砂

砂（已经简单讨论过了）是用于描述小块储集岩的术语，砂是从地层上脱落并且与油藏流体一起采出的。这些砂最有可能来自非胶结油藏，那么可能出现两类问题。第一类问题是，不想要的物质在聚集点（如分离器）简单地堆积，通过定期清洗和喷射水相当容易地处理这一类问题。但是，在流速高的系统中（如气藏管线），较严重的问题可能与冲蚀有关。另一类问题是，在某一流速以上，液流中的砂起磨蚀作用，磨损管壁，特别是在任何弯管处更是如此。如果未检测到，最终会导致设备损坏。虽然避免这种情况的最简单方法是降低流速（例如，使用较大直径的管道），但是这通常是不可能的。较好的办法一般是首先阻止砂进入，通常在井的生产层段安装预制滤砂管，这些预制滤砂管是非常细的过滤器。还可以在下游安装更多的过滤器，以免使用中的滤砂管损坏。

8.8.6 乳化液和泡沫

油中的水滴或水中的油滴可以形成乳化液。由于乳化液降低了分离设备的效率，因此如果这些乳化液非常稳定，则仅出现运转上的问题。泡沫［在液体（一般是油）中分散的气泡］产生相似的问题。问题出现在以下这些地方，即容器中的液面控制器不能清楚地识别相界面，导致一相可能夹带另一相。在乳化液的情况下，这可能导致采出水中油含量高；而在泡沫的情况下，在气流中可能夹带液体，导致下游压缩设备出现问题。在最坏的情况下，如果设备完全不能识别任何界面，则可能完全失控。

由于难以预测是否将遇到这些问题，即使后来证明是不必要的，也要预先安装化学剂注入设备。使用的化学剂通常通过改变一种或多种流体的界面张力起作用，这有效地降低了乳化液或泡沫的稳定性。

即使最初不出现问题，以后注化学剂情况的改变（例如，更换缓蚀剂）也可能产生问题。因此必须强调，在进行任何变更之前应该进行实验室实验，以便检查不同化学剂的配伍性，并且检查化学剂单独使用和综合使用所起的作用是否相同。

8.8.7　段塞

因为出现少量特殊化学剂往往形成泡沫。但是，段塞的外形取决于系统几何形状、流量、压力和气液比。把段塞流定义为，当流体流动时，一段气体后面跟着一段液体（图 8.8 和图 8.9）。当这些分段气体和液体对于生产设备处理来说太大时，就会出现操作问题。

遇到的主要困难再一次与失去控制功能有关。通过使用快速控制器能够缓和这些困难，但是这些控制器可能在稳定条件下产生不稳定性，因此必须寻找平衡。

通常能够用软件模型估算正常操作的段塞相似性和尺寸，因此能够适当地确定生产设备的大小。当出现生产的阶段变化时，比较难以解决的问题是瞬时动态。例如，当又有一口井投产时，或者当限制产量时。虽然理论上在设计过程中能够考虑这些情况，但是能够逐个分析的组合常常太多。因此，如果在操作过程中形成段塞流，常常不得不通过改变整个系统产量进行控制，因为这是唯一能采取的方法。

还应该注意，形成段塞流还能够在弯管处产生高应力，在管支架上产生振动，这两种情况都会导致疲劳损害。因此，在出现段塞流地区的操作一般是不利的，在任何可能的地方都应该避免段塞流。

8.8.8　重元素

在油气藏中最常见的重元素是汞，汞常常出现在凝析气藏中。汞在气流中能够以蒸气的形式被采出，因此是有毒的，但是，出现在液流中产生了最大的操作问题。这些问题异乎寻常地不出现在与油气开采有关的设备中，而是出现在下游处理和炼制设备中。

这是因为在开采中使用的大部分设备是用碳钢或不锈钢制成的，这些钢特别不易受到汞腐蚀。但是，下游设备常常利用铝，特别是对于容器内部更是如此，铝与汞形成了液汞合金，铝能够"溶解"在液流中。

随着更多的凝析气藏投产，这一问题的严重性才显露出来。考虑到更换所有的铝费用太高，所以处理这一问题的标准方法是安装吸附床以便清除汞。定期更换这些床，清除吸附的物质以便回收。但是，这些物质的毒性意味着必须采用非常严格的处理方法。

8.8.9　硫化氢（H_2S）和二氧化碳（CO_2）

在许多油藏和气藏中天然出现硫化氢，甚至当不是天然出现时，在油和水处理设备中通过化学和生物反应也能够产生硫化氢。因为硫酸盐还原菌的代谢作用，一些油藏和设备随着时间延长开始含硫。硫化氢（H_2S）是一种无色、易燃气体，有腐败蛋的特有气味，甚至在相对低浓度下，H_2S 也非常有毒。当暴露量为 $10\mu L/L$ 时，必须采取预防措施，暴露量为 $600\mu L/L$ 时可能在几分钟内致人死亡。这种气体的特性是，根据暴露在该气体中的时间，嗅觉很快变得迟钝。因此依靠嗅觉检测该气体的人可能受骗，产生一种虚假的安全感。在临界浓度以上，暴露在 H_2S 中的许多普通等级的钢和一些其他金属可能易遭受应力腐蚀破裂和腐蚀影响。美国防腐工程师协会（NACE）出版了在含硫作业中的使用指南和材料技术要求。因此，在油田或设备的整个预期使用寿命期间，必须当心人身安全，并且在确定设备设计的冶金学方面，注意考虑 H_2S 的潜在影响。

CO_2 和 H_2S 溶于水，一旦溶解，水就变成酸性的，具有腐蚀性。因此，CO_2 和 H_2S 是油气开采中腐蚀的主要原因。

有几种控制这种情况的方法：

（1）中和酸。

（2）清除水。

（3）清除 CO_2 和 H_2S。

（4）保护材料。

（5）使用抗腐蚀合金（CRAs）。

第一种方法在理论上是最简单的，但是，实际做法中最困难的问题之一是，酸性随着压力变化，在水中溶解的气量将受到影响。因此，很少将其作为控制技术。

虽然设计容易，但是清除任何组分费用都很高，并且需要相对靠近井口的设备。虽然对于陆上开采设备来说，是可以接受的，但是对于海上应用来说，需要精心进行评价，因为这会大大增加采油平台的总成本。

当出现 CO_2 和 H_2S 的量相对小并且预计的腐蚀程度小时，正常的控制方法是注化学剂，化学剂在管壁上形成液膜，在材料和腐蚀冷水之间有效地形成阻挡层。由于形成段塞流可能清除掉这一液膜，使管线暴露在 CO_2 和 H_2S 中，因此在操作这种系统时必须格外注意。

一般要检验使用 CRAs 作为清除组分的可选择方法的情况，预计这时的腐蚀程度高。

技术选择一般以经济对比为基础。值得注意，目前预测腐蚀程度的软件模型发展得很快，以至于现在能够进行比较好的预测，以便评价可能的严重性。

在开采作业中会出现很多问题，但是如果一开始就预计到这些问题，一般就能够得到控制。因此，尽可能早地获得足够量的有代表性的烃流体和油藏水样品是非常重要的。这些样品只能来自评价井的测试。井下样品或来自中途测试的样品一般是不够的。因为以不正确的数据做出的决策代价会非常大，计划的试井和随后的实验室分析变得越来越重要。

8.9　生产系统——模拟

在油气开采收益一定的情况下，尽可能经济有效地分离井流体以增加可销售产品。

有许多可以买得到的计算机模拟程序包，用这些程序包能够研究油藏流体从地下到地面、通过特殊系统到顶部设施并且到输出管道的过程。开发这种模型对于工程师和管理是无价的，因为用这种模型能够对在以下方面形成的每个工艺进行决策和分析：

（1）开采曲线和预测。

（2）估算设备大小和动力需求。

（3）识别可能的系统瓶颈/去瓶颈。

（4）一般的作业支持。

有两种可得到的基本类型模拟：动态模拟和稳态模拟。动态模拟是能够研究时间瞬变特性过程的技术。该技术是相对年轻的学科，该学科很快在工艺过程和装置操作的许多阶段得到了应用。当研究新建成的平台或工艺及其控制方案启动/投产和可行性，以及操作人员培训支持程序时，该技术变得特别有效益。但是，与所有模拟一样，动态模型的好坏仅取决于可得到的输入数据，如果数据偏离实际，则模拟输出数据就无效。

　　为了使工程师能够研究特殊系统的运转状态，需要一系列稳态模型。以下讨论稳态模拟程序及其在处理行业中的使用。

8.9.1 模拟

　　作为项目的传统做法的一部分，可以提出模拟范围以便能够实现确定流程的运转动态。做这项工作的初始阶段必须建立基本模型，该模型利用确定的基本数据，最后产生系统质量和能量平衡。需要更多的模拟变化，以便确定运转状况和流程调节的范围。

　　为了启动处理模型，模拟器首先需要油藏流体数据，包括预测的流量、温度、压力和组成。根据油藏工程预测将容易得到流体物理数据，但是，了解提出模型的运行情况必须有用于所选择模拟的合适物理性质和热力学程序包。

　　甚至建立最简单的模型，也需要特定的基本信息。这些信息包括油藏数据、物理性质数据、基本工艺流程图和产品技术要求。

　　在工程师能够得到以上数据的情况下，能够进行基本过程模拟，并且能够建立流程热和质量平衡，项目范围和/或生产优化传统做法可以工艺热和质量平衡为根据进行深入研究。

　　工程师还必须清楚需要的信息，并且很好地了解由油藏工程提供的原始数据和提出的顶部设施生产模型的设计目的。

　　以下简要描述模拟的主要要素。

8.9.1.1 设计目的

　　进行模拟后，如果把该模拟用于生产优化和故障查找研究，则对照最新生产数据证实使用的任何模拟数据是必不可少的，否则将不能建立现有的实际模型。因此，所考虑的顶部设施系统的不准确性和不可靠结论将占优势。在使用现有模型前建立现有平台的操作模型也是可行的，因为自投产以来，生产系统的原来工艺流程路线可能有了很大改变。

　　使用与现有设备优化的相同数据形式（不同之处是输入数据的准确性和所需模型的详细情况）建立主要用于可行性研究的模拟。

8.9.1.2 油藏和地面生产数据

　　需要原始油藏数据作为模拟的起始点。模拟工程师应该了解，由油藏工程提供的数据形式常常不适合直接输入模拟。例如，数据是来自试井采样的温度、压力、流量吗？这些数据是以标准储罐桶给出的吗？这些流量是以干的为基础给出的吗（大部分油藏流体是水饱和的，在输入模拟之前，需要对提供给工程师的数据用水重新饱和）。

　　还必须确定模型内的操作和控制数据，包括分离阶段压力、热交换所需出口温度等。这些关键值将以达到输出气和油技术要求（主要是输出气压力、露点和油蒸气压力以及输出压力技术要求）为基础。

8.9.1.3 物理性质数据

　　模拟程序包毫无例外地需要从物理性质数据库中得到纯组分信息，因此能够准确模拟油藏流体。最普遍使用的数据库是 Lee Kesler，PVT 和 [HOLD]。虽然广泛使用，但是这些数据库往往只提供轻烃类谱的准确信息，如 C_1—C_8。由于海上处理与大量重烃组分打交道，所以准确预测这些重组分也是重要的（在进料流中确定的重组分量的微小变化能够对混合物露点和/或液滴比率有很大影响。如果模拟程序"弄错"，会把分离器的尺寸确定得过小或过大）。

用拟组分模拟重质烃馏分油藏流体的物理性质。这是通过以下方式进行的，即把重馏分分解成许多假设组分，为这些假设组分分配物理性质（因为需要最小相对分子质量和沸点）。再一次需要考虑确定的假设组分的数量，因为这也会对天然气和凝析气系统特性有重大影响。一般说来，根据试井采样进行原油表征，模拟程序将能够利用这些数据。

8.9.1.4 热力学模型选择

在理论上，油藏模型和模拟模型应该使用相同的状态方程，以便保证模拟的一致性。在建立开采模拟前，工程师必须根据对进行的模拟和可得到的热力学选择方案的了解作出一系列决策。

可以在一个范围内选择热力学性质程序包，这能够预测混合物的性质，混合物的范围从严格定义的轻烃系统到复杂的油混合物和高极性非理想化学系统。需要选择最适用于提出模型的程序包，并且应该让模拟程序了解每个程序包的固有限制条件。

通常，对于油气开采模型来说，用 Peng Robinson 状态方程（参见 1.11 节）能够计算一些系统的准确相平衡，这些系统的范围从低温深冷系统到高温、高压油藏系统。该状态方程满意地预测了重油系统、含水乙二醇和甲醇系统，以及酸气/含硫系统的组分分布。当在开发高温高压系统过程中选择使用状态方程时，应该特别注意，因为在 2000psi 以上，大部分以状态方程为基础的相互关系就变得不可靠了。

在确定了井流体物理性质和选择了热力学程序包的情况下，工程师开始建立提出的处理模型，最终目的是达到系统质量和能量平衡。

8.9.2 过程模拟

对于任何过程模拟程序来说，通过把不同过程组成设备加在一起模拟开采可输出油气的整个过程。这些设备包括分离器、压缩机、热交换器、阀门和混合器/分流器。

在模拟程序操作手册中将能够找到这些设备的描述。

在早期阶段应该考虑工艺设备的非理想特性。表 8.1 详细列出了在海上安装时选择的主要工艺设备的典型操作和设计标准。

表 8.1 典型设计标准

工艺设备	类型	设计标准	典型值
分离器	一级	停留时间	5min
		水包油	1200μL/L
		油包水	5%（体积分数）
		携液量	0.1USgal/10^6ft^3
	二级	停留时间	20min
		水包油	150μL/L
		油包水	5%（体积分数）
		携液量	0.1USgal/10^6ft^3
	三级，如水力旋流器	水包油	最多40μL/L[①]
		油包水	

续表

工艺设备	类型	设计标准	典型值
压缩机	离心	效率	60% ~ 80%[2]
	往复	效率	88% ~ 95%
泵	离心	效率	50% ~ 80%[3]
热交换器	外壳和管子	污垢系数	2000 ~ 5000W/（m² · ℃）[4]
	加热器	典型的总传热系数	—[5]
	冷却器	典型的总传热系数	—[6]

①水力旋流器的废油管线一般仅含有低百分比的油，因为该油约占总进口流量的2%，在总进口流量内，2%油是把40μL/L油给出口所需的油量。

②一般说来，在进行工程鉴定的情况下，应该使用合理的效率（包括机械损失的容许误差），否则可能大大地低估实际发电需求和基于模拟输出的设备/功率大小。

③泵效率随着比速度和流量而提高，在这种情况下，比速度可表示为 $N(Q)^{0.5}/H^{0.75}$（N 为转速，r/min；Q 为流量，gal/min；H 为压头，ft）。极端情况的典型例子是，$115m^3/h$ 和 1500r/min 时的效率为80%；$11m^3/h$ 和 600r/min 时的效率为50%。

④5000W/（m² · ℃）是轻烃的典型值，如凝析油；2000W/（m² · ℃）是重烃的典型值，如原油。

⑤水冷式交换器的典型值取决于被冷却的介质：轻油，$U = 350 ~ 900W/（m^2 · ℃）$；重油，$U = 60 ~ 300W/（m^2 · ℃）$；气，$U = 20 ~ 300W/（m^2 · ℃）$。

⑥导热类加热介质的典型值为：重油，$U = 50 ~ 300W/（m^2 · ℃）$；气，$U = 20 ~ 200W/（m^2 · ℃）$。蒸汽加热介质的典型值为：轻油，$U = 350 ~ 900W/（m^2 · ℃）$；重油，$U = 60 ~ 450W/（m^2 · ℃）$；气，$U = 30 ~ 300W/（m^2 · ℃）$；水，$U = 1500 ~ 4000W/（m^2 · ℃）$；烟道气（例如，用于海上废热回收），$U = 30 ~ 100W/（m^2 · ℃）$。

大部分现在的模拟程序包能够过分简化地模拟包括乙二醇接触、硫清除、胺系统和吸附器的领域。但是，应该认识到，这些都是特殊领域，如果需要任何程度的准确性，最好让卖方准确地开发自己的模型。

没有经验的工程师可能常常使模型过于复杂化，提出没有必要的模拟问题。在进行模拟之前，应该考虑3个问题：

（1）为什么建立模型？

（2）谁是主要用户？

（3）需要什么输出信息？

回答了这些问题将确定建立这些模型所需要的复杂性。

8.9.2.1　循环模拟

当工程师使模型过于复杂化时，在模拟工程中出现常见问题。循环一般使大部分模型产生"运算"问题。为了把成功的循环流确定为模型的一部分，必须规定循环输入流和输出流中的所有数据，以便循环有开始运转的初始数据。循环流的初始猜测是必不可少的，否则循环可能需要冗长的迭代过程，或者甚至不能收敛。考虑计算容差和流动边界是很重要的，根据工程师的工程鉴定经验和研究，得到所需的"好的"初始猜测。另外，工程师将问这样的问题："需要这种循环流吗？这种循环流影响模型输出吗？"。这再一次取决于建立模型的复杂性及其预期用途。例如，压缩机循环流将常常不增加模型效益，模型的最终使用将对提出的工艺进行可行性分析，因此，在模拟中将不包括压缩机循环流。

8.9.2.2 压降模拟

最后，最好把过程模拟的几个领域留给专家程序包，因为稳态模拟有限制条件，例如，工艺系统内的压降模拟。这能够从一些最近的稳态程序包中得到，但是对于大部分过程模型来说这值得吗？流程内的压力是根据主要工艺设备（包括主要控制阀）的运转情况设定的。还应该注意，对于模型压降来说，需要准确的等距竣工图、场地测量等，以便能够研究准确的解。

管道系统直径、等量长度数据等对于压降模拟是必需的，在可行性模拟（主要设备大小是关键因素）阶段，不太可能得到这些数据。在建立了过程模型以便模拟运转工艺设备的地方，可以认为压降模拟是有利的。但是，在流量稳定变化的情况下，必须定期更新稳态模型以便产生准确结果，当相信解时，应该注意，因为各种各样的原因，海上管道系统常常改道，这可能使压降模型的某些部分无效。在计算压降的情况下证明，使过程模拟复杂化会使工程师根据模型预计的准确性提高。

8.9.2.3 检查及处理问题

在整个稳态模拟运算过程中，进行许多计算和迭代。在最新版本模拟程序包（非批量运算程序）中，能够在计算机屏幕上看到这些计算进度。应该注意监视这一进度，因为借助以下情况能够检测模拟早期阶段的错误。

（1）程序警告：决不应该忽略这些程序警告。

（2）过多循环迭代：可能意味着有循环流的问题，值得研究。

（3）热交换器温度跨越：可能仅在模拟阶段显出。

如果模拟不能运算，或者具有冗长收敛时间的过多迭代占优势，则输入数据可能错误。此时一般考虑以下方面：

（1）技术要求范围内的输入流——在该输入流规定了太多变量，模拟经尽力计算已经规定的变量。

（2）循环收敛——在收敛中，对初始循环流估计得不准确，模拟将需要长时间收敛，但是模拟仍然将最后产生一个答案。当发现收敛时间过长时，使用模拟解前应该检查输入和输出数据。

（3）在模拟的任何时候都可能出现程序警告——不应该忽视。在某些情况下，忽视这些程序警告将会使模拟达到其认为是满意的解。不管模拟研究的目的是什么，最终代价都是确定设备大小、可行性分析、质量和能量平衡以及工艺优化的准确性。

目前，工程师能够得到的开采模拟程序包是无价资源，能够把该资源作为达到各种工程要求（从开采预测、可行性研究到去瓶颈和设备优化传统做法）的工具。但是，像讨论的那样，限制条件是固有的，工程师应该了解这一点。对所需模拟提出功能的了解和认识，对于保证从选择的软件程序包中得到最佳解是必需的。在证明输出数据的准确性之前，关键是工程师要检验为一般工程应用进行的任何模拟的输入数据。这里要强调一个事实：模拟产生的数据是解释的基础。

8.10 计量和分配

许多油田常常把油气产量混合到一个管道系统输送到中转站，然后所有者从中转站收集或者取其产量的份额。因为所有者得到的收益与取的产量成正比，所以全部所有者必须同意计算其产量份额的机制。这部分介绍用于测量（计算）和记录从单个油田采出的液体和气体的方法。

控制油气出口的法规和条例来自不同的标准，但是对产品的操作、测量和控制的方法的主要影响是负责油气开发的国家机关和管道及中转站操作人员。在英国，负责油气开发的政府部门是贸易和工业部（DTI），其他国家有相似的政府控制部门。

8.10.1　政府条例和监管

一般政府机关向能源部长负责，代表政府监管经营者测量从得到许可的区块内一个油藏或几个油藏采出产品使用的设备和方法。

在英国，贸易和工业部出版了一系列指南，设计这些指南的目的是通告油气部（OGO）操作人员对可应用于油气计量系统的设计和操作的标准、规则和方法的解释。油气部感兴趣的主要系统一般称为财政或交接计量系统，对于油藏管理和好的油田作业也需要考虑燃料、火炬和试验分离器测量。

把产品分配给单个油藏及其测量方法以及数据处理和记录也归入贸易和工业部的检查范围内。

8.10.2　管道和中转站

从油藏采出的油和气一般通过由独立公司拥有和操作的管道输送。海上油田常常离其中转站几百英里，所以输出管道需要大量投资。

每个管道经营者为管道使用者提供操作步骤，以便保证使用者完全了解进入该管道所需的操作和安全规则。另外，中转站经营者为进入该中转站的管道经营者和油田经营者出版产品技术要求，外加从其油田能够输出到该中转站的油和气的质量和数量。中转站操作人员监测和控制所有进入该中转站和管道的产品，因此使中转站保持安全运行状态。

油气中转站的设计和能力变化很大，但是一般可以分为原油中转站或气中转站。任何中转站都可以通过管道或油轮输入和输出油气，这取决于处理的油气产品和提供的服务。

8.10.3　管道和中转站协议

通常在各方之间通过一套原则和规则，描述管道和中转站、输送和处理收费率，外加产品计算和分配。把这些规则和原则编辑成文件，通常称为输送和处理协议。

该协议还规定了进入管道和中转站的产品组成，以便保证安全运转、输送和处理。

相对于由管道和中转站经营者提供的服务，平台经营者付使用费。这些使用费是以输送和处理的产品数量和质量为基础的。

8.10.3.1　分配方法

为了保证各方接受从各个油田通过不同管道输出产品的公平份额，管道和中转站经营者一般设计一个分配系统，该系统是以统一的分配方法为基础的。

中转站经营者用过程模拟进行稳定原油、未净化气体、气产品、含硫气的质量分配，该过程模拟是用从所有海上油田输入该中转站的产品、管道积存油和中转站产量进行的。

8.10.3.2　动态曲线

按照规定，把设计的油气产量和输出量提供给管道和中转站经营者，以便帮助他们计算每个用户能够得到的管道和中转站能力。像在7.1节中讨论的那样，这需要采用开采曲线。

管道和中转站经营者要求平台经营者控制油气产品的某些杂质和组分的数量，以便保护其设备。必须对这些组分连续测量，以保证不超出管道和中转站设定的极限。

对于流体来说，一些常见的杂质是二氧化碳、硫化氢、硫醇、盐、沉积物和水。对于气体来说，一些常见的杂质是析出的烃液以及水、氧、二氧化碳和硫含量。

8.10.3.3　生产报表

为了他们本身和油田合作投资商，以及向管道和中转站经营者及政府部门汇报，平台经营者需要保留报表。

平台经营者必须填报为管道和中转站经营者输出的产品质量和数量。另外，他们应该填报产品质量和数量或设计的开采曲线的任何变化。

8.10.3.4　产量分配系统

管道和中转站经营者一般用生产分配系统计算把产品输入管道和中转站的所有油田之间的质量平衡。该系统确认从每个油田输出产品的测量数量和组成数据，并且将这些数据与从中转站计量输出设备收集的数据进行比较。两个测量点之间的偏差不应该超过$\pm 0.2\%$。

一般把在平台上得到的产品测量数据传送给经营者的陆上工作人员以便进行数据确认，并且进一步处理和生成各种报告，以便分发给管理和油藏工程师、合伙人、管道经营者以及贸易和工业部。

一般中转站经营者发布月对账回单。这些对账回单详细介绍了那个月的分配系统计算和所分配产品的数量。通常每个经营者都核实这些对账回单，以保证这些对账回单的公正和正确。

另外，为油藏和开采工程师编写基于试井的月井分配报告。这一信息和井下数据使石油工程师和地质学家能够预测油藏性质，制订优化油气开采所需的钻井方案，预测油田的预计开采期限及其最终可采储量。

8.11　计量系统

8.11.1　财政原油输出

用涡轮流量计计量原油，并且通过财政原油计量系统输出，然后将原油泵入管道以便输送到陆上中转站。计量系统有足够的计量流，以便保证总是有可使用的备用计量流，以防运转流出现故障或者需要维修。

在双向标准体积管的环管周围，能够使来自任何计量流的流量改变方向，以便进行检验。给标准体积管的环管装上压力和温度传感器，把信息传递给校准计算机。流动按规定路线通过电动隔离阀到达环管，四通流量分流阀控制流动方向。这一配置允许在不中断正常计量和输出操作的情况下进行检验。来自标准体积管的环管的原油通过电动隔离阀在出口汇管混合。

还把密度和采样组合滑橇安装在原油计量系统上，该滑橇包括提供两个自动采样器和两个传感器的快速环管。两个磁力耦合泵中的一个保持通过环管的流量，并且该流量由流动控制阀/流量计控制。

计量站操作台内每个原油计量流都有专用的流量计算机。单流流量计算机检验来自计量流上不同仪器的数据。即使一个计量流上的设备出现故障，输出数量的测量结果也不会丢失，因为能够把该流隔离并且把流动方向转向备用计量流。

计量系统的控制和接口一般通过数据库计算机调节，但是如果得不到数据库计算机，则利用独立流量和校准计算机进行计量控制和检验。在计量流流量计算机前面板可以看到计量流的任何测量数据或计算数据。

流量计算机进行以下计算：

（1）液体密度。

（2）总体积、标准体积和质量流量。

（3）累计总体积、标准体积和质量。

（4）温度和压力的体积校正系数。

流量计算机保存不可重调总数。把每次计算的计算增量加到以前的总数上。定期把这些不可重调总数传送给数据库计算机。数据库计算机保存特定时间周期的总数，在检测到流量计算机原始总数从一个周期到下一个周期差别的基础上，总数增加。把所有来自流量计算机的计算数据传送给计量数据库计算机，以便记录并且输入分配系统。

8.11.2　财政天然气输出

通过测量孔板两侧压差计量气流量。在计量站，给每个气计量流提供专用流量计算机。该计算机接收一些信号，这些信号来自孔板上游流出口处的两个压差传感器和一个压力传感器，以及每个孔板下游温度元件和密度传感器。计量系统有足够的计量流，以便保证总有可使用的备用计量流，以防万一运转流出现故障或者需要进行维修。

把密度传感器安装在单个孔板配件下游特殊机械加工的套内。由从孔板阀下游流出口提供的小孔快速环管连续向传感器输送气，使离开传感器的气返回到孔板阀的低压流出口。

流量计算机用测量的压差、计量流压力、计量流温度、管线内流体密度，以及计算的发热量值和相对密度计算质量、标准体积、实际体积以及劣等和高级能量流量和总增量。用气相色谱法根据组成计算压缩系数、相对密度以及劣等和高级发热量值。

流量计算机保存不可重调总数。把每次计算的计算增量加到以前的总数上。定期把这些不可重调总数传送给数据库计算机。数据库计算机保存特定时间周期的总数，在检测到流量计算机原始总数从一个周期到下一个周期差别的基础上，总数增加。把所有来自流量计算机的计算数据传送给计量数据库计算机，以便记录并且输入分配系统。

8.11.3　财政天然气凝析液（NGL）输出

输出从气处理中回收的凝析液，并且用科里奥利流量计测量。科里奥利流量计是一个凝析液通过的 U 形管传感器。电磁驱动装置使该 U 形管以其自然频率振动。通过该管的流体产生与该管的振动运动相反的力。这是科里奥利效应，传感器管的扭曲程度与通过流体的质量流量成正比。自然振动频率与密度成正比。该装置也包括温度传感器。

把来自科里奥利流量计的低水平信号输送给位于计量操作台内的远程流量传感器（RFT）。把代表质量流量的频率输出和代表密度的模拟信号从远程流量传感器输送给流量计算机。把科里奥利流量计的远程流量传感器输送给流量计算机以便进行以下计算：

（1）质量流量。

（2）总体积流量。

（3）总质量。

（4）全部总体积。

（5）根据从接口设备接收的模拟信号计算管线内流体密度。

把所有来自流量计算机的计算数据传送给计量数据库计算机，以便记录和输入分配系统。

8.11.4　工艺计量系统

就井和油藏管理/分配而言，工艺计量系统也归入贸易和工业部的一般控制。这些系统提供了对于平台经营者正常使用的质量和分配系统必需的信息。不像财政系统，没有备用计量流，如果出现故障，将丢失测量数据，一直到完成修复。

在某些情况下，用于产品计量的计量设备精度比财政计量设备低，一般是因为安装专家设备不实际，这些设备会受到产品杂质的污染。工艺计量不需要财政计量系统所需的维修强度和复杂性。

8.11.5　测试分离器计量

提供了评价井动态和把采出产品分配给单井的信息。

8.11.5.1　气体计量

用安装在孔板阀内的孔板流量计测量测试分离器气体，该孔板流量计在设计和操作方面与在财政气体输出系统上使用的孔板流量计相似。

压差传感器、压力传感器和温度传感器把信号传送给测试分离器流量计算机，以便在计算时使用。

8.11.5.2　液体计量

一般用涡轮流量计测量测试分离器液体，该涡轮流量计在设计和操作方面与财政原油输出涡轮流量计相似。虽然能够用插入密度传感器测量密度，但是如果产品具有磨蚀性，则这些传感器的寿命会缩短，并且常常使用来自人工样品的数据计算密度。

8.11.5.3　水计量

从测试分离器回收的水通常流入采出水系统，一般用磁性流量计测量。

磁性流量计的基本设计是一个短管，在其周围缠绕电磁线圈。当给线圈通电时，产生磁场；当产品流过短管时，磁场被切断。探头检测磁场内的变化，转换器调节来自流量计的信号，并且把这些信号传送给测试分离器流量计算机，在计算机上计算体积流量。

把所有来自测试分离器计算机的计算数据传送给平台数据库计算机，以便填报并且输入分配系统。

8.11.5.4　燃料气计量

用安装在孔板阀内的孔板流量计测量燃料气，该孔板流量计在设计和操作方面与在财政气体输出和测试分离器气体计量系统上使用的孔板流量计相似。压差传感器、压力传感器和温度传感器把信号传送给流量计算机，以便在计算时使用。

8.11.5.5　高压和低压火炬计量

超声波流量计安装在火炬管汇上，该超声波流量计包括上游传感器和下游传感器，这两个传感器把信号输送给流量计算机。还安装了压力和温度传感器，压力和温度传感器把信号输送给流量计算机。

流量计按照以下原理运转，即当通过流动气体传送超声波脉冲时，与在相反方向传送的脉冲相比，通过流动方向介质传送脉冲的传播时间短。传感器以传送/接收周期运转，因此超声波脉冲或者是传送的，或者是接收的。把这些信号输回给安装在计量操作台上的流量计算机，在计算机上用各种数字信号处理技术（包括相关对比）计算液体速度。用传播时间以及压力和温度输入数据计算气体流量。

计算机计算质量流量、总体积流量、总质量和全部总体积。

把来自流量计算机的计算数据传送给平台数据库计算机，以便记录和输入分配系统。

8.11.6 计量监控或数据库计算机

典型计算和分配计算机系统包括：

（1）计量监控或数据库计算机。

（2）用于原油输出计量流的流量计算机。

（3）执行校准和非计量流特殊功能的校准计算机。

（4）用于气体输出计量流的流量计算机。

（5）用于工艺计量流的流量计算机。

计算机用定制软件满足平台控制系统的特定技术要求。数据库计算机是与财政和工艺计量系统的主接口。借助于 VDU/键盘能够进入所有与计量有关的功能。菜单页面、报告和报警设备给经营者提供了来自不同计量系统的状况、功能和数据的信息。

由计量数据库计算机提供的软件功能包括：

（1）计算总流量、时间和流量加权平均工艺参数。

（2）生成报告。

（3）把原始色谱数据传送给气体流量计算机。

（4）管理校准数据的校准、记录和打印，以及流量计 k 系数的接收或拒绝。

（5）储存流量计算机配置数据，如果需要，自动传送。

（6）控制原油取样器和取样循环泵。

（7）处理计算系统内的所有报警。

（8）处理来自 H_2S 和露点分析的信号。

8.11.7 多相计量

从概念上讲，多相计量是在不分离气相和液相（例如，采用三相分离器的传统方法）的情况下测量多相流的组分体积流量。

成熟的油气开采（例如，在北海的一些地区）提倡采用多相计量，而不是多相常规分离和用于财政计量的单流量计原理。采用多相计量减少了在开采设备内所需的空间和质量技术要求，并且具有处理随着时间出现许多生产变化的操作灵活性，例如，改变含水、气体分数、水矿化度和单相流量。采用多相计量还防止了与试井的可供选择计量方法有关的产量损失。

一般多相流量计综合了各种技术计量相分数以及多相流动管线中油、气和水的总流量。通常把两个或更多的传感器组合起来给出三相的流量。通常使用以下传感器和技术的一些组合：

（1）文丘里流量计。

（2）容积式或涡轮流量计。

（3）电容和电导传感器。

（4）核子、电容或其他电信号的相关对比。

（5）微波馏分流量计。

（6）科里奥利流量计。

一般根据压降装置（例如，文丘里或其他信号的相关对比）确定所有流量。一些流量计具有计算不同气和液速度的滑脱方式。许多流量计需要或包括上游混合器或均质器，以便减少在计量设备之前蒸汽和液相之间的滑脱。因此，流量计的有效精度范围常常在很大程度上取决于一些条件的实际范围，在这些条件下混合器的特定设计是有效的。上部流速、临界气体分数或较低液体含量常常限制这一极限数据。

在理想情况下，计算多相流量需要以下参数：

（1）每相占据管线的横断面面积。

（2）每相通过每个横断面的轴向速度。

（3）温度和压力。

以面积为基础的相分数和相速度的乘积为相体积流量，通过测量温度和压力能够计算相密度。相密度和相体积流量的乘积为相质量流量。在大部分情况下，PVT 模拟还具有复杂性，这是由于在测量条件下计算的流量通常返回参考标准压力和温度条件。

遗憾的是，目前没有直接测量以面积为基础的相分数方法，所以与连续性方程（要求油、水和气相分数的和等于1）结合，根据两个独立测量结果推导以面积为基础的相分数。一般地，两个独立的测量结果是液中的含水量和整个流量的密度。一旦测量了这些参数，通过一些简单的数学分析能够计算单相分数。

能够影响多相流量计动态的关键因素包括液体性质、相组成、设备几何形状、占优势的多相流动范围和流量计的实际流量与设计范围。

因此，为了延长油田开采期限，计量设备需要适应流动状态范围的测试手段。但是，在适应灵活性方面付出了代价，增加了测量不确定性的代价。过去几年的重大开发活动产生了几项技术，对于每个阶段来说，现在这些技术能够以 5% ~ 10% 的精度进行测量——对于油藏管理来说足够了。在投产时和在开采后期都必须精心考虑校准技术条件。如果打算把多相流量计安装在水下，水下计划外的作业费用非常高，这点特别重要。

8.12 管道中转站和储存

8.12.1 气体中转站

通过管道从油气田把油气输入接收中转站，在中转站进行一些二次处理，包括脱水和清除有害物质（如汞），有时清除硫化氢。在该处理期间还萃取丙烷、丁烷和较重液体组分。处理后将气体压缩，并且通常通过管道输入供气网络。

在某些情况下，通过单独管道输出液体产品。或用专门储气罐储存液体产品，以待价格上涨。

8.12.2 原油中转站

原油中转站一般借助于原油管道网络接收来自几个油田的液态烃，然后把这些液体经过二次分离成稳定的原油混合物、丁烷、丙烷和乙烷产品。把伴生甲烷（和一些乙烷）作为燃料和用于发电。二次分离还包括清除水、硫化氢、汞和其他杂质。

把丁烷、丙烷、乙烷和稳定原油混合物分别储存在普通储罐内，可供商业销售输出每种产品。通常用气体储罐或原油储罐，也可以通过输出管道把产品输送给买方。

大部分中转站有几个用户公司，把不同质量和数量的流体混输入中转站分离设备。为了公平地分配每个用户对每种产品的合法权利，进行了复杂测量和估价计算。普遍储存每种产品优化了储存能力，并且能够使用户降低或提高其对个别产品的合法权利。

最近几年，由具有多余能力的中转站提供了原油的转船运输和分离储存。这种服务的用户包括一般用穿梭油轮输出的油田和原油不适合输入中转站混合物中的油田。这种服务为用户提供了以下优点，即缓冲库存、常规油轮较便宜的转运费、较大的外输批量和穿梭油轮后勤工作的灵活性。

8.12.3 FPSO 储存

浮式生产储卸油装置（FPSO）是采油行业中相对最新的技术，是在全世界不同地区油田开发有成本效益的流行方法，主要用于没有油气管道输送基础设施的地区或基础设施建设费用过高的地区。

FPSO 在许多方面与常规油轮相似，但是运转多少有点不同，这是由于这些船舶是定位停泊的（图 8.32）。用这些装置装油比船频繁得多，例如，把原油从阿拉伯湾运送到鹿特丹。

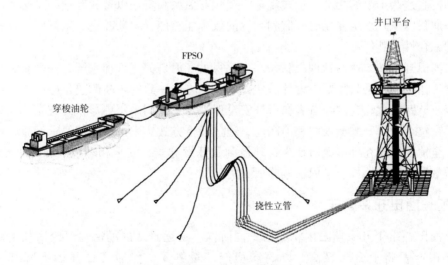

图 8.32　FPSO 开发

储存库包括装有大量货油的常规油轮和污油（废油）罐、惰性气体系统、货油泵、原油冲洗系统以及船公用设施系统。把油处理系统和一些形式的油输出系统加到标准油轮设备上。

过程处理单元在主甲板平面上，原油处理一系列分离器，首先排出气体，进行压缩并且用于发电或油藏回注，然后排出水，在排放或通过井回注油藏前，通过处理设备将水净化，然后通过重力把原油输送到船舶的储存罐。这些采油船永久停泊在航道中，并且以这种方式给这些采油船装油和卸油，即避免船体超载并且保持船的稳定性。

通过把货油输送到穿梭油轮上进行卸油。这些穿梭油轮定期到达 FPSO，安排油田的产量和 FPSO 的储存能力。由吊索和系泊缆索连接的穿梭油轮拖着来自定位船的软管，在 FPSO 上的货油泵通过卸油管汇借助于计量装置把原油输送到等待的穿梭油轮上。现代船舶和 FPSO 有动态定位和停泊系统，在转船期间，这些系统以最小的度数确定每个船舶的相对位置。

气候对于 FPSO 的运转很关键，因为恶劣气候不仅影响向穿梭油轮卸油，而且由于分离器效率受阻会导致停产。

8.13　健康、安全和环境

健康、安全和环境问题的成功管理取决于早期识别出危险，并且善于利用机会消除、减小或控制这些危险。正是前摄安全和环境管理系统的开发鼓励人们系统和及时地考虑关键问题，以便能够根据对风险及其后果的客观了解作出关键决策。重要的是，通过选择设计、建设、投产、运转和停产的概念，考虑整个油田的开采期限。

对安全和环境的考虑可能是明显相同的可行开发方案之间的决策性因素。在概念选择和设计阶段，初始高水平危险和风险评价提供最合理的方案选择。在反复进行危险识别和可操作性研究的情况下进行详细设计，把风险降低到适当切实可行的低水平。

油田开发和作业包括许多不同的临时小组，必须把这些小组整合成一个组织，该组织能够协调和控制这些小组的活动。正式规定一些相互关系和责任以及相互理解是必需的。当在油田开采期限内风险发生变化时，监测系统的效率能够使其不断改进。定期独立检查能够保证系统的综合性和胜任性。

有关油田开发和作业的管理限制条件变化很大。但是关于管理系统有一个重大变化，即设定经营者达到而不是只需要与设计、建设和作业方法一致的不断改进目标。在英国引入的目标设定或节跃变化法允许经营者在保证安全但是需要他们采用更严格的方法方面有较大的自由度。在整个油田开采期限内和停产前，通过以下方式集中体现，即要求经营者正式说明设计的安全情况。现在许多政府认为自动控制是开发健康、安全和环境的正确方法。但是，严格的质量保证和足够检查是保证实施所必需的。

8.14　延长油田开采期限

一个油田在整个开采期限内将经历不同阶段，从远景区的勘探和评价钻井到初始油田开发。油田产量将上升到最高，以高产稳产产量开采，然后产量开始下降（参见 7.1 节）。每个阶段的持续时间不同，并且每个油田都是独特的。一旦产量下降到高产稳产产量以下，可以把该油田描述为老油田或产量递减油田。在这一阶段，常常已经采出大部分储量，并且主要目标将是延长油田开采期限，以便最大限度提高资产价值和油气采收率。

为了使设备能够经济地运转，重要的是识别出提高价值的关键领域。最重要的挑战是：

（1）通过加密钻井挖掘圈闭或未波及的储量和采用新技术（例如，挠性管、水平井和多侧向井技术、4D时移地震采集以及二次采油和强化采油方法），加速开采油田储量。

（2）减少作业费用，与工艺设备使用和采出体积一致。

（3）利用工业标准检查程序和降低成本的主动性。

（4）增加工艺设备正常运行时间。

（5）利用旧设备，经济地遵守变化的环境和安全法规。

（6）对于额外的资本建设费用来说，有效地与新技术进行竞争。

（7）通过处理回接卫星油田产生价值。

（8）重新评价和谈判管道与处理运费率表。

（9）重新评价废弃时机和原则。

不容易确定油田废弃日期的根据，且每个公司都采用自身的经济尺度，例如，净现值、收益和现金流。随着废弃日期日益接近，影响资产价值的所有因素将继续变化，提出了新的挑战。

8.15 停产决策

只有在广泛研究和调查的情况下，排除了延长油田开采期限的所有可得到的措施（例如，侧向钻井、气举和注水）或通过其他合同安排（例如，第三方运费率表协议）后，将采取停产设备的决策。当不适合延长这些油田的开采期限，油田储量减少到了没有商业吸引力时，那么将做出停产决策。

停产决策（要制定停产时间表）不是简单的事情，是以许多影响因素（包括生产收益预测、操作费用预测、现金流需要量、废弃责任、减免税机会、油价变化和目前波动）之间的复杂关系为基础的。

停产过程将导致全部或部分清除设备，包括永久封堵所有井。与陆上和海上设备有关的问题相似，但是一般海上作业规模比陆上大得多。因此，我们在下面集中介绍海上设备停产情况，但是，读者应该记住，许多问题也可以应用于陆上设备。

制订这一过程的计划将在平台停产前开始，并且包括对技术、环境、安全和对这项工作公众关心的状况进行更多的研究和协商。与任何其他地区的海上作业一样，这一过程同样必须符合环境保护和工人安全的高标准。

有严格的控制停产的国家和国际法规，油气工业应遵守这些法规。在这一过程的研究阶段结束时，将把初始计划提交给相关区域当局，与政府和其他关注的团体协商后，将遵守这一计划。在北海的布伦特斯帕储油平台停产事故，改变了公司对如何处置不需要设备的大部分感受。虽然表明抛入海中是最容易、最便宜，甚至从环境上来讲是最好的解决办法，但是没有原原本本地告诉公众，公众起来反对公司，用了几个月的时间重新精心考虑制定各方都满意的策略。现在与各方（包括环境小组）协商，保证设备的处置符合最佳环境条件。

一旦做出了停产决策，就能够开始实施停产过程。相反，停产不但是指建设，而且是这样一个过程，即可能用一些时间完成并且可以包括在"冷态"生产后和清除前维修设备的时期。通过多设备停产公司引入规模经济，这有助于减少清除设备的费用。

　　还有能够进行资产回收和重新使用的程序，这些程序还有助于减少停产费用，同时帮助快速跟踪实施的开发机遇。

　　典型的海上设备停产工作程序如下：

（1）协商。

（2）停产。

（3）停产和永久封堵井。

（4）顶部工艺系统停产并且清洗。

（5）清洗进出设备的所有管道、出油管、立管和沉箱。

（6）停产和关闭设备的公用设施系统。

（7）停产和关闭设备的安全系统。

（8）拆卸和清除顶部设施。

（9）拆卸和清除（或部分清除）水下结构。

（10）清洗并且使设备场地周围海底安全。

（11）重复利用或回收有用的物质和设备。

　　估计全世界海上有 6500 套设备。图 8.33 中显示了这些设备的分布。

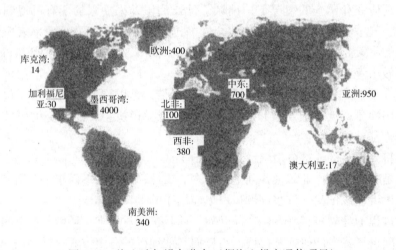

图 8.33　海上油气设备分布（据海上投产通信项目）

参 考 文 献

［1］ K. E. Brown. 1977 *The Technology of Artificial Lift Methods*, vosl 1 – 4. Tulsa, Oklahoma：Penn Wll Books.

［2］ HSE 1997 *Sucessful Health and Safety Management* HS（G）65.

［3］ ISO 14000 series.

［4］ F. P. Lees 1996 *Loss Prevention in the Process Lndustries*, 2nd edn.

［5］ T. O. Allen and A. P. Roberts, 1993 *Production Operations*, 4th edn. , 2 vols, Tulsa, Oklahoma：Oil & Gas Consultants Inc.

［6］ K. Arnold and M. Stewart, 1998 *Surface Production Operations. Vol.* 1 *Design of Oil Handling Systems and Facilities*；1989 Vol. 2 *Design of Gas Handling Facilities*. Houston, Texas：Gulf Publishing.

［7］ K. E. Brown 1977 *The Technology of Artificial Lift Methods*, Vols 1 – 4. Tulsa, Oklahoma：PennWell Books.

［8］ J. M. Campbell et al. 1998 *Gas Conditioning and Processing*, 4 vols in series. Norman, Oklahoma: Campbell Petroleum.

［9］ M. Golan and C. Whitson 1991 *Well Performance*. Boston, Mass: IHRDC.

［10］ F. Jahn, M. Cook and M. Graham 1998 *Hydro carbon Exploration and Production*. Amsterdam: Elsevier.

［11］ M. J. Economides, A. D. Hill and C. Ehlig – Economides 1994 *Petroleum Production Systems*. New York: Prentice – Hall.

［12］ D. L. Katz and R. L. Lee 1990 *Natural Gas Engineering Production and Storage*. New York: McGraw – Hill.

［13］ F. S. Manning and R. E. Thompson Oilfie. processing: 1991 *Vol. 1 – Natural Gas*: 1995 Vol. 2 – *Crude Oil*. Tulsa, Oklahoma: PennWell Books.

［14］ T. E. W. Nind 1981 *Principles of Oil Well Production*, 2nd edn. New York: McGraw – Hill.

［15］ H. B. Bradley, ed. 1987 *Petroleum Engineers. Handbook*. Society of Petroleum Engineers.

［16］ J. C. Reis 1996 *Environmental Control in Petroleum Engineering*. Houston, Texas: Gulf Publishing.

［17］ R. S. Schechter 1992 *Oil Well Stimulation*. New Jersey: Prentice – Hall.

9 天 然 气

9.1 引言

天然气是一种重要的燃料和原料，从气藏到最终用户它具有独有的特征。本章（和涉及天然气运输的第 10 章）介绍了从气藏到燃烧器喷嘴的天然气工程的基本要素。第 1 章和第 5 章已经全面地介绍了天然气的物理性质和储层机理。

9.1.1 天然气

天然气是一种气体混合物，由轻烃类气体甲烷和乙烷、少量其他较重的烃类，以及非烃类气体如氮气、二氧化碳、硫化氢和水蒸气组成。自然界中，在压力作用下天然气存在于地壳中的岩石储层中，一部分混合、溶解于重烃和水中（称为伴生气），另一部分是纯天然气（称为非伴生气）。从气藏中开采天然气或与原油一起开采的过程在本书的前面章节已有所介绍。

通常，向地面开采时，烃类储层的成分见表 9.1。

表 9.1　储层的标准组成

性　　质	用　　途
天然气（甲烷 90% ~95% + 乙烷 5% ~10% + 少量其他组分）	
在标准温度和压力下以气体形式存在。压力作用下甲烷的液化温度低于 −83℃，大气压下甲烷液化温度为 −162℃	通常大量用作电厂的高级燃料、化工原料和工业及地方供热用原料。目前用作车用燃料。乙烷能分解或裂解成化工工业的重要原料——乙烯（C_2H_4）
液化石油气（LPG）（丙烷和/或丁烷）	
在 10bar 压力下为液态。由于纯丁烷蒸气压过低，0℃ 以下其不能用作燃料。这时可选用丁烷—丙烷的混合物	瓶装气体可作为便携式高级燃料，用于工业、地方、娱乐和机动车用。对于较大用户，可储存在储罐中
凝析油（C_5H_{12} 戊烷）	
在标准条件下为液态，但是当其暴露于空气中时会迅速蒸发。凝析油中还含有一些 C_6、C_7 和其他重组分	通常添加到原油中来提高原油的密度、质量和价格，使其具有令人满意的蒸气压
原油（C_{6+}，直链、支链和环状重烃）	
标准条件下为液态	在炼厂进行原油分馏，从而提供所有的标准石油产品，包括汽油、柴油、石脑油（一种化工原料）、重燃料油和铺路用的沥青

续表

性　　质	用　　途
其他组分	
水以游离水和水蒸气的形式存在于其他气体中。游离水通常在形成的过程中就被盐所饱和，所以一般没有必要通过蒸馏来提供饮用水或者灌溉水。如果必要的话，可以对较低盐度水进行处理	为了防止腐蚀设备和管线，需要分离原油中的水。为了保持油层压力，常常进行回注（必须保持无氧）。如果不回注，可以在另外合适的储层中进行处理
其他气体是 CO_2、H_2S、Ar 和 N_2 等。当天然气从原油中分离出后，这些气体就存在于天然气中。另外，还存在一些其他含硫产物，如硫醇（具有极强烈气味）和羰基硫化物（COS）	组分含量高使气体的生产价值变小，甚至不值得开采。Ar 是值得开采回收的气体。H_2S 毒性很大，必须将其清除，可以将其转化成单质硫进行出售。如果为了防止腐蚀而清除了全部水，可以存在一些 CO_2。CO_2 和 N_2 能减少气体的热值，尤其是当 CO_2 和 N_2 与其他高热量气体混合时，它们降低热值的作用便很明显

气体测量：

（1）通常在标准温度和压力（STP）条件下测量气体体积。这是基本的外部条件，它是由 ISO 技术委员会 TC193 规定的，该条件为温度 15℃、压力 101325Pa（1.01325bar 或者 760mmHg）。如果测得的体积是湿气体积，即饱和水蒸气，使用系数 0.983 可把它转换成干气体积。

（2）在一些情况下，使用常温常压（NTP）条件，规定为 0℃ 和 101325Pa。在这种情况下，湿气向干气的转换系数为 0.994。

（3）在俄罗斯，通常测量体积采用的标准条件是 20℃ 和 101325Pa。

（4）在中国，学术界的标准是 273.15K（0℃）101325Pa，但是在天然气供给上可以采用 15℃ 和 101325Pa。

（5）天然气凝析液（NGL）包括在采出地点或其附近能够被萃取的全部液体烃类，并且包括乙烷、液化石油气（LPG）和凝析油。

（6）气体在计算过程中采用热力学温度，该温度以零开为基准，其中 0℃ =273.15K。

（7）天然气热值。通常情况下，天然气含有的热量约为 9500kcal/m^3。含氮的低热值天然气热值较小（例如，格罗宁根天然气热值为 8400kcal/m^3，衰减系数为 0.88）。这些热值都是总热值，该情况下，燃烧过程中形成的水凝聚在一起，进而减少其潜热。如果水是以蒸汽状态存留下来，则最后的净热值要比上述值低 10% 左右。

（8）石油当量。通过引入石油当量桶"boe"，可以把气体能源与石油能源相对比。1 石油当量桶相当于 1555m^3 天然气（同时，总体上相当于传统单位的 5.8×10^6Btu）。因此，年产 1×10^6t 油相当于年产 $11 \times 10^8 m^3$ 天然气。

（9）欧盟石油当量单位是以 10000kcal/kg 石油的净热值为基础的，在这种情况下 1t 油当量（toe）为 1323m^3 格罗宁根天然气。

（10）荷兰的格罗宁根气田是本章第 4 节中的一个例子。

9.1.2　从能源方面对天然气的综述

直到 1950 年，伴生气只是作为原油由储层开采到油井口过程中的一种能源，一旦到达地面就成了一种地方能源，几乎没有什么价值。因此，常常把伴生气点成火炬烧掉，或者直接排放到大气中。自此，伴生气成为一种高级燃料，并且目前所有对环境负责的油公司都保证尽可能收集和利用天然气。的确，一个新油田在不具备集气和使用方案的前提下是不可能开发的。

原油在开采过程中，伴生气是和原油一起存在的，在原油到达地面的过程中，随着压力下降，伴生气从原油中分离出来。采用设计合理的油井完井作业（参见第5章）和先进的油藏管理技术可以把伴生气产出量降到最低，从而保持储层中的最大能量，提高最终的石油采收率（参见第7章）。储层中能溶解少量或不溶伴生气的原油很少，并且对于重油，由于缺少驱动能量，常常难以开采。因此需要利用泵将其抽到地面（参见第1章和第7章）。处理之后的天然气具有清洁性和易燃性，特别是每能量单位天然气比液态烃或者煤向大气中排放的 CO_2 要少，因此，它也就成为一种高级燃料。

在开采原油的同时，应立即开采伴生气。为了提高投资利润，通常这种方案在发现油气田之后应尽可能早地实施。因此，需要立即利用天然气。另外，在销售合同签订之前，可以把非伴生气保留在油气藏之中。这样做常常需要提供充足的天然气储量，以便调节运输或者处理过程中昂贵的基础设施成本。大多数较大的天然气项目是从实施开发大量伴生气的方案开始，然后采集任何可民用的伴生气，并且添加到开发方案之中。

在本章第13节中介绍了甲烷两种新的大型来源——甲烷水合物和煤层气，这两种来源预计可以拓展天然气的应用性。它们的生产技术仅仅是近期才开发出来的，而且这些来源通常还不存在经济上的竞争性。

因此，天然气及其衍生化合物的生产和销售，正逐渐变成所有能源行业重要的和长期的目标。目前市场竞争日趋激烈，这已经对生产成本造成了压力。然而，为了保证增长的开采量适应增加的消费需求，天然气开发需要维持合理的经济回收率。减少市场规则，控制电厂中燃料气体的增长，鼓励和支持传统石油公司、天然气供应商和电力公司，从而形成一种新型的能源行业。

9.1.3 原油与天然气的差异

从物理意义上讲，原油是一种典型的流体，而且几乎是不可压缩的。在重力作用下，可以在最低点采集到原油。天然气是一种非理想气体，并且遵循气体定律：

$$pV = nZRT$$

式中，p 是压力；V 是体积；T 是热力学温度；Z 是压缩系数；n 是气体的千摩尔数；R 是气体常数。

例如，如果保持其他系数不变，当某一质量气体的体积减半时，压力将增长到两倍。气体多膨胀充满所在的全部体积空间。然而，压缩系数 Z 则区分了天然气与理想气体。例如，甲烷在25℃时，在1bar条件下 Z 等于1，但是在100bar条件下则减少到0.85。这也就表明实际压缩后的体积要小于按正常比例压缩后的体积。气体的黏度和密度都要比原油小。在第1章对这方面有详细的介绍。这些物理差异具有下列综合影响。

（1）与石油相比，开采天然气所需要的渗透储层很少。一口气井比一口等效储层的油井排驱范围更大。因此，只需使用少量气井就可开采到大量的天然气。如果一口油井的石油产量一直非常高，那么一些有害的气体就会从气顶进入油井，降低了气层的压力，这是人们所不希望的。

（2）气体从原油中分离后或者气体吹过原油后，可以"剥离"原油中的其他气态杂质，然后再对气体进行清除其他杂质的处理。

（3）气体在压力作用下含有大量势能，利用这些势能气体可以膨胀。一个烃类储层通常处于流体静压下，例如，盐水柱的静压力（或者有时是在较高的异常地层压力之下，等于上层岩层的重力）。原油流向地面，减轻了油柱的压力，此时井中的天然气膨胀，从而为高效自喷油井提供了大量的驱动力。对于天然气气井，相对密度较低的气体对天然气的流出提供了很小的反压力。如果石油和天然气或者纯天然气的设备或者管线损坏或者破裂，则气体的这种膨胀势能就成为主要的风险因素。

（4）当天然气被压缩时，由于被做功而逐渐变热。因此，在压缩过程中及之后，有必要对天然气进行冷却。这相当于天然气在绝热膨胀时（不加热）被冷却。在处理过程中利用后一种现象来冷却气体，从而消除天然气中的液体。

（5）气体在管线内流动时，其膨胀状况取决于压降，因此气体流经管线是一种复杂的现象。当前有几种描述这种现象的经验方程，例如，Panhandle I 和 Panhandle II 方程以及 AGA（美国天然气协会）方程。方程中，气体流量正比于管线内径的 2.5 次幂。因此，当管线内径增加时，天然气管线的载运能力迅速增加（图 10.6）。

（6）为了提供供给的灵活性，在储层之外以气态储存天然气极其困难。仅仅是管线中的高压气体具有较小的灵活性，这种气体被称为管道储气。

（7）在温带和寒带，夏季与冬季之间的供热量需求将加倍或者更多，而且在季节变化明显的沙漠气候地区，空调供电量可能加倍或者更多。当天气变化时，在一天中也会发生较大的变动。优点是它能够在低消耗期间储备备用容量以便维持所用。然而，不利因素是大容量需要转变成可变容量，从而能够快速地启动和关闭，并且能够应付短的需求高峰。短期和长期天气预报是管理天然气系统的主要工具。

9.1.4　公用事业——天然气工业

原油是一种灵活的商品，炼厂可以提供石油的半成品，进而被销售到世界各地。相对少量的原油能够被收存起来，最终出售。装载预销售原油的油轮往返于海上是众所周知的。液化天然气（LNG）的大量运输依靠管道或者海运（参见第 10 章）。在获得任何收益之前，这两种方法都要进行大量的固定资产预投资。正常埋设的管道系统很难挖掘和重新选择路径。在不凝气集输系统、液化和二次汽化工厂、冷冻液输送罐中，一个液化天然气系统需要巨大的投资。

结果是在设计、生产和安装硬件之前，大规模利用非伴生天然气源需要在准备项目的2 ~ 25 年做大量的工作和投资。首先，必须发现潜在的用户，然后必须由用户在确定时期购买天然气的合同担保项目的可靠性，例如 20 年。同时，必须通过钻探辅助评价井和进行测试保证气藏的长期容量，经营者和用户就天然气要确实满足合同中的承诺项目方面提供合理的保证。当然，一旦基础设施在现场就位，另外的用户就容易增加容量的增量，特别是采集备用伴生气，现场恢复非伴生气的使用以及延长其实用性。应该注意到，在美国，在发现天然气地区和存在自由市场的地方已经安装了输气管线，这样少量的天然气也能被采集，然后进行销售。

因此天然气开发更类似于公用事业。虽然天然气价格能与原油价格的变动保持同步，但是一个天然气项目一旦准备就位，它就具有较小的风险，因此其投资返还率也就低于石油项目。

9.1.5 天然气项目

　　天然气开发通常由经营开发小组启动，并且由项目小组完成。一系列开发的生命周期如图9.1和图9.2所示。通过总体设计及可行性的研究可以对大范围的可能选择进行考察，进而确定哪些选择是可行的。开发研究的目的是确定和保证实施和作业过程中都采用最佳的选择（图10.12）。

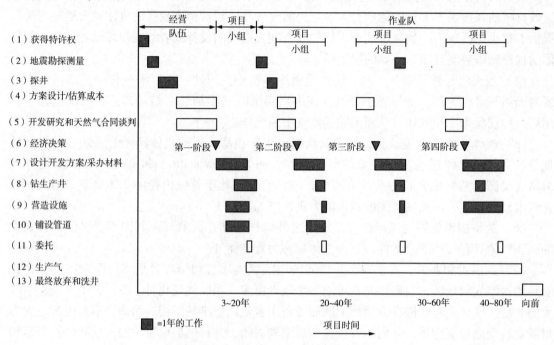

图 9.1　天然气项目实施的生命周期

图 9.2　计划在大西洋进行的海上天然气开发项目（据壳牌公司纳米比亚标准局）
用管道把开发的天然气输送到岸上，处理后再输送到电厂和其他工业用户。通过方案和开发研究
成果确定了准确的管道路径和设施位置

经营者在任何时候都可能有数次开发研究的机会。人们只能发现少量或者几乎不能发现气体存在的信号；只有少量的气体才具有商业开发价值。在开发过程中，资金一旦投入就不会再收回，通称为沉没成本。然而，所有的开发即使都是失败的，也会为经营者提供一些有价值的信息，包括地下的详细情况，这也进一步增加了成功的机会。尽管如此，所有的成功项目必须能带来足够的收益，这些收益不仅包括它们本身的成本，而且还能支付未成功开发所用的成本以及公司一般管理费用、基础设施投资、人员费用开支、研究和开发费用、复员和放弃费用、投资和市场收益。

重要的是承认"即使应用最先进的勘探和评价技术，仍然不能确定储层的内部组成及其结构"。储层的不断开发以及长期的学习研究，使得这种技术上和经济上的不确定性逐渐减少，但是对于已经开发了 30 年或者更长时间的储层来说，仍然会有特殊情况发生。当评价方法趋于保守时，这些特殊情况常常具有积极性，但不总是这样。

在评价和测试期间，对一个气藏的感性认识可能改变。例如，20 世纪 80 年代在秘鲁发现的卡米塞阿气田，最初规划是作为一个油气项目进行生产的。但在进一步评价时发现该油气田主要产气。令人遗憾的是，作为天然气项目达不到经济指标，在条件改变之前放弃了这个项目。

西纳土纳气田是在 1970 年发现的。它是亚洲最大的气田体系，估算储量为 $46 \times 10^{12} ft^3$（常温常压下为 $1.3 \times 10^{12} m^3$），但是含 71% 的 CO_2。主要开发的估算成本为 400 亿美元。经过多年的工作之后，终于达成协议并开始着手开发该项目，但是由于 1998 年的亚洲金融危机而夭折。于是计划了相对较小的开发项目，通过管道向新加坡每天出口 $325 \times 10^6 ft^3$ 天然气。

9.1.6　天然气生产

图 9.3 是一个大型陆上天然气开发的例子。它以一个实际的中东油气田为基础，该油气田（已经开发了 30 年）有几个油藏和一个非伴生气藏。事实上，这个油气田的实际情况比图中要复杂得多。

图 9.3 左下部是具有 500 多口油井的油藏，右下部是具有 20 多口气井的非伴生气藏。

9.1.6.1　石油和伴生气系统

从油井开始，可以观察到原油在气举的推动下从井中向上移动（参见第 8 章），也就是气体压缩进入油井的环形空间，然后利用靠近井底的气举阀注入油管中的油柱内。在井的顶部，石油和天然气混合物进入分离装置，在装置内分两个阶段把压力下降到接近大气压。石油和水从较低压力分离器的底部排出，通过泵进入油水分离器进行油水分离，然后得到的无水原油被输送到使用终端。

天然气从分离器顶部排出，并且在两个阶段内被再压缩到 30bar 和 70bar。这种气的主要作用是提供气举，事实上，以最小损失再重复回注。然而，原油在采出过程中通过溶解可能产生相似量的气，这对气举是多余的。

剩余的气体经过加工变成较重的液化天然气（NGL）。为了生产丙烷和丁烷，或者它们的混合物，在液化石油气（LPG）厂再把 NGL 分离。然后把产品储存并用泵抽入油槽汽车，输送到装瓶厂或者其他大批使用的地方。在分离出丙烷和丁烷后，剩余物是凝析油，将它与原油混合，或者作为一种分离产品出口。

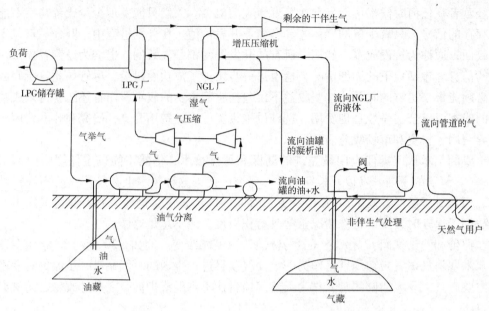

图 9.3　一个简化的陆上油气田示意图

气本身称为"干气"（烃类干气），经过增压器压缩之后，该气体适合于注入天然气系统中，替代从非伴生气藏回收的天然气。此外，来自其他气田的预处理伴生气也在这一阶段进入该系统。

气体的第三个用途是作为气田当地燃气轮机的燃料，为发电机、泵和压缩机提供动力。为了保证气的清洁和处于正常压力下，在燃料气体厂对这种气进行加工（未显示出流程）。从主要天然气系统启动燃料气供应，但是也可以利用设备来收集和处理来自其他厂的低压气，进而作为更经济的燃料来源。

9.1.6.2　非伴生气系统

非伴生气系统比较简单。它在自身能量作用下沿着井向上流，通过井口控制沿着管道流到处理厂。气体在处理时所需下降到的温度值取决于管道中的压力，在管道中的温度和压力下气体全部凝结成液体，然后流出。在此，是让气体通过焦耳—汤姆森（J－T）阀而降低温度，但是还有其他方法。

为了防止形成可能阻塞管道的水合物（参见第 8 章），必须处理气中的水。一种方法是注入乙二醇，它与水化合，随后由乙二醇厂回收。处理过的气从处理罐顶部流出，并进入管道。为了回收乙二醇，在乙二醇厂要对水进行处理。液化天然气被输送到液化石油气厂作为辅助原料。

在所有的气田中都存在上述的一些或全部成分。如上所述，当发现和评价了气田，并且找到了开发气田的市场之后，可以采取灵活策略开发陆上气田。而对于海上气田，由于海上平台和管道的初始投资较大，而且缺少灵活性，所以通常更难以开发。在最后确定项目规模之前，必须尽可能多地进行研究，这可能导致项目延迟，但是也可以使总体方案灵活性更强。遗憾的是，如果预期的气藏不如预测的那样足够大到有意义进行投资，勘探就无价值了。

9.1.7　天然气处理

如何把处理过的天然气送入市场？在图9.4中有几种依赖于输送体积和距离的经济的工艺技术。一些工艺技术仅仅是现在开发的，开发者正在着力于寻找自己的开发场所。输送天然气可以长距离横穿大陆，例如，用管道从俄罗斯把天然气输送到西欧诸国。如果管道需要穿过极深的海洋，如从文莱或者澳大利亚到日本，可以在岸上把天然气冷却并液化，然后用油轮运送液化天然气（参见第10章）。此种工艺就是把气体转化成液体［如中馏合成工艺（SMDS）］。

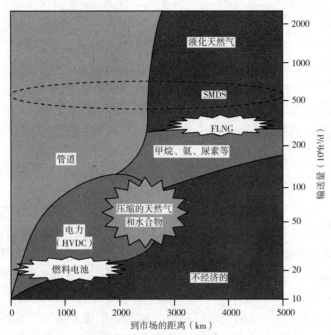

图9.4　一种天然气处理方案（据壳牌国际勘探开发公司标准局）
管道、LNG（液化天然气）和SMDS（气体转变成液体）具有广阔的经济前景。其他的可能是FLNG
（生产液化天然气的浮船）、压缩的天然气和水合物以及SMDS

在气田发电，然后输出电力可能更具有吸引力。然而，交流高压电在长距离输送中容易出现重大能源线路损耗问题，可能不如用管道直接输送天然气经济。而且，在当地使用天然气作为能源具有更大的灵活性和热效率。在当地的电厂中，占总能量40%或者更多的余热常常可以被利用进行局部供热或者海水蒸馏。天然气也可以作为化工原料（例如，生产甲烷或者肥料），也可以为生产水泥、陶瓷和冶炼金属供热（例如，熔化铜或者铝）。尽管如此，目前正在开发一项用架空线路输送高压直流电能源的工艺技术，它的损耗较低，而且在一些环境中极具吸引力。

通常用油轮、加压管道，或者铁路罐车把液化石油气（LPG）运送到用户或者灌装厂。

一个重要的副产品是硫，它是由分离天然气中的硫化氢获得的。燃烧硫化氢违反环保要求，因此把产生的大量硫化氢转化为单质硫，并且出售给生产硫酸和其他产品的厂商。120℃左右时通过泵使液态硫沿着绝缘管线流经很长的距离，用加压热水对流使管道保持这一温度（图9.5）。目前，从天然气中生产出的硫足以供应世界市场，这也就使从其他硫源生产硫的方法不经济。

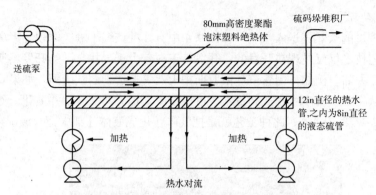

图 9.5 运送液态硫的加热并保温的管道（据壳牌加拿大公司）
在稳定状态，一套泵和加热器能够用于全部管道

我们已经介绍了天然气行业及其工作原理，现在更详细地介绍与天然气及其衍生物有关的工艺技术。这包括下列几个方面：首先贯穿一个油气田或者一个气田的整个生命周期，然后集中到各种普遍的主题。

9.2 勘探

历史上，天然气是由于勘探石油而发现的。发现天然气所应用的技术基本上是勘探烃类应用的技术（参见第 4 章）。当应用地震勘探技术时，天然气降低了地震波的传播速度，产生特征强烈的反射。随着时间的推移，对油气聚集区的情况了解得越多，对天然气的地震反射波特征与振幅认识得越深刻，这就使成功机会增大，例如，它已经使墨西哥湾的成功机会加倍。

如第 2 章所述，在地质时期内，由深层烃源岩生成了石油和天然气，烃源岩含有有机质，曾经称为油灶。现在普遍认为，油灶越深、越热，生成天然气的可能性越大（图 9.6）。但这并不意味着总是在大于生成石油的深度发现非伴生气。石油和天然气从它们的油灶向外移动，侧向移动常常达到数千米，并且向上移动，直到被圈闭在地下储层之中为止。因此，一个油气田也许是地下超过 1km 或更深的间隔内的几个油气藏和气藏组合。

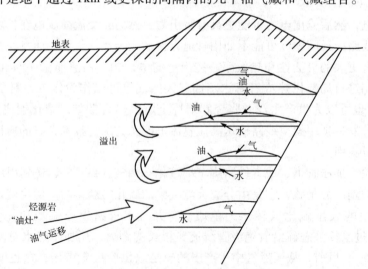

图 9.6 从油灶向油气藏移动的石油和天然气

9.3 储量和开采

重要的是，要牢记所谓的石油和天然气储量就是"具有一定确定性的地质信息和工程信息所表明的，在现有的经济和作业条件下，未来可以在已知油气藏中采出的石油和天然气的数量。"虽然个别国家出于发展经济和保障安全的目的而鼓励勘探，但石油和天然气公司只投资于昂贵的勘探，其目的是为了使公司本身未来产量和可能的增额达到合理的水平。储量将随着技术进步和市场价值的增长而增加。因此，精确地估算出世界的最终可采石油和天然气总量是不可能的，而且也是轻率的。

事实上，在1999年，估算世界天然气储量为 $1580 \times 10^8 \text{m}^3$，相当于 $1420 \times 10^8 \text{t}$ 石油当量。与世界石油储量对比，它相似于 $1410 \times 10^8 \text{t}$ 世界石油储量。在过去20年中天然气储量增加了两倍多，增长速度超过了天然气消耗速度。1999年天然气储量与年产量比（r/p，回注后校正之后）是61年。此外，石油储量与年产量比为43年。由于集中勘探天然气过程中发现的天然气储量远远超过在勘探石油过程中偶然发现的天然气的储量，世界石油和天然气总储量中的天然气储量所占比例很有可能继续增加。

以上数字隐含着供需之间的很大不平衡。具有最大天然气储量的国家是俄罗斯（$48 \times 10^{12} \text{m}^3$ 和伊朗（$24.2 \times 10^{12} \text{m}^3$）。最大的天然气消耗国家和地区是：美国年消耗 $6210 \times 10^8 \text{m}^3$，而 r/p 仅为8年；欧洲年消耗 $3980 \times 10^8 \text{m}^3$，$r/p$ 仅为26年；日本年消耗 $685 \times 10^8 \text{m}^3$，而储量却很少。俄罗斯天然气年消耗量为 $3950 \times 10^8 \text{m}^3$，$r/p$ 是80年，因此它既是天然气的主要供应国，也是主要消耗国。因此，在不久的将来，将会出现大型的天然气交易以满足需求。

9.4 天然气气藏

正如前面讨论的那样，天然气气藏的大小在平面上可以从几百米到数十千米，厚度从数十米到数百米，不渗透盖层圈闭气的机理类似于石油圈闭。气体将不直接穿过气藏流动，为了排泄或驱替所有的天然气，必须在气藏中布井。像油藏一样，气藏可以有多种存在方式，例如，有底水的天然气的简单穹隆（或者背斜层），或者具有油环和底水的天然气穹隆。在水与天然气直接接触的地方，多达20%的可采出气可以溶解在水中。当采出天然气时，随着水不能足够快地移动而驱替气体，气藏压力将下降。气藏中的气体压力将递减，直到不再采出气为止，同样上覆岩层的重力使气藏岩石受到压实。这可能导致气藏之上的地表发生沉陷，最大可达到几米。通常这是一个平缓变化的过程，但是特别在海上，海底沉陷时为了保持与水面的间隙，平台的设计高度必须留出余量。1999年世界天然气储量和产量评价见表9.2。

表9.2 1999年世界天然气储量和产量评价

地区	探明储量 （10^{12}m^3）	年产量 （10^9m^3）	具有 $1 \times 10^{12}\text{m}^3$ 以上储量，或者具有计划的液化天然气方案，或者正在开采的国家
北美洲	6.55	704.8	美国和加拿大
南美洲和中美洲	8.30	121.9	委内瑞拉、墨西哥、特立尼达
欧洲	7.87	295.0	挪威、荷兰

续表

地区	探明储量 （$10^{12}m^3$）	年产量 （10^9m^3）	具有 $1\times10^{12}m^3$ 以上储量，或者具有计划的液化天然气方案，或者正在开采的国家
原苏联	56.68	687.5	俄罗斯、土库曼斯坦、哈萨克斯坦、乌兹别克斯坦、乌克兰
中东	53.05	187.2	伊朗、卡塔尔、阿拉伯联合酋长国、沙特阿拉伯、伊拉克、科威特、阿曼
非洲	10.44	104.8	阿尔及利亚、尼日利亚、利比亚
亚太	14.81	242.7	印度尼西亚、马来西亚、澳大利亚、文莱、中国
总计	157.7	2344.0	—

　　在第 7 章已经讨论了其他类型的天然气藏。对于具有大量有价值天然气液体甚至轻质油和凝析油的湿气藏，必须谨慎处理。如果气藏压力下降，对于气体混合物温度可降到露点之下，液体将冷凝下来，并在气藏中损失掉（参见第 7 章）。因此，必须采用循环方案。在地面采出湿气，分离有用的液化天然气和凝析油并且输出（图 9.7），然后再把天然气回注到气藏之中以保持压力，例如，阿曼南部的拜尔巴气田。

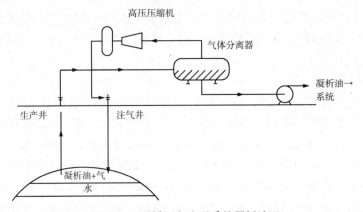

图 9.7　用再循环方法开采的凝析油田

　　正如已经说明的那样，利用天然气通过油管的气举方法能够提高石油产量，还可以把天然气回注到油气藏中油之上的气顶内以保持压力。在一些碳酸盐岩储层中，注入的天然气能够与储层中裂缝之间岩石基质中的油混合，然后这种油被顺层向下驱替直到采出。这种现象被称为天然气重力驱油。

　　当上述方法达到它们的经济极限时，经营者所拥有的是注水油藏或者约 50% 的剩余油，但是仍然处于其泡点。因此，如果气油比高，大于 600ft³/bbl，仍然还有大量天然气。通过泵抽出储层中的水能够采出这些天然气。一个典型例子是北海的布伦特油田。为了加速采油，用高压气注入的方法开采油气长达 25 年之久。在 20 世纪 90 年代中期石油产量下降时，为了适应扩大的天然气产量要求，对 4 个平台中的 3 个全部重建。其中涉及更换组成平台甲板的大部分 800t 模组，以便提供需要的设备。每天大约从油田中泵抽出的水量为 1×10^6bbl。

油气藏的一个临界性质是储层内的烃类压力。该压力随着天然气的采出而下降，并驱动气藏中的气体到达井口、通过管线和到达设备，在设备中可以利用压降来冷却气体使其与液体分离，然后通过管线输送到用户。通常管线的运行压力大约为70bar，但是在密度流区更经济的运行压力为130bar（当压力超过气体临界点时出现密度流，在这种情况下的天然气比理想气体的可压缩性更大，因此占据较小的体积）。

图9.8给出了一个典型气田在其开采期限内的储层压力曲线。首先假定，10～30年有充足的压力满足需要，但是此后，每口井的流量将减少，并且最终储层监测表明该气田将不能通过管线交付天然气，满足不了合同规定的最高值或者其他需求。为了延长该气田的开采期限，可进行一系列测试：

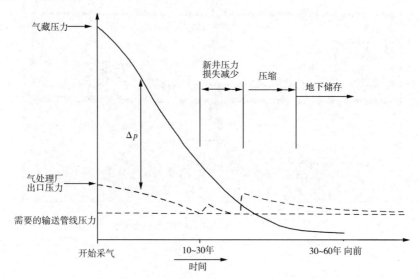

图9.8 一个典型气田的开采期限曲线

Δp 是气流从气藏经过油管、井口流量控制（阻流器）和经过处理设备的压降。

剩余压力能够用于透平制冷发动机/发电机（图9.12）

（1）为了驱替气藏中未排泄的或者未扫过的部分，可以钻补充井。

（2）可以用较大直径的油管对现有井进行重建，假定用7in直径油管代替5in或者3in直径油管。

（3）用较大直径管道代替油气管线。

（4）可以把处理设备更换成冷却需要更少压降的设备。

（5）可以安装压缩机，把处理气的压力提升到需要的管线压力。

（6）可以在附近找到一个抽空的气田用于储存。在低需求期可以把主要气田的气注入该储气库中，在高需求时期从主要气田和储气库中采出。

现在的观点是，当气藏压力接近40bar时，该气藏可以报废。然而，根据需求，开采储层可以继续创造价值，直到需要大修或者投资使开采低于经济指标为止。

9.5 地下储气库

大多数常见的地下储气库是利用已经采完的气藏，或者用盐或坚硬岩石形成的洞穴。地下储气库目前的有效储气容量大约占世界气体消耗量的13%。在低需求时期，从主要气藏采出的气通过供气网被压缩进入储气库。在高需求时期，为满足用气高峰的需求，把储存的气再输入供气网中。例如，在荷兰的阿尔克马尔、诺赫和赫赖普斯凯尔克开发了3个这样的储气库，它们都接近大格罗宁根气田。压缩机是主要设备。在诺赫有两台压缩机，用一台40MW电动机带动，在290bar压力下注入额定量为 $24 \times 10^6 \text{m}^3$。采出气在储气库中可以改变其技术标准。若超出技术标准，会有 H_2S 产生，并且不同标准的气可以混合。因此，在气体的交付环节需要做进一步的处理（图9.9）。

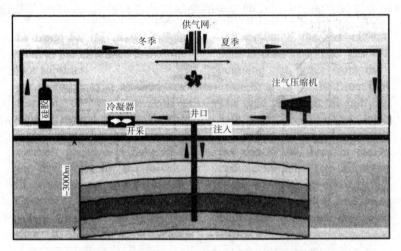

图9.9 地下储气库示意图（据荷兰 Aardolie Mij）
在夏季，由供气网充满储气库。在冬季用气高峰期，把储气库的气再输送到供气网

9.6 气井

气井在技术上类似于油井，有套管和油管以及井口装置和控制器。它们在机械上更为简单，但是为了适应来自气藏各区的高流量气，常常直径较大。直到最近，对于开采高温高压气的深层气井，原来确定的井口装置限定为5in，但是最近改为7in。大容量的需求使利用可张开的管形套更具有吸引力。常规井使用的套管是内部互相套叠的，并且通过水泥黏合抗压力。然而，通过向下对套管泵送芯轴，使具有膨胀管的每个管状套管膨胀抵在前一个套管上。因此，气井在给定最后油管尺寸的情况下或者变薄和较便宜，或者选择其一，使用常规的20in直径的表层套管，这样会存在一个更宽的安装空间，因此油管的性能更高（图9.10）。

在深层的相对致密的低渗透气藏情况下，为了获得更多的气，钻大直径的水平井可能更经济。通过对气层岩石进行过压

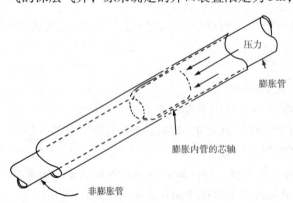

图9.10 膨胀管工艺（据壳牌国际技术投资公司）
该项工艺在井中有几个用途，对于套管和割缝衬管起阻止砂进入井中的筛管作用

压裂，并且泵送小直径陶瓷念珠支撑裂缝能够进一步提高产能。因此能提高气井的 6 倍产能。

部署"聪明井"可能更具有吸引力，它是在井底安装永久性测量仪表，因此去除了在生产期间在井底测量的需要。在高的气流量下，砂常常进入井底，因此磨损部件经受着沙石的磨蚀。为了防止磨蚀，气井常常与长半径的弯曲气管线连接，这在简单的肘管中常常出现。

有趣的是，可以用导线下入电视摄像机来观察和检查自喷气井。能够观察到油管和进气口的填充情况，以及小液滴随气流向上流动的情况。

9.7 生产和现场管理

为了保证气藏的长期生产和完整性，对伴生气或者非伴生气气田进行了管理。必须使收益最大化和不利的环境影响最小化，特别是在使用周期内控制成本，并且符合或者优于达成协议的健康、安全、环境和保障标准。

气田需要有与油田相似的机构，以保证实施常规的井监测和维修作业。相邻的油田和气田可以共用一个机构。生产和气藏动态需要专门工程师进行监测，检测通常是在与气田通过网络连接的中心办公室进行。通过应用计算机软件系统，对越来越多的气田和凝析油田进行监测和优化生产运行。这些系统尽力集成，它们使用一个公用关系数据库，一个气田和凝析油田的三个主要部分是用一个系统模拟的气藏，以及用一个二级系统模拟的管线网络和压缩系统。经营者能够优化他们的资产价值，并在一致的基础上评价不同的方案和减少风险。标准参数如下：

（1）最大的气田产能。

（2）年生产能力。

（3）日常合同流程。

（4）波动系数（包括气需求的变化或者波动）。

（5）预测的气藏和井口压力。

（6）压缩机系统的最小压力。

（7）改进的瓶颈和选项。

（8）第三方气的空闲生产能力。

在没有液体输出需求的地方，一个气田（与小型简单油田相似）可以在没有固定员工的情况下运营，由控制系统管理中心进行监测。视察无人管理气田将取决于维护方面的考虑，但是标准可以为每周一次。为了预测天然气的需求和质量维护，需要与客户保持有规律的联系。

9.8 气田或者海上设施

正如图 9.3 中显示的一个标准气田一样，油气田的设施可以包括以上显示的一些或全部部件。基于操作和成本原因，期望设备尽可能简单。同时，附加的复杂性是必要的，例如：可以启动的旁路管线；进行清洗和维修的排放口；燃烧设备，以便在紧急情况下可以点燃和关闭；不同的阀门尺寸等，可以关小开关（例如，流量减少），有时降到设计能力的1/10。

还需要一个控制系统，现在使用计算机控制和到中心控制台的遥控报警系统。然而，用当地的气体仪表回路仍可以控制简易装置，有时使用这些气体本身作为设备的动力。一个陆上气田将需要道路和/或机场以及港口、电力、供水和排水系统、维护设施、操作人员的办公室和起居设施。在海上，所有这些设施将需要适应于一个或者一系列固定或者浮动的平台或者停泊船的要求。

9.8.1　气管线

一般用 4～8in 标准尺寸的高压输气管线把从气田中不同气井中采集的气输送到一个或多个处理厂。在岸上，正常情况下这些气管线可达到 2km 长，但是为了与小型气田连接，最长可以达到 10km，为了保护管线通常把它们掩埋起来。海上的管线可以把平台上钻的定向井与相同平台或者邻近平台上的处理厂连接起来。任选其一，这些管线在海底可以是几千米长，它们从海底井（例如，安装在海底的井）或者从管线汇合处到中心平台，后者可以离开浅海数十千米（图 9.11）。

9.8.2　具有多相流的卫星技术

现在已经把这项技术用于陆上小型卫星气田、海上深水小型气田和大型气田的经济开发。

陆上，对于一个新的小型气田而言，必须维持装置尽可能地简单，并且使用相邻采油站任何现有备用的处理能力以达到经济开发的目的。此外，在油田如果不分离和点燃气体，气体更易于采集和使用。

海上，在海底气田或者海底的水下管汇处理油气是行不通的。因此，在岸上进行处理，更常见的是在具有新的或者有效处理能力的平台上进行。极深水中井的油气可以流向浅海中安装成本不高的平台［图 9.11（b）］。对于挪威海上特罗尔油气田，通过一条管线把全部油气输送到岸上的一个大型分离处理厂。

在这两种情况下，在现场不分离油、气和水，而是混在一起通过一个多相流管道流到处理厂（参见第 10 章）。然而，对于油气田，一些功能仍然是必要的，例如，用于储层管理和增加低产井产量的单井产能测试。把这些井连接到一个多端口选择器阀门上，该阀门可依次分配一口井进行测试。该仪器是已经开发的测试多相流的几种类型之一，例如，使用气体微量文丘里流量计。不可能使用标准泵或者压缩机来提高液体混合物的流量。因此，目前正在开发三类多相增压泵，每类都具有不同设计的轴向回转叶轮或者螺旋桨推进器，它们将有效地抽取气、油和水的混合物。

9.8.3　处理和分离厂

这些部门的工作原理遵循下列给出的一种或多种：

（1）冷却湿气的物理方法，以便液体冷凝下来，并且被清除。

（2）化学方法，气体被混合，并且与清除杂质的其他化学制剂反应，有时使用催化剂。

（3）使用分子筛和隔膜处理。

过程和设计选择的基本原理是保持能量便于后来使用以及减少或者回收压力和热能，不论来自处理规程或者输入电力的过程。

9.8.3.1　冷却

冷却的传统方法是通过 J－T 阀，气体膨胀通过 J－T 阀，之后压力下降使气体冷却，冷却后的温度比规定的出口管线最低温度低 5～10℃，然后气体进入一个低温分离器，在那里

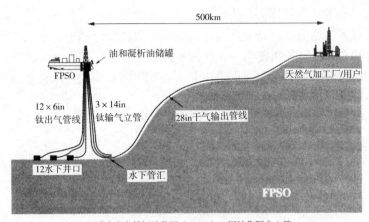

（a）浮式生产储卸油装置（FPSO），用钛作隔水立管

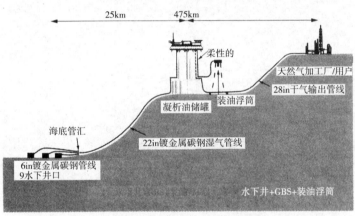

（b）主要设施安置在方便的浅海中更实用的混凝土重力基座上

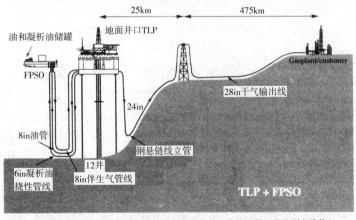

（c）张力腿平台可以使井在它的台面上安装井口装置（便于井监测和维修）

图 9.11　海上油田向外输出气体和液体的不同方式
（据壳牌深海服务公司）

液态天然气和水冷凝下来并且被清除，然后干气回到热交换器进行循环以便预冷进气和加温。这种方法的主要不足是气体会损失压力，并且需要再压缩。

更能使能量有效利用的方法是使用透平膨胀机。气体膨胀通过一个汽轮机，在其进入低温分离器之前冷却自身。汽轮机能与一个压缩机连接，压缩机再压缩气体仅损失总压力中很小的一部分压力，或者，如果不需要压力恢复，透平机能够驱动发电机发电（图 9.12）。

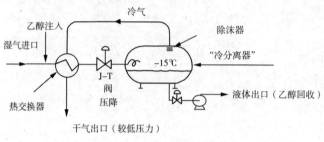

（a）J-T阀的使用

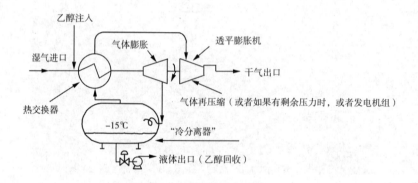

（b）透平膨胀机的使用

图 9.12　用于低温分离的 J-T 阀和用于低温分离/
发电的透平膨胀机

只有在气体压力足够高，膨胀使较重组分浓缩时，才能应用这些方法。然而，如果进气的压力低，假定小于 50bar，必须使用一个外部机械制冷装置使气体冷却到规定温度。

还可以使用床层工艺。气体流动穿过一个硅胶床层，通过吸附除去其中的烃类和水，然后吹入热干气使床层再生。一个氧化铝床层将作为仅除去水的分子筛。后面的工艺易于启动实施，并且容易在高操作比（产量的变化）的状态下运行，而且对于可变操作和时断时续的操作也是很有用的。

9.8.3.2　脱水，乙二醇厂

从井中产生的气体通常饱和着水，其中低温甲烷能够形成水合物，这些固体物质将堵塞管线和阀门，并中止装置的运行。把乙二醇注入装置的上游气体中，在那里它与游离水化合。当水与气和液态天然气分离后，水穿过再沸器，再沸器内乙二醇被分离和再循环重新利用。乙二醇装置常常是气体冷却系统中最不稳定的部件，所以操作者最需要注意此处。也可以使用一个乙二醇接触塔（气体上流穿过下流的乙二醇）提供效率更高的方法，而且，如果用两相流气管线输送液态天然气，这是一个更好的选择。

一些系统使用甲醇防止水化物产生。把甲醇注入冷却系统的上游，它与水化合。随后，在汽提塔中注入原料气，用汽提方法从液体水/甲醇混合物中回收甲醇。从该塔底部回收纯水，饱和蒸汽的甲醇从塔顶再次循环返回主气流。

9.8.3.3 硫化氢/二氧化碳净化厂

硫化氢与水作用产生腐蚀酸，而且毒性很大，因此需要将其除去（参见本章第9节）。它燃烧后将产生不合乎环境要求的二氧化硫。去除硫化氢的一种方法是让气体通过一个带有蒸馏泡罩的垂直压力容器，以便很好地与胺溶液或者热的钾溶液接触。另一种方法是 SUL-FEROX 或者 LO – CAT 方法，使用一种溶剂——液相催化剂，从而生产出能够出售的单质硫。

当使用胺装置时，必须安装一个克劳斯装置把提取的硫化氢转化成硫，对于大型装置，要安装 SCOT 尾气净化装置以便除去来自烟道气的微量二氧化硫。通过在一系列反应器中使硫化氢与空气发生部分氧化反应，克劳斯装置把硫化氢转化成了硫。

如果只有少量的硫化氢，假定小于 $20\mu L/L$，可让气体通过氧化锌床层消除硫化氢气体，但这是一种昂贵而逻辑上困难的方法。当床层要有效地除去气体中所有的硫化氢时，则有一部分气体绕过床层只产生正确规格的产品和延续床层的有效期限。

二氧化碳不是危险的毒性气体，尽管它在低浓度下是一种窒息剂。它减少气体的热值，并且与水作用形成腐蚀酸。在 LNG 厂液化之前，先用胺装置，再用分子筛清除二氧化碳。

9.8.3.4 氮气

氮气是惰性气体，而且难以消除。通常氮气被保留，但是它降低了气体的热值。的确，有时哪里需要低能量气体，就添加氮稀释高能量气。从空气分离器能够获得氮。

9.8.3.5 汞

常常在储层中发现少量高浓度的汞，汞是一种污染物。因为汞将损害铝质低温热交换器，在气体进入 LNG 厂之前必须将其除去。使气体通过一个装有吸附剂的床层能够除去汞。用完后以环境允许的方式处理掉这些吸附剂材料。

9.8.3.6 来自重组分的其他污染物

这些污染物包括可制作筑路沥青的沥青质和小金刚烃，它是坚硬的晶体化合物，当存在重组分时，它在干气管线中形成。后一种问题在墨西哥湾和别处的气体系统中已经出现过。从气体中清除这两种化合物是困难的，而且清除需要冲洗气管线。

9.8.3.7 压缩

一台气泵对于液体来说是具有同等功效的，因为它同样可以提高液体的压力。与泵相似，压缩机一般分为两种类型（图9.13）。在往复式空气压缩机中，活塞上下往复推动气体通过阀门进入高压管线。在离心式压缩机中，转子或者高速旋转的轮子产生的向外离心力给予气体压力能。压缩机与泵的本质区别在于压缩机只适用于可压缩流体，并且不能用于处理流体，否则将引起不稳定和维修费用很高的机械故障。因此，压缩机有冷却器和分离器，以便在处理时清除产生的任何液体。

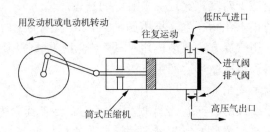

（a）往复式压缩机

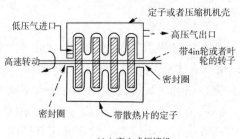

（b）离心式压缩机

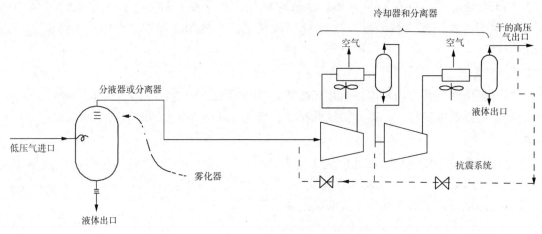

（c）离心式压缩处理厂

图 9.13   气体压缩

在一个炼厂工艺中或者气体处理厂的下游，压缩机通常以一种设计相对密度运行（即气体相对于空气的密度，假定 0.8）。然而，对于气田，由于井随着不同的预定合同规定而变化，白天与夜晚之间的温度变化以及操作者的控制等，该相对密度变化非常显著，特别是对于伴生气。在设计开始之前，在高压气缸中慎重采集来自测试设备中的代表性气体样品，以便在实验室用色谱法进行分析。同样也经常进行一个小型实际测试，在测试中让气体和液态天然气在不同压力下达到平衡，并且测试气相和液相的性质。根据测试得出的气体的技术要求进行设计。然而，实际上气田中被压缩的气体与设计中的技术要求是不同的，这种情况很常见。因此，灵活性设计是必需的。

往复式空气压缩机更适合于气体排出容积最大为 $300m^3/h$ 和动力消耗最大为 $750kW$ 的情况。它们的质量大，运转相对慢，而且能够产生令人不快的噪声和振动，特别是在海上平台上。通常用柴油机、汽油机或者电动机驱动。润滑是潜在的问题，而且它们需要相对较高的维修量。

离心式压缩机能够处理较大的容积和较大的动力。它们需要高速旋转（10000～25000r/min，这使它们适合采用燃气轮机和/或电动机驱动，进而保持相对较高和较平稳的机械运转。在一个气田中，通常需要压缩大量气体，从 5bar 直到 30bar 和到 70bar。这需要一个复合式空气压缩机房。气体透平机通过齿轮箱驱动压缩机，齿轮箱可以变速。压缩机由匹配在一个轴上的彼此分离的 3 级叶轮组成。进气首先通过一个容器以便消除任何液体或者液雾（也许是已凝聚的蒸汽），然后是每个部件之间和装置的末端，气体通过管线进入一个冷却和一个分离器，温度降低到 70℃ 以下，以便消除任何凝聚的流体。

一旦在试投产（启动）期间解决了所有问题，离心式压缩机的运行就比较稳定，所需维修也最小。处理可压缩气体，如果压头增加而流量减少，离心式压缩机就处于波动逆流的状态。因此它们需要一个抗波动系统进行防护，该系统下气体可再循环于任何有波动影响的阶段。

两项新兴的压缩机技术正在用于提高单井气流的压力、气体喷流压缩和井下压缩。如果一些气田的井正在以比其他井组低的压力生产，这些技术是有用的。如果低压井与较高压的井组合并组成系统，则这些较低压力井的产量将损失掉，或者较高压力井将必须抵制其产量。

气体喷流压缩机没有移动部件，通过一个刚好插入文丘里扩散器上游低压流中的喷管喷射高压井的气流。动量从高压流转移到混合流中，然后再转回进入文丘里管中，增加到中等压力。通过在储层面安装一个井下压缩机完成井下压缩。提出这个方案是当井口压力一旦不足时，通过推动气体沿井上流合并到地面再压缩以便延长气田的开采寿命。电动机驱动动力压缩和燃烧驱动脉冲压缩是要实施的技术方案。

9.8.3.8 液化石油气厂

液化石油气厂筛选要求的丙烷和丁烷比率，通过在蒸馏塔中特定的温度和压力下处理液态天然气得到液化石油气，然后把液化石油气用泵输送到埋在地下的储罐中，或者有其他保护措施的压力容器中储存，至公路、铁路或者轮船运输为止。离开运输罐后的气体可以被压缩后应用，并且浓缩下来的残留物可以返回到原油中与其混合。

乙烷一般留在天然气中，但是当浓度高（如超过 10%）时将天然气冷却到需要分离液化石油气的温度之下才能够消除乙烷。因此分离出的大量乙烷可作为附近工厂生产乙烯的原料。于是这些厂趋向于接近工业市场，利用集气系统提供大量经济原料气体。

9.8.3.9 计量系统

一个计量系统往往是天然气处理厂的最后部分，它计量通过测漏检测管线的气体量，并且计量通往处理厂和用户管线的气体量。通常用孔板流量计计量气体流量。主要部件是一个孔板，它有一个小于管径的陡边缘的孔。通过这个孔板的气流使孔板上下产生气流压差。该压差可被测量，并且把它转换成能记录的气流量。应用 ISO 5167 标准，在稳态条件下，预期的体积精度大致为 1.0%。在不够理想的条件下，不准确性增加到 2.0%。

根据任何供应合同中与客户之间的关系，计量系统能与复式计量仪系统以及检验和标定装置相组合。现在还引入了涡轮流量计（其中气体转动一个叶轮）和超声波流量计（使用超声波信号）。

通常紧急事件时可以关闭阀，使处理厂设备与刚好在计量仪下游的输出管线相隔离。如果用外加电流对管道进行阴极保护，那里将有一个电绝缘法兰来电力隔离处理厂钢板与管道中的钢板（图9.14）。阴极保护是一种方法，该方法是利用电位的负位移来抑制钢的腐蚀。该位移是由于电镀焊到锌阳极上的管子或者从整流器供给外加电流而产生的。

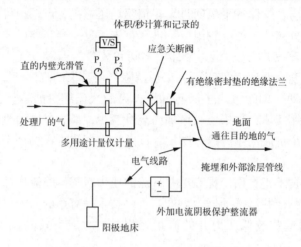

图9.14　管线接点和计量示意图

该系统有 3 个主要部件：（1）复合计量仪。流量孔板需要直的内壁光滑管，以便有层流。（2）由装置的应急关闭和管线检漏系统启动的应急关断阀。（3）外加电流阴极保护系统。根据土壤电阻率和管线涂层质量，一个整流器最多能防护40km长管线

9.9　腐蚀和材料

正确选择材料和控制腐蚀，对于在使用期限内，提供一个高度安全、完整性和最低成本的天然气运行系统具有重要意义。天然气能够使井内壁、处理设备、连通管道网和主管道发生腐蚀。它们一般用碳钢制成，从化学的角度讲容易受到天然气中杂质的影响。使用碳钢是由于其经济、不易磨损以及易于制造及焊接。杂质产生的酸性环境可引起内部化学腐蚀，例如，二氧化碳和从气体中分离出的水中溶解的硫化氢。作为一种保护措施，或者是把气体干燥去掉水分，或者用化学缓蚀剂处理采出液以限制腐蚀损害发生的速度。

硫化氢的存在还能导致硫化物应力腐蚀破裂（SSC）和/或氢致开裂（HIC）。前者在高强度的硬钢中最常见。屈服强度小于 80000psi 的钢一般不会遭受硫化物应力破裂的危险。后者包括表面腐蚀过程中由钢杂质与吸收的氢反应产生的内部裂缝，在加工期间使用特种炼制方法能够控制氢致开裂。部分管道钢易于遭受这类腐蚀。

为了减少钢设备外表面的腐蚀，可对所有的暴露表面使用保护涂料或者塑料涂层。被涂层的地面管道和设备，例如，管道工程管和管道可以在其涂层上开孔，因此应该辅助进行阴极保护。使用像超声波那样的技术有规律地对设备（如管道工程管）进行探查，以便检查

管壁剩余厚度是否符合设计值。对于管道可利用器械（智能清管器）对其进行检查，把该器械泵入管道，检查管道内外部的腐蚀状况。这样的检查为延长使用期限后设备或管道的安全运行提供了保证。

在特殊环境下，如果碳钢所需的抗冲击韧性和延性下降，将会发生突然故障。因此，在干燥处理或者处理厂放空期间，每当气体突然膨胀引起低温时，需要使用特殊的低温钢。

用可替换的结构材料（如不锈钢）防止管内腐蚀，但是，当它们用作固体材料或者碳钢支撑材料的内部涂层时，则是昂贵的。钢镀层技术已经用于海底井的输送湿气的水下管道或者生产管汇 ［图 9.11（b）］。

由于非金属管道的耐腐蚀性和质量轻，油田正在逐渐采用这种管道。聚乙烯管被广泛用于低压气体采集和分配系统。聚乙烯衬垫已经被用于油和水管道的新管道内部防腐和腐蚀后的更新维修。现在这项技术正在被引入输气管道的应用中。

目前，有些国家还把玻璃纤维增强环氧树脂（GRE）管用于输气，例如，德国、美国、加拿大和荷兰。使用 GRE 所担心的是它比钢脆，在运输和作业期间有发生机械损伤的可能性，以及接头气体的密封性和缺乏常规的检测技术。

由于对 GRE 不能像对钢那样进行粗略的处理，需要开发不同的安装技术。然而，慎重地进行能够达到令人满意的安装、埋设、测试和作业。在荷兰达伦成功地安装了一条长 53km、直径 6in 的管道，经过 120bar 的压力测试后，已经在 15bar 压力下运行。随后，计划用它在 80bar 压力下供水。

可以泵入"流涂"，它能够附着在钢管的内壁上，以减小内表面的粗糙度，因此明显地增加了管道的气容量。

9.10 健康、安全和环境

9.10.1 健康

纯净的天然气对健康的损害很小，除非像其他气体，当其在空气中的浓度足以置换氧气时，能引起窒息。正如在本卷中别处介绍的那样，一种常见的污染物是硫化氢（H_2S），它是极其危险的，对健康影响的严重程度随浓度增加而增加，浓度为 $10\mu L/L$ 时对眼睛具有刺激性，超过 $1000\mu L/L$ 时能使人立即昏迷或者造成永久性损伤。特别值得注意的是，当浓度超过 $50\mu L/L$ 时，能使人丧失嗅觉，因此这种特殊的"臭鸡蛋"报警气味也就消失了。H_2S 比空气重，并且易于在小山谷、沟渠竖井和容器内集中。H_2S 中毒是天然气工业中出现伤亡的一个主要原因，因此有 H_2S 的所有场所都应该安装气体检测器报警设备，进行规范检查和宣传各种安全措施，配有培训合格的员工。

来自储层的两种其他危害健康的物质是汞和低能级天然物的放射性。来自一些储层的汞的量很小，最后集中在分离器和除沫器的底部。它能够通过小的排放管进入采集罐中，然后安全地处置掉。在发现汞的地方，最终装置和管道都被污染。

天然物质的放射性出现在少数储层中。低能级的放射性集中在管道和处理设备的内壁上。当改型或者最终拆除这些设备时，就会发生潜在的危险。员工将需要特殊的防护，而且，如果放射性超过规定的界限，必须对这些部件进行特殊的处理。

9.10.2 安全

认识天然气潜在危险，控制它们出现的概率或者后果，以达到可接受程度，就能够确保天然气的安全性。在爆炸下限（LEL）与爆炸上限（UEL）之间，当天然气与空气混合时，在特定低浓度下能够形成可能的爆炸混合物。如果与空气的混合达到燃烧低限（LFL）和燃烧高限（UFL）之间的浓度，则它能够在渗漏点起火燃烧。这些限度值对于所有天然气来说极其相似（5%~15%），而且范围很窄，因此比合成气更安全。在这个范围之内，一个明火或者强火花就可以点燃天然气，但是需要能量达到范围的上限。天然气与热表面接触时会出现引燃，要求其温度必须超过700℃。在一个露天装置中，天然气通常快速扩散。然而，在海上的封盖平台上，会发生单一爆炸，并且液体汽化、膨胀蒸汽爆炸（BLEVE）能够引起严重损坏。后者是由于火焰冲击到含有液化气的容器上而产生的。所有封闭处所或者海上的安全规程都要求有充足的通风量。图 9.15 是因果关系图，显示出如何通过系列预防措施预测和防止灾难发生。行业中的一些大公司，如英国天然气公司、壳牌公司和其他公司为了最大限度地进行安全生产，花费了大量人力物力对系统和实际的安全问题进行开发和研究。

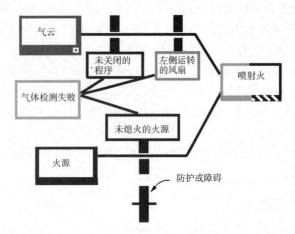

图 9.15　判明 HSE 事故原因的示意图（据壳牌公司国际勘探和开发标准局）

判明事故原因的特里波（Tripod）理论声明：事故通常是多原因的事件，而且在大多数情况下，直接原因是由细微原因（潜在事故）的影响引起的，在事故发生数月或者数年之前，在机构中就已经存在这些细微的事故原因了（详细情况见 EQE 国际网站：http://www.eqe-tripod.com）

尽管如此，大量的宣传表明仍然会发生严重事故，但是大多数天然气设备，在全部使用期限的运行中，只有少数泄漏，并没有火灾和爆炸发生。火灾和爆炸需要一个点火源。因此规定了危险场所的全部电气设备必须有详细的说明，并且其结构必须达到避免火花和点火温度的标准。通常把用燃烧器加热的装置安装在远离气源的地方，除了气体燃料本身。全部生产区都用气体和火警信号检测器进行预防，当出现危险信号时，气体和火警信号器将关闭设备。最重要的安全措施之一是在紧急事件中消除处理厂中的气体和阻止更多的气体进入。因此，为了隔离，在井的输送管道进出口和处理厂主要部件之间安装紧急关闭阀。在紧急事件中，用关闭系统（一个分离的仪表测试系统）启动这些阀，或者，如果关闭系统失灵，为了保险，阀门将自动关闭。然后根据紧急事件的类型，通过火焰的安全泄压系统放空或者吹散隔离区的气体。火焰和安全泄压系统一般包括处理厂中大直径管道工程管的主要部分。通常使用的 API 规范就是该系统必须能够把处理厂的压力降至 15bar，例如，在一刻钟内从 70bar 以上降到 15bar。

在系列规范标准中介绍了安全设计和安全操作的要求，例如，石油学会的安全规章法规中的1～16条，它包括危险区分级的、特定的、综合的规范。

已经显示出，在管理操作水平上的无知和自满是天然气和其他行业中发生意外事故的主要原因，其中一些已经成为众所周知的死亡事故（图9.16）。一个正确设计、建造和维持的工厂，用 HSE 管理系统管理的强有力的领导层，有能力和经过良好培训的员工，熟练而规范的操作，维修和 HSE 工艺规程，以及鼓励操作者熟知操作规程的激励机制，是安全、健康和环保操作的关键必要条件（图9.17）。

为了保证完全符合要求，HSE 管理系统和定期检查实施及操作是很重要的。

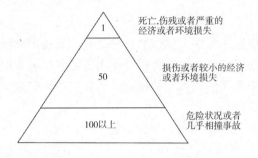

图9.16　事故三角图

过去数年中的不同研究产生的三角形具有相似的比例，如图所示。该图显示的信息是一些大量的不安全状况或者侥幸避免的事故将引起的损害或者损失。少数这些损害或者损失将非常严重，或者是代价惨重的。因此，如果减少不安全状况或者幸免事故，那么将减少严重事故的数量。探究和纠正不安全状况或者幸免事故的原因，以及使用特波里那样的技术（图9.15）和检查方法（图9.17），就能够减少严重事故的发生

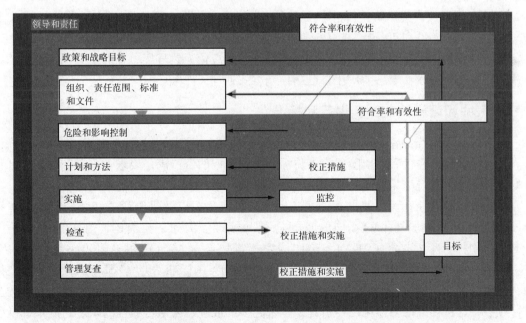

图9.17　一个 HSE 管理系统和反馈回路（据壳牌公司勘探和井发标准局）

HSE 管理系统的各方面需要检查，评价和改正的反馈，以保持其有效性和提高它们的效率

9.10.3 环境

所有的烃类燃料在燃烧时都产生二氧化碳和水。由于具有较高的氢与碳原子比值，天然气每个能量单位产生的二氧化碳比重油或者煤的少，即每吨油当量的天然气产生 $2.3tCO_2$，油产生 $3.16tCO_2$，煤产生 $3.8tCO_2$。此外，天然气中的杂质能够有选择性地且相对容易地被除去，并且通过燃烧可以完全转化，从而使废气中的颗粒物质较少。因此，天然气是化石燃料能源的最佳选择之一。如果允许排放的话，天然气中的主要成分甲烷和乙烷，将会像 CO_2 一样大约增加 21 倍的温室效应。因此，需要限制甲烷和乙烷向大气排放。特别是，在不适合采集和使用少量天然气的地方，应该用火炬燃烧掉这些气体，不能直接排放到大气中。

9.11 天然气标准

或许令人惊奇的是，目前还不存在天然气的成分及其产品的国际标准。原因是，在处理不同来源的天然气使之达到高于用户运输或者最终使用所需要标准方面不存在有利条件。在供应商与用户之间商议特定来源天然气供给的标准，尽管它们可能是同一作业公司的不同部门。涉及的主要方面如下：

（1）测量，校准和方法。使用的精度和单位，设备的产权。

（2）气体质量。交货地点和压力、热值、温度、沃布指数（对通过一个板孔的能流速度的计量）。

（3）杂质。氧气［典型地，最大为 0.5%（摩尔分数）］、惰性气体、二氧化碳和硫（全部硫化物）。

（4）烃的露点。为了防止管道中的液态烃凝结，一般为 –3℃ 和 70bar（方法见以上的处理设备）。

（5）水的露点。为了防止管道中出现水滴、形成水化物和腐蚀，一般在欧洲为 –8℃ 和 70bar，在美国为 0℃ 和 70bar，在温热地带该值会更高。

在用户有特殊质量要求的地方，例如，对于一个液化天然气厂，在那里必须消除全部杂质，而用户一般喜欢在自己的厂用自己的控制方式处理天然气。

9.12 气井和设施的批准、规范和标准

许多国家要求经营者提供经过许多指定认证机构之一批准的设计、结构和作业的补充说明。在其他地区，经营者的风险承担者将需要担保他们的资产满足要求。不管怎样，井和设备的设计、建立和操作需要与一贯的规范和标准相一致。

在拥有大型石油和天然气勘探公司、生产和供应公司以及供给设备和装置行业的国家中，已经制定了油气技术的不同的常规规范和标准。例如，在美国，有美国石油学会（API）、美国天然气协会（AGA）、美国国家标准协会（ANSI）和美国防腐工程师协会（NACE）的标准；在英国，有英国石油学会（IP）和英国标准学会（BSI）的标准；而在德国，有德国工业（DIN）标准；在俄罗斯和中国也有其他相似的标准。在一个日益增大的全球行业中，这种标准的多样化已经引起了越来越多的混乱、公众可靠性的缺乏、质量标准问题以及附加成本问题，同样供应商制造出的设备也符合不同的标准。

幸运的是，到 2003 年，国际标准组织（ISO）一直致力于美洲、欧洲（CEN 标准），和

所有主要国家及油气区的标准的一体化工作，该工作具有真实的竞争目标。当然，在那之后，这些标准仍将需要保持更新。针对石油和天然气行业的材料、设备和海上结构的 ISO/TC67 适用于天然气行业。该标准代表着 24 个国家或地区，包括巴西、中国、法国、德国、印度尼西亚、伊朗、日本、荷兰、挪威、沙特阿拉伯、瑞典、俄罗斯、英国、美国和委内瑞拉以及大型石油和天然气公司、大型服务公司和设备供应商。

一体化标准正按照计划进行，特别是一体化现行技术规范方面，尽管在说服一些地区部门方面还存在很大的挑战，改变是本质上的，但不构成对企业经营的威胁。该目的是把国际标准用于全部设备的规范和设计，它们外加了必要的最小偏差以便适应当地和企业相关的要求和经验。值得注意的是，现有的标准化对于行业制定的成本节省以适应油气价格的波动是有贡献的。

9.13　甲烷的其他来源

从长远观点看，有两个甲烷来源可能提供新的大型天然气储备和延长行业寿命。

9.13.1　甲烷水合物

在自然界，在水下超过 300m 深度的地方，在高纬度地区永冻层之下和水下火山的侧面已经发现了甲烷水合物。化学上，甲烷水合物是甲烷分子被约束在一个水分子"笼子"中的笼形化合物，按质量计大约有 15%（参见第 8 章）的气体。它是由细菌排泄的生物甲烷形成的，这些细菌消耗进入海洋中的有机质，而且天然气已经从地壳中的气藏内运移出来。

当水合物解冻或者被加热时，它将释放出大约为原始水合物体积 158 倍的气体。

水合物的储量评价是不确定的，但是常常估计出气体水合物中束缚的碳量是在地球上所有已知的化石燃料中发现的碳量的两倍。然而，它们以不同浓度在世界各地出现，而且只有浓度最大的一些才具有经济价值。通过采用地震方法和钻井及取心，已经发现了水合物。通过采集的地震数据，能够看到水合物只在海底之下，而且趋于沿着海底剖面分布。

工业上生产水合物的实际方法仍然处于发展之中。结晶固体水合物是稳定的，因此也就吸引人们去挖掘或者开采水合物，并以它的原始固体形态运输到使用的地点，在那里能够使用它的压能和化学能。

当存在与现有的常规天然气资源可竞争的充足水合物资源时，尽管可以吸引没有常规天然气供应的国家可以发现它以保证他们拥有的资源，但是目前还没有迫切开发水合物技术的商业驱动力。俄罗斯在开发水合物方面可能取得了一些进展。然而，如果在中长期没有别的可竞争能源可以利用的话，则水合物具有极大的潜力（参见 http：//www.hydrate.org）。

9.13.2　煤层气

自从煤被开采以来，就已经知道煤层气了。的确，它是煤层和其他岩层中出现严重爆炸的主要原因。煤矿排放的甲烷约占所有天然和人类活动排放到大气中甲烷的 6%。然而，直到最近才认识到煤除了是一种烃源岩之外，还是一种储集岩。

煤中的大多数气体储存在有机质的内表面上，因此煤储存的气体比常规气储层等效体积的六七倍还要多。

用钻井能够从煤层中开采气体，采气的同时还采出大量的盐水。水的合埋处置和浅水层的保护是关心的生态问题。然而，在美国，自从 20 世纪 80 年代中期以来，就已经开始了勘探、研究和工业性开采煤层气。在科罗拉多州开始的开采现在正在怀俄明州粉河盆地进行。井是廉价和浅深度的（230m），但是每天仅生产 5000m³ 的气体。采出的甲烷纯度大约为98%，因此不用进一步处理就能够输入管道系统中。

估算的美国原始煤层气资源量超过 $700 \times 10^{12} ft^3$，但是只有不到 $100 \times 10^{12} ft^3$（大约 $3 \times 10^{12} m^3$）可能是经济上允许开采的。在美国之外的大型煤田地区可能还有 10 倍多的储量。然而，煤层是不均匀的，而且产量也将是变化的。每个地区将需要特定的开发研究。

应用现有技术能够开采煤层气，因此它可能先于甲烷水合物成为一种重要的能源（参见 http：//energy. usgs. gov/factsheets/coalbed/coal metlL. html）。

9.14　天然气的液化

9.14.1　基本原理

从本质上讲，气体是低密度的，但是应用冷却或者压力，或者应用两者，能够增加气体的密度。科学上把它表示为 pV/T = 常数，所以如果压力 p 增加或者温度 T 降低，在其他条件相同的情况下，体积 V 一定减少。如果压缩或者冷却充分，气体原子或者分子之间的空间减少，则它们的自由运动和不规则运动受到抑制，气体可能成为更有次序的液体。

把上述物理公式用于天然气，作为减少处理气体体积的一种方法是有效的。如果天然气被液化，占据的体积变为原来的 1/600。因此用原始体积的 1/600 含有相同的能量大小更方便。

甲烷是环境温度高于其临界点的少数气体之一，因此单独应用压力不能液化，正如液化石油气的例子。因此天然气液化必须涉及真正的冷却。单独用冷却在 −162℃ 进行甲烷液化，而且在这个温度下天然气成为液化天然气。

原则上，使用一些热交换器和另一种冷却液（制冷剂）容易达到冷却。通过消除液体周围产生的热量，然后液体膨胀达到冷却的方法，这种制冷剂容易得到。这种方法在家用冰箱的制造中是众所周知的，尽管对于一个工业天然气液化厂，这种过程更复杂、规模更大，而且涉及的温度要低得多。由于常规材料在 LNG 的温度变成脆性的，特殊的低温产生了专门的冶金要求，使用特种合金能够解决这个问题。

用于液化天然气的制冷剂一般由进料气分馏出的成分，加上现场储罐供应的其他成分所组成。用于产生制冷剂成分的进料分馏作用还能除去重烃，像凝析油（C_{5+}），如果不除去，在处理过程中冷冻极其容易产生凝固问题。但这不适用于 C_2—C_4 的组分。这些残留组分通过液化装置成为液化天然气产品的一部分。

天然气的组成会发生改变，且有些杂质成分对天然气的液化有影响。任何一种或几种具有腐蚀性的组分在液化过程中形成固体，对处理工艺具有潜在的干扰作用。因此，任何液化天然气厂的第一个操作单元都是天然气预处理装置。

液化天然气厂的公用设施部分意义不同寻常。用冷却水或者空气抵消压缩时产生的热量。氮气用于处理设备。电能用于电力控制设备和泵源。由于有效性，天然气常用作发电的燃料（在大多数情况下，液化天然气厂距电力供应网较远）和用于主要能量消耗设备，如压缩机的驱动器。天然气液化后流进储罐，然后输气管道把液化天然气从储罐输送到装卸码头，那里必须有停靠 LNG 油轮的安全泊位。

按照设计和现场条件，一个具有国际规模、生产能力为 $800 \times 10^4 t/a$ 的液化天然气厂，其 EPC 合同成本约合 25 亿美元。处理厂的各项组成部分及其作用如下：

（1）进气预处理，以消除二氧化碳、汞、硫化物和水（8%）等。

（2）分馏，消除重烃组分并产生冷冻流体（3%）。

（3）冷却及液化包括驱动器、压缩机、环境冷却、膨胀、低温热交换（42%）。

（4）储存与码头设施（12%）。

（5）公用设施（18%）。

（6）建筑物及综合设施（16%）。

以上额外费用则包括设计、土地、施工、员工宿舍（如果需要的话），以及建筑期间的利息。合计起来约增加 20%，不过这些费用主要取决于当地的条件。对于 $800 \times 10^4 t/a$ 的最大容量，这意味着每年近 400 美元/t 的资本费用。

正常情况下，通过连续使用并行处理设备的一列或者多列（由于单列的尺寸受处理设备尺寸/质量的限制，需要重复）完成上述的前三项任务，而其余设备则是通用的。因此，处理装置列的成本占总处理厂成本的一半以上。

9.14.2　处理与设备选择

9.14.2.1　进气预处理及脱水

应用第 8 章中的常规流程（如吸收）和设备来完成这些工作。主要危险物是二氧化碳，它在 $-78℃$ 时会形成大量固体，这样不得不减少其体积到 $50\mu L/L$。某些其他组分具有腐蚀性，例如，汞的存在会腐蚀专用于液化天然气设备的铝；含硫组分也是有害的。即使条件更苛刻，该过程所用处理技术与气体处理中所用仍相同（参见 9.8.3 节）。至少，二氧化碳的吸收、除汞及脱水可应用于必要的范围内。由于预处理降低了天然气的含水饱和度，所以脱水过程的成本是一定的，除此之外，细节和成本取决于初期污染物的浓度。

9.14.2.2　分馏

操作与此类似，同样使用常规分馏塔技术进行分馏。

9.14.2.3　液化

处理后，净化的天然气进入主要的液化装置。对 LNG 厂的这个核心部分包含了复合设备，它能够有效而可靠地进行冷却，使整个温度范围降至 $-162℃$。

9.14.2.4　热交换器和工艺选择

使用具有控制温度差的多种制冷剂能够实现效率很高的热传递，但是这就需要一系列复杂的热交换器（图 9.18）。如果将设备进行简化，例如，在整个冷却范围内使用一种单混合制冷剂（故称作 SMR 处理）（图 9.19），则热交换效率就会减少。方案选择或对可选方案的折中考虑，确立了液化天然气厂的核心部分。

在过去 30 年中，所建的大多数液化天然气厂对方案进行了折中，并使用铝线圈热交换器。同时以丙烷作为预制冷的制冷剂，然后使用多半由甲烷、丙烷、丁烷和氮气组成的混合制冷剂进行液化。这就是所谓的丙烷预制冷混合制冷剂或者丙烷/MR 处理，图 9.20 是其流程图。这种处理和类似的双混合制冷处理（DMR）是对两种连续制冷循环处理工艺进行综合的一个例子。

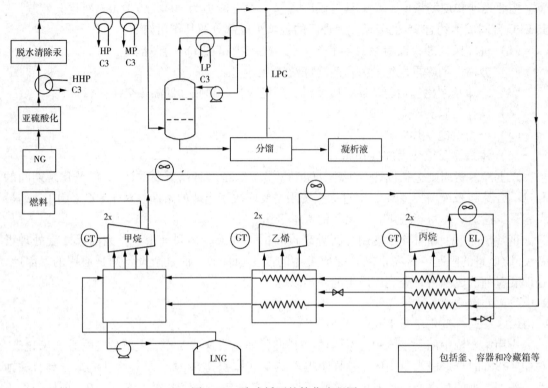

图 9.18 阶式循环的简化流程图

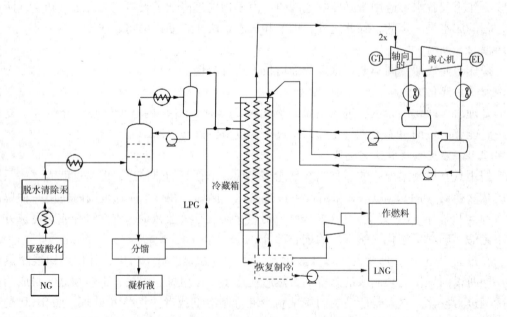

图 9.19 单混合制冷处理的简化流程图

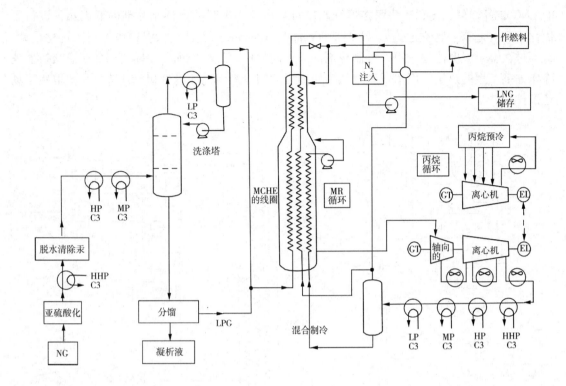

图 9.20 丙烷/MR 处理的简化流程图

对于丙烷/MR 工艺，制冷剂流过复杂的管道组合，利用达到热力学优化的分级法冷却容器层内的天然气。这种优化本身是对大温差与小温差的一个综合考虑。其中，大温差使最小面积上的热传递最大化；小温差使设备的热学应力和机械应力最小化。过去数年中，已经把丙烷预制冷混合制冷过程用于多种条件。这些年来，热交换器制造厂的空气产品已经能够增加规模经济中主要低温换热器（MCHE）的尺寸。用现有设备能够制造适合于液化天然气装置容量相当于 $400 \times 10^4 t/a$ 的单线圈交换器。这样的装置，直径接近 4.5m，高度为 60m，质量超过 240t，是运输要考虑的基本事项。

壳牌公司通过选择和集成低温交换器的最优设备，进一步提高了丙烷预冷混合制冷处理的竞争性。

在连续的项目中实现了这些改进（文莱、马来西亚、澳大利亚、尼日利亚和阿曼）。印度尼西亚制造厂研究出了一种不同的方法，近几年来，他们在研究相对恒定的基本设计方面有了改进。

壳牌已经开发出单混合制冷处理 [$(100 \sim 200) \times 10^4 t/a$] 和双混合制冷处理 [$(200 \sim 450) \times 10^4 t/a$]，由于包括线圈热交换器在内的所有设备线路简化和商业源化，从而进一步节省了成本。ShellDMR 处理（图 9.21）特别适用于 LNG 浮式装置（参见 9.14.6 节）。对于大型专门制造的高级线圈热交换器，可用简单的铝板散热片或者 CIK 交换器来替换。制造与设计的压力限制了这些芯子的单元尺寸，但是多芯子能够用在井网低温箱中，以达到预期的 LNG 装置容量。飞利浦公司在连续制冷过程中使用串联的多种制冷剂的低温箱，进行了优化处理（基奈、特立尼达）。Black 和 Veatch Pritchard 通过使用低温箱也进行了优化设计，只不过在整个温度范围只用一种制冷剂。与不同的化工厂和处理厂一样，用环境热交换器消除压缩剂产生的热量。用水或者空气为压缩后的制冷剂提供环境冷却，其选择主要取决于场地条件。

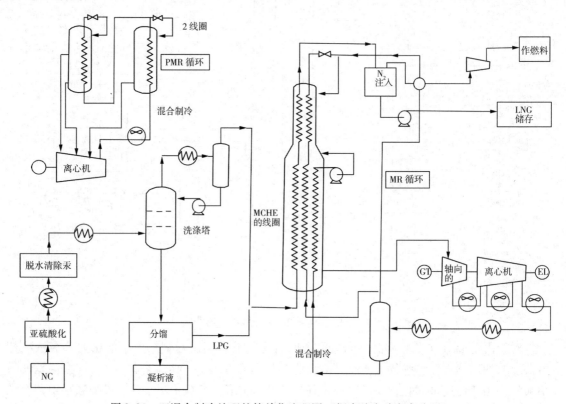

图 9.21　双混合制冷处理的简单化流程图（据壳牌全球方案公司）

9.14.2.5　驱动器和压缩机

用于汽轮机驱动压缩制冷剂的标准压缩设备，由于其能量消耗，必须进行优化。成本和效率对比的一个尺度作为设计的比功率，即吸收的总压缩机轴功率与每天损失的液化天然气吨数之比，变化范围为 12～16kW/t。随着时代的进步，技术上更具优势的燃气轮机取代了蒸汽轮机。由于 LNG 厂一般远离服务区（如电力供应），因此也用这些驱动器进行现场发电。所用燃气轮机恰好可用于其他用途，主要用于燃气发电厂。最初使用的是复合双轴工业机械，但是人们为了增加效率和降低成本，其结果就是使用较大型的单轴机械。液化天然气工业所用的驱动器是通用电气公司（GE）生产的汽轮机。流程 5 应用广泛，如用于双轴结构中。不过近年来在较少的大型装置中已经用流程 6 和流程 7 来提供更经济的功率。这些大型机械装置的启动机尺寸相当大，因此用电量也大。例如，正常操作期间的发电或者能量的补充。由于飞行器变型汽轮机具有标准尺寸和便于维修的特点（如用 LM6000 代替流程 6），因此也受到人们的重视。

叶片技术的发展导致了燃气轮机的产生与进步。冶金技术则让高效操作能够在叶片高温及叶尖高速下进行；同时还有联合循环的优势（否则如何提取汽轮机排汽产生的废热并用于二次循环），从而不再使用因蒸汽循环使得能量损失的汽轮机。因此使用的燃气轮机驱动器是部件相当标准的设备。为了提高效率，尽可能使用一台大型汽轮机，也不用多个小型汽轮机。

9.14.2.6　末端闪蒸

接近液化天然气装置的末端，通过 LNG 部分汽化（比如说，在温度 –150℃、压力 5bar 下），以便诸如氮和甲烷这样的成分闪蒸，从而使全部液体冷却到平衡温度 –162℃，压力降至环境压力，这种办法是可行的。用这种方式除氮保证了 LNG 的最大热值。闪蒸气体中的甲烷可用于锅炉的低压燃料，或者压缩后作为燃气轮机的燃料。不过最重要的一点是，闪蒸节省了制冷压缩时所需的能源，它随着温度的降低成比例增加。

9.14.2.7　公用设施

液化天然气厂的公共设施是重要的组成部分，而且常常是高度统一的。发电机所用燃料气来自流程中的某一部分。所需氮源通过空气分离得到。最后，制冷剂压缩后要进行冷却，需要大量的冷却水或空气。选择水还是空气（例如，卡塔尔天然气公司装置中是用水，而特立尼达大西洋液化天然气装置中则用空气）作冷却剂主要取决于现场，但是不论何时环境条件都是苛刻的。

9.14.3　装置规模及生产能力

为满足规模经济的要求，所建液化装置尽量为大型装置。1964 年建造的第一个基本负载厂，其每套装置的极限为 $30 \times 10^4 t/a$。而现在每套装置经设计能达到 $400 \times 10^4 t/a$。液化天然气装置的成本指数约为 0.7，因此成本的增长等于能量消耗增长值的 70%。例如，两套 $400 \times 10^4 t/a$ 装置，成本要比总容量相等的 5 套小型装置便宜 20% 还多。

除非定期维修，否则装置应为连续运转。当前拥有两套装置的处理厂，其可靠性高达 98%（即装置的计划外停产时间仅占 2%），而可用率则高达 95%（即装置由于任何原因停产的时间仅占 5%）。一般情况下，通过短期超运转其他装置来确定该装置预定停机时间。这样，就需要在设计与运行的各个方面其专业化水准为最高级别。

外界环境（例如，进料有效性或者市场恢复）可能需要或者容许建造小型的或单装置厂，有时在后来的附加装置扩建前可作为起步装置。选择现代生产方法和设备启动使得这类处理厂能够保持竞争性。菲利普斯公司和壳牌公司对该技术正积极地进行开发。

9.14.4　液化天然气储存

装置出口与液化天然气储罐相连。对这些储罐而言，其高度完整性与保温性是很重要的。极度寒冷会使得普通钢材变得易脆易碎。因此使用特种合金，一般是 9% 镍钢，能达到与液化天然气接触的内罐强度要求。内罐的外部保温是无机材料，比如珍珠岩或者玻璃棉。一般都能达到保温性能，所以每天蒸发再循环到处理厂的低于 0.1%。保温层的外壳可以是另一个罐壁（即双层容器），或者是埋入土中（即地下储罐），或者是组合（部分掩埋）。

如果外部罐的材料是普通碳钢，它仅仅包住保温层和作为隔开外部环境的屏障。

直到 20 世纪 80 年代末，还常常用土堤支撑罐壁，防止如果内层罐破裂，液化天然气突然释放产生的撞击力。后来人们扩展了有限元分析的知识和能力，了解到这样做降低失败的概率是不可靠的。现在增设土墙仅仅是为了外形美观。

采用具有预应力的混凝土外墙体现了满载油罐的技术发展水平。这样做有几个目的：通过提高防火能力缩小与其他罐和处理设备之间的安全距离，隔离外部危险（例如，爆炸产生的抛射物或者冲击波）以及对储罐容许较高的设计压力（这对于液化天然气和气体运动，成本最优化和适应性非常重要）。罐体设计的其他方面由当地环境（例如，地震的趋势）和要求来决定。可以选择现代设计中的外围墙作为内层罐的低温钢（因此是一个双层罐），以便内层罐一旦发生意外有泄漏物，而不发生外部泄漏。

罐顶和罐底需要特殊的规格。罐顶（往往用吊顶保温）必须是不透气的，但是留出加载和卸载管道系统的入口（避免在侧面开口，因为这将减少罐的完整性）。罐底必须承载罐体和满载时物质的质量。隔热层要保证罐内物质不被加热，而表层的不被冷冻。由于土壤中游离水冻结形成冰体积膨胀，因此可以安装地热以保证地面完整性，并防止其冻胀。

为了满足规模经济的要求，尽可能选择大型的单体罐。由于液化天然气是以常量连续生产的，因此几乎没有必要让液化天然气分批进入罐顶小门（在化学工业中是常见的）。

9.14.5 码头和海上设施

从液化天然气储罐到装卸码头的输气管道要求是高度隔热的，蒸汽循环设备也是如此，位于液化天然气油轮货物之上的蒸汽在该设备中进行循环。管道和泵具有较高容量，这样输送量超过 $1 \times 10^4 m^3/h$ 的液化天然气，一艘装载 $13.5 \times 10^4 m^3$ 液化天然气油轮能够在 24h 的停泊时间内用 15h 装完。

泊位必须有达到油轮安全作业水深的码头（附图 14），通常吃水在 11.5m 的 $13.5 \times 10^4 m^3$ 油轮要求水深为 13 ~ 14m（参见第 10 章，图 10.13）。如果在装载期间有干扰油轮的局部波浪、风或者海流活动，那么需要防波堤或者相似的防护措施，以减少安全水位的变化。泊位可进行设计以确保安全区有效；防止进入油轮装载区，并保证有一个特定的严禁烟火地带（除非特殊风险评估确定，否则一般距油轮货物管汇连接处 200 ~ 300m）。用装有双球阀自锁耦合器的装卸臂装卸货物。快速脱缆沟提供系缆布置，它对油轮横靠。需要停此液化天然气输送和关闭 ESD1 的断流阀时用一个应急关断系统（ESD）控制，并自动启动 ESD2 的自锁分离器。这样在不同事故中的液化天然气损失量小于 $1m^3$。

港口环境应设分离通道、安全航途转弯区、进港水道以及控制油轮不依靠自身发动机的有效拖船电源。

海上设施可用于联合作业，如液化石油气船的航行，是通过设定严格的强制分离间距进行分道通行的（图 10.12）。

对于安全和可靠的操作要求设计要合理，但是应用合理的操作方法同样重要。因此要对船/岸交界处相关的海洋与陆地知识有丰富的经验和技巧，这样才能达到这一目的。

相关知识将在 10.3 节至 10.7 节中进一步介绍。

9.14.6 技术开发

设备制造商研发了液化天然气厂的零部件（特别是热交换器和驱动器），但重要的是该技术取决于设计规范和设计基础。这些主要根据场地的具体情况，并且通过矛盾设计参数的最佳平衡实现全部一体化和低成本。因此，在该阶段充足的时间与丰富经验是最重要的。尽管这只占总 EPC（设计、采购和施工）成本的 5% ~ 10%，但是它主要决定了整个操作的成本效益、可靠性和安全性。

场地特殊因素使现有液化天然气厂之间市场成本的比较困难。不过，基于一般原则的各种刚完成的设计，对其有效资本费用（生产液化天然气的单位成本）的估价证明，技术发展抑制了通货膨胀的影响。为了提供一个在方法与设备之间进行选择的正确对比，壳牌公司对一个基于不同原则、典型的大容量液化天然气装置的多种设计做了估价。目前正在生产的液化天然气厂的生产能力近 $1.2 \times 10^8 t/a$，并且其生产能力超过了国际交易天然气总量的21%。最近的一些工程表明，其工艺有了发展且降低了成本，如阿曼 LNG（壳牌公司技术，参见附图14）、大西洋 LNG（特立尼达，菲律宾技术）和尼日利亚 LNG（壳牌公司技术）。其中每家都建了一套或两套装置，并扩建了应用优化技术的附加装置以寻求技术的进一步发展。

如果条件允许，将继续通过不断扩大生产能力来求得经济发展和扩展现有技术。我们期望主要研发人员能继续努力以降低液化天然气的生产成本。为了满足不断变化的要求，装置遮断技术也正如火如荼地开展起来。

（1）首先，可考虑发展小型的 LNG 装置，对生产能力 $100 \times 10^4 t/a$ 以内的装置，可利用由航空发动机改造成的燃气轮机设备而不用大型工业发动机。此时，可将小型天然气田、伴生气田以及其他常规气田的天然气商业化。这些装置的成本是可以接受的，但是储存、输送和通用设备的造价要相对昂贵（对已有装置并不需要增加这些成本）。

（2）其次，现在将液化天然气厂的设计用于浮式结构是可行的。人们已将这样的浮式生产储卸油装置（FPSO）用于原油生产，而且壳牌公司、莫比尔公司和其他一些液化天然气公司已开发出该项技术。壳牌公司已经开发出一种极具竞争性的液化天然气浮式装置，它是在舱面上安装一个含合理的并行处理设备、生产能力为 $400 \times 10^4 t/a$ 的装置列（该装置特别适合 DMR 方法），而在船体下面有一个足以适合大型油轮的液化天然气储罐。使用处理设备与储罐分离的自由式设计以确保安全。油轮靠码头装卸还是用起重机装卸，取决于海水条件。

9.14.7　安全

安全是液化天然气厂的头等大事，不仅要保护员工和附近的民众，而且还要为采购公司供给安全的液化天然气，而这些公司则往往对它们的用户负有重大的能源供给责任。

壳牌公司、英国天然气公司和其他一些公司进行了广泛研究，在开发科技和经验方面已经取得了进展，所以经慎重设计，液化天然气厂事故发生的可能性及事故产生的后果极小。储罐具有高度完整性，而且安装在远离处理装置的地点，因此处理事故将不对储罐产生破坏性的辐射能。

9.15　天然气的利用

尽管世界上94%以上的天然气经输气管道或以液化天然气的形式直接供应燃料市场，但是，仍有可观比例（约有6%）的天然气在进入市场之前已经通过化学反应转化为其他产品。此种情况下的市场仍是燃料部门或是化学品行业部门。

如图9.22所示，天然气有3种主要的利用途径：

（1）作为能源用于混合燃烧装置——民用、商用、工业和电力行业。

（2）用作运输燃料。

（3）用作化工原料。

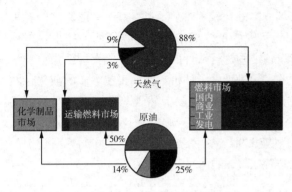

图9.22 天然气利用选项

图 9.22 给出了天然气每种利用途径所占的比例，并与原油进行了对比。天然气供应燃料市场的比例远大于原油，这是天然气的主要利用途径；而作为运输燃料，天然气的比例很小，主要是原油产品。相对而言，二者用于生产化学品的比例相差较小。

9.15.1 静态燃料市场

在天然气开采以前，人造煤气（如烟煤干馏的焦炉气，石脑油重整的气体产品，它们主要由甲烷、二氧化碳和氢组成，总热值为 $4700kcal/m^3$ 或更少）分布在一些城镇中，通过低压管网供应给小型和中型用户。天然气（较低的含水量，两倍于人工煤气的热值）的开采，迫使改进连接件（以前的连接件靠水润湿膨胀密封）和燃烧设备（以适应较小的气流及增加燃气空气比率）。天然气的配气和管网输送系统是天然气工业的主要支撑。系统的可行性取决于天然气的气源、用户密度、风俗习惯（一些国家的风俗烹饪需要用明火），作为替换能源的电力是否充足、可靠，以及环境温度（尤其寒冷季节是否需要加强取暖）等因素。民用天然气主要用于取暖、烧水和烹饪。商用天然气用途相似，供气方式也相似，只是用量大，而且有时连带着动力装置或发电装置（废热锅炉）。工业用户的用气量更大，常常用高压管线供给。

9.15.1.1 民用和商用

民用和商用天然气的供气工艺非常简单。从城市供气站（与高压系统连接）出来的气压力高达 10bar，经逐级分配降压，到达用户的气压力为 25mbar，然后在喷嘴燃烧器通过自然通风或者风扇提供燃烧空气燃烧。

民用天然气应用中主要的技术改造是提高水暖设备的集成度和效率，例如，用冷凝锅炉使燃烧产生的水蒸气冷凝，可回收汽化潜热，降低燃料损失。

商业应用是专业化的，而且在很大程度上是民用的比例放大。但是大型燃气空调设备在一些国家（如日本）也是有竞争力的。商业上还可通过安装燃气发动机或燃汽轮机驱动泵、压缩机、发电机提供电力，废热也可用于加热空气或发生蒸汽。因此，总的热利用率可超过80%。

9.15.1.2 工业利用

工业上利用天然气时有许多不同类型的高级加热炉，例如，低氮氧化物（NO_x）诺克斯燃烧炉，主要产生辐射热的天然气燃烧炉、喷流燃烧炉、浸入式燃烧炉和其他专业化的燃烧炉，用于钢铁、纺织、造纸、玻璃、陶瓷和仪器加工行业的燃烧炉。这种高度的复杂性和专业化气燃烧器的一般特征，是燃油炉和燃煤炉不能达到的。

直接还原铁（DRI）技术的原理是用温度约900℃（低于铁的熔点很多）的还原气接触铁矿石。在一个固相反应中，氧化铁被还原成金属铁，同时还原气体被氧化成二氧化碳和水。因此，这项技术从某种程度上可以说是天然气的化学应用。DRI技术要求铁矿石含铁量至少65%。还原气体主要是通过简单的重整技术从天然气中制得的。DRI技术的天然气消耗量为（10~12）×10⁶Btu/t。生产的高纯度海绵铁可直接用于炼钢。如果是出口，要将其纯化，可通过制成热压块铁（HBI）来防止铁再次被氧化。单独的 DRI 装置并不需要是大型的。即使生产能力低到 30×10⁴t/a 也是可行的，对规模经济而言没有太大损失。其他要求还包括：接近可用的铁矿（理想情况是本国生产，但是也可以通过深水港口设备运输）以及当地具有廉价、无可替代的、有较高价值的天然气可用。

9.15.1.3 发电利用

电能不是一种与生俱来的能源，是二级的，需由另外一种能源来转换。因此，转换效率（可用的电能占输入的其他能量的百分比，通常用百分数表示，详细情况见图 9.23）对能源转换的经济效益和可行性往往至关重要。

很久以来，人们认为用天然气作燃料发电过于昂贵。当用天然气燃烧产生的蒸汽驱动连接到汽轮机上发电机发电时，其总效率很低，因此情况确实如此。图 9.23 表明了 20 世纪不同发电技术对发电效率的影响。

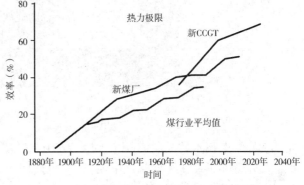

图 9.23 发电的效率

随着时代的变迁，技术进步为先进的燃气发电稳定地提供了更多、更好的机会。20 世纪 90 年代中期，由于前十年燃气轮机技术的进步，特别是能在较高入口温度条件下可运行较大与更可靠的燃气轮机，使得天然气的应用十分广泛。在使用联合循环燃气轮机发电技术（CCGT）的现代电厂中（图 9.24），燃气轮机产生的热废气通过余热蒸汽发生器，然后产生的蒸汽用于驱动常规的汽轮机。

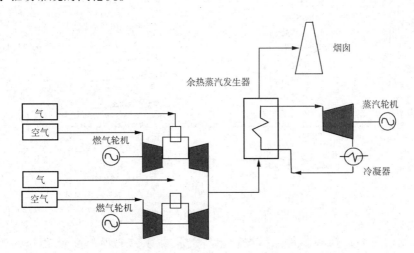

图 9.24 燃气循环发电厂的简化示意图

燃气轮机和蒸汽轮机均用于驱动发电机发电。这种联合循环技术的效率一般为 55%（图 9.25），甚至超过 60%，这远远超过了技术上已经很成熟的燃煤汽轮机技术，该技术利用煤或天然气作为锅炉燃料，但由于固有损失，最高效率仅能达到 38%~41%。

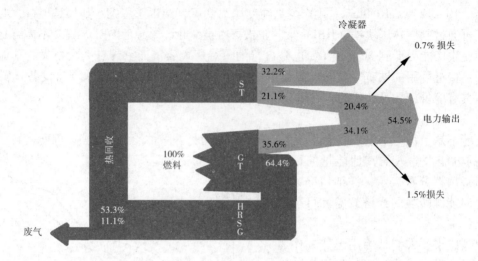

图 9.25　典型的 CCGT 热平衡

现代发电技术的发展提高了天然气发电的效率，降低了对环境的影响，成本低，占地面积小，筹备期短，使天然气发电焕发了新的活力，从而可以替代煤发电。

图 9.26 比较了 CO_2 的排放量。热电联合生产工艺（又称为热电联供或者 CHP）甚至能达到更高的效率，由于市场需求，该工艺的应用越来越广泛。如果能够有效地利用产生的热能品级，其中一些品级相对较低，那么 CHP 的总效率就能接近 80%。

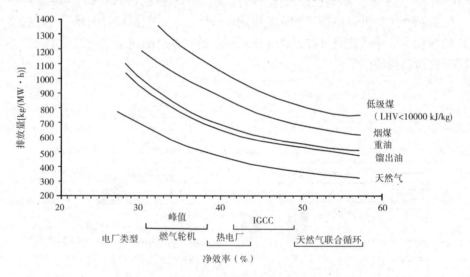

图 9.26　发电产生的 CO_2 排放物

图 9.27 给出了电厂燃料的需求情况。电厂的负载系数为所含变量之一。当电厂容量满载时可以测得该值。由于不能大量储备电能，因此电力用户的负载系数必须与发电量匹配。

燃料电池把连续供应的燃料直接转变成电能或热能。因此，通过氧化作用在电池的阳极释放出天然气的化学能，而且释放的电子流经过外电路到达阴极，在那里它们被氧化剂的还

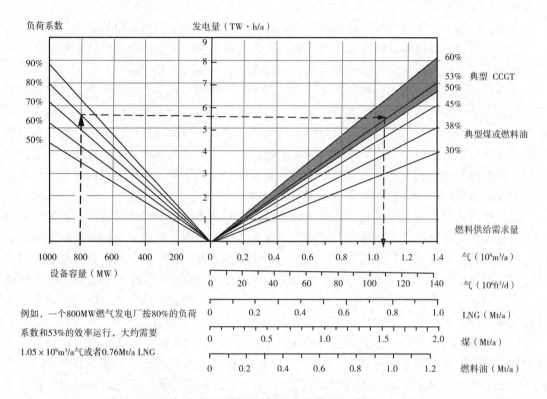

图 9.27　近似的发电厂燃料需要量（据壳牌天然气及电力公司）

原反应所消耗。由离子流动经过多孔电极之间的电解质完成这个电路，它允许反应物与产物流向电解质和从电解质流出。一个单电池一般具有刚好小于 1V（DC）的输出电压，而多电池则产生一个可用的输出电压和输出电流。使用碳酸盐或者固体氧化物燃料电池最高可以达到 60% 的电能效率和 20% 的热能产量。技术的进步使能量密度提高到 10kW/kg 以上，从而使其应用于大型发电和运输是可行的。

9.15.2　用作运输燃料

　　天然气作为车用燃料有许多优点：超过 120 的高辛烷值允许高压缩比和因此产生的燃烧效率。燃料完全燃烧，而且比汽油或柴油的污染低。但同时天然气的气态性质也意味着，在常温常压下较低的能量密度是其运输应用的主要障碍，特别是对小型运输。因此，可利用增加压力 [一般是 200～250bar 的压缩天然气（CNG）] 或降低温度（−162℃ 汽车液化天然气（LNG）的办法来克服这个困难，但是存在的其他问题仍妨碍了天然气的广泛应用，除非采取其他措施，如政府鼓励。用柱体罐储存和销售处间距较短对于 CNG 是不利的。LNG 的缺点是，如果不用运输工具，尽管充分隔离，但储气箱的热补给将使燃料箱压力上升到必须排放多余气体的压力点（5～10bar），因此造成潜在的安全隐患。我们把不用运载工具的这段时间称为保留时间。热补给量是储气箱面积的函数，储气箱越大，它的表面积与体积之比越小，所以 LNG 更适合于卡车和公用汽车，想要维持 5d 的保持时间问题不大。由于加燃料站更容易供应普通公用车辆，它们适合使用 CNG 或者 LNG。将奥托引擎（即常规汽油引擎）改成燃气引擎相对简单；而将柴油引擎改成燃气引擎则相对费用较高。

如果在环境条件下可得到液体燃料，清洁的天然气作为运输燃料将更加方便。

天然气中更容易获得的液体分子是甲醇，但是这种燃料的主要缺点是已经部分氧化，所以热值相当低。此外，生产规模受到限制，而且作为燃料的成本相当高。

更可行的一种方法是耦合碳原子形成高级同系物，即通过化学方法将甲烷分子转变成易于运输的高分子液体物质，以增加能量密度，转变之后能与炼制原油生产的产品相媲美。在炼制原油生产的燃料油中，炼制方法阻碍了用化学方法改变原油原料组成的可行性，所以最终产品成分与原料一致。这将导致成品质量问题，以及由于馏出物与残余物之间不平衡产生的副产品处理问题。相对地，将天然气原料转变为高分子物质是一个化学反应过程，可采用催化剂来提高反应的选择性，使原料中没有副产物。

莫比尔法用沸石催化剂催化甲烷转化可得含大量芳香烃汽油，但这样的产品可能不受消费者欢迎。该方法已经用于新西兰，实现了本土天然气的利用，免去了从国外进口原油的需求。与沸石催化剂相反，费一托（Ficher – Tropsch）催化剂（依靠在金属表面活性的非均相催化剂，如钴）能够生产纯度极高、性能极好的烃类，它是具有中间馏分链长的饱和直链烃。由于禁运，原油的可用性不高，因此南非石油与天然气公司将这项技术应用于南非的铁基催化剂处理。多年来，为创新技术更先进、成本更低的钴基催化剂技术，以扩大其应用，一些公司继续扩大开发项目。壳牌公司的处理方法（参见 9.15.6 节）已经被应用到第一个全商业壳牌气一液中间馏分合成厂，该厂于 1996 年在马来西亚投产。与最初设计的 $1.2 \times 10^4 \text{bbl/d}$（或者 $47 \times 10^4 \text{t/a}$）的生产能力相比，由于工艺和催化剂的改进，该厂的产量将很快接近 $1.5 \times 10^4 \text{bbl/d}$（或者 $57.5 \times 10^4 \text{t/a}$）。根据工艺化学，事实上壳牌公司的中间馏分合成工艺（SMDS）生产的是纯石蜡产品。这说明：

（1）汽油产生适用于现代柴油引擎的极高十六烷。

（2）煤油是一种低烟的极佳喷气燃料。

（3）事实证明，SMDS 工艺生产的石脑油是一种极好的蒸汽裂解炉原料，因此需求量很大。

9.15.3 用作化工原料

除了从天然气主要成分生产甲烷之外，萃取后自然有使用乙烷、丙烷和丁烷组分的可能性（特别是作为裂解炉原料）。由于加工天然气与原油这两种原料可以提供这些组分，所以在这一地区天然气和原油行业相互交叉。因此，天然气或者其萃取组分的定价，会对以这种方式利用天然气能源的潜力产生极大的影响。

成熟的技术可以用于生产化工产品，例如，由天然气主要成分甲烷制备合成气来合成氨、尿素和甲醇。不过该项技术不能用消耗量超过 $50 \times 10^4 \text{t/a}$ 的单装置生产，也就是天然气原料为 $50 \times 10^4 \text{m}^3/\text{a}$（表 9.3）。与资源底数相比，有限的化工市场规模是对利用率的最大限制。用甲烷生产的 3 种主要化学品，原料气可以满足其整个国际市场，这只是天然气资源底数微不足道的部分。此外，这项技术没有限制的可用性为天然气生产化学品提供了方便途径，同时产品的商品性质使它们的市场价值容易受到过剩生产能力的影响。

表9.3　天然气应用替代方案纵览

选项	生产		20 年所需的天然气量 $(10^{12}ft^3)$	投资额[①] （百万美元）
	$10^6 t/a$	$10^6 ft^3/d$		
氨	0.5	43	0.3	300
尿素	0.75	45	0.3	350
甲醇	0.825	70	0.5	450
甲基叔丁基醚（MTBE）	0.7	108	0.7	675
富含甲烷的天然气（MEG）	0.35	11	0.3	1000

①取决于地点。

在资源型国家中，天然气转化为氨和甲醇，并可进一步转化为其他下游产品。

天然气中乙烷及 LPG 成分的利用扩大了可用范围，例如，用于塑料制造的聚合物。这样的项目刺激了世界贸易环境中的合作，因为即使是距离再远，从经济上考虑，产品也能进行运输。不过天然气生产化学品所得收益最终还是为世界化学品市场需求所制约。

9.15.4　转换技术

9.15.4.1　直接转换

天然气的内在不利条件是甲烷分子相对稳定，而抑制化学反应，不能氧化（燃烧）。在 10000K 左右，甲烷裂解生成高级烃，从热力学角度考虑这是不利的。但是引入氧气进行直接转换在热力学上是可行的。所以重点在于通过氧化耦合直接进行甲烷重整。人们已经研究出两种操作方法，即所谓的氧化还原法和双进料法。

前一种方法：在反应器中甲烷还原金属氧化物，同时转换成烃类产品。随后还原后的金属于再生器中再次氧化。令人遗憾的是，需要再循环金属氧化物的用量大，这种方法在经济上不划算。

在双进料法操作中，甲烷和氧气共同注入催化剂。为达到适中的选择性或者使甲烷转换程度合适，要求温度大致为 $1 \times 10^4 K$。在无惰性气体聚集的情况下，为使未转换甲烷进行循环再利用，要使用氧气而不是空气作为进料。令人遗憾的是，总的选择性虽已达到 100%，但单程转化率和目标产物的选择性很低，实际生产中，这就意味着大量未转化的甲烷需要循环，因此，如果商业化生产，此工艺过程还需进一步改进。

9.15.4.2　经过合成气的转换

甲烷生产有用化学品或者用作运输燃料的常规转换，需要知道在相对高温下（850 ~ 1400℃）合成气（CO 和 H_2）的初始产量。所用蒸汽重整和部分氧化过程取决于所需的 H_2 与 CO 的比。将甲烷转换为合成气的过程是一个典型的甲烷生产化学品的间接转换过程。由合成气进一步生产其他化学品有多种途径，如小分子的氨、尿素和甲醇，较大相对分子质量的甲基叔丁基醚、燃料用合成汽油。下面对这些商业化技术与工艺进行总结，其中加工工艺是按照天然气的需求与投资进行对比的，一般这类项目要比管道或液化天然气项目的规模小。

（1）天然气制备氨，作为化肥和特殊工业用途的工业原料。

（2）天然气先转换为氨，然后在综合装置中合成尿素，并且主要以这种形式用作化肥。

（3）天然气制备有特殊用途的化学级甲醇。

（4）天然气制备有特殊用途的燃料级甲醇，以便在未来几年开发优质燃料市场。

（5）利用现有资源，如从伴生气中由丁烷合成 MTBE，后者在环保的汽油生产中越来越重要，特别是在美国。该过程还包括由天然气制备甲醇，其处理厂的规模比生产 MTBE 的中间馏分原料厂要小。

（6）由乙烷（通过萃取可从现有天然气原料中得到）制备乙烯，再进一步生产其他乙烯产品（如聚乙烯），又如经环氧乙烷生产乙二醇（MEG，生产人造纤维的重要中间化学品）。

（7）利用壳牌公司的中间馏分合成工艺（SMDS），用天然气生产中间馏分的燃料（主要是汽油）。

下面将对以上两种技术新颖、有应用前景的工艺进行重点阐述。不过，二者涉及的化学过程错综复杂，所以总能源效率仅为 60% ~ 65%。显然，将甲烷转化为液化产品，总能耗的 35% 以上被浪费了，想要实现商业化，就要求天然气的价格相对较低或能生产高附加值的产品。但如图 9.4 所示，对现有天然气资源优先选择这两种工艺是有条件的。

9.15.5 甲醇技术

甲醇生产的工艺路线相对简单，包括 5 个工艺步骤，其中 3 个是基本步骤（重整、合成和分馏），2 个是促进步骤（除气和压缩）。工序如下：

（1）气体净化，以消除硫化物。

（2）合成气生产，使用常规天然气重整方法进行天然气的蒸汽重整，生产合成气。

（3）合成气压缩。

（4）由合成气制备甲醇。

（5）在双塔分馏器中分馏，生产所需化学品级甲醇。

一个甲醇厂总投资构成大体如下：

（1）重整 32%。

（2）再压缩 25%。

（3）合成 7%。

（4）公用设施 19%。

（5）一般设施 17%。

9.15.5.1 气体净化

第一步是天然气脱硫，让气体通过氧化锌床层，然后通过一个附加床层，以便全部脱硫。由于硫会使合成装置中的催化剂中毒，所以需要完全脱硫。

9.15.5.2 合成气加工

脱硫气体与生产用气混合，然后通过蒸汽甲烷重整装置，在 20bar 的压力下，用镍基催化剂把甲烷和蒸汽转换成有少许残留甲烷的合成气。吸热反应需要的热量由燃烧室供给。利用蒸汽重整而不是用空气（如同合成氨的情况），避免处理大量氮气时所带来的不便，这些氮气在甲醇生产时是不需要的。蒸汽也比用纯氧好，因为利用空气分离装置提供氧气的成本相对较高。此外，蒸汽甲烷重整过程对进料气组分的变化不敏感，因为最终合成气的碳氢比可通过调整蒸汽和碳的比率进行控制。

9.15.5.3　合成气压缩

冷却从重整装置出来的合成气，以除去因冷凝而未反应的蒸汽。用出口压力为 80 ~ 90bar 的两级压缩机压缩合成气，并且在进入甲醇转换器的循环回路之前进行加热。新鲜的合成气与未转换的循环气混合，一同输入甲醇转换器中。

9.15.5.4　甲醇合成

若干公司提供商业甲醇技术。大多数生产厂是以 ICI 工艺和鲁奇（Lurgi）工艺为基础建造的。部分合成气被输入骤冷转换器的顶部。为了控制放热反应温度，余气作为转换器中不同位置的骤冷气体。在转换器中，催化剂床促进合成气合成甲醇，然后转换产品通过串联的 5 个交换器，逐渐冷却成液态甲醇。未反应的氢和一氧化碳再返回压缩段。为了防止再循环中增加氢和惰性气体，部分循环气净化并作为燃料气输入燃烧室。

9.15.5.5　分馏

把含有轻组分、重组分以及一定量采出水的天然甲醇输送到双塔蒸馏系统。在第一个分馏塔中，除去挥发性组分。在第二个分馏塔中，除去水和重组分醇，以达到化学级的技术要求（美国联邦标准 AA 级）。不过值得关注的是，未来几年将开发甲醇作为燃料利用的市场，因此也需要生产纯度要求相对较低的产品。这样，可省去一些分馏过程以降低处理厂成本。

9.15.6　气—液体转化技术

把天然气转换成液体运输燃料的技术（参见 9.15.2 节）涉及多步化学转换。

壳牌公司的 SMDS 工艺（图 9.28）在马来西亚已经进行了商业化应用，它是通过部分氧化与蒸汽甲烷重整过程，首先将天然气转换成合成气，然后再把合成气转换成重石蜡（即不含大量烯烃或芳香族混合物的饱和烃）。

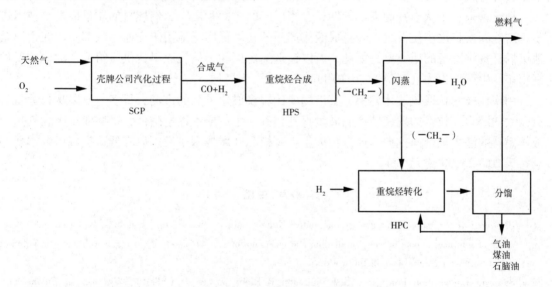

图 9.28　壳牌公司中间馏分油合成简化流程图

通过使用开发的合成催化剂，使整个加工工艺达到高效，以生产高含量的重蜡质中间产品。该过程称为重石蜡烃合成（HPS）阶段。反应机理遵循舒尔茨—弗洛里（Schultz - Flory）聚合反应动力学，其特点是链增长，即 α 值随着链终止变化。在总产品中总有一个规则的相对分子质量分布，而且高 α 值与石蜡产品的高平均相对分子质量相对应。

传统的费—托（Fischer – Tropsch）催化剂目标在于使石油的生产最大化，并且在低值的状况下运行。这意味着共同生产的乙烷与 LPG 数量可观，而大量的甲烷则不得不进行再循环。但是壳牌公司的钴系催化剂可在高 α 值下运行，因此把人们所不期望的轻烃量降到最小。

重石蜡可用于加氢裂化，以及分馏成优质汽油、煤油和石脑油。在滴流式反应器中相对温和条件下使用一种特殊的壳牌催化剂进行加氢裂化。对 HPC 和分馏阶段进行优化，因此在一定范围内，可根据需要对产品构造进行调整。使用 SMDS 催化剂进行气—液转换的工艺化学是极其特别的，且能生产出非常适合于运输应用的高纯石蜡产品（参见 9.15.2 节）。

其他气体转换工艺与壳牌公司的在某些方面相似，同样具有类似的商业应用潜力。埃克森（Exxon）工艺使用钴系催化剂，成功地在 200bbl/d 的流化床生产合成气，然后在淤浆反应器中用费—托催化剂处理，最后进行加氢异构化。南非煤、石油与天然气公司（Sasol）也利用浆液反应器，但用的是铁系费—托催化剂，工艺过程比前面的先进。美国伦特克公司针对相对较小的小生境气体采用铁系催化剂进行合成原油的应用。美国合成油（Syntroleum）公司如同壳牌公司那样正逐渐使用钴系催化剂，但合成油公司的设计理念是：在前端使用合成气与空气，而不是纯合成气——这就限制了处理厂的最终生产能力，并产生固有的较低效率。

虽然基本原理可能相似，但是转换技术的细节则差别巨大，而且公司持有单独的专利资产组合。这种气—液体转换技术是具有很高价值的专利项目。商业应用很大程度上取决于技术是否可行，同时必然受到碳利用率、热效率和生产规模的影响。

从长远来看，从丰富的天然气储量、炼厂气的全面利用、紧俏燃料的质量标准到技术进步，这些因素将逐渐使天然气转换成液体产品的技术更广泛地用于交通运输部门。在远离其他市场且资源匮乏的地方更是如此，所以输送给炼厂的天然气原料比供应给炼厂的原油要便宜得多。生产能力为 $(5 \sim 10) \times 10^4$ bbl/d 的炼厂为最佳。

用现代技术转换成液体燃料，其市场要比转换成化学品的市场大得多，所以从长远看具有极大的潜力。技术的发展使产品质量得到提升，生产成本逐渐降低，这些使得天然气生产液体燃料的潜力被全面挖掘。通过扩大生产规模和开展技术研发可以降低这类炼厂资本费用至每天 20 ~ 25000 美元/bbl。

参 考 文 献

[1] *BP Statistical Review of World Energy* (annually, June)：http：//www. bp. bom/bpstats (a comprehensive source of information on reserves, produciton and consumption). See also Cedigaz reguar prblications including annual Survey of Natural Gas in the world.

[2] Baseload Liquefaction Processes, K. J. Vink and R. Klein Nagelvoort (Shell), *Hydrocarbon Engineering*, Oct 1998.

[3] Ongoing tchnological developments are to be found in the proceedings of such as Gas Tech, IGU, and World Gas Conferences.

[4] *Natural Gas Fundamentals*, by M. W. H. Peebles, 1992.

[5] *Practice of Reservoir Engineering* by L. P. Dake, 1994.

［6］ Gas Conditioning and Processing, Vol 2 – 1The Equipment Modules, Vol 4 – Gas Treating and Sulphur Recovery, from John M. Campbell and Company, Norman, Oklahoma, 73072 USA www. jmcampbell. com.

［7］ Proceedings of the 15th World Petroleum Congress, Stavanger 1997, Natural Gas, Reserves, Environment and Safety. Wiley 1998.

［8］ Surface Production Operations, Vol 2, Design of Gas Handling Systems and Facilities, K. Arnold, M. Stewart Gulf Publishing Company, 1999 isbn 0888415 8225.

［9］ Natural Gas in Non – technical language, Thomas W. Rommel, 1999 Institute of Gas Technology.

［10］ Natural Gas Technologies; A Driving Force for Market Development, International Energy Agency, OECD.

10 运 输

10.1 引言

　　油气田很少位于需要所有可利用能源的地方。因此，必须用最合适的方法把油气及其能源运输到用户需要的地方。这个输送过程通常包括一部分或者全部管道，部分用公路，或者水路，或者海运。为了减少气体的体积，常常把气转换成几种可运输液体之一，或者甚至转变成电能。图 10.1 显示了可能的运输方案，并且在正文中进一步描述。9.15 节已经涉及天然气的利用。

　　当产出油气时，在短生产期内趋于用体积进行计量。例如，用 bbl/d 或者 m^3/d 计量油，用 ft^3/d［在 lbar 和 0℃，15℃ 或者 20℃ 条件下（参见第 9 章，表 9.1）］计量天然气。

　　桶是容积为 42gal（美）或者 159L 的带加强筋的钢油桶，用于储存或者运输油气，在世界范围内使用。安全注意事项：除非经过（蒸汽）清洁消除了全部油气，从来不使用或者焊接空桶。

　　然而，更进一步的下游，对于更长时期，如一年，用户趋于关注产品的质量或者它的油（能量）当量。

　　一些系统通常以它们最大日产量（即 100% 负载系数）或者每年 365 天的最大产量生产。然而，由于缺乏需求（一般电站或者加热站用气），或者维修需要，或者井生产能力下降，许多系统将以部分或者全部生产时期内按折减系数生产。因此，一个系统的年产量常常少于每天的理论产量。一个能够长期稳定运行的系统一般更有效。

　　使用 100% 负载系数的对比例子是：

　　$1.59 \times 10^4 m^3/d$ 的气相当于 $5 \times 10^6 t/a$ 油。

　　一个产量为 $3 \times 10^6 m^3/d$ 的气田（或者 $106 \times 10^6 ft^3/d$），产量相当于：$1.1 \times 10^9 m^3/a$，$39 \times 10^9 ft^3/a$，$0.80 \times 10^9/a$ 的液化天然气，或者 $6.9 \times 10^6 bbl/a$ 油当量。

　　经常测量油的 API 度，并且以 °API（美国石油学会标准）为单位。例如，价格标准的阿拉伯轻质原油具有 33.50°API 的 API 度。

　　相对密度 sg（相对于水，同等单位 g/cm^3）与 API 度的关系为：

$$sg = \frac{141.5}{(131.5 + °API)}$$

　　因此，如果 API 度低，相对密度就高，而且反过来也一样。例如：20° API 的重油，$sg = 141.5/151.5 = 0.93$；30° API 的中油，$sg = 141.5/161.5 = 0.88$；40° API 的轻油，$sg = 141.5/171.5 = 0.82$。

　　重油（参见第 11 章）更黏，而且从油藏到井和经过生产设备的生产更困难。通常它的市

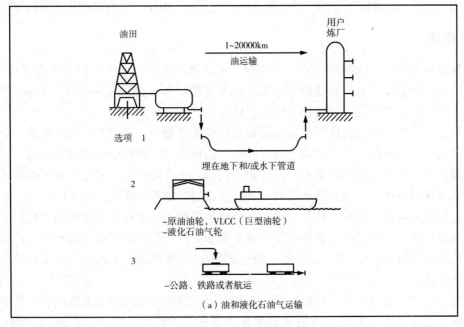

（a）油和液化石油气运输

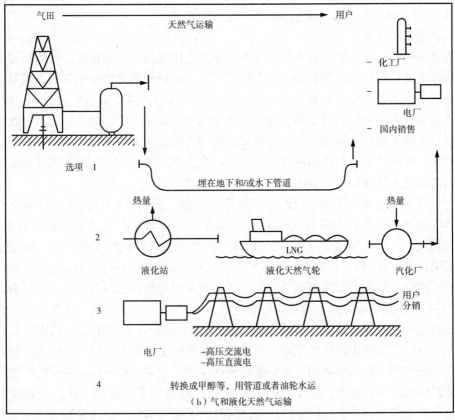

（b）气和液化天然气运输

图10.1　运输方案

场价值低。经营不同密度原油的经销商常常把它们混合，以生产具有最优价值的商品原油。

10.2 管道

用管道把油田、气田的油气输送到用户，输送范围 1～5000km，假定从俄罗斯到西欧。通常管道用钢制成。一般把管道埋入地下。预期管道的路线能够使用数年，输送大量的油、气或者产品，它们是经济、安全和环保的运输方式。

管道是一个油气区或者体系的固定基础设施的重要部分，而且是对总产量的一个暂时或者永久的限制，即导致一个稳产期，或者鼓励当地勘探，根据产能加密基础设施。同时，管道输送能力可以从其他经营者处购买或者租赁共享，这可能产生极其复杂而高级的系统，在北美洲就存在这种情况，包括墨西哥湾、北海或者阿曼的苏丹领土（图10.2）。

通过管道的规范、设计、施工、运行、修改和报废的一个标准使用周期，我们不仅仅把管道作为单一管道，而是作为服务于整个供应链的一个管道系统或者运输系统。石油天然气工业早期的管道历史产生了管道技术，它是科学方法、流体动力工程和实际工程专门技术引人入胜的综合。

因此，设计、材料选择、焊接、结构防腐和运行的所有方面都是关键性的，需要系统的质量保证。返工或者弥补任何质量缺陷都是困难和昂贵的。一条管道可能 99.99% 是合格的，但是 0.01% 的不合格可以使它无法使用！

10.2.1 管道系统的规范

当需要评价该系统在使用期内的条件时，规范是困难的。正如前面一些章所描述的，对储量越来越多的认识只能继续在未来许多年的评价、运行和局部勘探中学到，但是在开始重大的生产之前，需要详细说明和建成管道系统。一旦就绪，尽管输送能力上有一些灵活性，例如，增加泵或者压缩机的数量和在易阻塞段增加管道弯度，管道的直径是不可改变的。实际上，用直接期望值和直接项目成本所覆盖的高预算限定大多数管道。很少有管道直径超过规定的情况，这将产生不利的经济效益。然而，当用低于1m/s的油速在管道中运行，需要额外的清洁或者防腐时，可能出现重大的技术问题。

决定管道路线也是重要的。直线看来似乎最便宜，但是可能受到自然地形（如山脉）、生态敏感性场所、住宅区和其他工业和农业投资以及政治因素（例如，苏联的出口路线）的制约。现在，大多数管道线路将需要得到环境/生态影响评估的支持，并且向沿建设线路的居民证明设计是正当的。使用任何现有管道线路，或者所谓的通行权可能是有利的。因此，在项目的设计阶段，如果当地条件允许，必须对可能线路进行越来越多的详查。

附图14 位于盖勒哈特的阿曼液化天然气厂，于2000年4月投产。前景显示，在天然气装载码头的液化天然气运输船（膜式容器系统）的载量为 $13.5 \times 10^4 m^3$。图中央是两个充满容积为 $12 \times 10^4 m^3$ 的液化天然气储罐，外部是预制混凝土。后面是用两个海水冷却的使用混合制冷剂的丙烷预冷加工装置列。每个装置列的生产能力是 $330 \times 10^4 t/a$ 液化天然气，比以前建的装置的生产能力都大。除了 MCHE 和亚硫酸酰吸收装置以外，在每个装置列上的最高烟囱是传热流体炉体。工厂的总设计是由阿曼的液化天然气公司技术顾问——壳牌公司做的。壳牌约占30%的股本（照片据阿曼液化天然气公司）。

陆上，必须确定陆地剖面和列出所有的障碍，如道路、铁路、河流、运河和其他管道及

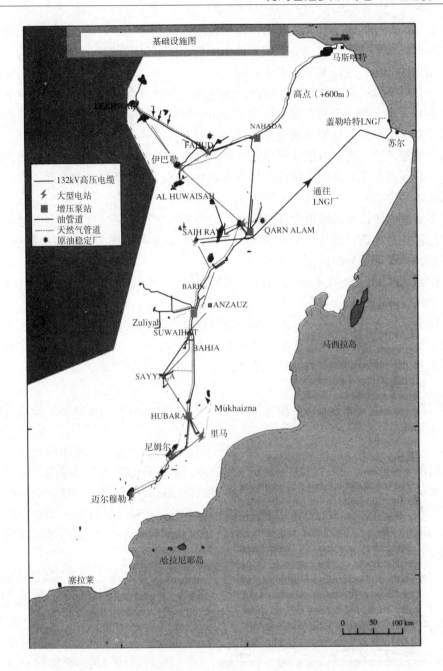

图 10.2　复合管道系统（据阿曼石油开发公司，LLC）

在阿曼苏丹领地的油气管道系统是复合管道和能源系统的好例子。另外三家经营公司从阿曼石油开发公司的油田采油，并且利用它的生产能力。大约每天用泵输送900000bbl油到马斯喀特市，大多数油装载到油轮上。一些油精炼用于当地使用。为了阿曼的苏丹政府利益，天然气供给工业设施和电厂为马斯喀特市南部和北部地区供电。电厂主要为阿曼南部塞拉莱周围地区提供电力。用管道把天然气输送到靠海的液化天然气厂（附图14）。用剩余的低压天然气发电。用132kV架空电缆系统把电输送到油气生产地点

电缆，还有线路沿途的土壤和岩石类型，以便确定挖掘埋管沟的难易程度。如果那里有许多岩石，必须进行松土测量，确定能否用带推土铲的拖拉机松开岩石，挖掘埋管沟，或者是否需要使用昂贵的炸药，这需要保证安全问题。

海上，必须研究可利用的地图和海图，测量海底剖面及沉船、海底泥滑动、其他管道和电缆、峡谷和海底类型，以及确定将挖沟和/或埋管道必需的技术。在陆上和海上，必须接触其他管线和电缆业主，以便达成交叉管道的类型和在事故中责任的协议。此外，管道线路通过初始产量递减后，对于可能获得更多产量的现有或者未来勘探区，可能是有利的。

因此，必须开发几套管道系统的替代方案，并且选择一套经济效益最佳、风险极小和实际能及时实现的方案。

在许多地区，法律要求管道设计必须经过论证机构批准，需要按照标准管理机构制定和认可的规范对该系统进行设计、施工和运行。即使不是这种情况，通常将使用一个合适的、一致的规范，以保证充分的质量。

一旦确定了一条管道的技术条件，必须尽快通知当局，并且开始从有关部门办理许可证。

10.2.2 管线设计

设计取决于提出的管线要求条件。单相管线将输送经处理除去气、液化天然气、水和其他杂质的原油，以及输送经处理除去液体和其他杂质的天然气（参见第 9 章）。通常规定一些管线把多相流从井运载到中央处理厂或者陆上处理厂（参见第 9 章）。

10.2.2.1 输油管线设计

输油管线设计需要对输送油的物理性质、输送油的数量和必须穿过的陆地或者海底地形剖面有所了解。

陆上，一条输油管线将从储存油的油罐区开始，经过初始泵站、截断阀分成的管线区段和时常经过的中间泵站，然后到达收油罐区。油罐区通常有储存在浮顶罐内的原油，罐顶是浮在油上面的圆形浮筒，随着罐内原油充满或者放空，罐顶上下移动。这避免了在原油之上形成充气空间，在那里形成爆炸混合物。从罐顶之下的一根吸入软管吸入无水原油，而任何剩余水和污垢沉到罐底，水在需要时排出，污垢在维修期间清除。使用的浮顶罐最大为 80m 直径和 $10 \times 10^4 \mathrm{m}^3$ 容量。

泵站一般有电动机、燃气轮机或者柴油机驱动的高压离心泵。如果不形成空泡（即在回转叶轮上形成气泡和产生振动），高压离心泵需要 3bar 吸入压力。因此，低压增压泵最先从油罐吸入油和把油泵入主泵中，那时的压力足够高以防止空泡形成。

计量原油的流量是为了控制和与到达远端连续检查渗漏的流量进行对比。把管线埋入地下是为了稳定、约束和防护，只有在阀组间才到地面上，在那里有另外的管线接头，在任何中间泵站要改变管线直径。最后，管线将到达它的目的地，在那里油被输送到收油罐中，以尽可能少的干

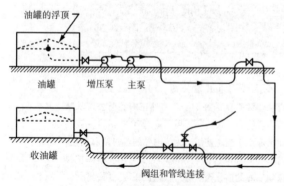

图 10.3　标准的陆上输油管线系统

关于清管器/球形发送器和接收器的详细情况，参见图 10.7

扰进一步分离出水（图 10.3）。

海上，把油储存在相对小的缓冲器，或者缓冲容器，或者所谓的混凝土重力式平台底部的较大储罐内。后面的情况在管线运行中允许有一些机动性。

其余的设计标准通常类似。然而，需要提出的海上管线的特殊之处是它们在海底的稳定性。管线必须具有足够的质量，以防止在海流和波浪影响下出现漂浮或者横向移动。增加管壁厚度或者混凝土加重层可提供配重。另一种减少管线的环境负载的方法是把管线下入沟内和/或者埋入海底。在陆上，管线穿过河流或者经过沼泽区也可能必须用相似的方法。

虽然在许多地区用国际单位制进行计算，从欧洲、美国和远东提供给油气田区域管线的管、阀门和配件仍然是用历史单位制规定和制造的。

一直到 12in 直径的管都是公称的。例如，6in 管总是 6.5in 外径，内径取决于规定的壁厚，而 12in 管总是 12.75in 外径。从 14in 向上，尺寸和外径取决于壁厚。如果为了达到一致性，需要使用国际单位制，能够把英寸的公称尺寸规定为毫米的 Dn（50，80 和 100 等）当量。

用 ANSI B16.5 和 ANSI B16.34 的运行压力/温度分类规定阀门和配件。例如，一直到 38℃，150 级允许 20bar，300 级允许 50bar，600 级允许超过 100bar，900 级允许超过 150bar，1500 级允许超过 250bar，2500 级允许 430bar。直到运行压力达到 300℃ 为止，这些额定值最大减少 25% 左右。这种命名法就是著名的"神秘工程"。

通过管线的湍流受到伯努利定律的控制，它基于能量守恒定律和假定势能（基准面以上的高程），速度能和摩擦水头损失的总和必须是常数（图 10.4）。

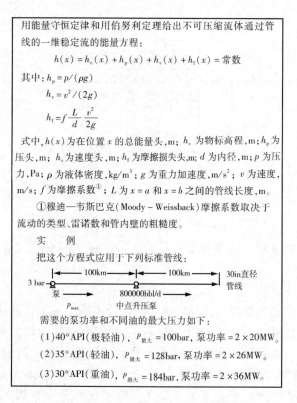

用能量守恒定律和用伯努利定理给出不可压缩流体通过管线的一维稳定流的能量方程：

$$h(x) = h_e(x) + h_p(x) + h_v(x) + h_f(x) = 常数$$

其中：$h_p = p/(\rho g)$

$h_v = v^2/(2g)$

$h_f = f \dfrac{L}{d} \dfrac{v^2}{2g}$

式中，$h(x)$ 为在位置 x 的总能量头，m；h_e 为物标高程，m；h_p 为压头，m；h_v 为速度头，m；h_f 为摩擦损失头，m；d 为内径，m；p 为压力，Pa；ρ 为液体密度，kg/m^3；g 为重力加速度，m/s^2；v 为速度，m/s；f 为摩擦系数[①]；L 为 $x=a$ 和 $x=b$ 之间的管线长度，m。

①穆迪—韦斯巴克（Moody – Weissback）摩擦系数取决于流动的类型、雷诺数和管内壁的粗糙度。

实　例

把这个方程式应用于下列标准管线：

需要的泵功率和不同油的最大压力如下：

（1）40°API（极轻油），$p_{最大} = 100bar$，泵功率 $2 \times 20MW$。

（2）35°API（轻油），$p_{最大} = 128bar$，泵功率 $2 \times 26MW$。

（3）30°API（重油），$p_{最大} = 184bar$，泵功率 $2 \times 36MW$。

图 10.4　管线内流动的伯努利定理

通常管线从最终能级以上开始，它一般是最低水平和海平面，但是能量必须足够把油泵到它们之间的任何高点上。通过计算伯努利方程中 3 项和对这 3 项求和（3 条管线输送能力需要的泵条件参见图 10.6），能够得到泵每秒输送确定体积油的必需能量。第三项压力摩擦损失最复杂，实际上它与摩擦系数 f' 成正比，该系数取决于无量纲的雷诺数、管内部的粗糙度和流动的类型，还取决于通过阀门和配件的压力损失。已经开发了计算流量和压力的各种经验公式，但是现在一般用计算机程序完成这项工作。

一旦确定了管线需要的最大压力，根据应用的标准能够确定管壁厚度。管线内压力产生一个切向应力和一个纵向应力，前者试图使管线破裂，后者试图使管线断开。最初根据切向应力条件得出的管壁厚度，应该是在所有相关操作、环境和施工负载下，管壁上的纵向应力、剪切应力、扭应力和等效应力不超过某一确定值。在适用的标准中能够查到这些值，一般表示为所选择钢材的最小屈服强度的百分数，例如，ANSI B31.4 和 ANSI B31.8 分别是油和气管线的标准。

对于陆地管线，能够设计穿过公路、铁路和河流等特殊功能。这些情况下一般需要深埋管线（图 10.5）。如前所述，通常把主要的陆地管线埋入地下是为了保证其稳定性，防止膨胀和收缩以及防止碰撞。有时，把短管线铺设在地面上是方便的，但是必须把它们固定在支架上，并且有防止变形的膨胀弯管。地面上管线的一个著名实例是从阿拉斯加北坡到终点在安克雷奇附近的管线。这条管线的一部分安装在支架上，防止加热冻原和让动物从下面通过。

此外，对于海上管线，必须检查设计在选择施工方法期间产生的应力和海水对充满液体之前的管线的压力。

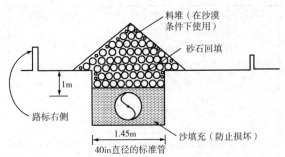

图 10.5　埋入沟内的管线

在农田和乡下，不建"土堆"，而且管线尽可能不引人注目

一旦全部设计得到批准，就能够采购材料，进行施工的全部或者分段合同招标及合同鉴定。

10.2.2.2　输气管线设计

由于气的压缩性，输气管线设计与输油管线设计不同。气不容易储存，所以需要从井到接收站的连续流动。如果有任何原因的消耗关闭，一旦管线压力增加到极大值，那么需要关井。使用若干方程之一能够计算出输送气通过管线的压力损失，例如，潘汉德尔（Panhandle）Ⅰ 和 Ⅱ 方程及 AGA 方程（美国天然气协会）（图 10.6）。输气管线应力计算类似于输油管线。已经把许多管线设计成通用的 X52（屈服强度测量值）级钢，运行的最大压力为

美国天然气协会方程

对于不含流体的标准气管线，能用 AGA 方程计算压力损失如下：

$$\frac{p_{in}^2 - p_{out}^2}{L} = CfzT\rho\frac{q^2}{d^5}$$

式中，Z 为压缩系数；p 为压力，MPa；L 为长度，m；T 为流动温度，K；q 为流量（标准条件：15℃，101.325kPa）；d 为内径，m；f 为摩擦系数。

当 ρ 是标准条件下的气体密度（101.325kPa，15℃）时：

$$C = 5.7 \times 10^{-10} \text{MPa/K}$$

如果 ρ 是与空气的相对密度（在标准条件下），则：

$$C = 7.0 \times 10^{-10} \text{MPa} \cdot \text{kg/（K} \cdot \text{m}^3\text{）}$$

应用 AGA 方程的两个输气管线实例

100 bar$_{入口}$	流 量 $10 \times 10^6 \text{m}^3/\text{d}$	$p_{出口}$
长 200km	30in 直径	$p_{出口} = 93\text{bar}$
长 100km	20in 直径	$p_{出口} = 66\text{bar}$

图 10.6 计算管线中流量的 AGA 方程

50bar。根据金属与成本比率，使用 X100 级钢或者易特殊冶金的高压管线可以减少管质量和成本。总之，与管线成本无关的最适压力范围为 70 ~ 200bar，最适精度取决于气体成分。在一定输送能力下，用较小直径管线提供中等压缩可能是大为经济的，特别是对于陆上管线。一个实例是从玻利维亚里奥格兰德（Rio Grande）到巴西圣保罗（Sao Paolo）的 3000km 输气管线。它的直径为 32in，最高工作压力为 98bar。把压缩站定向为 $30 \times 10^6 \text{m}^3/\text{d}$ 的最大输送能力。

管线设计技术现在是成熟的：早在 20 世纪 20 年代就已经引入高强度、高压力管线，从那以后，它们成为实际上的工业支柱。行业发起了进一步改进的研究，但是预期没有大的进展。

10.2.2.3 多相流管线设计

多相流管线输送的将是液体混合物，即原油、液化天然气、水和天然气。混相可能是一个慎重的经济和技术决定，或者认为，现有的分离方法仍然必须允许输气管线中分离出一些液体。

液体和气体通过管线流动的类型是复杂的，取决于液体与气体的比率，每种的速度和物理性质、管线是否是水平的和具有缓坡或者是更不规则。流动可做如下分类：

（1）分离状流动是稳定的，液体在管底流动，而气在上面流动得更快。相之间的摩擦维持液体流动。随着流动速度或者管线坡度或者不规则性增加，这种稳定性将消失，流动将成为间歇性的。

（2）间歇性流动，在管顶部将形成气段塞，它可以集中引起沿着管的液体和气体分离的段塞。当把清洁球清管器泵入管线内时，将出现大的段塞，它将集中所有液体，假定在管线的凹处进入大段塞。然而，规则的清洁可能是防止阻碍管中不可控液体体积的最佳方式。

（3）分布状流动，或是气相或是液相为主，而且气体以气泡形式靠近管的顶部流动，或管道内的液体被分散成气体中的油雾。

用经验方法、谨慎的数量级计算，或者基于专利研究的程序，能够获得通过多相管线的复杂流动和压降的计算。

多相流动的物理效应是处理到达管线末端的液体段塞和吸收它们的动量的要求。使用一个液体段塞捕集分离器能够完成这项工作。对于窄管线，它可以由一个大型压力容器组成。对于宽管线和预先处理的大段塞，液体段塞捕集分离器包括一系列平行管，管线直径常相同，每根长约100m。气将继续进入装置，而捕集到的液体将逐渐被泵出以便处理（图10.7）。

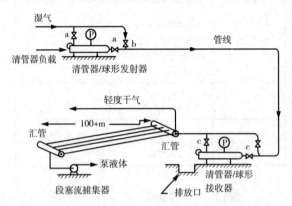

图10.7 清管器发送筒/接收器和段塞流捕集器示意图

清管操作如下：关闭阀门a，桶内压力下降到零，并且加载清管器/清管球。打开阀门a，关闭阀门b，顺管线向下推动清管器/清管球，直到被远端的接收器所接收。关闭阀门c，压力下降，除去清管器/清管球和污物。为了使长清管器易于在管内移动和装配，在三通接头需要大半径弯管和挡板，以便防止阻塞。即使安全联锁，打开发送筒和接收器也可能是危险作业。应该培训员工使用有效程序进行正确作业

10.2.2.4 深海管线

实际铺设管线和成功地把它下入2000m水深，是阿曼—印度管线和俄罗斯天然气工业股份公司（Gasprom）穿越黑海的蓝溪天然气管道项目一直从事的工作。在这些深度的主要忧虑是如果出现泄漏或者弯曲，将形成固体水合物堵塞管线，而且目前还没有在这一深度的修理技术。

在巴西海上（巴西石油公司）和墨西哥湾（壳牌）已经铺设了最深的海上管线。在2000年中期，记录深度是由Ursa系统在墨西哥湾1150m水深保持的。Ursa号平台是张力腿平台，用16根钢丝索固定在海底，通过新的和现有管线把该平台生产的油气输送到岸上。

10.2.3 材料和腐蚀

10.2.3.1 材料

管线一般是用高强度碳—锰钢管铺设的，按照API Spec 5L 输送管线管规格或者相当的标准制造和测试的。有3种生产方法：

（1）第一种方法是压制，压出的管没有纵向焊缝，并且认为是特殊应用的规格，但是这种规格仅适用于最大到18in直径的管。

（2）第二种方法是用平板卷成圆筒，使用电焊或者埋弧焊技术焊接纵向焊缝。可用的尺寸最大到48in直径。

（3）第三种方法是用钢片卷成螺旋形，再用埋弧焊沿着螺线焊接。可用的尺寸最大到80in 直径。

对于管线，通常供应管子是按双倍任意长度尺寸运来，每根管长度大致为40ft 或者12m。

质量控制是必需的，在投标之前需要对特殊钢厂进行产品质量资格认证。必须对钢管的焊缝进行检查，经常用自动超声波法进行探伤。

10.2.3.2 腐蚀

通常，第9章包括了这一部分。管线有特殊的腐蚀原因，管线防腐需要外表面和内表面，外表面暴露在埋入的土壤中或者周围的海水中，内表面与油、气和水接触。

在所有的土壤中都发生外部腐蚀，即使在干旱的沙漠地区也不例外。管线必须有涂层。多年前，在埋管线之前，实际上用保护带包管子。现在使用一种更有效的方法，在工厂用坚固的塑料或者环氧树脂涂层包管子。然后，在铺设管线期间仅需要对接头进行防护，经常使用收缩管接头，它在管线加热时与管子紧密接触。即使用坚韧的涂层，必须小心操作以免操作损伤，总之，在管线覆盖之前应该维修。特别是涂层管，应该用无石块的砂或土回填，以避免以后石块磨破涂层。

在陆上，用保护阳极或者附加阴极保护系统做进一步防护，后者提供管线与阳极地床之间的负电位，阳极地床一般是由石墨或者硅—铁制成的，它抑制电流作用（即电）引起的腐蚀。然而，该系统并不具有防护裸钢的能力，它仅仅防护腐蚀钢或者涂层露白。事实上，目前要进行涂层完整性测量（参见第9章，图9.14）。对于海上管线，通常用焊接在管上的牺牲锌阳极提供阴极保护。

通过消除油气中的水和杂质进行管内表面防腐（参见第9章）。然而，这种做法很少完全有效。仍然分离出水，并且积在管线的底部。生产设备和腐蚀产品产生的污垢和结垢也在底部形成碎片。这两种效应形成引起腐蚀的小型一次电池。因此，必须定时地清洁管线（特别是油管线）。把一个清洁工具，一个球或者清管器泵入管线之中进行这项工作。清管器有封口，所以紧紧地贴近管壁，清扫任何液体，还有一个刷子以便清除碎片。清洗效果的一项改进是在清管器上有个可调孔，让一些液体通过清管器，在前面形成湍流，有助于除去杂物。用清管器接收器（一个旁通管）把清管器引入管线中，并在管线末端取出（图10.7）。已经注意到，在泵站下游几千米处很少出现腐蚀，油形成湍流，阻止水或者杂物沉到管线底部。

在铺设管线的测试阶段和管线投产之前的任何时期，要特别注意防腐。需要使用具有缓蚀剂的清水。输气管线需要吹入与氮气混合的空气进行干燥。

还能在管线中插入高密度聚乙烯（HDPE）衬管进行防护。这种衬管能够安装在新管线或者现有管线中，现有管线虽然遭受腐蚀，但是还保持防止破裂的完整性。通过拉衬管通过管线区段安装衬管。这项技术已经成功地应用于水，但是天然气（管中油水混合物产生的）缓慢穿过 HDPE，引起膨胀，并且在衬管与管线之间产生压力。这能引起衬管破坏。解决这一问题的方法是安装一个厚层 HDPE 衬管，它耐得住破坏和膨胀，并且在衬管与管线之间的薄环形空间中有一个压力放气系统。在由于技术原因必须输送腐蚀性很强的油气和水混合物的地方，在新管线中安装 HDPE 衬管可能是经济的。与使用昂贵的缓蚀剂的裸管相比，这样做将具有更长的无泄漏运行周期，前面的情况仍然需要定期更换管线，甚至在泄漏发生后安装衬管。

安装 HDPE 衬管的一个实例是阿曼的尼姆尔油田，在 1998 年使用 HDPE 衬管铺设了 10km 30in 直径的输气管线。衬管的厚度为 34mm，以便耐得住衬管与管之间 3bar 回压通风孔。

一种特殊的涂层形式是加重涂层，可能需要把它加到海上或者沼泽中的管线上，产生下沉力，在所有铺设和运行条件下，防止管线从沟中浮出。加重涂层一般由筛网加固的厚混凝土环组成，包围着海底上或者埋入海底的管线，防止损坏。

应该使用智能清管器定期检查管线，把它泵入管线中，应用磁漏或者超声波，或者相似技术的原理记录管壁的厚度。从一个初始的所谓基线测量开始，然后正常测量，能够保持一条管线状况的连续图像，而且如果有腐蚀的话，能够监测到，并采取任何补救措施。在管壁上的一系列密集的腐蚀坑是最严重的，因为它能够导致管线破裂。如果发生了腐蚀，特别是在确定了位置的情况下，在泄漏发生之前，可以把套筒焊接在管线的损坏处以修复其完整性。另外，也可以按照管壁厚度允许的条件降低管线的运行压力。

10.2.4 施工

10.2.4.1 陆上管线施工

这包括下列作业程序：

（1）调动管线机械化施工队和员工以及专用设备（图 10.8）。

（2）按管线长度把管线运输到现场，把它们卸到管线线路旁边，这称为沿线路铺管。

（3）挖管沟（当穿越河流、公路、铁路时，可能要进行水平钻孔）。

（4）把单个管焊接到一起和检查焊缝。

（5）现场连接接头和涂层，并且修补损坏的涂层。

（6）把焊接管下到管沟中，回填管沟。

（7）最后连接，阀组和阴极保护。

（8）管线试压，进行管线清洁，做好输送油或者气和继续运行的准备工作。

（9）最后清洗，重新授予通行权，标识通行权以防止侵占。

管线铺设将包括：

（1）大量技术熟练的员工。

（2）移动焊接装置。

（3）在侧面装有绞车和固定吊车的履带式铺管机，以便把管线吊在管沟之上和焊接后下入管沟之中。

（4）挖掘和回填管沟的机械，可以是机械铲或者特殊的挖沟机械，装有一系列切沟的刀具——在地面是岩石的地方用挖沟机后面的松土铲（一种大型刀具）进行破碎，甚至用炸药，这需要在岩石上钻孔并装入炸药。

（5）弯管机，用于现场弯管以便保证管线适合于管沟的形状。

（6）放射线探伤试验设备和实验室。

（7）水压试验设备。

（8）运输管子、设备和人员的运输机。

（9）对所有上述的支持，包括办公室、营地等。

铺设管线是一个线性过程，如图10.8所示。当管线焊接后，整体向前延伸，探伤和下入管沟。

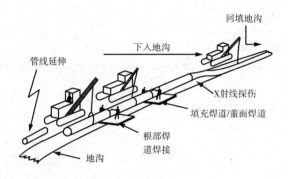

图10.8　陆上管线施工

10.2.4.2　海上管线施工

海上管线施工包括下列作业程序：

（1）调动管线机械化施工队和员工以及专用设备铺管船和船舶（图10.9）。

（2）按管线长度运输管子，并且把它们卸到铺管船上。

（3）把管线焊接到一起，并且下到海底。

（4）把管线与起点连接，它可能是水下管汇或者是海上平台。

（5）把管线连接到目的地，它可能是另一个海上平台或者经过管沟到岸上。

（6）牵引一个挖沟犁或者其他工具沿着管沟线路挖管沟。

（7）如果需要的话，掩埋、回填岩石。

（8）在任何不合格的范围内，提供额外的海底支撑。

（9）管线试压，进行管线清洁，做好输送油或者气和继续运行的准备工作。

（10）最后清洗。

铺设一条近海管线可以包括：

（1）大量技术熟练的员工。

（2）铺管船或者船（图10.9）。

（3）分离的潜水给养船，用于水下连接。

（4）挖沟铺管机，牵引和供给挖沟犁或者其他工具动力，埋管线。

（5）辅助船，例如，锚作拖船、管线拖船、供应船和测量船。

驳船或者船是大型的，保证在海上的稳定性，并且提供管材的储存空间和船员及工作人员的起居设备。用于深水中的装置是动力定位，即用计算机和定位系统控制的导管舵螺旋桨保持船处在正确的位置。一些是有目的建造的，而另一些是在船上改造的。在船的中央下方或者侧面有一个线性施工区。这个施工区有一个用于接头的焊接站、焊缝检验设备、涂层设备生产线和一个拉紧机，拉紧管线和防止在尾部打滑进入海中。

在海上铺设管线的常规方法中，在驳船上焊接管段、探伤和涂层，当生产线上的每步作业完成后，同步向前移动。拉紧机保持管线拉紧，所以它滑下坡道和朝着海的无弯曲的船尾托管架（图10.9）。在本节末介绍其他的铺管方式。

把管线的任一端与水下管汇或者平台连接通常提出了最大的挑战，并且导致了创造性减

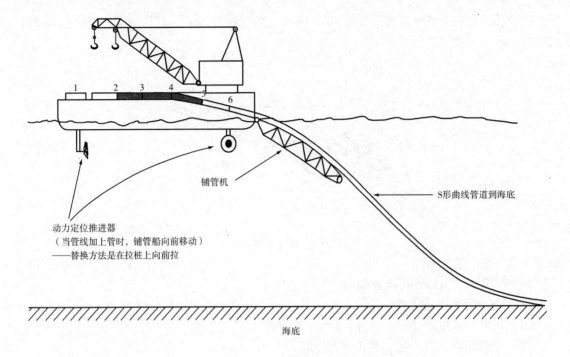

图 10.9　海上管线施工

1—管储存和排列成行；2—根部焊道焊接；3—填充焊道/盖面焊道（2 倍或 3 倍）；4—X 射线焊缝质量检验；
5—拉紧机保持管线拉紧（机器卡紧管线）；6—给接头涂防护层

少冗长潜水作业的技术开发。

连接在平台上的一个立管把海底管线与平台上设备连接起来。基本方法是把管线横靠管汇和横靠平台。然后测量管每端与管汇接头和立管之间的相对位置。短管部件，即装配具有弯管法兰的管段，下入海底和由潜水员连接。特别在深海，这项工作是昂贵而困难的，但是已经开发出了不同的解决办法。

经过平台能把管线放得更远，然后拉起在平台底部形成靠近弯管装置的立管，或者在平台顶部的较大管内拉起，有时称为 J 形管。在浅水中平台没有安装立管的地方可以把管线拉起，在水上段焊接立管，把焊完的每个立管段逐渐放下。一旦全部立管长度焊接完，能够把立管夹紧在平台上。

埋管线，以防止管线遭受锚、捕鱼拖网和海底流来回涉及的损害。有时在松软海底，管线将自己掩埋。然而通常在布管后，必须使用挖沟犁或者相似工具沿着管线掩埋（预先挖出管沟利于回填，然而进行实际回填不必要）。这种工具可以有高压水喷嘴，清除管线下面的海底物质。在少数特殊情况下，对于部分埋设管线，必须仔细地安装超过管线的岩石防护。

许多管线经过海滩登陆。通常在岸上焊接数百米长的管线，经过海滩和刚刚离岸的海底挖一条管沟，把管段下入管沟并埋好。然后，用常规方式从头铺好其余管线，或者连接到末端。海岸一般是环境敏感区，所以尽可能减少干扰。

也使用另外的铺管方法：

（1）对于小直径管（小于 16in），可以在岸上焊接管线长段，然后把它们绕在驳船上立轴支撑的大直径滚筒上。在海上能够把管松开，通过矫直辊轴支架牵引，当驳船向前移动时，在拉直的情况下放到海底。

（2）对于短管线，能够在岸上焊接管线段，然后牵引到海上下到指定位置。通过调节浮力能把它们牵引到海面，在中等深度或者刚刚离开海底。立管可能已经连接，当管线收缩时，能把立管拉起紧靠平台。这种方法是便宜的，避免了使用昂贵的设备，并且是在适合地区断续铺设管线的理想方法。漂浮法拖管仅适合于平静、有掩护的浅水区。

10.2.5　焊接

用气焊焊接非常老的管线。然而，现在所有管线都用电弧焊连接到一起，一般由焊工手工进行，但是有时用电焊机。在管线的焊接站，用增加焊缝金属的焊道完成焊接（图10.10）。电弧焊作业是夹住钢焊条靠近需要焊接的管子。来自焊接变压器的高电流通过焊条进入管子。电弧的电流产生热熔化焊条和管子的钢，在焊缝局部产生一些液体钢，当凝固时把管子焊接到一起。第一个和最关键的动作是对准管子的中心，并且焊接把管子内部连接到一起的根部焊道。根据壁厚，然后用盖面焊道完成加上两个或者三个填充焊道。使用射线成像术（即用 X 射线检验焊缝）或者超声波技术检验焊缝。焊接标准规定焊接质量，定义了容许的次要缺陷的范围，例如，孔率和缺乏穿透性。

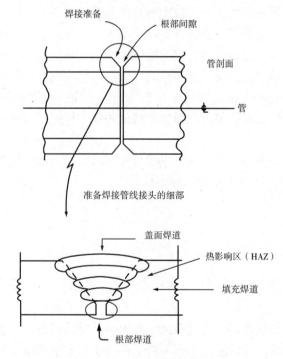

图 10.10　管线焊接

参见焊接管道和相关设备的标准——API Std 1104

这种焊接方法是管线特有的，由于它们的性质不能绕轴旋转以允许在顶部焊接，在那里焊条金属将自然流进缝隙中。替代的是，用俯焊法焊接它们。两个焊工，一个在管子一侧，从 12 点的位置开始焊接，并且稳定地向下移动他们的焊条分别通过 3 点和 9 点的位置，并且在 6 点的位置完成焊接。这种焊接技术需要技巧和实践才能达到满意的效果。

焊缝的冶金学特征很关键，尤其对于热影响区，它是焊缝本身外部管子的一部分。在开始工作之前，应该通过检测用将来使用的实际钢管和焊接材料的焊接，规定和审核焊接工艺。然后，把检验样本金属挂片切断和进行检验，以保证它们符合规定的抗拉强度和抗冲击韧性。逐次对下面焊道和热影响进行热处理，以达到了要求。此外，管子的最后试压将强制减压焊缝。

应该对焊工进行测试，证明他们的技能能够满足工作的需要。一旦这些过程达到满意的程度，就能够继续进行焊接，出现的质量问题很少，而且实现在12h内焊接1～2km管线的进展。为了达到更快的进展，用双焊缝连接可能是有利的，即在管沟外同时焊接两个10m长度，以便在管沟只焊接半数焊缝。

10.2.6 管线运行

管线是油气系统的一部分，需要结合上游油气田和储存以及下游末端和用户需求进行管理。定期维修是必要的，包括仪表标定、润滑和检验阀、清洁（清管作业）管线内部、监测内外部腐蚀、监测阴极保护系统、检查进入的通行权和监测对管线的潜在外部损害。

总之，在第9章已经介绍过HSE需要考虑的事情。管线需要特殊的安全考虑。

10.2.6.1 操作安全

运行中管线基本上是安全的，只有很少事故。泄漏检测系统能够提供额外保护。通过压力快速下降能够判断出严重泄漏，仪表设备将关闭入口、中间和出口阀，因此限制了进一步泄漏。小的泄漏难以检测，运行计划的改变能够掩盖压力和流量数据的变化。使用计算机模糊逻辑。已经开发出连续监测流量变化和检测因较小泄漏出现变化的系统。

恢复管线通行权对完全保护管线的存在更实用。然而，更重要的是用地面标志划出界线，并且与土地拥有者达成避免侵占和损害管线的协议。根据损害管线的风险，通行权审查可以是一项专职工作。

管线事故受到紧密的监控。回顾大约为31650km的欧洲跨国管线，1971—1995年的事故/泄漏数量减少了2/3，平均每年的实际事故如下：

（1）机械故障3.3。
（2）操作错误1.0。
（3）腐蚀4.0。
（4）自然灾害0.5。
（5）第三方活动4.3。

10.2.6.2 施工安全

在铺设陆上和海上管线期间，安全是最头等大事。管线建造是大量员工在风险条件下的一项重要后勤作业；越野运输的重型卡车、海上供应船和起吊重型管材的起重机，集中在满足施工目标和重复工作的队伍。所有这一切需要训练有素的员工和作为HSE管理系统一部分的良好程序。在拆除旧管线期间存在特别风险。经验表明，在切割期间，一些旧管线中可能有加压油气，如果溢出则具有爆炸力。每次都必须遵守释放这种压力的安全规程。

10.2.7 管线报废

对于不再需要或者损坏太多不能使用的管线，清除管线内的油气，并且留在原地（如果能接收的话）；或者把它们挖出后切割成适合的长度。一些或者全部管线可以再用于别处，需要重新涂层和重新加工两端。管沟可以用于新管线或者光缆。如果有可利用的便宜的闲置管线铺设（即具有设备的人员），能够提高管线拆除的经济效益。

10.3　航运

10.3.1　油轮

在海上或者内陆水道上，油轮用于运输产地与炼厂及用户之间的原油、液化天然气、液化石油气和许多石油产品。小型油轮和驳船用于内陆水道，尺寸增加到巨型油轮（VLCCs），甚至 55×10^4dwt 的超巨型油轮主要用于远洋运输（dwt 为载重吨位，指油轮的载货质量，因此一艘 55×10^4dwt 油轮能装载约 4106bbl 油，即一个日产 80×10^4bbl 的大型油田的 5d 产量）。油轮的发展是技术、经济和商业机遇的综合，因此是经济繁荣与萧条的交替循环。目前，世界上大约有 7000 艘不同型号的油轮在运营。

10.3.2　历史

油轮的历史始于 1861 年，双桅船伊丽莎白瓦特号用桶从美洲向英格兰运输原油，当时仅仅在德雷克上校（Colonel Drake）钻他的第一口油井之后两年。在 1885 年，建造了格留考夫（Gluckauf）号作为第一艘专门运输油的船，船体装油箱，发动机安装在船尾。在 1892 年，建造了 S. S. Murex 号，它被视为安全得足以穿越苏伊士运河，获得进入远东市场销售中国煤油和开始国际油品贸易的标志。在 20 世纪上半叶，趋向于在产地附近炼油，因此油轮主要用于运输石油产品，到 1914 年使用 8000dwt 的油轮。在 1940—1945 年，在美国建造了500 多艘 16000dwt 的标准 T2 油轮，配有 3500hp 发动机，时速为 11n mile。

在过去 50 年中，油、气及其产品的贸易增长迅速，作为一次燃料，石油和天然气已经向煤发起挑战。此外，随着炼油靠近市场的趋势，世界油轮队，从 1946 年的平均油轮规模为 12000dwt 和超过 23106dwt，达到 1997 年的平均油轮规模为 90000dwt 和超过 330106dwt 的顶点。规模经济是决定性的，而且最大的油轮，超巨型油轮超过 550000dwt。现今世界上的大多数油轮队建立于 1973—1977 年的经济繁荣时期。以后油价波动和由此引起的需求变化，通常导致了低销路，由此产生油轮的低运输费，分布特点具有高需求的短期顶点和因此产生的高效率。国际大型石油公司已经缩小了它们的船队，并且主要向拥有者租用油轮。

在 20 世纪 80 年代，建造的油轮廖若晨星。然而，在 90 年代，用增加的新油轮替换旧油轮和提供更灵活尺寸的油轮，低于 300000dwt，具有最新的安全和环境特征，而且由于更有效的发动机和自动化减少了船员，使运行更合宜。引入了用于特定产品（如液化天然气和液化石油气）的油轮。在过去 20 年中，世界造船业趋于合理化。因此，一些造船厂的建造巨型油轮的能力受到限制，特别是日本、韩国和西北欧。

10.3.3　商业需求

在激烈的竞争面前，由于油轮的高资本和建造成本，商业需求趋于控制油轮设计和建造。一个石油或者天然气生产公司可以拥有油轮，或者以下列方式之一向第三方拥有者租赁油轮：

（1）出租或者包租空船——拥有者把船出租另一方运营和操作。

（2）定期租船合同——拥有者操作船和把船在具体时期内出租。

（3）航次或者短期租船——拥有者委托在指定港口之间运载限定货物一个或者多个航次。

（4）承运合同——拥有者约定在已知时期和规定航线运输规定数量的货物，但是使用者有选择权。

由于自动控制和规定的船员从20世纪50年代的40~50人减少到90年代的不足20人，新油轮的运营成本降低。70年代建造的一艘巨型油轮装备的汽轮机发动机每天大约需要140t燃料。最大为35000kW的低转速柴油发动机驱动的新型油轮，已经把燃料消耗降低到每天60t。

按油轮运价基数点谈判运费。这是由独立机构根据75000dwt标准船承担的成本每年得出的单价表。油轮运价基数100是针对标准船而言的统一价格。运价受到世界船队利用率的驱动。当价格高时，油轮以最大载重量全速行驶；当价格低时，它们趋于减速行驶以节省燃料（慢航），或装载部分货物。

10.3.4　装卸

油轮能够在港口的码头上，或者有足够水深能容纳油轮的近岸进行装卸。或者用固定系泊能够停泊油轮，用软管连接到岸上。

如果在一个位置没有足够的水深，油轮将需要离岸较远进行装卸。风、波浪和海流力将对油轮产生大的合力，解决办法是提供一个连接在油轮船首的旋转锚系装置。然后，它们将能够在环境力的影响下，围着锚系装置随风摆动，这将给锚系装置产生最小负荷。此外，油轮可以缓慢行驶，以减少系泊负荷。已知这些锚系装置是单浮筒系泊（SBM），如图10.11所示。

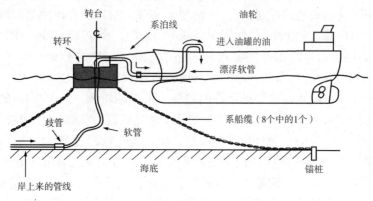

图10.11　单浮筒系泊

当油轮直接从海上油田装原油时，可以采用相似的原理。对于标准的SBM，水通常太深，所以使用较大、较深的浮筒，它们可以合并成原油储罐。在大量投资铺设通向岸上的管线之前，这些浮筒能够为海上油田提供经济的开采方式。其后，能够回收、检修这些浮筒，并且再利用。

深海油气田正在从大型海洋钻井浮船上生产，这种浮船称为浮式生产储卸油装置（FPSO）。把它们泊系在靠近船首的一个转台上，使它们类似于SBMT的旋转。然后，油轮能够接近FPSO的尾部，系泊到FPSO上并且通过软管输入原油。图10.12显示的是澳大利亚西北部的一个实例。

10.3.5　设计和施工

油轮的设计和建造受到造船工程原则的支配，要提供灵活的商业船只，在使用期限内是经济的，比如30年，提供国际和地方法规以及实际要求的安全和环境特征。

本质上，油轮的船体，像任何船一样，是一个坚固的箱形梁，能够耐得住经过风浪时遭受的弯曲和扭转力。发动机、控制器和船员住处在船尾，船的主体作为储存货物的罐。把货舱分

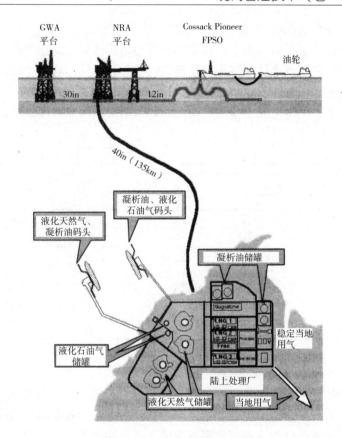

图 10.12　复合油气出口系统

　　澳大利亚西北的这个系统说明了油气出口的许多选择。在油直接输出到泊系在哥萨克—先锋（Cossack Pio-neer）号 FPSO 之后的油轮上。天然气经过一条 40in 海底管线到达岸上的一个液化天然气处理厂。用油轮出口液化石油气、凝析油和液化天然气，而用陆地管线输送一些当地使用的气（据伍德赛德能源有限公司）

成分离罐［出于稳定性考虑，按鸡蛋箱形排列，防止货物从船头向船尾移动和左右移动（船上的游泳池效应），以及由于操作原因要分开不同货物］和清洗罐。为了成本和适应性，优化了吃水和速度（参见图 10.13 和 10.4 节），例如，穿越苏伊士运河的限制是装载 150000dwt 和压舱物 320000dwt。较大的油轮将必须从中东到欧洲或者美国绕过好望角行驶。

　　大约有 10% 的油轮还设计成运输干散装货物，如矿石和谷物，让拥有者转手货物获得其他比率的好处（通常是 OBOs，或者油、散货、矿石三用船）。当需要额外的人力时，这种方案不如想象的那么经济。

　　燃料成本是关键性的，所以使用改进的低速柴油发动机，例如，利用废热发电和动力传动系统的齿轮啮合，以便优化螺旋桨转速。装载特重货物的油轮，如沥青，在罐中有加热管；轻量货物的油轮可以运载冷货物。对于液化石油气（LPG），油轮在 -40℃ 下运行；而对于液化天然气（LNG），大约在 -160℃ 下运行（参见 10.4 节）。

　　甲板上的主要设备完全自动操作，以减少船员人数。卸货的主要泵是直接在机舱前面的离心泵，所以用密封舱把泵与它们的原动力分开。为了提供惰性气体，把发动机排出的废气进行清洗。使用惰性气体是为了把罐内货物以上大气中的氧含量减少到 8% 以下，因此排除了火灾或者爆炸，并且这在超过20000dwt油轮上是强制性的。

在运行期间或者在事故的事件中，首要的问题是防止污染。现在建造的油轮全部都是双壳体。为了在碰撞或者搁浅事件中减少货物泄漏的机会，把货物和水严格地分开。当船没有原油时，将需要压舱水以便达到稳定的吃水。现今，把这种压舱水放入双壳体的分离罐中。现在，清洁罐不用水，在每个罐中使用高压的旋转清洁头，用喷雾原油清洁罐。

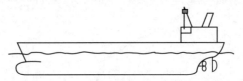

类型/货物	船长（m）	船宽（m）	吃水（m）	载重量（dwt）	速度（节）
1 大型油轮/原油	332	58	22	298000	15.5
2 多产品/原油加热罐	244	42	14.6	105000	14
3 清洁/含杂质产品	183	32	12.2	47000	15.6
4 液化石油气船	209	31.4	12.5	47000	—
5 液化天然气球形罐	272	47.2	11.4	67000	18.5
6 液化天然气长方形罐	287	41.8	11.3	71470	19.2

图10.13 标准现代油轮

10.3.6 安全和环境问题

在油轮设计和运行中，安全和环境是头等大事。它们首先受到国际和地方法律的制约，而且受到油轮拥有者和经营者的驱使，希望成为良好公民和免除实际环境损害的成本。

对近年来主要泄漏的分析表明，大多数起因于搁浅和碰撞以及人为差错。估计人为因素至少占事故原因的90%。因此，培训和激励油轮的主管和员工，要比仅仅安装安全设备和要求在操作中使用它们，对安全和环境影响具有更大作用。

在油轮的法律和惯例中涉及3个联合国机构，即国际海事组织（IMO）、国际劳动组织（ILO）和联合国贸易与发展会议的（UNCTAD）的航运委员会。在这些组织中，IMO具有对安全和环境问题的主要影响，针对保护海洋环境采取惯例、标准和推荐。最有影响的是在1973年采用的海洋污染监测规则（MARPOL）及其1978年的议定书。在MARPOL规则中，在环境敏感区禁止从油轮卸下原油或者含油混合物，比如内海和严格限制的地区。它还包括防止船舶污水和垃圾污染的规则。一次IMO会议和油轮拥有者共同提出了事故的有限赔偿责任，总计每个事件1.35亿美元。

10.4 液化天然气航运

带压运输产品的船需要稳固的容器罐，较大直径的天然气罐如果增加罐壁厚度，就可达到稳定。因此，罐的尺寸受到技术和经济的限制。对于低沸点液体，如液化天然气，蒸气压力在环境温度下妨碍运输——容器需要的金属质量将禁止用大的尺寸。因此，所有液化天然气油轮被完全致冷（即把冷液体加到绝热罐中，大致在大气压运输液化天然气，罐在液化天然气的沸点大约 $-162℃$ 下运行）。

由于使用低压，液化天然气船（图10.14）的天然气罐不需要高压容器。虽然可以使用球状或者圆柱体容器，还有使用适合于现有船舶拥有空间的矩形平壁罐的可能。长年累月，容器系统开发已经沿着两条大致独立，但是平行的路线进行（附图 14 和附图 15）：

（1）自撑式罐（在底部支撑的重型、厚壁结构独立的金属罐，但是如果没有船体的辅助，经不起液化天然气的静水压力）。

（2）薄膜储罐（轻型、金属薄膜罐，在全部罐表面有刚性承载绝热，所以静水压力负荷传导到船体上）。

在商业运营中，经标定的货物围护系统主要有 4 种，即薄膜 TG 型液货舱（Technigaz Membrane）、薄膜 GT 型液货舱（Gaz Transport Membrane）、Kvaerner 型金属球形罐（Kvaerner Moss Spherical Tank）和 IHI 单棱柱系统（IHI Single Prismatic System）（后两种是自撑式）。为了通过增加单个油轮气罐尺寸，达到降低成本的目的，正在用某些这样的设计进行建造，例如，减少气罐数量，假定从 5 个减少到 4 个或者 3 个。

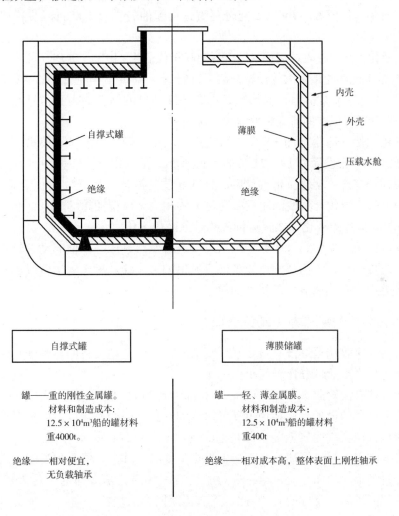

图 10.14　液化天然气船的容器类型

如附图 15 所示，卡塔尔天然气运营有限公司（Qatargas）油轮队的油轮在拉斯拉凡港装载 $13.5 \times 10^4 m^3$ 液化天然气，准备交付给日本用户。该油轮有 5 个 Moss Rosenberg 型球形储罐，正常航速最大为 20 海里。油轮长 295m、宽 45m，吃水 11m（据莫比尔石油卡塔尔有限公司）。

为了耐寒，必须用特种低温金属制造油轮液化气罐；或者 9% 镍钢，或者 5083 铝合金（自撑式罐）；或者 304 不锈钢，或者 36% 镍钢（微胀合金）（薄膜储罐）。显然，为了保证液化天然气的低温容器和防止冷液化天然气泄漏到碳钢上（如船体），需要严格的设计。

使用内隔热系统减少热进入，限制液化天然气蒸发为每天 0.15%，以及包括具有低导热率和要求强度的常规材料（例如，软木或者无机泡沫/粉末/纤维）。长期以来，一直梦想开发一个隔热系统，该系统用非低温金属支撑其中的液化天然气储罐。如果可以完成这样的设计，将真实地削减液化天然气的运输成本。然而，行业领导者已经进行的广泛研究未能提供可行的设计。主要焦点是把聚氨酯泡沫保温直接喷射到碳钢罐的内部。最后，研究之后发现，没有有机泡沫能够在 −160℃ 下充分可塑经得起油轮在海上航行时货物移动引起的物理力（晃动力）。

最新型液化天然气油轮的规模从 20 世纪 60 年代的 $4 \times 10^4 m^3$ 到 1977 年的 $(12 \sim 13.5) \times 10^4 m^3$。在技术上能够建造更大的油轮，甚至达到 $25 \times 10^4 m^3$，但是它们的运行可能受到能容纳宽度、长度、吃水和货舱容量（其影响是占有装卸港口的储存能力）位置数量的制约。尽管如此，在进一步降低成本的研究中继续考虑这些问题。

一艘液化天然气油轮（图 10.13）可比得上巨型油轮，但是吃水较浅（由于液化天然气的密度较低）和一般设计为 19～21 节的较高速度。在液化天然气船中，返航需要卸下的压舱货必须装到隔离罐内运输。低温储罐的特殊性质是液化天然气油轮相对昂贵的主要原因。新型 $13.5 \times 10^4 m^3$ 液化天然气油轮运载吨位大约相当于巨型油轮的 30%，但是成本却是 2～3 倍。一个能源基数的液化天然气运价大约是原油的 7 倍。

蒸汽发动机是常见的，大多数使用蒸发气进行蒸汽升压，以便驱动汽轮机。航运业已经大量淘汰了这种驱动，采用柴油机或者燃气轮机动力系统。考虑到运营成本和实际问题，这种趋势还将应用于新建造液化天然气油轮。

10.5 液化天然气接收端（或者进口）

液化天然气接收端远远没有液化气厂复杂。那里的转动设备明显很少，而且由于能量消耗设备有限，公用事业部分比较简单。

接收端必须有油轮码头和卸货设备、汽化系统（因此也把接收端称为再汽化末端）、处理罐蒸发气和计量的设备。从某种角度可以认为它是反向的液化厂，但是理论上没有达到汽化必须做的机械作业（尽管实际中总是把能量用于获得商业发送操作）。

最大限度利用交付给终端的全部能量也是重要的。其中一些是化学能，汽化时储存在气中，作为燃料输出。然而，交付给终端的能量的可观部分是冷却的液化天然气（在液化厂中消耗的冷却能量的相反方面）。因此，当汽化期间释放出能量时，合理地利用这种能量在经济上是很重要的。

泊位和卸货设备与液化厂有许多相似之处。泊位必须是水深和保护条件达到容纳液化天然气油轮需要尺寸的标准，所以需要一个码头连接泊位与岸上。必须慎重评价海洋活动的安全注意事项。由于卸货码头靠近市场，可能处于其他交通的附近，包括与其他船的相互作用。精细设计的卸货臂带有 ESD1 和 ESD2 设备（参见 9.14.5 节）。隔热的卸气管线沿着码头返回到储罐；一般使用两条管线，以便能够利用从储罐进入一条管线到泊位并返回到储罐的另一条管线的液化天然气循环，保持冷却。在大多数终端，蒸汽返回管线输送储罐出来的蒸汽回到储罐，以便充满卸下液化天然气空出的空间。

设计和建造储罐像液化终端一样。因为有更大可能接近公众，特别要强调安全和环境注意事项。此外，储罐是液化天然气接收终端的主要外观。液化厂和接收终端一样有储罐，以至于能够长年以规则速度发送和接收气，保证充分利用这一连续的运输流。然而，天然气的市场需求可能发生波动，而且终端必须有足够的储存量保证供求协调。在新建的终端，总液化天然气存储量大约是液化天然气油轮平均发送最高容量的 4~8d。在日本，从前建立较大的储存量是为了适应特别的输出量，或者战备储备目的（30~60d 战略储备是普遍的）。

为了使用，必须把液化天然气转换成天然气并且提高到输出压力。因为购买和运行液化天然气泵比压缩机要便宜，通常在高压下把液化天然气泵入汽化器中，产生的气体不需要再压缩。汽化器用管输送液化天然气，用载热体在外部加热。这种载体可以是周围的，如海水（正常情况不使用空气，它的热传递速度较慢）。或者，可以使用热水加热输送液化天然气的管子。一般使用浸没燃烧法燃烧气体加热浴器，在浴器中有输送液化天然气的管子。如果接收终端靠近电厂特别方便，能够把电厂排出的温暖的冷却水在返回电厂之前用于汽化器，由此增加它的效益。如果使用燃烧气体的汽化器，那么大约 15% 的吞吐量可以用作燃料。常常使用海水汽化器（低生产成本，但是相对高的资本成本）作为最低负载输出量，而在高峰输送量期间使用较高生产成本的加热汽化器补充。

应该明智地使用已经加温液化天然气的冷却液，可以把它用于附近的空气分离装置、食品冷冻厂、化工厂和电厂等。

由于通过储罐隔热层的散热损失，蒸发气连续出现的比率是每天为储罐容量的 0.02%~0.06%。使用吸收器可以把它压缩并注入天然气流中，或者可以用作任何燃气汽化器的燃料。在卸货期间由于船上储罐中液化天然气蒸发和泵运转，以及通过卸货臂和船的管线系统进入的热量，出现过剩的汽化。通常把它压缩成输出压力并且输出。然而，如果由于季节性或者负载系数没有市场，则要安装再液化设备。

在输送之前，可以给气加添加剂，然后加压重整，并且在出口进行计量。

接收端的辅助设备毫无疑问地包括一个保护控制室和火炬，用于失常状态，以避免像这样的甲烷排出。

这些年来，已经取得了技术进步。一个大型接收端的成本贡献大约为 0.5 美元/10^6 Btu；而且影响它的主要参数是吞吐量、适应性和战略储备。因此，连续新的终端已经把最新设备开发和能量回收方合并成尽可能大的设计尺寸。这种趋势继续，此外，新技术开展的目的是范围更大的液化天然气适用性。这些开发包括浮式（但是静态的）液化天然气储存，浮式液化天然气接收/储存/再汽化终端和船载再汽化。在下列情况下，这些变化是必需的：岸上终端不是最优化，也不是可行的（例如，由于困难或者昂贵的港口，或者现场条件，或者由于环境原因），或者为了适应新市场开发的要求，例如，由于市场增长速度较慢，起步的容量较小。诸如壳牌和莫比尔这样的公司具有进行开发的设计和实施能力。对液化天然气油轮的相似应用是船靠码头，并且把液化天然气卸到浮动平台甲板下的储罐中，平台的甲板上有供应附近岸上天然气的汽化和加压装置。这样的浮式接收终端具有机动性，并且克服了局部陆地环境上的困难。然而，在能够应用的地方，仍然是常规的大型陆地接收终端的成本最低。

10.6 完整的液化天然气方案

炼油厂和化工厂常常像液化天然气厂那样连续运行，但是产品储存成本相对较低，所以能够建立适应相当频繁停产的储存能力，以便不中断给用户的供应。对于液化天然气的运营，必须达到这种相同的连续供应，但是要用相对高成本的低温存储。因此，必须周密地设计和协调液化天然气运行方案，包括通过装置列运行的用料量，到出口储存能力、航运能力和接收终端到输出。由于将快速返还生产成本和市场价格抑制，必须避免过度地建立低温液储存量和航运来达到末端供应的可靠性。

设备优化、成本最低化和供应与市场需求匹配，只有使用计算机模拟、分析下列影响因素才能实现：

（1）需求的变化。

（2）液化厂利用率。

（3）干船坞、事故和天气延误。

（4）天气、黑暗/潮汐限制、拥挤等对装卸港口的影响。

（5）不同用户或者供应商的计划。

所有这些影响涉及统计学模拟上的不可控因素。然后设计师使用不同参数值，并且得出对系统生产能力和成本的影响。另外，对于一个已知设计，模型预测系统性能，符合天然气买主的合同要求。在运行阶段，还能够按照最佳的规划与调度预测年交付量。这种周密的优化可以实现每年有少许额外产品，或者使用一艘油轮，或者减少储存量，这样的节约总共可以达到 2 亿美元的水平。较简单的模型可以用于商业上，但是承包商或者开发商使用具有专利的、更完善模型。可能最先进的模型是壳牌自从 1969 年以来开发的那些模型。图 10.15 显示出目前方案中的主要参数。

10.7 液化天然气系列的安全性和可靠性

从 20 世纪 70 年代到 90 年代，液化天然气行业的极好纪录是通过综合考虑设计和严格的安全规程实现的，它们使产品损失和后果减到最小，如果出现这些情况。同时，提高了成本效率。

液化天然气项目的事故定量分析和风险评估技术取得的进步，促进了这些成果的转化和生产能力的提高。一些公司，如壳牌、英国天然气公司等，进行的研究和开发已经明显地减少了关于雾状扩散、气体爆炸、喷射火焰、贮液池着火、储罐倾翻和类似的上述不确定性。在技术上已取得了进展，或者在尚未可能的领域，通过大规模试验得出经验预测生产能力。风险评估技术，诸如使用定量风险分析（基于技术和经验知识组合）评价和优化安全距离、厂内的缓冲带，以及与附近活动、社会习俗和公众的外部协调性。关于设计和生产的上述知识和相关的计算机工具，以最低成本极大地促进了安全、可靠的液化天然气行业发展。

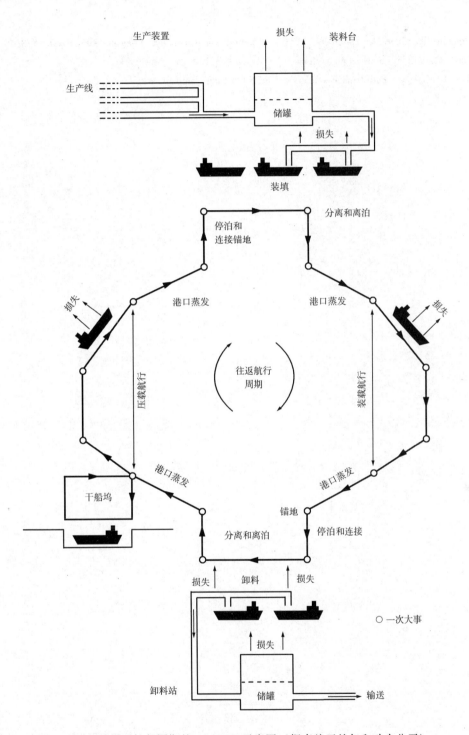

图 10.15 显示往返航行周期的 ADGENT 示意图（据壳牌天然气和动力公司）

参 考 文 献

［1］ Pipeline Characteristics Handbook, Williams Natural Gas Company, Penwell 1996 *isbn 0 – 87814613 – 3*.

［2］ Gas Transmission and Pieline Systems, ASME Code B31. ASME New York.

［3］ World Gas Map, Petroleum Economist, Gulf Publishing Company.

11　重油和稠油

11.1　引言

如果书中不包含重油这部分内容，那么有关现代石油技术的书就是不全面的。重油是非常重要的：在地球上，重油可能要比其他任何石油资源更丰富。此外，技术是重油开采的关键，通过应用现代和今后的石油技术，把地球的巨大重油资源完全开采出来。

11.1.1　什么是重油

重油的定义并不统一，依据作者而论。"重"这个词涉及高密度油，通常用 API 度大小来测量。常见的定义是 API 度小于 20°API 的油是重油。这似乎像一个很好的任意值——是一个整数。然而，其他权威数据采用了不同的标准。例如，世界能源协会把 API 度小于 22.3°API 的油当作重油（如相对密度超过 0.920）。常把 API 度小于 10°API 的石油液体分成沥青或超重油。

对于炼油工业来说，因为 API 度与基础的炼油驱动力数值相关联，以重力为基础的重油分级是高效的。例如，API 度越低，可能有价值的精炼产品产量就越低，像汽油，而价值低的产物的产量会越高，如焦油或焦炭。API 度可能还和不希望出现物质的含量有关，如沥青质、硫和金属（如镍、钒）。然而，API 度本身不能说明石油生产过程中出现的问题。黏度是更重要的。

11.1.2　什么是稠油

稠油的定义很简单。黏度 10mPa·s，100mPa·s 或 1000mPa·s（在油藏条件下测得的）作为常规油和稠油间的截断值——两个变化的数量级。当它作为油藏中的一种特性时，降到 5mPa·s 或 10mPa·s 的黏度会对开采量产生很大的影响。

重油和稠油不可以完全互换，因为黏度与 API 度之间不存在相关性（图 11.1）。原因是重油产生的很多途径（后面讨论）和外部因素对黏度的影响（如油藏温度）。因此，分类如"如果……的黏度高过……那么这样的油被认为是重油"是完全没意义的。

我的感觉是如果有可能，应该尽可能避免精确截止值。如果石油的 API 度低到成为精炼石油或把石油投到市场上的阻碍时，则石油是重的。如果石油的黏度高到阻碍了石油流出油藏和通过表面管道系统时，则油是黏性的。也就是说，本章提到的是 23°API 以下和 10mPa·s 以上黏度的石油。

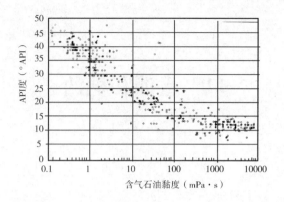

图 11.1　在储层条件下，石油的 API 度对应着黏度

每个点表示的是一个油田（据 1994 年《油气杂志》提高采收率数据库）。

在任意一个单 API 度值处，在黏度上可能存在两个变化的数量级

11.2　资源底数

人们一致认为地球上可能有超过 6×10^{12} bbl 的重油，尽管要确定这个数据是很难的，因为不同国家和机构在定义重油和报道方式上是不统一的。这与估算的 $(1.75 \sim 2.3) \times 10^{12}$ bbl 常规油的整个原始储量相比，后者已经开采出 30% ~ 40%。图 11.2 中介绍了这些主要稠油和重油资源的位置。几个陆地中含有大量（原文为数百亿桶）原始地质储量的油：加拿大、俄罗斯和委内瑞拉估算含油超过 1×10^{12} bbl。

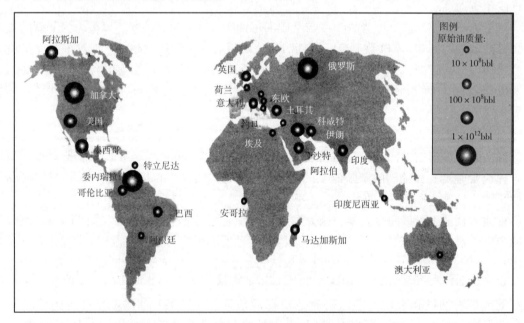

图 11.2　加拿大主要的重油和稠油资源

加拿大拥有最多的重油资源，在艾伯塔油砂中大约有 1.7×10^{12} bbl（2700×10^8 t）的超

重原油和 250×10^8 bblAPI 度为 $10 \sim 22.3°$ API 的重油。1996 年，加拿大的产油量是 16×10^8 bbl，不到总量的 0.0001% 。未来的资源情况是很清楚的。

　　加拿大的重油和沥青沉积于阿萨巴斯卡、沃巴斯卡、皮斯河以及艾伯塔省冷湖区和萨斯喀彻温省的劳埃德明斯特区中（图 11.3）。石油是用不同的方法采出来的，从露天采矿到高科技热采法。大部分的重油是经过改质工厂加工的，从而产出更加轻质的合成原油。在 1996 年，大约产出这种合成原油 28×10^4 bbl/d。

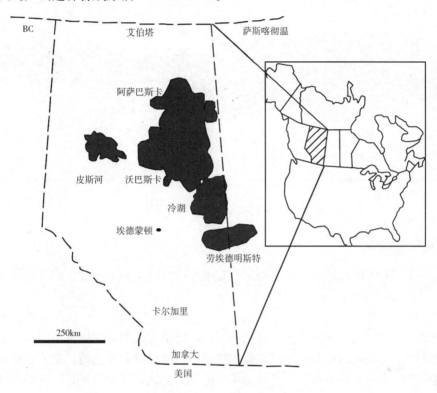

图 11.3　加拿大的主要重油和沥青沉积

　　委内瑞拉东部地区 400mile 长的奥里诺科重油带（以西班牙式腰带闻名）拥有大约 1.2×10^{12} bbl 的超重油（图 11.4），在其他地区重油可达到 2500×10^8 bbl。在奥里诺科重油带中，报道了 4 个主要评价区的可采储量，马切特区 2650×10^8 bbl，哈马卡区 2200×10^8 bbl，苏阿塔区 5000×10^8 bbl 和塞罗内格罗区 2150×10^8 bbl（图 11.4）。采用了不同的开采方法，尤其是利用蒸汽的周期性热采增产措施的水平井。大部分重油与轻质液体混合起来出售或运输，而超重石油主要是以简单的水—油乳化液形式（奥里乳化油）运输，用作发电厂的燃料。在 1996 年，大约 1700×10^4 bbl 石油是以这种形式运输的，这些油都产自奥里诺科重油带的塞罗内格罗区（图 11.4）。

　　与加拿大和委内瑞拉相比，俄罗斯（另一个重油霸主）在巨大资源的开采上是远远落后的，俄罗斯富含近 2000×10^8 bbl 的沥青和超重油。位于蒂曼—伯朝拉地区的亚烈格油田大约产 1×10^4 bbl/d 的沥青和超重油，其中一些是通过露天采矿获得的。

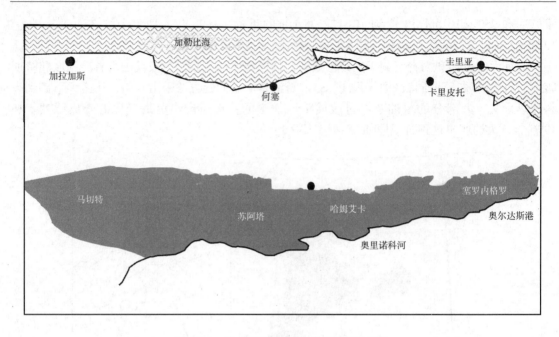

图 11.4　委内瑞拉奥里诺科超重油聚集带

11.3　重油的起源

重油在成因上的区别并不是很清晰——有很多途径可以形成重油，或能使轻质油变得更重。对这些情况描述如下。

11.3.1　生物降解作用

像加拿大、委内瑞拉和美国阿拉斯加一样，油层中大量的重油储量会因为它们的 API 度低而发生降解作用。生物降解作用是在微生物破坏石油组分时发生的。令人遗憾的是，最容易发生代谢的原油组分是那些最小且最简单的组分，也就是最轻和最有价值的组分。随着前进型生物降解作用的发生，最容易代谢的组分逐渐从石油中剥离出来。正构烷烃是最早消失的化合物，紧随其后的是较复杂的环状化合物和芳香化合物。石油中最大、最重的化合物沥青质可以相对抵制微生物破坏。因此，在生物降解最严重的情况下，所有残留在原油中的物质是大量的树脂和沥青质中的焦油残渣。通过气体色谱追踪得到的新采石油和被生物降解油的对比图如图 11.5 所示。这幅图清晰地展现出了降解过程中轻质化合物的消失过程。如果原始石油含硫和金属（如镍、钒），那么这些石油将会在残余油中向上聚集，从而产生不具吸引力的高质量元素。

在细菌生长旺盛时，生物降解作用受温度限制，通常要低于 70℃，因此相对制约了浅层油的聚集（一般小于 2.5km，尽管在寒冷的环境中也有例外，如阿拉斯加）。为了使石油发生新陈代谢，细菌是需要能量源的。吞噬石油的细菌主群是好氧的，它们需要一个固定的氧气源。因此，好氧的生物降解作用发生在浅层油藏中，是由携带溶解氧的活性水层上覆或下伏的。厌氧的生物降解作用可以在发酵过程中产生，因此破坏了石油中的含氧化合物，从而甲烷和二氧化碳成为副产品。

生物降解作用是一个非常容易变化的过程，即使在一个单油藏中。在一个单独油田的不

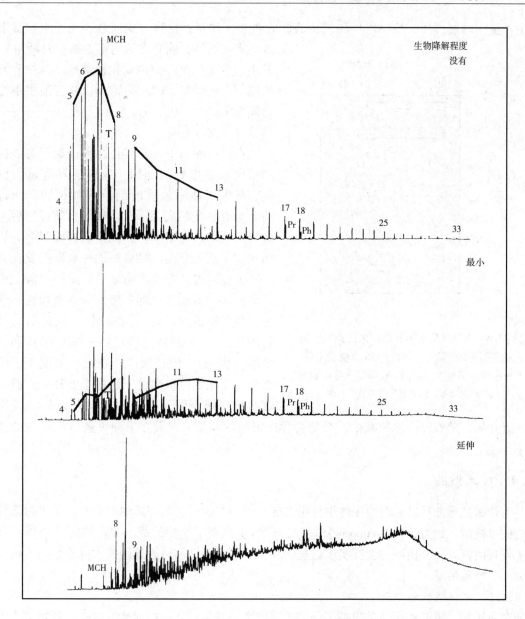

图 11.5　气相色谱图显示的是生物降解作用对墨西哥湾南帕斯油田
61 区块石油的影响

从底部到上部生物降解作用逐渐增强。图中每一个最高点代表石油中一个特殊的化合物；大的、更复杂的分子位于右边。用粗线连接上主要的峰值，记录下正构烷烃的碳数。在强降解例子中，这些变得很难识别，这些例子中含烷烃，但是都消失了

同位置，生物降解油的组成变化也是很大的。确定资源的价值和最优生产策略是我们经常面对的一个主要挑战。

11.3.2　低成熟油

　　一些烃源岩，尤其是钙质的那些，在温度相对低的情况下开始产油。这样的烃源岩可以

产生大量相对重（15～23°API）和黏稠的低成熟油（注意：这种方式通常不会产生非常重或超重的石油，除非之后它们能被生物降解）。其中一个实例是在委内瑞拉西部地区马拉开波湖周围，白垩纪 La Luna 烃源岩具有很多中性重油聚集。

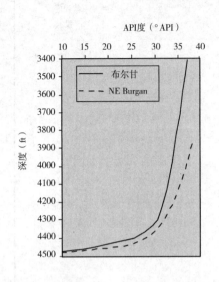

图 11.6　在科威特布尔甘油田由于重力分离，随着深度的下降，石油的 API 度也会下降

在底部 100ft 是重油。油田的横剖面面积随着深度的增加而增加，这就表示含丰富的石油

11.3.3　重力分离

在一些油田中，尤其是在那些拥有高油柱和垂向渗透率好的油田中，可能发生重力分离，其中石油中较重的组分（如树脂、沥青质）会在油柱的底部下沉。例如，通过把后来的天然气溶入油田中，会促使沥青质沉淀，从而加剧了重力分离。最终在油—水界面或在油—水界面附近，重油会明显地聚集在一起。很多世界特大型油气田都在底部含有重油柱，例如，普鲁德霍湾（阿拉斯加州）、加瓦尔（沙特阿拉伯）、布尔甘（科威特，图 11.6）和索罗斯（伊朗），但是很少。在很多情况下，可能有几十亿桶的重油位于这些重油柱中，但很容易被忽略，因为在它的上面有大量的轻质

油。近几年，随着轻质油的减少，无疑会尝试重油的开采，尤其在采油设施已经就位的情况下。

11.4　技术挑战

为什么把重油从其他石油流体中分出来呢？因为在进行重油和稠油开采时，需要面临特殊的技术挑战。最近，BP - Amoco 公司和合作组织强调了这些挑战。美国能源部研讨会发布了发现的结果，并由研讨会证实了这些结果。下面将总结和讨论这些技术挑战。

11.4.1　油藏问题

11.4.1.1　流体特性和预测

众所周知，重油和稠油是很难区分的。原因之一就是，当一些标准的取样工具在重油中不可靠时，会很难采到油样，尤其是油藏条件下的油样。此外，在低流速、低价值的井中，样品的采集费用可能不合算。再则，实际的测量方法在重油中是有问题的。相对简单的方法如 API 度，可能在有效分离油中水或气上会遇到困难，尤其是在用电动潜油泵而形成乳化液时。标准的黏度测量方法也会在非常黏稠的油中失效。一定要应用特殊的技术获得可靠的测量结果，尽管在服务性试验中不总是可以做到这一点。

应用地震技术直接检测石油已成为油藏开发中的一种重要手段。然而，这种技术在重油中应用的效果却不是很好，原因是油和水之间密度相近。

更深入的问题是，重油油藏中的流体比常规油藏中的流体更加多变。例如，在阿拉斯加施拉德油田中，在油藏条件下，产出的流体 API 度为 14～24°API，黏度为 15～600mPa·s。这就

形成了有吸引力的可动油和无吸引力可动油之间的区别，其中无吸引力可动油是难采的。因此，新的方法，如应用地球化学技术可以预测出最佳油性的位置，对在经济上设计出有吸引力的重油开发是很有价值的。

11.4.1.2 岩石特性

常规油开发所遇到的油藏描述问题，重油油田也会遇到，并且会更多一些。这主要与以下事实相关，即重油，尤其是由生物降解作用形成的重油通常位于浅的非胶结砂层中。忽略产砂问题，下面讨论另外两个特殊的问题：

（1）松散砂取岩心很困难，甚至在使用现代工艺水平松散砂取岩心方法时，有证据指出常规岩心分析可能得到反常的结果（BP-Amoco 公司，数据未公开）。一般来说，与模拟值相比或与它们的胶结当量相比，松散砂会产生特高的孔隙度和特低的渗透率。因此，为了预测体积或油井产能，在应用由岩心推导出的油藏性质数据时，必须格外慎重，同时要考虑到不确定因素。因为软岩石在近井筒地区附近膨胀，由测井资料推导的岩石性质也是值得怀疑的。

（2）疏松砂通常具有很强的压缩性。有很多值得我们关注的地方，包括在油藏压力降低时可能的地表下沉，油藏压缩时渗透率的修正和油藏压实下压力支撑的可能性，尽管这些都是有价值的，但却很难精确地模拟出来。

11.4.1.3 性能预测

很多特殊的问题使重油和稠油的性能预测变得很难（如产量和采收率）。这些涉及用于可动油的特殊生产技术（如热采方法，后面介绍）和石油的特殊 PVT 性质。后面的一个实例是在重油混相驱过程中，形成第 3 个石油液相，一些情况油藏模拟器无法控制。

11.4.1.4 开采过程

14～23°API 的重油原始采收率很低，一般为 5%～10%（《油气杂志》1994 年 EOR 数据库）。对于超重油来说，如果不给油藏供给能量，则根本无法生产。因此，重油开采总会涉及一些提高采收率的方法，包括在不太黏稠的光谱末端进行水驱和重油的一些特殊开采方法，如蒸汽吞吐和蒸汽辅助重力驱油。稍后详细介绍这些开采方法。这里要关心的是一些挑战，即针对这些特殊开采方法产生的专门技术和设施，还有在模拟和预测产出量过程中出现的问题，会在开发决策上造成很大的风险。后者是在最近试验中遇到的特殊情况（如汽化提取）。还需注意的是，很多热采方法能源非常密集：大约要燃烧 25% 的采出油来满足生产所需要的能量。这偏离了开发经济性，也更加远离了开发重油的目的。

11.4.2 油井问题

设计重油生产井，存在 4 方面的挑战：井和完井类型、人工举升方法、解决产砂的策略以及井的整体产量和费用。井的产量和成本平衡是一个精确值。可以把井设计成最优产量，但是费用会很高。可以减小井的规模（除掉所有没用的东西并缩小设备的比例，从而使费用降到最低），但产量可能会受到影响。在每一次重油开发中，必须确定最优的产量/费用平衡。

控砂管理策略需要与非胶结重油油藏易于产砂联系起来。通过用筛管和砾石充填来防止砂进入井筒，以便在井下控制砂。然而，这些却增加了井的费用，并产生降低流动速度的表皮因素。通过使用小压降、具有防砂的筛孔尺寸的筛管，或者用树酯涂敷的支撑剂充填次生裂缝的水平井，使出砂量达到最少。或者出砂是可以被接受的，也会在冷采过程中，由于油井产能的收益而鼓励出砂。然而，除了因为井中任意一台泵而发生混乱之外，在地面处理油砂还会引起费用和环境的问题。

很多重油需要采用人工举升的办法把油在地面上采出。在一些油田中，电动潜油泵或电动沉没泵是很有用的，因为它们可以产生巨大的压降（例如，阿拉斯加州的施拉德油田）。电动沉没泵（ESP）是由一系列旋转涡轮式叶片组成的。这些泵的缺点是，对甚微的出砂量非常敏感，在这类油田中泵损坏费用是操作费用中的主要部分。在泵回收上取得的进步（回收包括用于测试电动沉没泵的钢缆和油管，不需要足尺寸钻机而可以拉出来的替换的坏泵），将会降低费用。螺杆泵有一个旋转螺旋轴，在螺旋下面形成一个低压区，同时引起流体向上流动。以前用来移动食品工业中的黏性液体（如樱桃派馅），螺杆泵适合用于举升稠油，而且很抗砂，尽管它们对高含量砂可能也会失败。螺杆泵很适合用于加拿大冷采工艺中（即不是采用热采增产）。有很多在地面驱动的、电动机位于地面的螺杆泵，而井底泵是由一条很长的旋转杆控制的。这些泵易于清洗、修复，电动机也容易控制。地面驱动的泵在深层中缺乏吸引力，尤其是具有弯曲井轨迹的那些井，因为在这种情况下螺杆易于磨损和产生故障。在这样的油藏中，井底驱动的电动潜油螺杆泵可能会更适用，尽管泵故障会增加费用。

人工举升的其他方式已经用于稠油，包括气举、以油或水为动力的液压泵和射流泵。

在重油油田中用人工举升的结论是，经常可以在油泡点以下用泵抽油。这导致气从近井区域的溶液中逸出，产生油气衰竭，因此使油更加黏稠。当井中区的气衰竭时，死油会在井周围出现，严重降低了井的流动速度（这就是所谓的黏稠表面效应）。因此，油的PVT特性是在优化这个复杂系统时另外要考虑的参数。

对于稠油井问题的关键是，需要把井作为一个系统来整体考虑，包括地层、完井、井和举升方法。只有综合考虑这些因素及其相互作用，才可以选择出和实施最优的费用/产量设计。

11.4.3 工艺问题

这里提及的工艺是一旦开采石油在石油运输或投入市场之前必须做的事情。这里有一些小问题需要面对：例如，在易于出砂的井中，砂会被携带到地面设备中，而且使用某种提高采收率方法生产石油时，腐蚀作用也会成为一种危害，如二氧化碳驱或火烧油层，其中流体中二氧化碳成分的增加可能会提高腐蚀速度。然而，对于重油或稠油来说，最特殊的两种工艺问题是油—水—气分离和石油改质作用。

11.4.3.1 油—水—气分离

从共同采出的水中分离开采的重油/稠油是很困难的，因为分离过程通常要依赖于密度离析，但是在重油中石油与水之间的密度差很小，这使分离变得很慢。自身黏度高的油也会使分离过程变得很慢；油—水乳化液黏度越高，分离效率越差（图11.7）。随着使用某种可以直接产生混合油—水乳化液的生产方法（如为了人工举升而使用的电动沉没泵）或是可以产出油和气的泡沫混合物的冷重油生产都会加重这些问题。有下伏含水层的稠油井对水锥进的敏感性也可以产生高含水。常规分离器的分离时间可以通过加热石油、添加破乳剂或在分离器（通过使分离器变大或修改内部几何形状）中增加停留时间而缩短。

稠油的，特别是稠油和其他流体的混合物（水、低黏度的石油等）的流变学都没被很好地掌握。缺少对稠油分离的预测是由于在瓶实验中没有考虑动态因素，如剪切和剪切过程。由于欠缺了解，因此在不同控制条件下，很难在重油中生成预测分离器性能的模型。为了避免昂贵的改造费用，设计出具有足够灵活性的分离设备（例如，设计出可以操控不同范围内部结构的常规分离器）是很重要的。灵活性的设计取决于前期投资，但是近期的一些研究表明，对于海上稠油油田来说，这样的投资是有价值的。因为超尺寸设备的损失相对欠尺寸设备的损失来说是很小的——限制了后来的收益来源。

采油化学对分离器的性能影响要比其尺寸的影响更大。这将包括如乳化液、蜡、沥青质和固体的特性。几年来，在开发油—水分离模型上付出了相当大的努力，需要考虑油田条件和像剪切、微滴与微滴聚集和乳化液形成趋势等因素，但是这仍然是分离器设计中的主要不确定性。

在一些情况下，只简单地用大体积的常规分离器或是更复杂的常规分离器来解决重油分离的问题是不可能的。这些情况包括：（1）陆上开发，需要一定程度的近井处理或受尺寸限制的中央处理设备（例如，在环境敏感区域，设备尺寸要求很小）；（2）海上卫式星开发，需要改造设备以接收较高黏度的油，然而在海上没有更换大型分离设备的平台空间；（3）新型海上开发，高黏度的石油需要大型、重的或是昂贵的常规设备；（4）组装式灵活开发。在这些情况下，需要简洁的分离技术。在重油和稠油中应用的简洁分离器有一些改进，包括离心机。通过用几千倍的离心力克服了油的自然重力，从而提高了油—水分离效应（图 11.7）。

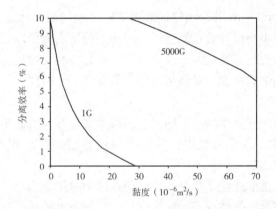

图 11.7　从油包油—水乳状液中分离水的分离效率曲线，分离效率是乳化液黏度的函数

1G 曲线说明在一个自然重力场下的分离效应，即一个常规的分离器。5000G 曲线说明一个离心分离系统的作用

11.4.3.2　石油改质

这里把在精炼过程中涉及的提高质量，设计成增加 API 度或降低黏度，这样会使石油更容易运输或销售。对于在一些情况，提高质量是必要的，因为，如果没有改质作用，产出的石油在管道里太黏稠而不能流动。在其他情况下，出于对市场的考虑，改质作用是很有必要的。石油 API 度为 $10 \sim 25°API$，则石油在特殊市场上比传统石油更具竞争性，因此石油价格会变高：API 度提高 $1°API$，平均在每桶价格上增加 0.4 美元。在一些情况中，改质作用可能在精炼处理的第一阶段中进行。

很多方法都适合提高石油的质量，但主要有两种方法。除碳方法经常是在催化剂存在的情况下，使用不同程度的热强度和压力处理把高相对分子质量的物质分解成较轻的部分和较重的部分。轻质成分使石油变得很轻，而从石油中去除碳形成了富含碳的较重物质如焦炭。注氢方法是通过使石油和供氢体接触而把氢添加到石油中，通常需要催化剂。实例包括：

（1）催化裂化。在有催化剂的情况下（如沸石），把重油加热到500~600℃以产出轻质化合物和焦炭。

（2）延迟炼焦。这种方法快速加热到400~500℃，从而产出轻质流体和大量的焦炭——通常这是一个缺陷。

（3）减黏裂化。这是一个相对中性的热裂化操作（在提高压力条件下，温度450~500℃），破坏了一个属于芳香环的石蜡的长侧链，所以降低了黏度。此方法的缺点是，产物不固定，在没有后续加氢处理时，对炼厂没有吸引力。

（4）加氢裂化。在催化剂（一氧化碳/钼/镍/沸石）存在时，会在300~400℃进行加氢处理，从而产出轻质油。

（5）加氢处理。相对中性的操作（在高压下280~420℃，钼/镍/氧化铝催化剂存在下）可以用氢来饱和烯烃，同时降低硫的含量。

也有很多不同的混合方法。其中之一是溶液转换，委内瑞拉石油公司应用了这种方法。这是一种催化临氢减黏方法涉及在水和催化剂存在的情况下，用从水中释放的氢和把氢加到石油中来加热原油。采用不同加热程度、压力处理强度和不同供氢体（如甲烷）的方法已经开发出来。

改质系统是在每天可产10万余桶原油的大工厂（如加拿大合成原油和Suncor工厂）和可以被放置到近井口的小型机动设备间运行。后面正处于实验阶段。为了让这种方法更上一个台阶，另一种具有潜力的开发是井下改质方法，例如，利用把催化剂层放进井筒或利用油藏的天然热量。在这些可能性变成经济可行性之前需要一些时间。

11.4.4 运输问题

运输重油或稠油是一件困难的事，因为它们流动缓慢并易沉淀出不良物质如沥青质。有两种方法解决这个问题：在管道或出油管线中只运输重油；额外的重油用常规重油管道运输。

第一个问题是，从重油或超重油分布广泛的地区中输送重油时，没有或只产出少量用来稀释重油的轻质油。在这样的情况下，如果开始什么都不做的话，黏性很强的石油将在管道中不流动。多种选择包括：

（1）改质。由上述可知，这种方法是在运输之前进行精炼的第一阶段，用来降低石油黏度和提高流动性。在加拿大的一些大项目中出现过（如Suncor；合成原油）。有利因素：很具市场性的一个产品。不利因素：预先需要的巨大资本可能会削弱项目的经济性。

（2）稀释。把稠油和低黏度的流体混合在一起来提高流动性。在很多情况下，天然稀释剂可能会出现在局部地区，例如，深层油藏层中的轻质石油或从近气中产生的甲醇。这也许会很具吸引力，但必须加深稠油运输的明显效果，以防有价值的轻质油或甲醇由于重油的污染而带来损失。经济性是根据情况而变化的。如果当地没有稀释剂，那么稀释剂不得不在第二条管道中运输（一条为了稀释剂进入，另一条为了运输稀释的原油）。第二条管道的费用对经济性的影响是不利的；当然，稀释剂的费用或从再次利用原油中分离稀释剂的费用也要考虑进去。已经提议把这种方法用于委内瑞拉的超重油开发。

（3）卡车运输。低资本费用、低的工艺方法只能用于短途运输。

（4）奥里乳化油。奥里乳化油是委内瑞拉石油公司20世纪90年代在委内瑞拉为了运输和开采巨大的奥里诺科超重油资源而发明的一个概念（图11.4）。奥里乳化油是70%重油、30%水和可以稳定乳化液的表面活性剂的乳状液。奥里乳化油一旦形成，就可以泵送、运输和储存，最后使用常规机器在电站中作为燃料燃烧。奥里乳化油已经在委内瑞拉的塞罗内格罗区生产（图11.4），并自1988年开始出口到各国。由于悬浮颗粒物和硫化合物的排放带来的环境问题，限制了出售量。

11.4.5　环境问题

很多石油公司正努力降低操作中造成的环境影响。当进行重油开采时，一个真正的挑战是可以达到像轻质油开采所期待的标准，最简单的原因是重油面临着自然的不利因素。主要的不利因素是，重油油藏不会轻易地放弃它们的资源。要使石油从油藏流到井筒通常需要使用热量来实现。在井筒中，人工举升经常要通过用泵或气举把石油带到表面，气体是需要压缩的。在地面，需要加热流线和工艺设备来保持石油的流动，同时也促进了水和气的分离。最后，在管道中输出重油需要另外泵送和加热。所有的这些因素都需要能量；用于举升和加工1bbl重油消耗的能量相当于生产20%或更多石油，是举升1bbl常规石油的很多倍。能量消耗产生二氧化碳；如果重油在油田中被燃烧（如在蒸汽锅炉中），那么也会产生硫和金属的排放。

这些自然的不利因素都是不可避免的：通过技术创新能解决这些不利因素。其中一个实例是，可以从发电机或压缩机的烟道气中提取二氧化碳，同时再一次把它作为IOR溶剂注入油藏。目前，在这方面做了大量的工作，可能很快会进行制造二氧化碳的工作。

重油生产所造成的另一个环境影响是区域范围。因为井的流动速度一般是很慢的，每口井的储量也同样，所以开发重油油田需要的井数要比开发等效常规油田多。在陆上油田中，过去常常解释成很小的井距：16acre或6acre空间是正常的。这在外观上造成的视觉影响，在今天的技术进步中是不能容忍的。此外，新技术能够起到促进作用。在环境敏感地区，如北极草原和南美热带雨林或湿地，提出一些新的开发方案是利用水平井技术减少所需井数，同时也允许从一个井位钻多口井，这样能使环境影响最小化。另外，使用新型的紧凑设备会进一步减少大型石油处理厂的需求。

然而，生产和处理重油工厂的行业责任是大部分重油迟早会成为燃料而被燃烧。高碳氢比的重油意味着，在燃烧时会产出比等效常规油多的二氧化碳和气体。因此重油更适合作为石油化学产品的原料而不是燃料。

11.5　重油和稠油的开采方法

随着重油和稠油的开采，很多问题都是围绕着在足够的速度下获得足够产量以具有经济竞争性。这也是为什么要在重油的不同开采方法中投入如此多的努力，同时也是为什么在这里单独介绍重油开发，具体的方法会在本书的第7章加以讨论。不同的方法会不同对待；因为没有一种方法是全面的，结合每种方法的优缺点给出了每种方法的基本描述。

11.5.1　一次开采

一次开采是一种简单的石油开采方法，不需要人工添加油藏能量。如果有下伏大型含水层提供的自然压力，那么一次采油可以从中获益，但是尽管如此，重油的一次开采，采收率是很低的，几乎总是小于10%（表11.1）。正如前面所讨论的，重油和稠油总是位于浅处地下欠压实的砂中，具有很高的压缩性。由于生产而使压力下降，这就会通过压实驱动产生一定程度的支撑。在超压油田中，这是很重要的；否则，凭借压实驱动，压降不够大到增加两倍多的采收率。

除非需要复杂井设计以提供足够的产量，一次采油需要所有开采方法的最小初始投资额。然而，在缺少压力保持时，如果油达到泡点以下，油藏压力下降将会降低井的流量，增加气体的产量，可能之后会增加气体衰竭剩余油的黏度。此外，大的油藏压降会增加产砂量和控砂费用。在高原始压力和严重欠饱和的油田中，或是后期提高采收率决定之前的开发初始阶段，一次采油可能最受关注。

表 11.1　一次开采和增加的水驱开采重油的采收率（《油气杂志》，1994 年 EOR 数据库）

API 度（°API）	采收率（%）			次数
	一次开采	水驱	总量	
10～15	4.9	1.7	6.6	28
15～20	8.1	7.4	15.5	44
20～30	9.6	12.2	21.8	37

不用热力增产措施而进行的一次重油开采是以冷采或重油冷采（CHOP）著称。在很多情况下，CHOP 会有意产砂，因为这样会增加石油产量。很多油藏在重油冷采过程中出现了不希望看到的高开采速度和采收率。匹配这样井特性的增产措施经常需要不切实际地调整测量参数，如增加一个数量级或更多的测量渗透率。这样做有两条原因：

（1）易起泡沫的油。一种解释是易起泡沫的油的特性。认为这种现象是因为在泡点下进行开采而使气体从溶液中逸出，但由于石油黏度，气体不能分离到游离相。结论是油包泡沫类似巧克力甜点，具有比原始石油低很多的黏度。我们认为泡沫是在地层中形成的，当流入井中时大幅度提高了石油的流动性。目前对易起泡沫油的认识还不够深入，现在只是在实验室中进行复制。已经在一些重油冷采井中产出了"巧克力甜点"，该事实支持了这一机理。

（2）条虫状气孔。重油冷采的另一种解释是井周围发育条虫状气孔或膨胀区。通过非胶结砂岩进行稠油开采可以产生拖曳力，以克服把地层聚集在一起的内聚力。结论是产砂：在一些重油冷采井开始阶段，最多产砂 $10m^3$，随着时间变得稳定，每天产砂小于 $1m^3$（图11.8）。砂是从哪里来的呢？测井数据和地质力学模拟表明，产砂不仅只在井周围产生一个大洞穴。相反，或者有一个从井延伸出的膨胀砂区（即由于下降的粒间压力和液化作用，已经产砂的地方在井周围产生了较高的孔隙度和渗透率）或从井向外延伸出的管道的放射网（条虫状气孔），或这两种情况的综合。这些现象大大提高了井与地层间的接触面积，从而提高了产量和采收率。一些井中的产砂量与井产量之间的清楚关系支持了这一机理（图11.8）。实际上，不止一种机理对重油冷采井起作用。

在不必使用过量的液面下降的情况下，水平井在一次开采中已经成为流行的提高井产量的方法。

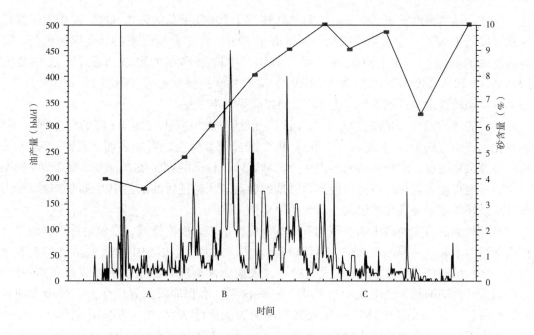

图 11.8　阿拉斯加州一口经过冷采试验的油井产量曲线，包括有意产砂

值得注意的是，在试验的早期阶段（时间 A），产很少砂时油的产量也低。在时间 B 段，调整螺杆泵
以得到较大的压降，开始进入产砂的重要阶段，伴随的是油产量明显增加。过一段时间（时间 C）后，产
砂量稳定到一个很低的背景值，同时油产量开始稳定

已经实施一次开采的重油油田实例包括委内瑞拉基里基雷油田和奥里诺科重油带的哈姆艾卡区（图 11.4），以及加拿大劳埃德明斯特地区的一些重油油藏（图 11.3）。然而，几百个重油油田在使用其他开采方法之前都有一次开采阶段。

11.5.2　水驱

为了保持压力往油藏中注水已经应用到很多稠油油藏中，尤其是 API 度高的油藏。在水—油移动速度变得很差从而产生剧烈的黏性指进和很差波及时（注意，流动性是由黏度分开的有效渗透率），高黏度石油的采收率会剧烈下降（表 11.1）。在稠油中，从采出井上看到的和在改变流动速度上所反映的注入井的压力保持所需要的时间冷采试验是很长的，这就使得有时候很难正确判断注入井在经济上的价值，即使要长时间地开采。

用水驱开采的油田是阿拉斯加州的施拉德油田和北海的海上 Captain 油田。水驱在黏度为 $10\sim100\text{mPa}\cdot\text{s}$ 的重油中是一种很受欢迎的开采方法；在黏度大于 $100\text{mPa}\cdot\text{s}$ 和 API 度小于 $15°$API 油中水驱是不太受欢迎的（附图 16 至附图 18）。在 400 多个油田含油 API 度小于 $23°$API 的提高采收率项目的数据库中，大约 32% 用到水驱一些形式或另外的形式；25% 直接用到水驱，其余的是其他方法（图 11.9）。

水驱的一种变形是聚合物驱。这种想法是，添加小浓度的高相对分子质量的聚合物如聚丙烯酸酯和黄胞胶来增加注入水的黏度来提高水—油的流度比（与纯水相比，聚合物溶液典型的流度比下降很多），因此增加了波及系数。聚合物驱最适用于低油藏温度，因为聚合物在高温下降解。由于聚合物在水黏度增加的情况下起作用，这能够在低渗透性地层中产生注入问题：油的黏度低于200mPa·s和渗透率大于20mD是总的筛选标准，注聚丙烯酸酯的油藏温度低于95℃，注黄胞胶的油藏温度低于70℃。注聚合物带来的其他问题包括：降低高盐度水的有效性，在地面设备中随着剪切产生降解和高的聚合物成本。在黏度大于100mPa·s和API度小于20°API的油田中，聚合物驱是很少见的（附图16至附图18）。然而，聚合物辅助水驱说明了5%重油油田的提高采收率工程。

水驱的另一种变形是碱性驱（碱水驱）。包括与水一直注入高pH值的化学剂（例如，氢氧化钠或原硅酸钠）。在原油中，碱和酸性组分产生反应，形成表面活性剂（有机酸），从而导致水状碱性溶液和原油的界面张力瞬间下降。较低的界面张力会使石油流动。润湿性变化和一定程度的乳化作用都可能获得其他的收益。从碱性驱的试验中得到的结论是令人失望的。最好的工艺是在总酸值大于0.5的原油中。

碱性驱油法是在油藏中通过碱和石油的反应产生了表面活性剂，表面活性剂驱油是直接把表面活性剂和水一起注入。包含两种机理：（1）向大孔隙体积中注入低浓度的表面活性剂（15%~60%的孔隙体积），在大孔隙中，表面活性剂或是在水中溶解或是在油中溶解，且和表面活性剂的集合是平衡的（胶束）——这里，水和油间的界面张力下降会增加石油的采收率；（2）往小孔隙体积中注入高浓度的表面活性剂（3%~20%孔隙体积）——这里，胶束变成了烃中水或水中烃稳定扩散的表面活性剂。当表面活性剂变得稀释，并且工艺恢复到低浓度表面活性剂驱时，所有接触的油会发生快速驱替作用。现场结果指出，高浓度的表面活性剂（胶束）驱油比低浓度表面活性剂驱油更加有效。

在低浓度注入中所用的表面活性剂通常是"石油磺酸盐"，而高浓度表面活性剂驱油有一个配方含有3种基本成分（烃、表面活性剂和水），结合任意的共性表面活性剂（通常是乙醇）和为了制备胶束溶液或微乳状液的电解质（通常是无机盐）。表面活性剂驱油在矿场试验中比碱性驱油更受欢迎。

开采的机理包括油—水界面张力下降、毛细管数减少、残余油减少和提高石油流动性。这种方法在以下情况中是很适用的：石油黏度小于30mPa·s，温度低于120℃，渗透率大于20mD。可能对盐水组分和盐性是很敏感的。表面活性剂驱油的最新变化包括注入水溶剂乳状液，用天然气冷凝或作为溶剂的石油通过溶剂稀释来降低石油黏度并通过捕集乳滴来控制流动。

注热水已经应用到很多矿场试验中，一般会获得4%~15%的原始石油地质储量。这种方法可以被当作注蒸汽前潜在预热处理来使用，同时用在为了成熟蒸汽驱油而降低燃料的需求量。然而，与蒸汽相比，注热水不是加热油的有效途径，因为热水没有蒸汽一样的潜在热量（即水温下降热量消失）。大约2%的重油提高采收率工程使用了热水（图11.9）。

11.5.3 注入非混相气体

非混相气体的注入带来了很多益处，其中包括帮助保持油藏压力。如果一些气体在石油中溶解，那么可以使石油膨胀从而降低残余油的饱和度并使石油更具流动性。随着后来的排气，气体可以被释放形成溶气驱。还有另外一种好处，注入非混相气可以为螯合不理想的气体提供一种方法——主要是二氧化碳。已经使用各种注入气，包括烟道气［约85%（摩尔分数）氮气，15%二氧化碳］、纯二氧化碳、氮气和甲烷。烟道气把氮气驱替机理的益处和二氧化碳溶解度结合在一起。注气可以与间歇注水结合，用于单井增产措施和井间驱动方

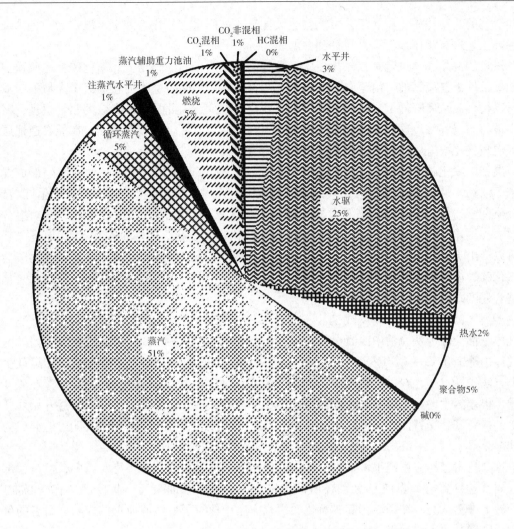

图 11.9　在石油 API 度小于 23°API 的油田流行使用的开采方法
（取自 1994 年 417 个油田的数据库）

法。二氧化碳适合非混相驱注入，Mungan 介绍了这种方法。

　　在薄层油藏中可以应用注气，在此类油藏中热采技术可能因为热量大量消散而不是很实用。使用非混相气驱的条件是，提供不昂贵的气体，气和油接触很好的好质量油藏，缺少裂缝和主要的漏失层，并缺少大面积的下伏水层。在很黏稠的石油中，气驱会遭遇流速的问题。注入的非混相气体具有很高的石油饱和度；石油饱和度大于 50% 是典型推荐的。随着二氧化碳的注入会出现一些特殊问题，即在油藏或生产设备中可能会有沥青质沉淀和腐蚀。二氧化碳需求量的变化范围是每增加 1bbl 油需求量会在 2 ~ 12ft^3 变化。

　　注非混相气体的实例（都是二氧化碳）包括怀俄明州的半月油田（API 重度为 17°API、黏度为 118mPa·s 的石油），阿肯色州利克溪油田和土耳其的巴蒂拉曼油田（API 重度为 13°API）。

11.5.4　混相气体

　　混相气驱包括注入一种气体或是混合性气体，它们会与油藏中的油混合在一起从而形成更加适宜的流动性质。注气工艺可能会连续注气或是用水交替注入。也可以作为一种循环蒸汽吞吐工艺进行操作，而不是从井到井的驱油。

注入的混相气体可能是二氧化碳、烃类气体或是两者的混合物。二氧化碳在一些浅层重油油藏条件下是液态的，由于它的成本很低所以很有用，同时也因为在油藏中大量的二氧化碳可以螯合，从而降低了大气的散射。由于残余油很少，因此是一种有效的驱替机理，将会产生很高的采收率。这种方法降低了毛细管力和黏性力，可以有效地驱油。在低渗透地层中注入混相气是很有用的，在这类地层中吸水能力很低。

混相二氧化碳驱油是通过从原油中提取 C_5—C_{30} 组分而在二氧化碳—油前端处形成混相带来驱油的。从稠密的二氧化碳中很容易提取 C_2—C_4 成分，这些成分有助于产生互溶性。用轻质稠密二氧化碳（在较高压力处）提取更多更重烃类时，二氧化碳会影响石油组分的提取。二氧化碳的段塞大小在 15% ~ 25% 的孔隙体积间变化，留在油藏中 1bbl 地下二氧化碳可以产出 1 ~ 2bbl 石油。在 31℃ 临界温度（临界压力是 1073psi）以上使用二氧化碳会使二氧化碳的体积很大，并且每单位质量的二氧化碳会产生很高的石油采收率，但是二氧化碳的螯合程度却很低。

烃类气体驱油可以在高压或是注入富含 C_2—C_6 气体时首先接触到混相（图 7.27）。汽化气体驱油会因为从原油中冷凝出 C_2—C_6 而在油—气前缘获得多次接触的混溶能力。由于从气体中冷凝出 C_2—C_6 组分，冷凝气驱油会在油—气段塞后面获得多次接触的混溶能力。烃类方法的缺点是，在很多情况中，烃类气体本身也具有很大的价值。在稠油中存在流度比问题，很差的垂向和水平扫油效率需要大面积的段塞，从而降低了经济性。通过开始往井中注水，接着气水交替注入，可以控制流度。对于二氧化碳的方法，沥青质沉淀可能会成为一个问题。

这项技术已经应用到很多地方，最广泛使用在阿拉斯加州的普鲁德霍湾中，但是大部分的计划（包括普鲁德霍湾）是在轻质油中进行的。对于重油来说，此技术没有广泛推广，但开展了许多试验，在烃混相和二氧化碳混相方案中取得了一些商业上的成功。后者的例子是匈牙利瑙赫兰吉尔油田。

11.5.5　蒸汽驱油

石油的黏度随着温度的增加而降低（图 11.10）。这种效应在稠油中会更剧烈。蒸汽驱油（或连续注蒸汽）用蒸汽把热量传递到石油中，因此大幅度地降低了石油的黏度（图 11.10），从而提高了石油的产量和整体开采效果。每单位质量的水具有很高的热量（高比热容和蒸发的潜热）；在热量冷凝时，它会保留在高温处。蒸汽驱油是一种连续的过程，会用到专门的注入井和采出井。Hong 和 Pratts 深入地描述了蒸汽驱油技术。

当蒸汽在油藏中从注入井到采出井移动时，会产生很多不同温度和流体饱和度的地区（图 11.11）。注入井周围是饱和蒸汽的区域，温度接近注入蒸汽的温度。此区域会随着注入更多的蒸汽而逐渐扩大。在这里，石油的饱和度最低。石油会通过蒸汽的蒸馏作用从这个区域移到下一个区域；只是在蒸汽前缘之前，从饱和蒸汽区域中蒸馏的轻馏分中形成了一个溶剂带。在饱和蒸汽区前，当热量消散到油藏时，蒸汽冷凝成水，这就是热冷凝区。一些热量会通过这种方式被带进油藏中温度较低区，直到冷凝水最后和初始油藏温度平衡时为止。在蒸汽区域前形成的溶剂带可以溶解地层中很多的油，以形成混相驱前缘。在此区域中温度很

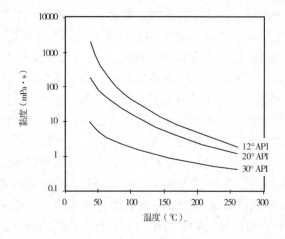

图 11.10　重油黏度与温度的关系曲线

高，该温度使油膨胀和降低黏度，并且在蒸汽区域中产生低饱和度，明显低于重油水驱的残余油饱和度。在被蒸汽和热水前缘向前推动的油带中（图 11.11），含油饱和度通常比最初的要高。这时，该区中冷却的水驱油的方式类似于水驱。蒸汽驱油的总采收率可以超过波及面积的 80%。

对于蒸汽驱，油藏厚度和低工作压力是最重要的筛选标准。薄油藏会在围岩中消散热量而浪费能量。因为水的沸点较低，低压适合用蒸汽方法。油藏压力越高，产生蒸汽需要的水的温度就越高，所以这种方法在能量上不是很有效。实际的原因是，在深度超过 4000ft（附图 16）的油藏中，没有实施过注蒸汽提高采收率方案。好油藏的传导性是很有利的 [100mD·ft/（mPa·s）以上]，而在有底水的情况下，根据油藏的几何形态，或是一个高注入性的区域（有利的），或是一个热漏失区（不利的）。

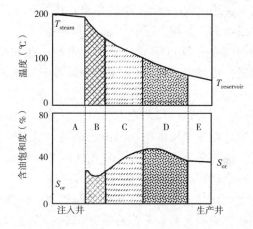

图 11.11　蒸汽驱油过程中，注入井和生产井之间
典型的温度与饱和度剖面

A—蒸汽带；B—溶剂带；C—热水带；D—油带；E—油藏流体带
B 带和 C 带共同形成热冷凝带，D 带是冷凝析带

一些油藏地层可能对蒸汽和蒸汽中的冷凝物敏感，冷凝物含盐度很低，与原始地层水不同。蒸汽和蒸汽冷凝物可能促使地层中的天然碳酸盐和铝硅酸盐矿物间产生反应，从而导致地层伤害，如黏土膨胀，以及碳酸盐分解产生的二氧化碳。地层伤害会大大降低井的产量。因此，在进行任何蒸汽驱之前，必须进行地层的兼容性研究。

11.5.6　蒸汽吞吐增产法（CSS）

蒸汽吞吐增产法（或循环注蒸汽）是油井增产的一种形式，通过周期性地往生产井中注蒸汽，把热传递到油藏的油中。随着蒸汽驱油，稠油中额外的热量大大降低了油的黏度，在井恢复生产时提高油的产量。在井降到经济产量之前，不仅提高了产量，而且也提高了井降到经济产量之前的总采收率。Hong 给出了更具权威性的蒸汽吞吐描述。

蒸汽吞吐几乎是在偶然的情况下发现的。1956 年在委内瑞拉的大梅内油田中进行蒸汽驱先导性试验，当时工程出现了危险：蒸汽涌到地面。为了降低油藏压力，把注蒸汽开井和用这些井生产，同时发现这些井有大量的油流。随后，蒸汽吞吐方法逐渐流行起来。

在蒸汽吞吐中，可能会持续几周或是几个月注入蒸汽；之后在井恢复生产之前会有一段吸收期，几个月到一年多。此循环可能会重复 3～15 次。在每次循环中，原来的最高产量都会逐渐降低。经过一定数量的循环之后，这种方法会变得没有经济性，同时可能会转换成蒸汽驱油。蒸汽吞吐已经用于垂直井和水平井中。它是一种很受欢迎的测试方法（图 11.9）。

因为会立即生产，以及所有的井都产油，蒸汽吞吐比蒸汽驱油更具有短期经济性。由于应用小型移动式蒸汽锅炉，可以在井和井周围移动，所以前期的资本支出很少。典型的采收率是总原始地质储量的 10%～25%。蒸汽吞吐实例有加利福尼亚克恩河油田和委内瑞拉的很多油田。对于委内瑞拉重油和超重油来说，蒸汽吞吐是提高采收率的主要方法。

11.5.7 蒸汽辅助重力驱油（SAGD）

1982 年，AOSTRA（艾伯塔油砂层开采技术研究管理局）开始开发一种地下测试设备来证明开采重油新的技术。SAGD，很多年前提出的这种方法是在此设备中进行测试的这些方法之一，用 1986—1987 年钻井和完井的 3 个井对，在 1987—1990 年进行了生产试验。结果是很成功的，紧接着进行了商业先导性试验。在 1993—1997 年，这种方法越来越受到欢迎，大约完成了 28 个 SAGD 井对，主要是在加拿大，当然也有一些在委内瑞拉和加利福尼亚，同时，1998 年实施另外的大约 50 个这样的井对。

SAGD 是一种综合传导—对流方法。在最初的形式中，它由一对水平井组成，以一个固定的距离，直接在一口井之上钻另一口井。根据油藏厚度和油黏度，井的最佳偏移距从几米到几十米。使用专用的随钻磁测法钻第二口水平井，这种钻井技术可以探测到第一口井并确保固定的偏移距。上面的井是蒸汽注入井，下面的井是采油井。随着注入蒸汽，在井的上面形成了一个蒸箱，温度和注入的蒸汽温度一样（附图 19）。在几个月内，蒸汽会逐渐上升最后到达油藏顶部。之后，蒸箱会横向扩展，直到热量消散到周围或由于相邻井对的干扰而受到限制。在蒸箱边缘，蒸汽冷凝并把热量传送到周围的油中。冷凝水蒸气滑落到箱的底部，并随热油一起在下面的井中由重力排出，重力沿着生产井下面的箱的外缘分布。

在蒸箱向上发展期间（在附图 19 中的 0.5 年和 1 年阶段），进行了一次"天花板排出"过程，把热油从箱的顶部拉出来，几乎垂直滑落到生产井。蒸箱向上传送的速度是蒸汽温度和油藏垂向渗透率的函数。在这个阶段，油产量快速增长。当蒸箱横向扩散时（附图 19 中的 2～4 年阶段），油产量继续缓慢上升，或保持恒定。把"倾坡排泄"作为驱替油到生产井的机理。当倾斜变得更浅时，油会移动得更远，尽管由于蒸箱与周围油之间较大面积的界面使它达到平衡。当蒸箱的横向延伸受到限制时，油产量开始下降（附图 19 中的 6～8 年阶段）。影响 SAGD 性能的因素包括油藏渗透率、油的黏度、油藏的非均质性和气油比。

估计 SAGD 工程的采收率为 50%～70%。恰当应用 SAGD 的井对，井的产量可能达到 1500bbl/d。

　　SAGD 的变化包括使用垂直注入井与水平井组合，以及单井 SAGD。后者是应用单水平井的一种方法。经过隔热油管，持续从井底往地层中注入蒸汽。之后热油和蒸汽冷凝物会排到水平井筒的环状空间产出。其他的变化包括往蒸汽中加入添加剂，或者用溶剂取代蒸汽。下面讨论汽化提取方法。

11.5.8　汽化提取（VAPEX）

　　汽化法正成为重油开采中热采法的竞争对手，尤其是在薄层中，热采方法起不到作用。汽化法涉及往油藏中注入汽化溶剂，通常要通过水平井，从第二口水平井之下得到产量（图 11.12），类似热采 SAGD 方法。溶剂包括轻烃（如乙烷、丙烷和丁烷）和不同的混合物。溶剂溶解在油中，迅速降低了油的黏度。之后，稀释的油向下流到生产井中。随着时间的推移，溶剂箱扩大，使油逐渐流动（附图 19）。

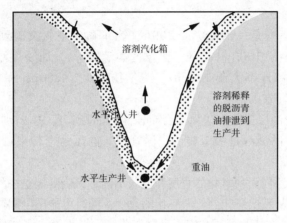

图 11.12　汽化提取法示意图（平行于该井的视图）

　　当溶剂与油混合时，这种方法也可以产生一定程度的原地溶剂去沥青质作用；沥青质从油藏中的油沉淀出来，增加了剩余油的 API 度。这是一种原地增产方法，可以提高产出油的价值。

　　因此汽化提取是在油藏温度和压力下进行的，这种方法比热采方法更加节能，耗损低于等效蒸汽法能量的 5%（注意这种方法的早期描述指出，把热水添加到溶剂中；之后的试验表明一般没必要使用热水）。完井费用也会比那些需要热采的井的费用低。VAPEX 还没有遇到地层伤害问题（如黏土膨胀），地层受到伤害会影响蒸汽驱。VAPEX 还比有下伏含水层的油藏蒸汽驱具有更多益处。蒸汽将冷凝并消散到含水层中，而汽化溶剂将会在含水层上浮动，同时继续采出油。在地面上很容易回收溶剂和再利用。认为采收率和 SAGD 相似。

　　这种方法的缺点是，溶剂的成本很高，同时由于沥青质沉淀使渗透率降低。上覆气顶将吸收汽化溶剂，使这种方法效率降低。尽管，在实验室的试验得到了广泛的证实，但矿场试验是最近才开始的。也就是说，在可以获得溶剂资源和一个厚的非均质油藏的地区，这种方法会很快成为重油开采的选择方法。

11.5.9　火烧油层

　　火烧油层或火驱，是一种往油藏中注空气的方法，油自身开始燃烧反应，因此在油藏的地层中产生热量。在一些情况下，油会在注空气接触面上开始自燃；在其他情况下，必须把加热器和化学处理剂放置在注入井中以便开始燃烧。一旦燃烧，控制燃烧的主要方法是调整空气的注入量。当油开始燃烧时，燃烧的热量会先汽化原油的轻质部分，再燃烧前缘驱油。这种方式，残余的较重组分会留到最后被燃烧。因此，火烧油层含有相关的油改质因素，这是因为产出的油可能比原始原油低 $2 \sim 4°$API，同时硫和金属含量很低。燃烧的热量也可以在燃烧层中汽化燃烧带的水，并在油层中产生蒸汽。与空气燃烧产物结合（氮气和二氧化碳），形成一种非混相/混相驱替混合在一起的蒸汽驱。因为从注入井到生产井的热量会使得油的黏度下降（图 11.10）而驱油。

火烧油层或许是全部热采方法中最有潜力获得高采收率（最高达到90%）的方法，它提供了一种非常有效的驱油机理。此外，能量消耗要比注蒸汽的能量消耗少得多：对于典型的 1000psi 油藏，或许是产蒸汽和注蒸汽成本的 $1/3 \sim 1/4$。同时降低了对整个环境的影响。

火烧油层的筛选标准是，深度大于300ft（为了避免空气突破到地面），产层有效厚度大于10ft，油黏度小于 1000mPa·s，孔隙度大于20%，油密度小于45°API，原始含油饱和度大于50%，渗透率大于100mD，工作压力大于250psi 和井距小于40acre。大于10ft 厚的纯砂层是理想的。

从理论上讲，火烧油层比蒸汽法更适合于较深的油藏。其中一个原因是没有井筒热量损失，这对于较深油藏中的蒸汽是很重要的。尽管较高的压力会带来额外的作业费用（注入和举升）。

由于温度和氧气量不同而使氧化的程度和方式不同，火烧油层是一种相当复杂的方法。薄层中大量热消散会引起从高温氧化到低温氧化的改变，同时可能产生能够形成乳化液的表面活性剂（难泵出、难分解），堵塞地层和阻碍了燃烧前缘。点火没点好会导致氧气接触冷油，使富含折射沥青质或焦炭相的地层预氧化，沥青质和焦炭相会引起油藏堵塞。当然，油藏的非均质性会引起燃烧前缘的指状突进，产生很差的面积扫油以及空气过早熟突破到生产井。

火烧油层正经历着停滞时期，反映出在以前的项目中在商业上没有获得成功。为什么以前的项目让人失望呢？这种方法很难控制是一个关键方面。这就使得与蒸汽方法相比，火烧油层在经济上有风险性。空气供应的不充分和井排太长（希望井距小于400acre）是另外的失利原因。还应该关注安全性：使用高压空气压缩机，存在注入的空气爆炸的可能。

11.5.10　井下电加热

多年来，人们把注意力放到了在稠油中不用蒸汽而加热近井区来增加井的生产能力的方式上，因此避免了巨大的设备费用如蒸汽锅炉和压缩机。其中一种方法是井下电加热，它实际上是由很多方法组成的，每种方法都有各自的优缺点。主要分为电阻加热、感应加热和微波加热。

电阻加热涉及不同的单项技术和几何形态。电阻加热涉及用一段套管作电极把电流引入需要增产的地层中。这段套管必须与井的其他部分绝缘。例如，在油层段用常规钢套管当作电极把一部分玻璃纤维套管放到油层段上面或下面。通过电缆把电从地面送到套管的隔离段绝缘部分。电能从套管渗入地层（通过水相），使它加热。它随后会加热油，降低油黏度（图 11.10），增加井的产量和破坏任何已经形成的黏性表皮效应。在附图20 中介绍了这种方法的加热增产效果。这种增产方法显示，由于冷油的流入，加热效果在油藏近井筒区受到一定程度的阻碍，从而限制了井中几英尺距离的高温。提高温度的最深穿透度实际发生在盖层页岩中或附近，其中盖层页岩含水饱和度很高（因此作为电的通道），同时没有因为流入油而变冷。

　　在本书中，该方法被看成一种很有前景的技术。然而，有限的油田经验表明，尽管暂时提高了油产量，但是频繁的失败会影响到该系统。这通常是由于套管绝缘失效。区域经济性提出，为了让该系统具有经济性，必须进行大约两年的无故障操作，这与平均大约 6 个月的失败速度形成对比（未公开的数据）。应用这种增产方法的第二个问题是，因为水是电的载体，也是热量集中的地方。水在加热下汽化使得地层非常绝缘，这会降低这种方法的有效性或一起中断它。在这种方法成为常规处理之前需要做更深入的开发工作。

　　感应加热涉及在井中增产的地层中悬挂上一个大能量感应线圈或线圈组。线圈通过电缆与地面的电源连接。线圈中的磁场在钢套管中感应出涡流，使套管变热。热量通过传导被传送到地层和油中。

　　这种方法的缺点是热效应限于靠近井或井内的区域。尽管这种方法仍然明显地提高了井产量，但是通过使地层深处加热达不到尽可能多地增产。然而，感应加热的一大优点是它的可靠性（原文可能有误，原文为 a big advantage of resistive heating is its reliability——译者注）；它不取决于与地层接触，也不取决于绝缘的套管接头，所以不会遇到电阻加热的问题。这种方法最近正在进行大范围试验。

　　另一种主要的井下加热技术是微波加热。在地面上通过波导管把管下到油藏中产生微波，或是在井下用地下微波发生器生成。微波加热是一种有前景的方法：这种方法很有效，直接加热油藏的流体，同时这种方法是相对可操控的。最大的缺点是初期费用高。它需要一个波导和一个具有 $20\sim25cm$ 直径屏蔽微波的导管，因此需要一个大直径和费用高的井。波导的有缝端（发射微波）必须在无液体的陶瓷套管柱中，这就增加了成本和机械故障的风险。

　　总之，目前没有任何一种井下加热方法是稳定的技术。这些加热方法都是有前景的，但是广泛的矿场试验需要使设备损坏带来的成本最小化。

11.5.11　露天采矿

　　在加拿大有两座大型的油矿在开发中，在地面开采处剥离油砂，然后从中提取重油生产出一种更轻的合成原油。Suncor 矿开采始于 1967 年，另一个更大的合成油矿于 1978 年开采。1997 年两座油砂矿共开采出 $28\times10^4bbl/d$ 的合成原油。

　　在俄罗斯的伯朝拉河地区，通过露天开采和油层生产相结合的方式，亚伦油田正以 10000bbl/d 的速度开采沥青。

11.6　海上稠油开发

　　世界上大多数的重油和稠油开采发生在陆地上。然而，过去 20 年里已经开始关注海上开采，在海上有些新的发现，将来会有更多的发现。在海上开采重油存在一些问题和需要注意的事项，分别讨论如下。

　　海上重油或稠油开采的主要问题是，以平台为基础，受到能应用井的数量限制，并且必须有快速的经济回报以偿付很高的设备费用。这些制约因素都是临界的，因为在陆上油田中，低井产量和采收率通常都是通过钻很多近井距的井得到缓解的。在海上必须采用一种不同的方法。

在英国大陆架中已经进行过海上重油和稠油的开采，也在大陆架的难采油田中进行过许多成功的开发（图11.13）。总的来说，通过使用极长的且高产能的水平井解决了井数受限的问题。这也会带来一个问题，一些英国油田含有上覆气顶和下伏活性水层，如果压降太高，二者会在井中形成锥进。稠油油田中的锥进问题比常规油田严重，因为需要泵的井很难得到等效产量，同时也因为不利的水—油和气—油流度比加剧了锥进效应。此外，油和重油黏度，水和油之间的小密度差异都可以通过简单降低产量而使锥进缓慢消除。

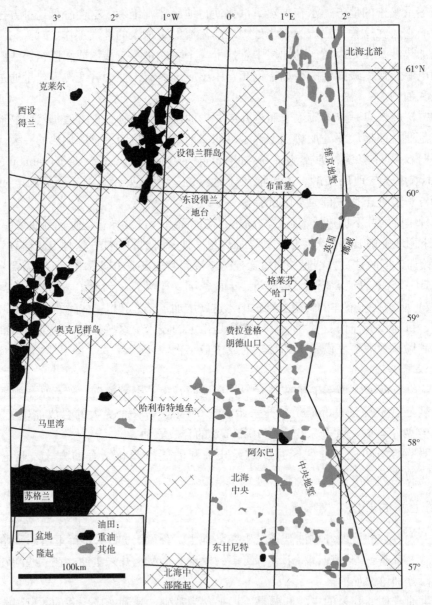

图 11.13 北海地区的重油油田

Gryphon 油田（图 11.10）含有大约 3×10^8 bbl 的石油原始地质储量，1993 年开始投入生产。主力油藏是高品质的始新统 Balder 组的静水压力砂层，深度在海平面以下 5500ft。Gryphon 油田用 8 口水平生产井和 3 口注水井进行开采，在水下钻丛式井：通过应用 FPSO 生产 21°API，6mPa·s 的油。FPSO 解决了在北海重油油田中的一个关键问题：如何在不需要用一条长的冷海底输油管的情况下把石油输送到岸上。产出水再一次被注入，但是海水是不能利用的，因为含钡的地层水很容易结垢。

1996 年，哈丁油田投产。这个油田实际上是由 4 个油藏组成的。中心油藏和南部油藏含有超过 3.2×10^8 bbl 的石油原始地质储量。这两个油藏都存在气顶。此油藏渗透率很高，是非胶结始新统砂岩，与 Gryphon 油田相似。该油藏用 10 口长水平井进行开采。气顶在哪，井位于气顶之下 75ft 的地方。1000bbl/（psi·d）区中的高井产能指出，为防止早期锥进，可以把井平缓拉起以获得高产油量。此计划的关键部分是钻水平延长井的测试（EWT），可以证明产能和降低油层产能的风险。这是一些英国重油开采的常见特性。注水提供了压力支持。注浅水层中的水，而不是海水，是为了防止海水中的重晶石结垢。在哈丁油田中，产出的油通过油轮进行输送。哈丁油田中的各类油黏度不是很高（5～10mPa·s，19～21°API），可以用渗透率很好的油藏进行调整。

在阿尔巴油田也采取类似的方式开采，尽管缺少气顶可以把井钻在油藏稍高处，远离油—水界面。阿尔巴油田在优质的始新统砂层中含超过 5×10^8 bbl 20°API，7mPa·s 的油。含 20°API，20 mPa·s 油的东甘尼特油田，作为现有含轻质油的甘尼特复合体的卫星油田开发。一旦油被甘尼特轻质油稀释，这个油田就是唯一通过管道进行运输的油田。

至今所描述的油田都或多或少地含有重油和稠油。海上稠油的开采，在 1997 年随着含油 88 mPa·s（19°API）的德士古公司 Captain 油田创造性的开采而进入了另一个阶段。另外，EWT 对证实稳定产能是很重要的。Captain 油田 EWT，在 1993 年开始钻 13/22a - 10 井，由 5532ft 的水平段组成。该井以超过 10000bbl/d 的惊人平均产量持续生产了 90 天。后面的开发用到长水平井，用电动潜油泵举升到 FPSO 中。该油田一直用水驱，用的是产出水与含水层中水的混合物。然而，增产措施显示，在广阔的小幅度构造中，注入的水会快速流到油藏底部。为了改进水驱性能，考虑使用聚合物。

现在许多其他的北海稠油油田正在评价之中。这些油田更具有挑战性：Mariner B 含 540mPa·s 的石油，而布雷塞油田（1000mPa·s）仍然很难开发。尽管在北海已经研制出许多领先的稠油海上开采技术，但是世界很多其他地方也在进行稠油开采。对于我们来说，墨西哥湾深海和非洲西部海上的一些浅层油藏是未来几年开发的新领域。

11.7　重油的应用——过去、现在和将来

重油可能是石油资源中使用最久的资源，主要原因是它可以在地表渗出，人类可以很容易得到它。因为在浅环境中发生生物降解作用，所以这些渗出物通常都是沉淀的。事实上，由于中东重油的渗出人类才得以生存，如果没有焦油的包裹，诺亚方舟可能早就沉没了！几个世纪以来，重油的地面沉积物，沥青、焦油或地沥青（如特立尼达的拉布雷亚焦油湖）都用于要求不太严格的船的防水。

最重的石油和天然沥青都直接用于铺路。特立尼达地区路产生的质量问题当然不是由于

所用天然沥青数量和质量所造成的。在加拿大，与重油一起产出的油砂经常会用于铺路。然而，在世界许多地区中为此目的所用到的沥青都不是天然的，实际上都是精炼轻质石油产生的较重产物。

今天，大多数产出的重油用来精炼石油产品。它可能会在常规炼厂精炼之前用轻质石油加以稀释，或在改质工厂中或在炼厂操控重油的最早阶段，先进行改良。改质的费用和每桶重油的低产量说明，它不是最具吸引力的原料。因此，与轻质液体相比降低了每桶重油的价格。含硫量高和金属含量高更加重了这一问题。

重油的另一个用途是作燃料。奥里乳化油改革了这种方法，使重油更容易运输到发电站燃烧。然而，重油带来的缺点是高的碳氢比，也就是说，与轻质油或天然气相比，每单位产出量会产生更多的二氧化碳。如果重油含硫很高的话，像奥里诺科油混合成奥里乳化油，燃烧重油会产生硫的化合物，如果化合物喷发出来会生成酸雨。因烟道清洗硫要用洗涤器，所以，发电厂需要这方面费用。二氧化碳税金将会对重油燃烧增加更大的财政问题。

当轻质石油液体衰竭时，重油开采可能填补这一短缺。从环境展望中得知，如果把重油用作炼厂的原料而不是简单用于燃烧的燃料，这是很有意义的。在重油到达消费者之前，由于石油中如此多的能量被消耗掉截断了经济性，所以重油是根本不值得生产的。更有效生产或加工重油的新技术，将成为认识重油全部潜力的关键技术。

11.8 结论

重油和稠油构成了巨大的石油资源，分布面积是剩余常规油面积的 4 倍，现在正处于难采阶段。部分原因是技术上的困难，但主要是与经济压力有关。技术上的挑战增加了生产、运输、重油加工的费用，与此同时，据了解重油的价格仍能比常规石油的价格低。在短时间内，重油开采将会很杂乱，限制了最容易接近的重油油藏。在很长时期，当常规石油减少而世界能源需求量增加时，大范围进行重油的开采将会变得可行。一些预测指出，重油产量会每年增加 $100 \times 10^8 bbl$，一直持续到 2100 年。这样的预测是否会实现，取决于用于重油开采和加工的节能新技术开发程度和考虑环境的程度：轻质和精质燃料的驱动力是否超过那些国家用巨大重油资源来供应增加的能源需求量的推动力。

11.9 致谢

BP Amoco 的很多同行有意无意地在一定程度上为这篇文章提供了帮助。他们在稠油技术工程上的工作都是很有价值的。BP - Amoco 公司的西北部 Slope 商业机构（阿拉斯加州）使我首先对稠油产生兴趣，并在过去的 5 年里一直坚持技术开发。还要感谢 Geoff Warren（现在斯伦贝谢公司工作），他在开采方法方面具有很大的影响力。

参 考 文 献

[1] J. S. Archer and P. G. Wall 1986 *Petroleum Engineering: Principles and Practice*. London: Graham and Trotman.

[2] WEC 1998 *Survey of Energy Resources*. London: World Energy Council.

［3］ P. C. Smalley, N. S. Goodwin, J. F. Dillon, C. R. Bidinger and R. J. Drozd 1997 New tools target oil – quality sweetspots in viscous – oil accumulations. *SPE Reservoir Engineering*, August, 157 – 161.

［4］ P. C. Henshaw, R. M. K. Carlson, M. M. Pena, M. M. Boduszynski, C. E. Rechsteiner and A. S. G. Shaftzadeh 1998 Evaluation of geochemical approaches to heavy oil viscosity mapping in San Joaquin Valley, California. SPE Paper 46205, presented at the 1998 SPE Western Regional Meeting, Bakersfield, 10 – 13 May.

［5］ DOE 1998 Alaska Heavy Oil Workshop, 4 – 5 August 1998, Girdwood, Alaska. US Department of Energy report DOE/FE – 0380.

［6］ S. P. Godbole, K. J. Thele and E. W. Reinbold 1995 EOS modelling and experimental observations of three – hydrocarbon phase equilibria. *SPE paper* 24936 – *P*, *SPE Reservoir Engineering* (May 1995), 101 – 109.

［7］ C. R. Bidinger and J. F. Dillon 1995 Milne Point Schrader Bluff: Finding the keys to two billion barrels. SPE paper 30289, presented at the 1995 International Heavy Oil Symposium, Calgary, Canada, 19 – 21 June.

［8］ M. B. Dusseault and S. E1 – Sayed 1999 CHOP Cold Heavy Oil Production. Paper 086, proceedings of the 10th European Symposium on Improved Oil Recovery, Brighton, UK, 18 – 20 August 1999.

［9］ G. H. Gary and G. E. Handwerk 1994 *Petroleum Refining: Technology and Economics*. New York: Marcel Dekker.

［10］ J. G. Weissman, R. V. Kessler, R. A. Sawicki, J. D. M. Belgrave, C. J. Laureshen, S. A. Mehta, R. G. Moore and M. G. Ursenbach 1996 Down – hole catalytic upgrading of heavy crude oil. *Energy & Fuels* 10. 883 – 889.

［11］ T. A. M. McKean, R. M. Wall and A. A. Espie 1998 Conceptual evaluation of using CO2 extracted from flue gas for enhanced oil recovery, Schrader Bluff Field, North Slope, Alaska. In: *Greenhouse Ga5 Control Technologies* (B. Eliasson, P. W. F. Riemer and A. Wokaun, eds). Amsterdam: Pergamon Press. pp. 207 – 215.

［12］ D. Urgelli, M. Durandeau, H. Foucault, and J. – F. Besnier 1999 Investigations of foamy – oil effect from laboratory experiments. SPE Paper 54083. presented at the 1999 SPE International Thermal Operations and Heavy Oil Symposium, Bakersfield. California, 17 – 19 March.

［13］ M. Huerta, C. Otero, A. Rico, I. Jimenez, M. de Mirabal and G. Rojas 1996 Understanding foamx oil mechanisms for heavy oil reservoirs durino primary production. SPE paper 36749, presented at the 1996 SPE Annual Conference and Exhibition. Denver, Colorado, 6 – 9 October.

［14］ S. Solanki and M. Metwally 1995 Heavy oil reservoir mechanisms, Lindbergh and Frog Lake Fields. Alberta. Part II: Geomechanical evaluation. SPEPaper 30249, presented at the 1995 International Heavy Oil Symposium, Calgary, Alberta, Canada. 19 – 21 June.

［15］ B. B. Mainin, H. K. Srama and A. E. George 1993 Significance of foamy oil behaviour in primar2, production of heavy oils. *Journal of CanadianPetroleum Technology* 32, 50 – 54.

［16］ M. B. Dusseault, M. B. Geilikman and W. D. Roggen sack 1995 Practical requirements for sand produc tion implementation in heavy oil applications. SPE Paper 30250, presented at the 1995 International Heavy Oil Symposium, Calgary, Canada, 19 – 21 June.

［17］ G. E. Smith 1988 Fluid flow and sand production in heavy – oil reservoirs under solution gas drive. *SPE Production Engineering*, May, 169 – 180.

［18］ J. R. Lach and W. T. Osterloh 1995 Viscous oil recovery processes, Captain Field. SPE paper 35281, presented at the 1995 DTI/SPE Conference on IOR, London, UK, 9 November.

［19］ N. Mungan 1984 Principles of polymer flooding. In: Heavy Crude Oil Recovery, (E. Okandan, ed.). The Hague: Martinus Nijhoff, pp. 353 – 378.

［20］ N. Mungan 1984 Alkaline flooding fundamentals. In: *Heavv Crude Oil Recovery*. (E. Okandan, ed.). The Hague: Martinus Nijhoff, pp. 317 – 352.

［21］ N. Mungan 1984 Carbon dioxide flooding – funda mentals. In: Heavv Crude Oil Recovery (E. Okandan, ed.).

The Hague: Martinus Nijhoff, pp. 131 – 176.

[22] K. C. Hong 1994 *Steamflood Reservoir Manage ment: Thermal Enhanced Oil Recovery*. Tulsa, Okla homa: PennWell Publishing.

[23] M. Pratts 1986 Thermal Recovery. Monograph 7. Richardson, Texas: Society of Petroleum Engineers.

[24] T. Chakrabarty and J. M. Longo 1994 Production problems in the steam – stimulated shaley oil sands of the Cold Lake reservoir: cause and possible solu tions. *Journal of Canadian Petroleum Technology* 33, 34 – 39.

[25] I. Hutcheon, H. J. Abercrombie, M. Shevalier and C. Nahnybida 1989 A comparison of formation reactivity in quartz – rich and quartz – poor reservoirs during steam – assisted thermal recovery. In: *Fourth UNITAR/UNDP International Conference on Heavy Crude and Tar Sands* (R. F. Meyer and E. J. Wiggins, eds), AOSTRA, 2, 747 – 757.

[26] I. Layrisse 1999 Heavy – oil production in Venezuela: Historical recap and scenarios for the next century. SPE Paper 53464, presented at the 1999 SPE Symposium on Oilfield Chemistry, Houston, 16 – 19 February.

[27] R. M. Butler and D. J. Stephens 1980 The gravity drainage of steam heated heavy oil to parallel hori zontal wells. *Journal of Canadian Petroleum Tech nology* 20, 90 – 96.

[28] R. M. Butler 1991 *Thermal Recovery of Oil and Bitumen*. New Jersey: Prentice – Hall.

[29] R. M. Butler and l. J. Mokrys 1991 A new process (VAPEX) for recovering heavy oil using hot water and hydrocarbon vapour. *Journal of Canadian Petroleum Technology* 30, 97 – 105.

[30] R. J. Davison 1995 Electromagnetic stimulation of Lloydminster heavy oil reservoirs: field test results. Journal of Canadian Petroleum Technology 34, 15 – 24.

[31] G. M. Warren, G. A. Behle and J. M. Tranquilla 1996 Microwave heating of horizontal wells in heavy oil with active water drive. SPE Paper 37114, presented at the 1996 conference on Horizontal Well Technology, Calgary, Canada, 18 – 20 November.

[32] A. J. Jayasekera and S. G. Goodyear 1999 The development of heavy oil fields in the U. K. Continental Shelf: past, present and future. SPE Paper 54623, presented at the 1999 SPE Western Regional Meeting, Anchorage, Alaska, 26 – 28 May.

[33] M. Pallant, D. J. Cohen and J. R. Lach 1995 Reser voir engineering aspects of the Captain extended well test appraisal program. SPE Paper 30437, presented at the 1995 Offshore Europe Conference, Aberdeen, UK, 5 – 8 September.

[34] J. D. Edwards 1987 Crude oil and alternate energy production forecasts for the twenty – first century: the end of the hydrocarbon era. AAPG Bulletin 81, 1292 – 1305.

[35] A. G. Holba, L. I. P. Dzou, J. J. Hickey, S. G. Franks, S. J. May and T. Lenney 1996 Reservoir geochem istry of the South Pass 61 Field, Gulf of Mexico: compositional heterogeneities reflecting filling history and biodegradation. Organic Geochemistry 14, 1179 – 1198.

[36] R. J. Kaufman, C. S. Kabir, B. Abdul – Rahman, R. Quttainah, H. Dashti, J. M. Pederson and M. S. Moon 1998 Characterizing the Greater Burgan Field using geochemical and other field data. SPE paper 49216, prepared for the 1998 SPE Annual Technical Conference and Exhibition, New Orleans, Louisiana, 27 – 30 September.

[37] N. Dhuldhoya, M. Mileo, M. Faucher and E. Sell man 1998 Dehydration of heavy crude oil using disk – stack centrifuges. SPE paper 49119, prepared for the 1998 SPE Annual Technical Conference and Exhibition, New Orleans, 27 – 30 September.

附　　录

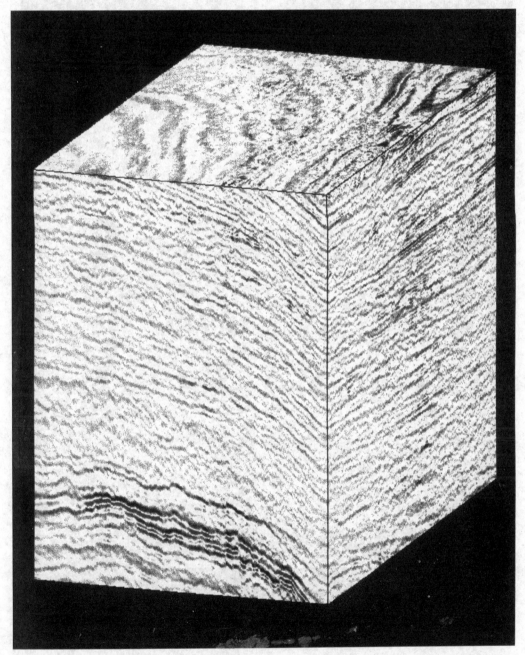

附图 1　3D 地震勘探测量获得的地震体（据埃克森上游开发公司和 BP – Amoco 公司）
这个地震体提供关于地面构造和地层方面的 3D 信息

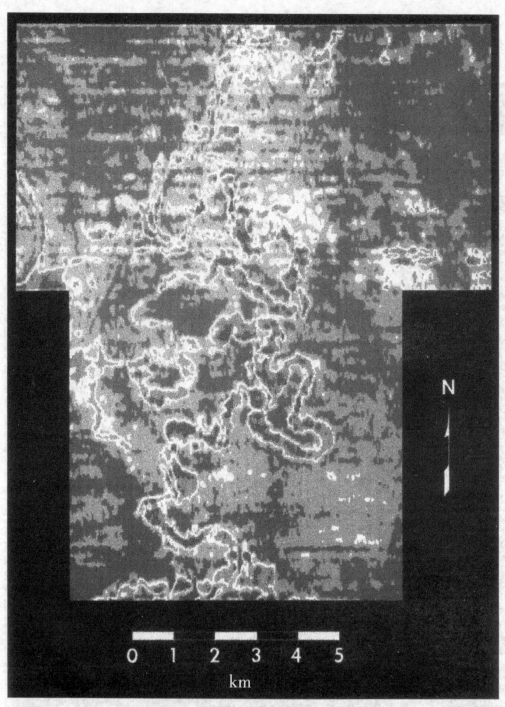

附图2　穿过一个地震体的时间切片，显示出一条曲河流（据 Alastair R. Brown，1986）

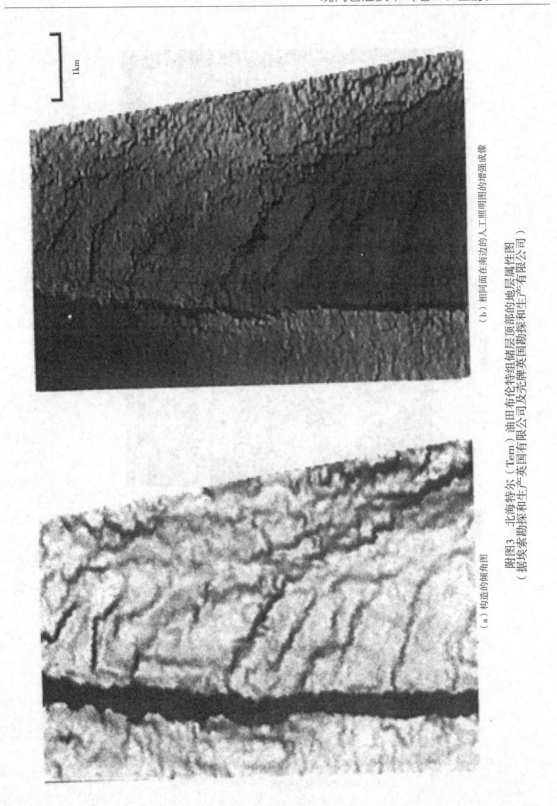

1km

（b）相同面在南边的人工照明图的增强成像

（a）构造的倾角图

附图3 北海特尔（Tern）油田布伦特组储层组顶部的地层属性图
（据埃索勘探和生产英国有限公司及壳牌英国勘探和生产有限公司）

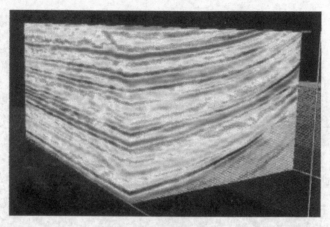

（a）第一次测量

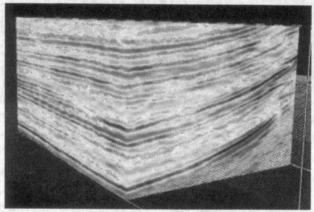

（b）第二次测量

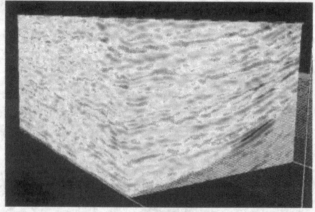

（c）差异

附图4　用于储层监测的时移地震测量（据美国埃克森石油公司）
第一次测量是1983年埃克森公司的专利测量；第二次测量是1995年西方地球物理公司在油田生产
10年后进行的；差异显示了进入油柱中的气侵

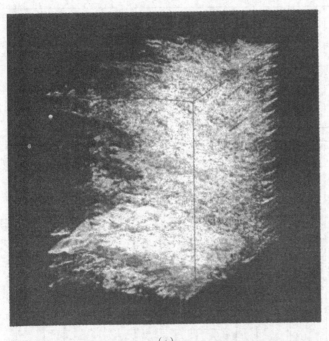

（a）

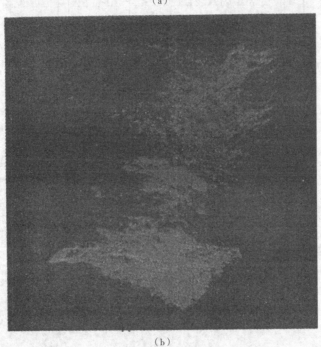

（b）

附图5　应用可视化技术可以观察到图版4.1中地震体的高振幅带
（据埃克森上游开发公司和 BP – Amoco 公司）
在（a）中把与黑白相当的地震振幅做成透明的

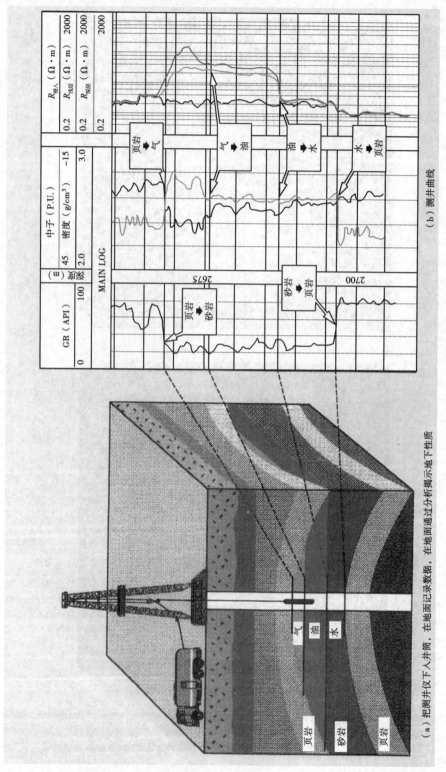

（a）把测井仪下入井筒，在地面记录数据，在地面通过分析揭示地下性质

（b）测井曲线

附图6　电缆测井

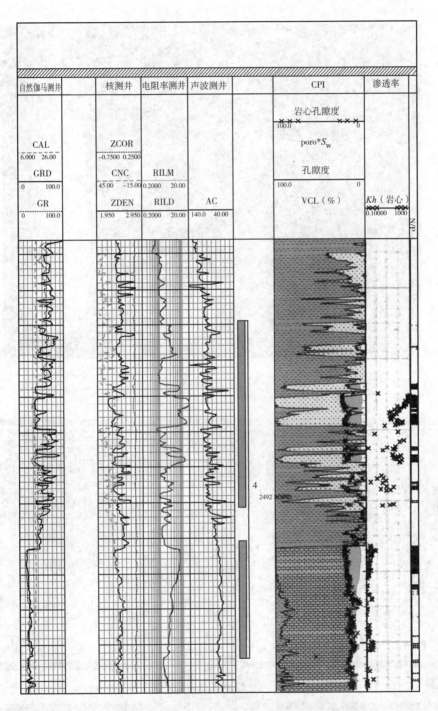

附图 7　来自北欧的测井导出的计算机处理解释（CPI）例子（据 Enterprise Oil）

该曲线图示出了原始测井曲线、测井解释、深度—物质岩心数据和测试层段深度线之间的

层段为 2.5m。没有把岩心数据校正成油藏条件

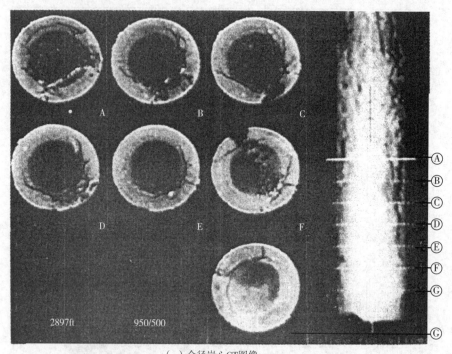

（a）全径岩心CT图像

显示了钻井液滤液侵入的程度（剖面图像边缘周围的亮环）和破裂的迹象。
剖面图（A—G）是沿着全径岩心的长度（在右面示出的）拍照的

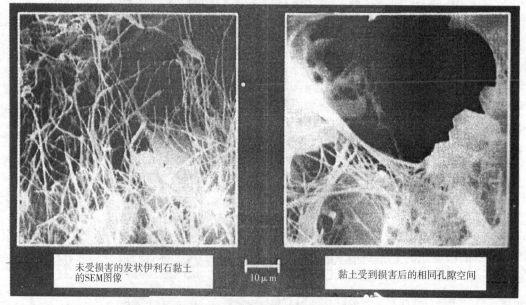

（b）烘箱干燥对黏土的影响

附图8　全径岩心 CT 图像及烘箱干燥对黏土的影响

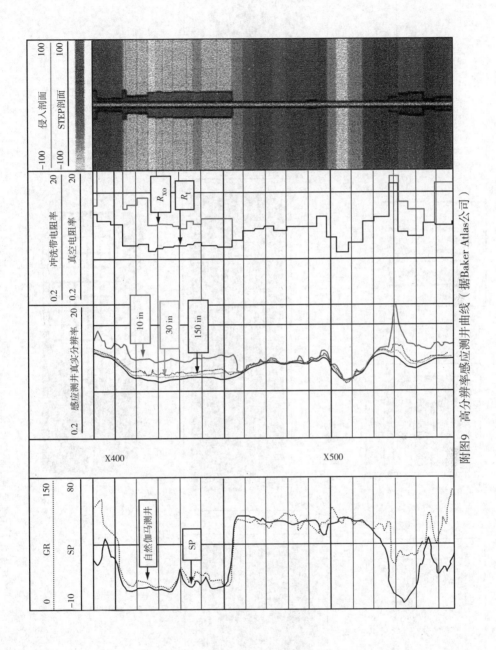

附图9 高分辨率感应测井曲线（据Baker Atlas公司）

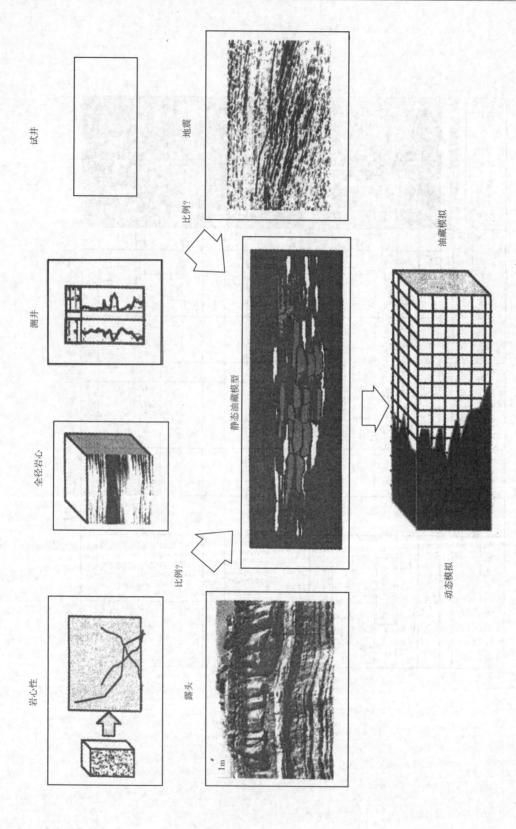

附图10　3D地质模型显示的岩石物性综合数据［据Coll等（1999）修改］

附图 11　3D 地质模型显示的模拟该油田所需的大网格系统（据 Western Atlas 有限公司）

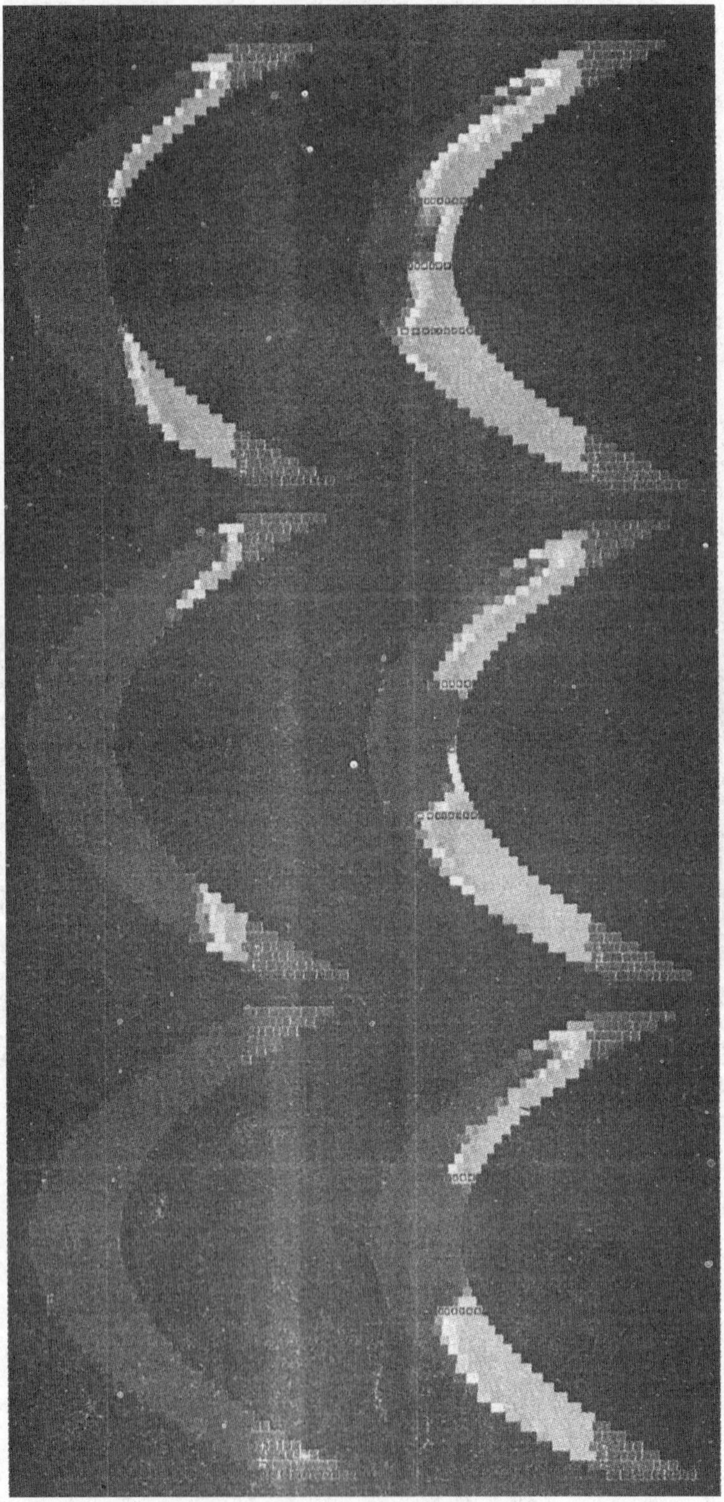

附图12　驱替开始时的边缘注水剖面模型（据雪佛龙石油技术公司）

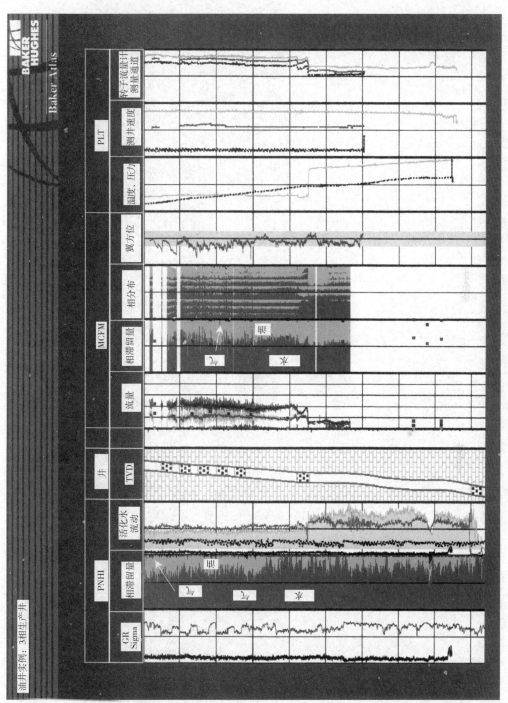

附图13 典型生产测井剖面（据Baker Hughes INTEQ）

附图14　位于盖勒哈特（Qalhat）的阿曼液化天然气（据阿曼液化天然气公司）

该厂于2004年4月投产。前景显示，在天然气装载码头的液化天然气运输船（膜式容器船）的装量为135000m³。图中央是两个充满容积为120000m³的液化天然气储罐。外部是预制混凝土。后面是用两个海水冷却的使用混合制冷剂的丙烷预冷加工装置列。每个装置列的生产能力是330×10⁴t/a液化天然气，比以前建的装置的生产能力大。除了MCHE和不丁顾吸收装置列以外，在每个装置列上的最高烟囱是传热流体炉炉体。工厂的总设计是由阿曼的液化天然气公司技术未顾同一壳牌公司做的。壳牌公司约占30%的股份

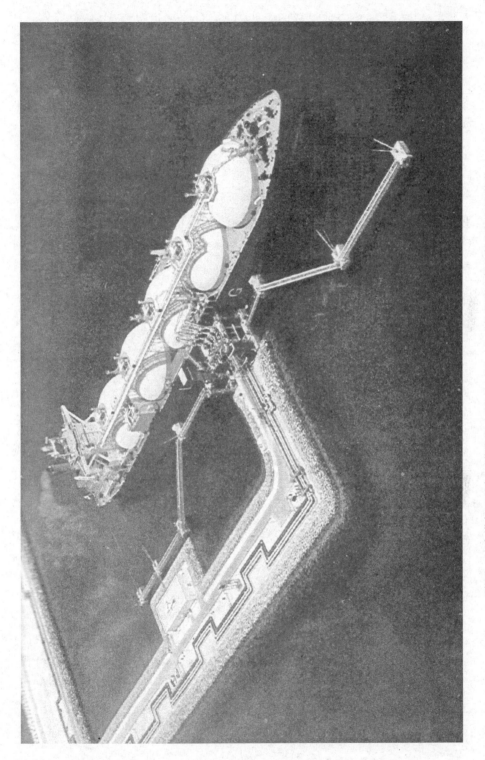

附图15 卡塔尔天然气运营有限公司（Qatargas）油轮队的油轮在拉斯拉凡港装载135000m³液化天然气，准备交付给日本用户（据莫比尔石油卡塔尔有限公司）

该油轮有5个Moss Rosenberg型球形储罐，正常航速最大为20n mile。油轮长295m，宽45m，吃水11m

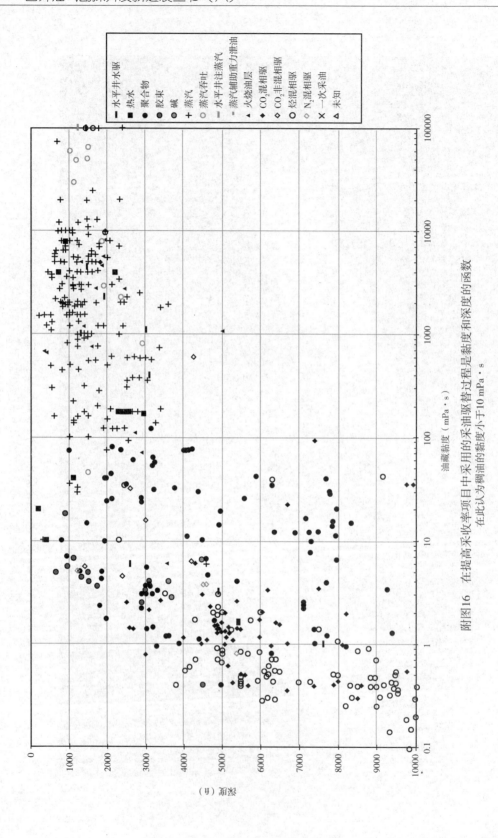

附图16　在提高采收率项目中采用的采油驱替过程是黏度和深度的函数

在此认为稠油的黏度小于10 mPa·s

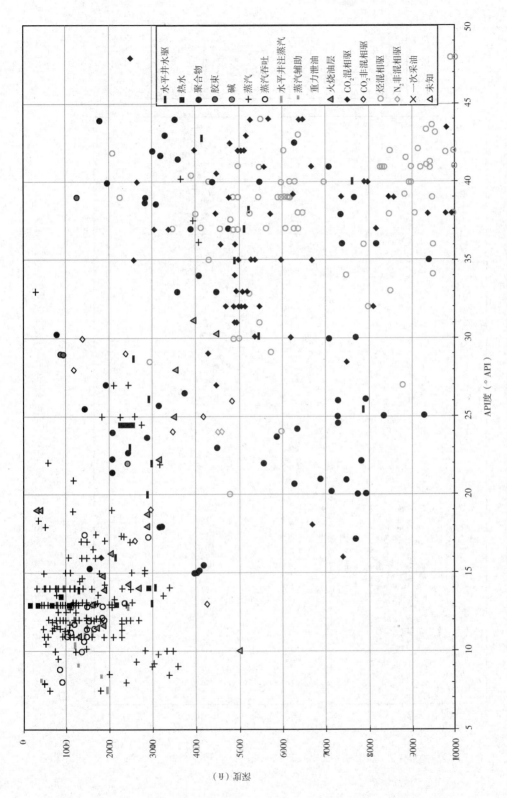

附图17 在提高采收率项目中采用的采油驱替过程是API度和深度的函数
在此认为重油的API度小于23° API

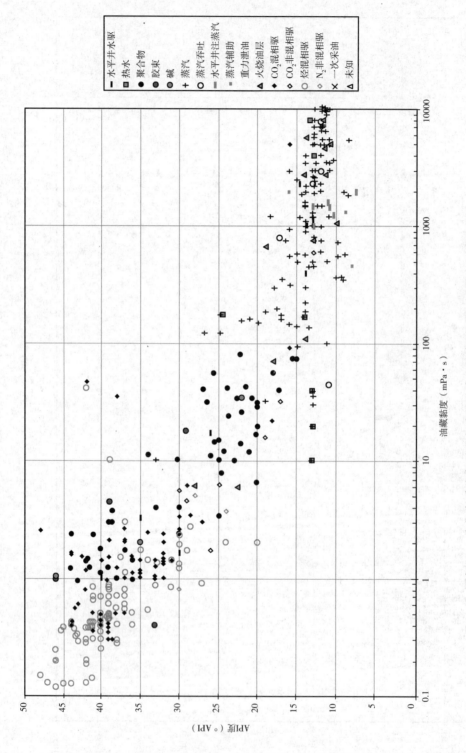

图版 18　在提高采收率项目中采用的采油驱替过程是黏度和API度的函数

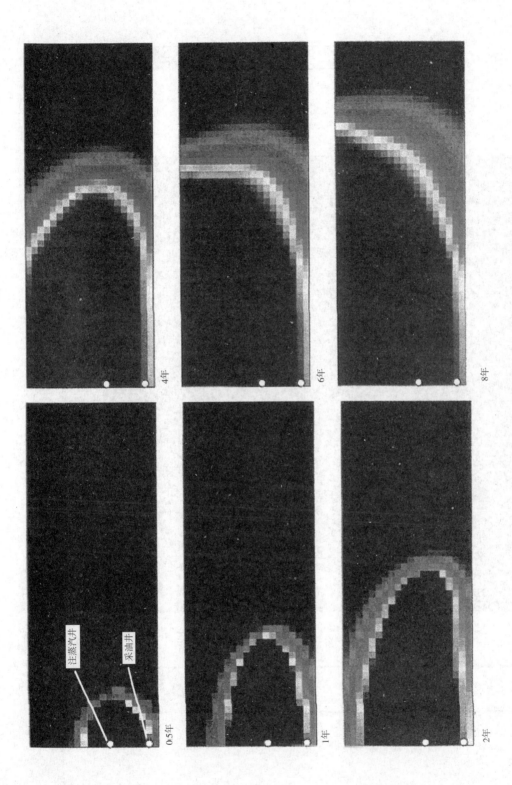

图版19　SAGD驱替过程的模拟——平行于井对的视图
垂直比例100 ft，水平比例250 ft。颜色反映温度

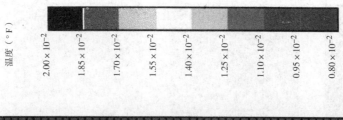

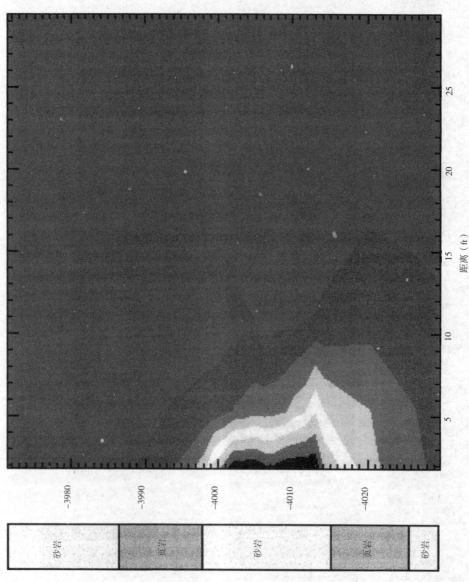

附图20 进行电磁加热时井筒周围温度分布的模拟
中间砂层中的套管起电极的作用；假定上下有绝缘接头

国外油气勘探开发新进展丛书（一）

书号：3592
定价：56.00 元

书号：3663
定价：120.00 元

书号：3700
定价：110.00 元

书号：3718
定价：145.00 元

书号：3722
定价：90.00 元

国外油气勘探开发新进展丛书（二）

书号：4217
定价：96.00 元

书号：4226
定价：60.00 元

书号：4352
定价：32.00 元

书号：4334
定价：115.00 元

书号：4297
定价：28.00 元

国外油气勘探开发新进展丛书（三）

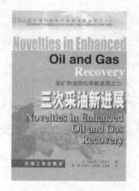

书号：4539
定价：120.00 元

书号：4725
定价：88.00 元

书号：4707
定价：60.00 元

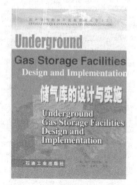

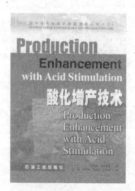

书号：4681
定价：48.00 元

书号：4689
定价：50.00 元

书号：4764
定价：78.00 元

国外油气勘探开发新进展丛书(四)

书号：5554
定价：78.00 元

书号：5429
定价：35.00 元

书号：5599
定价：98.00 元

书号：5702
定价：120.00 元

书号：5676
定价：48.00 元

书号：5750
定价：68.00 元

国外油气勘探开发新进展丛书(五)

书号：6449
定价：52.00 元

书号：5929
定价：70.00 元

书号：6471
定价：128.00 元

书号：6402
定价：96.00 元

书号：6309
定价：185.00 元

书号：6718
定价：150.00 元

国外油气勘探开发新进展丛书（六）

书号：7055
定价：290.00 元

书号：7000
定价：50.00 元

书号：7035
定价：32.00 元

书号：7075
定价：128.00 元

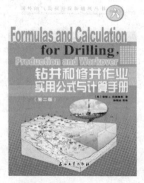

书号：6966
定价：42.00 元

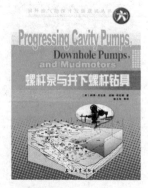

书号：6967
定价：32.00 元

国外油气勘探开发新进展丛书（七）

书号：7533
定价：65.00元

书号：7802
定价：110.00元

书号：7555
定价：60.00元

书号：7290
定价：98.00元

书号：7088
定价：120.00元

书号：7690
定价：93.00元

国外油气勘探开发新进展丛书（八）

书号：7446
定价：38.00元

书号：8065
定价：98.00元

书号：8356
定价：98.00元

书号：8092
定价：38.00元

书号：8804
定价：38.00元

书号：9483
定价：140.00元